遥感图象复原与超分辨理论及实现

The Theory and Realization of Remote Sensing Image Restoration and Super-Resolution

李金宗　李宁宁　朱　兵　李冬冬　著

科 学 出 版 社
北　京

内 容 简 介

本书系统深入地阐述遥感图象复原与超分辨的理论分析、数学模型、公式推导以及实现的技术途径、计算流程、实验验证，还给出各种算法的实际应用效果和量化指标评价。全书共分 6 章：第 1 章主要论述遥感图象质量退化的成像模型及其质量复原与超分辨的基本概念和系统方案；第 2 章主要通过遥感图象频谱分析定义实施复原与超分辨的判断标准、图象噪声与模糊的先验模式以及序列图象配准的系列算法与精度分析等；第 3 章主要论述解模糊、抑制噪声和消除薄云薄雾干扰等算法模型和实验分析；第 4 章依次论述单帧频域变换与补偿扩展、频域解混叠和频域融合超分辨算法；第 5 章依次阐述网格法、MAP、PMAP、POCS 和空域融合最优超分辨算法；第 6 章重点建立具有强大泛化再生能力的三级训练图象超分辨 BP 网等。

本书富含创新性的学术观点和方法，可以广泛应用于需要图象处理方法提高分辨率的卫星资源、成像判读、环境监护、交通管制、医学诊断、地震灾情等领域的遥感图象处理，对信号与信息处理、电子与通信工程、计算机科学与应用、图象处理与系列图象分析、模式识别与人工智能、自动化与自动控制、遥测遥控和地球物理等相关专业的科学研究人员以及大学教师、研究生、高年级本科生，是必备的参考用书。

图书在版编目 (CIP) 数据

遥感图象复原与超分辨理论及实现 / 李金宗等著. —北京：科学出版社，2016

ISBN 978-7-03-048936-4

Ⅰ. ①遥…　Ⅱ. ①李…　Ⅲ. ①遥感图象－图象恢复－高分辨率－研究　Ⅳ. ①TP751

中国版本图书馆 CIP 数据核字 (2016) 第 138487 号

责任编辑：王　哲　邢宝钦 / 责任校对：郭瑞芝

责任印制：张　倩 / 封面设计：迷底书装

科学出版社 出版

北京东黄城根北街 16 号

邮政编码：100717

http://www.sciencep.com

中国科学院印刷厂 印刷

科学出版社发行　各地新华书店经销

*

2016 年 8 月第　一　版　开本：720×1 000　1/16

2016 年 8 月第一次印刷　印张：27　　插页：6

字数：532 000

定价：186.00 元

(如有印装质量问题，我社负责调换)

前　言

本书是作者十多年关于遥感图象复原与超分辨研究成果的结晶和理论升华，内容包括绪论、先验信息提取、图象复原和图象超分辨，而图象超分辨又包括频域图象超分辨、空域图象超分辨和神经网络图象超分辨三个部分。

图象分辨率是衡量图象质量的重要指标。高分辨率的遥感图象，作为准确客观蕴涵和表达目标客体及其背景信息的载体，其应用领域越来越广泛，应用价值越来越高，例如，在空间飞行器的制导与导航、重要目标的辨识与判读、交通枢纽的管制与车牌识别、气象环境的监视与预报、地震灾害的探查与评估等诸多领域的应用均取得很大进展。但是，实际应用表明，从遥感成像系统获取的遥感图象，由于光学散焦和相对运动等因素引起的模糊以及光电敏感器的散粒等噪声污染，尤其是 CCD 等成像器件的欠采样和光学衍射的截止频率等导致的频谱混叠，还有成像器件水平不理想等因素，所成图象质量退化，其分辨率达不到实际应用的要求。所以，随着应用需求的日益高涨，越来越迫切要求通过图象处理的方法，即图象复原与超分辨，来提高遥感图象的分辨率。

图象复原与超分辨作为成像过程的反过程，所涉及的数理问题属于“反问题”。“反问题”的一个重要属性是它的“病态”，因此高分辨率图象的求解很困难。在 20 世纪末的三十多年中，关于单帧退化图象的复原问题，人们建立和发展了一系列的经典理论。进入 21 世纪以来，随着计算机科学和工程的持续不断发展，允许更复杂更费时的算法，在解决图象复原问题的基础上，人们把主要精力集中在图象超分辨率处理的非传统处理方法上，首先是基于重建(reconstruction-based)的频、空域方法，然后是基于学习(learning-based)的神经网络方法，由于研究热情越来越高，新方法也层出不穷。

我们在长期的研究中建立了由图象分析、图象复原、超分辨处理和效果评价等四个主要部分组成的遥感图象复原与超分辨率处理系统方案。

先验信息开采是系统方案的一个环节。其中，频率混叠深度参数 C_{11} 来源于我们的中国发明专利(李金宗，2011)，既可用于图象超分辨算法优化和选择，又可用于处理效果的客观评价；无论是哪类的模糊，均使高频成分发生损失和丢失，通过模糊图象频谱分析建立的模糊参数 C_2 是模糊复原的先验信息，并且给出高斯、散焦和线性移动等三类模糊的先验模型；图象的散粒等光电噪声，在低光度下满足泊松分布，而在强光照时满足高斯分布，电阻热噪声是零均值高斯白噪声，散斑噪声是非线性的乘性噪声，无论是哪类的噪声，均使高频成分发生变化和损失，信噪比参

数 C_3 是图象去噪复原的先验信息；空域存在薄云薄雾的卫星遥感图象可以简化为云雾图象与景物图象之积，而云雾占据相对较低的频率成分，这是设计抑制云雾算法的重要依据；成像系统的调制传递函数可用高斯曲线进行模拟，实际相当于低通滤波器；序列图象配准是多帧超分辨的前提条件，可使帧间旋转参数估计精度优于 0.01°、平移参数估计精度优于 0.02 像素，为多帧超分辨算法取得良好效果奠定基础。

图象复原操作主要是解模糊、抑制噪声污染和消除薄云薄雾干扰等。利用遥感图象成像模型和有关先验信息的研究成果，分别进行三项图象复原技术与算法的研究。图象解模糊复原，首先是利用四种基本频域滤波器的图象频域相乘等操作实现空域反卷积解模糊；然后重点研究有限支持域上图象盲目反卷积解模糊，其中包括空间域的和基于 FT 的两种算法，均进行数学模型的系列推导和算法流程的设计，通过实验复杂性及其 PSNR 数据比较，优选基于 FT 的算法处理“资源二号”遥感图象，兼顾噪声放大问题，只需两次迭代，即可得到满意效果。图象去噪复原，要求同时保留甚至增强边缘纹理信息，为此专题研究多帧(源)信息融合的频域去噪方法和基于偏微分方程的扩散去噪方法，后者是帧内处理，其中我们改进的非线性各向异性扩散算法效果最佳；接着，研究设计剔除条带噪声的陷波带阻滤波器以及消除颗粒噪声的改进的中值滤波器算法。根据含薄云薄雾遥感图象的简化模型以及云雾成分的频谱特征，设计基于同态滤波的和基于小波多分辨分析的两种云雾抑制算法，后者处理效果较优，但是算法较复杂，且需要同一地区的无云雾参考图象，而前者比较简便。

图象超分辨要解决的核心问题是解开被处理低分辨率图象的频率混叠、扩展和增强高频成分、展宽频谱、改善频谱结构，使其恢复和逼近原理想物图象的频谱。从实际应用的观点，开展的图象超分辨研究是从单帧频域算法开始的，由 FFT 插值法，经过频域变换与增强、振铃抑制、频域补偿与扩展、引入控制参数，逐步建立单帧频域变换与补偿扩展超分辨自适应算法，给出系列算法模型，设计自适应算法流程模块，理论与实验研究表明，该算法具有理论扎实、应用方便和普适性强的特点。频域解混叠是多帧(源)图象超分辨，解混叠的同时解模糊和抑制噪声，进行严格的数学推演，并且将多帧频域解混叠退化，建立单帧频域解混叠超分辨算法，进而设计其算法流程模块，理论与实验研究同样表明，该算法具有理论扎实、应用方便和普适性强的特点。在上述两个算法的基础上，引进图象精确配准和高斯再采样函数等，建立了二至多帧频域融合超分辨算法，实验证明融合算法的效果最优。

空域图象超分辨方法灵活多变，近年来发展比较快，其中，既有基于概率统计理论的 MAP 估计、PMAP 估计，又有基于集合理论的 POCS 估计，以及 PMAP/POCS 融合算法。但是，首先是我们基于 Shannon 采样定理和图象局部二维内插拟合函数而建立的网格超分辨估计算法，进行系列公式的推导，建立由非标准位移的低分辨率序列图象求解其高分辨率图象的重复递归迭代网格超分辨算法模块。MAP 估计算法是基于 Bayes 决策理论最大化后验概率 $P(\boldsymbol{z},\boldsymbol{s}\mid\boldsymbol{y})$，同时得到所求的高分辨率图象 $\boldsymbol{z}$ 和低分辨率序列图象帧间运动参数 $\boldsymbol{s}$ 的 MAP 估计，给出系列公式推导，建立循环递归迭代算法及其算法模块。PMAP 估计算法是将图象及其噪声置于泊松概率模型中，根据 Bayes 公式，通过最大化后验概率 $P(\boldsymbol{u}\mid\boldsymbol{y})$，推导得到高分辨率图象 $\boldsymbol{u}$ 的 PMAP 估计基本算法迭代公式，并且扩展得到 GPMAP 估计扩展算法及 RGPMAP 估计鲁棒扩展算法的迭代公式，还引入正则化项。POCS 估计算法是在基于集恢复理论的图象数据一致性限制凸集的基础上，逐步建立其基本算法模型和 RPOCS 估计鲁棒算法模型，还通过修改定义在边缘像素坐标的广义归一化点扩散函数抑制边缘振铃的出现，建立三次循环迭代的 RPOCS 估计鲁棒算法计算流程。PMAP/POCS 融合算法是在概率统计推断和集理论恢复的融合理论基础上，以处理效果为主，兼顾处理效率，建立 RGPMAP-2-RPOCS 图象融合最优算法，不但在空域具有最强的超分辨图象重建能力，而且与频域图象融合超分辨算法比较，达到几乎一致但是稍微优良的超分辨效果。

最后，研究基于学习的神经网络图象超分辨技术，重点研究和建立三级训练图象超分辨 BP 网，并且在泛化再生应用实验中证明具有很强的图象超分辨能力。由于图象超分辨本质上是由低分辨率(序列)图象到高分辨率图象的非线性的模式映射，具有处理机理内含反问题的病态，处理数据内含不完全和/或不精确等不确定性，这些特点恰好是神经网络技术比较擅长处理的问题，其实现的基本思想是仿效生物神经元及其生物网络建立人工神经元及其人工神经网络，使其具有庞大的分布式连接权值系统，成为快速并行储存和并行处理的物质基础，并且赋予适当的激励变换函数和学习算法，使其成为脑式信息处理系统，具有良好的泛化应用和再生能力。由于所建立的网络连续进行三个周期的训练和学习，并且通过训练输入/输出样本图象的优选以及训练输出目标样本图象的复原操作等提高训练样本图象的质量和代表性，而训练输入/输出样本图象模式映射的分辨率等级连续提高三次，使网络连接权值逐级优化，不但使网络在充分训练中学习具备扩展图象模式映射等级的能力，而且使网络学习增强去模糊、去噪声和扩展高频成分即丰富图象纹理细节的能力，导致网络泛化再生和图象超分辨的能力逐级提高。包括图象精确配准、融合和单帧频域变换与补偿扩展超分辨等算法在内的以三级训练图象超分辨 BP 网为主处理双帧输入“资源二号”遥感图象的应用实验结果，与空域的 RGPMAP-2-RPOCS 融合最优算法和频域的融合超分辨算法同样的应用实验结果比较，取得基本相同但稍微优良的图象超分辨效果，但是仍然有较大的发展空间。

浏览国际上关于图象超分辨处理技术的大量文献，可以看出其发展趋势有下列特点：

(1)完善现有的图象超分辨处理算法，不断地探索新的超分辨处理算法；

(2)增强图象超分辨算法的鲁棒性，以尽可能适应有所变化的应用条件；

(3)改善图象超分辨算法收敛性，以适应可能出现的各种图象退化因素的影响；

(4)在图象超分辨算法中引入正则化因子，以免病态运行使操作更有效。

哈尔滨工业大学的李冬冬高级工程师、朱兵副教授等和中国航天科技集团公司第五研究院总体部的李宁宁研究员分别提供了本书的部分初稿。在哈尔滨工业大学图象信息技术与工程研究所学习过，作者指导的众多博士研究生和硕士研究生以不同分课题的形式参加了该项研究(名单见后记)，在研究中共同切磋、互相启发，对研究进展甚有助益，其中李宁宁对单帧频域超分辨方法的提出、杨学峰对空域最优融合超分辨算法的形成、朱福珍对神经网络图象超分辨算法的训练实验、黄婧对序列图象配准算法的实验研究等，均有突出贡献，并且作者始终得到家人的鼎力支持。在此，一并表示感谢！

由于作者水平有限，书中不足之处在所难免，敬请广大读者批评指正。

李金宗

2016年3月

缩 写 词

Additive Algebraic Reconstruction Technique，AART　加性代数重建技术
Analog to Digital，A/D　模/数
Artificial Neural Network，ANN　人工神经网络
Back-Propagation，BP　后向传输
Back-Propagation Neural Network，BPNN　后向传输神经网络
Charge Couple Device，CCD　电荷耦合器件
Conjugate Gradient，CG　共轭梯度
Data Consistence Constraints，DCC　数据一致性限制
Discrete Cosine Transform，DCT　离散余弦变换
Discrete Fourier Transform，DFT　离散傅里叶变换
Frequency Aliasing Depth，FAD　频率混叠深度
Fast Fourier Transform，FFT　快速傅里叶变换
Finite Impulse Response，FIR　有限字长冲激响应
Gradient Descent Algorithms，GDA　梯度下降算法
Iteration Back-Projection，IBP　迭代后向投影
Inverse Fast Fourier Transform，IFFT　逆快速傅里叶变换
Infinite Impulse Response，IIR　无限字长冲激响应
Linear Associative Memory，LAM　线性联想记忆
Linear Shift-Invariant，LSI　线性移不变
Linear Shift-Variant，LSV　线性移变
Mean Absolute Gradient，MAG　平均绝对梯度
Maximum A-posteriori Probability，MAP　最大后验概率
Multiplicative Algebraic Reconstruction Technique，MART　乘性代数重建技术
Maximum Likelihood，ML　最大似然
Multi-Layer Perceptron-Probabilistic Neural Network，MLP-PNN　多层感知器概率神经网络
Mean Squared Error，MSE　均方误差
Markov Random Field，MRF　马尔可夫随机场
Modulation Transfer Function，MTF　调制传递函数
Nonlinear Associative Memory，NLAM　非线性联想记忆
Neural Network，NN　神经网络

Principle Component Analysis，PCA	主成分分析
Partial Derivative Equation，PDE	偏微分方程
Probability Density Function，PDF	概率密度函数
Pixel-Mapping，PM	像素映射
Projections onto Convex Sets，POCS	凸集投影
Pixels Per Inch，PPI	每英寸像素数
Peak Signal-to-Noise Ratio，PSNR	峰值信噪比
Point Spread Function，PSF	点扩散函数
Root-Mean-Square Error，RMSE	均方根误差
Scale Conjugate Gradient，SCG	比例共轭梯度
Scatterometer Image Reconstruction，SIR	散射图象重建
Super Resolution Reconstruction，SRR	超分辨重建
Signal-to-Noise Ratio，SNR	信噪比
Traveling Saleman Problem，TSP	旅行商问题
Undersampled and Subpixel-Shifted，USS	欠采样和亚像素位移
Vector-Mapping，VM	向量映射

目　录

前言

缩写词

插图目录

插表目录

第 1 章　绪论 …… 1
1.1　引言 …… 1
1.2　成像模型 …… 6
1.2.1　遥感图象的成像过程及其影响因素 …… 6
1.2.2　成像模型及其分析 …… 9
1.3　遥感图象质量恢复的技术途径及其理论依据 …… 11
1.3.1　图象质量恢复途径及问题 …… 11
1.3.2　图象质量恢复的理论依据 …… 13
1.4　图象复原引论 …… 15
1.5　图象超分辨浅论 …… 18
1.5.1　图象内插技术 …… 21
1.5.2　基于局部谱变换特征的凸显技术 …… 25
1.5.3　基于多核基集合的高分辨图象重建技术 …… 27
1.6　系统方案 …… 31
1.6.1　系统方案的设计和原理框图 …… 31
1.6.2　工作原理 …… 33
1.7　小结和评述 …… 34

第 2 章　遥感图象的先验信息提取 …… 36
2.1　图象概率先验模型及其变换分析 …… 36
2.1.1　图象概率先验模型 …… 36
2.1.2　图象变换分析 …… 39
2.1.3　频谱分析及频率混叠深度参数的定义与提取 …… 44
2.2　图象模糊及其模糊函数的先验模型 …… 51
2.2.1　图象模糊及其模糊参数分析 …… 51

2.2.2 模糊函数的先验模型 …… 55
2.3 图象噪声及其分析 …… 59
2.3.1 噪声来源及其先验分析 …… 59
2.3.2 噪声分析 …… 61
2.4 图象云雾分析及其图象模型 …… 65
2.5 成像调制传递函数及其影响因素分析 …… 66
2.5.1 调制传递函数的基本概念和物理意义 …… 66
2.5.2 调制传递函数的数学模型及其实验数据 …… 68
2.6 图象配准技术及其帧间变换参数的提取 …… 74
2.6.1 图象配准技术研究总体方案 …… 74
2.6.2 基于 FT 的图象频域配准及其优化算法 …… 75
2.6.3 基于光(学)流的鲁棒性高精度图象配准算法方案 …… 85
2.6.4 基于不变特征的高精度图象配准算法方案 …… 86
2.7 小结与评述 …… 87

第 3 章 遥感图象复原处理技术研究 …… 89
3.1 引言 …… 89
3.2 图象模糊复原技术及其解模糊算法 …… 90
3.2.1 图象解模糊实施方案 …… 90
3.2.2 图象基本频域解模糊算法 …… 91
3.2.3 有限支持域上图象盲目反卷积解模糊算法 …… 104
3.3 图象噪声抑制技术及其去噪算法 …… 128
3.3.1 引言 …… 128
3.3.2 基于多帧融合的频域法图象去噪技术 …… 129
3.3.3 基于 PDE 的扩散图象去噪技术 …… 131
3.3.4 剔除遥感图象条带噪声的陷波带阻滤波器 …… 146
3.3.5 改进的中值滤波器消除颗粒噪声算法 …… 151
3.4 图象薄云薄雾的抑制技术 …… 151
3.4.1 基于同态滤波的薄云薄雾抑制技术 …… 152
3.4.2 基于小波多分辨分析的薄云薄雾抑制技术 …… 156
3.4.3 两种抑制薄云薄雾方法的比较 …… 160
3.5 小结与评述 …… 161

第 4 章 频域图象超分辨处理技术研究 …… 163
4.1 引言 …… 163
4.2 单帧频域变换与补偿扩展超分辨处理技术研究 …… 164

4.2.1　FFT 插值法的改进和频域变换增强技术的形成……165
4.2.2　单帧频域变换与增强技术方案及其精度分析……167
4.2.3　使用条件与理论极限……174
4.2.4　振铃的抑制和帧内频域补偿与扩展滤波器的设计……175
4.2.5　单帧频域变换与补偿扩展超分辨自适应算法……185
4.2.6　实验结果及其分析……186
4.3　图象频域解混叠超分辨处理技术研究……202
4.3.1　研究实施方案……202
4.3.2　多帧(源)频域解混叠的理论分析……203
4.3.3　单帧频域解混叠算法……210
4.3.4　实验结果及其分析……212
4.4　二至多帧频域融合超分辨算法研究……225
4.4.1　引言……225
4.4.2　频域融合超分辨算法的建立……225
4.4.3　实验结果及其分析……229
4.5　小结与评述……240
第 5 章　空域图象超分辨处理技术研究……242
5.1　引言……242
5.2　网格超分辨估计算法及其模块研究……244
5.2.1　低分辨率序列图象与高分辨率图象之间的空间关系……245
5.2.2　标准位移低分辨率图象的求解……247
5.2.3　空域递归迭代网格算法模型的建立……249
5.2.4　空域递归迭代网格算法模块……250
5.2.5　实验结果及其分析……252
5.3　MAP 估计算法及其算法模块研究……253
5.3.1　研究实施方案……253
5.3.2　图象的概率模型与估计……254
5.3.3　代价函数及其最小化估计……256
5.3.4　梯度下降的优化……257
5.3.5　循环递归迭代算法模块……259
5.3.6　实验结果及其分析……259
5.4　PMAP 估计算法模型及其改进算法研究……261
5.4.1　引言……261
5.4.2　PMAP/PML 估计基本算法模型……262

5.4.3 改进的 PMAP 估计算法……269
5.4.4 实验结果及其分析……274
5.5 POCS 估计算法模型及其计算流程研究……283
5.5.1 引言……283
5.5.2 POCS 估计算法的基础理论……284
5.5.3 POCS 估计基本算法和 RPOCS 估计鲁棒算法……287
5.5.4 实验结果及其分析……294
5.6 PMAP/POCS 融合最优算法的建立及其实验研究……298
5.6.1 引言……298
5.6.2 PMAP/POCS 融合的理论基础……299
5.6.3 PMAP/POCS 融合最优算法的建立……302
5.6.4 实验结果及其分析……310
5.7 小结与评述……321
第 6 章 神经网络图象超分辨技术研究……324
6.1 引言……324
6.2 神经网络技术基础……327
6.2.1 神经元及其激励函数……327
6.2.2 人工神经网络模型及其学习方法……331
6.3 BP 网模型及其学习算法……334
6.3.1 BP 网学习过程分析及其数学模型……334
6.3.2 BP 网基本学习算法及其局限性……337
6.3.3 比例共轭梯度学习算法……342
6.3.4 BP 网学习算法实现的保障及优化……352
6.4 网络训练样本图象的采集及其映射向量的获取……357
6.4.1 网络训练样本图象的采集……357
6.4.2 网络训练映射向量的构造方法……359
6.4.3 网络训练映射向量的数量和质量……362
6.5 BP 网结构的确定方法……363
6.6 单级训练图象超分辨 BP 网的建立和实验研究……366
6.6.1 结构的确定……366
6.6.2 网络参数的选择……368
6.6.3 图象超分辨 BP 网单级训练实验结果……370
6.6.4 单级训练图象超分辨 BP 网泛化应用实验结果与分析……372
6.7 三级训练图象超分辨 BP 网的建立和实验研究……375

6.7.1 引言……375
6.7.2 三级训练样本图象的获取筛选及其映射向量的构成……376
6.7.3 三级训练图象超分辨 BP 网结构设计及其参数的选择……379
6.7.4 图象超分辨 BP 网三级训练算法及其训练实验结果……382
6.7.5 三级训练图象超分辨 BP 网泛化应用实验结果与分析……384
6.8 小结与评述……396
后记……399
参考文献……400
彩图

插 图 目 录

图 1.2.1　遥感图象成像过程示意图……7
图 1.2.2　遥感图象成像模型……9
图 1.5.1　几种常见的插值核函数示意图……23
图 1.5.2　FIR 插值法频谱示意图(P=3)……24
图 1.5.3　图象频谱的二维振幅谱示意图……25
图 1.5.4　高频补偿滤波器的幅频响应示意图……26
图 1.5.5　获取插值核函数族的训练过程框图……28
图 1.5.6　基于多核基集合的高分辨图象重构过程原理框图……28
图 1.5.7　邻域抽取示意图……29
图 1.5.8　五角大楼的基集合插值效果图……31
图 1.6.1　遥感图象复原与超分辨率处理技术系统方案简图……32
图 1.6.2　遥感图象复原与超分辨率处理技术系统方案原理框图……32
图 2.1.1　图象频谱移位示意图……41
图 2.1.2　下采样图象的一维频谱高频部分及其频率混叠分析图……46
图 2.1.3　“资源二号”遥感图象的一维频谱高频部分分析图……48
图 2.1.4　1m 分辨率遥感图象的一维频谱高频部分分析图……49
图 2.2.1　图象模糊退化实验及其频谱分析……54
图 2.3.1　图象噪声污染实验及其频谱变化……63
图 2.4.1　薄云薄雾成像模型示意图……65
图 2.5.1　MFT(f)的一般形式示意图……68
图 2.5.2　线阵 CCD 光敏器件示意图……70
图 2.6.1　基于 FT 的多帧序列图象配准技术总体方案框图……75
图 2.6.2　用于图象配准仿真实验的原始图象……76
图 2.6.3　帧间不存在旋转时基于 FT 的图象频域配准算法仿真技术方案框图……77
图 2.6.4　帧间存在旋转时基于 FT 的图象频域配准算法仿真技术方案框图……78
图 2.6.5　基于全局运动模型的图象配准算法仿真方案简图……81
图 2.6.6　采用高斯低通滤波器优化的图象频域配准算法仿真方案框图……82
图 2.6.7　采用 R 低通滤波器优化的图象频域配准算法仿真方案框图……83
图 2.6.8　基于光流的鲁棒性高精度图象配准算法仿真方案……85
图 2.6.9　基于不变特征的高精度图象配准算法方案框图……86
图 3.2.1　遥感图象模糊分析及解模糊复原技术实施方案框图……91
图 3.2.2　图象基本频域解模糊复原仿真实验方案框图……94

图 3.2.3　高斯模糊($\sigma^2=0.8, 5\times5$,不附加噪声)图象基本频域反卷积解模糊算法仿真实验结果(55%显示)……95
图 3.2.4　线性运动($\theta=12°$,5 像素)模糊噪声图象基本频域反卷积解模糊仿真实验结果(55%显示)……97
图 3.2.5　线性运动模糊($\theta=30°$,5 像素)噪声图象基本频域反卷积解模糊算法仿真实验结果(67%显示)……98
图 3.2.6　有噪高斯模糊($\sigma^2=0.8, 5\times5$)图象基本频域反卷积解模糊算法仿真实验结果(一)(55%显示)……100
图 3.2.7　有噪高斯模糊($\sigma^2=0.8, 5\times5$)图象基本频域反卷积解模糊算法仿真实验结果(二)(67%显示)……101
图 3.2.8　有噪($N(0,10)$)散焦模糊(5×5 矩形)图象基本频域反卷积解模糊算法仿真实验结果(一)(55%显示)……102
图 3.2.9　有噪($N(0,10)$)散焦模糊(5×5 矩形)图象基本频域反卷积解模糊算法仿真实验结果(二)(133%显示)……103
图 3.2.10　空域迭代盲目反卷积模糊图象复原算法框图……111
图 3.2.11　基于 FT 的迭代盲目反卷积模糊图象复原算法框图……114
图 3.2.12　有限支持域迭代盲目反卷积模糊图象复原仿真实验方案……115
图 3.2.13　空域迭代盲目反卷积算法对无噪散焦模糊图象复原仿真实验结果(N 为迭代次数)……116
图 3.2.14　基于 FT 的迭代盲目反卷积算法对无噪散焦模糊图象复原实验结果(N 为迭代次数)……117
图 3.2.15　两种盲目反卷积算法解散焦模糊(不附加噪声)复原图象的 PSNR 与迭代次数 N 的关系……118
图 3.2.16　空域迭代盲目反卷积算法对有噪散焦模糊图象复原仿真实验结果(N 为迭代次数)(48%显示)……119
图 3.2.17　基于 FT 的迭代盲目反卷积算法对有噪散焦模糊图象复原仿真实验结果(N 为迭代次数)(48%显示)……120
图 3.2.18　两种盲目反卷积算法解散焦模糊(有噪) 复原图象的 PSNR 增量与迭代次数 N 的关系……121
图 3.2.19　有限支持域迭代(N=2)盲目反卷积算法解散焦模糊(有噪)复原图象仿真实验结果(70%显示)……124
图 3.2.20　基于 FT 的迭代(N=2)盲目反卷积算法对真实遥感图象解模糊复原实验结果(70%显示)……127
图 3.3.1　基于多帧融合的频域循环递归迭代去噪算法仿真实验结果(66%显示)……130
图 3.3.2　基于 PDE 的九种扩散去噪算法仿真实验方案……138

图 3.3.3 基于 PDE 的扩散去噪算法处理高斯噪声图象的一组仿真实验结果(51%显示)……139
图 3.3.4 基于 PDE 的扩散去噪算法处理泊松噪声图象的一组仿真实验结果(51%显示)……140
图 3.3.5 改进的各向异性扩散去噪算法仿真实验结果……143
图 3.3.6 改进的各向异性扩散去噪算法对真实遥感图象的实验结果(72%显示)……146
图 3.3.7 含条带噪声的 CBERS-2 三波段图象及其频谱分析图(39%显示)……147
图 3.3.8 三种常见的陷波带阻滤波器示意图……148
图 3.3.9 陷波带阻滤波器(图象中心部位为低频部分)示意图……148
图 3.3.10 陷波带阻滤波器设计示意图……149
图 3.3.11 陷波带阻滤波器及其处理前后的图象(39%显示)……150
图 3.4.1 基于同态滤波的图象薄云薄雾抑制技术实施方案框图……154
图 3.4.2 基于同态滤波的图象薄云薄雾抑制技术典型实验结果(44%显示)……154
图 3.4.3 基于同态滤波的图象薄云薄雾抑制技术实验结果(66%显示)……155
图 3.4.4 基于小波多分辨分析的图象薄云薄雾抑制技术实施方案……158
图 3.4.5 基于小波多分辨分析的图象薄云薄雾抑制应用实验结果(64%显示)……159
图 3.4.6 基于小波多分辨分析的图象薄云薄雾抑制仿真实验结果(72%显示)……160
图 4.2.1 FFT 插值(P=2)算法示意图……165
图 4.2.2 单帧图象频域变换与增强算法处理靶标图象提高分辨率效果比较(51%显示)……167
图 4.2.3 单帧图象频域变换与增强算法对 1m 分辨率遥感图象的处理结果(70%显示)……167
图 4.2.4 单帧频域变换与增强算法仿真技术方案……168
图 4.2.5 单帧频域变换与增强算法单向提高图象分辨率的实验结果……170
图 4.2.6 单帧频域变换与增强算法双向提高图象分辨率的实验结果……172
图 4.2.7 单帧频域变换与增强技术应用方案……172
图 4.2.8 单帧频域变换与增强算法处理前后的图象(72%显示)……174
图 4.2.9 遥感图象的二维频谱和一维频谱分析……175
图 4.2.10 图象超分辨中抑制振铃技术实施方案框图……176
图 4.2.11 一维信号 FFT 插值法频域变换示意图……176
图 4.2.12 复杂程度不同的图象及其频谱分析图……177
图 4.2.13 单帧频域补偿与扩展滤波器一维基础函数响应和 p 指数变化的关系……179
图 4.2.14 一维频率补偿与扩展滤波器操作原理(混叠的校正和补偿)示意图(A=2)……180
图 4.2.15 一维频域补偿与扩展滤波器和其他几种插值方法的性能实验效果比较……181
图 4.2.16 图象振幅谱方差 D_F 与指数 p 的关系……184

图 4.2.17 单帧频域变换与补偿扩展超分辨自适应算法模块 ······ 185
图 4.2.18 分辨率等级测试图象对单帧频域变换与补偿扩展算法的性能考查实验结果 ······ 191
图 4.2.19 单帧频域变换与补偿扩展算法对“资源二号”遥感图象的应用处理结果(72%显示) ······ 193
图 4.2.20 单帧频域变换与补偿扩展算法对多类不同分辨率卫星遥感图象的应用处理结果 ······ 198
图 4.2.21 单帧频域变换与补偿扩展算法对“资源二号”图象执行显示模式放大4×4 倍处理效果(53%显示) ······ 200
图 4.2.22 单帧频域变换与补偿扩展算法对国际卫星图象执行显示模式放大4×4 倍处理效果 ······ 201
图 4.3.1 图象频域解混叠超分辨技术实施方案 ······ 202
图 4.3.2 常见的几种采样函数 ······ 211
图 4.3.3 单帧频域解混叠重复递归迭代算法模块 ······ 212
图 4.3.4 多帧频域解混叠基本算法对 16 帧欠采样序列图象的仿真验证实验结果(66%显示) ······ 213
图 4.3.5 多帧频域解混叠基本算法对 16 帧欠采样噪声序列图象的仿真验证实验结果(66%显示) ······ 214
图 4.3.6 多帧频域解混叠基本算法对 16 帧欠采样模糊序列图象的仿真验证实验结果(66%显示) ······ 215
图 4.3.7 分辨率等级测试图象对单帧频域解混叠算法的性能考查实验结果 ······ 221
图 4.3.8 单帧频域解混叠算法对“资源二号”遥感图象的应用处理结果(72%显示) ······ 224
图 4.3.9 单帧频域解混叠算法对国际上某卫星图象的应用处理结果 ······ 224
图 4.4.1 二至多帧图象频域融合超分辨算法框图(图象模式放大 2×2 倍) ······ 228
图 4.4.2 两帧输入频域融合超分辨算法的仿真验证实验结果(73%显示) ······ 231
图 4.4.3 3m 分辨率 Iknos 等级测试图象对两帧输入频域融合超分辨算法的性能考查实验结果 ······ 233
图 4.4.4 2m 分辨率 Iknos 等级测试图象对频域融合超分辨算法的性能考查实验结果 ······ 236
图 4.4.5 两帧输入频域融合超分辨算法的应用处理结果(36%显示) ······ 239
图 5.2.1 具有标准位移的低分辨率图象($L_x = L_y = 1$)与高分辨率图象的网格对应关系示意图 ······ 246
图 5.2.2 具有非标准位移的低分辨率图象在高分辨率图象中的网格示意图 ······ 247
图 5.2.3 由低分辨率序列图象重构高分辨率图象递归迭代网格超分辨算法模块 ······ 251

图 5.2.4 网格超分辨算法等两组处理结果及其比较……253
图 5.3.1 MAP 估计算法研究实施方案……254
图 5.3.2 MAP 估计循环递归迭代算法模块……259
图 5.3.3 MAP 估计算法与双线性插值法的实验结果比较……260
图 5.4.1 PMAP 与 PML 估计基本算法两组实验结果比较……276
图 5.4.2 图 5.4.1 中 PMAP 与 PML 估计基本算法迭代图象的 PSNR 比较……277
图 5.4.3 GPMAP 扩展算法与 PMAP 基本算法超分辨处理结果比较……278
图 5.4.4 GPMAP 扩展算法与 PMAP 基本算法迭代图象的 PSNR 比较……279
图 5.4.5 两帧输入 RGPMAP 算法鲁棒性能验证实验……279
图 5.4.6 四帧输入 RGPMAP 算法鲁棒性能验证实验……280
图 5.4.7 RGPMAP 估计算法超分辨仿真实验结果(66%显示)……282
图 5.5.1 高分辨率图象退化及其 POCS 估计重建示意图……289
图 5.5.2 RPOCS 估计鲁棒算法流程图……293
图 5.5.3 两帧输入 RPOCS 和 POCS 估计算法鲁棒性能仿真验证实验(73%显示)……295
图 5.5.4 四帧输入 RPOCS 和 POCS 估计算法鲁棒性能仿真验证实验(73%显示)……295
图 5.5.5 RPOCS 估计鲁棒算法超分辨处理实验结果(72%显示)……298
图 5.6.1 PMAP/POCS 融合优化多级图象超分辨算法实施方案框图……302
图 5.6.2 RGPMAP-RPOCS 融合方法示意图(一)……304
图 5.6.3 RPOCS-RGPMAP 融合方法示意图(二)……304
图 5.6.4 六帧原始高分辨率测试图象……305
图 5.6.5 两种融合方法六组迭代图象 PSNR 均值与迭代次数 N 的关系曲线……306
图 5.6.6 六组迭代图象 PSNR 均值与迭代次数 N 的三个关系曲线(m=1)……308
图 5.6.7 六组迭代图象 PSNR 均值与迭代次数 N 的三个关系曲线(n=1)……309
图 5.6.8 RGPMAP-2-RPOCS 融合最优算法流程图……310
图 5.6.9 RGPMAP-2-RPOCS 融合最优等三种算法效果验证比较实验结果……312
图 5.6.10 八组分辨率等级测试序列图象中的 1m 分辨率图象……313
图 5.6.11 3m 分辨率等级测试图象对 RGPMAP-2-RPOCS 融合最优算法考查实验结果……315
图 5.6.12 2m 分辨率等级测试图象对 RGPMAP-2-RPOCS 融合最优算法考查实验结果……317
图 5.6.13 RGPMAP-2-RPOCS 融合最优算法对两帧输入图象的应用处理结果(36%显示)……320
图 6.1.1 BPNN 再生能力的实验结果……326
图 6.2.1 人工神经元模型示意图……328

图 6.2.2 阈值型激励函数示意图 …… 329
图 6.2.3 分段线性激励函数示意图 …… 330
图 6.2.4 S 型激励函数示意图 …… 330
图 6.2.5 前馈层次型神经网络结构模型示意图 …… 331
图 6.2.6 学习过程中权值调整示意图 …… 333
图 6.3.1 BP 网基本结构及其学习过程示意图 …… 334
图 6.3.2 隐含层和输出层激励函数示意图 …… 336
图 6.3.3 BP 网学习过程信号流程示意图 …… 339
图 6.3.4 误差超曲面在单个连接权值坐标方向上的切线示意图 …… 341
图 6.3.5 不同学习算法训练相同网络的效果比较(图象 50%显示) …… 351
图 6.3.6 扩展 S 型函数在不同陡峭系数时的函数曲线 …… 355
图 6.4.1 由一帧 HRI 生成四帧 LRIs 的 USS 操作示意图 …… 358
图 6.4.2 网络训练映射向量的构成示意图 …… 360
图 6.4.3 网络收敛误差与训练映射向量数目的关系 …… 363
图 6.5.1 BP 网单隐层节点数目确定流程 …… 365
图 6.6.1 单级训练图象超分辨 BP 网的结构示意图 …… 368
图 6.6.2 单级训练图象超分辨 BP 网训练过程 …… 371
图 6.6.3 单级训练图象超分辨 BP 网的训练实验结果(均 61%显示) …… 372
图 6.6.4 分辨率等级测试图象对单级训练图象超分辨 BP 网泛化再生能力考查实验结果 …… 373
图 6.6.5 单级训练图象超分辨 BP 网的泛化应用实验结果(75%显示) …… 375
图 6.7.1 由一帧高分辨率遥感参考图象经三次质量退化操作的欠采样图象方差(σ_k^2) …… 378
图 6.7.2 三级训练图象超分辨 BP 网的结构示意图 …… 381
图 6.7.3 图象超分辨 BP 网三级训练算法及其泛化应用框图 …… 382
图 6.7.4 BP 网三级训练收敛图 …… 383
图 6.7.5 图象超分辨 BP 网三级训练及其输出结果图象 …… 384
图 6.7.6 三级训练图象超分辨 BP 网对图象模式映射泛化应用处理结果 …… 386
图 6.7.7 3m 分辨率等级测试序列图象对三级训练图象超分辨 BP 网性能考查实验结果 …… 388
图 6.7.8 2m 分辨率等级测试序列图象对三级训练图象超分辨 BP 网性能考查实验结果 …… 391
图 6.7.9 单帧输入三级训练图象超分辨 BP 网应用实验结果(54%显示) …… 393
图 6.7.10 双帧输入三级训练图象超分辨 BP 网应用效果实验结果 …… 395

插 表 目 录

表 2.1.1 频率混叠深度参数 C_{11} 取值范围与图象分辨率的关系……47
表 2.1.2 “资源二号”遥感图象频率混叠分析表……48
表 2.1.3 1m 分辨率遥感图象频率混叠分析表……50
表 2.5.1 光学衍射 MTF_{O1} 值随 λ、F_N、f 的变化……69
表 2.5.2 像差系统 MTF_{O2} 值随 B/d 的变化……70
表 2.5.3 λ=0.60μm 时离焦的 MTF_{O4} 值……71
表 2.5.4 不同 ε 情况下电荷转移损失的 MTF_t 值……72
表 2.5.5 不同 d、L_0 情况下光串扰的 MTF_d 值……72
表 2.5.6 载体振动的 MTF_s 随 A/d 变化值……73
表 2.5.7 遥感光学成像系统奈奎斯特频率处的 MTF(f_N) 值与对应的 k 值……74
表 2.6.1 基于 FT 的图象频域配准算法的高斯低通滤波参数 σ 与配准误差的关系……77
表 2.6.2 基于 FT 的图象频域配准算法的模板 T 与配准误差的关系……77
表 2.6.3 帧间存在旋转时基于 FT 的图象频域配准算法滤波参数 σ 与配准误差的关系……79
表 2.6.4 帧间存在旋转时基于 FT 的图象频域配准算法计算模板 T 与配准误差的关系……79
表 2.6.5 基于全局运动模型的图象配准算法高斯低通滤波参数 σ 与配准误差的关系……81
表 2.6.6 采用高斯滤波器优化的图象频域配准算法滤波参数 σ 与配准误差的关系……82
表 2.6.7 采用高斯滤波器优化的图象频域配准算法模板 T 与配准误差的关系……83
表 2.6.8 采用 R 低通滤波器优化的图象频域配准算法模板 T 与配准误差的关系……84
表 3.2.1 基本频域反卷积算法对有噪运动模糊图象解模糊前后 PSNR(dB) 比较……99
表 3.2.2 基本频域反卷积算法对有噪高斯模糊图象解模糊前后 PSNR(dB) 比较……101
表 3.2.3 基本频域反卷积算法对有噪散焦模糊图象解模糊前后 PSNR(dB) 比较……104
表 3.2.4 空域迭代盲目反卷积算法解无噪散焦模糊复原图象 PSNR(dB) 与迭代次数 N 的关系……117
表 3.2.5 基于 FT 的迭代盲目反卷积算法解无噪散焦模糊复原图象 PSNR(dB) 与迭代次数 N 的关系……118

表 3.2.6　空域迭代盲目反卷积算法解有噪散焦模糊复原图象 PSNR(dB)与迭代次数 N 的关系 ······ 120
表 3.2.7　基于 FT 的迭代盲目反卷积算法解有噪散焦模糊复原图象 PSNR(dB)与迭代次数 N 的关系 ······ 121
表 3.2.8　两种有限支持域迭代盲目反卷积算法解有噪散焦模糊复原图象 PSNR(dB)的比较(N=2) ······ 124
表 3.2.9　图 3.2.20 中解模糊复原图象对比度改善因子 ······ 127
表 3.3.1　图 3.3.1 中去噪处理前后图象 PSNR 的改善 ······ 130
表 3.3.2　基于 PDE 的九种扩散去噪算法处理高斯噪声污染图象的 PSNR 比较 ·· 141
表 3.3.3　基于 PDE 的九种扩散去噪算法处理泊松噪声污染图象(图 3.3.4)的 PSNR 比较 ······ 141
表 3.3.4　改进的各向异性扩散去噪算法处理噪声污染图象(图 3.3.5)的 PSNR ··· 144
表 4.2.1　单帧频域变换与增强算法单向提高图象分辨率的处理误差 ······ 169
表 4.2.2　单帧频域变换与增强算法双向提高图象分辨率的处理误差 ······ 172
表 4.2.3　频域补偿与扩展等插值法处理变化较缓慢信号的插值误差比较(p=55) ··· 181
表 4.2.4　频域补偿与扩展等插值法处理变化较剧烈信号的插值误差比较(p=2.2) ·· 181
表 4.2.5　式(4.2.17)的系数 $A(i)$ 的取值 ······ 185
表 4.2.6　分辨率等级测试图象对单帧图象频域变换与补偿扩展算法的性能考查实验数据 ······ 186
表 4.3.1　分辨率等级测试图象对单帧频域解混叠超分辨算法的性能考查实验数据 ······ 221
表 4.4.1　两帧输入频域融合超分辨算法仿真验证实验图象的 PSNR 和 SNR ······ 231
表 4.4.2　频域融合超分辨算法处理 3m 分辨率等级测试图象的 PSNR 和 SNR ··· 234
表 4.4.3　频域融合超分辨算法处理 2m 分辨率等级测试图象的 PSNR 和 SNR ··· 236
表 4.4.4　图 4.4.5 中两帧输入图象帧间配准位移参数 ······ 239
表 4.4.5　图 4.4.5 中频域融合超分辨算法输出图象对比度改善因子 T_{e1} ······ 239
表 5.2.1　图 5.2.4 中网格超分辨算法等多种方法处理图象的 PSNR 比较 ······ 253
表 5.3.1　图 5.3.3 中 MAP 估计算法等处理图象的 PSNR 比较 ······ 261
表 5.4.1　PMAP 和 PML 估计基本算法在图 5.4.1 两组实验中 80 次迭代图象 PSNR 比较 ······ 277
表 5.4.2　RGPMAP 等算法两组实验结果的 PSNR 比较 ······ 281
表 5.4.3　RGPMAP 等算法两组实验结果的 SNR 比较 ······ 281
表 5.4.4　图 5.4.7 中 RGPMAP 估计算法处理图象的 PSNR 比较 ······ 283
表 5.5.1　RPOCS 和 POCS 估计算法两组处理图象的 PSNR 比较 ······ 297

表 5.5.2 RPOCS 和 POCS 估计算法两组处理图象的 SNR 比较 ………………………… 297
表 5.5.3 图 5.5.5 中 RPOCS 估计鲁棒算法处理图象的 PSNR 比较 …………………… 298
表 5.6.1 RGPMAP-RPOCS 融合方法六组测试迭代图象的 PSNR……………………… 306
表 5.6.2 RPOCS-RGPMAP 融合方法六组测试迭代图象的 PSNR……………………… 306
表 5.6.3 RGPMAP-RPOCS-1 (m=1) 融合算法六组测试迭代图象的 PSNR………… 308
表 5.6.4 RGPMAP-RPOCS-2 (m=1) 融合算法六组测试迭代图象的 PSNR………… 308
表 5.6.5 RGPMAP-RPOCS-5 (m=1) 融合算法六组测试迭代图象的 PSNR………… 308
表 5.6.6 RGPMAP-1-RPOCS (n=1) 融合算法六组测试迭代图象的 PSNR………… 309
表 5.6.7 RGPMAP-2-RPOCS (n=1) 融合算法六组测试迭代图象的 PSNR………… 309
表 5.6.8 RGPMAP-5-RPOCS (n=1) 融合算法六组测试迭代图象的 PSNR………… 309
表 5.6.9 图 5.6.9 中三种算法比较实验输出图象的 PSNR ……………………………… 313
表 5.6.10 RGPMAP-2-RPOCS 融合最优算法对 3m 分辨率等级测试图象处理效果评价 ……………………………………………………………………………… 316
表 5.6.11 RGPMAP-2-RPOCS 融合最优算法对 2m 分辨率等级测试图象处理效果评价 ……………………………………………………………………………… 318
表 5.6.12 图 5.6.13 中两帧输入图象帧间位移参数……………………………………… 321
表 5.6.13 图 5.6.13 中 RGPMAP-2-RPOCS 融合最优算法输出图象对比度改善因子……………………………………………………………………………………… 321
表 6.3.1 不同学习算法训练相同网络的数据统计……………………………………… 351
表 6.3.2 低分辨率序列图象与高分辨率图象中提取的两组对应数据 ………………… 356
表 6.4.1 不同分块映射方式下单隐层基本 BP 网训练收敛及其输出图象性能情况……………………………………………………………………………………… 362
表 6.6.1 单隐层不同节点数目的基本 BP 网训练收敛及其输出图象性能情况…… 366
表 6.7.1 单隐层不同节点数目的三级训练 BP 网训练收敛及其输出图象性能情况……………………………………………………………………………………… 380
表 6.7.2 三级训练图象超分辨 BP 网处理 3m 分辨率图象的 PSNR 和 SNR……… 389
表 6.7.3 三级训练图象超分辨 BP 网处理 2m 分辨率图象的 PSNR 和 SNR……… 391
表 6.7.4 单帧输入三级训练图象超分辨 BP 网应用实验结果的 PSNR 和 SNR…… 393
表 6.7.5 图 6.7.10 中应用实验输出图象对比度改善因子 ……………………………… 395
表 6.8.1 三级训练 BP 网与频、空域融合算法应用实验输出图象对比度和 PSNR 改善数据 ………………………………………………………………………… 398

第 1 章　绪　　论

1.1　引　　言

成像传感器的分辨率由其物理性质决定，分辨率是反映成像系统分辨物体细节的能力，它是成像系统的一个重要性能和指标。这里需要区分两种分辨率的概念，即成像分辨率和图象显示分辨率。由于成像系统实际上是把物体抽象为理想的点光源的集合来考虑，所以在考虑一个成像系统的分辨率时，一般只考虑其两点分辨率，即区分两个等亮度的点光源的能力，用两个点光源的最小极限分辨距离作为系统的成像分辨率，即所成图象的实际分辨率，对光学图象而言，这种极限分辨距离就定义为实际点扩散函数(Point Spread Function，PSF)的主瓣宽度。而图象的显示分辨率是每英寸视图内有多少像素点，其单位为每英寸像素数(Pixels Per Inch，PPI)；通常，因为图象所含客体大小不变，其像素数越多，显示分辨率越高，常用图象的两个正交坐标方向上的像素数，如128×128，表示显示分辨率，这又被称为图象显示模式，简称为图象模式，图象模式越大，显示分辨率越高。在一般情况下，图象模式的提高有助于实际分辨率的增强，两者无固定关系，需要深入分析。

遥感图象，特别是高分辨率的遥感图象，作为准确、客观蕴涵和表达目标客体及其背景信息的一种载体，其应用领域越来越广泛，应用价值越来越高。例如，在城市、机场等交通枢纽的管制及车牌识别、空间飞行体的制导与导航、气象环境的监视及预报、医学 CT 和 NMR(核磁共振)成像诊断、地质勘探及其数据分析、地震灾害的探查与评估等诸多领域(陈凤，2005)，各类目标识别与判读(李宁宁，1995)，以及在城市规划、土地利用监测、自然灾害预报等民事领域(吴青，2006)，都有广泛的需求和应用。目前已经形成遥感影像获取、解译、地表信息分类和提取、三维重建、变化检测、动态监测、地图更新等完整的信息链。未来遥感图象的应用将更加普及，进一步推动遥感技术的发展。但是，实际应用表明，从遥感成像系统获取的遥感图象分辨能力往往达不到实际应用的要求，由于成像器件技术水平以及外界干扰的影响，所成遥感图象一般也达不到设计要求。所以，随着应用领域和应用深度不断扩展，越来越迫切要求提高遥感图象分辨率(魏祥泉，2005)。

对应用电荷耦合器件(Charge Couple Device，CCD)的光学成像系统来说，提高图象分辨率的一种直接的方法是使用高密度的 CCD，即降低每个光敏器件的尺寸 W。但 MIT/Lincoln 实验室在 1989 年发表的研究结果已经表明，检测器的散粒噪声和点扩散函数造成的模糊尺寸的影响是不可避免的，W越小，单个检测器收集到的目标信息越少，而散粒噪声和模糊的影响越严重，致使所成图象模糊越重、信噪比越低，在一定情况下，反而会显著降低图象的质量(Billard，1989)。同时，由于CCD工艺的限制，在很多实际应用情况下，不能通过降低单个检测器的尺寸即提高CCD密度的方法提高设备的成像分辨率。

如果勉强要求CCD相机满足高分辨率的要求，则受到另外的限制。例如，对于线阵刷式扫描CCD成像系统和面阵CCD成像系统，若要求地面分辨率由3m提高到1.5m，不计其他因素的影响，则在探测区域不变的情况下，CCD的单元(光探测器)数目就要分别增加到2倍和4倍。同时，CCD相机分辨率的提高会使图象的数据量大幅度增加，也提高了对图象传输系统的要求，这样就会导致相应设备结构的复杂化，不但会大大增加体积、重量和功耗，而且会降低可靠性，增大风险。同时，这些还意味着花费的剧烈增长，在经济上是不可取的。所以，在许多情况下不能用直接提高所用成像CCD密度的方法来提高遥感图象的分辨率。

在遥感成像设备硬件能力有限的情况下，必须开辟新的技术途径和方法来提高遥感图象的空间分辨率。当应用要求一定时，如果能使用图象处理的方法提高遥感图象的分辨率，则可以使用较低分辨率的遥感成像设备，从而可使设备大大简化，费用和风险大大降低，可靠性大大增强。事实上，利用图象复原与超分辨率处理技术来提高遥感图象的分辨率，已经被实际应用所证实。如果CCD相机的实际硬件水平比较低，则通过应用图象复原与超分辨处理技术来获得更高分辨率的遥感图象，更为实际和可行。

在20世纪末的三十多年中，关于单帧退化图象的复原问题，人们建立和发展了一系列的经典理论。进入本世纪以来，随着计算机科学和工程的持续不断的发展，允许更复杂更费时的算法，在解决图象复原问题的基础上，人们把主要精力集中在图象超分辨率处理的非传统处理方法上。图象超分辨方法包括输入的低分辨率图象可能是单帧的或者是多帧的，既有基于重建的频、空域方法，也有基于学习的神经网络方法(将在第6章专题研究)。由于应用需求的迫切性，有关的研究热情越来越高，新方法也层出不穷，并且在航空航天、交通管制、环境监控、医学诊断、地质勘探和地震灾害评估等诸多领域的应用均取得了很大进展(马冬冬，2010)。

1)单帧图象复原与超分辨处理方法

在没有富含相同景物非冗余信息的多帧像源的情况下，只有单帧的低分辨率观测图象的信息可以利用。因此，从方便于实际应用的角度出发，应该着重研究单帧低分辨率图象的复原与超分辨处理方法，其中又有频域的和空域的之分。

在频域里，单帧图象复原与超分辨处理方法主要有有限字长冲激响应(Finite Impulse Response，FIR)插值法和快速傅里叶变换(Fast Fourier Transform，FFT)插值法。FIR 插值法存在频率上限问题，插值精度比较差；而 FFT 插值法能够克服前者的缺点，且处理速度比较快，但是其传统的方法效果还是比较差，需要一套更完善的频域变换插值公式，并且要解决振铃(ringings)抑制问题，进行种种优化处理，才能收到好的效果。在原 FFT 插值法的基础上，经过深入的理论研究和艰苦的实验验证，形成了本书称为单帧频域变换与补偿扩展超分辨自适应算法，多方面的性能考查和实际应用表明，该算法具有理论扎实、应用方便和普适性强的特点，可使图象分辨率由原 3m、2m 分别提高 1.6 倍和 1.4 倍以上，详见 4.2 节。

在空域里的单帧图象复原与超分辨处理方法，除了古典的插值方法，主要是基于插值基函数的插值方法。目前比较常用的插值基函数有矩形函数(零阶保持插值)、三角形函数(线性插值)、钟形函数、三次 B 样条函数和 sinc 函数等，这些传统的插值方法是其他比较新的低分辨率图象复原与超分辨方法的基础。下面就三种通过空域插值实现图象复原与超分辨的方法说明国际上近年来的研究状况。

(1)基于多核基函数插值的处理方法

基于多核基函数的插值方法是在插值基函数基础上发展起来的一种空域图象复原与超分辨方法。它是通过分析图象各个局部区域的统计特征，以确定适用于各个局部区域的插值核函数。Wang 和 Mitra 把插值核模型分为三类：用于描述强度变化很小的局部区域的常数模型；用于强度沿着某一个方向变化的局部区域的方向模型；用于强度变化不固定、存在多个方向的局部区域(如角点)的不规则模型(Wang et al.，1988)。Winans 和 Walowit 用参数可调的三次样条核，根据与插值点相邻区域的边缘信息进行插值(Winans et al.，1992)。Darwish 和 Bedair 同样将图象分成边缘区域、光滑区域和非边缘非光滑区域等三类区域分别进行超分辨处理，在边缘区域使用最近邻插值核，在光滑区域使用三次样条核，而在非边缘和非光滑区域则用三次核函数(Darwish et al.，1996)。Mahmoodi 提出了使用两个插值核的方法(Mahmoodi，1993)。Candocia 和 Atkins 分别提出了基于训练的插值方法，主要是通过低分辨率图象与相应高分辨率图象之间的关系(Candocia，1998；Atkins，1998)进行训练，充分利用目标和高分辨图象的强度概率密度函数(Probability Density Function，PDF)(Ruderman et al.，1992)等先验信息，实现低分辨率图象的复原与超分辨处理。1.5.1 节将给出几种常见的插值核函数，以便应用参考。

(2)基于变分/统计插值的处理方法

Karyiannis 和 Venetsanopoulos 把变分问题引入插值操作，把图象插值问题转变成二次函数的约束最小化问题(Karayiannis et al.，1991)。Ruderman 和 Bialek 提出一种基于统计的方法，即如果原始信号的概率密度已知，则可把它当作先验知识用来解图象的频率混叠，对原始信号进行估计(Ruderman et al.，1992)。他们认为被估计信号的频率可以超越奈奎斯特频率极限，在已知原始信号的概率密度函数和观测信号的条件下，这种图象复原与超分辨方法所得到的信号估计是对原始信号的最优估计。Schultz 和 Stevenson 提出了一种基于变分与统计原理相结合的插值方法，这种方法把图象的统计模型假定为凸的 Huber 函数，并利用该函数来保护高分辨图象的边缘(Schultz et al.，1996)。

(3)基于边缘插值的处理方法

常见的样条插值均是基于局部连续性进行插值的，容易引起边缘模糊。为了消除边缘模糊，许多学者提出了各种各样的插值滤波器，在提高图象分辨率的同时减少边缘模糊。Bayrakeri 和 Mersereau 提出了基于方向加权的插值方法，插值的权重随着方向变化而变化(Bayrakeri et al.，1995)。Marsi 等提出了一种简单的边缘敏感插值滤波器，它带有一个可以调节的参数，该参数可以根据插值点附近的元素进行自适应选取(Marsi et al.，1996)。Xin 和 Michael 提出了一种新的插值方法，把双线性插值与基于局部协方差的自适应插值相结合，减少了计算量和算法的复杂性(Xin et al.，2001)。

2)多帧图象复原与超分辨处理方法

多帧低分辨率序列图象的复原与超分辨处理必须保证不同的帧存在不同的非冗余信息，这些非冗余信息使得重建的高分辨率图象的频谱更宽更丰富，因此处理的效果会更好。在理论上，非冗余信息可以通过对低分辨率序列图象各个帧的成像提供不同的光照条件或者用不同的传感器获得，这属于多通道数据融合图象复原与超分辨问题。若只有一个成像设备，而且光照条件相同，则需要存在帧间相对运动。帧间相对运动可以是相机平台相对于场景的运动，也可以是场景中客体之间的相对运动，或者是相机的抖动。基于重建的多帧低分辨率序列图象的复原与超分辨处理方法也可以区分为频域的和空域的两种。

频域多帧低分辨率图象的复原与超分辨处理方法主要是基于频域解混叠的技术。Tsai 和 Huang 首先在不考虑噪声和模糊的情况下，对帧间存在亚像元平移的、欠采样的一组低分辨率序列图象，导出了频率混叠公式，建立了频域解混叠的基本模型(Tsai et al.，1984)。随后，Kim 等先后引入噪声与模糊等问题，使得算法逐渐完善(Kim et al.，1990，1991，1993)。频域解混叠技术要求至少输入 4 帧序列图象且帧间平移满足一定的约束条件，并且要求图象模糊类型是线性移不变的，而图象噪声是加性齐次的，否则解混叠的运算会出现“病态”。为了适应实际应用，在有至少二帧或更多帧实际观测序列图象的情况下，我们建立了图象频域融合超分辨算法，其中的频域解混叠操作可以选择输入 12 帧序列图象且均满足约束条件，提高了算法稳定性和鲁棒性，并且取得了更好的超分辨图象重建效果，可使图象分辨率由原 3m、2m 分别提高 1.875 倍和 1.8 倍以上，详见 4.4 节。

在空域里，由多帧低分辨率序列图象重构一帧高分辨率图象的图象复原与超分辨处理方法，近年来发展比较快，主要有基于集合理论的在迭代后向投影(Iteration

Back-Projection，IBP）方法基础上发展起来的凸集投影（Projections onto Convex Sets，POCS）估计方法，基于概率统计理论的最大似然（Maximum Likelihood，ML）估计、最大后验概率（Maximum A-posteriori Probability，MAP）估计和泊松（Poisson）最大后验概率（PMAP）估计方法，还有基于概率统计理论和基于集合论相结合的估计方法以及基于非均匀采样的图象超分辨方法等，详见第 5 章。在最优的鲁棒性扩展泊松最大后验概率（RGPMAP）算法与鲁棒性凸集投影（RPOCS）算法的基础上，我们建立了空域 RGPMAP-2-RPOCS 图象融合最优超分辨算法，取得了与第 4 章所建立的图象频域融合算法具有近似而稍优的图象超分辨效果，可使图象分辨率由原 3m、2m 分别提高 1.875 倍和 1.8 倍以上，详见 5.6 节。

随着图象超分辨技术的迅速发展，对图象超分辨持怀疑甚至否定态度的人们越来越少，人们日益重视图象超分辨的限制问题。文献（Lin et al.，2004）深入分析了由多帧低分辨率图象超分辨重建（Super Resolution Reconstruction，SRR）高分辨率图象技术提高分辨率的极限问题，建立了一系列数学模型，通过分析计算得到：在理论上提高分辨率的极限是 5.7 倍，但是考虑到噪声、模糊、图象配准误差和运算残差等因素的影响，他们分析实际能达到的极限是 M=1.6 倍。当然，如果有效地降低各种影响因素的影响，则实际可实现的极限还会提高。此外，他们还给出了能充分逼近上述超分辨极限所需要的低分辨率图象的帧数 N，如果上述倍数 M 是整数，则 $N = M^2$，如果 M 的小数部分是 0.5，则 $N = 4M^2$。文献（Baker et al.，2002）也认为高分辨率图象重构也存在限制，随着低分辨率图象帧数的增加，能够提供的有效信息越来越少。为了突破图象超分辨的限制，人们在进行着不懈探索，简要说明如下。

可以通过辨识低分辨率图象的局部特征，并以适当的方式增强它们的分辨率。例如，上述文献（Baker et al.，2002）虽然论述了高分辨率图象重构的限制，同时作者力图通过辨识低分辨率图象的局部特征，然后以适当的方式增强它们的分辨率。文献（Narasimhan et al.，2005）利用图象检测器上的所有像素能采集多维（空间、时间、频谱、亮度、极化等）图象，它们之间存在巨大的非冗余信息，并且不同维间高度相关。因此，利用基于观测图象强度的多项式函数为局部结构模型能较好地实现多采样图象的内插，并且显示了结构内插三个特殊应用的优点。文献（Patti et al.，2001）的作者建议改善基于 POCS 超分辨重构方法，第一是改善连续图象离散化模型以有利于允许运用高级插值方法，第二是修改限制集以减少边缘振铃和混叠。

目前，各种各样的超分辨方法通常都灵敏于图象数据和噪声的假设模型，因而限制了应用效果。例如，文献（Fasiu et al.，2004）认为在过去的二十年间提出的各种各样的超分辨方法就是这样，作者提出基于 L_1 范数最小化和鲁棒的正则化，不但计算消耗少，而且对运动和模糊估计中的误差具有鲁棒性，导致图象具有尖锐的边缘。

文献(Koo et al., 1999)的作者提出一套图象分辨率增强技术及其方案，他们认为可以使分辨率提高4×4倍。文献(Lee et al., 2003)，为了克服不精确的亚像元配准引入的病态问题，引用正则化参数，建议一个高分辨率图象重构算法。其中，建议自动估计正则化参数的两个方法，对于配准误差和噪声是鲁棒性的，且不要求关于原始图象或配准过程的任何先验信息。

第4章和第5章研究的是基于重建的频、空域图象超分辨技术，其中在频、空域分别建立的图象融合最优超分辨算法实际提高分辨率的倍数(上面已给出)均已超过文献(Lin et al., 2004)给出的极限。第6章研究基于学习的神经网络图象超分辨技术，通过三级训练算法，实现不同图象模式的非线性映射，建立了具有强大超分辨再生能力的图象超分辨 BP 网，得到了与上述结果类似且稍优的效果，尚有发展的空间，详见6.8节。

浏览国际上关于图象超分辨处理技术的大量文献,可以看出其发展趋势有下列特点：

(1)完善现有的图象超分辨处理算法，不断地研究和探索新的超分辨处理算法；

(2)增强图象超分辨算法的鲁棒性，以尽可能适应有所变化的应用条件；

(3)改善图象超分辨算法收敛性，以适应可能出现的各种图象退化因素的影响；

(4)在图象超分辨算法中吸收正则化因子，以免病态运行使操作更有效和完善；

(5)加强对超分辨限制与反限制的研究，以便向更高的超分辨效果推进。

在国际上已有研究成果的基础上，本章重点对遥感图象复原与超分辨处理的技术基础进行深入的研究。首先，以卫星遥感为例，遥感成像系统接收的是原始地物的高分辨率图象，而输出的是质量严重退化的低分辨率图象。因此，为了实际应用，自然提出具有挑战性的系列问题：能否由质量严重退化的低分辨率观测图象恢复原来的高分辨率图象？如何恢复原来的高分辨率图象？能否使恢复图象的分辨率超过成像设备所能达到的分辨率……为了回答和解决这些问题，首先需要研究其在成像过程中使图象质量退化的各种影响因素，分析质量退化的类型和特点，建立正确的成像模型，为研究恢复图象质量的方法奠定基础。进而，通过理论分析和实验研究，建立遥感图象复原与超分辨处理技术系统方案，以便进行有序的研究工作。

1.2 成像模型

1.2.1 遥感图象的成像过程及其影响因素

这里以卫星遥感成像系统为例，所成观测图象是由遥感系统探测地面景物的信息并且传输到地面成像系统形成的。假定在某个成像时刻i，成像过程如图1.2.1所示，概述如下。

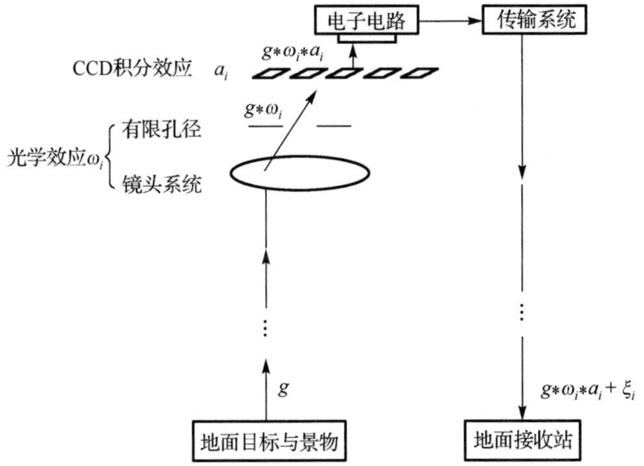

图 1.2.1　遥感图象成像过程示意图

(1) 首先，携带被观测客体与场景的光信息，即客体与场景的连续光辐射信号，可以看成客体与场景的物图象 $g(x,y)$，穿过大气层，并且经过遥感成像设备的光学系统映射到其中的光电探测器 CCD 的光敏面上。在这个过程中，由于光信号在大气传输中受到的大气扰动和其他干扰，特别是光学系统的像差、衍射、离焦和非线性畸变的影响，物图象模糊和变形，质量退化，这种影响统称为光学效应，用 $\omega_i(x,y)$ 表达。

(2) 光敏面上的 CCD 敏感器件要完成两项功能：一是把图象的光信号转换成电信号，二是把连续的图象信号转换成离散的图象信号。

由于光学系统的共同作用，CCD 敏感器件的每个敏感单元都对应着地面的一个敏感区域，同时每个光敏元还接收到来自其他邻近区域的影响，即每个敏感元收到的光辐射不但与自身对应的敏感区域有关，而且与邻近敏感元对应的敏感区域有关，所以在 CCD 敏感器件完成光信号到电信号的转换过程中会使实际的图象信号变模糊，进一步退化；同时，由于载体在其航向上进行相对于被观测客体与场景的运动，在每次成像积分时间内会产生运动模糊，也会使图象质量退化。上述在光电转换中对图象信号的影响都与 CCD 在每次摄像时间内的积分有关，可以用积分效应 $a_i(x,y)$ 来描述。

CCD 由很多分离的光敏元组成，在完成光电转换的同时，还对原来的连续图象信号进行了采样，采样间隔是由每个光敏元的宽度 d 决定的。这里涉及采样定理：如果采样率 $(1/d)$ 正好等于信号频谱最高谱线的 2 倍，即对连续信号的采样满足采样定理，则有用信息不会丢失；如果采样率大于信号频谱最高谱线的 2 倍，则称为过采样，也不会丢失有用信息；如果采样率小于信号频谱最高谱线的 2 倍，则称为欠采样，就会丢失有用的信息，采样率越小，有用信息丢失的越多。总之，不管采样率大小，CCD 都会把连续的图象信号变成离散的图象信号。对于欠采样情况得到的离散图象，与其他两种情况得到的离散图象相比，减少了采样点数，丢失了有用信息，这种欠采样情况被称为抽取。

图象信号在经 CCD 完成光电转换后，还需要经过电子电路的模/数(Analog to Digital，A/D)转换把每个连续采样值变成数字信号，使图象变成真正的数字图象。由于信号比较微弱，而且还可能夹杂着一些干扰，所以需要电子电路进行放大和滤波等处理。在这个过程中会附加 CCD 的散粒噪声和电子电路的电子热噪声等，使图象的质量进一步退化。

(3)经过 CCD 及其电子电路处理后的数字图象信号，还需要经过编码、调制、变频、功放和发射天线等图象处理与图象传输系统，才能传输到接收站进行观测成像，然后经过解调等一系列处理，最终才能得到质量退化的遥感观测图象。

在上述成像过程中，存在影响图象质量的各种因素，可以被归结为三个方面：

(1)主要是由光学系统的光学效应 $\omega_i(x,y)$ 和 CCD 的积分效应 $a_i(x,y)$ 导致的图象质量退化，使图象模糊。这种模糊效应在连续领域里用一个点扩散函数 $h_i(x,y)$ 表示，它等于 $\omega_i(x,y)$ 与 $a_i(x,y)$ 的卷积，即 $h_i=\omega_i * a_i(x,y)$。经过 CCD 采样后，点扩散函数可用离散形式 $h_i(k,l)$ 表示，即 $h_i=\omega_i * a_i(k,l)$。

(2)如果 CCD 的采样率过低，低于图象信号频谱最高谱线的 2 倍，则会导致欠采样。根据采样定理，欠采样会使采样后的图象信号频谱产生混叠，因此，不但会丢失部分高频分量，而且会改变频率混叠区段的频谱结构，降低图象的分辨率和对比度，并且欠采样越严重，频率混叠越严重，图象分辨率的退化越严重。

(3)在电子电路、图象传输和处理过程中，不可避免地要附加一些散粒噪声和热噪声等；如果客体与场景表面比较粗糙，则可能在 CCD 敏感器件产生不同相位光波的干涉，而导致散斑噪声。这些噪声有乘性噪声，也有加性噪声，乘性噪声与信号具有较强的相倚性，其影响可被归属到点扩散函数 $h_i(k,l)$ 中，也可以通过同态滤波等处理转变为加性噪声，而加性噪声用 ξ_i 表示。

在成像时刻 i 实际得到的低分辨率的遥感图象为 $f_i(k,l)$，则

$$f_i(k,l)=g*h_i(k,l)+\xi_i \tag{1.2.1}$$

按照傅里叶光学的观点，光学遥感成像系统可以等效于一个低通滤波器，由于受到光学衍射的影响，其传递函数在由衍射极限分辨率所决定的某个截止频率以上值均为零，不能传递高于系统截止频率的图象频率信息。

如果考虑连续 p 个摄像时刻，则可以形成连续 p 帧的低分辨率序列图象 $f_i(k,l)$ ($i=1,2,\cdots,p$)。由于成像系统随载体的相对运动，相邻的序列图象会因帧间运动而产生一定的变化，称为帧间运动参数或帧间变换参数。一般地讲，帧间运动参数包括相对旋转和相对平移。在图象处理中，往往要求帧间运动参数满足一定要求。

1.2.2　成像模型及其分析

上述关于成像过程的分析，由一个蕴涵观测客体的实际场景的物图象 $g(x,y)$ 得到一组遥感图象 $f_i(k,l)$ ($i=1,2,\cdots,p$)，每帧图象的质量退化了，分辨率、对比度和清晰度都降低了。所以，$f_i(k,l)$ 是低分辨率的观测图象，而 $g(x,y)$ 是高分辨率的原始物图象。$f_i(k,l)$ ($i=1,2,\cdots,p$)是降质的离散图象，而 $g(x,y)$ 是不失真的连续图象。为了方便，假定在满足采样定理的条件下，把 $g(x,y)$ 不丢失任何信息地转换成数字图象，即高分辨率的原始数字物图象，用 $g(k,l)$ 表示。以下在离散领域继续讨论。

上面已经把影响遥感图象质量的各种因素归结为四个方面：一是因光学系统和 CCD 的点扩散函数 $h_i(k,l)$ ($i=1,2,\cdots,p$)产生的图象模糊和质量退化，使分辨率和对比度降低，通常又把点扩散函数称为模糊函数或降质算子，其频域形式为 $H_i(u,v)$ ($i=1,2,\cdots,p$)；二是反映欠采样的抽取模型，可用抽取函数 $\delta_i(k,l)$ ($i=1,2,\cdots,p$) 表示，其频域形式可用矩阵表示为 $D_i(u,v)$ ($i=1,2,\cdots,p$, $u=1,\cdots,P$, $v=1,\cdots,Q$)，其中 P 为一帧低分辨率观测图象的像素总数，假定每帧观测图象的像素总数相同，Q 为高分辨率原始物图象的像素总数；三是对一组观测的序列图象来说，需要能反映帧间运动变化的运动模型，尽管运动模型一般应包括帧间相对旋转参数和相对平移参数，但是在实际处理过程中，由于帧间运动量一般比较小，旋转参数可以忽略不计或者进行了旋转补偿，只要考虑平移参数 $(\delta_{xi},\delta_{yi})$ ($i=1,2,\cdots,p$)，这时在频域可以把帧间运动表达为与 $(\delta_{xi},\delta_{yi})$ 对应的频域运动模型化为 M_i ($i=1,2,\cdots,p$)，实际上 M_i 是由频谱变换理论的位移定理确定的，其中与 $(\delta_{xi},\delta_{yi})$ 有关的是相移指数函数；四是噪声模型，在空域用 ξ_i ($i=1,2,\cdots,p$)表示，在频域用 N_i ($i=1,2,\cdots,p$)表示。由上述分析得到的成像模型如图 1.2.2 所示。

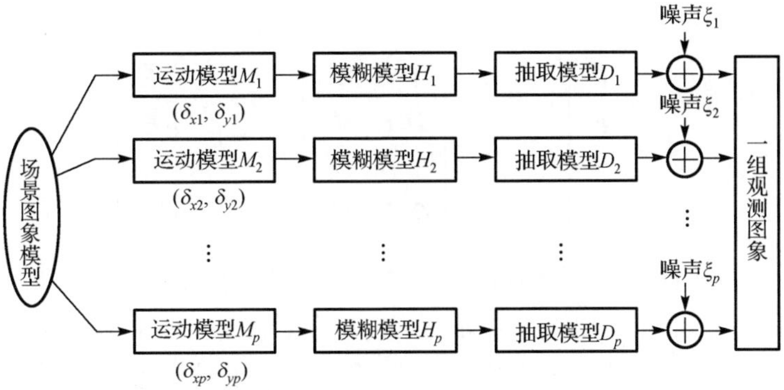

图 1.2.2　遥感图象成像模型

在空域，遥感图象成像模型的离散形式可以描述为

$$f_i(k,l)=g(k-\delta_{xi}/T_x,l-\delta_{yi}/T_y)*h_i(k,l)*\delta_i(k,l)+\xi_i\,,\quad i=1,2,\cdots,p \tag{1.2.2}$$

假定$F_i(u,v)$和$G(u,v)$分别是观测图象$f_i(k,l)$和原始物图象$g(k,l)$的离散频谱，$D_i(u,v)$和$H_i(u,v)$分别是采样函数$\delta_i(k,l)$和点扩散函数$h_i(k,l)$的离散傅里叶变换，$M_i(u,v)$是与帧间运动参数有关的频域指数函数，$N_i(u,v)$是噪声频谱，则频域成像模型的离散形式为

$$F_i(u,v)=D_i(u,v)H_i(u,v)M_i(u,v)G(u,v)+N_i(u,v)\,,\quad i=1,2,\cdots,p \tag{1.2.3}$$

原始物图象频谱$G(u,v)$的像素总数为$Q=M_g\times N_g$，令$\overline{\boldsymbol{G}}$是把$G(u,v)$排列成$Q\times1$的矢量；把第$i$帧低分辨率观测图象$F_i(u,v)$排列成$P\times1$的矢量$\overline{\boldsymbol{F}}_i$，$P=M_f\times N_f$为每帧观测图象像素总数；假定$M_f=M_g/L$、$N_f=N_g/L$，即观测图象在每个坐标方向上的像素是从原始物图象的相应坐标方向上按L:1抽取的，所以$P=Q/L^2$；$\boldsymbol{M}_i(u,v)$是$Q\times Q$的平移矩阵，用于描述第i帧观测图象与参考帧间的相对运动；$\boldsymbol{H}_i(u,v)$是$Q\times Q$的模糊矩阵；$\boldsymbol{D}_i(u,v)$是$P\times Q$均匀欠采样矩阵；$\overline{\boldsymbol{E}}_i$是$P\times1$的加性噪声矢量。这样，可以把式(1.2.3)写成矩阵形式

$$\overline{\boldsymbol{F}}_i=\boldsymbol{D}_i\boldsymbol{H}_i\boldsymbol{M}_i\overline{\boldsymbol{G}}+\overline{\boldsymbol{E}}_i,\quad i=1,2,\cdots,p \tag{1.2.4}$$

式(1.2.4)实际上是p个联立线性方程，把这p个方程结合起来，就可以得到

$$\begin{bmatrix}\overline{\boldsymbol{F}}_1\\ \overline{\boldsymbol{F}}_2\\ \vdots\\ \overline{\boldsymbol{F}}_p\end{bmatrix}=\begin{bmatrix}\boldsymbol{D}_1\boldsymbol{H}_1\boldsymbol{M}_1\\ \boldsymbol{D}_2\boldsymbol{H}_2\boldsymbol{M}_2\\ \vdots\\ \boldsymbol{D}_p\boldsymbol{H}_p\boldsymbol{M}_p\end{bmatrix}\overline{\boldsymbol{G}}+\begin{bmatrix}\overline{\boldsymbol{E}}_1\\ \overline{\boldsymbol{E}}_2\\ \vdots\\ \overline{\boldsymbol{E}}_p\end{bmatrix} \tag{1.2.5}$$

可以简化为

$$\overline{\boldsymbol{F}}=\boldsymbol{H}\overline{\boldsymbol{G}}+\overline{\boldsymbol{E}} \tag{1.2.6}$$

式中

$$\overline{\boldsymbol{F}}=\begin{bmatrix}\overline{\boldsymbol{F}}_1\\ \overline{\boldsymbol{F}}_2\\ \vdots\\ \overline{\boldsymbol{F}}_p\end{bmatrix},\quad \boldsymbol{H}=\begin{bmatrix}\boldsymbol{D}_1\boldsymbol{H}_1\boldsymbol{M}_1\\ \boldsymbol{D}_2\boldsymbol{H}_2\boldsymbol{M}_2\\ \vdots\\ \boldsymbol{D}_p\boldsymbol{H}_p\boldsymbol{M}_p\end{bmatrix},\quad \overline{\boldsymbol{E}}=\begin{bmatrix}\overline{\boldsymbol{E}}_1\\ \overline{\boldsymbol{E}}_2\\ \vdots\\ \overline{\boldsymbol{E}}_p\end{bmatrix}$$

式(1.2.2)～式(1.2.6)是空频域对图 1.2.2 所示的遥感图象成像模型的数学描述，是计及相对运动、模糊、欠采样和噪声等因素的影响，描述了由原高分辨率物图象（$g(k,l)$、$G(u,v)$）逐步退化成低分辨率的观测图象（$f_i(k,l)$、$F_i(u,v)$）的实际过程。显然，每帧低分辨率的观测图象（$f_i(k,l)$、$F_i(u,v)$）都是由原高分辨率物图象（$g(k,l)$、$G(u,v)$）经过系列的质量退化得到的，同时又都蕴涵着原高分辨率物图象（$g(k,l)$、$G(u,v)$）的非冗余信息。

1.3　遥感图象质量恢复的技术途径及其理论依据

1.3.1　图象质量恢复途径及问题

一般地讲，如果由一维的连续信号 $g(x)$，经过模糊和噪声等因素的污染以及欠采样而获得的一维采样信号 $f(k)$，$f(k)$ 的分辨率、对比度和清晰度都比原来的连续信号 $g(x)$ 降低了。反之，则由这样的一维采样信号 $f(k)$ 的诸采样值，可以经过一系列的一维逆操作，消除模糊和噪声等污染因素，并且经过适当的一维内插操作，提高采样密度，就可以逐步恢复信号的质量，提高其分辨率、对比度和清晰度，以重建和逼近原来的连续信号 $g(x)$。由质量退化的一维采样信号 $f(k)$ 重建和逼近原来的一维连续信号 $g(x)$ 的过程被称为一维信号的复原与超分辨。

对于二维的图象信号，由遥感图象的成像过程和成像模型可见，原来的高分辨率物图象 $g(x,y)$ 经过遥感成像系统后，由于光学散焦模糊、相对运动模糊、多种噪声污染以及欠采样引入的抽取效应，质量退化为二维的图象采样信号 $f(k,l)$，$f(k,l)$ 的分辨率、对比度和清晰度都比原来的连续物图象 $g(x,y)$ 降低了。反之，则由这样的二维图象采样信号 $f(k,l)$ 的诸采样值，可以经过一系列的二维逆操作，例如,根据模糊的来源进行去模糊处理，根据噪声的类型进行去噪处理，并且经过适当的二维内插操作，增加图象的采样密度，消除欠采样抽取的影响，逐步地恢复图象的质量，提高其分辨率、对比度和清晰度，以重建和逼近其原来的高分辨率物图象 $g(x,y)$。如果由原来的高分辨率物图象 $g(x,y)$，经过遥感成像系统后，获取了一组低分辨率的序列图象 $f_i(k,l)$ ($i=1,2,\cdots,p$)，这是质量退化的三维图象采样信号，其中每帧图象的分辨率、对比度和清晰度等质量指标都降低了，因为序列图象中蕴涵着原来的高分辨率物图象 $g(x,y)$ 的更多信息，能更好地实现去模糊、去噪和增加采样密度的处理，消除污染因素和欠采样的影响，逐步地恢复图象的质量，提高其分辨率、对比度和清晰度，以重建和逼近其原来的高分辨率物图象 $g(x,y)$。与对于一维信号的复原与超分辨的定义类似，这种由质量退化的二、三维图象采样信号重建和逼近原来的高分辨率物图象 $g(x,y)$ 的过程被称为图象复原与超分辨。如前所述，由原来的高分辨率物图象 $g(x,y)$，在满足采样定理的条件下，可以由原来的物 $g(x,y)$ 获取不失真的数字物图象 $g(k,l)$，后面在离散领域论述，可以用数字图象 $g(k,l)$ 表示原来的高分辨率物图象。

显然，图象复原与超分辨处理是成像过程的逆过程，在数学物理问题中，所涉及的问题属于"反问题"。在数学物理问题中，当给定了研究对象的数学模型以及初始条件和边界条件时，就可以求解以确定被研究对象的实际状态，这类问题称为"正问题”。例如，上述由描述图象内涵客体及其景物的高分辨率物图象 $g(k,l)$ ，经过一系列的成像过程，最后得到低分辨率观测图象 $f(k,l)$ 或低分辨率序列图象 $f_i(k,l)$ ($i=1,2,\cdots,p$)的输出，所涉及的数理过程和操作属于“正问题”范畴。而“反问题”是依据对研究对象状态的观测数值，确定描述系统功能的函数和系统的输入函数。求解系统函数的过程被称为系统辨识或参数辨识问题，而求解系统的输入函数过程被称为输入辨识问题。例如，由描述客体和景物状态的观测图象数据 $f(k,l)$ 或 $f_i(k,l)$ ($i=1,2,\cdots,p$)，求解成像传感器系统的模糊函数(PSF)和/或调制传递函数(Modulation Transfer Function，MTF)，或者确定 PSF/MTF 中的某些未知参数，是系统辨识或参数辨识问题，而确定精确描述客体和景物状态的物图象 $g(k,l)$ ，即成像传感器的输入函数，这就是输入辨识问题。也就是说，由高分辨率物图象 $g(k,l)$ 经过成像系统后得到低分辨率的观测图象 $f(k,l)$ 或序列图象 $f_i(k,l)$ ($i=1,2,\cdots,p$)的过程所涉及的数理问题属于“正问题”，这个过程在数学上要经过卷积运算；而由观测的图象 $f(k,l)$ 或序列图象求 $f_i(k,l)$ ($i=1,2,\cdots,p$)，求解成像系统的系统函数 PSF/MTF 和原来的输入物图象 $g(k,l)$ ，这个过程所涉及的数理问题属于“反问题”，系统辨识或参数辨识问题以及输入辨识问题均属于“反问题”范畴，这个过程在数学上要经过反卷积运算。

“反问题”的一个重要属性是它的“病态”，因此求解很困难。所谓“病态”，针对图象复原与超分辨处理问题，说明如下。

如果一个问题的求解满足三个条件：解是存在的，解是唯一的，解连续依赖于观测数据，则定解问题是良态的；而如果上述三个条件之一得不到满足，则称定解问题是病态的或不适定的。对于所研究的遥感图象超分辨，由于一帧观测图象 $f(k,l)$ 的像素总数 P 小于原来的物图象 $g(k,l)$ 的像素总数 Q ，如果要求由这样的一帧观测图象的数据通过反卷积求解原来的物图象数据，那么必定使数理方程的求解出现欠定情况，即出现“病态”。

在图象超分辨中，解决“病态”问题的方法有两种：

(1)增加观测数据的数目，可以使用序列观测图象 $f_i(k,l)$ ($i=1,2,\cdots,p$)，并且适当选取帧数 p 值，使数理方程的求解能够满足正定或者超定的条件。例如，在所研究的问题中，如果输入低分辨率的序列观测图象中每帧的像素数为 P ，而求解的高分辨率物图象 $g(k,l)$ 的像素数为 Q ，而 $P=Q/L^2$ ，为了使输入低分辨率序列图象的总像素数等于或大于物图象 $g(k,l)$ 的像素总数，则要求输入低分辨率序列图象帧数满足 $p\geqslant L^2$ ，即在求解高分辨率物图象 $g(k,l)$ 的反卷积运算中，至少有 L^2 帧低分辨率序列观测图象，才能消除病态。

(2)利用正则化技术。其基本思想就是利用解的先验知识，构造附加约束或改变求解策略，把病态问题变成良态问题，使得解变得确定和稳定，并且连续地依赖观测数据，在物理上是合理的。

从卷积运算和反卷积运算的角度，卷积运算解决的是属于数学物理问题中的一类“正问题”，而反卷积运算解决的是属于数学物理问题中的一类“反问题”。在数学物理问题中，当给定了描述问题的微分方程、初始条件和边界条件时，就可以求解方程，求解出被研究对象的过程和状态的数学描述，需要实施卷积运算，这类问题称为“正问题”。而它的“反问题”，即依据对研究对象的过程和状态的数值观测，通过反卷积运算，确定以下几个方面：

(1) 研究对象服从什么样的微分方程，这是系统辨识或参数辨识问题；

(2) 研究对象产生该过程和状态的输入函数，这是输入辨识问题；

(3) 研究对象过去的初始状态，这是逆时间过程问题；

(4) 研究对象的边界条件，这是边界控制问题。

无疑地，原始图象经过一个成像系统后，在数学上就是经过系列的卷积运算，得到质量退化的低分辨率的观测图象或序列图象，这是正问题的实施过程；它的反问题，由低分辨率的观测图象或序列图象的数据，在数学上就是经过系列的反卷积运算，完成系统辨识和图象质量的恢复，其中系统辨识是确定系统的成像调制传递函数或点扩散函数，即模糊函数等，而系统辨识的目的也是图象质量的恢复，即图象复原与超分辨处理。

1.3.2 图象质量恢复的理论依据

尽管在数学物理问题中，图象复原与超分辨处理属于“反问题”，求解是很困难的，但是仍然是可行的，现在从三个方面阐述其理论依据。

1) 解析延拓理论

如果一个函数 $f(k)$ 是空域有界的，即在某个有限范围之外全为 0，则其谱函数 $F(u)$ 是一个解析函数。解析函数有一个众所周知的性质，若其在某一有限区间上的取值已知，则会处处已知。这就意味着，如果两个解析函数在任一给定区间上完全一致，则它们必须在整体上完全一致，即为同一函数。因此，根据给定解析函数在某区间上的取值，就可以对函数的整体进行重建，这称为解析延拓。

这种理论在 1968 年由 Rushforth 和 Harris 提出，后来 Gerchberg (1974)、Sementilli 和 Hunt (1993)，以及 Walsh 和 Nielson-Delarey (1994) 等应用该理论取得了很好的实验结果。

对于一幅观测图象函数 $f(k,l)$，在二维空域里是有界的，并且是非负的，即图象的像素值均大于或等于 0。$f(k,l)$ 的有界性和非负性可以表示为

$$\begin{cases} f(k,l) \geqslant 0, & (k,l) \in \boldsymbol{X} \\ f(k,l) = 0, & (k,l) \notin \boldsymbol{X} \end{cases} \tag{1.3.1}$$

式中，$\boldsymbol{X}$ 表示二维图象的范围或大小。式 (1.3.1) 表明 $f(k,l)$ 在某个二维空域范围 $\boldsymbol{X}$ 之外全为 0，因此其谱函数 $F(u,v)$ 必然为解析函数。这是由于成像传输系统调制传

递函数在两个正交的频率方向上分别存在某个截止频率，使 $F(u,v)$ 在截止频率之外全为 0，因此出现有限的二维取值空间。由解析函数 $F(u,v)$ 在截止频率范围之内的区间上取值，根据解析延拓理论，可以对整个函数 $F(u,v)$ 进行重建，从而获得截止频率以外的信息，所以可以实现图象复原和超分辨。

2) 频谱混叠理论

对于非相干成像系统，实际的数字图象 $f(k,l)$ 具备非负性和有界性的基本约束和性质，即物体或图象的最小光强应大于 0，且物体或图象具有一定的大小，如式(1.3.1)所示，还可以表示为

$$f(k,l)\mathrm{rect}((k,l)/\boldsymbol{X}) \tag{1.3.2}$$

假定离散图象 $f(k,l)$ 在二维取值范围 $\boldsymbol{X}$ 内的行、列数分别为 M 和 N，并且由于成像调制传递函数的截止频率，将其频谱 $F(u,v)$ 分为两部分：$F_a(u,v)$ 为截止频率以下的部分，$F_b(u,v)$ 为截止频率以上的部分，对式(1.3.2)进行傅里叶变换，可以得到图象的频谱 $F(u,v)$ 为

$$F(u,v)=[F_a(u,v)+F_b(u,v)]*\mathrm{sinc}(\pi(uk/M),\pi(vl/N)) \tag{1.3.3}$$

可见，由于 sinc 函数是无限的，截止频率以上的频率成分 $F_b(u,v)$ 卷积到截止频率以下频率成分 $F_a(u,v)$ 中。也就是说，在图象 $f(k,l)$ 的频谱 $F(u,v)$ 中存在着频率混叠。所以，空域有界的观测图象 $f(k,l)$ 包含着原客体与场景的所有频率信息(包括低频和高频信息)，光学成像系统截止频率以上的频率成分并没有绝对丢失，而是被融合在截止频率以下的频率成分中，使观测图象频谱的高频段出现频率混叠，混叠段的宽度及其严重程度由原物图象 $g(k,l)$ 的频谱宽度及成像系统调制传递函数的截止频率决定。显然，如果有办法将这种混叠的高频频率成分 $F_b(u,v)$ 与低频频率成分 $F_a(u,v)$ 分离开，并且在 $F(u,v)$ 频谱结构中将其恢复和扩充为截止频率以上的频率成分，再经过傅里叶反变换，则可以实现图象超分辨。

显然，如何从图象混叠的频谱中分离出混叠的高频成分，并且完善其频谱结构，正是图象超分辨率处理方法研究的难点和重点。

3) 非线性操作

对一幅有界的和非负的实际观测图象 $f(k,l)$，为了抑制各种类型的模糊、噪声和云雾干扰等图象复原操作，以及内插、补偿、扩展等频、空域以及神经网络等图象超分辨处理中的各种运算操作，都有可能破坏对 $f(k,l)$ 非负性和有界性的限制。所以，在图象复原与超分辨计算中，必须施加以下的约束条件：解的空间截断和非负的数字截断。由此带来的很多运算是一个非线性操作，而信号的非线性操作具有附加高频成分的性质。因此，通过对约束操作引入高频分量的逐步调整，可实现图象高频成分的恢复，即实现图象超分辨。

综上所述，低分辨率观测图象 $f(k,l)$ 中较低的频率分量中可能含有其高频信息和非负有界的约束条件是实现图象质量复原和超分辨的根源，而数学上的解析延拓是图象复原和超分辨的一个理论根据。

1.4 图象复原引论

上述在遥感图象的成像过程及其成像模型的分析中得到式(1.2.1)，重写为

$$f_i(k,l) = g * h_i(k,l) + \xi_i, \qquad i = 1,2,\cdots,p \tag{1.4.1}$$

式中，i 表示成像时刻。式(1.4.1)表明，描述客体和景物的原始物图象 $g(k,l)$，在某个摄像时刻 i，经过光学成像系统，引起模糊的各种影响因素被归结为与点扩散函数 $h_i(k,l)$ 的卷积运算，附加项 ξ_i 表示加性噪声。点扩散函数 $h_i(k,l)$ 的作用使图象变模糊了，降低了对比度和分辨率，所以 $h_i(k,l)$ 又被称为模糊函数或降质算子。噪声污染可能进一步干扰和损失高频信息，减弱图象的边缘与纹理的锐度，降低图象的清晰度和可识别性。在有云雾的情况下，云雾干扰也是图象质量退化的一个重要因素。

图象复原(restoration)是改善实际观测图象 $f_i(k,l)$ ($i = 1,2,\cdots,p$)质量的处理技术，在数学上属于式(1.4.1)的逆操作，也是图象超分辨处理的前提条件。对遥感图象来说，引起图象退化的主要因素有模糊、噪声污染和云雾干扰等，因此本书研究的图象复原主要包括三项操作：一是解模糊，消除因点扩散函数卷积引起的图象质量退化，提高图象的对比度和分辨率；二是抑制噪声，消除噪声污染，增强边缘与纹理的锐度，提高图象的清晰度和分辨能力；三是消除薄云薄雾的干扰，恢复被干扰或被掩盖的图象纹理与细节，同样提高图象的清晰度和分辨能力。

解模糊(deblurring)，首先需要进行系统辨识/参数辨识。如果已知关于点扩散函数的某些先验信息，例如，已知系统模糊函数的模型，而不知其中某些参数，这时需要参数辨识，以便确定模糊函数中某些待定的参数。如果不知道系统模糊函数的模型，则要进行系统辨识，以便完全确定模糊函数及其有关的参数。可见，系统辨识包括参数辨识，就是通过对系统的深入分析和必要的数理过程，了解和确定系统函数，在这里就是完全确定模糊函数及其有关参数。在模糊函数确定后，就可以利用已经确定的模糊函数，对实际的模糊图象进行反卷积运算，实现解模糊，消除图象模糊因素，恢复和重建模糊之前的图象。

为了对系统辨识和解模糊操作建立较扎实的理论基础，现就其一般的数理过程进行比较深入的分析。

一般地说，用一个仪器来观测和记录一个物理现象和过程时所得到的观测和记录不仅反映物理现象和过程，还反映仪器(包括传输线路和记录介质等)的特性。仪器系统的非理想特性会使得到的观测和记录降质，这种降质的机制在数学上用一个

卷积积分来描述，即

$$y(t)=S\left\{\int_{-\infty}^{+\infty}h(t,\tau)x(\tau)\mathrm{d}\tau\right\}+\xi(t) \tag{1.4.2}$$

式中，$x(\tau)$ 是 $t=\tau$ 时刻的物理量；$y(t)$ 是观测获得的物理量；$h(t,\tau)$ 表示观测仪器在 τ 时刻的点扩散函数，即模糊函数(降质算子)；$S\{\}$ 表示记录介质或传感元件的非线性；$\xi(t)$ 表示加性噪声。在许多实际问题中，点扩散函数 $h(t,\tau)$ 只与 $(t-\tau)$ 的大小有关，即 $h(t,\tau)=h(t-\tau)$，如果可以不考虑非线性的影响，则卷积积分式(1.4.2)变为

$$y(t)=\int_{-\infty}^{+\infty}h(t-\tau)x(\tau)\mathrm{d}\tau+\xi(t) \tag{1.4.3}$$

而反卷积就是依据观测值 $y(t)$ 和噪声的统计特性来估计原来的物理量 $x(t)$ 的一种运算方法。为了估计 $x(t)$，自然需要知道仪器系统的特性 $h(t)$。如果 $h(t)$ 是已知的，则 $x(t)$ 的估计是一个常规的反卷积问题；如果 $h(t)$ 和 $x(t)$ 都未知，要由观测值 $y(t)$ 来同时进行估计，则称为盲目反卷积问题。显然，有关的先验信息对于反卷积的效果是很重要的。

在二维情况下，由卷积机制而造成图象降质的直观表现就是使图象变模糊，其对比度和分辨率降低。成像光学系统不精良、拍摄时散焦或载体有相对移动或震动等，都会使所成图象变得模糊不清晰(孟祥固，2003)。对于红外成像系统，光学探测元件的非点元特性是红外图象不清晰的重要原因；对于成像雷达，各种技术原因会限制雷达视频图象在距离和方位上的对比度和分辨率。所有这些降质现象都可以用卷积过程来描述。在成像过程中，景物上的一个点不是仅反映到图象上的一个对应点，而是被扩散到图象平面上对应点的一个邻域。因此，图象上的每个像素值是景物的许多个点的映射经过混合叠加而成的，这在数学上可以用二维叠加积分来描述，即

$$y(k,l)=S\left\{\int_{-\infty}^{+\infty}\int_{-\infty}^{+\infty}h(k,l,s,t)x(s,t)\mathrm{d}s\mathrm{d}t\right\}+\xi(k,l) \tag{1.4.4}$$

式中，(k,l) 和 (s,t) 分别表示像平面和物平面上点的二维空间坐标；$h(k,l,s,t)$ 描述成像—传输系统的二维点扩散函数，它一般表示为一个处于物平面上 (s,t) 位置的景物被成像—传输系统扩展到成像平面上以 (k,l) 为中心的一个二维邻域函数；$S\{\}$ 是二维非线性算子；$\xi(k,l)$ 表示二维加性噪声。

模糊函数 $h(k,l,s,t)$ 一般与景物空间点位置 (s,t) 有关，称它为空间变化的。但是，对于一大类图象的形成过程，可以认为 $h(k,l,s,t)$ 与景物空间点位置 (s,t) 无关，从而可以将其写成 $h(k,l)$，且称它是空间不变的。成像过程中的非线性有时需要加以考虑，在相片和底片上是用银粒子和其他材料粒子的密度分布来表示图象的光学强度分布，它们之间的关系不是线性的，通常是对数关系。而在常规的遥感图象复原中，

常忽略非线性的影响，并且认为 $h(k,l,s,t)$ 是空不变的，这样式(1.4.4)可以简化为

$$y(k,l)=\int_{-\infty}^{+\infty}\int_{-\infty}^{+\infty}h(k-s,k-t)x(s,t)\mathrm{d}s\mathrm{d}t+\xi(k,l) \tag{1.4.5}$$

图象解模糊，作为图象复原的一个基本操作，就是依据成像系统的模糊函数和噪声模型，由 $y(k,l)$ 的观测值估计原来的图象 $x(s,t)$。如果成像系统的点扩散函数 $h(k,l)$ 已知，则解模糊问题是一个常规的反卷积问题，否则它是一个盲目反卷积问题。由于系统的点扩散函数和输入信号的卷积等价于对输入信号的一种滤波，而实际的点扩散函数等价于一个低通滤波器，分析表明，它使输入信号的高频成分受到抑制甚至丢失，详见图 2.2.1。由图 2.2.1 可见，模糊后图象频谱的低频成分基本保持不变，但是高频成分有相当大的损失和变化，甚至改变了高频段的频谱结构。因此，模糊图象与其模糊函数的反卷积就是要恢复图象损失的高频成分，改善高频段的频谱结构。但是，一般在图象反卷积过程中不可避免地会将观测值中的噪声放大，甚至严重时会使反卷积的结果有可能偏离真实的解。因此，为了使图象解模糊获得尽可能精确的解，在反卷积的过程中需要抑制噪声，在实际操作中有时需要在模糊图象复原与图象噪声放大之间做出适当的折中。

解模糊的算法，即反卷积的方法，有空间域里的反卷积，有频域里的反卷积，还有空间有限支持域上的盲目迭代反卷积等(马而昉，2006)，仿真结果表明，上述各种方法均可在一定程度上使模糊图象复原。本书将重点研究图象基本频域解模糊算法和有限支持域上图象盲目迭代反卷积算法，有关的算法模型及其实验结果分析详见 3.2 节。

遥感图象在成像过程中，会受到多种类型的噪声污染，其中有加性噪声，如 CCD 光电探测器的散粒噪声、暗电流噪声和转移噪声、输出电路的热噪声和复位噪声、中间电路的反射噪声和串扰噪声以及 $1/f$ 噪声等，其概率模型一般服从泊松分布和高斯分布；另外，还有乘性噪声，例如，图象内涵客体及其背景粗糙表面的二次光辐射(散射或衍射)引入的散斑噪声，这种噪声对图象信号具有相倚性，对图象的影响最严重，但是经过同态滤波处理后可变成加性噪声。图象噪声会在图象的视图上出现很多大小不同的微粒和颗粒分布，减弱图象的边缘和细节的锐度，甚至损失某些纹理细节，影响图象的清晰度、对比度和可分辨性能力。鉴于图象的高频信息一般比较弱小，噪声对高频信息的干扰比较严重，甚至会淹没图象的高频信息，图 2.3.1 对噪声图象的频谱分析证明了这一点，表明有的高频成分因噪声受到损失，影响了高频频谱的局部结构，这与噪声图象视图的表征是一致的。噪声越严重，图象污染越严重，视图中的微粒和颗粒分布越严重，图象细节的损失越多，图象清晰度、对比度和分辨能力降低得越多。噪声污染使图象质量退化了，为了恢复图象的质量，必须对噪声图象进行去噪复原操作，即进行抑制图象噪声的处理。

为了抑制遥感图象的噪声，可以使用很多常规的方法，如均值滤波、中值滤波、

顺序统计滤波、低通滤波、维纳滤波，以及由这些滤波方法衍生而来的许多其他滤波器，包括模糊滤波器、自适应均值滤波器、基于边缘特征的滤波器等，上述各种滤波方法都能在一定程度上滤除图象中存在的噪声。但是，这些常规的方法在滤除噪声的同时，往往会损失图象的边缘和纹理，即损失图象的高频信息，因此降低图象的分辨率。所以，作为一种图象质量复原的方法，在去噪的过程中，存在噪声抑制与边缘保护之间的矛盾，有必要寻找更好的去噪方法，在抑制噪声的同时，还能保持图象的边缘纹理信息，以便更好地复原因噪声污染引起的图象质量退化。

所以，我们在图象复原的噪声抑制研究中，要求保护甚至增强图象的纹理细节，即在不损失图象分辨率前提下有效地消除噪声，因此重点研究新的去噪技术，一是基于多帧(源)信息融合的频域去噪方法，二是基于偏微分方程(Partial Derivative Equation，PDE)的扩散去噪方法等，还有消除图象条带噪声的陷波带阻滤波器和改进的中值滤波器等，详见3.3节。

在卫星遥感图象中，云雾干扰也会使图象质量退化。对于云雾较厚的卫星遥感图象，由于地面景物及其蕴涵的客体信息在图象中几乎全部被淹没，所以其利用价值低；而对于薄云薄雾覆盖的区域，遥感图象中含有一定的地面景物及其感兴趣客体的信息，通过适当的处理，可以有效地去除薄云薄雾的影响，进而较为可靠地恢复地面景物和客体的本来面目。

目前，大多数去除云雾的方法是基于多光谱图象利用多源信息融合的方法完成云雾的抑制。第一种方法是采用一种仅对云雾比较敏感的传感器，专门用来探测云雾的信息，获得云雾的图象，然后从原始图象上减去云雾图象，得到去除云雾后的图象；第二种方法是不添加专门的传感器，而是利用多光谱图象中的某些波段对云雾较强的敏感性来提取云雾的信息；第三种方法是利用无云雾图象作为参考图象，从被云雾污染的图象中提取出云雾信息，实现对云雾的抑制。总之，绝大多数方法都是基于同一地区的多源或多光谱遥感图象进行处理，仅有少数方法针对单帧云雾污染图象进行处理。在国内外同类技术研究的基础上，3.4节利用基于云雾干扰成像理论的分析，得到含薄云薄雾成分的遥感图象简化数学模型，即薄云薄雾图象是景物图象成分与云雾图象成分的乘积；进而，利用图象云雾成分占据相对低频部分的特点，重点推导出两类消除薄云薄雾干扰的方法：一是基于同态滤波的单帧云雾抑制算法，二是基于小波多分辨分析的多帧云雾抑制算法，实验验证了这两种算法的有效性，前者应用方便，后者效果较好，但是需要同地区无云雾的参考图象。

1.5 图象超分辨浅论

在图象复原的基础上，图象超分辨是通过对收集到的图象数据进一步处理来获得比成像传感器系统所能提供的更高分辨率的图象，即超分辨图象。

信号超分辨相当于：在一定采样率下，用有限的采样数据精确重构或逼近原来更高分辨率的信号。因此，信号超分辨技术与信号重建和插值技术是紧密相关的。

根据香农(Shannon)采样定理，对于带宽有限的时间连续信号 $x(t)$，假定信号频谱的最高模拟角频率为 Ω_c，奈奎斯特(Nyquist)频率为 $f_N = 2\Omega_c/(2\pi)$；令 T_s 为采样周期，采样率为 $f_s = 1/T_s$，且当 $f_s \geqslant f_N$ 时，即信号采样满足采样定理时，则时间连续信号 $x(t)$ 可以由它的一套采样数据 $x(nT_s)$ 完美重建，其中 n 为所有整数，即 $n = -\infty,\cdots,\infty$，信号重建方程为

$$x(t) = \sum_{n=-\infty}^{\infty} x(nT_s)\operatorname{sinc}\left(\frac{t}{T_s} - n\right) \tag{1.5.1}$$

式中，sinc 基函数

$$\operatorname{sinc}(t) \equiv \frac{\sin(\pi t)}{\pi t} \tag{1.5.2}$$

是正交的，即满足

$$\int_{-\infty}^{\infty} \operatorname{sinc}\left(\frac{t}{T_s} - n\right)\operatorname{sinc}\left(\frac{t}{T_s} - m\right)\mathrm{d}t = T_s\delta(n-m) \tag{1.5.3}$$

式(1.5.1)表明，有限带宽的连续信号 $x(t)$ 能由无限多的采样数据精确重建。也就是说，当信号的采样率等于或大于信号频谱最高频率的 2 倍时，即 $f_s \geqslant f_N$ 时，利用 sinc 基函数，连续信号由它的无限多的采样数据精确恢复。

但是，实际上只能得到有限的采样数据。对于有限的 N 点采样数据，式(1.5.1)被表达为

$$\hat{x}(t) = \sum_{n=-\infty}^{\infty} (x(nT_s)w(n))\operatorname{sinc}\left(\frac{t}{T_s} - n\right) \tag{1.5.4}$$

式中

$$w(n) = \begin{cases} 1, & 0 \leqslant n < N \\ 0, & \text{其他} \end{cases} \tag{1.5.5}$$

式(1.5.4)和式(1.5.5)表明，连续信号重建效果受到其采样数据有限数目的限制，即当采样数据的数目有限时，即使对连续信号的采样满足采样定理，利用 sinc 基函数，相应的连续信号也只能被其有限数目的采样数据近似地恢复。

由 Shannon 采样定理给出的由采样数据重建连续信号方法是经典方法。如果有先验信息或多源信息，则利用先验信息提高重建的效果或利用多源融合方法来提高重建的效果都是必要的方法，重建效果好，意味着信号分辨率提高得多。

相应地，二维图象的超分辨被理解为是由观测图象的二维采样数据重构和恢复

其相应连续图象的过程。对于应用 CCD 的成像系统所成序列遥感图象 $f_i(k,l)$（$i=1,2,\cdots,p$），是由连续物图象 $g(x,y)$ 经过连续 p 次采样操作得到的，其采样率主要取决于遥感成像系统中的 CCD，其成像内涵还与载体的运动速度和 CCD 每次成像的积分时间有关。即使成像设备的采样率是固定不变的，由于载体的运动使图象的客体不断变化，其空间频率也在不断变化。当图象客体的频谱最高谱线的 2 倍等于或小于 CCD 的采样率时，则满足采样定理，甚至会出现过采样。当图象客体的频谱最高谱线的 2 倍大于 CCD 的采样率时，即不满足采样定理，则出现欠采样，引起图象频谱混叠，这就是图 1.2.2 的抽取模型所描述的情况。

由于光照条件、成像系统和环境条件的影响往往具有随机性，所以数字图象的诸采样信号也有随机性。作为先验信息，如果预先知道图象内涵客体及其背景的信号分布概率密度，则可以被利用来解开包含在图象信号采样数据中的混叠信息，而关于图象噪声的种类和分布规律、感兴趣目标的特征、系统降质算子的模型和有关参数以及调制传递函数等先验信息，对图象复原和超分辨的各种操作具有重大意义，适当地利用先验信息可以有效提高处理后的图象质量。在欠采样情况下，先验信息对于图象的重构和恢复是非常重要的。因此有必要进行遥感图象先验信息的开发与研究，其中包括图象概率及其频谱变换模型、频谱混叠分析、模糊参数分析和模糊函数、噪声概率模型及噪声参数分析、云雾分析和薄云薄雾图象模型、成像调制传递函数和序列图象配准及其帧间变换参数提取等，详见第 2 章。

对遥感图象 $f(k,l)$ 的超分辨处理就是由诸采样数据重建与逼近原来的连续物图象 $g(x,y)$ 的过程。为了在离散领域进行处理，连续物图象 $g(x,y)$ 可以用不失真的离散物图象 $g(k,l)$ 来代替，所以，可以用向 $g(k,l)$ 的逼近来代替向连续物图象 $g(x,y)$ 的逼近。在欠采样的情况下，因为 CCD 的抽取作用，一帧观测图象 $f(k,l)$ 的像素点数 P 少于 $g(k,l)$ 的像素点数 Q，即 $P<Q$。这样，对 $f(k,l)$ 超分辨的处理意味着图象像素数的增加。

2.1.3 节关于遥感图象的频谱分析表明，图象欠采样会引起其频谱高频段的频率混叠，欠采样越严重，频率混叠也越严重。图象频率混叠的存在，不但会损失景物被混叠的高频成分，而且会扭曲混叠部分的频率结构，这样不但会使遥感图象客体与景物的纹理细节模糊，而且在频率混叠较严重时还可能出现假象。

因此，应该对低分辨率图象的超分辨处理提出下列要求：

(1) 增加低分辨率图象的采样点数，提高采样点的密度；

(2) 增强低分辨率图象的边缘与纹理，提高对比度；

(3) 消除低分辨率图象的假象，提高逼真度；

(4) 解开低分辨率图象的频率混叠；

(5) 恢复和扩展在低分辨率图象中损失的高频分量；

(6) 改善频谱结构，使其逼近原始物图象的频率结构。

显然，前三条要求是空域的，后三条要求是频域的，它们存在互相对应的关系。同时，应该注意到，这些被解开的低分辨率图象的混叠信息能被进一步用于估计超越 Nyquist 频率限制（$f_N/2$）的频率成分，改善频率结构，提高重建图象的分辨率，使之超过遥感成像系统所能达到的分辨率，即实现图象超分辨。

现在简要介绍有关图象超分辨的几种处理方法，虽然效果有限，但是可以对图象超分辨的实现有初步的认识和理解。

1.5.1　图象内插技术

图象超分辨处理要求增加低分辨率图象的采样点数，因此，首先考虑图象插值技术。众所周知，插值是提高信号采样率的一种重要方法，是从数字化的离散图象向连续图象逼近的一种操作。采用合适的插值基函数，通过图象内插还可以增强图象的细节信息，提高图象的分辨率。插值操作应该主要针对欠采样的低分辨率数字图象，但是，研究表明，插值操作对过采样的数字图象也是有效果的，因为过采样可以被用于突破对插值基函数的某些限制，并且能提高插值图象的精度水平。

目前，从实际应用来说，插值方法大致可分为古典的、基于插值基函数的和现代的三类，从处理的领域来说，可以分为空域的和频域的两大类。

1. 古典插值法

古典插值法属于空域的插值方法，在古典数值分析中居中心地位。古典插值法，如拉格朗日插值(Lagrange's interpolation)法，首先大都是通过原有数据点拟合成一个低阶多项式，然后利用被拟合的多项式估计原数据点之间的函数值。例如，对一幅图象的二元函数 $f(x,y)$，已知它在若干个节点 (x_i,y_i)（$i=0,1,2,\cdots,n$）的值，由这些已知点的数据可以拟合成一个曲面，同时得到描述拟合曲面的二元函数 $\varphi(x,y)$，使得

$$\varphi(x_i,y_i)=f(x_i,y_i)\,,\quad i=0,1,2,\cdots,n \tag{1.5.6}$$

进而，由 $\varphi(x,y)$ 求得两个原节点之间的点的值。式(1.5.6)表明，在所有原数据点上，逼近函数的函数值是精确的，误差等于零，这称为原点保持。拉格朗日插值多使用低阶(如一阶或二阶)多项式描述逼近函数 $\varphi(x,y)$。

2. 基于插值核函数的插值方法

在插值分析中，有限差分法及其插值公式占有重要地位，它利用合适的插值核函数实现插值。比较典型的插值核函数有：矩形函数(零阶保持插值)、三角形函数(线性插值)、钟形函数、三次 B 样条函数和 sinc 函数等。对于插值核函数的不同选择，会获得不同的插值效果。这种插值方法常用于某些现代的重复递归算法的初值估计方法，如频、空域多帧图象超分辨循环递归迭代算法的初值估计。

假设低分辨率的数字图象为 $x(n_1,n_2)=x(t_1,t_2)\big|_{t_1=n_1T_1,t_2=n_2T_2}$，利用插值操作实现的连续图象的估计为

$$\hat{x}(t_1,t_2)=\sum_{n_1=-\infty}^{\infty}\sum_{n_2=-\infty}^{\infty}x(n_1,n_2)K\left(\frac{t_1}{T_1}-n_1,\frac{t_2}{T_2}-n_2\right) \tag{1.5.7}$$

式中，$K(t_1,t_2)$ 是连续插值核函数；T_1、T_2 是采样间隔即采样周期。

这里给出几种常用的插值核函数，其时域示意图如图 1.5.1 所示。

(1) 零阶保持核函数，又称最近邻核函数，即

$$K(t_1,t_2)=\begin{cases}1, & |t_1|<\dfrac{1}{2},|t_2|<\dfrac{1}{2}\\ 0, & \text{其他}\end{cases} \tag{1.5.8}$$

(2) 双线性插值核函数为

$$K(t_1,t_2)=\begin{cases}(1-|t_1|)(1-|t_2|), & |t_1|<1,|t_2|<1\\ 0, & \text{其他}\end{cases} \tag{1.5.9}$$

(3) 双三次插值核函数为

$$K(t)=\begin{cases}\dfrac{1}{2}(t+1)(t+2)^2, & -2\leqslant t<-1\\ -\dfrac{3}{2}(t+1)\left(t^2+\dfrac{2}{3}t-\dfrac{2}{3}\right), & -1\leqslant t<0\\ \dfrac{3}{2}(t-1)\left(t^2-\dfrac{2}{3}t-\dfrac{2}{3}\right), & 0\leqslant t<1\\ -\dfrac{1}{2}(t-1)(t-2)^2, & 1\leqslant t<2\\ 0, & \text{其他}\end{cases} \tag{1.5.10}$$

(4) sinc 插值核函数(由 Shannon 采样定理得到)为

$$K(t_1,t_2)=\operatorname{sinc}(t_1)\operatorname{sinc}(t_2)=\frac{\sin(\pi t_1)}{\pi t_1}\frac{\sin(\pi t_2)}{\pi t_2} \tag{1.5.11}$$

利用零阶保持核函数的最近邻插值方法得到的图象效果最差，通常在边缘处均有块效应现象。

双线性插值方法在每个插值点上的输出像素值常取输入图象 2×2 邻域内采样点数据的平均值，所以，它相当于一个平滑操作，其基函数(插值核)频谱的旁瓣远小于主瓣，使得它的带阻特性较好，但是它仍有大量高频成分漏入通带，造成一定的频谱混叠，使通带在一定程度上被减弱，这样会使插值后的图象变模糊，从而损失一些细节。

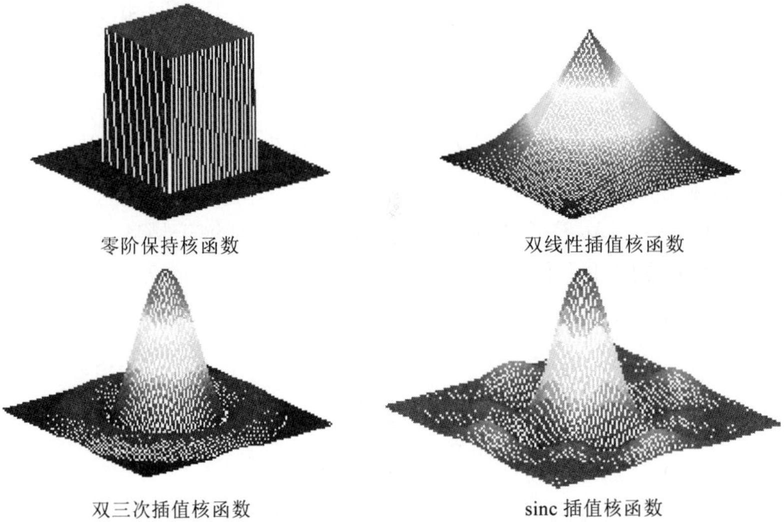

图 1.5.1 几种常见的插值核函数示意图(见彩图)

双三次插值方法的插值核为三次函数，插值邻域的大小一般为 4×4，它的频谱主瓣更窄、旁瓣更低，明显优于双线性插值核的频谱，因此插值效果也比较好一些，但仍存在混叠和模糊问题，且相应的计算量也远大于双线性插值。

前三种插值方法本质上与古典插值法一样，是使用多项式逼近连续图象，因而通常会引起图象边缘模糊，它们的优点在于计算比较简单。而 sinc 插值核函数是根据采样定理推导出来的，故从理论上来说是最完美的插值方法，但由于其实际计算时，每个插值点均与整幅图象相关，需要很大的计算量，所以常采用截尾的方法，实际效果与理想效果有差距，且插值后的图象有振荡现象(Gibbs 现象)。

迄今为止，为了提高超分辨处理效果，人们还在寻找更合适的插值核函数。

3. 频域插值法

频域插值法主要包括 FIR 插值法和 FFT 插值法，这两种插值方法被称为现代的插值法，随着计算机技术的不断发展，它们得到了更好的发展和应用，下面分别进行介绍。

1) FIR 插值法

使用数字滤波器实现有限带宽的函数插值是一种现代的插值方法。以一维为例，令原信号序列为 $x_1(n)$，插值倍数为 P，插值后的序列为 $x_2(n)$，其插值步骤如下。

(1) 把信号序列 $x_1(n)$ 的长度增长到 P 倍(图示 $P=3$)。为此，在每两个采样点之间补充 $P-1$ 个零值，这些零值位于新的插值将产生的位置。这样补零的效果相当于原信号序列 $x_1(n)$ 的频谱 $X_1(f)$，如图 1.5.2(a)所示，相应的重复 P 次，如图 1.5.2(b)所示的

$X_1'(f)$。$X_1(f)$ 频谱宽度为 f_s，对信号序列补零后的 $X_1'(f)$ 频谱宽度变为 $f_{s1}=Pf_s$。

(2) 设计一个低通滤波器，要求衰减不希望的频谱成分。在理想情况下，所设计的插值滤波器的频率响应 $L(f)$，如图 1.5.2(c) 所示，通带从 0～ $f_{s1}/(2P)$，禁止带从 $f_{s1}/(2P)$ ～ $f_{s1}/2$，滤波器的采样率为 f_{s1}，通带增益为 P，以补偿插入的零值，从而保持原信号序列的幅度。

(3) 用插值滤波器对补零后的输入序列滤波，产生 P 倍于原序列长度的信号序列 $x_2(n)$，其频谱 $X_2(f)$ 如图 1.5.2(d) 所示。

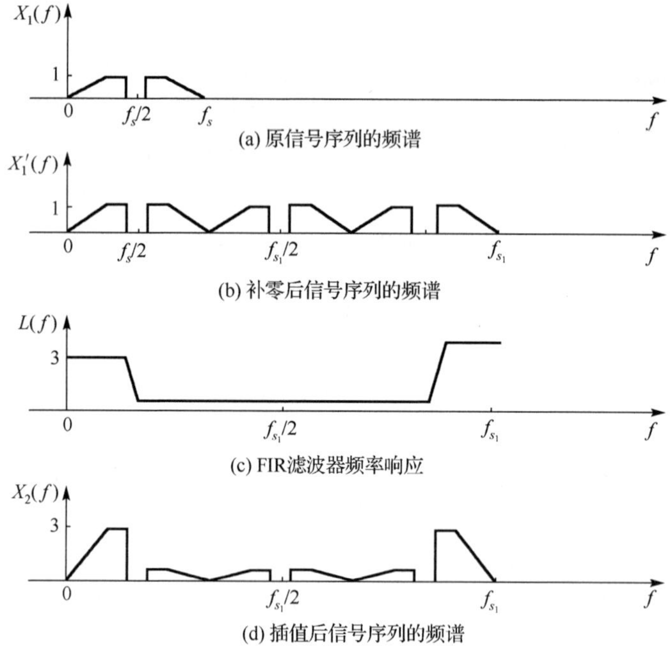

图 1.5.2　FIR 插值法频谱示意图 (P=3)

插值滤波器可以是 FIR 低通滤波器，也可以是无限字长冲激响应 (Infinite Impulse Response，IIR) 低通滤波器。由于 IIR 低通滤波器的非线性相位响应，滤波器的输入信号序列的采样值不能准确保持，而 FIR 低通滤波器不但可以保持输入采样值，而且可以节省计算量，所以常采用 FIR 低通滤波器作为插值滤波器，因此此法被称为 FIR 插值法。

滤波器频率响应存在一个频率上限的问题，使用 FIR 插值法对带宽的约束较严，致使插值效果不够精确。

2) FFT 插值法

FFT 插值法是利用傅里叶变换进行插值，可以解决 FIR 插值法中的频率上限问题，它的计算精度高、计算速度快、实时性好，在理论上对于限带周期函数是很有效的。

若要由低分辨率图象 $x_1(k,l)\,(K\times L)$ 得到 FFT 插值图象 $x_2(k,l)\,(PK\times PL)$，需要对 $x_1(k,l)$ 在行和列两个方向上分别进行 P 倍插值操作。其主要过程如下：对低分辨率图象 $x_1(k,l)$ 进行傅里叶变换，得到它的频谱 $X_1(u,v)$，宽度仍为 $K\times L$；然后将频谱 $X_1(u,v)$ 在中间拉开，中间高频部分补 $(P-1)K\times(P-1)L$ 个零值，即为期望的具有较高分辨率的 FFT 插值图象的频谱 $X_2(u,v)$；最后对 $X_2(u,v)$ 进行傅里叶反变换就得到 FFT 插值图象 $x_2(k,l)$，数据点数增加到 $PK\times PL$。

FFT 插值法要求的外部条件很少，原则上，只要给出一幅低分辨率图象，通过一系列帧内操作，就可以完成插值操作，这对于实际应用来说也是非常有意义的。但是，上述通过高频段补零的简单频谱变换操作得到的 FFT 插值图象 $x_2(k,l)$，与原图象 $x_1(k,l)$ 比较，其分辨率的改善很有限，一般远达不到所期望的效果。例如，在文献(Jeong et al.，1998)中，为了提高分辨率所涉及的插值操作，是把低分辨率的频谱从中间拉开，然后补零，缺乏更适宜的频谱变换，所以图象插值效果还能提高。

显然，FFT 插值操作的核心步骤是对低分辨率图象的频谱进行频谱变换，所以导出一套更有效的频谱变换公式，实现频域变换与补偿扩展，以获得满意的图象超分辨效果，这正是我们关于图象超分辨的第一项创新性的研究内容，详见 4.2 节。

1.5.2 基于局部谱变换特征的凸显技术

基于局部谱变换特征的凸显技术，增强图象边缘纹理的频率成分，改善低分辨图象的对比度和清晰度，消除噪声污染和薄云薄雾干扰等因素对高频信息的影响，凸显图象已有特殊的细节属性，可以实际增强图象分辨率。

二维图象 $g(k,l)$ 的傅里叶变换即频谱 $G(u,v)$，将低频部分移位到频谱的中心区域，其二维振幅谱 $|G(u,v)|$ 如图 1.5.3 所示。

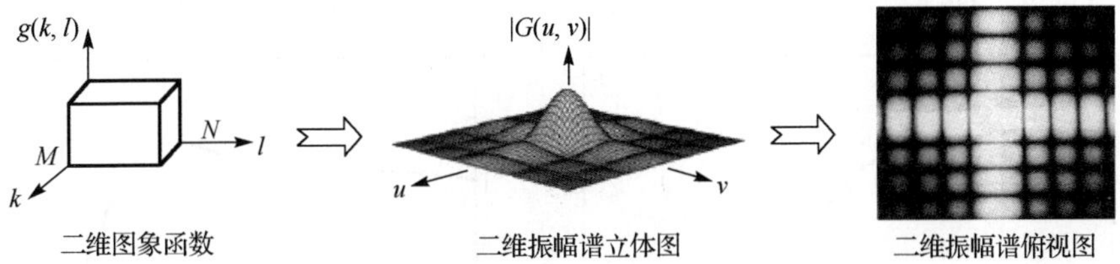

图 1.5.3 图象频谱的二维振幅谱示意图

图象的频谱信息反映图象的一些重要特征：

(1) 图象频谱的低频部分包含图象的大部分能量，蕴涵客体的基本属性；

(2) 图象频谱的高频部分包含图象的边缘纹理信息，蕴涵客体的特殊属性；

(3) 图象频谱的高频信息越丰富，图象空间的分辨率越高。

对于一帧图象，如果在其频域里对其频谱的局部进行适当的变换，则相当于在空域里对图象实施某种滤波，可以凸显图象已有的某些属性特征。例如，考虑到表征图象特征的信息大多集中在图象边缘纹理的轮廓里，因此可以通过抑制低频、增强高频的方法来提取其边缘纹理的轮廓特征；在谱变换的基础上，对图象的高频成分进行适当的增强，可以凸显图象的纹理细节；特别地，只保留高频分量就可得到图象中灰度变化剧烈的边缘和纹理。

如果图象分辨率低的原因是模糊、噪声污染和薄云薄雾干扰等，则与对应的高分辨率图象相比，频谱特征主要表现在：低频部分基本相同，而高频信息存在不同程度的损失和失真。一般地说，对于细节相对丰富的遥感图象，其高频信息比较丰富，而对应于目标特征的信息也通常蕴涵在频谱的较高频带里。因为只要保持低频部分不变，就可以很好地保持图象内涵客体的概貌和大部分基本特征，所以为了由低分辨率图象得到高分辨率图象，可以在低分辨率图象的频域里对频谱进行保持低频而增强和补偿高频的操作，即设计一种高频补偿滤波器。但是，其中需要注意图象噪声等干扰的影响，一般的噪声功率谱是均匀分布的，在低频部分，由于图象信号谱能量较大，噪声等干扰所占比重较小，其影响可以忽略不计；而在高频部分，由于图象信号能量较低，噪声等干扰所占比重较大，其影响也大。如果所设计的高频补偿滤波器只是简单地增强图象的高频成分，这样在增强图象纹理细节的同时也相应地放大了噪声等干扰，而放大的噪声等干扰对图象纹理细节的影响可能更大，又会进一步降低图象的清晰度、对比度和分辨能力，这是不希望出现的。所以，在低分辨率图象谱变换的凸显技术中，设计高频补偿滤波器时还要注意噪声等干扰的抑制，一种简单的方法是使高频补偿滤波器的高频响应增益增加到一定范值后逐渐下降，这种高频补偿滤波器的两种幅频响应曲线如图 1.5.4 所示，图 1.5.4(a)对中间频带(为$(0.2\pi, 0.5\pi)$)有明显增强，对 0.5π 以上的频域 $w_p \to w_s$ 幅频响应逐渐降低，大于 w_s 为止带，主要是抑制噪声等干扰，因此可以在补偿高频信息的同时有效地抑制噪声，$w_p - w_s$ 为过渡带宽度；图 1.5.4(b)收窄过渡带宽度 $w_p - w_s$，对更高频带有补偿作用。

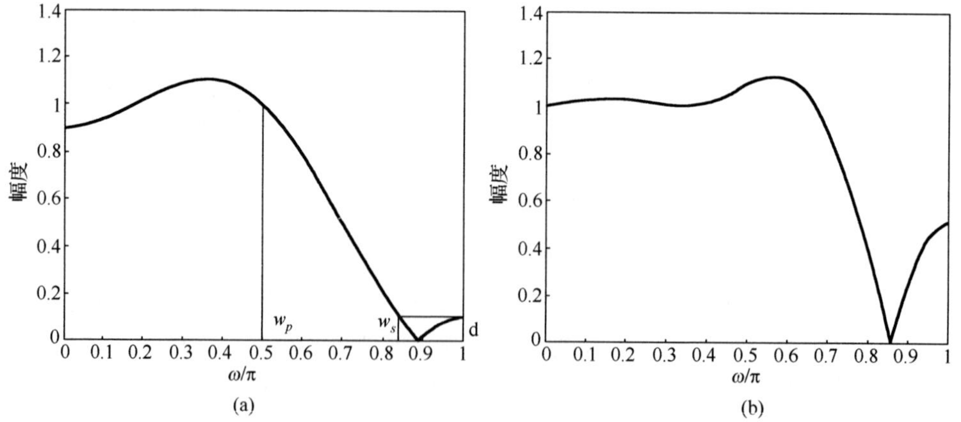

图 1.5.4　高频补偿滤波器的幅频响应示意图

在实际应用中，可以根据待处理低分辨率图象的频谱特征确定需要补偿的频带，然后设计相应的高频补偿滤波器，补充其边缘纹理信息，同时抑制高频噪声等干扰，这就是通过图象频谱的局部高频谱变换凸显图象已经具有的纹理细节特征，提高图象的视觉效果，凸显和增强其实际分辨能力。

1.5.3　基于多核基集合的高分辨图象重建技术

1. 基本原理

对于实际观测的低分辨率遥感图象，由于采样数据的数目有限，若利用二维 sinc 基函数进行插值操作，则达不到重建高分辨率图象的效果。在这种情况下，借助一组线性投影建立一套合适的插值核函数，以便能够较好地重建高分辨率的图象，使其分辨率和对比度更好地逼近相应的物图象。

基于多核基集合的高分辨图象重建方法(Frank et al.，1999)，其关键是建立一套合适的插值基函数(Candocia，1998；Atkins，1998；Wang et al.，1998；Winans et al.，1992；Darwish et al.，1996)。在空域里，有效的基函数都具有局部性质，为了高质量地重建和逼近原来的高分辨率图象，有必要寻求高度局部化的一套基函数。通过探讨不同图象局部区域的不同相关特征信息，并且尽可能地利用先验信息，可以建立相当多的基函数，以便足以提供给众多具有不同特征的图象局部区域的高分辨重建选用。

通过分析低分辨率图象的局部统计特性来决定该区域应使用基集合中的哪个基来进行高分辨率图象的重建，重建模型为

$$\hat{x}(n_1,n_2)=x_e(n_1,n_2)*k_{c,l}(n_1,n_2),\quad c=1,2,\cdots,C;\ l=1,2,\cdots,L \tag{1.5.12}$$

式中，$x_e(n_1,n_2)$ 为低分辨数字图象；$k_{c,l}(n_1,n_2)(c=1,2,\cdots,C;l=1,2,\cdots,L)$ 为核函数集，C 代表所建立的图象特征的个数，L 代表一个特征所对应的插值核函数的个数。核函数是可变的。显然，这里有两个关键问题：

(1) 怎样确定核函数族的数目，建立合适的基函数集合；

(2) 在核函数族的数目确定后，怎样选用合适的核函数。

基于多核基集合的高分辨图象重建技术实施过程主要包括以下两步：

(1) 通过训练学习的方法获得核函数族；

(2) 利用核函数族由低分辨图象进行高分辨图象重构处理。

图 1.5.5 给出了训练的原理框图，而高分辨图象重构的原理框图如图 1.5.6 所示。

2. 高分辨图象重建算法

首先要获取高分辨率的数字图象，进行训练，其基本过程：从高分辨数字图象

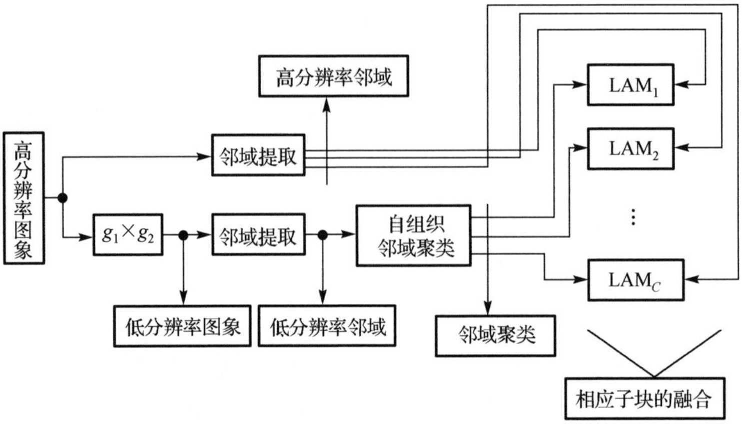

图 1.5.5　获取插值核函数族的训练过程框图

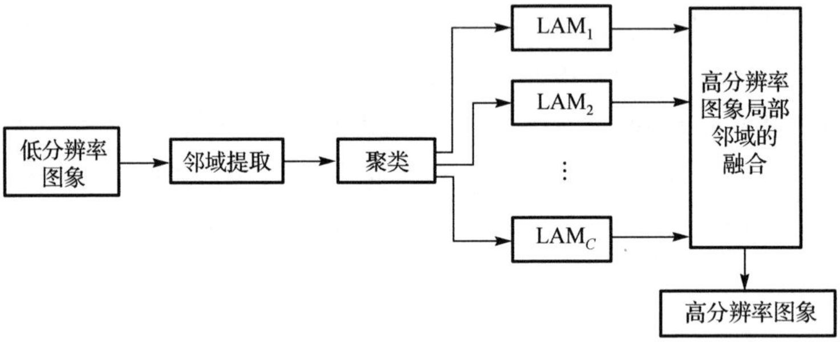

图 1.5.6　基于多核基集合的高分辨图象重构过程原理框图

抽取低分辨数字图象；对低分辨率图象和相应的高分辨率图象进行邻域抽取；对各个邻域进行特征提取及其基于特征类型的聚类分析；在低分辨率图象的各个邻域与相应的高分辨率图象的邻域之间建立联想记忆。

然后，利用训练的结果，对给定的低分辨率输入图象进行高分辨率图象的重建，其基本过程：对低分辨数字图象进行邻域提取，每个邻域的大小与训练中的邻域大小一致；对各个邻域进行特征提取及其基于特征类型的聚类分析；根据邻域类型和联想记忆，从核函数族中选取合适的插值核函数，完成各个邻域高分辨重建；将各个邻域高分辨重建的结果融合，完成整幅图象的高分辨重构。

训练的基本步骤如下：

(1)低分辨图象获取：从已知的高分辨图象 A_0 中抽取数据，获得低分辨率的图象 A，设行、列方向的抽取比例分别为 g_1, g_2；低分辨率图象邻域大小的选取需要在邻域数目和每一邻域所含信息量之间进行折中。

(2)邻域提取：对低分辨图象 A 和相应的高分辨图象 A_0 进行邻域抽取。设所采用的邻域大小为 $h_1 \times h_2$，A 的大小为 $N_1 \times N_2$，则共可获得 $(N_1+1-h_1)(N_2+1-h_2)$ 个邻

域，这些邻域分别表示为

$$X=\left\{x_l(m_1:m_1+h_1-1,m_2:m_2+h_2-1)\right\}\Big|_{m_1=0,\cdots,N_1-h_1,m_2=0,\cdots,N_2-h_2} \tag{1.5.13}$$

要注意的是这些邻域之间存在重叠，因此在进行重构时，要对重叠部分进行平均。其相应的高分辨图象 A_0 的邻域为

$$D=\left\{\begin{matrix}x_h(g_1m_1+\phi_1+1:g_1(m_1+2)+\phi_1+1,\\ g_2m_2+\phi_2+1:g_2(m_2+2)+\phi_2+1)\end{matrix}\right\}\Bigg|_{m_1=0,\cdots,N_1-H_1,m_2=0,\cdots,N_2-H_2} \tag{1.5.14}$$

式中，$\phi_i=\dfrac{g_i(h_i-3)}{2},i=1,2$，即高分辨图象的邻域是以相应的低分辨邻域的中心为中心，邻域的大小为 $(2g_1-1)\times(2g_2-1)$，一个邻域用一个向量表示，所有邻域即构成一个邻域矩阵。

在图 1.5.7 中，●表示低分辨图象的邻域，⊗表示高分辨图象的邻域，图 1.5.7(a)和图 1.5.7(b)分别对应 2 倍插值和 3 倍插值的情况。

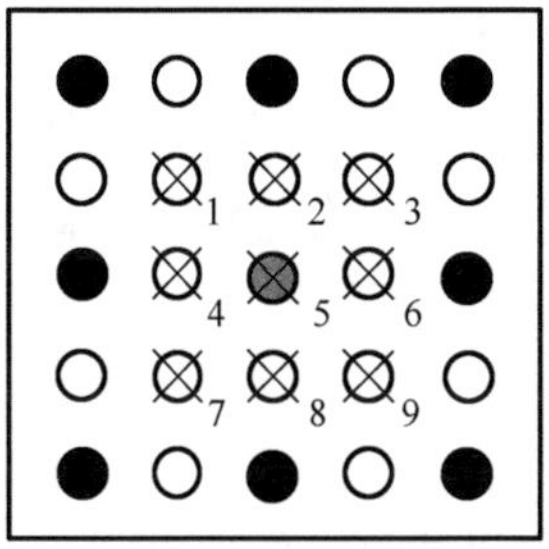

(a)

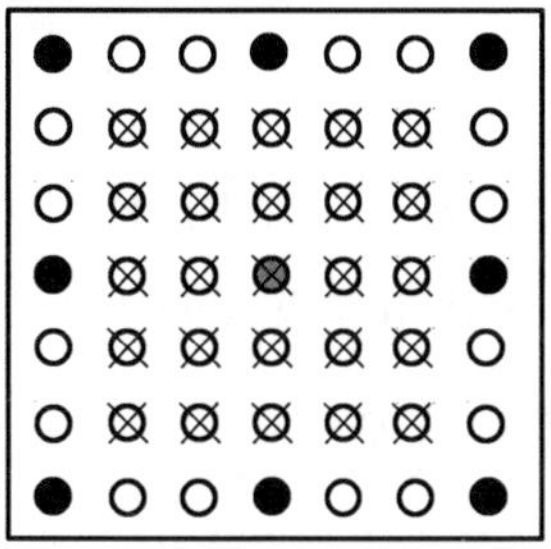

(b)

图 1.5.7　邻域抽取示意图

将抽取得到的各个邻域分别减去该邻域中灰度值的均值，即获得了图象的邻域结构。设低分辨图象和高分辨图象的邻域结构分别表示为矩阵 $\boldsymbol{X}$、$\boldsymbol{D}$。

(3) 邻域的自组织聚类：在获得低分辨图象的邻域结构后，需要根据特征，采用适当的聚类方法，对这些邻域进行分类，以确定与那些邻域相似的统计结构，以便对其采用同样的核函数。

(4) 联想记忆：在完成对邻域聚类后，整个邻域集分为 C 类，对应的高分辨图象也分为 C 类。对每一类建立一个联想记忆。设所有属于第 c 类的低分辨图象的邻域集所构成的矩阵记为 $\{\boldsymbol{X}_{i,c},i=1,\cdots,k_c\}$，相应的高分辨图象的邻域集所构成的矩阵记为 $\{\boldsymbol{D}_{i,c},i=1,\cdots,k_c\}$，在 $\boldsymbol{X}_{i,c}$ 与 $\boldsymbol{D}_{i,c}$ 之间构造映射矩阵，即寻找权值矩阵 $\boldsymbol{W}_c$ 及平移矢量 $\boldsymbol{b}_c$，满足

$$\boldsymbol{D}_{i,c}=\boldsymbol{W}_c\boldsymbol{X}_{i,c}+\boldsymbol{b}_c \tag{1.5.15}$$

并且使得 $\sum_{i=1}^{k_c}\|\boldsymbol{D}_{i,c}-\boldsymbol{W}_c\boldsymbol{X}_{i,c}-\boldsymbol{b}_c\|_2^2$ 最小，则 $\boldsymbol{W}_c$、$\boldsymbol{b}_c$ 为相应的线性映射构成的线性联想记忆(Linear Associative Memory，LAM)，$\text{LAM}c_1, c_1=1,2,\cdots,C_1$，或相应的非线性映射构成的非线性联想记忆(Nonlinear Associative Memory，NLAM)，$\text{NLAM}c_2, c_2=1,2,\cdots,C_2$，$C_1+C_2=C$。

图象高分辨重构的基本步骤如下：

(1)待重构图象的邻域提取：算法同训练过程中的邻域提取，邻域的大小也相同，只是不需要求相应的高分辨图象的邻域。

(2)邻域的自组织聚类：算法同训练过程中的邻域自组织聚类，聚类个数采用训练过程所确定的个数，设为 C。

(3)邻域的超分辨重构：利用训练过程得到的相应于各个特征的联想记忆 $\text{LAM}c_1, c_1=1,2,\cdots,C_1$ 或 $\text{NLAM}c_2, c_2=1,2,\cdots,C_2$，分别对聚类后的各类邻域进行高分辨重构，一个低分辨邻域 $\boldsymbol{x}_r$ 相应的高分辨邻域可表示为

$$\boldsymbol{s}_r=\boldsymbol{W}_c\boldsymbol{x}_r+\boldsymbol{b}_c+\boldsymbol{A}\boldsymbol{x}_r \tag{1.5.16}$$

式中，$\boldsymbol{W}_c$ 为权值矩阵；$\boldsymbol{b}_c$ 为平移矢量；$\boldsymbol{A}\boldsymbol{x}_r$ 为对应于该邻域的均值。

(4)整幅图象的高分辨重构：整幅图象的高分辨重构是将各个高分辨重构后的邻域叠加，并去掉邻域相互重叠的影响。

3. 实验结果及其分析

这里介绍一组基于多核基集合的高分辨图象重建算法的典型实验结果，如图 1.5.8 所示，其中，图 1.5.8(a)为左半五角大楼的原始图象(256×256)；对图 1.5.8(a)中的原始图象进行隔行隔列抽点，即 (1/2)×(1/2) 下采样，得到低分辨图象(128×128)，如图 1.5.8(b)所示，该显示图象采用最近邻插值法使行、列均放大二倍(256×256)；在履行基于多核基集合的高分辨图象重建算法过程中，首先利用左半五角大楼的原

(a)左半五角大楼的原始图象(256×256)　　(b)低分辨图象(最近邻插值放大二倍)　　(c)用(a)自身训练得到的高分辨图象(256×256)

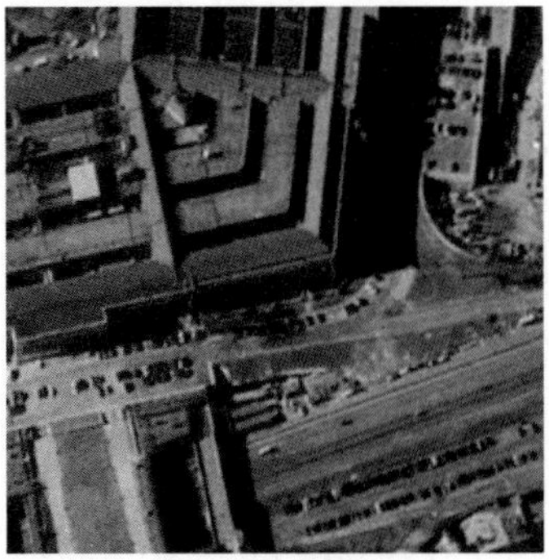

(d)用于训练的右半五角大楼图象(256×256)

(e)用(d)右半五角大楼训练得到的高分辨图象(256×256)

图 1.5.8　五角大楼的基集合插值效果图

始图象自身的特征进行训练，所获得的联想记忆对图 1.5.8(b)中的低分辨率图象履行高分辨率图象重建算法，采用 30 个特征，图 1.5.8(c)是超分辨重建图象，其峰值信噪比为 PSNR=27.0435dB；然后利用图 1.5.8(d)所示的右半五角大楼图象的特征进行训练，所获得的联想记忆对图 1.5.8(b)中低分辨率图象履行高分辨率图象重建算法，采用 16 个特征，图 1.5.8(e)是超分辨重建图象，PSNR=26.2356dB。

由图 1.5.8 的实验结果及其数据分析可以得到如下结论：

(1)用于训练的高分辨率图象的两种选择均获得了一定的实验效果，图 1.5.8(c)和图 1.5.8(e)与图 1.5.8(b)比较，图象的纹理细节清晰度均有不同程度的提高，分辨能力有所增强，验证了基于多核基集合的高分辨图象重建算法的有效性。

(2)比较起来，用左半五角大楼原始图象自身特征训练获得的高分辨图象的效果较明显，而用右半五角大楼图象的特征训练获得的高分辨图象也有一定的效果，前者优于后者，由峰值信噪比的分析结果也证实这一点，前者比后者高 0.8dB。

(3)图 1.5.8(c)和图 1.5.8(e)与图 1.5.8(a)比较，图象重建的效果还有较大的提高空间，因此有必要对图象超分辨技术及其算法进行更深入的研究，以便使重建效果能够达到实际应用的要求。

1.6　系统方案

1.6.1　系统方案的设计和原理框图

在多年的研究工作基础上，不断吸收国内外同类技术中的先进技术，提出和优化遥感图象复原与超分辨率处理技术系统方案，通过理论分析、仿真实验和对关键技术等的反复研究，建立了由图象分析、图象复原、超分辨处理和效果评价等四个主要部分组成的系统方案，其简化框图见图 1.6.1，图 1.6.2 给出了比较详细的原理框图。

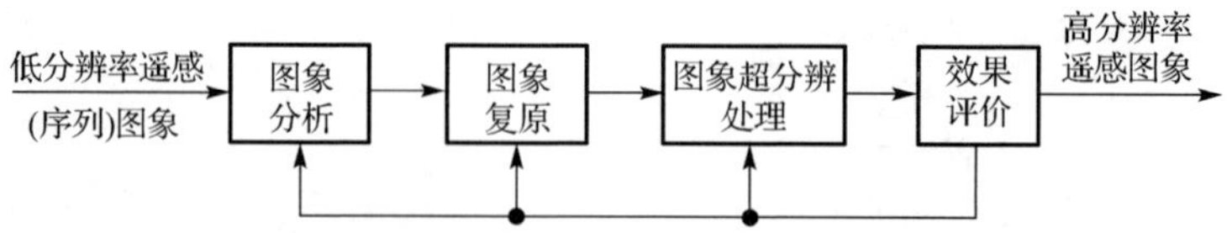

图 1.6.1　遥感图象复原与超分辨率处理技术系统方案简图

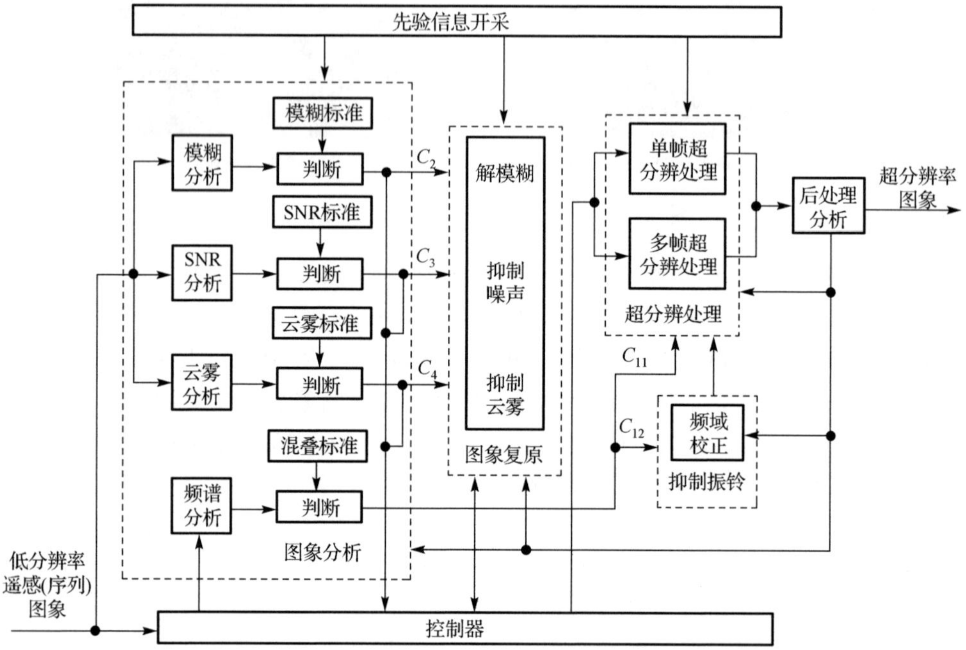

图 1.6.2　遥感图象复原与超分辨率处理技术系统方案原理框图

图象复原操作主要包括解模糊、增强信噪比和抑制云雾等功能，根据从图象分析中得到的控制参数 C_2、C_3 和 C_4 决定是否进行相应的图象复原操作。若需要进行图象复原操作，则复原后的遥感图象传递给控制器；若不需要进行复原操作，则控制器直接从输入的遥感图象序列中得到原始的遥感图象。

图象超分辨率处理操作主要包括单帧图象超分辨处理和多帧图象超分辨处理两类关键技术。从频谱分析中得到的控制参数 C_{11}、C_{12}，其中 C_{11} 为频率混叠深度参数，反映频率混叠的程度，若 C_{11} 较小，则采用单帧超分辨技术，若 C_{11} 较大，则采用多帧超分辨技术；而 C_{12} 为高频归一化能量参数，若 C_{12} 较大，则需要在超分辨的处理中引入抑制振铃操作。根据研究成果，抑制振铃操作不采取空域补偿的技术途径，而主要通过频率补偿的技术途径来实现。

效果评价主要是后处理分析，将采用主客观相结合的评价方法。若评价结果不够满意，则调整图象分析、图象复原和超分辨处理的有关控制参数，重新进行处理，直到质量满足要求。

1.6.2　工作原理

下面分别说明遥感图象复原与超分辨处理技术系统方案各个主要部分的工作原理。

(1) 系统方案的核心部分是超分辨率处理。所谓遥感图象的超分辨率处理，就是提高遥感图象的分辨率，使之超过原成像设备所能达到的分辨率。通过对国内外大量遥感图象的频谱分析和超分辨率处理效果分析，表明实际的遥感图象都存在一定的频率混叠。这表明实际光学遥感成像设备对实际景物的采样率小于景物的奈奎斯特频率，即出现欠采样。在一般情况下，若采样率大于或等于奈奎斯特频率，即能满足采样定理的要求，则遥感图象的频谱不会有混叠；只有欠采样才会引起频率混叠，而且欠采样越严重，频率混叠也越严重。但是，由于成像调制传递函数相当于低通滤器，不可能传递高于光学系统衍射极限决定的截止频率以上的频率成分，如果图象内涵景物的最高频率高于系统的截止频率，那么所成图象的频谱也会出现频率混叠。频率混叠的存在，不但会扭曲混叠部分的频率结构，而且会损失图象客体和景物的相应的高频成分，这样不但会使遥感图象景物的细节模糊，而且在频率混叠较严重时还可能出现假象。因此，从频谱的角度，应该要求图象超分辨率处理操作能解开频率混叠，不但要恢复丢失的目标高频成分，而且要改善频谱结构，使之逼近原始高分辨率物图象的频谱。

理论分析表明，尽管图象复原操作能提高遥感图象分辨率，甚至在图象退化严重时，效果还会很明显，但是其最好的情况下是可以接近或达到成像设备原有的分辨率。对国内外大量遥感图象的实验结果，不但证明了上述理论分析结果，而且表明复原后的遥感图象分辨率在很多情况下仍然不能满足实际需要的要求，这主要是因为遥感成像设备的设计分辨率比较低，在实际应用中对其客体和景物会有一定的欠采样。因此，可以设置一个频率混叠深度参数 C_{11} 来描述因欠采样引起的频率混叠程度（$C_{11} \geqslant 0$），C_{11} 越大说明频率混叠程度越严重，同时也说明提高分辨率的潜力越大。

对国内外大量原分辨率 1～5m 的遥感图象的分析表明均有较轻微的频率混叠，一般混叠深度 $C_{11} \leqslant 4$，使用我们研究的单帧图象超分辨处理技术均能得到良好的处理结果。但是，某些景物特别复杂的图象，可能混叠较严重，仅用单帧图象超分辨处理很难得到较好的结果，有必要采用多帧图象超分辨处理技术。从解频率混叠的角度来看，若频率混叠较轻，则可用单帧图象超分辨技术，若频率混叠较严重，则需要采用多帧图象超分辨技术，这在理论上是正确的。多帧图象超分辨率处理算法比较复杂一些，但是收到的效果也好一些。因此，在系统方案中设置了单帧超分辨率处理和多帧超分辨率处理两类技术算法的选择方案。

(2) 图象复原是系统方案中的一个重要组成部分，也是图象超分辨处理的前提条件。图象复原是图象质量退化的逆操作，对遥感图象来说，引起图象退化的主要因素有模糊、噪声污染和云雾干扰等，因此抑制模糊、噪声和云雾干扰是图象复原操作的主要任务。

图象模糊主要有两个因素，一是由相机光学系统的误差和畸变引起的像平面的离焦，通常称为散焦模糊，二是由相机与景物之间的相对运动，包括相机本身的抖动引起的运动模糊，通常称为运动模糊。另外，还有众多因素综合引起的高斯模糊。实际处理过程中，散焦模糊、运动模糊和高斯模糊均可以使用模糊函数来描述，如何合理地确定要处理的低分辨率图象的模糊函数，则是解模糊的先决条件，也是研究的一个重点。模糊函数的确定可以通过两个途径，一是通过对图象先验信息开采与挖掘，从而初步地确定降质算子或降质算子函数的形式；二是通过对实际模糊图象的分析估计和修正降质算子，或者确定降质算子函数中的一些未知参数，即合理地确定模糊函数，完成系统辨识或参数辨识，进而设计解模糊算法。

在遥感图象中的噪声污染通常是由 CCD 光电探测器、图象输出和传输电路及处理设备的散粒噪声、热噪声、反射和串扰噪声以及可能的散斑噪声等引起的。在实际的遥感图象中，一般噪声污染比较严重，且要求在抑制图象噪声的同时要保护边缘纹理特征，因此需要认真研究噪声抑制技术，提高信噪比。在遥感图象中，云雾干扰也会使图象退化，在云雾较轻微的情况下，可以通过一些特殊的处理方法来抑制或消除云雾干扰，使图象质量得到复原。

根据以上分析，在系统方案中，针对模糊、噪声污染和云雾干扰引起的图象质量退化分别设置了图象复原操作。图象分析操作给出控制参数 C_2、C_3、C_4，它们分别反映实际遥感图象的模糊程度、噪声污染程度和云雾干扰的程度。如果模糊度参数 C_2 较大和/或信噪比参数 C_3 较小，则进行相应的解模糊和/或抑制噪声的复原操作，如果云雾控制参数 C_4 在预定范围内，则进行消除云雾的复原操作。

(3) 图象分析操作是图象复原操作和超分辨处理操作的基础。首先通过理论分析和大量遥感图象的实验，研究各种图象分析方法，并且通过反复研究，定量地确定混叠深度、模糊度、信噪比和云雾干扰等有关参数与实际遥感图象质量的关系，进而确定混叠标准、模糊标准、信噪比标准和云雾标准等。在实际应用中，对将要处理的遥感图象进行各种分析，并且把分析结果与相应的判断标准比较，从而得到相应的控制参数 C_{11}、C_{12}、C_2、C_3 和 C_4。

(4) 在后处理分析中主要进行效果评价，这是监视图象复原与超分辨处理过程中的图象质量和比较各种方法优劣的关键技术。该项技术除了采用比对法和主观判读进行效果评价，在研究过程中，还要利用峰值信噪比、信噪比、对比度、均方误差等有关参数进行客观评价。

1.7　小结和评述

首先，本章在引言中论述了图象分辨率的概念以及高分辨率图象的迫切需求和图象复原与超分辨技术的应用发展，并且给出了国际上关于该项技术提高图象分辨率限制的研究结果和突破限制的研究简况以及发展趋势。然后，认真分析了遥感图象的成像过程及其影响图象质量的多种因素，进而建立了遥感图象的成像模型，并且给出了其在空、频域里的数学表达式，为图象质量的复原与超分辨率处理技术的开发研究奠定了基础；为了恢复实际观测的低分辨率遥感图象的质量，作为成像过程和成像模型的逆过程，先后引入了图象复原和图象超分辨处理技术，并且重点分析了质量恢复问题的性质，即作为数学物理问题中的反问题，说明了求解的理论依据和技术途径。接着，对图象复原技术进行了一般性的论述，并且简要介绍了空、频域基于内插的以及基于多核基集合的等几种比较粗浅的图象超分辨处理技术，为图象超分辨技术的深入研究提供必要的基础，对基于多核基集合的高分辨率图象处理算法给出了一组典型的实验结果及其数据分析，其意义有两点：一是实验验证图象超分辨是可能的，二是对图象超分辨技术应该进行更深入的开发研究，以便满足实际应用的要求。最后，建立了以图象分析、图象复原、超分辨处理和效果评价(后处理分析)等组成的遥感图象复原与超分辨处理技术系统方案，给出其简化框图及其原理框图，并且说明了工作程序和主要部分的工作原理，以便于后续研究工作的有序开展。

第2章　遥感图象的先验信息提取

遥感图象的先验信息对于低分辨率观测图象复原与超分辨处理是至关重要的。本章进行遥感图象先验信息的研究，针对图象复原与超分辨处理方法的应用，努力探索和研究先验信息的来源及其提取方法，其中主要包括图象概率先验模型及其变换分析、频谱混叠分析、模糊参数分析和模糊函数先验模型、噪声概率先验模型及噪声参数分析、云雾图象的先验模型、成像调制传递函数和序列图象配准及其帧间变换参数提取等方面的研究，并且在论述中尽可能将先验信息及其提取方法模型化，给出合适的表达形式。

2.1　图象概率先验模型及其变换分析

2.1.1　图象概率先验模型

假定一帧原始物图象 $g(k,l)$ 或遥感观测图象 $f(k,l)$ 的行、列均有 M 个像素，则所有像素按照先行后列的顺序排列成 $N=M\times M$ 维向量 $\boldsymbol{x}$，即

$$\boldsymbol{x}=(x_1,\cdots,x_i,\cdots,x_N),\quad i=1,2,\cdots,N \tag{2.1.1}$$

式中，每一个元素 x_i ($i=1,2,\cdots,N$)均是图象的一个像素。在成像过程中存在很多影响因素，使图象的各个像素值都具有随机性，所以 $\boldsymbol{x}$ 是 N 维随机向量。因为高斯模型一般可以比较准确地反映图象的统计特征，所以 $\boldsymbol{x}$ 的概率密度函数可以取为(李金宗，1994)

$$P(\boldsymbol{x})=\frac{1}{(2\pi)^{N/2}\left|\boldsymbol{\Sigma}\right|^{1/2}}\exp\left(-\frac{1}{2}(\boldsymbol{x}-\boldsymbol{\mu})^{\mathrm{T}}\boldsymbol{\Sigma}^{-1}(\boldsymbol{x}-\boldsymbol{\mu})\right) \tag{2.1.2}$$

式中，$\boldsymbol{\mu}$ 是 $\boldsymbol{x}$ 的 N 维数学期望或均值；$\boldsymbol{\Sigma}$ 为 $N\times N$ 维协方差矩阵。高斯分布又称为正态分布，式(2.1.2)可以简洁地记为 $N(\boldsymbol{\mu},\boldsymbol{\Sigma})$。根据实际应用场合，$\boldsymbol{\mu}$ 和 $\boldsymbol{\Sigma}$ 有具体的表达形式和近似计算方法，如5.3.2节的式(5.3.11)。如果图象各个像素是相互独立的，则

$$P(\boldsymbol{x})=\prod_{i=1}^{N}P(x_i)=\prod_{i=1}^{N}\frac{1}{\sqrt{2\pi}\sigma_i}\exp\left(-\frac{(x_i-\mu_i)^2}{2\sigma_i}\right) \tag{2.1.3}$$

式中

$$P(x_i)=\frac{1}{\sqrt{2\pi}\sigma_i}\exp\left(-\frac{(x_i-\mu_i)^2}{2\sigma_i}\right),\quad i=1,2,\cdots,N \tag{2.1.3a}$$

为边缘概率密度函数，其中 μ_i 为随机变量 x_i 的数学期望，而 σ_i^2 为其方差，常称 σ_i 为其标准差或均方差。

作为一帧图象，$f(k,l)$ 又可视为马尔可夫随机场(Markov Random Field，MRF)中的一个现实(盛骤，2008)，经常使用的数字表征有样本均值 $\overline{f}$ 和方差 σ_f^2，计算公式为

$$\begin{cases}\overline{f}=\dfrac{1}{M^2}\displaystyle\sum_{l=0}^{M-1}\sum_{k=0}^{M-1}f(k,l)\\ \sigma_f^2=\dfrac{1}{(M-1)^2}\displaystyle\sum_{l=0}^{M-1}\sum_{k=0}^{M-1}(f(k,l)-\overline{f})^2\end{cases} \tag{2.1.4}$$

如果根据图象内涵客体及其背景辐射光的量子特性，则图象概率先验模型可用泊松分布描述。由于光的量子特性，到达电荷耦合器件(CCD)表面的量子数目存在统计涨落，在某些情况下，例如，遥感成像设备到图象客体距离较远时，CCD 往往处在低光度条件下进行成像，所成图象存在颗粒性(graininess)，这种颗粒性造成了图象细节的遮掩和对比度的变小。在低光度下，光子的发射可用泊松过程来描述，由 CCD 阵列所有单元得到的图象信号满足泊松分布(曾文庆等，1994)。

满足泊松分布的随机变量 ξ，是指它取整数 k 的概率为(郝志峰等，2009)

$$P(\xi=k)=\frac{\lambda^k e^{-\lambda}}{k!},\quad k=0,1,2,\cdots \tag{2.1.5}$$

式中，λ 为 ξ 的数学期望和方差。CCD 阵列各通道检测“光子事件”的数目是相互独立的，则具有 N 个通道的检测经放大等处理形成的 N 维图象信号 $\boldsymbol{x}$ 各维之间也是相互独立的，其联合概率密度为

$$\begin{aligned}p(\boldsymbol{x})&=\frac{(\overline{x}_1)^{x_1}\exp(-\overline{x}_1)}{(x_1)!}\times\frac{(\overline{x}_2)^{x_2}\exp(-\overline{x}_2)}{(x_2)!}\times\cdots\times\frac{(\overline{x}_N)^{x_N}\exp(-\overline{x}_N)}{(x_N)!}\\&=\prod_{k=1}^{N}((\overline{x}_k)^{x_k}\exp(-\overline{x}_k))/(x_k)!\end{aligned} \tag{2.1.6}$$

式中，变量上面的横杠“ ¯ ”表示均值。

现在介绍一种通过图象直方图拟合的方法估计图象的先验分布。众所周知，图象的直方图，横坐标 x 为像素取值，如 $x=0,1,2,\cdots,255$，纵坐标为像素数目或像素数目与像素总数的比值。由工程实践可知，对于大多数遥感图象，其直方图均具有明显的单峰或双峰特性。因此，可以通过广义高斯函数对遥感图象的直方图进行拟合来估计其先验分布，以利于后续图象处理(Moulin et al.，1999)。

下面简单介绍其主要思想。令随机变量$\xi = x$的概率密度函数为

$$f(x) = a\exp(-(b|x-\overline{x}|)^r) \tag{2.1.7}$$

式中

$$b = \frac{\sqrt{\Gamma\left(\frac{3}{r}\right)}}{\sigma\sqrt{\Gamma\left(\frac{1}{r}\right)}}, \quad a = \frac{br}{2\Gamma\left(\frac{1}{r}\right)}$$

式中，$\overline{x}$为$\xi = x$的均值；σ为均方差；r为一正常数；$f(x)$称为广义高斯概率密度函数。当$r = 2$时，$f(x)$是常见的高斯概率密度函数；当$r = 1$时，$f(x)$是拉普拉斯(Laplace)概率密度函数。

假定已知图象数据$\boldsymbol{x} = (x_1, x_2, \cdots, x_N)$的直方图是单峰的，可以用式(2.1.7)进行拟合估计图象的先验分布，其中均值$\overline{x}$就是直方图的峰值所对应的横坐标，方差σ^2可由式(2.1.8)估计

$$\hat{\sigma}^2 = \frac{1}{N}\sum_{i=1}^{N}(x_i - \overline{x})^2 \tag{2.1.8}$$

而参数r的估计是一个非线性过程，可在最小化拟合残差的准则下，通过迭代拟合优选。

假定已知图象数据$\boldsymbol{x} = (x_1, x_2, \cdots, x_N)$的直方图是双峰的，为了估计图象的先验分布，可以使用模型

$$f(x) = \alpha f_1(x) + \beta f_2(x) \tag{2.1.9}$$

和

$$\overline{x} = \alpha\overline{x}_1 + \beta\overline{x}_2 \tag{2.1.10}$$

式中，α、β为加权系数，且$\alpha + \beta = 1$；$\overline{x}$为图象的均值；$\overline{x}_1$、$\overline{x}_2$为直方图两个峰值对应的横坐标，而

$$f_i(x) = a_i\exp(-(b_i|x-\overline{x}_i|)^{r_i}), \quad i = 1,2 \tag{2.1.11}$$

且

$$\alpha = \frac{\overline{x} - \overline{x}_2}{\overline{x}_1 - \overline{x}_2} \tag{2.1.12}$$

待估计的参数有r_i和σ_i，$i = 1,2$，可以采用交替投影法进行求解。

如果直方图为多峰的，只需将模型(2.1.9)进行扩展，其主要思想类似。

图象概率性建模方法还有很多，例如，文献(Figueiredo et al.，2001)介绍一种通过基于小波估计的方法，那是一种经验的 Bayes 方法。对图象小波系数可用推广

的 Laplace 先验分布建立先验模型，并结合 Bayes 估计进行多分辨滤波，可以取得很好的效果，但正交小波的估计在某些细节上不够清晰。另外，结合图象的多分辨金字塔表示，不同尺度之间有信息的冗余，不同尺度间的小波系数可用马尔可夫链进行建模，每一个尺度的小波系数依赖于更粗尺度系数的范围。另外，还有图象确定性的建模方法。

2.1.2　图象变换分析

最重要的图象变换是傅里叶变换(Fourier Transform，FT)，其应用非常广泛。一个连续图象函数 $f(x,y)$ 的傅里叶变换及其反变换为

$$\begin{cases} F(u,v)=\int_{-\infty}^{\infty}\int_{-\infty}^{\infty} f(x,y)\exp(-\mathrm{j}2\pi(ux+vy))\mathrm{d}x\mathrm{d}y \\ f(x,y)=\int_{-\infty}^{\infty}\int_{-\infty}^{\infty} F(u,v)\exp(\mathrm{j}2\pi(ux+vy))\mathrm{d}u\mathrm{d}v \end{cases} \tag{2.1.13}$$

式中，$\mathrm{j}=\sqrt{-1}$；x、y 分别是时空域正交的二维图象坐标；u、v 分别是频域正交的两个频率分量。式(2.1.13)的上式是二维 FT 正变换，下式是其反变换；$F(u,v)$ 为变换域即频域的二维频谱。

在离散域，则有离散傅里叶变换(Discrete Fourier Transform，DFT)。时空域 $M\times N$ 点二维离散图象信号 $f(k,l)$ 的离散傅里叶变换及其反变换为

$$\begin{cases} F(u,v)=\sum_{l=0}^{N-1}\sum_{k=0}^{M-1} f(k,l)\exp\left(-\mathrm{j}2\pi\left(\frac{uk}{M}+\frac{vl}{N}\right)\right), \quad u=0,1,\cdots,M-1, \quad v=0,1,\cdots,N-1 \\ f(k,l)=\frac{1}{MN}\sum_{v=0}^{N-1}\sum_{u=0}^{M-1} F(u,v)\exp\left(\mathrm{j}2\pi\left(\frac{uk}{M}+\frac{vl}{N}\right)\right), k=0,1,\cdots,M-1, \quad l=0,1,\cdots,N-1 \end{cases} \tag{2.1.14}$$

式中，k、l 分别是时空域离散的二维正交图象坐标；u、v 分别是频域离散的两个正交频率分量；$F(u,v)$ 为离散的二维频谱。式(2.1.14)的上式是二维 DFT 正变换，下式是其反变换。乘子 $1/(MN)$ 可以移放到正变换的前端，或者分别在正、反变换的前端均乘以 $1/\sqrt{MN}$。

将二维 DFT(即式(2.1.14)的上式)变形，可以得到

$$F(u,v)=\sum_{l=0}^{N-1}\left(\sum_{k=0}^{M-1} f(k,l)\exp\left(-\mathrm{j}2\pi\left(\frac{uk}{M}\right)\right)\right)\exp\left(-\mathrm{j}2\pi\left(\frac{vl}{N}\right)\right),$$
$$u=0,1,\cdots,M-1, \quad v=0,1,\cdots,N-1$$

令

$$F(u,l)=\sum_{k=0}^{M-1} f(k,l)\exp\left(-\mathrm{j}2\pi\left(\frac{uk}{M}\right)\right), \quad l=0,1,\cdots,N-1, \quad u=0,1,\cdots,M-1 \tag{2.1.15a}$$

则

$$F(u,v)=\sum_{l=0}^{N-1}f(u,l)\exp\left(-\mathrm{j}2\pi\left(\frac{vl}{N}\right)\right),\quad u=0,1,\cdots,M-1,\quad v=0,1,\cdots,N-1 \tag{2.1.15b}$$

式(2.1.15a)和式(2.1.15b)表示，二维 $M\times N$ 点 DFT 可以通过两次一维 DFT 实现，即先根据式(2.1.15a)逐列(垂直方向)进行 M 点一维 DFT，然后根据式(2.1.15b)逐行(水平方向)进行 N 点一维 DFT。当然，也可以先逐行进行 N 点一维 DFT 后，再逐列进行 M 点一维 DFT。

同样方法，将二维 DFT 反变换(即式(2.1.14)的下式)变形，可以得到

$$f(k,l)=\frac{1}{N}\sum_{v=0}^{N-1}\left(\frac{1}{M}\sum_{u=0}^{M-1}F(u,v)\exp\left(\mathrm{j}2\pi\left(\frac{uk}{M}\right)\right)\right)\exp\left(\mathrm{j}2\pi\left(\frac{vl}{N}\right)\right),$$
$$k=0,1,\cdots,M-1,\quad l=0,1,\cdots,N-1$$

令

$$f(k,v)=\frac{1}{M}\sum_{u=0}^{M-1}F(u,v)\exp\left(\mathrm{j}2\pi\left(\frac{uk}{M}\right)\right),\quad k=0,1,\cdots,M-1,\quad v=0,1,\cdots,N-1 \tag{2.1.16a}$$

则

$$f(k,l)=\frac{1}{N}\sum_{v=0}^{N-1}F(k,v)\exp\left(\mathrm{j}2\pi\left(\frac{vl}{N}\right)\right),\quad l=0,1,\cdots,N-1,\quad k=0,1,\cdots,M-1 \tag{2.1.16b}$$

式(2.1.16a)和式(2.1.16b)表示，二维 $M\times N$ 点 DFT 反变换可以通过两次一维 DFT 反变换实现，即先根据式(2.1.16a)逐列进行 M 点一维 DFT 反变换，然后根据式(2.1.16b)逐行进行 N 点一维 DFT 反变换。当然，也可以先逐行进行 N 点一维 DFT 反变换后，再逐列进行 M 点一维 DFT 反变换。

DFT 及其反变换均有快速算法，即快速傅里叶变换(Fast Fourier Transform，FFT)及其逆快速傅里叶变换(Inverse Fast Fourier Transform，IFFT)，详见文献(李金宗，1989)。

图象频谱 $F(u,v)$ 的数学形式一般是复数，其中包括实部 $R(u,v)$ 和虚部 $I(u,v)$，即

$$F(u,v)=R(u,v)+\mathrm{j}I(u,v) \tag{2.1.17}$$

其振幅谱为

$$|F(u,v)|=\sqrt{R^2(u,v)+I^2(u,v)} \tag{2.1.18}$$

而相位谱为

$$\varphi(u,v)=\arctan\left(\frac{I(u,v)}{R(u,v)}\right) \tag{2.1.19}$$

功率谱为

$$P(u,v)=\left|F(u,v)\right|^2=R^2(u,v)+I^2(u,v) \tag{2.1.20}$$

为了理解和应用方便，引入频谱图的概念。图象频谱具有周期性和共轭对称性，对于 M 点一维离散信号 $f(k)$，其频谱 $F(u)$ 在 $u=0,M/2$ 两点处的频率分别为 $u_0=0,u_{M/2}=u_c$，其中 u_c 为图象信号的最高截止频率。将其推广至二维空间中，对于 $M\times N$ 点二维离散图象信号 $f(k,l)$，其频谱 $F(u,v)$ 如图 2.1.1(b)所示，而频谱坐标如图 2.1.1(a)所示，则当 $F(u,v)$ 在其频谱图的原点 (0,0) 处，沿 u 和 v 方向的频率分量均为 $u_0=0,v_0=0$，而在其频谱图的中心点（$M/2,N/2$）处，沿 u 和 v 方向的频率分量均为其最大截止频率 $u_{M/2}=u_c,v_{N/2}=v_c$。

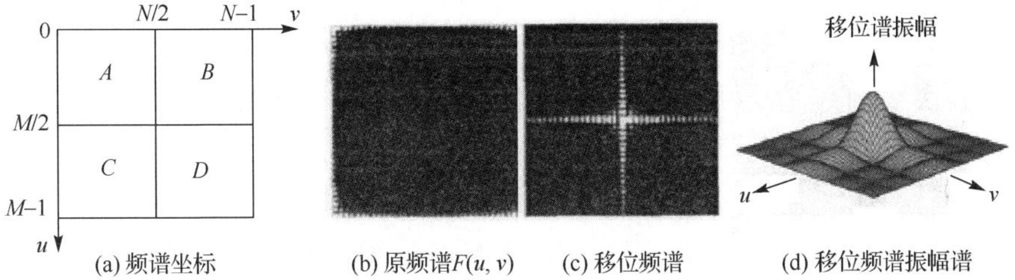

(a) 频谱坐标　(b) 原频谱$F(u, v)$　(c) 移位频谱　(d) 移位频谱振幅谱

图 2.1.1　图象频谱移位示意图

图象 $f(k,l)$ 中的大部分能量集中在低频成分，因此如图 2.1.1(b)所示的 $F(u,v)$ 频谱图中四个顶点邻域的幅度值较大。但是，由于低频成分区域较小且分散在四个顶点附近，不利于实际应用分析，所以可以根据图象频谱的周期性和共轭对称性，移位频谱图的坐标，将所有低频成分集中在频谱图中心，而高频成分分散在四周，移位频谱见图 2.1.1(c)。为此，实际可按图 2.1.1(a)所示的坐标区域划分，将区域 A 和区域 D 对换位置，区域 B 和区域 C 对换位置，得到移位后的频谱为 $F(u-M/2,v-N/2)$，如图 2.1.1(c)所示。相应地，图 2.1.1(d)给出移位振幅谱示意图，显然其可读性增强。

DFT 具有一些重要的性质，根据本书的应用，这里给出以下三个性质。

(1) 频移定理：二维 $M\times N$ 点离散频谱 $F(u,v)$ 在其频率坐标轴上平移 (u_0,v_0)，u_0 和 v_0 可为任意实数，即 $F(u-u_0,v-v_0)$，对应着空域原图象 $f(k,l)$ 乘以幅值为 1 的指数因子 $\exp\left(\mathrm{j}2\pi\left(\frac{u_0k}{M}+\frac{v_0l}{N}\right)\right)$。若 $F(u,v)\Leftrightarrow f(k,l)$，则

$$F(u-u_0,v-v_0)\Leftrightarrow f(k,l)\exp\left(\mathrm{j}2\pi\left(\frac{u_0k}{M}+\frac{v_0l}{N}\right)\right) \tag{2.1.21}$$

证明如下：

$$\frac{1}{MN}\sum_{v=0}^{N-1}\sum_{u=0}^{M-1}F(u-u_0,v-v_0)\exp\left(\mathrm{j}2\pi\left(\frac{uk}{M}+\frac{vl}{N}\right)\right)$$
$$=\frac{1}{MN}\sum_{v=0}^{N-1}\sum_{u=0}^{M-1}F(u,v)\exp\left(\mathrm{j}2\pi\left(\frac{(u+u_0)k}{M}+\frac{(v+v_0)l}{N}\right)\right)$$
$$=\frac{1}{MN}\sum_{v=0}^{N-1}\sum_{u=0}^{M-1}F(u,v)\exp\left(\mathrm{j}2\pi\left(\frac{uk}{M}+\frac{vl}{N}\right)\right)\exp\left(\mathrm{j}2\pi\left(\frac{u_0k}{M}+\frac{v_0l}{N}\right)\right)$$
$$=f(k,l)\exp\left(\mathrm{j}2\pi\left(\frac{u_0k}{M}+\frac{v_0l}{N}\right)\right)$$

特别地，当 $u_0=M/2,v_0=N/2$ 时，有

$$F(u-M/2,v-N/2)\Leftrightarrow f(k,l)(-1)^{k+l} \tag{2.1.22}$$

式(2.1.22)表明，频移后的频谱 $F(u-M/2,v-N/2)$ 是空域图象 $f(k,l)$ 乘以 $(-1)^{k+l}$ 的DFT。所以，图2.1.1(b)的原频谱 $F(u,v)$ 到图2.1.1(c)移位后的频谱 $F(u-M/2,v-N/2)$ 的变换可以通过空域原图象 $f(k,l)$ 在进行DFT之前乘以 $(-1)^{k+l}$ 来实现。

(2)位移定理：二维 $M\times N$ 点离散图象 $f(k,l)$ 在其坐标轴上的平移 (k_0,l_0)，k_0 和 l_0 可为任意实数，即 $f(k-k_0,l-l_0)$，对应着频域原频谱 $F(u,v)$ 乘以幅值为1的指数因子 $\exp\left(-\mathrm{j}2\pi\left(\frac{uk_0}{M}+\frac{vl_0}{N}\right)\right)$。若 $f(k,l)\Leftrightarrow F(u,v)$，则

$$f(k-k_0,l-l_0)\Leftrightarrow F(u,v)\exp\left(-\mathrm{j}2\pi\left(\frac{uk_0}{M}+\frac{vl_0}{N}\right)\right) \tag{2.1.23}$$

证明如下：

$$\sum_{l=0}^{N-1}\sum_{k=0}^{M-1}f(k-k_0,l-l_0)\exp\left(-\mathrm{j}2\pi\left(\frac{uk}{M}+\frac{vl}{N}\right)\right)$$
$$=\sum_{l=0}^{N-1}\sum_{k=0}^{M-1}f(k,l)\exp\left(-\mathrm{j}2\pi\left(\frac{u(k+k_0)}{M}+\frac{v(l+l_0)}{N}\right)\right)$$
$$=\sum_{l=0}^{N-1}\sum_{k=0}^{M-1}f(k,l)\exp\left(-\mathrm{j}2\pi\left(\frac{uk}{M}+\frac{vl}{N}\right)\right)\exp\left(-\mathrm{j}2\pi\left(\frac{uk_0}{M}+\frac{vl_0}{N}\right)\right)$$
$$=F(u,v)\exp\left(-\mathrm{j}2\pi\left(\frac{uk_0}{M}+\frac{vl_0}{N}\right)\right)$$

特别地，当 $k_0=M/2,l_0=N/2$ 时，有

$$f(k-M/2,l-N/2)\Leftrightarrow F(u,v)(-1)^{u+v} \tag{2.1.24}$$

式(2.1.24)表明，位移后的图象 $f(k-M/2,l-N/2)$ 可以通过频域原频谱 $F(u,v)$ 在进行DFT反变换之前乘以 $(-1)^{u+v}$ 来实现。

现在对式(2.1.23)给出两点重要应用。

(1)图象帧间位移参数的提取：由式(2.1.23)可以得到位移前后两帧图象频谱的相位差，进而可以求解出图象空域帧间平移参数(k_0,l_0)，这是在序列图象帧间只有平移或者虽有旋转而进行旋转补偿后的配准及其位移参数提取的理论基础。由于k_0和l_0可取任意实数，所以可以高精度地解出帧间平移参数，精度可达亚像元级，详见 2.6 节，这对诸领域的多帧图象超分辨算法的实际应用是至关重要的。

(2)位移图象的实现：如果要求$M\times N$点图象$f(k,l)$在其坐标轴上平移(k_0,l_0)，则可以通过其频谱$F(u,v)$乘以相位因子$\exp\left(-\mathrm{j}2\pi\left(\dfrac{uk_0}{M}+\dfrac{vl_0}{N}\right)\right)$后的 DFT 反变换来实现。

(3)卷积定理：假定两幅空域图象$f_1(k,l)$和$f_2(k,l)$的长度分别为(M_1,N_1)、(M_2,N_2)，则通过尾端补零的方法，均加长到(M,N)，其中$M=M_1+M_2-1$，$N=N_1+N_2-1$，这样并不改变原频谱$F_1(u,v)$和$F_2(u,v)$的值，只是增加了采样点数，分别由原来的$M_1\times N_1$点和$M_2\times N_2$点均增加到$M\times N$点。在此情况下，具有卷积定理。

若$f_1(k,l)\Leftrightarrow F_1(u,v)$和$f_2(k,l)\Leftrightarrow F_2(u,v)$，则

$$\begin{cases}f_1(k,l)*f_2(k,l)\Leftrightarrow F_1(u,v)\cdot F_2(u,v)\\ f_1(k,l)\cdot f_2(k,l)\Leftrightarrow \dfrac{1}{MN}F_1(u,v)*F_2(u,v)\end{cases}\tag{2.1.25}$$

式中，符号$*$表示卷积。

证明如下：

$$\begin{aligned}&\sum_{l=0}^{N-1}\sum_{k=0}^{M-1}f_1(k,l)*f_2(k,l)\exp\left(-\mathrm{j}2\pi\left(\frac{uk}{M}+\frac{vl}{N}\right)\right)\\&\quad=\sum_{l=0}^{N-1}\sum_{k=0}^{M-1}\sum_{n=0}^{N-1}\sum_{m=0}^{M-1}f_1(m,n)f_2(k-m,l-n)\exp\left(-\mathrm{j}2\pi\left(\frac{uk}{M}+\frac{vl}{N}\right)\right)\\&\quad=\sum_{l=0}^{N-1}\sum_{k=0}^{M-1}\sum_{n=0}^{N-1}\sum_{m=0}^{M-1}f_1(m,n)f_2(k,l)\exp\left(-\mathrm{j}2\pi\left(\frac{u(k+m)}{M}+\frac{v(l+n)}{N}\right)\right)\\&\quad=\sum_{l=0}^{N-1}\sum_{k=0}^{M-1}f_2(k,l)\exp\left(-\mathrm{j}2\pi\left(\frac{uk}{M}+\frac{vl}{N}\right)\right)\sum_{n=0}^{N-1}\sum_{m=0}^{M-1}f_1(m,n)\exp\left(-\mathrm{j}2\pi\left(\frac{um}{M}+\frac{vn}{N}\right)\right)\\&\quad=F_1(u,v)\cdot F_2(u,v)\end{aligned}$$

式(2.1.25)的上式得证。同样方法可证式(2.1.25)的下式，即

$$\frac{1}{MN}\sum_{u=0}^{N-1}\sum_{v=0}^{M-1}\frac{1}{MN}F_1(u,l)*F_2(u,v)\exp\left(\mathrm{j}2\pi\left(\frac{uk}{M}+\frac{vl}{N}\right)\right)$$

$$
\begin{aligned}
&=\frac{1}{(MN)^2}\sum_{v=0}^{N-1}\sum_{u=0}^{M-1}\sum_{n=0}^{N-1}\sum_{m=0}^{M-1}F_1(m,n)F_2(u-m,v-n)\exp\left(\mathrm{j}2\pi\left(\frac{uk}{M}+\frac{vl}{N}\right)\right)\\
&=\frac{1}{(MN)^2}\sum_{v=0}^{N-1}\sum_{u=0}^{M-1}\sum_{n=0}^{N-1}\sum_{m=0}^{M-1}F_1(m,n)F_2(u,v)\exp\left(\mathrm{j}2\pi\left(\frac{(u+m)k}{M}+\frac{(v+n)l}{N}\right)\right)\\
&=\frac{1}{MN}\sum_{v=0}^{N-1}\sum_{u=0}^{M-1}F_2(u,v)\exp\left(\mathrm{j}2\pi\left(\frac{uk}{M}+\frac{vl}{N}\right)\right)\frac{1}{MN}\sum_{n=0}^{N-1}\sum_{m=0}^{M-1}F_1(m,n)\exp\left(\mathrm{j}2\pi\left(\frac{mk}{M}+\frac{nl}{N}\right)\right)\\
&=F_1(u,v)\cdot F_2(u,v)
\end{aligned}
$$

卷积定理在图象处理中具有重要的应用，在图象复原与超分辨处理技术中同样具有非常重要的应用。

若对式(2.1.14)的上式取频谱坐标$(u,v)=(0,0)$，可得

$$
F(0,0)=\sum_{l=0}^{N-1}\sum_{k=0}^{M-1}f(k,l) \tag{2.1.26}
$$

可见，图象频谱的直流成分$F(0,0)$，若乘以因子$1/(MN)$，则是图象$f(k,l)$所有像素值的平均值。

图象中的频率是反映图象信号在空间域变化快慢的物理量，频率的大小表示图象中像素值变换速率的大小，即像素之间的梯度关系。在某些情况下，图象在频域可以表现出比在空域更好的分析和描述能力；而且，一幅图象完全可以通过傅里叶反变换来重建，不会丢失任何信息，因此图象处理的许多问题在频域中研究。

2.1.3　频谱分析及频率混叠深度参数的定义与提取

图象$f(k,l)$的傅里叶变换$F(u,v)$是频谱。在成像过程中，CCD 的欠采样作用和成像调制传递函数截止频率f_c的影响，使频谱高端出现混叠。由于频率混叠的存在，即使完全消除了模糊、噪声和云雾等因素对图象质量的影响，与原来的物图象$g(k,l)$相比，$f(k,l)$的分辨率、对比度和清晰度仍然差别很大，并且图象频谱$F(u,v)$高频段的混叠越严重，这种差别越大，消除这种差别正是图象超分辨处理的任务，而图象超分辨处理方法也与频率混叠的程度有关。所以，图象的频谱分析非常必要，深入研究其频谱结构的基本属性，特别是频谱高段频率混叠的情况。

如前所述，成像系统的欠采样和/或截止频率f_c会引起所成图象的频谱高频段的频率混叠，在图象内涵客体及其背景不变的情况下，欠采样越严重和/或截止频率f_c越低，频率混叠越严重。为了描述图象频率混叠程度，我们提出和建立了频率混叠深度(Frequency Aliasing Depth，FAD)参数C_{11}，见中国发明专利(李金宗，2011)，FAD 参数C_{11}被定义为

$$
C_{11}=\frac{\text{混叠宽度}}{\text{频谱宽度}} \tag{2.1.27}
$$

式中，混叠宽度取一维频谱周期(数字频率 0 ～ 2π)内混叠段数字频率，频谱宽度 2π 。

在频谱分析中，还应该给出的另一个与振铃抑制有关的参数 C_{12}，将在 4.2.4 节涉及，那里给出的振铃抑制控制参数 p 在功能上是与 C_{12} 等价的。

1. 下采样图象的频谱分析

图 2.1.2 给出三组下采样图象的一维频谱高频部分及其频率混叠分析图，其中每组均由一幅 1m 分辨率的遥感图象，经过下采样得到分辨率为 2m 和 3m 的图象。对每组三幅图象分别进行频谱分析，依次给出它们的一维频谱高频部分，其中 ω 表示数字频率，单位为弧度(rad)，$|F(\omega)|$ 表示某行或某列的振幅谱(图 2.1.3 和图 2.1.4 的坐标相同)，进而分析其频率混叠情况。

由图 2.1.2 的三组下采样图象可以看出，下采样图象的频谱结构，在低频部分保持不变，仅高频有损失，并且可能由于高频段混叠改变频谱结构。因此，这里只关心高频部分。根据各组频谱分析的结果，分别列表给出高频能量的最低值、频率混叠宽度和频率混叠参数 C_{11} 的估计，分别如图 2.1.2 中表的数据所示。由三组图中三个表的数据可以看出，图象的频率混叠深度参数 C_{11} 的取值范围与图象空间分辨率以及图象景物的复杂程度有关，C_{11} 取值范围与图象分辨率的关系见表 2.1.1。

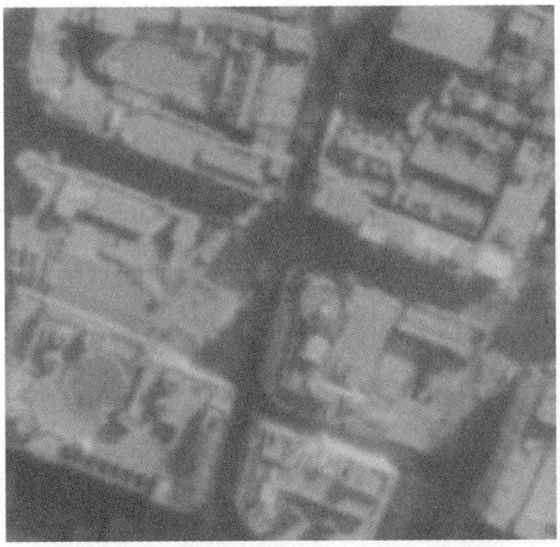

(a)　　高频强度对照表

图象分辨率	1m	2m	3m
高频强度(拟合)	0.295	0.32	0.335
混叠宽度估计	0.5	1.0	2.0
频率混叠深度C_{11}	0.08	0.16	0.32

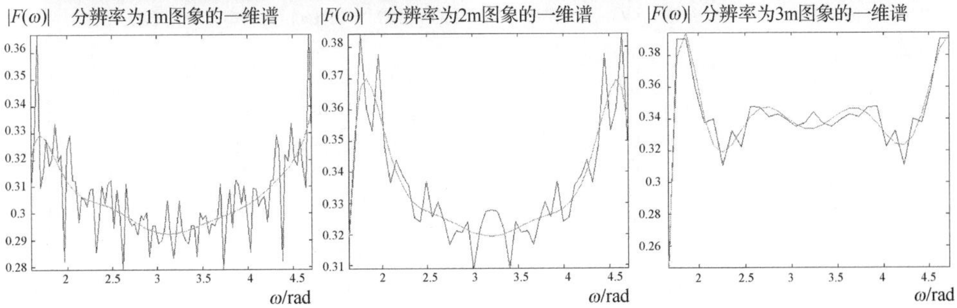

(b)　高频强度对照表

图象分辨率	1m	2m	3m
高频强度(拟合)	0.26	0.28	0.29
混叠宽度估计	1.0	1.4	2.2
频率混叠深度C_{11}	0.16	0.22	0.35

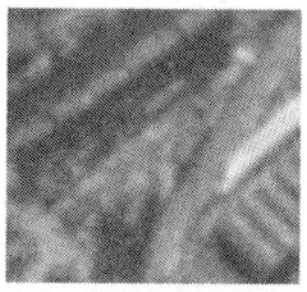

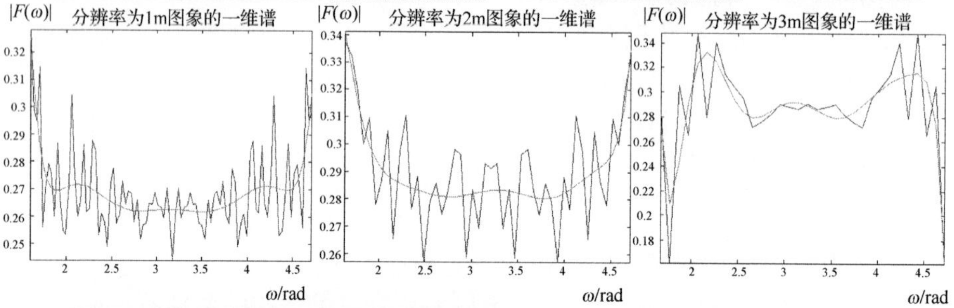

(c)　高频强度对照表

图象分辨率	1m	2m	3m
高频强度(拟合)	0.10	0.17	0.178
混叠宽度估计	0.9	1.6	2.5
频率混叠深度C_{11}	0.14	0.25	0.39

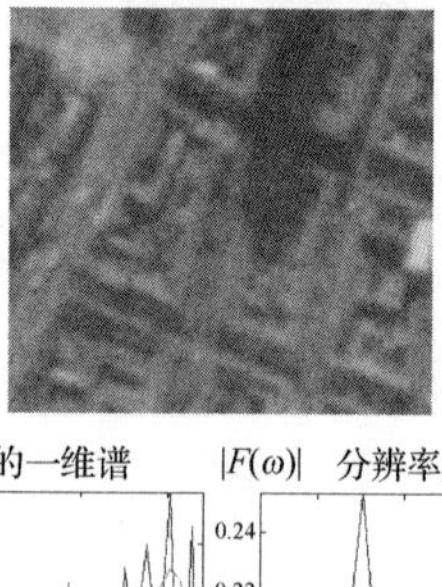

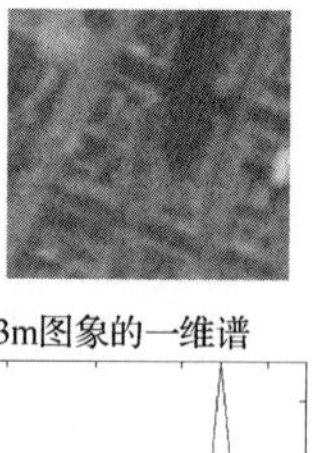

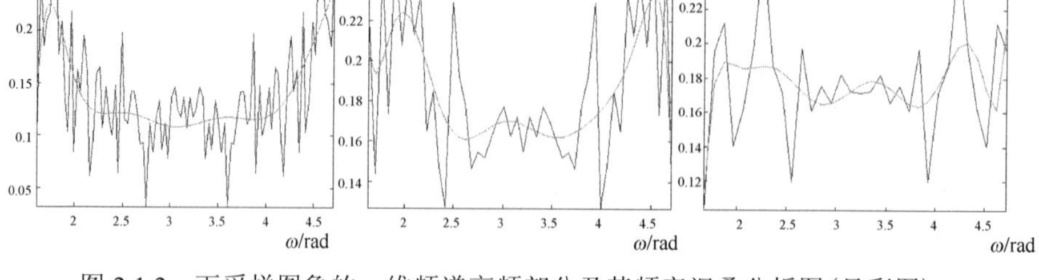

图 2.1.2　下采样图象的一维频谱高频部分及其频率混叠分析图(见彩图)

表 2.1.1　频率混叠深度参数 C_{11} 取值范围与图象分辨率的关系

图象分辨率	1m	2m	3m
C_{11} 取值范围	小于 0.15	0.15～0.3	0.3～0.4

2. “资源二号”遥感图象的频谱分析

对“资源二号”遥感图象进行频谱分析的典型结果见图 2.1.3，由图象高频段的频谱可以分析高频混叠的情况，进而得到相应的频率混叠深度参数 C_{11}，见表 2.1.2。

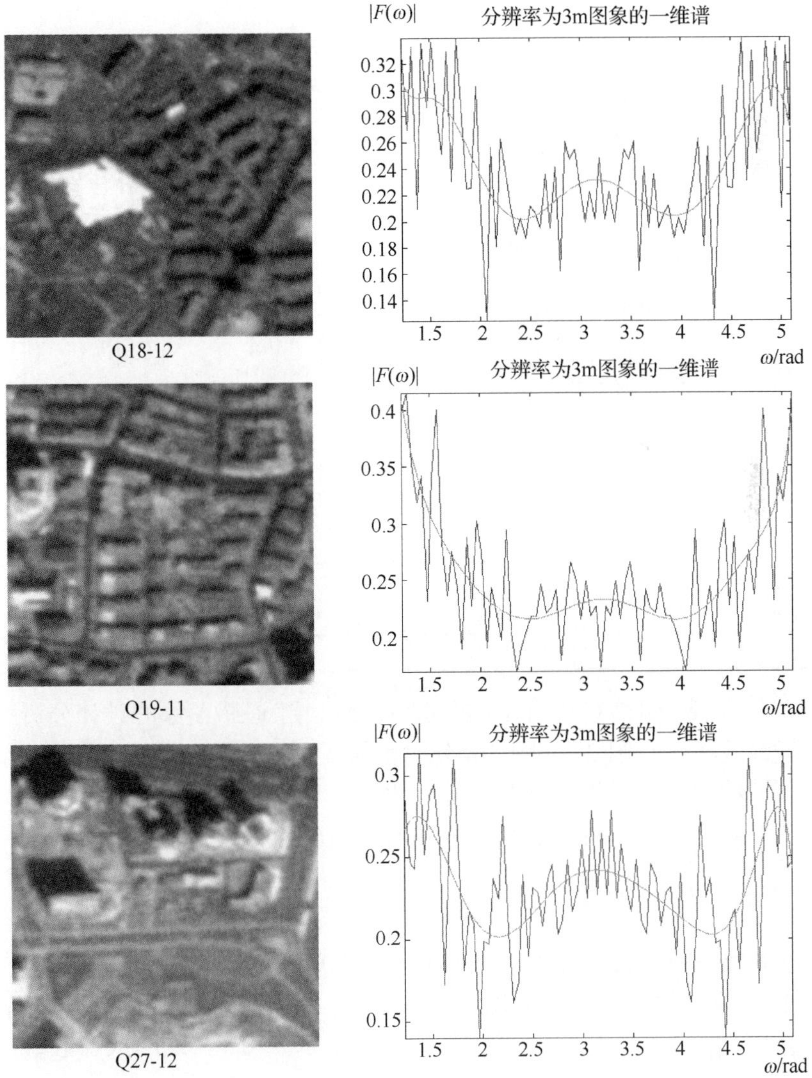

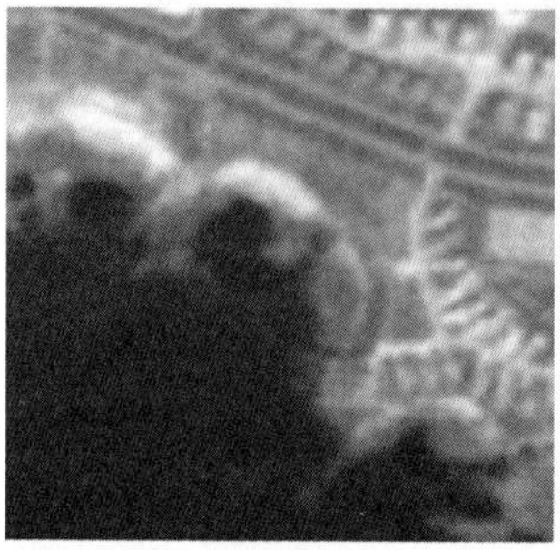

Q29-21

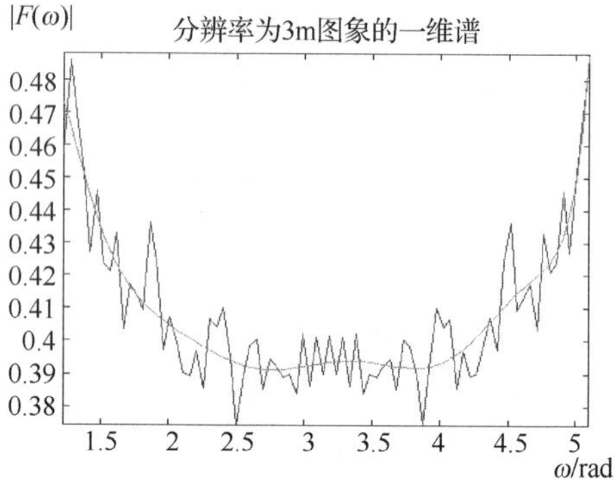

Q33-11

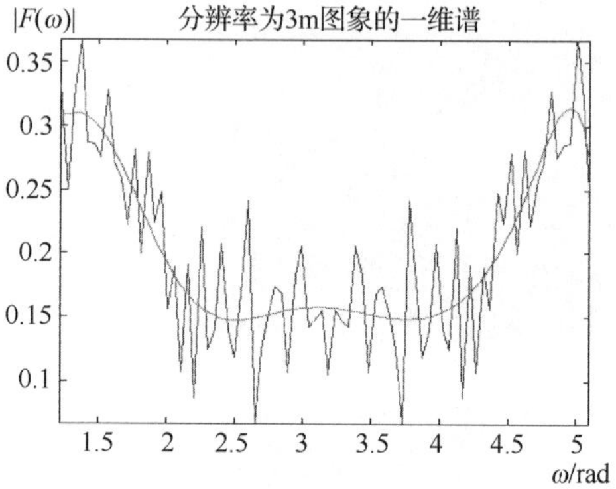

图 2.1.3 “资源二号”遥感图象的一维频谱高频部分分析图(见彩图)

表 2.1.2 “资源二号”遥感图象频率混叠分析表

分析图象	Q18-12	Q19-11	Q27-12	Q29-21	Q33-11
高频混叠宽度	2.2	1.6	2.3	1.1	1.6
FAD 参数 C_{11}	0.35	0.25	0.37	0.16	0. 25

由图 2.1.3 和表 2.1.2 可以看出，虽然“资源二号”遥感图象的设计分辨率为 3m，但是其频率混叠程度与图 2.1.2 中 3m 分辨率的下采样图象的频率混叠程度比较，其 FAD 参数 C_{11} 取值范围稍宽，大致为 $C_{11}=0.2\sim0.4$，$C_{11}>0.4$ 的情况也有，但很少见，这与“资源二号”相机参数的畸变和所用图象的景物复杂性有关。

3. 对 1m 分辨率遥感图象的频谱分析

对分辨率 1m 遥感图象进行的频谱分析如图 2.1.4 所示，频率混叠分析表见表 2.1.3。

由图 2.1.4 和表 2.1.3 可以看出，对 1m 分辨率遥感图象频率混叠程度的分析结果，FAD 参数 $C_{11}=0.1\sim0.2$，有的比较大，甚至 $C_{11}\geqslant0.3$，这与成像系统参数的畸变和图象的景物复杂性有关。

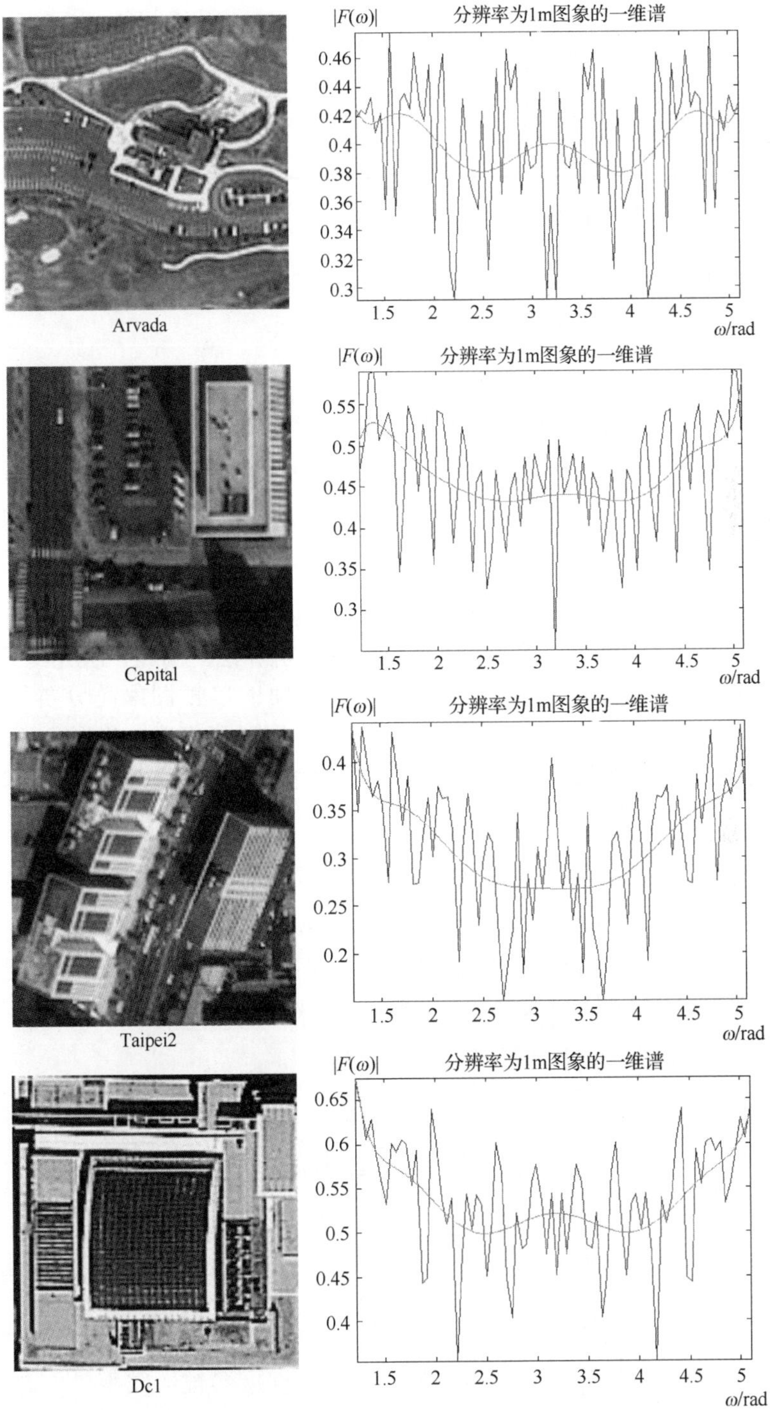

图 2.1.4　1m 分辨率遥感图象的一维频谱高频部分分析图(见彩图)

表 2.1.3　1m 分辨率遥感图象频率混叠分析表

分析图象	Arvada	Captal	Taipei2	Dc1
高频混叠宽度	1.5	1.4	1.0	1.4
FAD 参数 C_{11}	0.24	0.22	0.16	0.22

4. 频率混叠深度参数的应用与提取算法

在研究过程中逐步认识到，FAD 参数对图象超分辨操作和处理效果都有重大意义，可有三个方面的重要应用，分别论述如下。

1)用于先验信息，优化图象超分辨处理算法

在对一类遥感图象进行超分辨处理之前，先分析这类图象的 FAD 参数 C_{11}、C_{12}，并且针对 C_{11}、C_{12} 的大小以及频率混叠的具体情况，优化超分辨算法中解混叠操作、频率补偿操作和抑制振铃操作等，修改其中的控制参数和迭代运算的次数，形成针对这一类图象的最优超分辨算法。

2)用于选择超分辨方法的控制参数

根据 FAD 参数的大小，可以选择适当的超分辨算法。例如，研究结果表明，当图象的 FAD 参数 $C_{11} \leqslant 0.4$ 时，可以选用比较简便的单帧图象超分辨算法；而当 $C_{11} > 0.4$ 时，应该选用多帧(源)图象超分辨算法。同时还表明，当图象的 FAD 参数 C_{12} 较大时，在超分辨算法中应该引入抑制振铃的操作，请见 4.2.4 节，其中的 p 在功能上与 C_{12} 等价。

3)用于图象超分辨处理效果的客观评价

分别提取和比较图象在超分辨处理前后的 FAD 参数，可以得到图象超分辨处理效果的客观评价，即将 FAD 参数用于超分辨的客观评价参数。例如，对于某帧图象，在超分辨处理前后的 FAD 参数分别 C_{111} 和 C_{112}，则可令

$$\Delta C = C_{111} - C_{112} \tag{2.1.28}$$

或

$$\delta_C = \frac{C_{111} - C_{112}}{C_{111}} \times 100\% \tag{2.1.29}$$

或

$$\mathcal{R}_C = \frac{C_{111}}{C_{112}} \tag{2.1.30}$$

不难理解，ΔC 是超分辨处理后图象频率混叠深度参数的减少量；δ_C 是图象频率混叠深度参数减少量的相对值；$\mathcal{R}_C$ 是超分辨处理前后图象频率混叠深度参数的

比值。ΔC 或 δ_C 或 $\mathcal{R}_C$ 越大，则超分辨处理效果越好。例如，假定 $C_{111}=2.0$，$C_{112}=0.5$，则 $\Delta C=1.5$，$\delta_C=75\%$，$\mathcal{R}_C=4$。

显然，$\mathcal{R}_C$ 是图象频率混叠改善的倍数，可以用分贝表示，即

$$\mathcal{R}_C = 20\lg\left(\frac{C_{111}}{C_{112}}\right)(\mathrm{dB}) \tag{2.1.31}$$

假定 $C_{111}=2.0$，$C_{112}=0.5$，则 $\mathcal{R}_C=12\mathrm{dB}$，即图象频率混叠在超分辨处理后改善了 12dB。

鉴于 FAD 参数 C_{11} 的重要性，需要建立其自动提取的算法，算法步骤如下：

(1) 对欠采样的低分辨率图象，进行傅里叶变换；

(2) 对低分辨图象的频谱进行全局多项式最小二乘拟合；

(3) 对拟合以后的频谱中的低频成分和高频中心能量，进行二次截断拟合；

(4) 对二次截断拟合的频谱进行频谱拓展，进而计算 FAD 参数 C_{11}。

根据上述步骤，得到一些初步结果，但算法还不够稳定，可以作为基础进行改进和完善，以便使算法能够在图象超分辨处理中应用。

2.2　图象模糊及其模糊函数的先验模型

2.2.1　图象模糊及其模糊参数分析

在遥感图象的成像过程中，图象内涵客体及其背景之间的相对运动及其辐射光特性和成像光学系统误差与畸变等因素，使景物上的一个点不是仅反映到图象上的一个像素，而是被扩散成图象平面上的一个邻域，这就是点扩散函数(PSF)即模糊函数的作用。因此，图象上的每个像素值是景物的多个临近点的辐射光经过光电敏感器(如 CCD)混合、叠加、转换以及电子电路的放大、传输而成，这样就使所成图象模糊，质量退化。图象模糊过程在数学上可用与模糊函数的卷积运算来表达。

归结起来，遥感图象模糊的主要因素有两个：一是由光学系统的误差和畸变引起像平面的离焦，导致图象的模糊，通常称为散焦模糊(defocusing blur)，二是由成像系统载体相对于图象内涵景物的运动，图象内涵景物中的某些客体目标在环境中可能存在的相对运动，以及成像系统平台自身的抖动等，都会引起图象的模糊，通常称为运动模糊(motion blur)。在很多情况下，同时引起图象模糊的因素很多，且每个因素的作用都很小，众多因素综合的结果导致图象出现高斯模糊(Gaussian blur)。模糊的直观表现是图象的对比度、清晰度和分辨率降低，影响感兴趣目标信息的获取，从而降低了图象目标的可识别性。

实际处理过程中，散焦模糊、运动模糊和高斯模糊等均可使用模糊函数(又称点扩散

函数或降质算子)来描述，如何合理地确定系统的模糊函数是系统辨识和参数辨识问题。

图象模糊函数，一般与图象的空间位置有关，称图象模糊为空间变化的，其中又有随空间位置的变化而呈现线性变化，称为线性移变(Linear Shift-Variant，LSV)模糊。但是，对于一大类图象的形成过程，可以认为其模糊函数与图象的空间位置无关，称图象模糊是空间不变的，因此又有线性移不变(Linear Shift-Invariant，LSI)模糊。成像过程中的非线性有时需要加以考虑，例如，在相片和底片上是用银粒子和其他材料粒子的密度分布来表示图象的光学强度分布，但是它们之间的关系不是线性的，通常是对数关系。

对于遥感图象，令光学成像系统的输入为其内涵景物的连续的原始图象信号 $g(x,y)$，输出为连续的观测图象信号为 $f(x,y)$，系统模糊函数为 $h(x,y)$，假定模糊是 LSI 的，并且忽略非线性和噪声的影响，则输出图象 $f(x,y)$ 可由输入图象 $g(x,y)$ 与模糊函数 $h(x,y)$ 的卷积积分来描述，即

$$f(x,y)=\int_{-\infty}^{+\infty}\int_{-\infty}^{+\infty}h(x-s,y-t)g(s,t)\mathrm{d}s\mathrm{d}t \tag{2.2.1}$$

在离散域里，令 $g(k,l)$ 为光学成像系统输入的原始物图象 $g(x,y)$ 不失真的离散图象，$f(k,l)$ 为系统输出的观测图象的离散形式，$h(k,l)$ 为系统模糊函数的离散形式，在上述条件下，输出图象 $f(k,l)$ 可由输入图象 $g(k,l)$ 与模糊函数 $h(k,l)$ 的卷积和来描述，即

$$f(k,l)=h(k,l)*g(k,l)=\sum_{n=0}^{N-1}\sum_{m=0}^{M-1}h(m,n)g(k-m,l-n) \tag{2.2.2}$$

根据 DFT 的卷积定理(即式(2.1.25))的要求，将 $g(k,l)$、$h(k,l)$、$f(k,l)$ 的二维数据长度均调整为 $M\times N$，满足卷积定理的要求，则

$$f(k,l)=\frac{1}{MN}\sum_{v=0}^{N-1}\sum_{u=0}^{M-1}H(u,v)G(u,v)\exp\left(\mathrm{j}2\pi\left(\frac{uk}{M}+\frac{vl}{N}\right)\right) \tag{2.2.3}$$

式中，$G(u,v)$ 是输入图象 $g(k,l)$ 的 DFT 即频谱；$H(u,v)$ 是 $h(k,l)$ 的 DFT 即频域的模糊函数。

由式(2.2.3)可见，模糊函数 $H(u,v)$ 的作用相当于对图象的频谱 $G(u,v)$ 进行了滤波处理，$H(u,v)$ 相当于频域滤波器。鉴于遥感图象模糊来源的分析，无论散焦模糊还是运动模糊，或者是众多因素形成的高斯模糊，其变化都是比较缓慢的，因此 $H(u,v)$ 应该是低通滤波器，所以对输入频谱 $G(u,v)$ 滤波的结果，应该损失输入图象 $g(k,l)$ 的高频成分，使输出图象 $f(k,l)$ 变模糊。

为了证明图象的模糊函数对图象的作用相当于低通滤波会损失图象的高频成分，从而得到模糊图象的主要特征，以便建立或接受模糊函数的先验模型，对高斯、散焦和运动等三种模糊类型进行了大量的图象模糊及其频谱分析实验。

实验方法：首先，选择一帧无模糊、无噪声、无混叠的高质量的遥感原图象，分别由给定的高斯模糊函数或散焦模糊函数或运动模糊函数(模糊函数的形式将在后面给出，具体参数从简)通过式(2.2.2)或式(2.2.3)的操作对所选原图象施加高斯模糊或散焦模糊或运动模糊，得到相应的模糊图象；然后，对原图象及其模糊图象分别进行离散傅里叶变换，得到原图象及其模糊图象的频谱，为了便于分析比较，得到模糊图象的主要特征，从原图象及其模糊图象的频谱中分别抽取相同位置的半周期一维频谱进行显示。

实验结果如图 2.2.1 所示，其中分别给出高斯、散焦和运动等三种类型各两组模糊前后的图象及其频谱分析结果，在三类六组实验结果中，左侧均是选择的原图象，中图均是施加某类模糊后的模糊图象，右侧是模糊前后图象频谱中相同位置的半周期(数字频率 $\omega = 0 \sim \pi$)一维对数振幅谱，单位为分贝(dB)，其中上图是原图象的半周期一维对数振幅谱，下图是模糊图象的半周期一维对数振幅谱。

由图 2.2.1 可以看出，在左图所示的高质量的遥感原图象中，图象的纹理丰富且清晰，而经过模糊处理后的中图，其中的很多纹理信息不见了，图象变模糊了，再由右侧原图象及其模糊图象的一维频谱比较图，红线右侧的高频成分均有不同程度的损失，其中绿线右侧的高频成分损失严重，甚至改变了那个频段的高频结构。因此，可以得到下列结论。

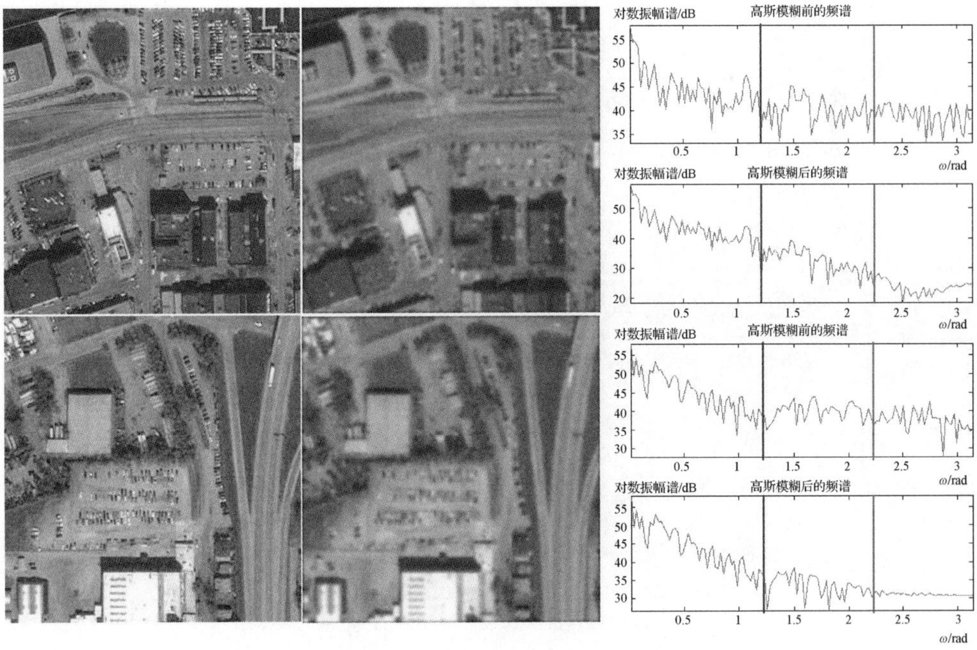

(a) 高斯模糊前后的图象及其频谱变化分析图

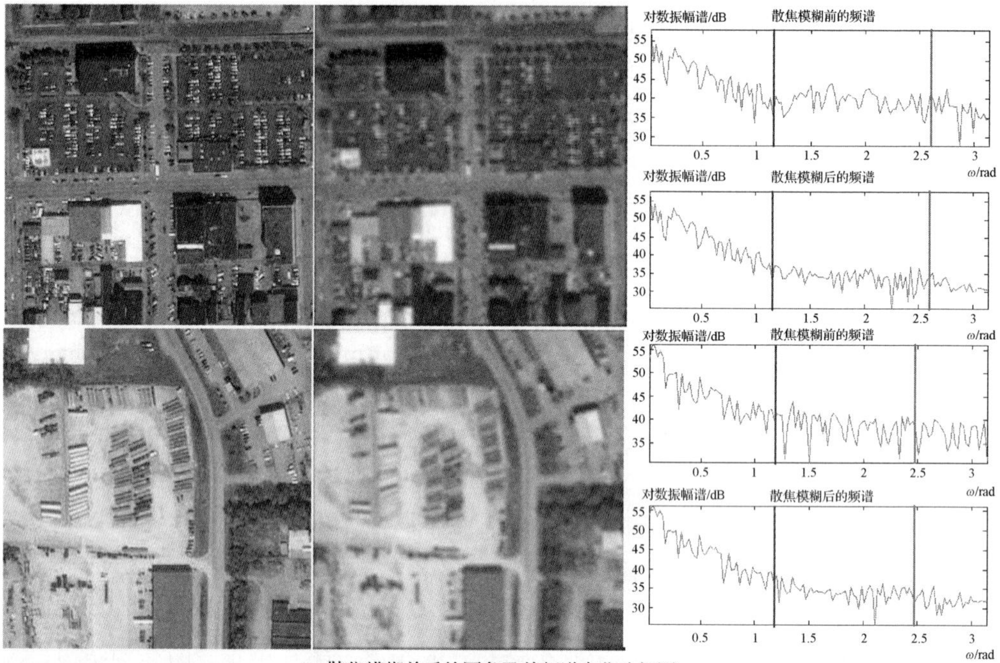

(b) 散焦模糊前后的图象及其频谱变化分析图

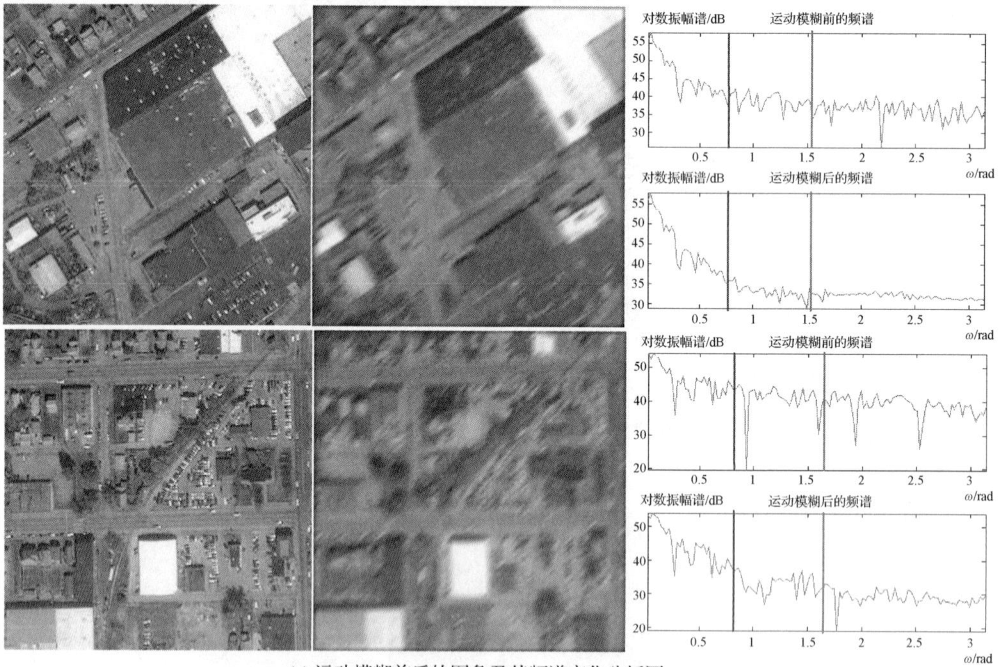

(c) 运动模糊前后的图象及其频谱变化分析图

图 2.2.1　图象模糊退化实验及其频谱分析(见彩图)

(1) 图象模糊，即模糊函数 $h(k,l)$ 对原图象 $g(k,l)$ 的卷积，由模糊前后图象的对比，无论是哪种类型的模糊，均使模糊图象 $f(x,y)$ 的纹理细节受到抑制，使图象的对比度、清晰度和分辨能力降低，因此使图象的质量退化，即变模糊了。

(2) 无论高斯模糊，还是散焦模糊或者是运动模糊，由模糊前后图象的一维频谱比较，模糊图象都会损失高频信息，不但使高频分量的强度降低了，而且某些高频分量被丢失了。所以，所有类型的频域模糊函数 $H(u,v)$ 均是原图象频谱 $G(u,v)$ 的低通滤波器，使模糊图象频谱 $F(u,v)$ 的高频成分受到抑制和损失，严重时甚至会改变高频段的高频结构。

显然，模糊图象纹理细节的抑制与其高频成分的损失具有对应关系，而抑制与损失的情况与模糊的程度有关。为了表达模糊图象的模糊程度，根据图 2.2.1 的右侧一维频谱的比较，可以定义图象模糊参数 C_2 为其一维半周期频谱的高频损失比较严重的绿线右侧高频段宽度 ϖ 与半周期频谱总宽度 π 的比值，即

$$C_2 = \frac{\varpi}{\pi} \tag{2.2.4}$$

例如，在图 2.2.1 (a) 的高斯模糊图象的一维频谱中，两组实验的分析结果均为 $\varpi \approx 0.94$，所以模糊参数 $C_2 = \varpi/\pi \approx 0.299$；在图 2.2.1 (b) 的散焦模糊图象的一维频谱中，两项实验的分析结果分别为 $\varpi = 0.54$ 和 $\varpi = 0.65$，则模糊参数分别为 $C_2 \approx 0.172$ 和 $C_2 \approx 0.207$；而在图 2.2.1 (c) 的运动模糊图象的一维频谱中，两项实验的分析结果分别为 $\varpi \approx 1.59$ 和 $\varpi \approx 1.49$，则模糊参数分别为 $C_2 \approx 0.506$ 和 $C_2 \approx 0.474$。

可见，无论哪种类型的模糊图象，模糊参数 C_2 越大，图象模糊越严重，为了图象的实际应用或后续的图象复原与超分辨处理，在此情况下必须对模糊图象进行解模糊操作；反之，模糊参数 C_2 越小，图象模糊越轻微，在模糊参数 C_2 很小的情况下，若不影响图象的实际应用或后续的图象复原与超分辨处理，则可以不进行解模糊操作。所以，在对模糊图象进行解模糊研究中，可以根据图象的模糊参数 C_2 大小与其解模糊操作的关系，确定是否需要进行解模糊操作的标准模糊参数 C_2^{stand}。在实际应用中，通过频谱分析得到模糊图象的实际模糊参数 C_2，若 $C_2 > C_2^{\text{stand}}$，则进行适当的解模糊操作。

2.2.2　模糊函数的先验模型

为了对模糊图象进行解模糊操作，即进行模糊图象复原，一般需要知道其模糊函数。同时，在图象复原与超分辨处理的仿真实验中，也需要模糊函数的先验模型。

模糊图象的降质是一个物理过程，在许多情况下，其模糊函数可以从成像系统的物理知识和观测的模糊图象来辨识。虽然存在模糊函数的盲目辨识和模糊图象复原的盲目反卷积，但是其求解非常困难。所以，如果可能，则总是根据模糊函数的

先验信息和/或先验模型，通过对成像物理过程的分析和实际模糊图象的系统辨识或参数辨识，对模糊函数进行估计或完善(Chang et al.，1991；Lagendijk et al.，1990)。

假定 $h(k,l)$ 为模糊图象的模糊函数，在建立和完善 $h(k,l)$ 的先验模型时，存在可利用的先验信息，其中主要包括以下几点：

(1)模糊函数 $h(k,l)$ 是确定性的和非负的；

(2)模糊函数 $h(k,l)$ 具有有限支持区域 $\boldsymbol{R}_h$， $\boldsymbol{R}_h$ 是 $h(k,l)$ 的二维支持空间邻域；

(3)图象的模糊降质过程不损失图象的能量，即 $\sum\limits_{(k,l)\in\boldsymbol{R}_h} h(k,l)=1$ 。

1. 高斯模糊函数及其参数选择

高斯模糊函数是许多光学测量系统和成像系统最常见的降质函数。如果在成像系统中同时引起图象模糊的影响因素很多，且每个影响因素的作用都很小，众多影响因素综合作用的结果，导致所成图象出现高斯模糊，则其二维高斯模糊密度函数，即其二维正态密度函数的先验模型可表示为

$$h(k,l)=\begin{cases}\dfrac{1}{2\pi\sigma^2}\exp\left(-\dfrac{k^2+l^2}{2\sigma^2}\right), & (k,l)\in\boldsymbol{R}_h\\ 0, & (k,l)\notin\boldsymbol{R}_h\end{cases}\tag{2.2.5}$$

式中，σ^2 为方差；$\boldsymbol{R}_h$ 是 $h(k,l)$ 的二维支持域(圆形或方形)。标准差 σ 可取任意实数，其大小决定模糊的严重程度，σ 越大，模糊越严重，所以 σ 又称为高斯模糊参数。

二维高斯密度函数在二维空间里是中心对称的钟形曲面，其中心像素即局部坐标原点的数据最大，越接近中心，取值越大，越远离中心，取值越小，在 3σ 距离之外，其值很小，可以忽略。所以，在实际应用中，一般可取 3σ 为有效数据的边界距离。

在实际应用中，通过成像物理过程的分析和/或高斯模糊图象的参数辨识确定模糊参数 σ，进而在其支持域 $\boldsymbol{R}_h$ 内生成高斯模糊模板，进行无模糊图象的模糊卷积运算或者模糊图象的复原反卷积运算。

图象二维卷积或反卷积的运算量较大，为了降低运算量，可根据二维高斯密度函数的可分离性，将其分解成两个正交方向上的一维高斯密度函数之积，即

$$h(k,l)=\frac{1}{2\pi\sigma^2}\exp\left(-\frac{k^2+l^2}{2\sigma^2}\right)=\frac{1}{\sqrt{2\pi}\sigma}\exp\left(-\frac{k^2}{2\sigma^2}\right)\frac{1}{\sqrt{2\pi}\sigma}\exp\left(-\frac{l^2}{2\sigma^2}\right)$$

分别定义两个正交的一维高斯密度函数，即

$$h(l)=\begin{cases}\dfrac{1}{\sqrt{2\pi}\sigma}\exp\left(-\dfrac{l^2}{2\sigma^2}\right), & l\in\boldsymbol{R}_h^l\\ 0, & l\notin\boldsymbol{R}_h^l\end{cases}\tag{2.2.6a}$$

$$h(k)=\begin{cases}\dfrac{1}{\sqrt{2\pi}\sigma}\exp\left(-\dfrac{k^2}{2\sigma^2}\right), & k\in \boldsymbol{R}_h^k\\ 0, & k\notin \boldsymbol{R}_h^k\end{cases}\tag{2.2.6b}$$

显然，$h(l)$、$h(k)$分别是行和列的一维高斯模糊密度函数，$\boldsymbol{R}_h^l$、$\boldsymbol{R}_h^k$分别是它们的一维取值区间。两个有限区间内的一维正态密度函数，均值为零、方差为σ^2，通常记为$N(0,\sigma^2)$。

在实际应用中，先根据式(2.2.6a)(或式(2.2.6b))对无模糊图象(或模糊图象)逐行(或逐列)进行一维卷积(或反卷积)运算，得到中间结果图象，然后根据式(2.2.6b)(或式(2.2.6a))对中间结果图象逐列(逐行)进行一维卷积(或反卷积)运算，最终完成无模糊图象的二维模糊卷积(或模糊图象的二维复原反卷积)运算。

二维高斯模糊函数的可分离性具有重要意义：因为根据此性质，二维高斯模糊函数与模糊图象的复原反卷积运算可以分解为两个一维高斯函数与模糊图象的复原反卷积运算，这意味着，如果高斯模糊函数估计存在一点偏差，那么与模糊图象的反卷积运算结果也会部分地恢复模糊图象的质量，使得复原图象的对比度、清晰度和分辨率得到一定的改善。

2. 散焦模糊函数及其参数选择

几何光学分析表明，由成像光学系统的误差和畸变引起的散焦，使物平面上的一点在像平面上不能聚焦成一点，呈现散焦状态，分散在实际像平面上圆形或方形的邻域内，使所成图象出现散焦模糊。

对于散焦模糊图象，通常把其散焦点扩散函数近似为均匀分布的圆柱形函数或方柱形函数。首先，给出圆柱形的散焦模糊函数，即

$$h(k,l)=\begin{cases}\dfrac{1}{\pi R^2}, & k^2+l^2\leqslant R^2\\ 0, & \text{其他}\end{cases}\tag{2.2.7}$$

式中，R是图象平面上散焦模糊圆形光斑的半径，简称为圆形散焦模糊半径。R取正整数，R越大，光点在像平面上的散射面积πR^2越大，散焦模糊越严重。

然后，给出方柱形的散焦模糊函数，即

$$h(k,l)=\begin{cases}\dfrac{1}{(2d+1)^2}, & |k|\leqslant d,\ |l|\leqslant d\\ 0, & \text{其他}\end{cases}\tag{2.2.8}$$

式中，$2d+1$是图象平面上散焦模糊正方形光斑的边长，简称为散焦模糊边长。d取正整数，取值越大，光点在像平面上的散射面积$(2d+1)^2$越大，散焦模糊越严重。

由式(2.2.7)和式(2.2.8)可以看出，假定成像光学系统的误差与畸变使所成图象

在像平面上的散焦模糊区域为 S，无论 S 是圆形还是方形，或者是别的什么形状，光学系统的散焦模糊函数都是该区域 S 上的散焦模糊面积的倒数。

在实际应用中，通过成像物理过程及其成像光学系统的误差和畸变分析和/或散焦模糊图象的参数辨识，可以确定圆柱形模糊函数的模糊半径 R 或方柱形模糊函数的模糊边长 $2d+1$ 等有关的模糊参数，例如，可利用散焦模糊图象通过 Laplace 算子鉴别求解模糊半径 R，见文献(陈前荣等，2005)。

3. 线性移动模糊函数及其参数选择

如果成像系统与图象内涵客体及其背景之间存在相对运动，或者成像设备自身抖动等，则会引起所成图象的运动模糊。假定相对运动是匀速直线的线性运动，则其模糊函数与运动方向有关。

如果成像系统在图象的行向(k)上进行相对匀速直线的线性移动，并且在一次曝光成像时间 t 内移动了 $2d+1$ 个像素，即其运动速度为 $(2d+1)/t$，则图象的模糊函数可以描述为

$$h(k,l)=\begin{cases}\dfrac{1}{2d+1}, & |k|\leqslant d \\ 0, & \text{其他}\end{cases} \tag{2.2.9}$$

式中，$2d+1$ 是运动模糊函数在图象行向(k)上的模糊降质长度。d 取正整数，取值越大，行向模糊长度 $2d+1$ 越大，图象模糊越严重。

如果成像系统在图象的列向(l)上进行相对匀速直线的线性移动，并且在一次曝光成像时间 t 内移动了 $2d+1$ 个像素，即其运动速度为 $(2d+1)/t$，则图象的模糊函数可以描述为

$$h(k,l)=\begin{cases}\dfrac{1}{2d+1}, & |l|\leqslant d \\ 0, & \text{其他}\end{cases} \tag{2.2.10}$$

式中，$2d+1$ 是模糊函数在图象列向(l)上的模糊降质长度。同样，d 取正整数，取值越大，列向模糊长度 $2d+1$ 越大，图象模糊越严重。

如果成像系统与图象景物的相对匀速直线线性移动，既不纯粹在行向上，又不纯粹在列向上，而是沿与行向(k)成 θ 的直线方向上，即沿 $l=k\tan\theta$ 的直线方向上，则图象的模糊函数可以类似地描述为

$$h(k,l)=\begin{cases}\dfrac{1}{2d+1}, & |k|\leqslant d\cos\theta, \quad l=k\tan\theta \\ 0, & \text{其他}\end{cases} \tag{2.2.11}$$

式中，$2d+1$ 是模糊函数在图象沿 $l=k\tan\theta$ 直线方向上的模糊降质长度。同样，d 取

正整数，取值越大，在沿 $l = k\tan\theta$ 直线方向上的模糊长度 $2d+1$ 越大，图象模糊越严重。

2.3　图象噪声及其分析

2.3.1　噪声来源及其先验分析

遥感图象在摄取、传送、记录、显示过程中不可避免地要受到噪声的污染，由噪声来源主要分析五种图象噪声。

(1) 光电噪声：图象的光电转换是统计过程，会产生光电噪声。

遥感成像系统中光电转换一般是由 CCD 完成的，其中的探测单元由很多光敏元件组成。当有光照时，这些光敏元件把接收的光信号按强度转换成导体中相应大小的电信号即离散的载流子，经过电荷的存储、转移和输出以及后续电路的放大处理，输出图象信号。在这系列过程中，主要会引入两类电子噪声：一是 CCD 本身所固有的噪声，如散粒噪声、暗电流噪声、转移噪声；二是 CCD 相关电路引入的噪声，如输出电路的复位噪声，中间电路的反射噪声和串扰噪声，以及 $1/f$ 噪声等。其中的暗电流噪声，可以通过对器件采取致冷措施，将其降低得很微小；而复位噪声，可以通过采用适当的采样技术，将其降低至少 1 个数量级，而且对 CCD 的 $1/f$ 噪声也有一定的滤除作用(丁淼等，2012)。

这里重点介绍散粒噪声及其分布。CCD 本身固有噪声中的散粒噪声，来源于照射光的量子特性，即因到达光敏元件表面的“光子事件”数目存在统计涨落，使其导体中带电离散载流子的数目具有不确定性，进而形成散粒噪声。在低光度下，散粒噪声的影响较显著，光子的发射可用泊松过程来描述，散粒噪声满足泊松分布(曾文庆等，1994)。对一个光敏元件通道形成的散粒噪声，可用一维随机变量 $\xi = n$ 表示，其泊松分布的一维概率密度函数为

$$P(\xi = n) = \frac{\bar{n}^n \mathrm{e}^{-\bar{n}}}{n!}, \quad n = 0,1,2,\cdots \tag{2.3.1}$$

式中，$\bar{n}$ 是 n 的均值和方差。而 CCD 阵列一般有很多通道，假定有 N 个通道，各通道的散粒噪声相互之间均是独立的，可用 N 维随机向量 $\boldsymbol{n} = (n_1, n_2, \cdots, n_N)^{\mathrm{T}}$ 表示，其泊松分布的联合概率密度为

$$\begin{aligned} p(\boldsymbol{n}) &= \frac{(\bar{n}_1)^{n_1}\exp(-\bar{n}_1)}{(n_1)!} \times \frac{(\bar{n}_2)^{n_2}\exp(-\bar{n}_2)}{(n_2)!} \times \cdots \times \frac{(\bar{n}_N)^{n_N}\exp(-\bar{n}_N)}{(n_N)!} \\ &= \prod_{k=1}^{N}((\bar{n}_k)^{n_k}\exp(-\bar{n}_k))/(n_k)! \end{aligned} \tag{2.3.2}$$

在强光照时，光子的发射可用高斯过程来描述，CCD 的一个通道散粒噪声的一维随机变量 $\xi = n$ 满足零均值的高斯分布，其概率密度函数为

$$P(\xi = n) = \frac{1}{\sqrt{2\pi}\sigma_n}\exp\left(-\frac{n^2}{2\sigma_n^2}\right) \tag{2.3.3}$$

可简洁地记为 $N(0,\sigma_n^2)$，式中，σ_n^2 为噪声 n 的方差，其功率谱密度在其整个频域内是均匀分布的，所以散粒噪声是零均值高斯白噪声。CCD 阵列 N 个通道的散粒噪声是相互独立的，用 N 维随机向量 $\boldsymbol{n} = (n_1, n_2, \cdots, n_N)^{\mathrm{T}}$ 表示，其零均值高斯分布联合概率密度函数为

$$P(\boldsymbol{n}) = \prod_{i=1}^{N}\frac{1}{\sqrt{2\pi}\sigma_i}\exp\left(-\frac{{n_i}^2}{2\sigma_i^2}\right) = \prod_{i=1}^{N} p(n_i) \tag{2.3.4}$$

式中

$$p(n_i) = \frac{1}{\sqrt{2\pi}\sigma_i}\exp\left(-\frac{n_i^2}{2{\sigma_i}^2}\right), \quad i = 1, 2, \cdots, N \tag{2.3.4a}$$

为边缘概率密度函数，N 个边缘概率密度函数的数学期望均为 0，方差为 σ_i^2（$i = 1, 2, \cdots, N$）。

在 CCD 相关电路的噪声中简要说明中间电路的反射噪声和串扰噪声：在高速电路系统中，高频信号线的布线好坏直接影响到信号的完整性和确定性，其中比较普遍的影响因素是传输信号的反射和串扰。所以，中间电路噪声主要包括反射噪声和串扰噪声。

① 反射噪声：当信号传输线上的阻抗不连续时，会引起信号的反射而形成反射噪声。当传输线源端与负载端的阻抗不匹配时，会引起信号在源端与负载端之间来回反射，从而形成振荡，增加信号线上的反射噪声。

② 串扰噪声：当信号在相邻传输线上传输时，电磁场在不同传输线之间的互相耦合产生串扰噪声。

(2) 颗粒噪声及其分布：记录在感光片上的原始图象受到胶片上感光颗粒扰动的影响，会产生颗粒噪声。通常认为颗粒噪声是泊松分布的，但在很多应用中，可用高斯白噪声作为有效模型，其概率分布满足正态分布，而功率谱密度在整个频域内是均匀分布的，其二阶矩不相关，一阶矩是常数。

(3) 电阻热噪声及其分布：在成像系统的光电转换电路以及后续的信号放大、处理和输出等有关电路设备中，电阻是不可缺少的元件，所用电阻元件会产生电阻热噪声。电阻热噪声是因电阻体内的电子不规则运动而产生的，因为电子运动会随温度升高而加剧，所以电阻热噪声的幅度会随温度的上升而提高。电阻热噪声的功率与电阻阻值 R、热力学温度 T 和频谱带宽 Δf 成正比（丁淼等，2012），可以表示为

$$V_R^2 = 4kTR\Delta f \tag{2.3.5}$$

式中，k 为玻尔兹曼常数。

电阻热噪声是一种零均值高斯白噪声，服从均值为 0、方差为 V_R^2 的高斯正态分布，可以用方差 V_R^2 来表征，而在其整个频域内功率谱密度是均匀分布的。

(4) 量化噪声及其分布：图象数据的量化会产生量化噪声，这是一种与图象信号无关的噪声，通常被仿真为白色的高斯分布。在量化位数很多时，量化噪声可以忽略。

(5) 散斑噪声及其分布：遥感成像系统会因接收图象内涵客体及其景物粗糙表面对光波散射或衍射的二次辐射光而产生散斑噪声。这种噪声是乘性噪声，对信号有相倚性，本质上是非线性的，其强度服从负指数分布。但是经过同态变换滤波或对数运算后，乘性的散斑噪声可以变换为加性的高斯噪声，从而消除与信号的相倚性。

前四种图象噪声通常用高斯分布模型或泊松分布模型来描述，而第五种图象噪声在同态滤波后也可用加性的高斯噪声来描述。但是，实际情况有时更复杂，除了上面提及的 CCD 本身固有的及其相关电路引入的一些噪声，还有混合噪声、重尾噪声、拉普拉斯分布噪声、Γ 分布噪声等。下面涉及比较多的是高斯分布和泊松分布的噪声，因为遥感图象的噪声一般服从或变换后服从高斯分布和泊松分布。

遥感图象的噪声分布先验参数：图象噪声是一个随机过程，对噪声的处理往往要预先获取一些可以反映随机特征的先验参数，在此基础上进行进一步的工作，常用的参数有：噪声的标准差 σ、噪声的均值和相关系数等。

2.3.2　噪声分析

1. 噪声图象的频谱分析

图象噪声会导致图象质量的退化，在噪声比较严重时，在视图上可见微粒和颗粒分布，影响清晰度和对比度，甚至可能掩盖图象的某些重要的纹理细节，降低图象目标的可识别性。因此，需要对噪声图象进行噪声抑制操作，在图象复原与超分辨处理中，噪声抑制与解模糊同样重要，都是图象复原的核心内容，同时又是图象超分辨的前提条件。为了有利于后续操作的设计和效果，对图象噪声的影响不能停留在视图的直观观察上，还需要比较深入地剖析图象噪声对图象频谱的影响，所以对噪声图象进行频谱分析实验。

实验方法：首先，选择一帧无模糊、无噪声、无混叠的高质量遥感原图象，分别添加泊松噪声、高斯噪声和散斑噪声，得到相应的噪声图象；然后，对原图象及其噪声图象分别进行离散傅里叶变换，得到原图象及其噪声图象的频谱；为了便于分析比较，并且得到噪声频谱的主要特征，从原图象及其噪声图象频谱中分别抽取相同位置的半周期一维频谱进行显示。

实验结果如图 2.3.1 所示，图 2.3.1(a)～图 2.3.1(c) 分别为泊松、高斯和散斑三

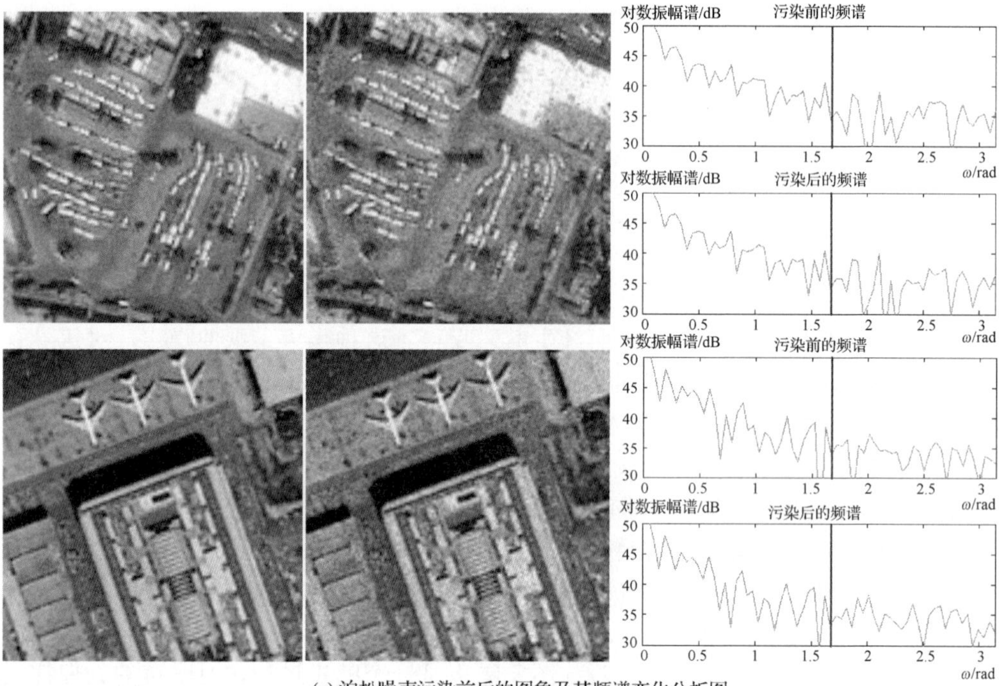

(a) 泊松噪声污染前后的图象及其频谱变化分析图

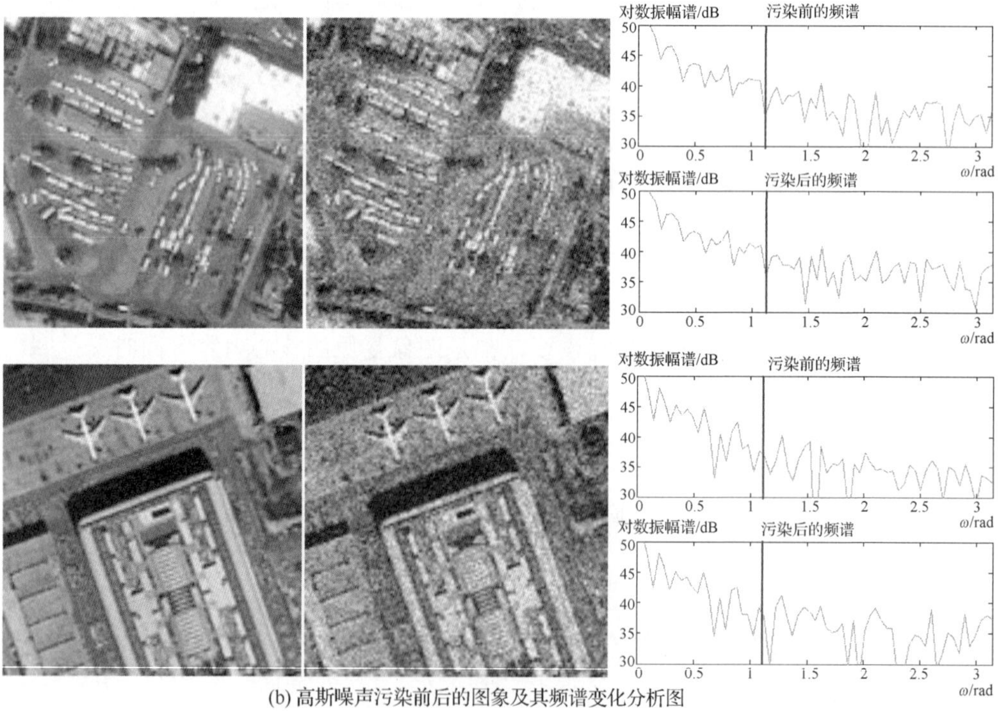

(b) 高斯噪声污染前后的图象及其频谱变化分析图

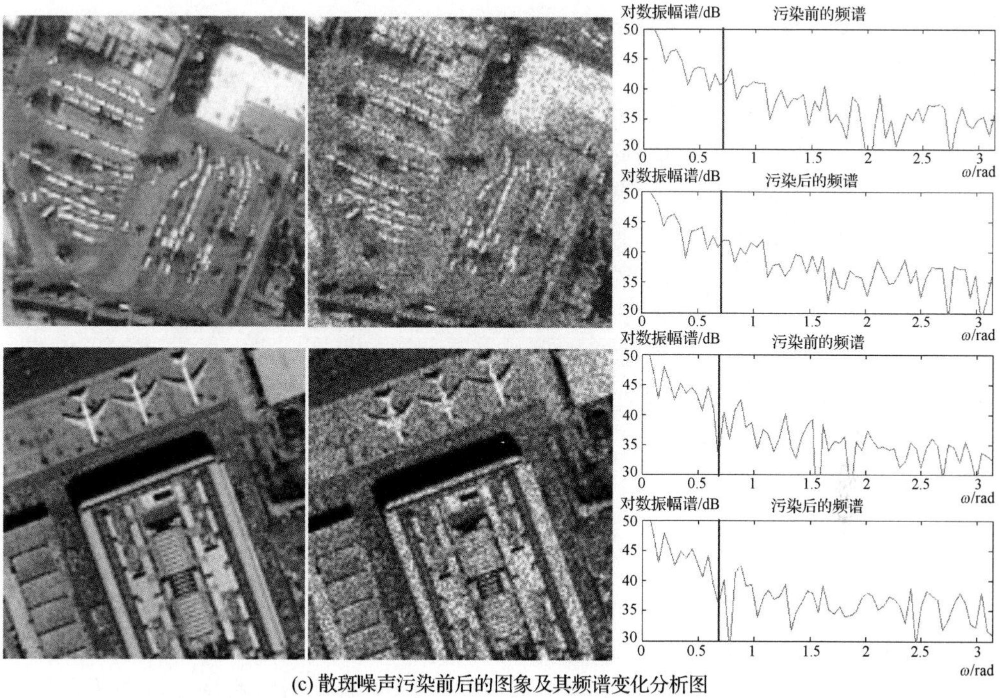

(c) 散斑噪声污染前后的图象及其频谱变化分析图

图 2.3.1　图象噪声污染实验及其频谱变化(见彩图)

类噪声污染前后的图象及其频谱分析的一维显示。其中，图 2.3.1(a)给出两组在施加泊松噪声前后的图象及其一维频谱，图 2.3.1(b)给出两组在施加高斯噪声 $N(0, 25.5)$ 前后的图象及其一维频谱，而图 2.3.1(c)给出两组在施加乘性的均值为 0、方差为 0.04 散斑噪声前后的图象及其一维频谱。在三类六组实验结果中，左侧均是选择的高质量的原图象，中图均是施加某类噪声后的噪声图象，右侧是噪声污染前后的图象频谱中相同位置的半周期(数字频率 $\omega = 0 \sim \pi$)的一维对数振幅谱，单位为分贝(dB)，其中上图是原图象的半周期一维对数振幅谱，下图是噪声图象的半周期一维对数振幅谱。

由图 2.3.1 所示的三类噪声污染遥感图象的实验结果可以看出，在左图所示的噪声污染前的高质量的原图象中，图象的纹理丰富且清晰可见；而经过噪声污染后的中图，无论泊松噪声图象，还是高斯噪声图象或者是散斑噪声图象，其中出现很多可见的微粒和颗粒，严重干扰了图象的纹理细节，使图象的清晰度、对比度和目标的可识别性降低；再由右侧所示的原图象及其噪声图象的一维频谱比较，三种噪声图象频谱在低频段均无变化，而红线右侧的高频成分均有不同程度的变化和损失，因此影响了那个频段的高频结构。例如，在图 2.3.1(a)的两组附加泊松噪声的噪声图象频谱中，数字频率 0～1.6 范围内的低频部分保持不变，而大于 1.6 的高频部分频谱有明显的变化；在图 2.3.1(b)的附加高斯噪声 $N(0, 25.5)$ 的噪声图象频谱中，数字频率 0～1.1 范围内的低频部分保持不变，而大于 1.1 的高频部分频谱有明显的变化；而在图 2.3.1(c)的施加乘性的均值为 0、方差为 0.04 的散斑噪声的噪声图象频谱中，数字频率 0～0.7 范围内的低频部分保持不变，而大于 0.7 的高频部分频谱有明显的变化。可见，乘性的散斑噪声对频谱的影响最严重。

因此，上述实验结果可以得到下列结论。

(1)噪声污染图象，即高质量的原图象施加噪声的噪声图象，与噪声污染前的原图象对比，无论是哪种类型的噪声，均出现可见的微粒和颗粒，图象的纹理细节受到干扰，图象的对比度、清晰度和分辨能力降低，因此使图象的质量退化。

(2)无论泊松噪声图象，还是高斯噪声图象或者是散斑噪声图象，由噪声污染前后图象的一维频谱比较，噪声图象都会使高频成分发生不同程度的变化和损失，因此影响了高频段的高频结构。显然，噪声图象的高频变化，不但与噪声成分的多少有关，而且与噪声的类型有关，其中乘性的散斑噪声影响最严重。

2. 噪声图象的信噪比分析

图象信噪比(SNR)是图象中的有用信号与噪声强度的比值。为了计算待评价图象 $f(k,l)$ 的 SNR，需要一幅参考图象 $g(k,l)$。$g(k,l)$ 一般是质量较高的原图象，而 $f(k,l)$ 一般是由原图象添加噪声退化的或者是噪声图象复原后的待评价图象。待评价图象 $f(k,l)$ 的 SNR 定义为

$$\mathrm{SNR} = 10\lg\left(\frac{\sigma_g^2}{\sigma_{|g-f|}^2}\right)\ (\mathrm{dB}) \tag{2.3.6}$$

式中，σ_g^2 为高质量参考图象的方差；σ_{g-f}^2 为差图象 $|g(k,l)-f(k,l)|$ 的方差，差图象 $|g(k,l)-f(k,l)|$ 被认为是待评价图象的噪声；SNR 的单位为分贝(dB)。

如果图象的 SNR 小，则表明图象的噪声成分强，图象的噪声污染比较严重，由上述噪声图象频谱分析结果图 2.3.1 可知，噪声污染使图象的高频成分发生变化和损失，纹理细节受到干扰，图象清晰度、对比度和目标的可识别性降低，需要进行图象的噪声抑制和去噪操作，即噪声图象的复原处理，恢复图象的高频信息和纹理细节，提高图象的清晰度、对比度和目标的可识别性；如果图象的 SNR 大，则表明图象的有用信号强，图象质量好，在 SNR 大到一定程度后，表明不必进行图象噪声复原操作，或者是图象噪声复原操作达到了要求。在本书的图象复原与超分辨技术操作中，令图象的 SNR 参数为 C_3，对某类图象某类噪声，经过大量的实验分析比较，可以确定一个作为判断标准的 SNR 参数 C_3^{stand}，当实际被处理图象的 SNR 参数为 $C_3 > C_3^{\mathrm{stand}}$ 时，不必进行图象噪声的复原操作，否则，要进行图象噪声的复原操作。

2.4　图象云雾分析及其图象模型

在遥感图象中，云雾干扰也会使观测图象的质量退化。对于云雾较厚的遥感图象，由于云雾的干扰太严重，观测图象中几乎不含被观测景物的信息，所以其利用价值较低。然而，对于薄云薄雾覆盖的区域，观测图象中含有一定的被观测景物的信息，通常会保留被观测景物的模糊轮廓，通过适当的处理，可以有效地去除薄云薄雾对观测图象的影响，从而较为可靠地恢复被观测景物的本来面目。

薄云薄雾主要是大气散射产生的，通常用 Mie 理论来建模(Du et al.，2002)，这种散射是由大气中存在较大的微粒(如尘、烟、粉和水滴等)造成的。米氏散射是选择性的，并且它的影响与波长有关。在某些环境条件下，特别是在较短的波段，更多微粒出现在大气中，形成视觉上可以观察到的云雾。微粒的空间分布依赖于天气条件(风和水蒸气等)和尘源的位置。因为薄云薄雾通过风和对流等大气的干扰传播时，其分布的空间变化比被观测景物的变化还要慢，可以假设在含薄云薄雾的图象空间低频成分中薄云薄雾占主导地位。

在存在薄云薄雾的情况下，遥感成像传感器的成像模型(赵忠明等，1996)如图 2.4.1 所示。在空间存在薄云薄雾时，由于太阳光的照射，所成图象是两部分的组合，一是太阳光被云雾反射的成分，二是太阳光穿透云雾被观测景物反射后再穿透云雾的成分，即

$$f(x,y)=L(1-t(x,y))+aLr(x,y)t(x,y) \tag{2.4.1}$$

式中，$f(x,y)$ 为遥感成像系统接收到的图象；$r(x,y)$ 为地面景物反射率；$t(x,y)$ 为云层的透过率；L 为太阳光强度；a 为太阳光在大气传输过程中的衰减系数；$r(x,y)$、$t(x,y)$ 和 a 的数值在 0～1。

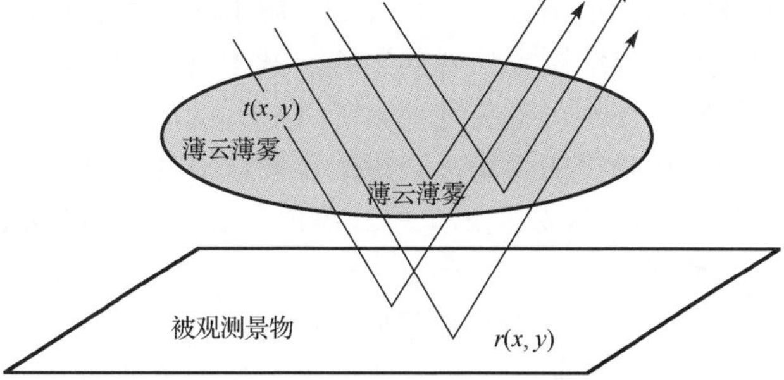

图 2.4.1　薄云薄雾成像模型示意图

实际上，在薄云薄雾的情况下，遥感图象主要由两个因素决定：一个是云雾、大气等的影响，另一个是被观测景物反射特性的影响。若忽略其他因素，则前一个影响因素主要是云雾引起的，记为 $i(x,y)$，后一个影响因素即被观测景物反射引起的，仍然记为 $r(x,y)$，则式(2.4.1)可以简化为

$$f(x,y)=i(x,y)r(x,y) \tag{2.4.2}$$

抑制云雾对图象 $f(x,y)$ 的干扰，即去除 $i(x,y)$ 成分，提取 $r(x,y)$ 成分。尽管图象信号的低频成分都很重，但是根据云雾分布的特点，相对而言，云雾主要分布在低频，这是抑制云雾干扰的主要依据。由于 $f(x,y)$ 是由 $i(x,y)$ 和 $r(x,y)$ 相乘得到的，无法使用一般的滤波器去除 $i(x,y)$，而需要特别设计基于同态滤波的和基于小波多分辨分析的云雾抑制算法，详见 3.4 节。

2.5　成像调制传递函数及其影响因素分析

2.5.1　调制传递函数的基本概念和物理意义

成像系统的调制传递函数(Modulation Transfer Function，MTF)是成像系统对所观察景物再现能力的一种度量，它是说明图象内涵景物的光学反差(即对比度)与空间频率关系的一种函数。所以，MTF 包含了既可以衡量图象质量标准又可以定量测量的两个主要参数：一是图象的空间分辨率，二是图象的对比度。

以空载成像系统探测地面景物的物图象信号为例，遥感成像过程及其影响因素分析已经在 1.2.1 节阐述，这里概述如下：

(1)携带地面目标和景物分布特征信息的光信号，穿越地球大气层，被星载光学成像系统聚焦在探测器光敏面上。在这个过程中，既存在光学系统畸变的影响，又存在大气传输中干扰的影响，均会降低所成图象的质量。

(2)探测器光敏面上的光敏元件，尽管可以用感光胶片，但是 CCD 用得比较普遍，所以在研究成像调制传递函数中，将 CCD 用于成像系统的光电探测器。CCD 完成光电转换，同时完成连续图象信号的采样，其中有效的图象信号不但要受到与点扩散函数卷积的影响，还不可避免地要附加 CCD 的散粒等光电噪声及其相关电路的热噪声、反射和串扰噪声的污染，会进一步降低遥感观测图象的质量。

(3)比较弱小的图象信号需要经由电子线路的滤波、放大和 A/D 转换等系列操作处理后形成视频的数字图象信号，还需经过编码、调制、变频、功放和发收天线等图象处理与传输系统，才能得到遥感图象。在这个过程中不可避免地要附加电子线路的各种噪声和大气传输的干扰，进一步降低遥感图象的质量。

(4)遥感图象传送到地面接收站后，在地面还需要经解调恢复等系列处理，最终

才能得到所研究的遥感观测图象。在这个过程中，如果某种方法不当，则会降低图象的质量。

显然，上述成像过程各个环节的各种因素都会影响最终产品——遥感观测图象的质量，即都会影响成像系统的 MTF，其中，主要影响因素有光学系统、CCD 光电探测器、视频处理电路、载体的振动、载体的运动以及大气的传输等。

在衡量遥感图象质量时，主要使用四个质量指标：空间分辨率、辐射分辨率、光谱分辨率、时间分辨率。

在设计空间遥感成像系统时，上述四个质量指标是相互制约的。这里着重指出两点：

(1) 无论以何种波长、何种带宽以及何种观测频率，所获得的遥感图象都是以其空间特性和辐射特性表现的，所以这里的讨论主要涉及遥感图象的空间质量和辐射质量。

(2) 遥感图象的所有指标，均由用户的探测目的确定，需要全面折中，优化配置，不必单纯地强调或比较其中某一种指标。

成像调制传递函数的定义与象调制度和物调制度有关。首先给出调制度的定义，即

$$M(f)=\frac{L_{\max}(f)-L_{\min}(f)}{L_{\max}(f)+L_{\min}(f)} \tag{2.5.1}$$

式中，f 是空间频率；$L_{\max}$ 和 $L_{\min}$ 分别是图象像素对应辐照度的最大值和最小值，或单色象灰度等级的最大值和最小值，它们与空间频率有关。而调制传递函数定义为象、物调制度的比值，即

$$\mathrm{MTF}(f)=\frac{M_{象}(f)}{M_{物}(f)} \tag{2.5.2}$$

因为在一般情况下，象调制度小于物调制度，即 $M_{象}(f)\leqslant M_{物}(f)$，所以 $\mathrm{MTF}(f)\leqslant 1$。对一帧图象来说，应该是二维的，即可以将空间频率表示为 (f_x,f_y)，其中 f_x,f_y 是两个正交坐标方向上的频率。MTF(f) 与空间频率 f 的关系的一般形式如图 2.5.1 所示，其中，f_s 为采样频率。

实验发现，图象的视在清晰度，包括图象的空间分辨率和图象的对比度，可方便地用系统调制传递函数 $\mathrm{MTF}(f_x,f_y)$ 平方的频率积分来描述，即

$$r_e=\int_0^{\infty}\int_0^{\infty}[\mathrm{MTF}(f_x,f_y)]^2\mathrm{d}f_x\mathrm{d}f_y \tag{2.5.3}$$

式中，r_e 称为等效行数。

如果将 MTF 推广为光学传递函数(Optical Transfer Function，OTF)，MTF 等于 OTF 的幅值函数，即 $\mathrm{MTF}=|\mathrm{OTF}|$，还可描述因相位传递而形成的实际图象与理想图象的偏差和造成的图象模糊。调制传递函数是一种度量系统成像质量的参数，各

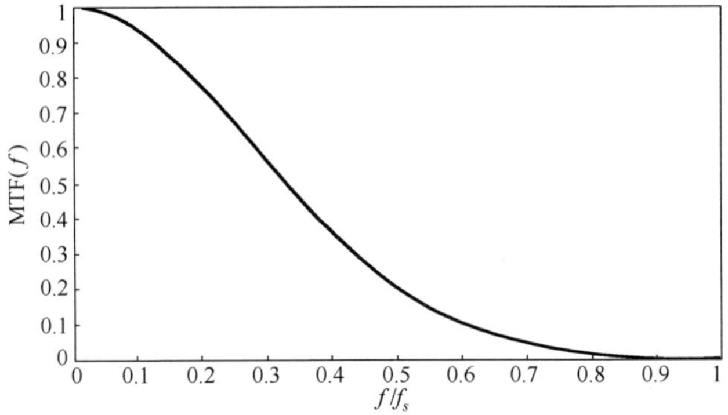

图 2.5.1　MTF(f)的一般形式示意图

分系统对整系统的贡献可以定量测量或计算，甚至可以计算因探测器与景物的相对振动等诸多因素所造成的图象分辨率损失。这里所指的系统，广义地说，包括遥感中获得图象的成像链的全部组元，包括被探测的目标及其特性，尤其是其空间特性、大气及其传输特性，以及载体平台的稳定性，遥感器系统(光学系统、CCD 光电探测器和电子学系统)以及遥感数据的后处理系统等。目标的特性极为复杂，作为被探测的对象，难以用统一的数学模型描述；大气的特性也非常复杂，虽然对某些特定情况，建立了调制传递函数模型，但无法考虑其随地点、时间及局部的气象条件等因素所产生的不稳定性，恶劣的气象条件甚至会导致遥感探测的局部失败。这两个环节无疑会对最终的遥感图象产品的质量产生影响，但是一般仅能定性估计其影响程度。人们对提高遥感图象质量的努力，主要贯穿在其后的成像链中，主要是遥感器系统及其载体的影响等。

2.5.2　调制传递函数的数学模型及其实验数据

1. 光学系统的调制传递函数 MTF_O

1) 光波衍射的 MTF_{O1}

衍射受限光学系统的调制传递函数取决于波长及孔径的形式。对于圆形孔径，衍射限制下的调制传递函数 MTF_{O1} (安毓英等，2002) 为

$$\text{MTF}_{O1}=\begin{cases}\dfrac{2}{\pi}\left\{\arccos\left(\dfrac{f}{f_c}\right)-\left(\dfrac{f}{f_c}\right)\left[1-\left(\dfrac{f}{f_c}\right)^2\right]^{\frac{1}{2}}\right\}, & f\leqslant f_c\\ 0, & \text{其他}\end{cases}\tag{2.5.4}$$

式中，f_c 为非相干光学系统的空间截止频率(lp/mm)，$f_c=1/(\lambda F_N)$；λ 为非相干光波长；F_N 为相对孔径的倒数，$F_N=F/D$，F 为光学系统焦距，D 为光学系统的入瞳

直径，可取平均工作波长 $(\lambda_1+\lambda_2)/2$，$[\lambda_1,\lambda_2]$ 为工作波长范围；f 为景物的空间频率（lp/mm）。

表 2.5.1 给出不同波长及 F_N 情况下，理想透镜调制传递函数 MTF_{O1} 的理论值。

表 2.5.1　光学衍射 MTF_{O1} 值随 λ 、F_N、f 的变化

λ / μm	f /（lp/mm）	F_N				
		2.8	3.5	4.0	5.6	8.0
0.48	38.0	0.9350	0.9188	0.9072	0.8702	0.8149
	50.0	0.9145	0.8932	0.8780	0.8294	0.7570
	65.0	0.8889	0.8612	0.8415	0.7787	0.6855
	72.5	0.8761	0.8453	0.8233	0.7535	0.6502
0.60	38.0	0.9188	0.8985	0.8840	0.8379	0.7691
	50.0	0.8932	0.8666	0.8476	0.7871	0.6974
	65.0	0.8612	0.8267	0.8022	0.7242	0.6093
	72.5	0.8453	0.8069	0.7796	0.6929	0.5660
0.76	38.0	0.8972	0.8715	0.8532	0.7950	0.7085
	50.0	0.8648	0.8312	0.8072	0.7311	0.6190
	65.0	0.8244	0.7810	0.7501	0.6523	0.5102
	72.5	0.8043	0.7560	0.7217	0.6135	0.4575

2）像差系统的 MTF_{O2}

非衍射限制光学系统中，由像差引起的弥散圆的能量分布为高斯分布，具有圆对称形式，其标准偏差为 σ_r，在极坐标系中的点扩散函数 $P(r)$（刘福安等，1994；安毓英等，2002）为

$$P(r)=\frac{1}{\sqrt{2\pi}\sigma_r}\exp(-r^2/(2\sigma_r^2)) \tag{2.5.5}$$

设半径 ρ 的弥散圆内所占能量的百分比为 Q，则

$$Q=\frac{\int_0^{2\pi}\int_0^{\rho}P(r)r\mathrm{d}r\mathrm{d}\varphi}{\int_0^{2\pi}\int_0^{\infty}P(r)r\mathrm{d}r\mathrm{d}\varphi}=1-\exp[-\rho^2/(2\sigma_r^2)] \tag{2.5.6}$$

由此可知，只要知道 ρ 内所要的能量百分比 Q，就可以求出 σ_r。将 σ_r 转换为角度坐标系中的标准偏差 $\sigma=\sigma_r/F$，于是，对应非衍射限制像差系统的 MTF_{O2} 为

$$\mathrm{MTF}_{O2}=\exp(-2\pi^2\sigma^2 f^2) \tag{2.5.7}$$

式中，$\sigma=0.51r$，r 为弥散圆半径，规定像点总能量的 85%以上聚集在此弥散圆内，$r=1.22\lambda F/D$。

弥散圆直径 $B=2r$，则式（2.5.7）变为

$$\mathrm{MTF}_{O2} = \exp(-0.13\pi^2 B^2 f^2) \tag{2.5.8}$$

当 $f = f_N = 1/d$ 时，式(2.5.8)变为

$$\mathrm{MTF}_{O2} = \exp[-1.283(B/d)^2] \tag{2.5.9}$$

式中，d 为器件像元间距，其结构示意见图 2.5.2；f_N 为奈奎斯特频率。

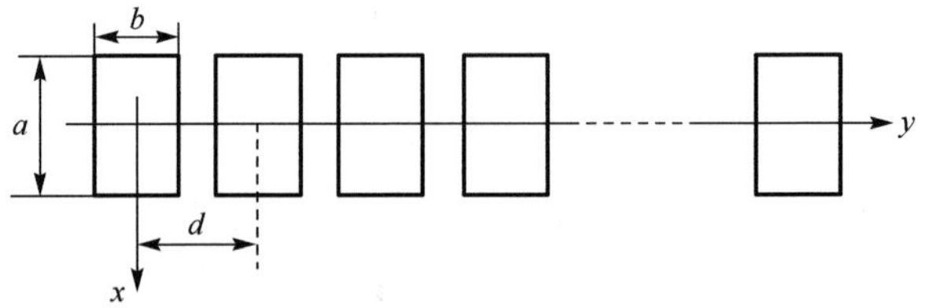

图 2.5.2　线阵 CCD 光敏器件示意图

从表 2.5.2 可以看出，当模糊圆直径等于 0.40 像元尺寸时，MTF_{O2} 下降约 5%；当模糊圆直径等于像元尺寸时，MTF_{O2} 下降约 27.5%。由此可知，在进行像差设计时，要保证光学系统的 MTF，应使模糊圆直径小于像元尺寸。

表 2.5.2　像差系统 MTF_{O2} 值随 B/d 的变化

B/d	0.10	0.20	0.40	0.80	1.00	2.30	2.50	1.80	2.00
MTF_{O2}	0.9968	0.9872	0.9499	0.8143	0.7254	0.5813	0.4857	0.3534	0.2769

3) 理论光学到实际光学的 MTF_{O3}

MTF_{O3} 表征光学材料及其应力的不均匀性、光学零件加工误差、光学系统装配校正误差及测量误差等因素对 MTF 的影响。实践经验指出，即使生产中严格把关，实际光学系统的 MTF 比理论光学系统的 MTF 下降约 10%，即 MTF_{O3} 约为 0.9(刘福安等，1994)。

4) 离焦的 MTF_{O4}

焦点偏移，即 CCD 光敏面偏离了光学系统的焦平面，将会导致调制传递函数下降。离焦的 MTF_{O4} (刘福安等，1994)为

$$\mathrm{MTF}_{O4} = \frac{J_1(2\pi\Delta N_A f)}{\pi\Delta N_A f} \tag{2.5.10}$$

式中，$J_1(\cdot)$ 为一阶贝塞尔函数；Δ 为轴向离焦量；$N_A = D/(2F)$ 为数值孔径。

当 $f = f_N$ 时，式(2.5.10)变为

$$\mathrm{MTF}_{O4} = \frac{2J_1(\pi\Delta N_A(\Delta/d))}{\pi\Delta N_A(\Delta/d)} \tag{2.5.11}$$

$\lambda = 0.60\mu\mathrm{m}$ 时离焦的 MTF_{O4} 值见表 2.5.3。

表 2.5.3　$\lambda = 0.60\mu m$ 时离焦的 MTF_{O4} 值

$\Delta/\mu m$	1.6350	4.8520	6.2570	9.2940	10.1500	14.5560	18.4810
$F_N = 2.8, d = 14\mu m$	0.9995	0.9953	0.9922	0.9828	0.9795	0.9581	0.9330
$F_N = 2.8, d = 11\mu m$	0.9991	0.9924	0.9873	0.9722	0.9669	0.9327	0.8930
$F_N = 3.5, d = 11\mu m$	0.9994	0.9951	0.9919	0.9821	0.9787	0.9566	0.9306

综上所述，光学系统的调制传递函数 MTF_O 为

$$MTF_O = MTF_{O1} \cdot MTF_{O2} \cdot MTF_{O3} \cdot MTF_{O4} \tag{2.5.12}$$

2. CCD 探测器的调制传递函数 MTF_d

对于 CCD 探测器，引起调制传递函数下降的因素主要有光敏单元的几何尺寸、电荷转移损失率和光敏单元之间的光串扰，其 MTF_d 应是这三部分之积。

1) 几何尺寸的 MTF_g

尽管 CCD 探测器是一种空间采样器件，但其在接入截止频率为采样频率 f_s 一半的低通滤波器之后，就转化为线性系统(刘福安等，1994；仲思东等，1998；安毓英等，2002)，根据图 2.5.2 所示的 CCD 线阵结构示意图，x 方向表示沿载体的飞行方向，y 方向表示沿线阵(垂直于载体飞行方向)的水平方向，a 为飞行轨向的 CCD 线阵像元尺寸宽度，b 为垂直于飞行轨向的像元尺寸宽度，d 为像元的中心距。系统的采样频率 $f_s = 1/d$ 。

当 $f \leqslant f_N$ 时，在水平方向上的平均调制传递函数为

$$MTF_y = \frac{\sin(\pi bf)}{\pi bf} \tag{2.5.13}$$

而沿载体的飞行轨迹方向，由于 CCD 推扫成像，其工作状态在时间上也要进行离散取样，所以在飞行方向上的平均调制传递函数为

$$MTF_x = \frac{\sin(\pi af)}{\pi af} \tag{2.5.14}$$

式(2.5.14)可称为积分调制传递函数，以体现光敏元在曝光时间内对光辐照的积分平均作用。

由于 CCD 在 x 方向和 y 方向的尺寸相当，为简化分析过程，常用式(2.5.15)的 MTF_g 表示 x 和 y 方向的调制传递函数，即

$$MTF_g = \left|\frac{\sin(\pi af)}{\pi af}\right| \tag{2.5.15}$$

2) 电荷转移损失的 MTF_t(刘福安等，1994)

$$MTF_t = \exp(-M\varepsilon(1-\cos(\pi f / f_N))) \tag{2.5.16}$$

式中，ε为一次转移的失效率；M为转移次数，对于单通道读出方式，M等于像元数；对于双通道读出方式，M等于二分之一像元数。当$f=f_N$时，有

$$\mathrm{MTF}_t=\exp(-2M\varepsilon) \tag{2.5.17}$$

从表 2.5.4 可以看出，转移失效率每降低一个数量级，MTF_t的损失就减少一个数量级。所以，应尽量选择转移效率高的 CCD。

表 2.5.4 不同ε情况下电荷转移损失的MTF_t值

ε	0.0001	0.00001	0.000001
MTF_t	0.8148	0.9797	0.9980

3) 光串扰的 MTF_c(刘福安等，1994)

CCD 的光敏元之间由沟阻隔开，当这种沟阻存在缺陷时，各像元产生的某些电子会扩散到相邻的像元中，引起调制传递函数下降，其值MTF_c为

$$\mathrm{MTF}_c=\cosh(d/L_0)/\cosh(d/L) \tag{2.5.18}$$

式中，L_0为扩散长度，$L^{-2}=L_0^{-2}+(2\pi f)^2$；$d$为像元间距。

综上所述，CCD 的MTF_d为

$$\mathrm{MTF}_d=\mathrm{MTF}_g\cdot\mathrm{MTF}_t\cdot\mathrm{MTF}_c \tag{2.5.19}$$

不同像元间距d和扩散长度L_0情况下的 CCD 的MTF_d值如表 2.5.5 所示。

表 2.5.5 不同d、L_0情况下光串扰的MTF_d值

d / μm	L_0/ μm							
	1.0	3.5	5.5	7.0	11.0	14.0	22.0	28.0
14	0.7076	—	—	0.1815	—	0.1140	—	0.0935
11	0.6441		0.1815		0.1140		0.0935	—
7	0.5104	0.1815	—	0.1140	—	0.0935	—	—

3. 其他影响因素的调制传递函数

1) 电子线路的 MTF_e(刘福安等，1994)

对电子线路而言，当第一级采用低噪声放大器之后，电路噪声对调制传递函数的影响较小；当低通滤波器采用椭圆函数滤波器时，通带内的插入损耗较小，而通带外抑制达 50dB 以上。因此，在工程设计时，可以认为电子线路对系统的调制传递函数的影响很小，可以忽略不计，即$\mathrm{MTF}_e\approx 1$。

2) 大气传输影响的 MTF_A(陈立学，1995)

目标场景辐射在大气传输过程中，受到大气的吸收和散射影响，一方面，辐射能量要发生衰减，其透过率τ是一个与辐射波长λ、消光系数σ及传输距离R有关

的量，即

$$\tau = \exp[-(\lambda / 0.55)^{-q} \sigma R] \tag{2.5.20}$$

式中，消光系数 σ 取决于能见距离 R_v。

另一方面，能量分布也将发生变化，其点源弥散斑基本符合高斯分布，则点扩散函数谱可由高斯函数来表示，即

$$P(f) = \mathrm{Guas}(f / f_c) = \exp[-\pi(f / f_c)^2] \tag{2.5.21}$$

式中，f 为空间频率；f_c 为空间截止频率(指调制传递函数值衰减到零频的 4%的频率)。

综合式(2.5.20)和式(2.5.21)，大气传输影响的调制传递函数 MTF_A 为

$$\mathrm{MTF}_A = \tau P(f) = \tau \exp[-\pi(f / f_c)^2] \tag{2.5.22}$$

3) 载体振动的影响 MTF_s(许世文等，1999)

载体振动造成像点在焦平面上晃动，即像移。这种像的移动构成的线扩展函数为

$$L(x) = \begin{cases} 1 / (A\pi\sqrt{1-(x / A)^2}), & |x| \leqslant 1 \\ 0, & |x| > 1 \end{cases} \tag{2.5.23}$$

式中，A 为像点在焦面上的振动振幅。

由此可知，其调制传递函数为

$$\mathrm{MTF}_s = J_0(2\pi A f) \tag{2.5.24}$$

式中，$J_0(\cdot)$ 为零阶贝塞尔函数。

当 $f = f_N$ 时，MTF_s 随 A / d 变化的值如表 2.5.6 所示。

表 2.5.6　载体振动的 MTF_s 随 A/d 变化值

A/d	0.0500	0.1000	0.2000	0.3000	0.4000	0.5000	0.6000
MTF_s	0.9938	0.9755	0.9037	0.7900	0.6425	0.4720	0.2906

4) 载体运动影响的 MTF_v(许世文等，1999)

在光敏元的曝光积分时间内，载体相对景物的运动引起图象的运动模糊，其在载体飞行方向上会影响调制传递函数，MTF_v 表示为

$$\mathrm{MTF}_v = \sin(\pi s f) / (\pi s f) \tag{2.5.25}$$

式中，s 为积分时间内遥感成像系统相对于景物的运动引起的像移，$s = vt$，v 为像移速度，t 为积分时间；f 为图象的空间频率。

综上所述，遥感 CCD 相机系统的调制传递函数在二维图象中可分解为沿载体飞行方向的 MTF_x 和沿垂直于载体航向的水平方向的 MTF_y(两个正交的方向如图 2.5.2 所示)，可以分别表示为

$$\mathrm{MTF}_x = \mathrm{MTF}_O \cdot \mathrm{MTF}_d \cdot \mathrm{MTF}_e \cdot \mathrm{MTF}_v \cdot \mathrm{MTF}_s \cdot \mathrm{MTF}_A \tag{2.5.26}$$

$$\mathrm{MTF}_y = \mathrm{MTF}_O \cdot \mathrm{MTF}_d \cdot \mathrm{MTF}_e \cdot \mathrm{MTF}_s \cdot \mathrm{MTF}_A \tag{2.5.27}$$

在实际应用中，在某种情况下，整个遥感光学成像系统的调制传递函数可以用高斯曲线模拟，即

$$\mathrm{MTF}(f) = \exp\left[-k\left(\frac{f}{f_s}\right)^2\right] \tag{2.5.28}$$

式中，f 表示图象的空间频率；f_s 表示的采样频率；k 是系数因子。系数因子 k 根据奈奎斯特频率处的 $\mathrm{MTF}(f_N)$ 值来确定。表 2.5.7 给出几组遥感光学成像系统奈奎斯特频率处的 $\mathrm{MTF}(f_N)$ 值与对应的 k 值，以便应用参考。

表 2.5.7　遥感光学成像系统奈奎斯特频率处的 $\mathrm{MTF}(f_N)$ 值与对应的 k 值

k	5.24	6.44	8.01	10.78	13.56	16.33	19.10	21.88	24.64	27.43
$\mathrm{MTF}(f_N)$	0.270	0.2	0.135	0.0675	0.0338	0.0169	0.0084	0.0042	0.0021	0.0011

根据以上分析结果，由图 2.5.1 和式(2.5.4)以及式(2.5.28)可见，成像调制传递函数 $\mathrm{MTF}(f)$ 相当于成像系统输入物图象信号 $g(k,l)$ 的低通滤波器，不可能传递高于光学遥感系统截止频率 f_c 的频率信号，因此可能导致所成输出图象信号 $f(k,l)$ 高频成分的损失。

2.6　图象配准技术及其帧间变换参数的提取

2.6.1　图象配准技术研究总体方案

多帧低分辨率序列图象配准及其帧间变换参数的提取是多帧图象超分辨处理的前提条件，其配准精度严重影响多帧图象超分辨处理的质量；同时，这又是频域、空域和神经网络等各领域多帧图象超分辨处理方法的一项共用的关键技术，在高质量的超分辨图象实现中具有非常重要的作用。因此，本书将序列图象配准及其帧间变换参数提取，其中包括帧间旋转参数和帧间平移参数的提取，作为多帧图象超分辨处理方法的先验信息，对其配准技术和获取方法进行深入研究。其中，对基于傅里叶变换(FT)的配准技术进行了系统研究，形成了多帧序列图象配准技术总体方案，如图 2.6.1 所示。

在图 2.6.1 所示的基于 FT 的多帧序列图象配准技术总体方案中，首先对所处理的两帧序列图象进行模糊辨识和逐块解模糊，如果辨识图象中存在 LSV 模糊，则通过逐块解模糊，将其转变成 LSI 的，以扩展配准算法对输入序列图象模糊类型的限

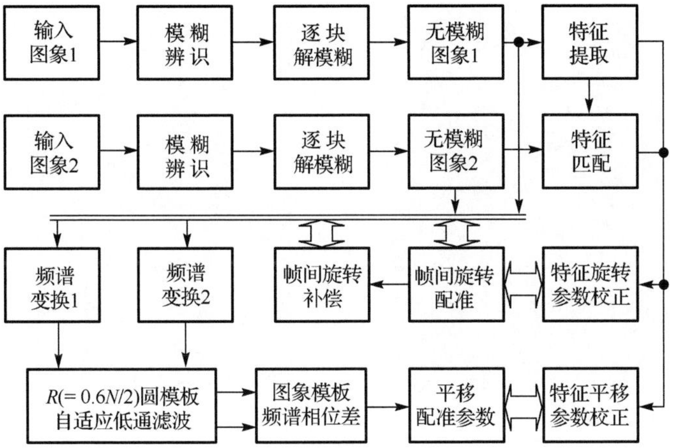

图 2.6.1　基于 FT 的多帧序列图象配准技术总体方案框图

制，可以是 LSI 的，也可以是 LSV 的；然后，进行图象感兴趣目标的特征提取与匹配操作，得到被处理序列图象的目标特征配准参数，用于序列图象帧间配准参数的校正参数；进而，求出两帧序列图象帧间的旋转参数，并且利用配准的目标特征旋转参数对所求帧间旋转参数进行校正，提高帧间旋转参数的精度，然后对其中第二帧图象进行旋转补偿；接着，进行 R 低通滤波，根据图象的频率混叠深度，必要时使 R 能自适应变化，同时抑制频谱混叠量和噪声的影响，以便准确地求出帧间平移参数，并且利用已经配准的目标特征平移参数对所求帧间平移参数进行校正，进一步提高帧间平移参数的配准精度。

为了建立高精度的图象配准算法，针对实际应用可能出现的情况，下面重点系统地研究基于 FT 的图象频域配准算法及其优化的配准算法，然后给出基于光(学)流的鲁棒性高精度图象配准算法方案，最后给出基于不变特征的高精度图象配准算法方案。

2.6.2　基于 FT 的图象频域配准及其优化算法

在基于 FT 的图象频域配准方法研究中，针对遥感图象帧间只有平移变换或者不但有平移变换还有旋转变换等情况，依次建立基于 FT 的图象频域配准算法、基于全局运动模型的图象配准算法和优化的图象频域配准算法等，参见我们的硕士论文(黄婧，2006)。

在实验研究中，为了考查可以达到的图象配准效果和精度，利用如图 2.6.2 所示的两帧遥感图象，其中图象 A 经退化得到大小为 252×252 的低分辨率序列图象，而图象 B 经退化得到大小为 180×180 的低分辨率序列图象，分别用于序列图象配准及其帧间变换参数提取的实验图象，同时利用均方根误差(Root-Mean-Square Error，RMSE) ε 表达帧间平移参数和旋转参数的估计精度。

图象 A

图象 B

图 2.6.2　用于图象配准仿真实验的原始图象

1. 基于 FT 的图象频域配准算法

根据 FT 的位移性质，即式(2.1.23)表达的离散傅里叶变换的位移定理，图象在空域的平移变化相应于在频域的相位变化。基于 FT 的图象频域配准方法的基本思想：被配准的两帧序列图象频谱的相位差包含其空域二维坐标偏移量的充分信息，只要能精确测定其频谱相位的变化量，就能精确测定图象帧间的平移量。

为了方便，这里仍然使用连续图象信号的傅里叶变换来表达。若设第一帧二维图象 $f_1(\boldsymbol{x})$ 为参考图象，其中 $\boldsymbol{x}=(x_1,x_2)^{\mathrm{T}}$，假定其在空域的二维坐标平移 $\Delta\boldsymbol{x}=(\Delta x_1,\Delta x_2)^{\mathrm{T}}$，其中 Δx_1 和 Δx_2 可为任意实数，但无旋转变换，则平移后的第二帧图象为 $f_2(\boldsymbol{x})$，即

$$f_2(\boldsymbol{x})=f_1(\boldsymbol{x}+\Delta\boldsymbol{x}) \tag{2.6.1}$$

令第一帧图象 $f_1(\boldsymbol{x})$ 的傅里叶变换为 $F_1(\boldsymbol{u})$，则第二帧图象 $f_2(\boldsymbol{x})$ 的傅里叶变换 $F_2(\boldsymbol{u})$ 为

$$\begin{aligned}F_2(\boldsymbol{u})&=\iint_{\boldsymbol{x}} f_2(\boldsymbol{x})\mathrm{e}^{-\mathrm{j}2\pi\boldsymbol{u}^{\mathrm{T}}\boldsymbol{x}}\mathrm{d}\boldsymbol{x}=\iint_{\boldsymbol{x}} f_1(\boldsymbol{x}+\Delta\boldsymbol{x})\mathrm{e}^{-\mathrm{j}2\pi\boldsymbol{u}^{\mathrm{T}}\boldsymbol{x}}\mathrm{d}\boldsymbol{x}\\&=\mathrm{e}^{\mathrm{j}2\pi\boldsymbol{u}^{\mathrm{T}}\Delta\boldsymbol{x}}\iint_{\boldsymbol{x}} f_1(\boldsymbol{x}')\mathrm{e}^{-\mathrm{j}2\pi\boldsymbol{u}^{\mathrm{T}}\boldsymbol{x}'}\mathrm{d}\boldsymbol{x}'=\mathrm{e}^{\mathrm{j}2\pi\boldsymbol{u}^{\mathrm{T}}\Delta\boldsymbol{x}}F_1(\boldsymbol{u})\end{aligned} \tag{2.6.2}$$

显然，根据 $F_2(\boldsymbol{u})$ 和 $F_1(\boldsymbol{u})$ 之间的相位差，可以得到第二帧图象 $f_2(\boldsymbol{x})$ 相对于第一帧参考图象 $f_1(\boldsymbol{x})$ 在空域二维坐标上的平移参数 $\Delta\boldsymbol{x}=(\Delta x_1,\Delta x_2)^{\mathrm{T}}$。

由于成像过程的欠采样和成像调制传递函数的截止频率等因素所形成的频率混叠在要配准的低分辨率序列图象中是普遍存在的，且图象噪声也是不可避免的，频率混叠和噪声也会影响图象帧间相位差的估计，即影响帧间平移参数的检测精度。鉴于高频成分相对于低频成分一般比较弱小，不但频率混叠影响图象频谱的高频成分，而且噪声也主要影响图象频谱的高频成分，而为了抑制频率混叠和噪声的影响，

提高帧间平移参数的估计精度，可以采取两个措施：一是设定一个频谱阈值，配准过程中去除图象频谱中频率高于此阈值的点，或者设置 $R(=0.6N/2)$ 低通滤波取频率小于 R 的低频部分；二是对图象进行高斯低通滤波（滤波参数为 σ）而抑制噪声和频率混叠的影响（Stone et al.，2001）。

当帧间不存在旋转时，基于 FT 的图象频域配准算法仿真方案如图 2.6.3 所示，其中，符号 $\text{LRI}_1 \sim \text{LRI}_n$ 表示下采样产生的 n 帧低分辨率序列图象，傅里叶变换（$\text{LRI}_{1\sim n} \times (-1)^{k+l}$）表示每一帧 LRI 在傅里叶变换之前均乘以 $(-1)^{k+l}$，以便将其二维频谱的低频部分移至中心区域，且将频谱中心坐标定义为原点 0，如图 2.1.1(c) 和图 2.1.1(d) 所示。

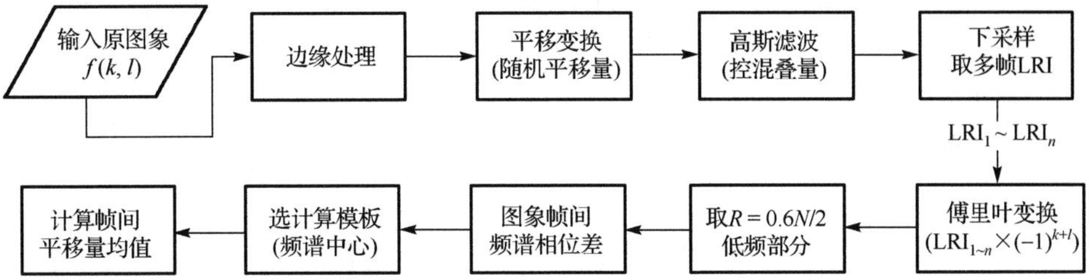

图 2.6.3　帧间不存在旋转时基于 FT 的图象频域配准算法仿真技术方案框图

根据图 2.6.3 所示的基于 FT 的图象频域配准算法仿真技术方案，利用图 2.6.2 中图象 A 和图象 B 退化产生的低分辨率序列图象，进行了大量实验，对实验数据进行分析，得到高斯低通滤波参数 σ 和计算模板 T 分别与图象配准误差的关系，如表 2.6.1 和表 2.6.2 所示，其中 $\varepsilon_{\text{column}}$、$\varepsilon_{\text{row}}$ 分别是列和行方向的帧间平均平移参数的估计误差，单位是像素。

表 2.6.1　基于 FT 的图象频域配准算法的高斯低通滤波参数 σ 与配准误差的关系

$T=19\times19$		$\sigma=2$	$\sigma=3$	$\sigma=4$	$\sigma=5$	单位
$\varepsilon_{\text{column}}$	图象 A	0.0281	0.0272	0.0269	0.0268	像素
	图象 B	0.0686	0.0681	0.0679	0.0678	
ε_{row}	图象 A	0.0185	0.0174	0.0170	0.0168	
	图象 B	0.0607	0.0601	0.0598	0.0597	

表 2.6.2　基于 FT 的图象频域配准算法的模板 T 与配准误差的关系

$\sigma=5$		$T=3\times3$	$T=19\times19$	$T=25\times25$	$T=31\times31$	单位
$\varepsilon_{\text{column}}$	图象 A	0.0580	0.0268	0.0580	0.4168	像素
	图象 B	0.0170	0.0678	0.8129	1.0221	
ε_{row}	图象 A	0.0233	0.0168	0.0747	0.4481	
	图象 B	0.0166	0.0597	0.5693	0.7378	

由表 2.6.1 看出，在计算模型一定的情况下，随着高斯低通滤波参数 σ 的增加，帧间平移参数的估计误差虽变化不大，但呈逐渐减小趋势，这是因为高斯低通滤波抑制了图象噪声和频谱混叠的影响，σ 越大，抑制效果越好，配准结果也就越精确。

由表 2.6.2 可以看出，滤波参数 σ 一定的情况下，随着模板 T 的增大，帧间平移参数的估计误差增大，这是因为参与操作的像素受噪声和频率混叠的影响增大；但是，如果模板 T 过小，因参与操作的像素数减少而可利用的信息量较少，则配准结果也有可能不精确。可见，模板 T 对配准结果的影响较大，如何选取模板 T，可以通过观察图象低频结构决定。

由两表的数据可见，在帧间无旋转变换的情况下，基于 FT 的图象频域配准算法可使帧间平移参数的估计精度优于 0.07 像素，可达到 0.02 像素左右，可见该算法对帧间平移变换的估计是适宜的。

当帧间存在旋转变换时，在 n 帧低分辨率序列图象 $\mathrm{LRI}_1 \sim \mathrm{LRI}_n$ 傅里叶变换后，首先将其频谱 $F_i(u,v)\,(i=1,2,\cdots,n)$ 转换成极坐标表示的频谱 $F_i(r,\theta)\,(i=1,2,\cdots,n)$，并且利用

$$h(\alpha_i)=\int_{\alpha_i-\Delta\alpha_i/2}^{\alpha_i+\Delta\alpha_i/2}\int_{\lambda\rho}^{\rho}\left|F_i(r,\theta)\right|\mathrm{d}r\mathrm{d}\theta,\quad i=1,2,\cdots,n \tag{2.6.3}$$

且通过实验，求解低分辨率图象 LRI_i 与参考图象之间的旋转角度 α_i。在实验中，选取 $\rho=0.6$，$\lambda=0.1$，每 $0.1°$ 计算一个 $h(\alpha_i)$，得到 $h(\alpha_i)$ 最大值与参考图象 $h(\alpha)$ 最大值的角度差值 $\Delta\alpha_i$，即为帧间旋转角近似值。然后，对图象 $h(\alpha_i)$ 进行旋转补偿，进而求出帧间平移参数。

当帧间存在旋转变换时，基于 FT 的图象频域配准算法仿真技术方案如图 2.6.4 所示，计算量较大。同样利用图 2.6.2 中图象 A 和图象 B 退化的分辨率序列图象，进行了大量实验，对实验数据进行分析，得到帧间平均平移估计误差 $\varepsilon_{\mathrm{column}}$、$\varepsilon_{\mathrm{row}}$ 和旋转角平均估计误差 ε_θ，以及配准误差与滤波参数 σ 和计算模板 T 的关系，如表 2.6.3 和表 2.6.4 所示。

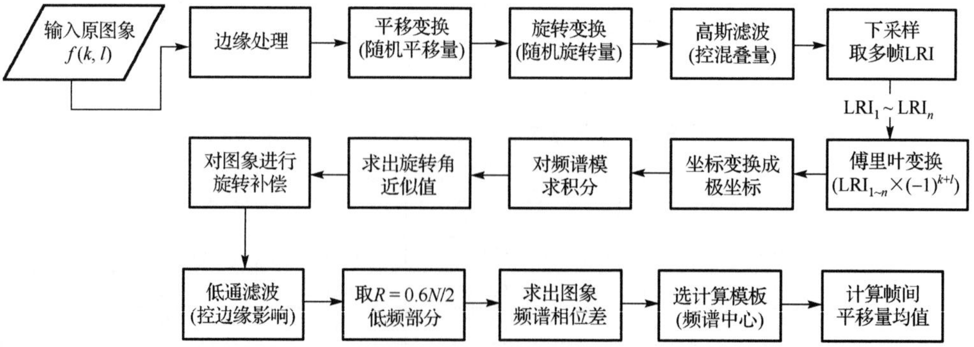

图 2.6.4　帧间存在旋转时基于 FT 的图象频域配准算法仿真技术方案框图

表 2.6.3　帧间存在旋转时基于 FT 的图象频域配准算法滤波参数 σ 与配准误差的关系

$T=19\times19$		$\sigma=2$	$\sigma=3$	$\sigma=4$	$\sigma=5$	单位
ε_{column}	图象 A	0.19127	0.19023	0.19023	0.1901	像素
	图象 B	0.1587	0.1585	0.1585	0.1369	
ε_{row}	图象 A	0.0732	0.0737	0.0737	0.0738	
	图象 B	0.1664	0.1662	0.1662	0.1958	
ε_{θ}	图象 A	0.6034	0.6034	0.6034	0.6034	度
	图象 B	0.6534	0.6534	0.6534	0.6534	

表 2.6.4　帧间存在旋转时基于 FT 的图象频域配准算法计算模板 T 与配准误差的关系

$\sigma=5$		$T=3\times3$	$T=19\times19$	$T=25\times25$	$T=31\times31$	单位
ε_{column}	图象 A	0.40141	0.14713	0.14921	0.43588	像素
	图象 B	0.0998	0.2251	0.8102	1.0977	
ε_{row}	图象 A	0.6762	0.1415	0.1850	0.4286	
	图象 B	0.0735	0.2693	0.7421	0.8743	
ε_{θ}	图象 A	0.6034	0.6034	0.6034	0.6034	度
	图象 B	0.6534	0.6534	0.6534	0.6534	

由表 2.6.3 和表 2.6.4 可以看出，当帧间存在旋转时，旋转角度的估计与高斯滤波器参数 σ 和模板 T 的大小无关，与图象的频谱有关，估计精度不高，$\varepsilon_{\theta}>0.6°$。同时，帧间平移参数的估计精度也不高，$\varepsilon_{column}(\varepsilon_{row})=0.07$～1.0 像素，这主要是由旋转角度估计精度不高所造成的。

因此，基于 FT 的图象频域配准算法，虽然能有效抑制频谱混叠和噪声的影响，但无法对旋转参数进行比较精确的估计，只适宜于在图象帧间不存在旋转时或者旋转变化可以忽略的情况下对帧间平移参数的估计，这个结果与其理论分析是一致的。

2. 基于全局运动模型的图象配准算法

理论分析和实验表明，当序列图象帧间不但存在平移变换而且存在旋转变换时，图 2.6.4 所示的基于 FT 的图象频域配准算法，不但旋转参数的估计误差大，而且所得到的平移参数的精度也比较差。因此，为了比较精确地提取帧间旋转参数，进一步研究基于全局运动模型的图象配准算法，首先说明其基础理论。

将 t 时刻的图象表示为 $I(x,y,t)$，其中 $(x,y)\in\boldsymbol{\Omega}$，$\boldsymbol{\Omega}$ 为图象区域。基于图象亮度恒定假设，有

$$I(x,y,t)=I(x+p(x,y,t),y+q(x,y,t),t+1) \tag{2.6.4}$$

式中，$p(x,y,t)$ 和 $q(x,y,t)$ 表示相邻两帧分别在 x 方向和 y 方向上的运动估计。

令 $p=p(x,y,t)$、$q=q(x,y,t)$，根据一阶 Taylor 展开式，有

$$I(x+p,y+q,t+1)=I(x,y,t)+pI_x+qI_y+I_t \tag{2.6.5}$$

式中，$I_x=\partial I(x,y,t)/\partial x$；$I_y=\partial I(x,y,t)/\partial y$；$I_t=\partial I(x,y,t)/\partial t$。

将式(2.6.5)代入式(2.6.4)，可得

$$pI_x+qI_y+I_t=0 \tag{2.6.6}$$

由于误差干扰的影响，式(2.6.6)不能保持恒定，令

$$\mathrm{Err}^{(t)}(p,q)=\sum_{(x,y)\in \boldsymbol{R}}(pI_x+qI_y+I_t)^2 \tag{2.6.7}$$

式中，$\boldsymbol{R}$ 为 (x,y) 的邻域。显见，p 和 q 可由式(2.6.8)得到

$$(p,q)=\min_{(p,q)\in \boldsymbol{R}}\mathrm{Err}^{(t)}(p,q) \tag{2.6.8}$$

对于图象的平移变换，可以理解为：在第 t 帧中选取以点 (x,y) 为中心的一个邻域块，而在第 $t+1$ 帧中，这个邻域块的所有像素之间的关系及其灰度值保持不变，但块中心平移到 $(x+p(x,y,t),y+q(x,y,t))$，这时可令 $p(x,y,t)=a$，$q(x,y,t)=d$，a 和 d 就是二维正交坐标上的帧间平移量。

对于图象的仿射变换，可令 $p=p(x,y,t)=a+bx+cy$，$q=q(x,y,t)=d+ex+fy$，并且假设

$$\boldsymbol{U}(x,y)=\begin{bmatrix}p\\q\end{bmatrix},\quad \boldsymbol{A}=[a,b,c,d,e,f]^{\mathrm{T}},\quad \boldsymbol{X}(x,y)=\begin{bmatrix}1&x&y&0&0&0\\0&0&0&1&x&y\end{bmatrix}$$

则

$$\boldsymbol{U}=\boldsymbol{XA} \tag{2.6.9}$$

令 $\boldsymbol{I}_s^{\mathrm{T}}=(I_x,I_y)$，式(2.6.6)可以变为

$$\boldsymbol{I}_s{}^{\mathrm{T}}\boldsymbol{U}+I_t=0 \tag{2.6.10}$$

将式(2.6.9)代入式(2.6.10)，有

$$\boldsymbol{I}_s{}^{\mathrm{T}}\boldsymbol{XA}+I_t=0 \tag{2.6.11}$$

令 $R=\sum_{(x,y)\in \boldsymbol{R}}\boldsymbol{X}^{\mathrm{T}}\boldsymbol{I}_s\boldsymbol{I}_s{}^{\mathrm{T}}\boldsymbol{X}$，$\boldsymbol{S}=-\sum_{(x,y)\in \boldsymbol{R}}\boldsymbol{X}^{\mathrm{T}}\boldsymbol{I}_sI_t$，则由式(2.6.11)可得

$$\boldsymbol{A}=R^{-1}\boldsymbol{S} \tag{2.6.12}$$

根据图象帧间仿射变换模型，图象上的同一像素点在相邻图象中的关系为

$$\begin{bmatrix}Sx'\\Sy'\\S\end{bmatrix}=\begin{bmatrix}\cos\theta&-\sin\theta&\Delta x\\\sin\theta&\cos\theta&\Delta y\\0&0&1\end{bmatrix}\cdot\begin{bmatrix}x\\y\\1\end{bmatrix} \tag{2.6.13}$$

式中，(x,y) 表示 t 时刻原图象即参考图象的像素点；(x',y') 表示仿射变换后的 $t+1$ 时

刻相邻图象的对应像素点；S 为比例系数；θ 为帧间旋转角；$(\Delta x,\Delta y)$ 为帧间二维平移量。于是，根据式(2.6.13)，有

$$\begin{cases} x' = \cos\theta\cdot x - \sin\theta\cdot y + \Delta x \\ y' = \sin\theta\cdot x + \cos\theta\cdot y + \Delta y \end{cases} \tag{2.6.14}$$

而根据式(2.6.4)，并且将 $p(x,y,t)=a+bx+cy$、$q(x,y,t)=d+ex+fy$ 代入式(2.6.4)，得到

$$I(x,y,t)=I(a+(1+b)x+cy,d+ex+(1+f)y,t+1) \tag{2.6.15}$$

于是又有

$$\begin{cases} x' = a+(1+b)x+cy \\ y' = d+ex+(1+f)y \end{cases} \tag{2.6.16}$$

比较式(2.6.14)和式(2.6.16)，可得 $\cos\theta=1+b=1+f$，$\sin\theta=-c=e$，$\Delta x=a$，$\Delta y=d$，进而可有

$$\tan\theta=-\frac{c}{1+b}=-\frac{c}{1+f}=\frac{e}{1+b}=\frac{e}{1+f} \tag{2.6.17}$$

因此，在由式(2.6.12)得到 $\boldsymbol{A}=[a,b,c,d,e,f]^{\mathrm{T}}$ 后，便可求出帧间平移 $(\Delta x,\Delta y)$ 和旋转角 θ。

图 2.6.5 给出了基于全局运动模型的图象配准算法仿真方案简图。同样利用图 2.6.2 中图象 A 和图象 B 退化产生的低分辨率序列图象，分别对该算法进行了大量的实验，对实验数据进行分析，得到帧间平均平移估计误差 $\varepsilon_{\text{column}}$、$\varepsilon_{\text{row}}$ 和旋转角平均估计误差 ε_θ，以及配准误差与高斯低通滤波参数 σ 的关系，实验结果如表 2.6.5 所示。

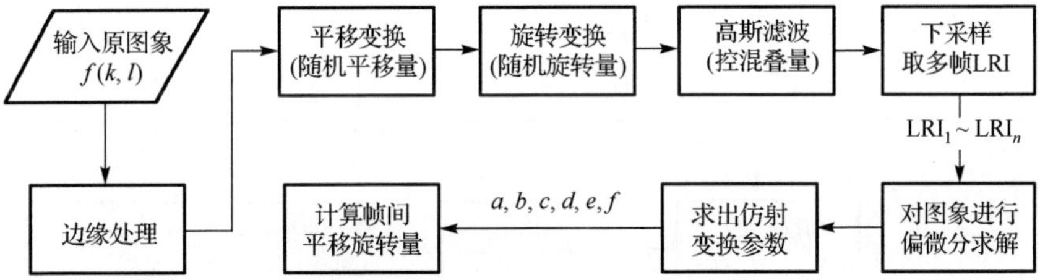

图 2.6.5　基于全局运动模型的图象配准算法仿真方案简图

表 2.6.5　基于全局运动模型的图象配准算法高斯低通滤波参数 σ 与配准误差的关系

高斯滤波参数		$\sigma=2$	$\sigma=3$	$\sigma=4$	$\sigma=5$	单位
$\varepsilon_{\text{column}}$	图象 A	0.7116	0.7113	0.7120	0.7119	像素
	图象 B	0.5090	0.5091	0.5083	0.5083	
ε_{row}	图象 A	0.7201	0.72051	0.7202	0.7207	
	图象 B	0.5262	0.5263	0.5258	0.5258	
ε_θ	图象 A	0.0141	0.0141	0.0141	0.0141	度
	图象 B	0.0133	0.0135	0.0127	0.0127	

由表 2.6.5 可以看出，基于全局运动模型的图象配准算法对于旋转参数的估计精度很高，ε_θ 可以达到 0.01° 数量级，但对平移参数的估计精度不高，$\varepsilon_{column}(\varepsilon_{row})=0.5\sim0.72$ 像素，这是因为在进行平移估计前没有进行旋转补偿。

3. 优化的图象频域配准算法

建立优化的图象频域配准算法的基本思想，汲取基于全局运动模型的图象配准算法对旋转参数估计精度高的优点和基于 FT 的图象频域配准算法对平移参数估计精度高的优点，将两者的优点融合起来。首先，利用基于全局运动模型的图象配准算法求出帧间的旋转角度，并且对图象进行旋转补偿；然后，利用基于 FT 的图象频域配准算法求出帧间平移参数，并且考查和比较两种低通滤波器抑制频率混叠和噪声的效果，一是在下采样之前引入常用的高斯低通滤波器(滤波参数为 σ)，二是利用半径为 R=0.6N/2 的 R 低通滤波器，这是研究的重点。这里分两个部分进行了实验研究，分别介绍如下。

1)采用高斯低通滤波器优化的图象频域配准算法

利用高斯低通滤波器(滤波参数为 σ)抑制频率混叠和噪声的影响，其优化的图象频域配准算法仿真方案如图 2.6.6 所示，同样进行了实验，精度分析结果见表 2.6.6 和表 2.6.7。

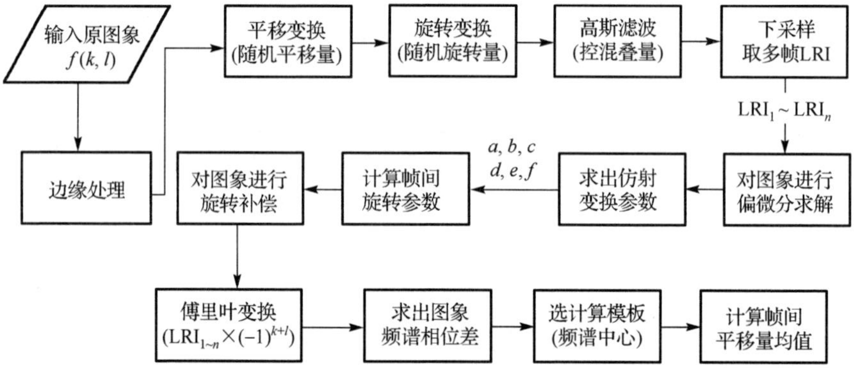

图 2.6.6 采用高斯低通滤波器优化的图象频域配准算法仿真方案框图

表 2.6.6 采用高斯滤波器优化的图象频域配准算法滤波参数 σ 与配准误差的关系

$T=19\times19$		$\sigma=2$	$\sigma=3$	$\sigma=4$	$\sigma=5$	单位
ε_{column}	图象 A	0.0253	0.0244	0.0167	0.0166	像素
	图象 B	0.0734	0.0726	0.0722	0.0720	
ε_{row}	图象 A	0.0191	0.0180	0.0201	0.0200	
	图象 B	0.0584	0.0580	0.0578	0.0577	
ε_θ	图象 A	0.0106	0.0118	0.0104	0.0102	度
	图象 B	0.0069	0.0076	0.0075	0.0073	

表 2.6.7　采用高斯滤波器优化的图象频域配准算法模板 T 与配准误差的关系

$\sigma=5$		$T=3\times3$	$T=19\times19$	$T=25\times25$	$T=31\times31$	单位
ε_{column}	图象 A	0.0764	0.0166	0.0574	0.4735	像素
	图象 B	0.0170	0.0720	0.7202	0.9864	
ε_{row}	图象 A	0.0326	0.0200	0.0723	0.4327	
	图象 B	0.0162	0.0577	0.5904	0.8720	
ε_{θ}	图象 A	0.0106	0.0102	0.0106	0.0106	度
	图象 B	0.0073	0.0073	0.0073	0.0073	

由表 2.6.6 和表 2.6.7 看出，高斯低通滤波器的滤波参数 σ 和模板 T 与配准精度的关系，与基于 FT 的图象频域配准算法和基于全局运动模型的图象配准算法等两种方法比较，虽然规律没有变化，但是精度提高了。特别是旋转角的估计误差提高到 $\varepsilon_{\theta}\approx0.01^{\circ}$，并且因为进行了旋转补偿，使平移参数的估计精度也提高了，可使 $\varepsilon_{column}(\varepsilon_{row})=0.01\sim0.07$ 像素。综合分析两表中的数据，应该优选滤波参数 $\sigma=4\sim5$、计算模板 T 小于 19×19。

2) 采用 R 滤波器优化的图象频域配准算法

利用半径为 R=0.6N/2 的 R 低通滤波器，代替常用的高斯低通滤波器，抑制图象频率混叠和噪声的影响，其优化的图象频域配准算法仿真方案如图 2.6.7 所示。同样利用图 2.6.2 中图象 A 和图象 B 退化产生的低分辨率序列图象，分别对该算法进行了大量的实验，并且对实验数据进行分析，得到帧间平均平移估计误差 ε_{column}、ε_{row} 和旋转角平均估计误差 ε_{θ}，以及配准误差与计算模板 T 的关系，实验结果如表 2.6.8 所示。

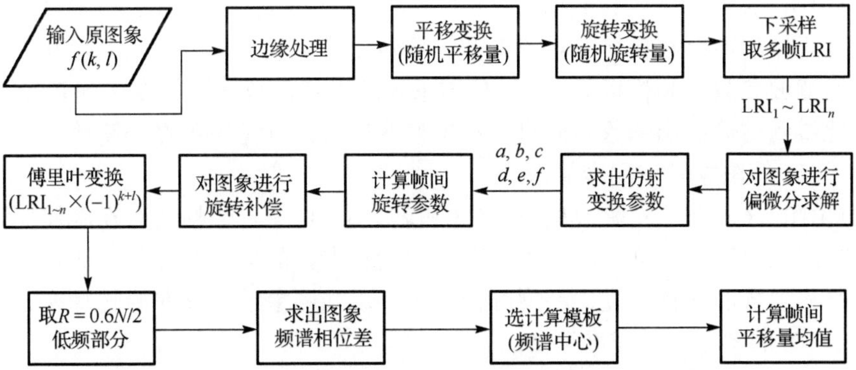

图 2.6.7　采用 R 低通滤波器优化的图象频域配准算法仿真方案框图

由表 2.6.8 可以看出，使用 R 低通滤波器抑制频率混叠和噪声的影响，优化的图象频域配准算法的配准精度更高，不但帧间旋转角度的估计误差能小到 $\varepsilon_{\theta}<0.01^{\circ}$，而且帧间平移参数的估计误差能小到 $\varepsilon_{column}(\varepsilon_{row})<0.02$ 像素，这表明 R 低通滤波器能够

更有效地抑制频率混叠和噪声的影响，并且由表中的数据可以看出，使用这种算法，应该优选计算模板 T 不大于 19×19。

表 2.6.8　采用 R 低通滤波器优化的图象频域配准算法模板 T 与配准误差的关系

$R=0.6N/2$		$T=3\times3$	$T=19\times19$	$T=25\times25$	$T=31\times31$	单位
$\varepsilon_{\text{column}}$	图象 A	0.0042	0.0049	0.0773	0.0042	像素
	图象 B	0.0039	0.0370	0.41787	0.5726	
ε_{row}	图象 A	0.0052	0.0040	0.0753	0.2755	
	图象 B	0.0040	0.0373	0.3734	0.4927	
ε_{θ}	图象 A	0.0048	0.0048	0.0048	0.0048	度
	图象 B	0.0060	0.0060	0.0060	0.0060	

在图 2.6.6 中，即采用高斯低通滤波器优化的图象频域配准算法方案，在图象下采样之前进行滤波参数为 σ 的高斯低通滤波，可以抑制图象噪声的影响，虽然也能在一定程度上抑制图象频率混叠的影响，但是由于这种低通滤波也可能增加图象的频率混叠。而在图 2.6.7 中，即采用 R 低通滤波器优化的图象频域配准算法方案，只是利用 R 低通滤波器取出频谱小于 $0.6N/2$ 的低频部分，更有效地抑制图象频谱混叠和噪声的影响，不会增加新的频率混叠，所以图象配准精度更高。

4. 图象配准算法的应用

上述比较系统地研究了三类五个图象配准算法，给出了实验方案、实验数据及其分析，现在对算法的应用总结如下。

(1) 由图 2.6.3 及其实验数据表 2.6.1 和表 2.6.2 可见，基于 FT 的图象频域配准算法适宜于帧间不存在旋转变换或者帧间旋转变换可以忽略时的图象配准，适当地选择低通滤波参数 σ 和模板 T，可以使图象帧间平移参数估计精度达到 0.02 像素左右。因此得到结论：当图象帧间只存在平移变换时，且考虑到算法简单，可以优先选用基于 FT 的图象频域配准算法。

(2) 由图 2.6.4 及其实验数据表 2.6.3 和表 2.6.4 可见，当帧间存在旋转变换时，基于 FT 的图象频域配准算法，不但对帧间旋转参数的估计精度差，而且受其影响对帧间平移参数的估计精度大幅度降低。所以，当图象帧间存在旋转变换时，不能选用基于 FT 的图象频域配准算法。

(3) 由图 2.6.5 及其实验数据表 2.6.5 可见，基于全局运动模型的图象配准算法对于帧间旋转参数的估计精度高，可以达到 0.01° 数量级，但是对平移参数的估计精度不高。当图象帧间只存在旋转变换时，可以选用基于全局运动模型的图象配准算法。

(4)优化的图象频域配准算法将基于全局运动模型的图象配准算法与基于 FT 的图象频域配准算法相结合，既适宜于帧间旋转参数的估计，又适宜于帧间平移参数的估计，由图 2.6.6、图 2.6.7 和实验数据表 2.6.6、表 2.6.7、表 2.6.8 及其分析，可以得到两个结论：

① 采用高斯低通滤波器，且适当地选择滤波参数 σ 和计算模板 T，优化的图象频域配准算法可以使图象帧间旋转参数估计平均误差小于 0.01°，帧间平移参数估计平均误差为 0.02 像素左右。

② 采用 $R(=0.6N/2)$ 低通滤波器，且适当地选择计算模板 T，优化的图象频域配准算法效果更好，不但可以使图象帧间旋转参数估计平均误差小于 0.01°，而且可以使帧间平移参数估计平均误差小于 0.02 像素。

所以，当图象帧间既存在旋转变换又存在平移变换时，应该选用所建立的优化的图象频域配准算法，特别应该优先选用其中使用 $R(=0.6N/2)$ 低通滤波器的算法。

2.6.3　基于光(学)流的鲁棒性高精度图象配准算法方案

将基于偏微分方程(PDE)的各向异性扩散过程引入图象光流算法，建立鲁棒性的高精度多尺度分解微分光流图象配准算法。该算法既适用于帧间运动模糊类型为 LSI 的，又适用于 LSV 的。对于帧间运动模糊 LSV 的情况，由算法中的光流场容易实现不同模糊区域的分割，进而分别完成各个区域的解模糊操作，使整幅图象运动模糊变成 LSI 的，这正是优化的频域图象配准算法所需要的。图 2.6.8 给出了该算法的基本方案，算法步骤如下。

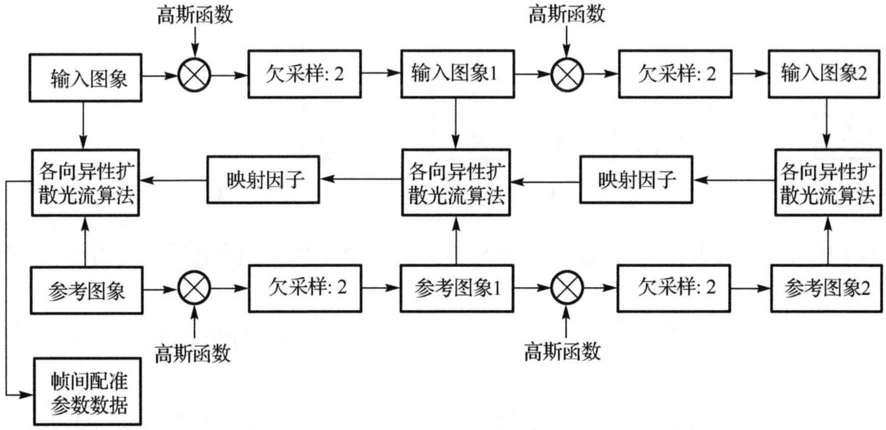

图 2.6.8　基于光流的鲁棒性高精度图象配准算法仿真方案

(1)将输入图象和参考图象分别进行两次高斯金字塔抽样，分别形成三个分辨率等级的输入图象与参考图象。

(2) 在图 2.6.8 中右侧最低分辨率等级上，利用基于 PDE 的各向异性扩散光流算法，完成输入图象 2 与参考图象 2 之间光流场的计算。

(3) 利用最佳流速映射因子将光流场映射到较高分辨率等级上，作为较高分辨率等级上的光流场计算初值。

(4) 在较高分辨率等级上，同样利用基于 PDE 的各向异性扩散光流算法，完成较高分辨率等级上的输入图象和参考图象之间光流场的计算。若迭代计算还未达到最高分辨率等级，则返回到步骤(3)；若已完成最高分辨率等级上的输入图象和参考图象之间光流场的计算，则继续。

(5) 根据最高分辨率等级上的光流场估计结果，得到输入图象与参考图象在各个像点上的图象配准参数即帧间变换参数的估计。

本节详细内容从简，请参见文献(张泽旭等，2000，2003)。

2.6.4 基于不变特征的高精度图象配准算法方案

特征提取与配准，特别是边缘特征配准，对提高基于 FT 的频域图象配准算法的配准精度与适应性具有重要作用，因此需要研究基于不变特征的高精度图象配准算法，其研究方案框图见图 2.6.9，主要步骤如下。

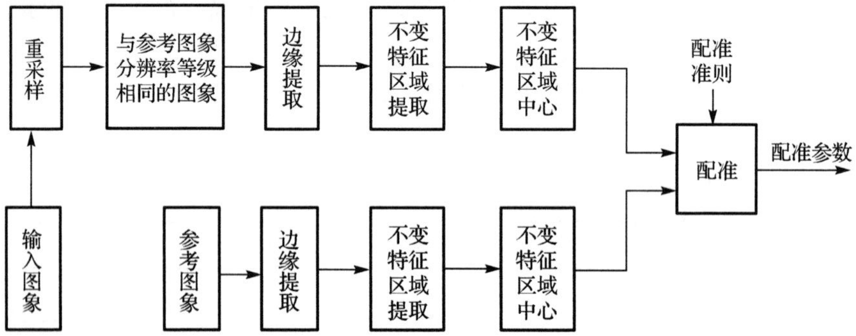

图 2.6.9 基于不变特征的高精度图象配准算法方案框图

(1) 利用优选的重采样函数，对输入的高分辨率图象进行重采样，得到与参考图象分辨率等级相同的图象。

(2) 对参考图象和重采样后的图象分别进行边缘提取，分析得到一系列封闭的边缘轮廓。

(3) 在两个图象的各个封闭边缘轮廓内提取感兴趣的不变特征区域，并计算得到相应的区域中心。

(4) 利用不变特征配准准则对两个图象的不变特征区域进行配准，得到相应的配准参数，即重采样后的图象相当于参考图象的帧间变换参数的估计。

显然，图 2.6.9 所示的图象配准算法不要求输入图象与参考图象具有相同的分辨率等级，而配准的精度取决于特征区域及其中心的估计精度，可以利用亚像元估计等方法尽量减小配准误差。

2.7　小结与评述

首先，本章简洁地介绍了图象概率分布的先验模型，比较系统地阐述了各种图象复原与超分辨处理技术的重要数学基础——图象傅里叶变换的数学模型及其具有广泛应用价值的频移定理、位移定理和卷积定理等重要性质；接着，作为图象超分辨操作的先验信息，我们定义了具有非常重要应用价值的参数——描述图象频谱混叠深度的 FAD 参数 C_{11}，并且通过不同分辨率等级范围的遥感图象频谱分析得到了 C_{11} 的分布特点，可以应用于图象超分辨算法的优化和选择以及处理效果的评价等。

图象模糊，由引起图象模糊的因素将其模糊分为散焦模糊、运动模糊和高斯模糊等三种类型。模糊图象实验及其频谱分析表明，无论哪类模糊，均使图象的高频信息损失或丢失，甚至改变了高频结构，导致图象纹理细节受到抑制，图象变模糊，对比度、清晰度和分辨能力降低。作为图象解模糊操作的先验信息，我们定义了图象模糊参数 C_2 表达其模糊程度，并且建立了三类模糊函数的先验模型，为图象解模糊算法提供重要依据。

图象噪声，主要有散粒等光电噪声、热噪声、颗粒噪声和散斑噪声等，其中散粒噪声在低光照时服从泊松分布，而在强光照时服从零均值的高斯分布；热噪声是一种高斯白噪声；通常认为颗粒噪声服从泊松分布，但可近似为高斯白噪声；而散斑噪声是乘性噪声，也可转变成加性的高斯噪声。噪声污染图象实验及其频谱分析表明，无论哪类噪声，均使频谱高频成分变化和损失，图象出现可见的微颗粒，纹理细节被掩盖，对比度、清晰度和分辨能力降低。作为图象噪声抑制的先验信息，定义了 SNR 参数 C_3 表达噪声污染程度，为图象去噪算法提供重要依据。

图象云雾，在存在薄云薄雾干扰的区域，卫星等空载成像设备所成遥感图象可以简化为地物图象成分与云雾图象成分的乘积，其中云雾成分占据相对低频部分，作为先验信息，这是图象抑制薄云薄雾干扰的基础和依据。

成像调制传递函数是成像系统降质过程的数学表征，非相干光学系统的截止频率使遥感系统不可能传递更高的频率成分，光电探测器的采样、积分、电荷转移损失、光串扰等以及各种模糊因素和噪声污染等干扰都会损失所成图象的高频信息，使调制传递函数变成低通滤波器，可由高斯曲线来近似。关于调制传递函数的基本观点及其系列数学模型，作为先验信息，在图象质量的复原与超分辨处理中能发挥重要作用。

序列图象配准及其帧间变化参数的精确提取是诸领域多帧图象超分辨技术的前提条件，基于FT的频域配准算法可使帧间平移参数(无旋转)提取精度达到0.02像素，而引入放射变换的、使用$R(=0.6N/2)$低通滤波器的优化的频域配准算法可使帧间旋转角的提取精度优于0.01°、平移参数的提取精度优于0.02像素，为多帧超分辨奠定良好的基础。

图象复原与超分辨先验信息的来源、挖掘和应用等均具有广泛性，其种类也是多种多样的，包括类型、统计参数、特征参数、几何参数、物理参数和表示方法等，应该努力开发、探索和应用，让先验信息发挥越来越大的作用。先验信息的应用与具体的图象复原与超分辨处理技术结合，不断修正，以求最佳的效果。

第 3 章　遥感图象复原处理技术研究

3.1　引　　言

图象复原(image restoration)是图象质量退化的逆操作，可以改善图象的质量，提高图象的对比度和分辨率，1.2 节遥感成像的影响因素及 2.2～2.4 节关于图象质量退化因素先验信息的分析是其重要依据。针对引起图象质量退化的模糊、噪声污染和云雾干扰等主要因素，本章分别专题研究解模糊、抑制噪声污染和消除薄云薄雾干扰等图象复原方法。

遥感图象模糊主要有散焦模糊、运动模糊和高斯模糊等三种类型，均使图象的高频信息受到损失，直观表现是图象的纹理细节模糊不清，对比度和分辨率降低，影响感兴趣目标信息的提取，从而降低了目标的可识别性，因此必须研究图象解模糊的处理算法。由图象模糊与空间位置的关系，模糊又分为空变和空不变的，实际处理存在较大难度。在 2.2 节，给出了三类模糊函数的先验模型，在图象模糊仿真和解模糊算法中具有重要价值；同时，根据在模糊图象频谱分析中定义的模糊参数 C_2，预先对一类图象的模糊分析确定模糊标准参数 C_2^{stand}，当图象实际模糊参数 C_2 大于 C_2^{stand} 时，则预定需要进行解模糊处理。

图象解模糊操作，在空域里是模糊函数 $h(k,l)$ 与模糊图象 $f(k,l)$ 的反卷积运算得到解模糊后的图象，根据 2.1.2 节关于傅里叶变换(FT)的卷积定理，而在频域里是模糊图象频谱 $F(u,v)$ 与模糊函数傅里叶变换 $H(u,v)$ 的乘积，对乘积结果再进行傅里叶反变换得到解模糊后的图象。由于傅里叶变换和反变换均有快速算法，频域解模糊算法比较容易实现。在模糊函数未知时，可以通过先验信息或/和系统辨识进行估计，也可以设计有限支持域上的盲目反卷积图象解模糊算法，其中包括空间域的和基于 FT 的，这将是研究重点。

图象噪声的来源及其概率分布类型对去噪复原算法的选择与效果有重大影响。在 2.3 节关于图象噪声先验信息的论述中，有的噪声服从泊松分布，有的噪声服从高斯分布，还有如热噪声、量化噪声、颗粒噪声等很多图象噪声是零均值高斯白噪声，在其整个频域内功率谱密度是均匀分布的。无论何种来源和分布，噪声都会明显地干扰和损失图象的高频分量，出现可见的微、颗粒，掩盖纹理细节，导致图象信噪比(SNR)的降低，降低图象目标的可识别性。作为噪声图象复原的先验信息，根据在 2.3.2 节定义的图象 SNR 参数 C_3，预先对一类图象进行噪声分析

确定噪声标准参数 C_3^{stand}，当图象实际噪声 SNR 参数 C_3 小于 C_3^{stand} 时，则预定需要进行去噪复原操作。

在图象复原中的抑制噪声算法，存在图象噪声滤除与边缘纹理保护之间的矛盾，也就是说，很多常用的去噪算法，在滤除图象噪声的同时可能会损失其高频成分，使图象的边缘纹理变模糊。所以，我们重点研究既能抑制图象噪声又能保护图象边缘纹理的噪声图象复原方法，以便能有效地恢复图象的质量，增强图象的分辨能力。

在遥感图象中，云雾干扰也会使图象质量退化。2.4 节对于含薄云薄雾的图象，给出了其简化的图象模型及云雾成分的频谱特征，在此基础上，设计和建立抑制云雾算法，可以有效地去除薄云薄雾的干扰，提取和复原客体与场景图象的本来面目。

在完成图象复原的操作后，会改善图象的对比度和清晰度，同时有效地提高图象的分辨率，而分辨率提高的极限是逼近原成像设备设计所能达到的分辨率。

本章在结构上共分为五节。3.2 节研究图象解模糊算法；3.3 节研究图象噪声的抑制技术；3.4 节研究图象云雾的抑制技术；最后在 3.5 节给出本章小结与评述。

3.2 图象模糊复原技术及其解模糊算法

3.2.1 图象解模糊实施方案

为了实现图象模糊复原即解模糊，首先希望求出模糊函数。模糊函数的确定有两个途径，一是通过对光学成像系统先验信息开采与应用，从而初步地确定系统的模糊函数或模糊函数形式，参见 2.2.2 节；二是利用实际模糊图象，通过系统辨识，估计和/或修正系统的模糊函数，或者通过参数辨识确定已知模糊函数形式中某些待定的参数。在模糊函数确定后，进而设计解模糊算法。

作为一项关键技术，遥感图象模糊函数的确定和解模糊复原处理的实施方案见图 3.2.1。首先对实际图象进行模糊分析，辨识图象模糊的类型。若存在散焦模糊，则进一步确定其模糊函数，并且提取模糊度即模糊参数 C_2；若存在运动模糊，则需要进行运动参数估计，辨识是空变的还是空不变的，并且对不同的模糊区域进行分割，其中可能包括无模糊区域，对各个不同的模糊区域进一步确定模糊函数和模糊参数 C_2。经过上述分析确定的模糊函数分别用于相应的解模糊算法，得到复原图象，而模糊参数 C_2 则用于算法的控制参数。在对实际图象的模糊分析和确定模糊函数的过程中，应尽可能地利用先验信息。

上面已经指出，图象解模糊过程的实质是反卷积过程，而反卷积是一个病态的逆运算过程，属于“反问题”的范畴，求解十分困难，解不是连续依赖于观测数据，观测数据的微小变动可能导致解的很大变动。由于观测数据受噪声的污染，反卷积过程还伴随着对高频段噪声比重的明显放大。处理病态问题的一个方法是正则化，

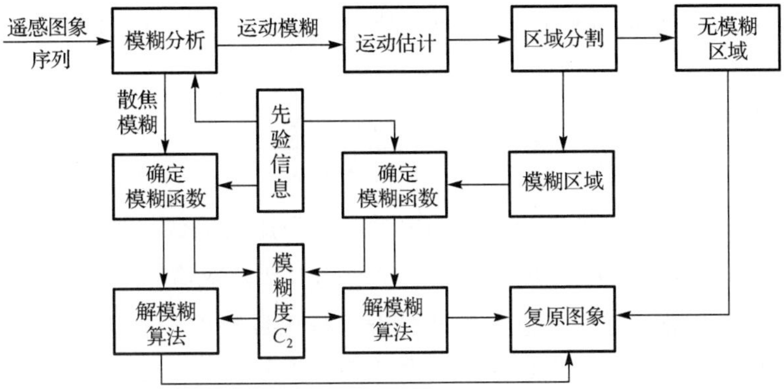

图 3.2.1　遥感图象模糊分析及解模糊复原技术实施方案框图

即把病态问题变成良态问题，为此应注重开发和利用先验信息；而关于噪声干扰对图象解模糊的影响，在后面的图象解模糊反卷积具体算法的研究中会有体现。

如果已知成像系统的模糊函数，则解模糊是常规的反卷积问题；否则，解模糊是盲目反卷积问题。

图象解模糊复原的方法有空域的也有频域的。模糊图象的空域复原算法有受限自适应复原算法、最大熵复原算法和总变分最小化复原算法等(Wiggins，1978；Lane et al.，1987)。考虑到算法的复杂性和实际应用及其效果，这里重点从基本频域反卷积和有限支持域上图象盲目反卷积(McCallum，1990；Tsumuraya et al.，1994；Kundur，1995)两个方面研究遥感图象的解模糊复原问题。

3.2.2　图象基本频域解模糊算法

1. 算法模型

1) Wiener 滤波器

非因果的 Wiener 滤波器在模糊图象复原中的应用比较广泛，这是因为它的频域形式比较简单，有很高的计算效率。实验结果表明，Wiener 滤波器能够以较低的计算代价获得较好的复原效果，是一种简便且通用的反卷积技术。使用 Wiener 滤波器必须假定图象和噪声都是广义平稳过程。当用 DFT 技术来计算复原图象估计时，Wiener 滤波器的估计公式为

$$G(u,v)=\frac{H^{*}(u,v)F(u,v)}{\left|H(u,v)\right|^{2}+P_{n}(u,v)/P_{g}(u,v)} \tag{3.2.1}$$

式中，$G(u,v)$、$H(u,v)$ 和 $F(u,v)$ 分别是未失真图 $g(m,n)$、降质函数 $h(m,n)$ 以及观测图象 $f(m,n)$ 的离散 Fourier 变换；$P_n(u,v)$ 和 $P_g(u,v)$ 分别是噪声和未失真图象的功率谱。与简单的逆滤波估计 $F(u,v)/H(u,v)$ 相比，比值 $P_n(u,v)/P_g(u,v)$ 起到了正则

化的作用。但是，$P_n(u,v)$和$P_g(u,v)$两个功率谱通常难以估计，因此常用下面的公式来近似，即

$$G(u,v)=\frac{H^*(u,v)F(u,v)}{\left|H(u,v)\right|^2+\gamma} \tag{3.2.2}$$

式中，γ是一个正常数，可取为观测图象功率信噪比的倒数。当图象中的噪声相对很弱(即$P_n/P_g\to 0$)时，Wiener 滤波器可以简化为逆滤波器。

Wiener 反卷积提供了一种在有噪声情况下导出反卷积传递函数的最优方法，但是它只能抑制噪声，不能恢复被噪声混叠了的频率分量，不能重建因点扩散函数的带通特性截断的那部分分量，有三个问题限制了它的有效性。

(1) Wiener 滤波器根据均方误差(Mean Squared Error，MSE)准则对所有误差，不管其在图象中的位置，都赋予同样的权。但是，人眼则对暗处和高梯度区域的误差比其他区域的误差具有较大的容忍性，所以，从视觉角度上来看，它以一种并非最适合人眼的方式对图象进行了平滑。

(2)经典的 Wiener 反卷积不能处理具有空变点扩散函数的情形，如存在彗差、散差、表面像场弯曲以及含旋转的运动模糊等情形。

(3) Wiener 滤波不能处理有非平稳信号和噪声的一般情形。

2) 功率谱均衡滤波器

功率谱均衡滤波器可将模糊退化图象的功率谱复原至其原先的幅度，其传递函数为

$$H_R(u,v)=\left[\frac{P_{\hat{g}}(u,v)}{\left|H(u,v)\right|^2 P_{\hat{g}}(u,v)+P_n(u,v)}\right]^{\frac{1}{2}} \tag{3.2.3}$$

式中，$P_{\hat{g}}(u,v)$代表未失真图象的功率谱估计，且

$$P_{\hat{g}}(u,v)=\left|H_R(u,v)\right|^2 P_F(u,v)$$

$$P_F(u,v)=\left|H(u,v)\right|^2\cdot P_g(u,v)+P_n(u,v)$$

与 Wiener 滤波器类似，这种滤波器也是无相移的(实偶函数)，它可用于无相移的或相移可用其他方法确定的点扩散函数。

功率谱均衡滤波器与 Wiener 滤波器非常相似，当无噪声时，这两种滤波器都简化为逆滤波器；当无信号时，这两种滤波器都完全截止。两者的不同点是功率谱均衡滤波器在模糊传递函数为零处并不截止到零。功率谱均衡滤波器具有相当强的图象复原能力，在某些情况下，其性能甚至优于 Wiener 滤波器。

3) 几何平均滤波器

几何平均滤波器的传递函数为

$$H_R(u,v)=\left[\frac{H^*(u,v)}{|H(u,v)|^2}\right]^{\alpha}\left[\frac{H(u,v)}{|H(u,v)|^2+\gamma P_n(u,v)/P_g(u,v)}\right]^{1-\alpha} \tag{3.2.4}$$

式中，α 和 γ 为正的实常数。这种滤波器是前面讨论过的几种滤波器的一般形式，其传递函数含有参数 α 和 γ。注意，当 $\alpha=1$ 时，式(3.2.4)就成为逆滤波器，而若令 $\alpha=1/2$，$\gamma=1$，则它就变成功率谱均衡滤波器。

4) 约束最小二乘方滤波器

利用循环矩阵模型，图象降质方程可写为

$$\boldsymbol{f}=\boldsymbol{hg}+\xi \tag{3.2.5}$$

假定 ξ 为零均值白噪声。由于反卷积的剩余误差必须是有界的，剩余误差应该与噪声相关联，所以可以规定解满足

$$\|\boldsymbol{f}-\boldsymbol{hg}\|^2=\|\xi\|^2 \tag{3.2.6}$$

在离散情况下，用二阶差分代替二阶导数。其中二阶差分算子

$$c(k,l)=\frac{1}{8}\begin{bmatrix}0 & 1 & 0\\ 1 & -4 & 1\\ 0 & 1 & 0\end{bmatrix} \tag{3.2.7}$$

又称为 Laplace 算子。用循环矩阵和向量表达卷积，正则化要求具体体现为最小化问题

$$\min\|\boldsymbol{Cg}\|^2 \tag{3.2.8}$$

式中，$\boldsymbol{C}$ 是 $c(\mathrm{k},l)$ 生成的循环矩阵。带约束式(3.2.6)的最小化问题可以用 Laplace 乘子法变成无约束的最小化问题，构造代价函数

$$J(\boldsymbol{g})=\lambda(\|\boldsymbol{f}-\boldsymbol{hg}\|^2-\|\xi\|^2)+\|\boldsymbol{Cg}\|^2 \tag{3.2.9}$$

最小化这个代价函数得到方程

$$(\boldsymbol{B}^{\mathrm{T}}\boldsymbol{B}+\alpha\boldsymbol{C}^{\mathrm{T}}\boldsymbol{C})\boldsymbol{f}=\boldsymbol{B}^{\mathrm{T}}\boldsymbol{g} \tag{3.2.10}$$

式中，$\alpha=1/\lambda$，它的取值必须保证等式约束式(3.2.7)得到满足。既然 $\boldsymbol{B}$ 和 $\boldsymbol{C}$ 都是循环矩阵，使用对角化技术可以把式(3.2.10)写成等价的频域表达式，得到

$$F(u,v)=\frac{H^*(u,v)G(u,v)}{|H(u,v)|^2+\alpha|C(u,v)|^2} \tag{3.2.11}$$

式中，$C(u,v)$ 是 $c(m,n)$（填零扩充后的）离散 Fourier 变换；α 是优化过程需要确定的参数。通过解一个单变量非线性方程来确定 α，根据 $\alpha=1/\lambda$，首先确定 λ，因此引入

$$\phi(\lambda)=\frac{1}{MN}\sum_{u=0}^{M-1}\sum_{v=0}^{N-1}\left[\frac{|C(u,v)|^2|G(u,v)|}{\lambda|H(u,v)|^2+|C(u,v)|^2}\right]^2-\|\xi\|^2 \tag{3.2.12}$$

式中，$\|\xi\|^2$ 是噪声总功率谱，即 $\|\xi\|^2=\sum\sum E\{\xi^2(m,n)\}=MN\sigma_\xi^2$，$\sigma_\xi^2$ 是单个像元上的噪声方差；λ 的最佳值满足 $\phi(\lambda)=0$，注意到式(3.2.12)右边第一项对于 $\lambda>0$ 是 λ 的单调递降函数，一旦确定了 $\|\xi\|^2$，利用一维搜索就能确定唯一的 λ 使 $\phi(\lambda)=0$ 成立。

2. 仿真实验及其结果分析

上面给出了 Wiener 滤波、功率谱均衡滤波、几何平均滤波、约束最小二乘方滤波等四种基本频域滤波器的传递函数，为了验证和比较四种解模糊的效果，设计了解模糊算法仿真验证实验方案，如图 3.2.2 所示。首先，选取一帧高分辨率遥感图象作为原始参考图象，并且模拟遥感观测图象真实模糊降质过程，与所设置模糊参数的线性运动模糊函数、散焦模糊函数和高斯模糊函数进行卷积模糊操作，得到降质的模糊图象；然后，将模糊图象通过 FFT 变换到频域，在频域分别与 Wiener 滤波、功率谱均衡滤波、几何平均滤波和约束最小二乘方滤波的频率传递函数相乘，再对四种频域乘积分别执行 IFFT 操作，得到四种频域解模糊复原的结果图象。实质上，这是通过频域的相乘实现空域的反卷积解模糊操作，并且以原高分辨率图象为参考图象，可以计算出四种解模糊前后图象的峰值信噪比，以便定量地分析比较频域解模糊复原图象的效果。下面给出几组实验结果及其分析。

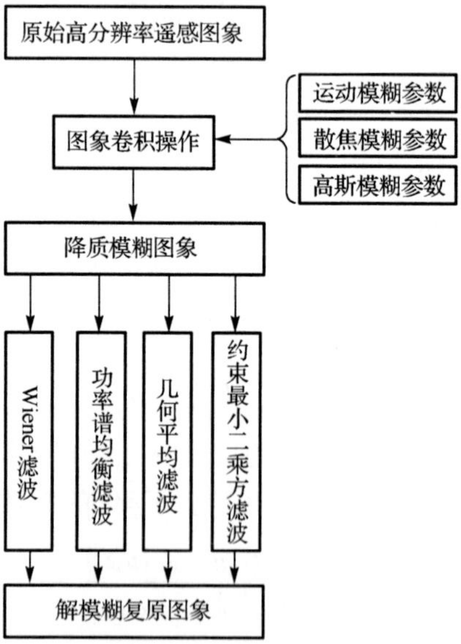

图 3.2.2　图象基本频域解模糊复原仿真实验方案框图

在模糊图象中未加噪声的基本频域解模糊仿真实验结果给出一组，如图 3.2.3 所示。

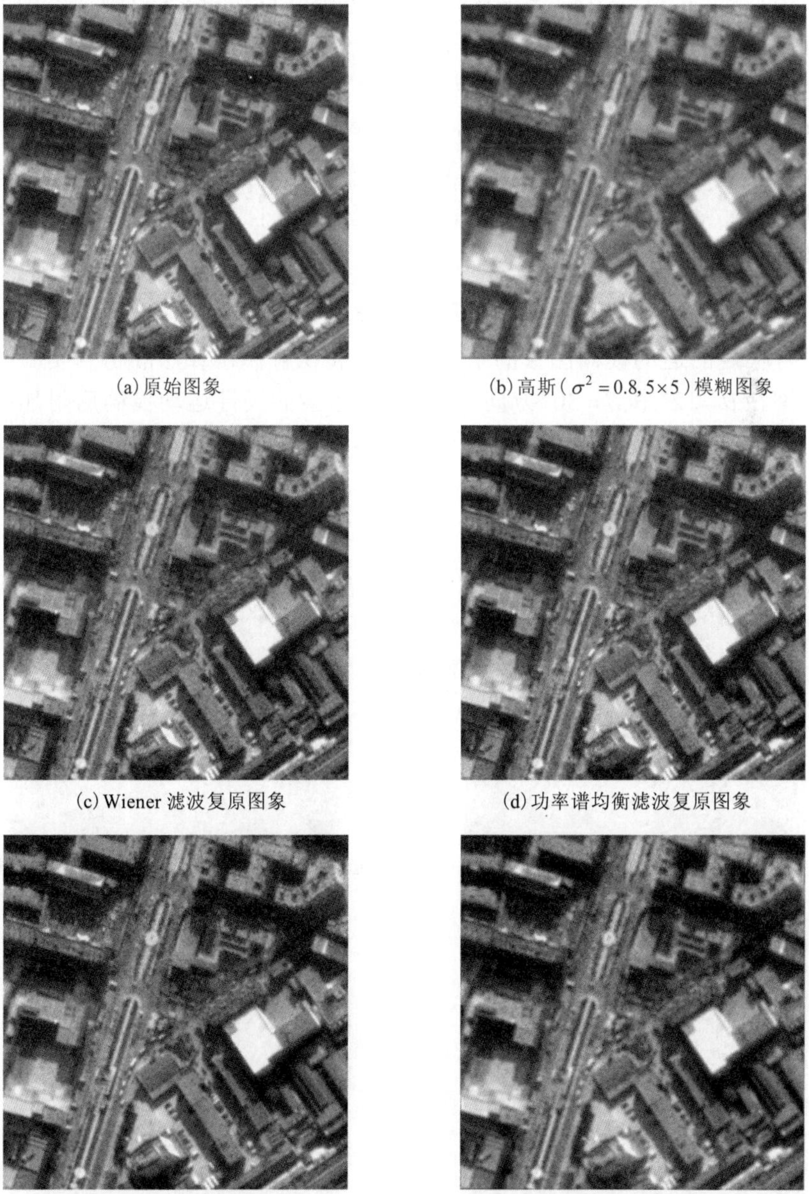

(a) 原始图象　(b) 高斯($\sigma^2=0.8, 5\times5$)模糊图象

(c) Wiener 滤波复原图象　(d) 功率谱均衡滤波复原图象

(e) 几何平均滤波复原图象　(f) 约束最小二乘方滤波复原图象

图 3.2.3　高斯模糊($\sigma^2=0.8, 5\times5$,不附加噪声)图象基本频域反卷积解模糊算法仿真实验结果(55%显示)

在图 3.2.3 中，图 3.2.3(a)为原始高分辨率遥感图象，显示模式 256×256；图 3.2.3(b)为对图 3.2.3(a)采用方差为 0.8 的 5×5 高斯模糊模板(详见上述高斯模糊函数先验模型式(2.2.5)，其中 $\sigma^2=0.8$，$\boldsymbol{R}_h$ 为方形支持域(5×5))进行模糊处理后的降质模糊图象；图 3.2.3(c)～(f)为用 Wiener 滤波、功率谱均衡滤波、几何平均滤波、约束最小二乘方滤波四种基本频域解模糊算法分别对图 3.2.3(b)模糊图象进行解模糊复原的结果图象。在无噪的情况下，上述图象复原过程相当于一个简单的逆滤波过程，由图所示的复原图象可见，Wiener 滤波、功率谱均衡滤波、几何均衡滤波三种算法都取得了与原图一致的结果，而约束最小二乘方滤波结果图象中还存在一定的模糊。

1)对有噪运动模糊图象的实验结果及其分析

针对有噪声的运动模糊图象的基本频域反卷积解模糊算法的仿真实验给出两组结果，分别在 $\theta=12°$ 和 $\theta=30°$ 方向上移动 5 像素的线性运动模糊后附加噪声均是方差为 10 的零均值白噪声 $N(0,10)$，实验结果分别如图 3.2.4 和图 3.2.5 所示。

(a)原始图象

(b)运动($\theta=12°$,5 像素)模糊噪声($N(0,10)$)图象

(c)Wiener 滤波复原图象

(d)功率谱均衡滤波复原图象

(e)几何平均滤波复原图象

(f)约束最小二乘方滤波复原图象

图 3.2.4　线性运动($\theta=12°$,5 像素)模糊噪声图象基本频域反卷积解模糊仿真实验结果(55%显示)

图 3.2.4(a)为原始高分辨率遥感图象，显示模式 256×256；图 3.2.4(b)为对原图象用沿$\theta=12°$方向移动 5 像素线性运动模糊模板(详见上述线性运动模糊函数先验模型式(2.2.11)，其中$d=2$)进行模糊处理后加入方差为 10 的加性高斯白噪声$N(0,10)$得到的降质模糊图象；图 3.2.4(c)～(f)为用 Wiener 滤波、功率谱均衡滤波、几何平均滤波、约束最小二乘方滤波四种算法分别对图 3.2.4(b)进行反卷积解模糊复原的结果图象。

图 3.2.5(a)为原始高分辨率遥感图象，显示模式 256×256；图 3.2.5(b)为对原图象在$\theta=30°$方向移动 5 像素线性运动模糊模板(见式(2.2.11)，$d=2$)进行模糊处理后加入方差为 10 的加性高斯白噪声得到的降质图象，图 3.2.5(c)～(f)为用 Wiener 滤波、功率谱均衡滤波、几何平均滤波和约束最小二乘方滤波四种算法分别对图 3.2.5(b)进行反卷积解模糊复原的结果图象。

(a)原始图象

(b)运动($\theta=30°$,5 像素)模糊噪声($N(0,10)$)图象

(c) Wiener 滤波复原图象

(d) 功率谱均衡滤波复原图象

(e) 几何平均滤波复原图象

(f) 约束最小二乘方滤波复原图象

图 3.2.5　线性运动模糊（$\theta=30°$,5 像素）噪声图象基本频域反卷积解模糊算法仿真实验结果（67%显示）

为了能够定量考查解模糊复原效果，可以引用图象峰值信噪比（Peak Signal-to-Noise Ratio，PSNR），PSNR 定义为

$$\mathrm{PSNR}=10\lg\frac{255^2\times M\times N}{\sum_{k,l}\left[g(k,l)-f(k,l)\right]^2}\ (\mathrm{dB}) \tag{3.2.13}$$

式中，M、N 分别为图象行和列的长度；$f(k,l)$ 为模糊图象或者解模糊后的图象；$g(k,l)$ 为原高分辨率参考图象。通过比较图象解模糊前后的 PSNR，其增加值是处理效果。

对图 3.2.4 和图 3.2.5 所示的有噪声运动模糊图象的四种基本频域反卷积解模糊复原算法的实验结果，相应的模糊图象和四种解模糊复原图象的 PSNR 计算结果见表 3.2.1。

表 3.2.1　基本频域反卷积算法对有噪运动模糊图象解模糊前后 PSNR(dB)比较

图象		模糊图象	Wiener 滤波	功率谱均衡滤波	几何平均滤波	约束最小二乘方滤波
图 3.2.4	PSNR	18.4563	19.8548	18.8160	20.1574	19.7996
	PSNR 增加		1.3985	0.3597	1.7011	1.3433
图 3.2.5	PSNR	17.6321	19.4471	17.7989	20.0034	19.3124
	PSNR 增加		1.8150	0.1668	2.3413	1.6803

由图 3.2.4、图 3.2.5 和表 3.2.1 可以看出，在运动模糊并有噪声污染的情况下，几何平均滤波和 Wiener 滤波两种算法解模糊复原效果比其他两种方法效果好一些。

2) 对有噪高斯模糊图象的实验结果及其分析

对有噪高斯模糊图象的基本频域反卷积解模糊算法仿真实验给出两组结果，分别如图 3.2.6 和图 3.2.7 所示。其中，(a)为原始高分辨率遥感图象，显示模式 256×256；(b)为对原图象用方差为 0.8、支持域为 5×5 的高斯模糊模板(见式(2.2.5))进行模糊处理后加入方差为 10 的加性高斯白噪声得到的降质图象；(c)～(f)为用 Wiener 滤波、功率谱均衡滤波、几何平均滤波、约束最小二乘方滤波四种算法分别对(b)进行解模糊复原的结果图象。

(a) 原始图象

(b) 高斯(σ^2=0.8,5×5)模糊噪声($N(0,10)$)图象

(c) Wiener 滤波复原图象

(d) 功率谱均衡滤波复原图象

(e)几何平均滤波复原图象

(f)约束最小二乘方滤波复原图象

图 3.2.6　有噪高斯模糊($\sigma^2=0.8,5\times5$)图象基本频域反卷积解模糊算法仿真实验结果(一)(55%显示)

(a)原始图象

(b)高斯($\sigma^2=0.8,5\times5$)模糊噪声($N(0,10)$)图象

(c) Wiener 滤波复原图象

(d)功率谱均衡滤波复原图象

(e) 几何平均滤波复原图象

(f) 约束最小二乘方滤波复原图象

图 3.2.7　有噪高斯模糊（σ^2=0.8,5×5）图象基本频域反卷积解模糊算法仿真实验结果(二)(67%显示)

对图 3.2.6 和图 3.2.7 所示的有噪（N(0, 10)）高斯模糊（σ^2=0.8,5×5）图象的四种基本频域反卷积解模糊复原算法的实验结果，其中相应的模糊图象及其解模糊复原图象的 PSNR 计算结果如表 3.2.2 所示。

表 3.2.2　基本频域反卷积算法对有噪高斯模糊图象解模糊前后 PSNR(dB) 比较

图象		模糊图象	Wiener 滤波	功率谱均衡滤波	几何平均滤波	约束最小二乘方滤波
图 3.2.6	PSNR	23.9691	26.7440	25.6288	27.1836	25.9864
	PSNR 增加		2.7749	1.6597	3.2145	2.0173
图 3.2.7	PSNR	23.8836	26.6050	25.5508	27.0652	26.1128
	PSNR 增加		2.7214	1.6672	3.1816	2.2292

由图 3.2.6、图 3.2.7 和表 3.2.2 可以看出，在高斯模糊并有噪声污染的情况下，几何平均滤波和 Wiener 滤波两种算法的解模糊复原效果较佳。

3) 对有噪散焦模糊图象的实验结果及其分析

针对有噪声的散焦模糊图象的基本频域反卷积解模糊算法的仿真实验也给出两组结果，分别如图 3.2.8 和图 3.2.9 所示。

在图 3.2.8 和图 3.2.9 中，(a) 为原始高分辨率遥感图象，两图的显示模式分别为 256×256、128×128；(b) 为对原图象用 5×5 的矩形散焦模糊模板（详见上述散焦模糊函数先验模型式(2.2.8)，其中 $d=2$）进行模糊处理后加入方差为 10 的加性高斯白噪声 $N(0,10)$ 得到的降质图象；(c)～(f) 为分别用 Wiener 滤波、功率谱均衡滤波、几何平均滤波、约束最小二乘方滤波四种算法分别对散焦模糊图象 (b) 进行解模糊复原的结果图象。

(a)原始图象

(b)散焦(5×5矩形)模糊噪声($N(0,10)$)图象

(c)Wiener滤波复原图象

(d)功率谱均衡滤波复原图象

(e)几何平均滤波复原图象

(f)约束最小二乘方滤波复原图象

图3.2.8　有噪($N(0,10)$)散焦模糊(5×5矩形)图象基本频域反卷积解模糊算法仿真实验结果(一)(55%显示)

(a) 原始图象

(b) 散焦（5×5 矩形）模糊噪声（$N(0,10)$）图象

(c) Wiener 滤波复原图象

(d) 功率谱均衡滤波复原图象

(e) 几何平均滤波复原图象

(f) 约束最小二乘方滤波复原图象

图 3.2.9　有噪（$N(0,10)$）散焦模糊（5×5 矩形）图象基本频域反卷积解模糊算法仿真实验结果（二）（133%显示）

对图 3.2.8 和图 3.2.9 所示的有噪声散焦解模糊图象的四种基本频域反卷积解模糊算法的实验结果，相应的模糊图象和四种解模糊复原图象的PSNR计算结果如表3.2.3所示。

表 3.2.3　基本频域反卷积算法对有噪散焦模糊图象解模糊前后 PSNR(dB) 比较

图象		模糊图象	Wiener 滤波	功率谱均衡滤波	几何平均滤波	约束最小二乘方滤波
图 3.2.8	PSNR	22.6695	24.4384	23.0485	24.7701	24.1495
	PSNR 增加		1.7689	0.3790	2.1006	1.4800
图 3.2.9	PSNR	18.4745	21.7663	18.4986	22.4569	21.2965
	PSNR 增加		3.2918	0.0241	3.9824	2.8220

由图 3.2.8、图 3.2.9 和表 3.2.3 可以看出，在散焦模糊并有噪声污染的情况下，几何平均滤波和 Wiener 滤波两种反卷积解模糊算法的复原效果较佳。

上述执行四种基本频域模糊图象复原方法时，不但需要已知或估计模糊图象噪声功率谱，而且需要模糊函数准确已知时，才能获得较好的实验结果。因此在进行基本频域模糊图象解模糊复原操作时，需要先通过先验信息或/和系统辨识获得比较准确的系统模糊函数。

3.2.3　有限支持域上图象盲目反卷积解模糊算法

1. 图象盲目反卷积的引入

有限支持域上图象模糊降质的数学模型一般可以表达为一个卷积积分，即

$$\begin{aligned}f(x,y)&=g(x,y)*h(x,y)+\xi(x,y)=h(x,y)*g(x,y)+\xi(x,y)\\&=\iint_D g(s,t)h(x-s,y-t)\mathrm{d}s\mathrm{d}t+\xi(x,y)\\&=\iint_D h(s,t)g(x-s,y-t)\mathrm{d}s\mathrm{d}t+\xi(x,y)\end{aligned}\tag{3.2.14}$$

式中，D 是二维平面上的有限支持域，式(3.2.14)表明观测图象 $f(x,y)$ 是真实高分辨率图象 $g(x,y)$ 和点扩散函数 $h(x,y)$ 的一个完全卷积，$g(x,y)$ 和 $h(x,y)$ 都是有限支持域上的，而噪声图象 $\xi(x,y)$ 与观测图象 $f(x,y)$ 具有相同的支持域。

在离散的情况下，有限支持域上图象模糊降质的二维卷积可以表达为

$$\begin{aligned}f(k,l)&=g(k,l)*h(k,l)+\xi(k,l)\\&=\sum_{i=0}^{N_1-1}\sum_{j=0}^{N_2-1}g(i,j)h(k-i,l-j)+\xi(k,l)\\&=\sum_{i=0}^{M_1-1}\sum_{j=0}^{M_2-1}h(i,j)g(k-i,l-j)+\xi(k,l)\\k&=0,1,\cdots,M_1+N_1-2;\quad l=0,1,\cdots,M_2+N_2-2\end{aligned}\tag{3.2.15}$$

这里假定二维序列 $g(k,l)$ 和 $h(k,l)$ 分别定义在两个预先栅点集 D_1、D_2 上，支持域 D_1、D_2 分别为 $M_1 \times M_2$、$N_1 \times N_2$，而二维序列 $f(k,l)$ 和 $\xi(k,l)$ 的支持域 D_3 则为 $L_1 \times L_2 \big|_{L_1=M_1+N_1-1,\, L_2=M_2+N_2-1}$，这四个二维序列的支持域是它们各自定义域的一个子集。

如果图象噪声较高，则一般都要先进行抑制噪声的处理，使图象信噪比较高，即噪声图象 $\xi(k,l)$ 的功率谱较低。在这种情况下，给定一个有限支持域上的二维观测图象 $f(k,l)$，求解原高分辨率图象 $g(k,l)$ 和点扩散函数 $h(k,l)$ 的盲目反卷积问题可以陈述为：在有限支持域上找图象 $g(k,l)$ 和数组 $h(k,l)$，使得下列距离函数最小化，即

$$\mathrm{dist}(\boldsymbol{f},\boldsymbol{g} * \boldsymbol{h}) \tag{3.2.16}$$

式中，$\boldsymbol{f}$、$\boldsymbol{g}$、$\boldsymbol{h}$ 分别为二维数组 $f(k,l)$、$g(k,l)$ 和 $h(k,l)$ 的向量表示，此处常用的距离度量是欧几里得(Euclid)距离，在离散域上可以写为

$$E_0(\boldsymbol{f},\boldsymbol{g} * \boldsymbol{h}) = \sum_{k=0}^{L_1-1}\sum_{l=0}^{L_2-1}[f(k,l) - g(k,l) * h(k,l)]^2 \tag{3.2.17}$$

这里假定 $f(k,l)$ 限制在一个 $L_1 \times L_2$ 的矩形支持区域内。

对式(3.2.15)两端分别取二维傅里叶变换，得到

$$F(u,v) = G(u,v)H(u,v) + N(u,v) \tag{3.2.18}$$

式中，$F(u,v)$、$G(u,v)$ 分别是观测图象 $f(k,l)$ 和原高分辨率图象 $g(k,l)$ 的频谱；$H(u,v)$ 是点扩散函数 $h(k,l)$ 的傅里叶变换；$N(u,v)$ 是噪声图象 $\xi(k,l)$ 的频谱。式(3.2.18)表明：在频域，由观测图象频谱 $F(u,v)$ 求解原高分辨率图象频谱 $G(u,v)$ 和 $H(u,v)$ 的二维盲目反卷积问题等价于二变量多项式 $F(u,v)$ 的盲目分解。在无噪声或噪声很小的情况下，利用 Parseval 定理，与式(3.2.17)等价的频域表达式为

$$E_0(\boldsymbol{f},\boldsymbol{g} * \boldsymbol{h}) = \frac{1}{L_1 L_2}\sum_{u=0}^{L_1-1}\sum_{v=0}^{L_2-1}\big[F(u,v) - G(u,v)H(u,v)\big]^2 \tag{3.2.19}$$

这里要注意的是，$f(k,l)$ 的二维傅里叶变换 $F(u,v)$ 的支持域 D_3 为 $L_1 \times L_2$，$g(k,l)$ 和 $h(k,l)$ 的二维傅里叶变换 $G(u,v)$、$H(u,v)$ 的支持域 D_1、D_2 也必须分别补零到 $L_1 \times L_2$。

二维盲目反卷积迄今没有一种简易或规范的解决方法，因此要考虑近似解。

二维盲目反卷积有一个解的模糊问题，此处关注的是位移模糊，因为这种表面上似乎不影响解的外形的模糊，实际上却给迭代反卷积算法的收敛造成很大困难，克服这一困难的方法是限制解的支持域。有限支持域上的二维盲目反卷积问题一般说来是超定的，因而具有可解性。但是这一问题同时也是非线性的，即解可能不唯一。下面介绍两种有限支持域上盲目反卷积算法。

2. 空间域迭代图象盲目反卷积算法

1)基本算法

有限支持域上图象盲目反卷积问题涉及两个卷积因子 $g(k,l)$ 和 $h(k,l)$，它们的支

持域可能彼此相当或者可能彼此不相当。因此，循环矩阵模型一般是不合适的，而非周期矩阵计算模型是恰当的。设原高分辨率图象 $g(k,l)$、点扩散函数 $h(k,l)$ 和实际观测图象 $f(k,l)$ 分别是 $M_1 \times M_2$、$N_1 \times N_2$ 和 $L_1 \times L_2$ 维的二维数组，其中 $L_1 = M_1 + N_1 - 1$，$L_2 = M_2 + N_2 - 1$。令 $M_1 \times M_2 = M$、$N_1 \times N_2 = N$ 和 $L_1 \times L_2 = L$，将三个二维数组 $g(k,l)$、$h(k,l)$ 和 $f(k,l)$ 的一维向量表达式分别记为 $\boldsymbol{g}$、$\boldsymbol{h}$ 和 $\boldsymbol{f}$，即令

$$\begin{aligned}\boldsymbol{g} &= \left[g(0), g(1), g(2), \cdots, g(M-1)\right]^{\mathrm{T}} \\ \boldsymbol{h} &= \left[h(0), h(1), h(2), \cdots, h(N-1)\right]^{\mathrm{T}} \\ \boldsymbol{f} &= \left[f(0), f(1), f(2), \cdots, f(L-1)\right]^{\mathrm{T}}\end{aligned} \tag{3.2.20}$$

在不计图象噪声的情况下，原高分辨率图象向量 $\boldsymbol{g}$ 与点扩散函数向量 $\boldsymbol{h}$ 和观测图象向量 $\boldsymbol{f}$ 的关系由完全卷积

$$\boldsymbol{f}(k) = \sum_{l=0}^{l=M-1} \boldsymbol{g}(l)\boldsymbol{h}(k-l) = \sum_{l=0}^{l=N-1} \boldsymbol{h}(l)\boldsymbol{g}(k-l) \qquad k = 0,1,2,\cdots,L-1 \tag{3.2.21}$$

表示。

令 $\boldsymbol{g}_j^k$、$\boldsymbol{h}_j^k$ 均为 L 维的向量，即

$$\boldsymbol{g}_j^k(i) = \begin{cases} \boldsymbol{g}^k(i-j), & i = j, j+1, j+2, \cdots, j+M-1 \\ 0, & i\text{为其他值} \end{cases} \qquad i = 0,1,2,\cdots,L-1; \quad j = 0,1,2,\cdots,N-1; \quad k = 0,1,2,\cdots \tag{3.2.22}$$

$$\boldsymbol{h}_j^k(i) = \begin{cases} \boldsymbol{h}^k(i-j), & i = j, j+1, j+2, \cdots, j+N-1 \\ 0, & i\text{为其他值} \end{cases} \qquad i = 0,1,2,\cdots,L-1; \quad j = 0,1,2,\cdots,M-1; \quad k = 0,1,2,\cdots \tag{3.2.23}$$

即

$$\boldsymbol{g}_j^k = [\underbrace{\underbrace{0,\cdots}_{j},\boldsymbol{g}^k(0),\boldsymbol{g}^k(1),\boldsymbol{g}^k(2),\cdots,\boldsymbol{g}^k(M-1),0,\cdots,0}_{L}]^{\mathrm{T}} \qquad j = 0,1,2,\cdots,N-1; \quad k = 0,1,2,\cdots$$

$$\boldsymbol{h}_j^k = [\underbrace{\underbrace{0,\cdots}_{j},\boldsymbol{h}^k(0),\boldsymbol{h}^k(1),\boldsymbol{h}^k(2),\cdots,\boldsymbol{h}^k(N-1),0,\cdots,0}_{L}]^{\mathrm{T}} \qquad j = 0,1,2,\cdots,M-1; \quad k = 0,1,2,\cdots$$

上两式中的上标 k 表示循环迭代运算中的第 k 次估计，且令

$$\boldsymbol{F}_{\boldsymbol{g}^k} = [\boldsymbol{g}_0^k, \boldsymbol{g}_1^k, \boldsymbol{g}_2^k, \cdots, \boldsymbol{g}_{N-1}^k] \tag{3.2.24}$$

$$\boldsymbol{F}_{\boldsymbol{h}^k}=[\boldsymbol{h}_0^k,\boldsymbol{h}_1^k,\boldsymbol{h}_2^k,\cdots,\boldsymbol{h}_{M-1}^k] \tag{3.2.25}$$

则原图象向量和点扩散函数向量第 k 次估计的卷积 $\boldsymbol{g}^k * \boldsymbol{h}^k$ 可以用 $\boldsymbol{F}_{\boldsymbol{g}^k}(\boldsymbol{F}_{\boldsymbol{h}^k})$ 与 $\boldsymbol{h}^k(\boldsymbol{g}^k)$ 的点积实现，即

$$\boldsymbol{g}^k * \boldsymbol{h}^k=\boldsymbol{F}_{\boldsymbol{g}^k}\cdot\boldsymbol{h}^k=\boldsymbol{F}_{\boldsymbol{h}^k}\cdot\boldsymbol{g}^k,\quad k=0,1,2,\cdots \tag{3.2.26}$$

假设已知观测图象 $f(k,l)$，即已知其一维数组 $\boldsymbol{f}$，给定对 $\boldsymbol{g}$ 的一个起始猜测 $\boldsymbol{g}^0$，可以找一个 $\boldsymbol{h}^0$，使得

$$E_0^0=\left\|\boldsymbol{f}-\boldsymbol{F}_{\boldsymbol{g}^0}\cdot\boldsymbol{h}^0\right\|^2=\min$$

由于 $\boldsymbol{F}_{\boldsymbol{g}^0}$ 列满秩，上式所示的最小二乘方问题有唯一解，即

$$\boldsymbol{h}^0=(\boldsymbol{F}_{\boldsymbol{g}^0}^{\mathrm{T}}\boldsymbol{F}_{\boldsymbol{g}^0})^{-1}\boldsymbol{F}_{\boldsymbol{g}^0}^{\mathrm{T}}\boldsymbol{f} \tag{3.2.27}$$

获得 $\boldsymbol{h}^0$ 以后，可以找一个新的 $\boldsymbol{g}^1$，使得

$$E_0^1=\left\|\boldsymbol{f}-\boldsymbol{F}_{\boldsymbol{h}^0}\cdot\boldsymbol{g}^1\right\|^2=\min$$

由于 $\boldsymbol{F}_{\boldsymbol{h}^0}$ 列满秩，同样，这个最小二乘方问题有唯一解，即

$$\boldsymbol{g}^1=(\boldsymbol{F}_{\boldsymbol{h}^0}^{\mathrm{T}}\boldsymbol{F}_{\boldsymbol{h}^0})^{-1}\boldsymbol{F}_{\boldsymbol{h}^0}^{\mathrm{T}}\boldsymbol{f} \tag{3.2.28}$$

按照这种交替估计方式可以产生双序列，即

$$\begin{matrix}\boldsymbol{g}^0 & \boldsymbol{g}^1 & \boldsymbol{g}^2 & \cdots\\ \boldsymbol{h}^0 & \boldsymbol{h}^1 & \boldsymbol{h}^2 & \cdots\end{matrix}$$

可以证明该双序列是收敛的，且每一步的最小二乘方解都是唯一的，从而必有一对 $(\boldsymbol{g},\boldsymbol{h})$ 满足

$$\left\|\boldsymbol{f}-\boldsymbol{F}_{\boldsymbol{g}}\cdot\boldsymbol{h}\right\|^2=\left\|\boldsymbol{f}-\boldsymbol{F}_{\boldsymbol{h}}\cdot\boldsymbol{g}\right\|^2=\min \tag{3.2.29}$$

这种算法称为空间域迭代盲目反卷积的基本最小二乘方迭代算法。算法的每一个迭代步可以解释为投影，都可能使误差减小，并且有唯一确定的解。如果误差函数是凸的，则算法将收敛到真解，但是大多数实际卷积问题的误差函数是非凸的，因而不能保证收敛到全局最优解。实际上，此算法就是交替地解以下两个方程

$$(\boldsymbol{F}_{\boldsymbol{g}}^{\mathrm{T}}\boldsymbol{F}_{\boldsymbol{g}})\boldsymbol{h}=\boldsymbol{F}_{\boldsymbol{g}}^{\mathrm{T}}\boldsymbol{f} \tag{3.2.30}$$

$$(\boldsymbol{F}_{\boldsymbol{h}}^{\mathrm{T}}\boldsymbol{F}_{\boldsymbol{h}})\boldsymbol{g}=\boldsymbol{F}_{\boldsymbol{h}}^{\mathrm{T}}\boldsymbol{f} \tag{3.2.31}$$

这两个方程的性质和解法是完全一样的，左边有一个块 Teoplitz 矩阵，右边是一个部分卷积，可借助于 FFT 技术有效计算。

2)增量迭代盲目反卷积算法

上述空间域迭代盲目反卷积的基本最小二乘方迭代算法运算量较大，只适合于尺寸较小的盲目反卷积。这里从两个方面改进基本算法，即改进算法的收敛性质和提高算法的精度。其措施为：首先将交替估计改变为交替增量估计，且引入松弛乘子，以便提高算法的精度；引入正则化方法，以便改进反卷积问题的病态性质；并且限制支持域，以便改善点扩散函数和卷积对光谱的扩展作用，并且改进收敛效果。

假定在第k次迭代中对两个卷积因子的当前估计是$\boldsymbol{g}^k$和$\boldsymbol{h}^k$，希望找到关于$\boldsymbol{g}^k$的改进量$\Delta\boldsymbol{g}^k$，使得误差

$$\left\|\boldsymbol{f}-\boldsymbol{F}_{\boldsymbol{h}^k}\cdot(\boldsymbol{g}^k+\Delta\boldsymbol{g}^k)\right\|^2=\left\|\boldsymbol{f}-\boldsymbol{F}_{\boldsymbol{h}^k}\cdot\boldsymbol{g}^k-\boldsymbol{F}_{\boldsymbol{h}^k}\cdot\Delta\boldsymbol{g}^k\right\|^2=\left\|\boldsymbol{s}^k-\boldsymbol{F}_{\boldsymbol{h}^k}\cdot\Delta\boldsymbol{g}^k\right\|^2=\min$$

式中

$$\boldsymbol{s}^k=\boldsymbol{f}-\boldsymbol{F}_{\boldsymbol{h}^k}\cdot\boldsymbol{g}^k \tag{3.2.32}$$

从而可得到关于改进量$\Delta\boldsymbol{g}^k$的方程

$$(\boldsymbol{F}_{\boldsymbol{h}^k}^{\mathrm{T}}\boldsymbol{F}_{\boldsymbol{h}^k})\Delta\boldsymbol{g}^k=\boldsymbol{F}_{\boldsymbol{h}^k}^{\mathrm{T}}\boldsymbol{s}^k \tag{3.2.33}$$

进而，得到

$$\boldsymbol{g}^{k+1}=\boldsymbol{g}^k+\Delta\boldsymbol{g}^k \tag{3.2.34}$$

接着，由两个卷积因子的当前估计是$\boldsymbol{g}^{k+1}$和$\boldsymbol{h}^k$，希望找到关于$\boldsymbol{h}^k$的改进量$\Delta\boldsymbol{h}^k$，使得误差

$$\left\|\boldsymbol{f}-\boldsymbol{F}_{\boldsymbol{g}^{k+1}}\cdot(\boldsymbol{h}^k+\Delta\boldsymbol{h}^k)\right\|^2=\left\|\boldsymbol{f}-\boldsymbol{F}_{\boldsymbol{g}^{k+1}}\cdot\boldsymbol{h}^k-\boldsymbol{F}_{\boldsymbol{g}^{k+1}}\cdot\Delta\boldsymbol{h}^k\right\|^2=\left\|\boldsymbol{s}^{k+1}-\boldsymbol{F}_{\boldsymbol{g}^{k+1}}\cdot\Delta\boldsymbol{h}^k\right\|^2=\min$$

式中

$$\boldsymbol{s}^{k+1}=\boldsymbol{f}-\boldsymbol{F}_{\boldsymbol{g}^{k+1}}\cdot\boldsymbol{h}^k \tag{3.2.35}$$

从而可得到关于改进量$\Delta\boldsymbol{h}^k$的方程

$$(\boldsymbol{F}_{\boldsymbol{g}^{k+1}}^{\mathrm{T}}\boldsymbol{F}_{\boldsymbol{g}^{k+1}})\Delta\boldsymbol{h}^k=\boldsymbol{F}_{\boldsymbol{g}^{k+1}}^{\mathrm{T}}\boldsymbol{s}^{k+1} \tag{3.2.36}$$

进而，得到

$$\boldsymbol{h}^{k+1}=\boldsymbol{h}^k+\Delta\boldsymbol{h}^k \tag{3.2.37}$$

实际应用时，引进适当的松弛因子会使效果更好，方法是在式(3.2.34)和式(3.2.37)中引入β乘子，即

$$\begin{cases}\boldsymbol{g}^{k+1}=\boldsymbol{g}^k+\beta\Delta\boldsymbol{g}^k\\ \boldsymbol{h}^{k+1}=\boldsymbol{h}^k+\beta\Delta\boldsymbol{h}^k\end{cases} \tag{3.2.38}$$

式中，$0\leqslant\beta\leqslant1$。

依据上面式(3.2.33)和式(3.2.36)以及式(3.2.38)的增量迭代算法，增量的不准确求解可能会减慢收敛速度，但不会对收敛造成严重影响。

进一步，为克服反卷积问题的病态，可以使用正则化方法。在盲目反卷积的应用

中，一种简单的正则化方法是在 $\Delta\boldsymbol{g}$ 和 $\Delta\boldsymbol{h}$ 的交替求解中引入正则化项，根据式(3.2.33)和式(3.2.36)，有

$$(\boldsymbol{F}_h^{\mathrm{T}}\boldsymbol{F}_h + \lambda_g \boldsymbol{I}_g)\Delta\boldsymbol{g} = \boldsymbol{F}_h^{\mathrm{T}}\boldsymbol{s} \tag{3.2.39}$$

式中，$\boldsymbol{s} = \boldsymbol{f} - \boldsymbol{F}_h \cdot \boldsymbol{g}$；$\lambda_g$ 是正则化参数；$\boldsymbol{I}_g$ 是单位矩阵，其尺寸与 $\Delta\boldsymbol{g}$ 相适应。

$$(\boldsymbol{F}_g^{\mathrm{T}}\boldsymbol{F}_g + \lambda_h \boldsymbol{I}_h)\Delta\boldsymbol{h} = \boldsymbol{F}_g^{\mathrm{T}}\boldsymbol{s} \tag{3.2.40}$$

式中，$\boldsymbol{s} = \boldsymbol{f} - \boldsymbol{F}_g \cdot \boldsymbol{h}$；$\lambda_h$ 是正则化参数；$\boldsymbol{I}_h$ 是单位矩阵，其尺寸与 $\Delta\boldsymbol{h}$ 相适应。

正则化参数的选取与观测数据的信噪比和矩阵尺寸有关，经验的选取为

$$\lambda_h = (0.1\sim0.5)\sum_{l=0}^{N_1\times N_2-1}\left[\boldsymbol{h}^k(l)\right]^2 \tag{3.2.41}$$

$$\lambda_g = (0.1\sim0.5)\sum_{l=0}^{M_1\times M_2-1}\left[\boldsymbol{g}^k(l)\right]^2 \tag{3.2.42}$$

两式中求和号前的系数取决于观测数据的信噪比，如果信噪比较高，如 SNR=40dB，则可以取较小的值，如为 0.1，如果信噪比较低，如 SNR=20dB，则必须取较大的值，如为 0.5 甚至更大。

可以不完全求解方程式(3.2.39)和式(3.2.40)，这些方程可以用梯度迭代算法，如最速下降法和共轭梯度法，不要建立 Toeplitz 方程，通常可以有良好效果。

现在以方程(3.2.39)为例，用下列简化记号来表示方程

$$\boldsymbol{A} = \boldsymbol{F}_h^{\mathrm{T}}\boldsymbol{F}_h + \lambda_g \boldsymbol{I}_g;\quad \boldsymbol{b} = \boldsymbol{F}_h^{\mathrm{T}}\boldsymbol{s};\quad \boldsymbol{A}\Delta\boldsymbol{g} = \boldsymbol{b}$$

则用最速下降法求解的步骤如下：

(1) 初始化，置 $\Delta\boldsymbol{g} = \boldsymbol{b}$；

(2) 迭代：$\boldsymbol{d}_k = \boldsymbol{A}_k\Delta\boldsymbol{g} - \boldsymbol{b}_k$；$\boldsymbol{p}_k = \boldsymbol{A}_k\boldsymbol{d}_k$；$\alpha_k = -\dfrac{\boldsymbol{d}_k^{\mathrm{T}}\boldsymbol{p}_k}{\boldsymbol{p}_k^{\mathrm{T}}\boldsymbol{p}_k}$；$\Delta\boldsymbol{g} = \Delta\boldsymbol{g} + \alpha_k\boldsymbol{d}_k$。

在计算过程中，可以限制支持域，以便限制卷积过程对图象的扩散作用。由图象的卷积退化过程和离散卷积计算过程得知，卷积使能量向边缘泄漏，导致光谱展宽，但由于点扩散函数通常很短，主要能量还是集中于理想光谱所在区间，泄漏的能量可以忽略。若点扩散函数的数据向量 $\boldsymbol{h}$ 有奇数个值，即 $(N-1)$ 为偶数，且 $(N-1)/2$ 为点扩散函数序列的中心，则卷积退化过程可近似为

$$f'(k) = \sum_{l=0}^{M-1} g(l)h(k-l),\quad k = (N-1)/2+1,(N-1)/2+2,\cdots,L-1-(N-1)/2 \tag{3.2.43}$$

式(3.2.43)是一个部分卷积，其结果是舍弃了两侧展宽产生的额外数据，这样观测数据和光谱真值或估计将一一对应。为此，需要对上述基于完全卷积的模型进行修改，即对式(3.2.25)的矩阵 $\boldsymbol{F}_{h^k}$ 进行修改，原为 L 行 M 列矩阵 $\boldsymbol{F}_{h^k}(L,M)$，修改为 M 行

M 列矩阵 $\boldsymbol{F}'_{\boldsymbol{h}^k}(M,M)$，即上、下两头分别去掉 $(N-1)/2$ 行，即

$$\boldsymbol{F}'_{\boldsymbol{h}^k}(M,M)=\boldsymbol{F}_{\boldsymbol{h}^k}\left(\frac{N-1}{2}+1:\frac{N-1}{2}+M,M\right) \tag{3.2.44}$$

这样就限制了计算过程的支持域。类似地，从计算的角度，也可以对式(3.2.24)的矩阵 $\boldsymbol{F}_{\boldsymbol{g}^k}$ 进行修改：假定原图象向量 $\boldsymbol{g}$ 有奇数个数据，则原为 L 行 N 列矩阵 $\boldsymbol{F}_{\boldsymbol{g}^k}(L,N)$，修改为 N 行 N 列矩阵 $\boldsymbol{F}'_{\boldsymbol{g}^k}(N,N)$，即上、下两头分别去掉 $(M-1)/2$ 行，有

$$\boldsymbol{F}'_{\boldsymbol{g}^k}(N,N)=\boldsymbol{F}_{\boldsymbol{g}^k}\left(\frac{M-1}{2}+1:\frac{M-1}{2}+N,N\right) \tag{3.2.45}$$

对每次更新的 $\boldsymbol{g}$ 和 $\boldsymbol{h}$ 可以实施正性和支持域等限制，这会大大改善收敛效果。

以上讨论的是图象空间域盲目反卷积解模糊基本算法及其改进方法，实用中此算法需要进行迭代。

3)迭代终止条件

为了结束迭代运算过程，寻找合适的判据尤为重要。为此，考查图象卷积退化过程，若原高分辨率图象真值已知，即其向量表示 $\boldsymbol{g}$ 已知，则当前估计图象 $\boldsymbol{g}^k$ 与真值 $\boldsymbol{g}$ 间的误差或误差变化率就是最可靠的判据，如

$$e_1=\left\|\boldsymbol{g}-\boldsymbol{g}^k\right\| \tag{3.2.46}$$

在图象退化和复原的仿真实验中，已知原高分辨率图象，即真值 $\boldsymbol{g}$ 已知，可以使用判据 e_1 为迭代终止条件。但是，实际应用中，原高分辨率图象一般未知，因此，一般难以应用。

另一判据可以选择实际观测图象即其向量 $\boldsymbol{f}$ 与当前估计图象 $\boldsymbol{g}^k$ 的等效退化之间的误差或误差变化率，如

$$e_2=\left\|\boldsymbol{f}-\boldsymbol{g}^k*\boldsymbol{h}^k\right\| \tag{3.2.47}$$

显然，该误差取决于 $\boldsymbol{g}^k$ 和 $\boldsymbol{h}^k$ 组合，一般不能表征 $\left\|\boldsymbol{g}-\boldsymbol{g}^k\right\|$，而且由盲目反卷积过程可知，该误差计算比较复杂，且对迭代过程不够敏感，因此应用不方便。

还有一个判据可以选择图象顺次迭代两次估计量 $\boldsymbol{g}^k$ 、$\boldsymbol{g}^{k+1}$ 之间的误差或误差变化率，如

$$e_3=\left\|\boldsymbol{g}^{k+1}-\boldsymbol{g}^k\right\| \tag{3.2.48}$$

对于收敛的算法,图象顺次迭代估计间的误差或误差变化率一般会随迭代趋向极小。首先来考查各次物图象估计值间的误差或误差变化率，由于图象一般比较复杂，计算比较复杂，作为判据应用不方便。

相比之下，点扩散函数通常形式简单，数据较少，因此用点扩散函数顺次迭代

两次估计量 $\boldsymbol{h}^k$ 、$\boldsymbol{h}^{k+1}$ 之间的误差或误差变化率作为判据，是较好的选择，例如，绝对和相对误差为

$$e_4 = \left\| \boldsymbol{h}^{k+1} - \boldsymbol{h}^k \right\| \tag{3.2.49}$$

$$e_4' = \left\| \boldsymbol{h}^{k+1} - \boldsymbol{h}^k \right\| / \left\| \boldsymbol{h}^k \right\| \tag{3.2.50}$$

对于典型的点扩散函数，如高斯函数，对反卷积结果影响最大的特征参数是均方差 σ，因此可用高斯拟合后的均方差 σ 在顺次迭代两次估计量的相对误差作为判据来描述终止条件，如

$$e_5 = \left\| \sigma^{k+1} - \sigma^k \right\| / \left\| \sigma^k \right\| \tag{3.2.51}$$

至此，已详细阐述了空间有限支持域上迭代盲目反卷积模糊图象复原算法及其关键步骤的实现问题，建立了其算法的框架。

4) 实验方案

空域有限支持域上迭代盲目反卷积模糊图象复原的一种算法框图见图 3.2.10，算法步骤如下。

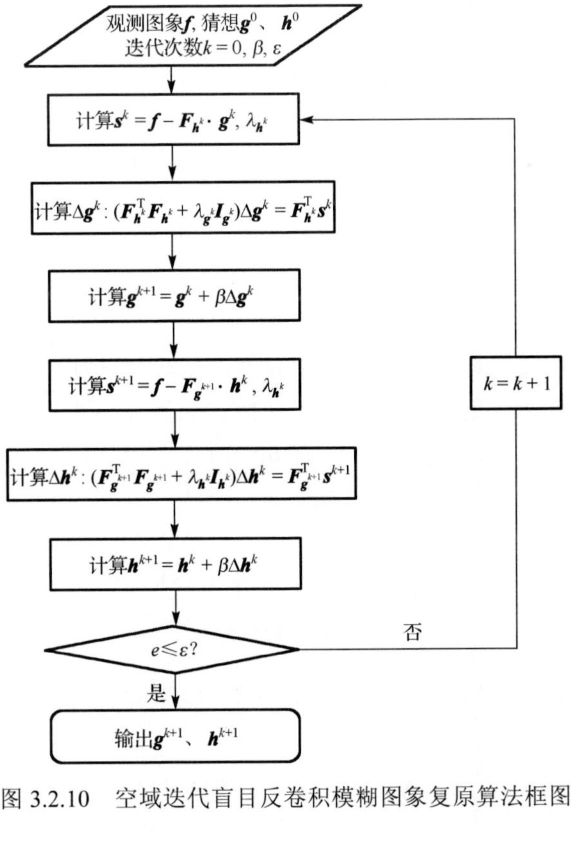

图 3.2.10　空域迭代盲目反卷积模糊图象复原算法框图

(1)输入一维向量形式的观测图象 $\boldsymbol{f}$，给定对真实物图象和点扩散函数的初步猜想 $\boldsymbol{g}^0$、$\boldsymbol{h}^0$，并且给定松弛因子 β 和迭代终止误差门限 ε，令迭代次数 k=0。

(2)计算参数 $\boldsymbol{s}^k=\boldsymbol{f}-\boldsymbol{F}_{\boldsymbol{h}^k}\cdot\boldsymbol{g}^k$，并且根据式(3.2.42)计算正则化参数 $\lambda_{\boldsymbol{g}^k}$。

(3)利用公式 $(\boldsymbol{F}_{\boldsymbol{h}^k}^{\mathrm{T}}\boldsymbol{F}_{\boldsymbol{h}^k}+\lambda_{\boldsymbol{g}^k}\boldsymbol{I}_{\boldsymbol{g}^k})\Delta\boldsymbol{g}^k=\boldsymbol{F}_{\boldsymbol{h}^k}^{\mathrm{T}}\boldsymbol{s}^k$ 计算增量 $\Delta\boldsymbol{g}^k$。

(4)计算 $\boldsymbol{g}^{k+1}=\boldsymbol{g}^k+\beta\Delta\boldsymbol{g}^k$。

(5)计算参数 $\boldsymbol{s}^{k+1}=\boldsymbol{f}-\boldsymbol{F}_{\boldsymbol{g}^{k+1}}\cdot\boldsymbol{h}^k$，并且根据式(3.2.41)计算正则化参数 $\lambda_{\boldsymbol{h}^k}$。

(6)利用公式 $(\boldsymbol{F}_{\boldsymbol{g}^{k+1}}^{\mathrm{T}}\boldsymbol{F}_{\boldsymbol{g}^{k+1}}+\lambda_{\boldsymbol{h}^k}\boldsymbol{I}_{\boldsymbol{h}^k})\Delta\boldsymbol{h}^k=\boldsymbol{F}_{\boldsymbol{g}^{k+1}}^{\mathrm{T}}\boldsymbol{s}^{k+1}$ 计算增量 $\Delta\boldsymbol{h}^k$。

(7)计算 $\boldsymbol{h}^{k+1}=\boldsymbol{h}^k+\beta\Delta\boldsymbol{h}^k$。

(8)从式(3.2.46)～式(3.2.51)中选择和计算一种误差判据 e。

(9)比较：若 $e>\varepsilon$，则令 $k=k+1$，返回步骤(2)；否则，迭代终止，输出复原图象和点扩散函数 $\boldsymbol{g}^{k+1}$、$\boldsymbol{h}^{k+1}$。

在运算过程中，如步骤(3)、(6)，甚至包括步骤(2)、(5)，可以分别应用式(3.2.44)和式(3.2.45)，限制支持域，减轻点扩散函数和卷积运算的扩散效应。

3. 基于FT的迭代图象盲目反卷积算法

利用傅里叶变换及其反变换可以实现图象信号从时域到频域的反复变换，在反复变换中加进期望的限制，对信号在空、频两个域中进行反复修改，使得二维图象有限支持域盲目反卷积算法最后产生期望的复原图象，进而建立基于傅里叶变换的迭代盲目反卷积模糊图象复原算法，简称基于FT的迭代盲目反卷积模糊图象复原算法。此算法的进一步演化可以变成图象复原和重建的基本方法之一。由于对信号的限制通常可以解释为凸集投影，所以这类迭代方法可归类于基于凸集投影的算法。

对于二维模糊图象复原的盲目反卷积问题，将频域估计用Wiener滤波来实现，使得傅里叶变换迭代算法变得更合理。频域估计的计算公式为

$$\hat{G}(u,v)=\frac{\hat{H}^*(u,v)F(u,v)}{|\hat{H}(u,v)|^2+\dfrac{P_n(u,v)}{P_g(u,v)}} \tag{3.2.52}$$

$$\hat{H}(u,v)=\frac{\hat{G}^*(u,v)F(u,v)}{|\hat{G}(u,v)|^2+\dfrac{P_n(u,v)}{P_h(u,v)}} \tag{3.2.53}$$

式中，$P_g(u,v)$、$P_h(u,v)$ 和 $P_n(u,v)$ 分别是输入高分辨率图象信号、卷积核(降质模糊函数)和噪声图象的功率谱。

将Wiener滤波替换成增量Wiener滤波，其频域估计公式为

$$\hat{G}_{\text{new}}(u,v)=\hat{G}_{\text{old}}(u,v)+\frac{\hat{H}^*(u,v)S(u,v)}{|\hat{H}(u,v)|^2+\gamma_g} \tag{3.2.54}$$

$$\hat{H}_{\text{new}}(u,v)=\hat{H}_{\text{old}}(u,v)+\frac{\hat{G}^*(u,v)S(u,v)}{|\hat{G}(u,v)|^2+\gamma_h} \tag{3.2.55}$$

式中，$S(u,v)=F(u,v)-\hat{G}(u,v)\hat{H}(u,v)$；$\gamma_g$ 和 γ_h 是两个小常数。一般说来，如果图象信噪比较低，用较大的 γ_g 和 γ_h 可以保证解的平滑性，但是改善速度较慢。反之，太小的 γ_g 和 γ_h 有可能使结果较快地接近一个不平滑的有限支持域上二维图象迭代盲目反卷积的解。经验表明，利用基于傅里叶变换的迭代算法，虽然没有稳定的收敛性质，但通常能提供一个较接近最优的解。

根据式(3.2.54)和式(3.2.55)，可以建立基于 FT 的迭代盲目反卷积模糊图象复原的一种算法，其框图如图 3.2.11 所示，算法步骤说明如下。

(1) 输入观测图象 $f(k,l)$，给定真实物图象和点扩散函数初步猜想 $g^0(k,l)$、$h^0(k,l)$ 以及两个常数 λ_h、λ_g 和迭代终止误差门限 ε，令迭代次数 k=0。注意 $f(k,l)$、$g^0(k,l)$、$h^0(k,l)$ 分别为 $L_1\times L_2$、$M_1\times M_2$ 和 $N_1\times N_2$ 的二维数组，其中 $L_1=M_1+N_1-1$、$L_2=M_2+N_2-1$。

(2) 通过傅里叶变换，由 $f(k,l)$、$g^0(k,l)$、$h^0(k,l)$ 得到 $F(u,v)$、$G^0(u,v)$、$H^0(u,v)$，并且通过补零的方法分别将 $G^0(u,v)$和$H^0(u,v)$ 的数组长度加长到 $L_1\times L_2$。

(3) 计算参数 $S^k(u,v)=F(u,v)-G^k(u,v)H^k(u,v)$。

(4) 计算增量 $\Delta G^k(u,v)$ 和 $G^{k+1}(u,v)$，即

$$\Delta G^k(u,v)=\frac{H^{*k}(u,v)S^k(u,v)}{|H^k(u,v)|^2+\gamma_g}$$

$$G^{k+1}(u,v)=G^k(u,v)+\Delta G^k(u,v)$$

(5) 复原图象的支持域限制如下。

① 对 $G^{k+1}(u,v)$ 进行傅里叶反变换，得到 $g^{k+1}(k,l)$，数组长度为 $L_1\times L_2$；

② 对 $g^{k+1}(k,l)$ 进行支持域限制，取有效长度 $M_1\times M_2$；

③ 对 $g^{k+1}(k,l)$ 进行傅里叶变换，得到新的 $G^{k+1}(u,v)$，并使数组长度通过补零方法加长到 $L_1\times L_2$。

(6) 计算参数 $S^{k+1}(u,v)$，即

$$S^{k+1}(u,v)=F(u,v)-G^{k+1}(u,v)H^k(u,v)$$

(7) 计算增量 $\Delta H^k(u,v)$ 和 $H^{k+1}(u,v)$，即

$$\Delta H^k(u,v)=\frac{G^{*k+1}(u,v)S^{k+1}(u,v)}{|G^{k+1}(u,v)|^2+\gamma_h}$$

$$H^{k+1}(u,v) = H^k(u,v) + \Delta H^k(u,v)$$

(8) 点扩散函数支持域限制如下：

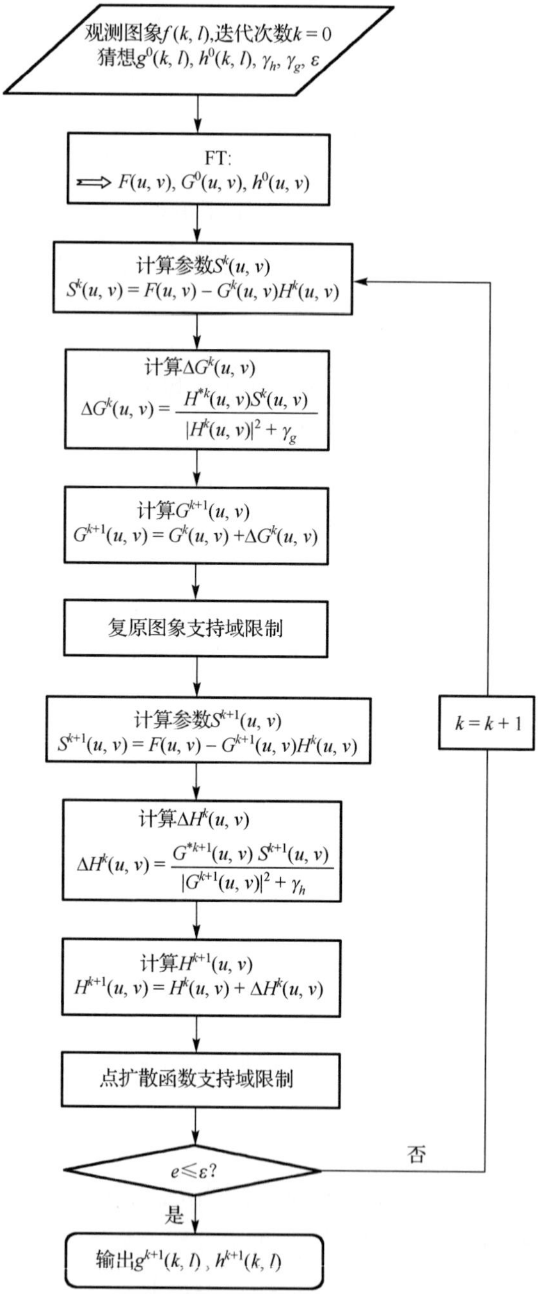

图 3.2.11　基于 FT 的迭代盲目反卷积模糊图象复原算法框图

① 对 $H^{k+1}(u,v)$ 进行傅里叶反变换，得到 $h^{k+1}(k,l)$，数组长度为 $L_1 \times L_2$；

② 对 $h^{k+1}(k,l)$ 进行支持域限制，取有效长度 $N_1 \times N_2$；

③ 对 $h^{k+1}(k,l)$ 进行傅里叶变换，得到新的 $H^{k+1}(u,v)$，并使数组长度通过补零方法加长到 $L_1 \times L_2$。

(9) 从式(3.2.46)～式(3.2.51)中选择和计算一种误差判据 e。

(10) 判断：若 $e > \varepsilon$，则令 $k=k+1$，返回步骤(3)；否则，迭代终止，输出复原图象 $g^{k+1}(k,l)$ 和点扩散函数 $h^{k+1}(k,l)$，数组长度分别为 $M_1 \times M_2$、$N_1 \times N_2$。

4. 实验研究及基于 FT 的迭代图象盲目反卷积算法应用实验

本节对有限支持域迭代盲目反卷积算法进行实验研究，实验研究的目的为：一是验证上述已经建立的两种模糊图象复原算法的有效性，这两种算法分别如图 3.2.10 和图 3.2.11 所示的空域迭代盲目反卷积模糊图象复原算法和基于 FT 的迭代盲目反卷积模糊图象复原算法；二是研究有关算法应用的有效方法，其中包括复原图象质量与迭代次数的关系等。

为了进行迭代盲目反卷积算法的实验研究，并且得到有益的结论，需要对算法进行大量的仿真实验，仿真实验方案如图 3.2.12 所示，其中包括对高分辨率的原始图象进行卷积模糊降质操作，然后对模糊降质图象分别进行空间域的迭代盲目反卷积复原和基于 FT 的迭代盲目反卷积复原两种算法的运算，比较两种算法的效果，研究复原质量与迭代次数的关系，以便得到算法的具体应用方法。在仿真实验中，首先进行不添加噪声的所谓无噪图象的仿真实验，然后进行添加噪声的有噪图象的仿真实验，其中所用模糊函数的类型包括运动模糊、散焦模糊和高斯模糊。

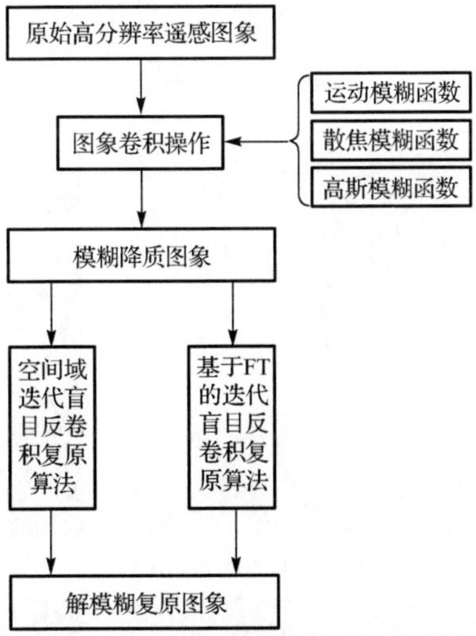

图 3.2.12　有限支持域迭代盲目反卷积模糊图象复原仿真实验方案

在大量仿真实验的基础上，进而对大量真实遥感图象进行了实验研究，其实验结果及其分析表明，被处理遥感图象的模糊主要是散焦模糊，所以为了节省篇幅，下面仅给出对散焦模糊图象的实验结果。

在仿真实验中，首先选择高质量的遥感观测图象为原始高分辨率图象，利用大小为 5×5 的散焦矩阵对原始高分辨率图象进行卷积模糊降质操作，但是不加入噪声，得到所谓无噪的模糊图象；然后利用上述有限支持域上空域迭代盲目反卷积模糊图象复原算法和基于 FT 的迭代盲目反卷积模糊图象复原算法分别对模糊图象分别进行解模糊复原操作，迭代运算均进行 500 次以上，为了得到迭代次数对复原图象质量的影响，每次运算都利用原始高分辨率图象为参考图象，对迭代处理结果图象计算峰值信噪比(PSNR)。由于篇幅的限制，这里对两种迭代盲目反卷积图象复原算法分别给出一组处理结果，分别如图 3.2.13 和图 3.2.14 所示，其中前两幅图象即原始高分辨率图象和模糊图象均相同，后续六幅依次为迭代次数 N 等于 20、50、100、150、300、500 的处理结果。以原始高分辨率图象为参考图象计算的模糊图象和两种算法每次迭代复原图象的 PSNR 分别如表 3.2.4 和表 3.2.5 所示，两表均给出两种算法的三组数据，这里为了节省篇幅，其中后两组数据未给出对应的实验图象，但

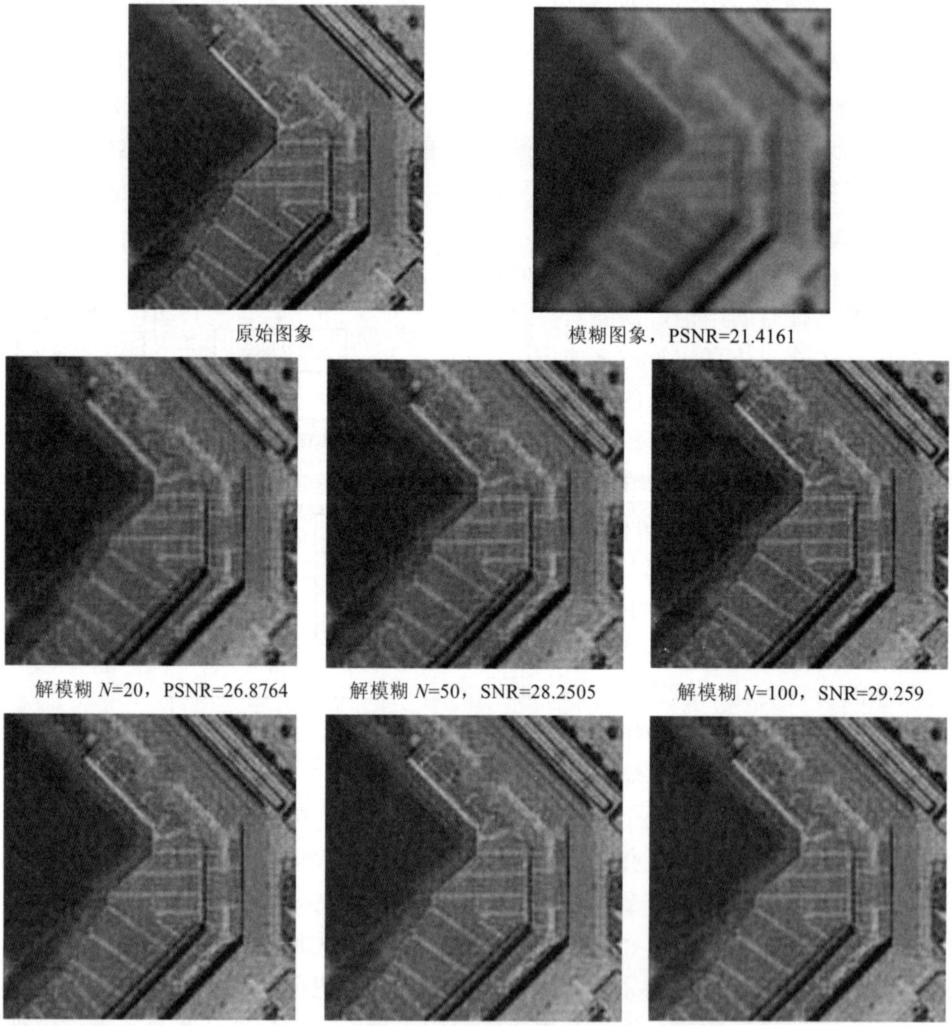

原始图象　　模糊图象，PSNR=21.4161

解模糊 N=20，PSNR=26.8764　　解模糊 N=50，SNR=28.2505　　解模糊 N=100，SNR=29.259

解模糊 N=150，PSNR=29.9144　　解模糊 N=300，SNR=31.0515　　解模糊 N=500，PSNR=31.9228

图 3.2.13　空域迭代盲目反卷积算法对无噪散焦模糊图象复原仿真实验结果(N 为迭代次数)

是两种算法后两组的原始高分辨率图象及其模糊图象也相同。进而根据表 3.2.4 和表 3.2.5 的数据，可以得到两种算法解模糊复原图象的 PSNR 与迭代次数 N 的三个对应的关系曲线，如图 3.2.15 中的两组曲线所示。

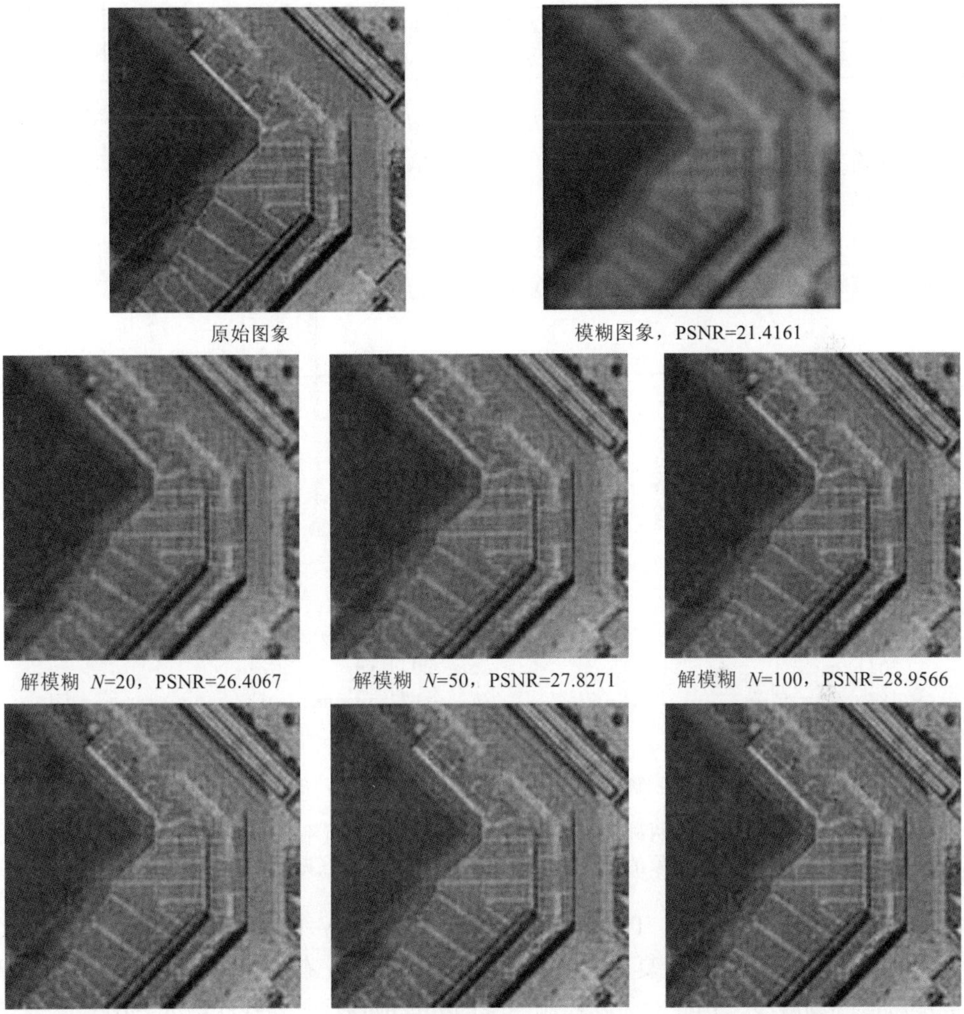

原始图象　　模糊图象，PSNR=21.4161

解模糊 N=20，PSNR=26.4067　　解模糊 N=50，PSNR=27.8271　　解模糊 N=100，PSNR=28.9566

解模糊 N=150，PSNR=29.632　　解模糊 N=300，PSNR=30.8316　　解模糊 N=500，PSNR=31.7523

图 3.2.14　基于 FT 的迭代盲目反卷积算法对无噪散焦模糊图象复原实验结果(N 为迭代次数)

表 3.2.4　空域迭代盲目反卷积算法解无噪散焦模糊复原图象 PSNR(dB)与迭代次数 N 的关系

实验组别	$N=0$	$N=20$	$N=50$	$N=100$	$N=150$	$N=300$	$N=500$
第一组(图 3.2.13)	21.4161	26.8764	28.2505	29.259	29.9144	31.0515	31.9228
第二组(未给图象)	18.6034	27.4846	29.5584	31.3146	32.3421	34.2273	35.701
第三组(未给图象)	19.311	27.9383	29.8337	31.5024	32.6247	34.6424	36.1548

表 3.2.5　基于 FT 的迭代盲目反卷积算法解无噪散焦模糊复原图象 PSNR(dB)与迭代次数 N 的关系

实验组别	$N=0$	$N=20$	$N=50$	$N=100$	$N=150$	$N=300$	$N=500$
第一组(图 3.2.14)	21.4161	26.4098	27.8297	28.9556	29.6256	30.8321	31.7461
第二组(未给图象)	18.6034	26.6982	28.7937	30.5027	31.5696	33.5521	35.0998
第三组(未给图象)	19.3111	27.1799	29.123	30.774	31.8567	33.8657	35.4207

由图 3.2.13、图 3.2.14 的两种算法解模糊复原图象以及表 3.2.4、表 3.2.5 中解模糊前后图象 PSNR 数据和图 3.2.15 中两组复原图象 PSNR 与迭代次数 N 的关系曲线，可以得出以下结论。

(1)空间域的迭代盲目反卷积和基于 FT 的迭代盲目反卷积两种解模糊算法都能够使无噪模糊图象得到较好的复原，复原图象的 PSNR 都随着迭代次数 N 的增多而提高。

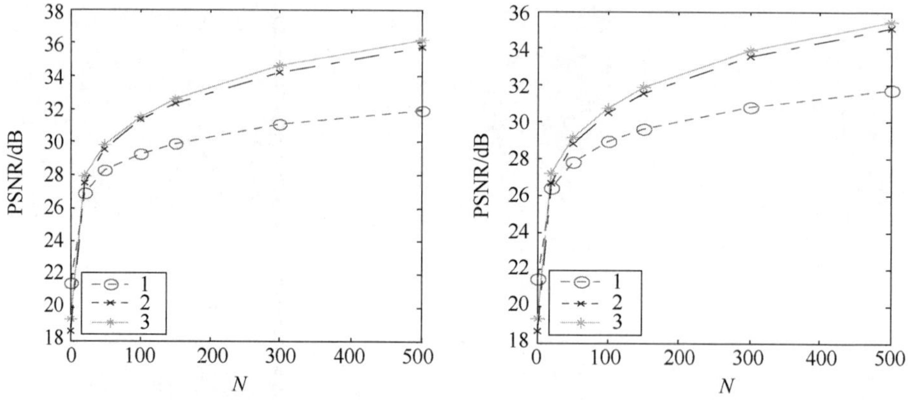

(a) 空间域迭代盲目反卷积解模糊算法　(b) 基于FT的迭代盲目反卷积解模糊算法

图 3.2.15　两种盲目反卷积算法解散焦模糊(不附加噪声)
复原图象的 PSNR 与迭代次数 N 的关系(见彩图)

(2)两种算法复原图象 PSNR 提高与迭代次数 N 的关系都不是线性的，当 $N=100$ 时，两种算法均可使复原图象 PSNR 提高 10dB 左右，但是在 $N>100$ 时，PSNR 提高的幅度逐渐减少。由此对无噪模糊图象的处理应该选择迭代次数 $N=100$。

(3)在相同迭代次数 N 的情况下，对无噪模糊图象，空间域的迭代盲目反卷积复原图象要比基于 FT 的迭代盲目反卷积复原图象具有较高的 PSNR，高 0.2～0.8dB。但是，实验表明前者比后者需要更多的计算量，相应的要花去更多的时间代价。

接着，对含噪模糊图象进行有限支持域迭代盲目反卷积解模糊仿真实验。首先使用大小为 3×3 的散焦模糊矩阵对原始高分辨率图象作卷积降质模糊操作，并加入 $N(0,5)$ 的高斯噪声，得到含噪的模糊图象；然后，利用空间域的迭代盲目反卷积算法和基于 FT 的迭代盲目反卷积算法分别对含噪模糊图象进行解模糊复原操作，图 3.2.16

和图 3.2.17 分别给出了一组处理结果，其中前两幅图象即原始高分辨率图象和模糊图象均相同，后续六帧为迭代次数 N 依次等于 1、2、3、4、5、6 的处理结果，显示模式 256×256 。表 3.2.6 和表 3.2.7 分别给出两种算法对三组有噪模糊图象复原的峰值信噪比，其中前、后两组数据未给出对应的处理图象，但是与两种算法第二组的处理图象一样，两种算法的前、后两组处理图象的原始高分辨率图象和模糊图象均相同。根据表 3.2.6 和表 3.2.7，可以得到两种算法解模糊复原图象的 PSNR 增量与迭代次数 N 的三个对应的关系曲线，如图 3.2.18 所示。

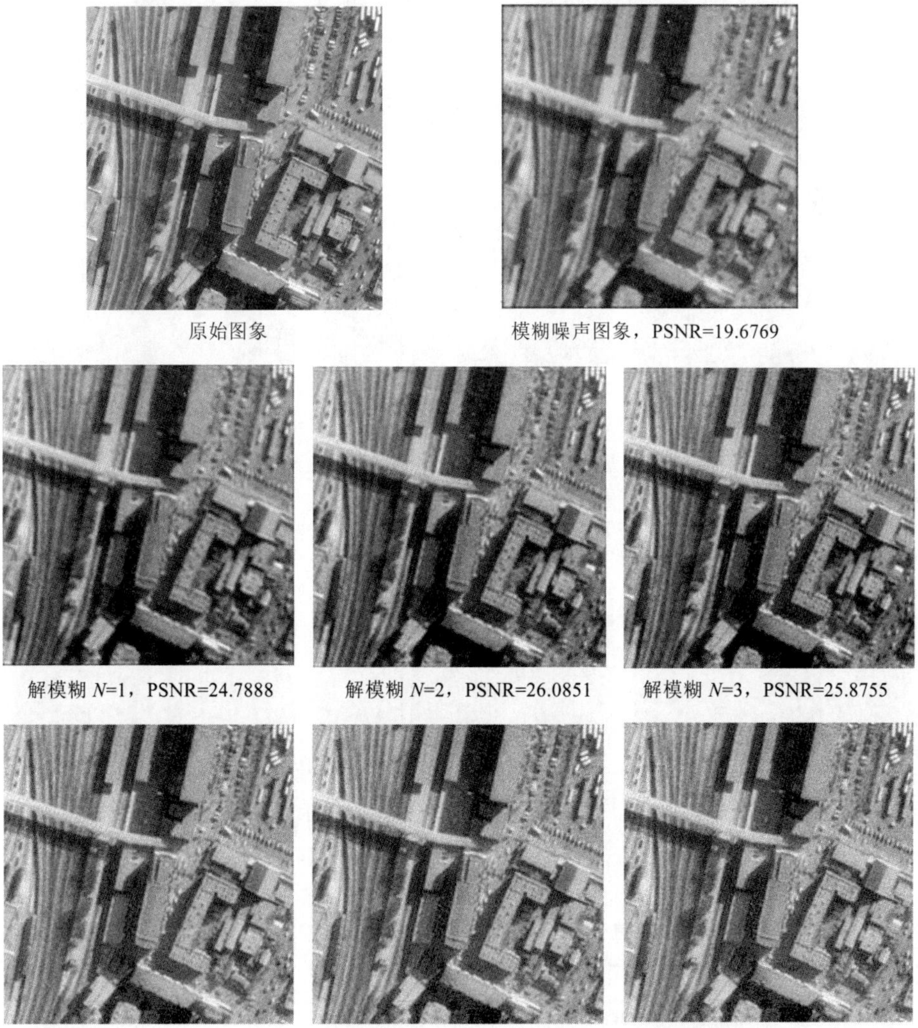

原始图象　　模糊噪声图象，PSNR=19.6769

解模糊 N=1，PSNR=24.7888　　解模糊 N=2，PSNR=26.0851　　解模糊 N=3，PSNR=25.8755

解模糊 N=4，PSNR=25.3356　　解模糊 N=5，PSNR=24.7502　　解模糊 N=6，PSNR=24.2317

图 3.2.16　空域迭代盲目反卷积算法对有噪散焦模糊图象复原仿真实验结果（N 为迭代次数）（48%显示）

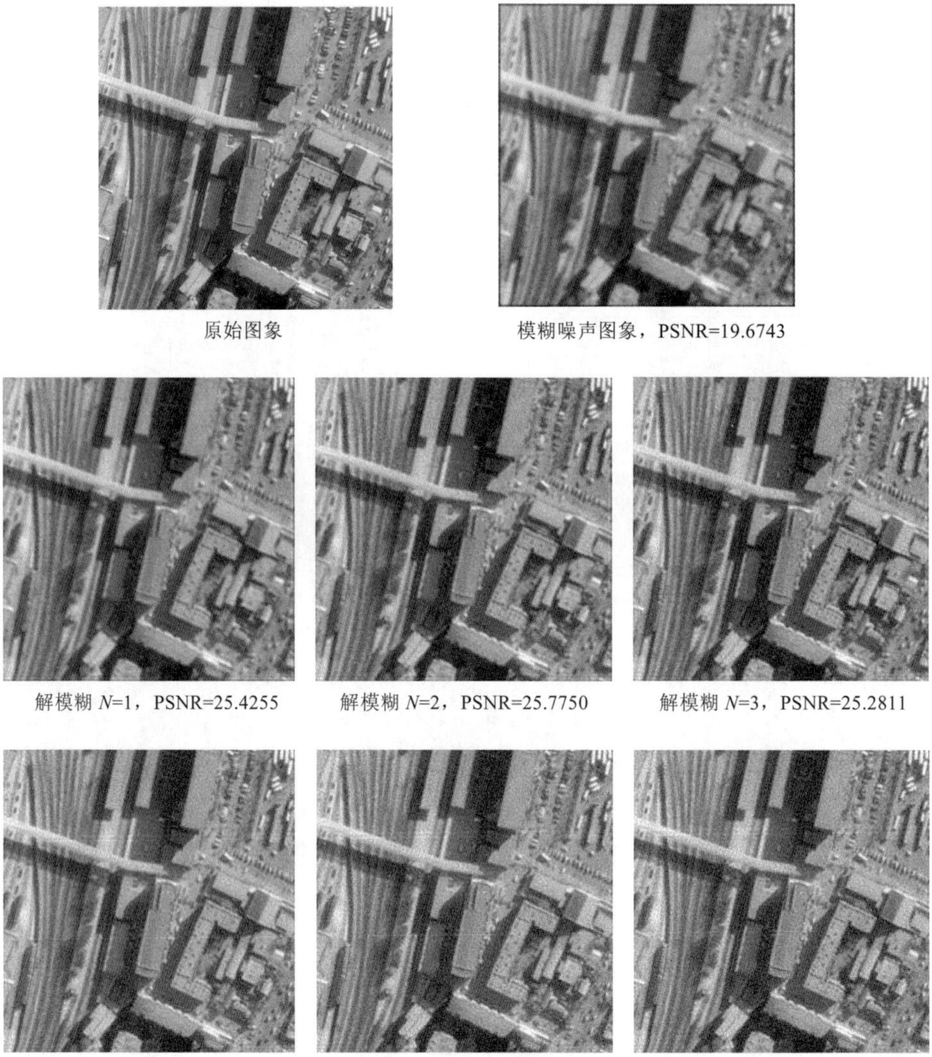

原始图象　　模糊噪声图象，PSNR=19.6743

解模糊 N=1，PSNR=25.4255　　解模糊 N=2，PSNR=25.7750　　解模糊 N=3，PSNR=25.2811

解模糊 N=4，PSNR=24.6880　　解模糊 N=5，PSNR=24.1248　　解模糊 N=6，PSNR=23.6144

图 3.2.17　基于 FT 的迭代盲目反卷积算法对有噪散焦模糊图象复原仿真实验结果(N 为迭代次数)(48%显示)

表 3.2.6　空域迭代盲目反卷积算法解有噪散焦模糊复原图象 PSNR(dB)与迭代次数 N 的关系

实验组别	$N=0$	$N=1$	$N=2$	$N=3$	$N=4$	$N=5$	$N=6$
第一组(未给图象)	20.5179	24.1161	25.2736	25.1419	24.7037	24.2402	23.7982
第二组(图 3.2.16)	19.6769	24.7888	26.0851	25.8755	25.3356	24.7502	24.2317
第三组(未给图象)	17.8124	21.9901	23.6246	23.9450	23.8288	23.5647	23.2470

表 3.2.7　基于 FT 的迭代盲目反卷积算法解有噪散焦模糊复原图象 PSNR(dB)与迭代次数 N 的关系

实验组别	$N=0$	$N=1$	$N=2$	$N=3$	$N=4$	$N=5$	$N=6$
第一组(未给图象)	20.5148	24.9649	25.2018	24.8041	24.3021	23.8084	23.3503
第二组(图 3.2.17)	19.6743	25.4255	25.7750	25.2811	24.6880	24.1248	23.6144
第三组(未给图象)	17.8145	23.0348	24.0329	23.9836	23.6765	23.3062	22.9321

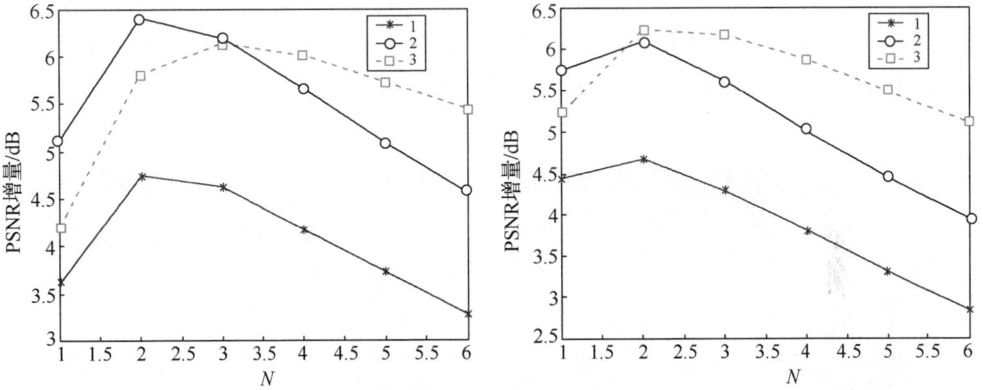

(a) 空域迭代盲目反卷积解模糊算法　　(b) 基于FT的迭代盲目反卷积解模糊算法

图 3.2.18　两种盲目反卷积算法解散焦模糊(有噪)复原图象的 PSNR 增量与迭代次数 N 的关系(见彩图)

由图 3.2.16、图 3.2.17 的两帧算法解模糊复原图象以及表 3.2.6、表 3.2.7 的 PSNR 数据和图 3.2.18 的两组复原图象 PSNR 增量与迭代次数 N 的关系曲线，可以得出以下结论。

(1) 空间域的迭代盲目反卷积和基于 FT 的迭代盲目反卷积两种解模糊算法都能够使有噪模糊图象得到复原，且均在 $N=2$ 或 $N=3$ 时解模糊复原图象 PSNR 的提高值达到峰值，为 4～6dB，随着迭代次数 N 的进一步增加，复原图象的 PSNR 反而降低。以上分析表明，在实际使用中，两种有限支持域迭代盲目反卷积解模糊算法对有噪模糊图象的复原操作，取 $N=2$ 或 $N=3$ 即可获得较好的解模糊效果。

(2) 在 $N=1$ 的情况下，基于 FT 的迭代盲目反卷积复原图象比空间域的迭代盲目反卷积复原图象要具有较高的 PSNR，高 0.6～1.0dB；而当 $N\geqslant 2$ 时，两种算法复原图象的 PSNR 平均看来基本相当。但是，实验表明后者比前者需要更多的计算量，相应的要花去更多的时间代价。

显然，上述解模糊仿真实验结果表明，两种有限支持域上迭代盲目反卷积算法对无噪模糊图象和有噪模糊图象的实验效果与迭代次数 N 的关系是不一样的，对无噪(噪声极小)的模糊图象复原效果及其 PSNR 值随着 N 的增加始终是增加的，在 $N>100$ 时，PSNR 值的增加幅度才逐渐降低；而对有噪(噪声较大)的模糊图象复原效果及其 PSNR 值，在 N 由 1 增加到 2 时是增加的，但是当 $N>2$ 或 $N>3$ 时，反而

随着 N 的增加而逐渐降低，这是因为在解模糊过程中会引起噪声的放大，随着迭代次数 N 的增加，噪声放大的幅度也比较大，使图象噪声的比重明显增加，这样反而会使模糊图象复原效果及其 PSNR 值下降。

下面利用有限支持域两种迭代盲目反卷积算法对有噪模糊图象的仿真实验及其分析结果，选择迭代次数 $N=2$，对有噪模糊图象进行处理，进一步观察、审查和比较两种算法的处理效果。在仿真实验中，首先使用大小为 3×3 的散焦模糊矩阵对原始高分辨率图象作卷积模糊降质操作，并加入 $N(0,5)$ 的高斯噪声，得到有噪模糊图象；然后利用上述两种算法分别进行解模糊操作，得到复原图象，图 3.2.19 给出了三组实验结果。

(a) 原始高分辨率图象

(b) 有噪模糊图象，PSNR=16.0056

(c) 空间域算法复原图象，N=2，PSNR=21.4336

(d) 基于 FT 算法复原图象，N=2，PSNR=21.8506

第一组

(a) 原始高分辨率图象

(b) 有噪模糊图象，PSNR=19.9513

(c) 空间域算法复原图象，N=2，PSNR=25.1690

(d) 基于 FT 算法复原图象，N=2，PSNR=25.2449

第二组

(a) 原始高分辨率图象

(b) 有噪模糊图象，PSNR=16.0872

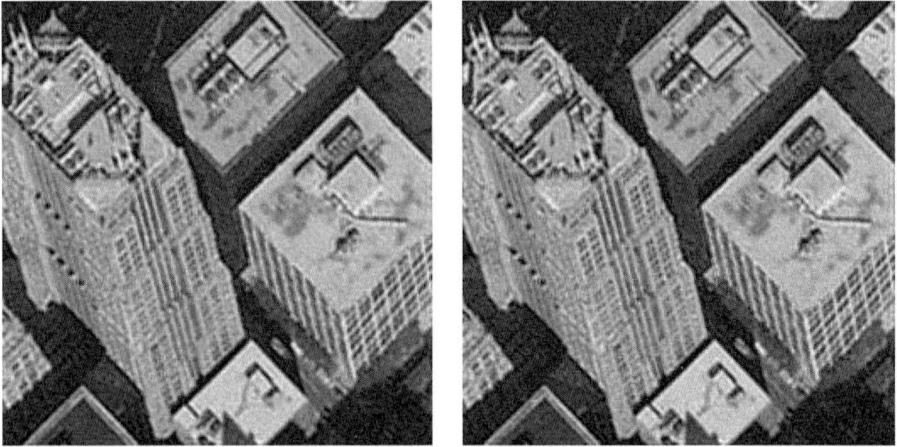

(c)空间域算法复原图象，N=2，PSNR=21.5618

(d)基于 FT 算法复原图象，N=2，PSNR=21.7266

第三组

图 3.2.19　有限支持域迭代(N=2)盲目反卷积算法解散焦模糊(有噪)复原图象仿真实验结果(70%显示)

图 3.2.19 的三组图象的显示模式 256×256，由于版面限制，70%显示。利用原始图象为参考图象，可以计算出有噪模糊图象、空间域的迭代盲目反卷积解模糊复原图象和基于 FT 的迭代反卷积模糊图象复原图象的峰值信噪比，表 3.2.8 列出三组解模糊前后图象的峰值信噪比及其比较。由图 3.2.19 的解模糊图象和表 3.2.8 的 PSNR 数据可以得出以下结论。

(1)在迭代次数 N=2 时，两种算法都能使有噪模糊图象较好复原，PSNR 提高 5～6dB。

(2)在复原效果上，基于 FT 的算法略好于空间域的算法，PSNR 提高多 0.07～0.42dB。

表 3.2.8　两种有限支持域迭代盲目反卷积算法解有噪散焦模糊复原图象 PSNR(dB)的比较(N=2)

图 3.2.19 图象组别	有噪模糊图象的 PSNR	空间域的算法		基于 FT 的算法	
		PSNR	PSNR 提高	PSNR	PSNR 提高
第一组	16.0056	21.4336	5.4280	21.8506	5.8450
第二组	19.9513	25.1690	5.2177	25.2449	5.2936
第三组	16.0872	21.5618	5.4746	21.7266	5.6394

在对真实遥感图象进行解模糊复原处理中，由于没有参考图象，所以无法计算解模糊前后图象的峰值信噪比，但是可以比较解模糊前后图象的对比度。一帧图象对比度可以通过计算图象各点与其邻域四点像素差值绝对和或像素差值平方和得到，其计算公式为

$$J_e=\sum_{k,l}\left[\left|f(k,l)-f(k-1,l)\right|+\left|f(k,l)-f(k,l-1)\right|+\left|f(k,l)-f(k+1,l)\right|+\left|f(k,l)-f(k,l+1)\right|\right] \tag{3.2.56}$$

$$J_e=\sum_{k,l}\left[\left|f(k,l)-f(k+1,l)\right|^2+\left|f(k,l)-f(k,l+1)\right|^2+\left|f(k,l)-f(k-1,l)\right|^2+\left|f(k,l)-f(k,l-1)\right|^2\right] \tag{3.2.57}$$

通过式(3.2.56)和式(3.2.57)可以求出模糊图象的对比度 J_{e1} 和复原图象的对比度 J_{e2}，进一步可以计算解模糊复原图象的对比度改善因子 T_{e1} 和 T_{e2}。若使用式(3.2.56)，则通过

$$T_{e1}=20\lg\frac{J_{e2}}{J_{e1}}\ (\text{dB}) \tag{3.2.58}$$

计算解模糊复原图象的对比度改善因子 T_{e1}；若使用式(3.2.57)，则通过

$$T_{e2}=10\lg\frac{J_{e2}}{J_{e1}}\ (\text{dB}) \tag{3.2.59}$$

计算解模糊复原图象的对比度改善因子 T_{e2}。

由于基于 FT 的迭代盲目反卷积解模糊图象复原算法有快速算法，运算速度较快，且当迭代次数 $N=2$ 时复原效果较好，所以利用这种算法对“资源二号”遥感观测图象进行解模糊复原处理，图 3.2.20 给出五组结果，显示模式 256×256，由于版面限制，70%显示。同时，利用式(3.2.56)～式(3.2.59)，得到解模糊复原图象对比度改善数据，如表 3.2.9 所示。

由图 3.2.20 解模糊图象的效果及其表 3.2.9 对比度改善的数据可以得出以下结论。

真实遥感图象　　基于 FT 的盲目反卷积复原图象

(a)

真实遥感图象

基于 FT 的盲目反卷积复原图象

(b)

真实遥感图象

基于 FT 的盲目反卷积复原图象

(c)

真实遥感图象

基于 FT 的盲目反卷积复原图象

(d)

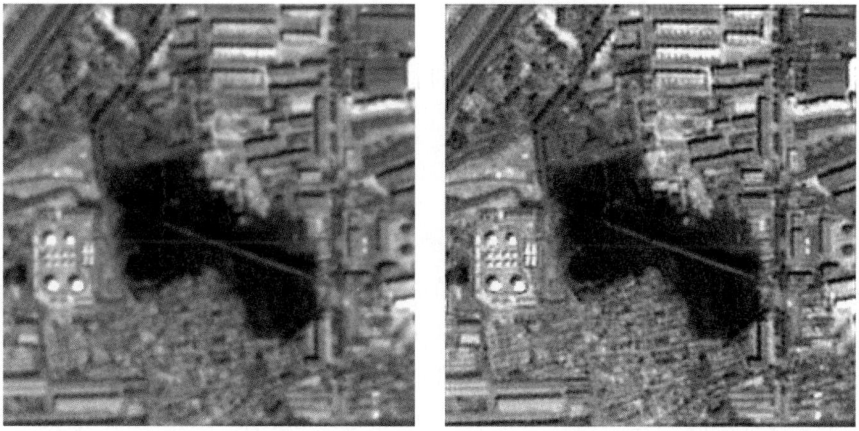

真实遥感图象　　基于 FT 的盲目反卷积复原图象

(e)

图 3.2.20 基于 FT 的迭代(N=2)盲目反卷积算法对真实遥感图象解模糊复原实验结果(70%显示)

(1)有限支持域迭代盲目反卷积算法对真实遥感观测图象解模糊的效果非常明显，确实改善了观测图象的对比度，图象纹理清晰度有很大增强，表明所建立的解模糊复原算法是可以实际应用的，可以提高图象对内涵客体的分辨能力。

表 3.2.9 图 3.2.20 中解模糊复原图象对比度改善因子 (单位：dB)

图象组别	(a)	(b)	(c)	(d)	(e)	平均
T_{e1}	10.73	12.0	11.31	11.03	11.32	11.28
T_{e2}	9.52	11.14	9.97	9.99	10.12	10.15

(2)基于式(3.2.56)计算的盲目反卷积算法处理真实遥感图象的对比度改善 T_{e1} 为 10.5～12dB，平均为 11.28dB，而基于式(3.2.57)计算的相同处理图象对比度改善 T_{e2} 为 9.5～11dB，平均为 10.15dB，即计算结果 T_{e1} 比 T_{e2} 约高 1dB。

上述实验结果表明，空间域的迭代盲目反卷积模糊图象复原算法和基于 FT 的迭代盲目反卷积模糊图象复原算法都能够较好地实现模糊降质图象的复原，如果迭代次数相同，则两者的处理效果比较接近，但是前者却比后者需要更多的计算量，相应的要花去更多的时间代价。在仿真实验中，不同的迭代次数对迭代结果图象 PSNR 的影响并不是线性的，对无噪图象来说，经过 100 次迭代通常已经能够得到较好的复原图象，可将 PSNR 提高 10dB 左右，而后随着迭代次数的增加，并不能显著提高 PSNR；而对有噪图象来说，迭代次数为 2 或 3 时，被处理图象 PSNR 的提高达到峰值，而后随着迭代次数的增加，由于图象噪声也会被放大，迭代图象 PSNR 的提高值反而会下降。

3.3　图象噪声抑制技术及其去噪算法

3.3.1　引言

图象复原中的噪声抑制技术，与通常图象处理中其他应用的噪声抑制技术比较，要求较高，主要因为其目的是提高图象的分辨能力，而图象分辨能力的提高主要依赖于其纹理细节即高频信息的增强，所以在噪声图象的去噪复原处理中，不能损失纹理细节即高频信息。为了抑制遥感图象中的噪声，存在很多常规的方法，例如，各种帧内滤波器和帧间滤波器，都能在一定程度上滤除噪声，但是存在噪声滤除与边缘纹理保留之间的矛盾，也就是说，常存在这种情况：在对图象噪声进行滤除的同时，将图象的边缘纹理模糊了。因此，有必要研究新的去噪方法，在滤除图象噪声的同时，又能保留甚至增强图象边缘纹理信息，即要求在不损失图象空间分辨率的前提下，有效地抑制图象噪声。

在有多源(帧)图象可以利用的情况下，可以利用多源信息融合的频域去噪方法。这种方法是利用图象噪声的随机性和最小均方技术导出的图象频域解混叠算法，由多帧低分辨率序列图象重构一帧高分辨率图象，结果在有效地提高图象分辨率的同时，还有效地抑制了图象噪声，提高了图象信噪比。

在仅有单源(帧)图象可以利用的情况下，利用基于偏微分方程(PDE)的去噪方法是一个较好的选择。我们将重点比较系统地研究基于 PDE 的扩散去噪技术，其中包括扩散去噪的应用分析、扩散去噪模型的演变及其参数选择、九种扩散去噪算法的实验比较以及我们改进的非线性各向异性扩散最优去噪算法实验结果及其分析，实验证明我们改进的这种帧内基于 PDE 的最优扩散去噪算法不但能够很好地抑制图象噪声，而且能够保护甚至增强图象固有的边缘纹理细节等高频特征，提高噪声图象复原的效果。

条带噪声是遥感图象中一种周期性的噪声，针对其在图象频谱中的分布特征，我们设计了陷波带阻滤波器。实验证明所设计的陷波带阻滤波器能有效地消除图象的条带噪声。

将遥感图象的梯度与其颗粒噪声的关系作为先验信息，我们建立了有限制的中值滤波算法，不但可以消除图象中严重的颗粒噪声，而且可以有效地保护图象纹理细节。

因此，本书首先重点研究基于多源信息融合的频域去噪方法和基于 PDE 的单帧去噪方法，然后针对实际应用还要研究陷波带阻滤波器和改进的中值滤波器。

当然，在实际图象的噪声抑制中，对于一类遥感图象，作为先验信息，要先通过分析其 SNR 参数确定需要进行去噪处理的标准参数 C_3^{stand}，当图象的实际 SNR 参

数 $C_3 < C_3^{\text{stand}}$ 时，再对图象进行去噪复原处理。在去噪方法的选择上，还要考虑噪声分布的先验信息。

3.3.2　基于多帧融合的频域法图象去噪技术

在有多源(帧)图象可以利用时，可以应用基于多帧融合的频域去噪技术抑制图象噪声。这种技术是在基于频域解混叠的图象复原与超分辨处理理论分析中(见 4.3.2 节的第 2 部分)，利用多帧低分辨率图象重构高分辨率图象，在有噪声的情况下，重构过程利用加性噪声的不相关性，采用最小均方技术，使重构图象到低分辨率图象的映射与其观测图象间的均方误差最小，导出一套可用于去噪的频域循环递归迭代公式，即

$$\boldsymbol{E}^{(k+1)} = \boldsymbol{P}(k+1)\bar{\boldsymbol{Y}}_{k+1}(\boldsymbol{Z}_{k+1} - \boldsymbol{Y}_{k+1}^{\mathrm{T}}\hat{\boldsymbol{F}}^{(k)}) \tag{3.3.1}$$

$$\hat{\boldsymbol{F}}^{(k+1)} = \hat{\boldsymbol{F}}^{(k)} + \boldsymbol{E}^{(k+1)} \tag{3.3.2}$$

式中，$\boldsymbol{E}^{(k+1)}$ 是第 k 次迭代后的均方误差；$\hat{\boldsymbol{F}}^{(k)}$ 是第 k 次迭代的高分辨率图象频谱估计(列向量)；$\boldsymbol{Y}_{k+1}$ 是相位混叠矩阵的第 k+1 列，反映第 k+1 帧低分辨率噪声图象频谱与要重建的理想图象频谱的关系；上标“–”表示复共轭；上标“T”表示转置；$\boldsymbol{Z}_{k+1}$ 是第 k+1 帧低分辨率噪声图象频谱；$\boldsymbol{P}(k+1)$ 是与 k+1 帧低分辨率噪声图象频谱相位关系矩阵有关的方阵，可以通过迭代公式(见式(4.3.18a)～式(4.3.18c))计算，详见 4.3.2 节的第 2 部分。

利用上述基于多帧融合的频域循环递归迭代去噪算法对多帧低分辨率噪声序列图象做了很多实验，图 3.3.1 给出三组仿真实验结果，其中每组首先选择一帧高分辨率图象进行(1/2)×(1/2)下采样后，再添加较多的噪声得到四帧低分辨率噪声序列图象，显示分辨率为 128×128，作为算法的输入图象，每组的左侧是其中第一帧双线性插值图象，右侧是该算法迭代处理后的输出图象，显示分辨率映射为 256×256。

4 帧噪声图象中第一帧双线性插值图象　　去噪处理后图象(256×256)

第一组

4 帧噪声图象中第一帧双线性插值图象　　去噪处理后图象(256×256)

第二组

4 帧噪声图象中第一帧双线性插值图象　　去噪处理后图象(256×256)

第三组

图 3.3.1　基于多帧融合的频域循环递归迭代去噪算法仿真实验结果(66%显示)

以每组原高分辨率图象为参考图象，可以计算出输入双线性插值图象和输出图象的峰值信噪比，如表 3.3.1 所示。

表 3.3.1　图 3.3.1 中去噪处理前后图象 PSNR 的改善　　(单位：dB)

图象组别	输入双线性插值图象	去噪处理输出图象	PSNR 提高
第一组	16.59	22.18	5.59
第二组	16.99	21.75	4.76
第三组	16.55	22.22	5.67

由图 3.3.1 可见，基于多帧融合的频域循环递归迭代去噪算法有效地抑制了图象噪声，使提高分辨率的效果更加明显。由表 3.3.1 中图象峰值信噪比改善的数据可见，该算法可使图象的 PSNR 提高 4.5dB 以上。

3.3.3　基于 PDE 的扩散图象去噪技术

1. 扩散去噪应用分析

近几年来，基于 PDE 的处理方法在图象处理领域有广泛的应用，在边缘检测、纹理分析、形状分析和图象分割等方面取得了较好的效果(Jozef et al.，1995；Liang et al.，1998；Hamid et al.，1999；Lin et al.，1999)，引起了人们广泛的关注。就图象去噪而言，基于 PDE 的扩散(diffusion)方法发展过程：由均匀线性扩散到非均匀线性扩散，再到非线性扩散和各向异性扩散，由实数域扩散到复数域扩散，还出现了前向后向扩散和高阶微分扩散方程扩散等(Weickert，1997；Guichard et al.，2000)，各种扩散去噪方法都有自己的长处和应用。

早在 20 世纪 60 年代，由 Iijima 提出了一维高斯尺度空间的概念(Iijima，1963)，而基于 PDE 的扩散去噪理论首先是从 Gauss 滤波引入的(Rosenfeld et al.，1971)。之后，对于二维图象，Witkin 进一步利用不同尺度的高斯核 G_σ 与原始图象 u_0 卷积得到图象序列 $u_\sigma(0<\sigma<\infty)$ (Witkin，1983)，并指出这个图象序列可以等价地视为热传导偏微分方程(见式(3.3.3))即扩散方程的解。Witkin 等的扩散方程(3.3.3)的应用，由于所选取的扩散系数在图象各点处相同，这种各向同性扩散方程由于其均匀扩散性，不能在去除噪声的同时保留边缘，而只能在两者中取一个折中。因此，将扩散方程发展到各向同性的非均匀线性扩散(见式(3.3.4))，将 c 取为原始含噪图象 u_0 的梯度 $|\nabla u_0|$ 的非线性函数，使其在图象边缘和纹理处具有较小的扩散，但是很难消除噪声，尤其当存在较大噪声时，在迭代过程中始终根据 $|\nabla u_0|$ 的大小来判断边缘不一定正确。于是，发展到每一步迭代均根据前一步迭代出来的图象梯度来确定扩散系数的非线性各向同性扩散(见式(3.3.6))，但是，仍不能达到消除图象边缘噪声的目的。

在各向异性扩散中的边缘增强和一致增强性扩散(见式(3.3.8))，把扩散系数由一个标量扩展为不同的张量形式，但是在图象噪声较大时，容易产生虚假的边缘和区域，又将扩散方程发展到非线性各向异性的 P-M 扩散(Perona et al.，1990)，见式(3.3.15)，这种扩散去噪方法的优点是在消除平滑区域噪声的同时也能消除边缘上的噪声，且可保留较强的阶跃状边缘；但是，由于在纹理峰顶处的梯度等于零，使扩散系数取最大值 $c(0)=1$，处理结果使峰顶降低和加宽，图象细节的峰状纹理模糊甚至可能完全消失，只有强的阶跃状边缘保留下来，所以这种 P-M 扩散的缺点仍然会使纹理细节得不到很好的保护甚至被抹杀。

针对上述一些问题，很多学者又提出了在扩散系数的取法上进行改进的各种扩散去噪方法。例如，令扩散系数根据梯度的大小设置为正值或负值的前向后向扩散，使得扩散在局部范围内(通常被认为是在边缘纹理处)采用逆扩散过程以增强边缘纹理，但不能滤除边缘纹理处的噪声。另外，Gilboa1 等还提出了复数域上的扩散去噪方程和高阶偏微分方程扩散方法等，见文献(Gilboa1 et al.，2002)。我们对上述各种形式的扩散算法进行了大量图象去噪处理实验。

1992 年，Catté等对 P-M 扩散方程(3.3.15)进行了改进(Catté et al.，1992)，用 $c(|\nabla(G_\sigma \times u)|)$ 代替 $c(|\nabla u|)$，扩散系数的估计改在图象 $\nabla G_\sigma \times u$ 上获取，比较可靠，因此其性能优于 Perona 和 Malik 的算子，但是仍然不能很好地保留图象细节纹理。因此，我们在扩散系数计算中增加二阶导数因子，使其在纹理峰顶处取极小值，所以能很好地保护图象中众多的峰状的细节纹理。在此基础上，我们建立了一种新的改进的非线性各向异性扩散方程，见式(3.3.16)，对大量真实遥感图象进行去噪的实验结果表明，这种算法的去噪性能最好，并且参数的适应性也好。

应用基于 PDE 的扩散去噪方法还要涉及信号噪声的特征与去噪模型的匹配以及去噪模型参数选取等问题，需要在实际应用中认真处理。

2. 扩散去噪模型

基于 PDE 的去噪模型的基本形式(Koenderink，1984；Hummel，1986)：令 $u_0: R^2 \to R$ 表示一个灰值图象，其中 $u_0(x,y)$ 为灰度值，引进一个时间参数 t，图象变形为一个偏微分方程，即

$$\frac{\partial u}{\partial t} = F[u(x,y,t)]$$

式中，$u(x,y,t): R^2 \times [0,\tau] \to R$ 是一个进化图象；$F: R \to R$ 表示一个特定的算法所对应的算子；图象 u_0 为初始条件。

对图象进行基于 PDE 的去噪处理方法中，扩散方法是最具影响力的方法之一。

1)各向同性扩散

各向同性扩散主要包括均匀线性扩散、非均匀线性扩散和非线性各向同性扩散。

(1)均匀线性扩散

对一个由 $u_0: \Re^2 \to \Re$ 描述的原始含噪二维图象，广泛应用的线性扩散过程(Witkin，1983；Weickert，1997)为

$$\begin{cases} \partial_t u = c\Delta u \\ u(x,0) = u_0(x) \end{cases} \tag{3.3.3}$$

式中，$x \in R^2$；导数是指高斯导数；$u(x,t)$ 为经过 t 时间扩散后得到的去噪图象；t 为尺度因子；Δ 为拉普拉斯算子；c 为某常数，称为扩散系数。以下符号同。其解可表示为

$$u(x,t)=\begin{cases}u_0(x), & t=0\\ (G_{\sqrt{2tc}}*u_0)(x), & t>0\end{cases} \tag{3.3.3a}$$

G_σ 表示标准偏差为 σ 的高斯函数 $G_\sigma(x)=\dfrac{1}{2\pi\sigma^2}\cdot\exp\left(-\dfrac{|x|^2}{2\sigma^2}\right)$。

由于 c 是常数，所以为各向同性的均匀线性扩散。正由于所选取的扩散系数在图象各点处相同，在对含噪图象进行处理时，在滤除噪声的同时会使边缘纹理模糊，不能保持细微结构，如边缘和纹理等，甚至会改变边缘的位置。而只能在两者中取一个折中。因此，人们将一般的扩散方程推广到不均匀的各向同性线性扩散方程。

(2) 改进的非均匀线性扩散

在这种改进的非均匀线性各向同性扩散模型中，图象中各点处的扩散系数取为原始含噪图象 u_0 的梯度 $|\nabla u_0|$ 的非线性函数(Weickert，1997)，即

$$\partial_t u=\mathrm{div}(c(|\nabla u_0|^2)\nabla u) \tag{3.3.4}$$

$$c(|\nabla u_0|^2)=\frac{1}{\sqrt{1+|\nabla u_0|^2/\lambda^2}} \tag{3.3.5}$$

优点：根据 $|\nabla u_0|$ 的大小来判别边缘，能较好地保持边缘，减少对边缘纹理处的模糊。

缺点：①在存在较大的噪声时，在迭代过程中始终根据 $|\nabla u_0|$ 的大小来判别边缘不一定正确；②在边缘处扩散系数取得很小，所以对边缘处的噪声处理不好；③在 t 较大时会产生虚假边缘。于是，又将扩散方程发展到非线性各向同性扩散。

(3) 非线性(带反馈)各向同性扩散

为改进上述非均匀同性扩散存在的缺点，扩散系数不取为原始含噪图象的梯度的函数，而根据每一步迭代出来的图象的梯度来确定扩散系数，即

$$\partial_t u=\mathrm{div}(c(|\nabla u|^2)\nabla u) \tag{3.3.6}$$

比较典型的是 P-M 扩散模型(Perona et al.，1987)，其中

$$c(|\nabla u|)=\frac{1}{1+|\nabla u|^2/\lambda^2}$$

$$\partial_t u=\mathrm{div}(c(|\nabla u|)\nabla u)\text{，或 }\partial_t u=\mathrm{div}(c(|\nabla u_\sigma|)\nabla u) \tag{3.3.7}$$

式中，$u_\sigma=G_\sigma*u$，且 σ 和 λ 可以取成与时间相关的函数。

除了上述取法，$c(s)$ 还可以取 e^{-s} 或 $s/(1+s^2)$ 等形式。

非均匀线性扩散的扩散系数取为含噪图象梯度的非线性函数，在梯度大处扩散系数小，在梯度小处扩散系数大。其优点是：根据每次迭代出来的图象的梯度 $|\nabla u|$ 的

大小来判断边缘，能较好地对边缘进行定位，且边缘处的模糊程度减小。其缺点是：①边缘处的对比度减小；②在 λ 取某些值的情况下，式(3.3.7)是逆扩散方程，它是病态方程，其解是不确定的，在图象处理中表现不稳定，这时也会使得原本非常接近的图象产生完全不同的边缘，所以在 λ 的取法上，必须保证 $sc(s)$ 是非降的；③仍没有达到边缘处去噪的目的。

在非边缘处，非线性(带反馈)各向同性扩散的表现实际上相当于线性扩散，但是在边缘处却不同。事实上，在此处理过程中边缘上的噪声并没有得到有效抑制。要解决此问题，就必须引入定向扩散，使扩散在边缘处沿边缘方向进行，而不是沿垂直于边缘的方向进行，这两个方向扩散系数的选择是不相同的，这就是所谓的各向异性扩散(Weickert，1997；Michael et al.，1998)。

2)非线性各向异性扩散

非线性各向异性扩散主要包括下面四种扩散方法。

(1)边缘增强扩散

边缘增强扩散主要是对含噪边缘进行处理(Nitzberg et al.，1992；Weickert，1996)，其扩散方程的形式为

$$\begin{cases} u_t = \mathrm{div}(\boldsymbol{D}\nabla u) \\ u(x,0) = u_0 \end{cases} \tag{3.3.8}$$

式中，$\boldsymbol{D}$ 不再是一个数值，而是一个矩阵，称为扩散张量，即

$$\boldsymbol{D} = \boldsymbol{R}^{\mathrm{T}} \begin{pmatrix} c_1 & 0 \\ 0 & c_2 \end{pmatrix} \boldsymbol{R} \tag{3.3.9}$$

$$\boldsymbol{R} = \frac{1}{\sqrt{(u_x^t)^2 + (u_y^t)^2}} \begin{pmatrix} u_x^t & -u_y^t \\ u_y^t & u_x^t \end{pmatrix} \tag{3.3.10}$$

式中，c_1 是梯度方向的传导函数；c_2 是垂直于梯度方向的传导函数。

(2)一致增强扩散

一致增强扩散主要对图象中的一维结构特征进行处理(Weickert，1995；Scharr et al.，2000)，按式(3.3.11)构造扩散张量 $\boldsymbol{D}$ 为

$$\boldsymbol{D} = \begin{pmatrix} d_{11} & d_{12} \\ d_{12} & d_{22} \end{pmatrix} = \boldsymbol{R}^{\mathrm{T}} \begin{pmatrix} c_1 & 0 \\ 0 & c_2 \end{pmatrix} \boldsymbol{R} \tag{3.3.11}$$

$$\boldsymbol{S} = \begin{pmatrix} s_{11} & s_{12} \\ s_{12} & s_{22} \end{pmatrix} = \begin{pmatrix} u_x u_x * G^t & u_x u_y * G^t \\ u_x u_y * G^t & u_y u_y * G^t \end{pmatrix} \tag{3.3.12}$$

扩散张量 $\boldsymbol{D}$ 的各元素为

$$\begin{cases} d_{11}=\dfrac{1}{2}\left(c_1+c_2+\dfrac{(c_2-c_1)(s_{11}-s_{22})}{\alpha}\right) \\ d_{12}=\dfrac{(c_2-c_1)s_{12}}{\alpha} \\ d_{22}=\dfrac{1}{2}\left(c_1+c_2-\dfrac{(c_2-c_1)(s_{11}-s_{22})}{\alpha}\right) \end{cases} \tag{3.3.13}$$

式中，$\alpha=\sqrt{(s_{11}-s_{22})^2+4s_{12}^2}$。

结构张量的特征值由式(3.3.14)给出，即

$$\lambda_{1,2}=\frac{1}{2}(s_{11}+s_{22}\pm\alpha) \tag{3.3.14}$$

上述两种扩散系数不再是一个数值，而是一个矩阵，使扩散在边缘处沿边缘方向进行，在抑制噪声的同时有效地保护了边缘纹理，但是在噪声较大的时候，容易产生虚假的边缘和区域。

(3) 改进的各向异性扩散

1990 年，Perona 和 Malik 提出了如下非线性各向异性的扩散方程(Perona et al.，1990)，即

$$\begin{cases} \partial_t u=\operatorname{div}(c(|\nabla u|)\nabla u) \\ u(x,0)=u_0(x) \end{cases} \tag{3.3.15}$$

式中，$c(s)$ 是非负单调递减函数，$c(0)=1$，$\lim\limits_{s\to\infty}c(s)=0$，常采用 $\mathrm{e}^{-(s/K)^2}$ 或 $\dfrac{1}{1+(s/K)^2}$ 形式。

这种扩散称为 P-M 扩散，其去噪的优点是在消除平滑区域噪声的同时也能消除边缘上的噪声，且可保留较强的阶跃状边缘。但是，在图象的细纹理区域，包括平滑区域中峰状的窄纹理，在高分辨率图象中对分辨率的影响很大，由于在峰顶处的梯度等于零，扩散系数的最大值 $c(0)=1$，处理结果使峰顶降低和加宽，反而降低了对比度和分辨率，尤其经过多次迭代后，图象的细节的峰状纹理可能完全消失，只有强的阶跃状边缘和大面积的平滑区域保留下来，区域内部变得非常光滑。所以，这种 P-M 扩散的缺点仍然会使纹理细节被模糊甚至被抹杀，另外，方程的求解比较困难，并且在某些情况下可能得到不稳定性解，还难以滤除产生高梯度模的颗粒噪声。

1992 年，Catté 等对式(3.3.15)进行了改进(Catté et al.，1992)，用 $c(|\nabla(G_\sigma\times u)|)$ 代替 $c(|\nabla u|)$，并且建立了单一规则解，可称为 Catté 扩散。由于 $|\nabla u|$ 的估计改在平滑后的图象 $\nabla G_\sigma\times u$ 上获取，比较可靠，所以其性能优于 Perona 和 Malik 的算子，但是仍然不能保留细节纹理。

我们分析 P-M 扩散和 Catté 扩散，它们不能保留细节纹理，是因为细节纹理呈

峰状，在峰顶处的梯度等于零，使其扩散系数取最大值，进而使扩散大而损失细节纹理。但是，在细节纹理峰顶处的二阶导数却取极值，若在扩散系数计算中增加二阶导数因子，则会使其扩散系数取极小值，进而使扩散变小而保护细节纹理，所以我们建立了一种新的改进的非线性各向异性扩散方程，即

$$\begin{cases}\partial_t u = \operatorname{div}(\tilde{c}(|\nabla(G_\sigma \times u)|^2 + (G_\sigma \times u_{xx})^2 + (G_\sigma \times u_{yy})^2)\nabla u) \\ u(x,0) = u_0(x)\end{cases} \tag{3.3.16}$$

式中，$\tilde{c}(s) = c(\sqrt{s})$。

对大量真实遥感图象进行去噪的实验结果表明，这种算子在有效抑制噪声的同时，有效地保护了边缘纹理细节，并且没有虚假边缘纹理产生，同时这种算法的适应性也很好。

(4) 前向后向扩散

对于扩散方程，不论线性的还是非线性的，不论各向同性扩散还是各向异性扩散，在遇到边缘时都变得很棘手。为了增强边缘，Gilboa 等认为应采用逆扩散过程 (Gilboa et al.，2002)，即取

$$\partial_t u(x,t) = -c\nabla^2 u(x,t), \qquad c > 0 \tag{3.3.17}$$

这等价于一个高斯反卷积过程。这一方程由于其数值解的不稳定性而被认为是病态的，但是 Gilboa 等认为在局部范围内使用逆扩散过程不会存在不稳定性，因此，他们提出了所谓的前向后向扩散方程，即取扩散系数 $c(s)$ 满足

$$c(s) = \begin{cases} 1-(s/k_f)^n, & 0 \leqslant s \leqslant k_f \\ \alpha[((s-k_b)/w)^{2m}-1], & k_b - w \leqslant s \leqslant k_b + w \\ 0, & \text{其他} \end{cases} \tag{3.3.18}$$

或

$$c(s) = \frac{1}{1+(s/k_f)^n} - \frac{\alpha}{1+((s-k_b)/w)^{2m}} \tag{3.3.19}$$

式中，参数的选取满足以下条件：

① 为保证稳定性，必须满足 $\max\limits_{s<k_f}\{s\cdot c(s)\} > \max\limits_{k_b-w<s<k_b+w}\{s\cdot c(s)\}$；

② $k_f < k_b - w$；

③ $\alpha \leqslant \dfrac{k_f}{2k_b}$；

④ $[k_b - w, k_b + w]$ 中应包含图象的边缘部分。

参数 k_f、k_b 和 w 可以按式 (3.3.20) 取值，即

$$[k_f, k_b, w] = [2,4,1] \times \mathrm{MAG} \tag{3.3.20}$$

式中，MAG (Mean Absolute Gradient) 为平均绝对梯度，代表$|\nabla u|$的均值。

前向后向扩散在局部范围内(通常被认为是在边缘处)采用逆扩散过程以增强边缘，减少了边缘损失，其缺点是：不能滤除边缘纹理处的噪声，仍存在边缘模糊问题。

3) 复扩散

复数域上的扩散方程(Gilboa1 et al.，2002)为

$$\begin{cases} u_t = cu_{xx}, & t>0,\ x\in \mathbf{R} \\ u(x,0)=u_0 \in \mathbf{R}, & c,u\in \mathbf{C} \end{cases} \tag{3.3.21}$$

该方程的解为

$$u(x,t) = u_0 * h(x,t) \tag{3.3.22}$$

式中，$h(x,t)=g_\sigma(x,t)\mathrm{e}^{i\alpha(x,t)}$，$g_\sigma(x,t)=\dfrac{1}{\sqrt{2\pi}\sigma(t)}\mathrm{e}^{-x^2/2\sigma^2(t)}$，$\alpha(x,t)=\dfrac{x^2\sin\theta}{4tr}$，$\sigma(t)=\sqrt{\dfrac{2tr}{\cos\theta}}$，$r$、$\theta$分别为复扩散系数$c$所对应的幅值和相位。

复数域扩散的实部相当于一个平滑算子，而虚部则相当于一个边缘检测算子。

4) 高阶偏微分方程扩散(Gilboa1 et al.，2002)

考虑能量泛函

$$E(u)=\int_\Omega f(|\Delta u|)\mathrm{d}\Omega \tag{3.3.23}$$

它所对应的各向异性方程为

$$\frac{\partial u}{\partial t} = \Delta[g(|\Delta u|)\Delta u] \tag{3.3.24}$$

这是一个四阶偏微分方程。因为当且仅当灰度函数为平面时，函数的二阶导数为 0，这一特点在图象处理的实践中有时会使图象出现“块状”效应，显得不自然，而四阶方程处理的结果则能消除这种现象。

除了上面这些方法，偏微分方程去噪模型还包括微分形态扩散、稳态各向异性扩散、多重网格扩散、定向扩散，以及基于边缘检测的各向异性扩散等。

3. 九种扩散去噪算法的实验效果比较

归结起来，上面介绍的基于 PDE 的单帧扩散去噪模型，就其发生、发展以及扩散模型的变换，主要可以分为各向同性扩散、非线性各向异性扩散、复扩散以及高阶微分方程扩散(主要是四阶方程扩散)等四大类。其中，各向同性扩散是由均匀线

性扩散发展到非均匀线性扩散以及非线性各向同性扩散等共三种，而非线性各向异性扩散主要有边缘增强扩散、一致增强扩散、改进的各向异性扩散(本书建立的)和前向后向扩散等共四种，再加上复扩散和四阶方程扩散，总共九种基于 PDE 的单帧扩散去噪模型。对所有四类九种基于 PDE 的扩散去噪模型，上述不但给出了扩散模型，而且给出了参数选择，说明了各自的特点和应用中应注意的问题，即建立了基于 PDE 的九种单帧扩散去噪算法。

利用九种扩散去噪算法，对附加高斯噪声和泊松噪声的遥感观测图象，进行扩散去噪仿真实验，其仿真实验方案如图 3.3.2 所示，其中复扩散只给出实验结果的实部。

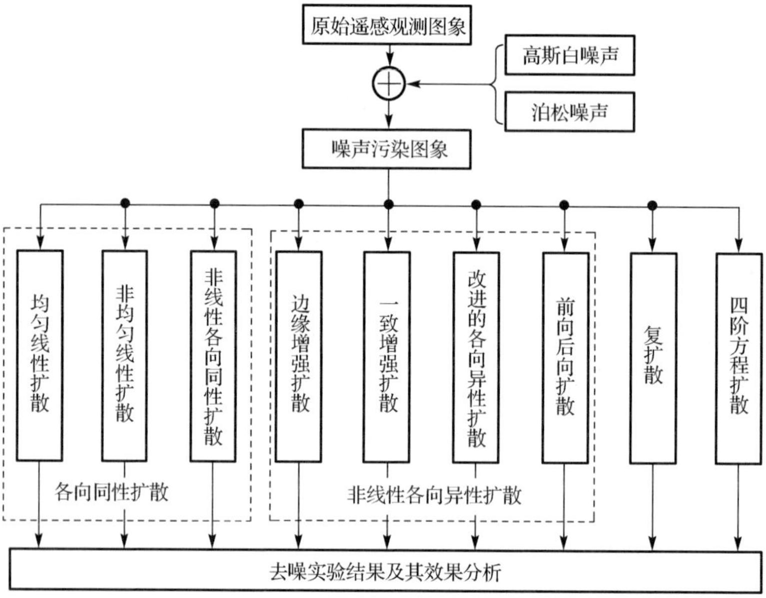

图 3.3.2　基于 PDE 的九种扩散去噪算法仿真实验方案

利用各种扩散去噪模型分别处理高斯噪声和泊松噪声图象，图 3.3.3 和图 3.3.4 分别给出一组仿真实验结果，其中(a)为原始遥感观测图象，显示模式 256×256；

(a)原始遥感观测图象　　(b)高斯噪声污染图象(24.6996dB)

(c) 均匀线性扩散后的图象

(d) 非均匀线性扩散后的图象

(e) 非均匀各向同性扩散后的图象

(f) 边缘增强扩散后的图象

(g) 一致增强扩散后的图象

(h) 改进的各向异性扩散后的图象

(i) 前向后向扩散后的图象

(j) 复扩散后的图象实部

(k) 四阶扩散后的图象

图 3.3.3　基于 PDE 的扩散去噪算法处理高斯噪声图象的一组仿真实验结果(51%显示)

(b) 为对 (a) 附加噪声污染的图象，(c) ～ (k) 依次为图 3.3.2 中从左到右九种扩散去噪算法的仿真实验结果。

在图 3.3.3 和图 3.3.4 中，以原始遥感观测图象 (a) 为参考图象，可以计算出各种扩散去噪算法输入的噪声污染图象 (b) 以及输出结果图象 (c) ～ (k) 的峰值信噪比，如表 3.3.2 和表 3.3.3 所示。

(a) 原始遥感观测图象

(b) 泊松噪声污染图象(27.5209dB)

(c) 均匀线性扩散后的图象

(d) 非均匀线性扩散后的图象

(e) 非线性各向同性扩散后的图象

(f) 边缘增强扩散后的图象

(g) 一致增强扩散后的图象

(h) 改进的各向异性扩散后的图象

(i) 向前向后扩散后的图象

(j) 复扩散后的图象实部

(k) 四阶扩散后的图象

图 3.3.4　基于 PDE 的扩散去噪算法处理泊松噪声图象的一组仿真实验结果(51%显示)

表 3.3.2　基于 PDE 的九种扩散去噪算法
处理高斯噪声污染图象的 PSNR 比较　（单位：dB）

图象组别	高斯噪声污染图象	各向同性扩散后的图象			各向异性扩散后的图象				复扩散后图象	四阶扩散后的图象
		均匀线性	非均匀线性	非线性各向同性	边缘增强	一致增强	改进的各向异性	前向后向扩散		
1	24.6996	27.3232	28.2071	28.2036	28.0626	27.9274	28.3190	28.0626	28.2107	28.1641
	提高	2.6236	3.5075	3.504	3.363	3.2278	3.6194	3.363	3.5111	3.4645
2	20.3204	23.7741	25.6050	25.5145	25.4157	24.8906	25.6389	25.2719	25.5123	25.1609
	提高	3.4537	5.2846	5.1941	5.0953	4.5702	5.3185	4.9515	5.1919	4.8405
3	24.7227	27.5684	28.1811	28.1989	28.1478	28.0528	28.5074	28.3346	28.2268	28.4284
	提高	2.8457	3.4584	3.4762	3.4251	3.3301	3.7847	3.6119	3.5041	3.7057

表 3.3.3　基于 PDE 的九种扩散去噪算法
处理泊松噪声污染图象（图 3.3.4）的 PSNR 比较　（单位：dB）

泊松噪声污染图象	各向同性扩散后的图象			各向异性扩散后的图象				复扩散后图象	四阶扩散后的图象
	均匀线性	非均匀线性	非线性各向同性	边缘增强	一致增强	改进的各向异性	前向后向扩散		
27.5209	29.5991	30.2613	30.2416	30.0625	29.8066	30.3926	29.8803	30.2511	30.2602
提　高	2.0782	2.7404	2.7207	2.5416	2.2857	2.8717	2.3594	2.7302	2.7393

表 3.3.2 列出三组九种扩散去噪算法处理高斯噪声污染图象的峰值信噪比数据，其中第 1 组数据对应如图 3.3.3 所示的实验图象，(b) 为对原始遥感观测图象 (a) 附加方差为 15 的高斯噪声后的图象，其 PSNR 为 24.6996dB；为了节省篇幅，第 2、3 组数据对应的仿真实验图象没有给出，其中第 2 组的 (a) 仍应用图 3.3.3 (a)，而被处理的图象 (b) 附加方差为 25 的高斯噪声，其 PSNR 为 20.3204dB；第 3 组的 (a) 与图 3.3.4 (a) 相同，被处理的图象 (b) 附加方差为 15 的高斯噪声，其 PSNR 为 24.7227dB。而表 3.3.3 给出图 3.3.4 中九种扩散去噪算法处理泊松噪声污染图象峰值信噪比数据，其中的输入图象 (b) 为对原始遥感观测图象 (a) 附加泊松噪声后的图象，其 PSNR 为 27.5209dB。两表中同样按照实验顺序分别给出了九种扩散去噪算法仿真实验结果图象 (c)～(k) 的 PSNR 数据。

由图 3.3.3 和图 3.3.4 以及表 3.3.2 和表 3.3.3 可以看出，基于 PDE 的九种扩散去噪模型处理高斯噪声和泊松噪声污染的图象都取得了一定的效果，进一步分析如下：

(1) 从图象边缘纹理来看，由均匀线性扩散算法获得的图象在边缘纹理处存在较大的模糊，一致增强扩散去噪后图象中存在明显虚假边缘纹理，而本书引进二阶偏导数的改进的非线性各向异性扩散去噪算法对边缘纹理的保护最好，其他算法的效果比较接近。

(2) 从去噪角度来看，其中均匀线性扩散去噪效果最差，改进的非线性各向异性扩散去噪效果最佳，其他算法的去噪结果接近；对 PSNR>20dB 的高斯噪声污染图象处理后 PSNR 提高 3.4～5.3dB，对 PSNR>24dB 的高斯噪声污染图象处理后 PSNR 提高 2.5～3.5dB，而对 PSNR>27dB 的泊松噪声污染图象处理后 PSNR 提高 2.0～2.8dB。

从上述实验结果及其分析可以看出：本书所建立的改进的非线性各向异性扩散算法不但抑制噪声效果最佳，而且能够很好地保护边缘纹理，是目前首选的帧内图象去噪算法。

4. 改进的非线性各向异性扩散去噪算法实验结果及其分布

1)仿真对比实验

为了进一步考查改进的非线性各向异性扩散去噪算法的效果，利用该算法分别进行了处理高斯噪声和泊松噪声污染图象的专项仿真实验，结果如图 3.3.5 所示。

由图 3.3.5 可以看出，无论对高斯噪声污染图象，还是对泊松噪声污染图象，处理后的图象几乎完全消除了噪声污染，图象质量非常接近原遥感图象；从图象边缘纹理来看，未出现边缘纹理模糊，也未出现虚假的边缘纹理，所以该算法能够很好地保持图象边缘纹理细节。以原始遥感图象为参考图象，可以计算出噪声污染图象和抑制噪声后图象的 PSNR，如表 3.3.4 所示。

原始遥感图象

高斯噪声污染图象(23.0887dB)

抑制噪声后图象(27.0811dB)

泊松噪声污染图象(27.5271dB)

抑制噪声后图象(30.8203dB)

第一组

高斯噪声污染图象(23.0774dB)

抑制噪声后图象(27.1575dB)

原始遥感图象

泊松噪声污染图象(27.2960dB)

抑制噪声后图象(30.5835dB)

第二组

高斯噪声污染图象(23.0257dB)

抑制噪声后图象(27.5292dB)

原始遥感图象

泊松噪声污染图象(27.7650dB)

抑制噪声后图象(30.8901dB)

第三组

图 3.3.5　改进的各向异性扩散去噪算法仿真实验结果

表 3.3.4　改进的各向异性扩散去噪算法处理噪声污染图象(图 3.3.5)的 PSNR　　(单位：dB)

实验组别	处理高斯噪声污染图象			处理泊松噪声污染图象		
	处理前	处理后	提高	处理前	处理后	提高
第一组	23.0887	27.0811	3.9924	27.5271	30.8203	3.2932
第二组	23.0774	27.1575	4.0801	27.2960	30.5835	3.2875
第三组	23.0257	27.5292	4.5035	27.7650	30.8901	3.1251

由表 3.3.4 的 PSNR 数据可以看出，该算法对 PSNR 大约为 23dB 的高斯噪声污染图象处理后可使 PSNR 提高 4.0dB 左右，而对 PSNR 大约为 27dB 的泊松噪声污染图象处理后可使 PSNR 提高 3.0dB 左右。

2)应用效果实验

为了进一步考查本书所建立的改进的非线性各向异性扩散去噪算法对真实遥感观测图象的应用处理效果，利用该算法处理了大量的“资源二号”遥感图象，均取得了满意的效果，图 3.3.6 给出几组实验结果，其中左侧为噪声较严重的真实遥感图象，右侧为改进的非线性各向异性扩散去噪算法抑制噪声后的结果图象，显示模式为 256×256，由于版面限制，72%显示。由图所示的实验结果看出，尽管左侧“资源二号”真实遥感图象的噪声比较严重，而在该算法处理后的右侧输出图象里，不但图象噪声基本消除了，图象信噪比得到明显改善，而且能够很好地保护边缘纹理等高频特征，即可消除边缘纹理处的噪声，又不会使边缘纹理变模糊，实际增强了高频特征，提高了对图象内涵客体的分辨能力。

真实遥感图象

改进的各向异性扩散处理后图象

第一组

真实遥感图象

改进的各向异性扩散处理后图象

第二组

真实遥感图象

改进的各向异性扩散处理后图象

第三组

真实遥感图象

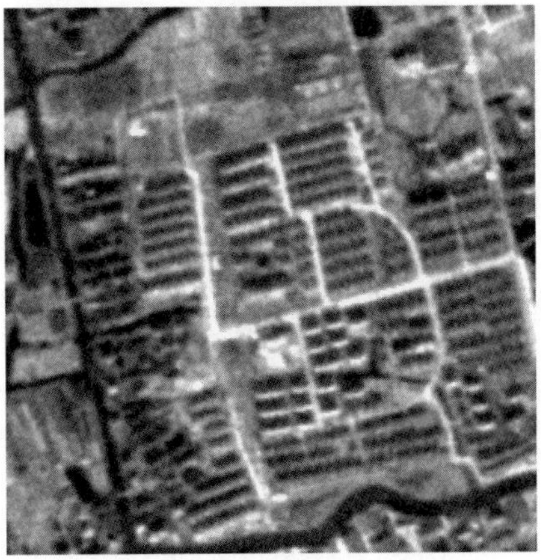

改进的各向异性扩散处理后图象

第四组

真实遥感图象　　改进的各向异性扩散处理后图象

第五组

图 3.3.6　改进的各向异性扩散去噪算法对真实遥感图象的实验结果(72%显示)

所以，本书所建立的改进的各向异性扩散去噪算法可以实际应用于噪声图象的复原，且因是帧内处理技术，所以应用方便。

3.3.4　剔除遥感图象条带噪声的陷波带阻滤波器

条带噪声是一种周期性的重复出现于图象中的一种噪声现象，它往往是由成像传感器(CCD)光学性质的差异、扫描的机械运动、传感器的平台抖动等多方面的原因引起的。许多学者针对条带噪声研究了消除方法，如直方图调整法和矩匹配法等。

直方图调整法假设每个探测器所探测的地物必须具有相同均衡的辐射分布，将光谱仪中每个传感器所形成的子图象调整到与一个参考直方图一致，来达到去除条带噪声的目的。显然该方法对复杂的遥感成像不适用，而且只能应用于几何校正前的图象。

矩匹配法假设每个传感器所探测到的地物具有相同均衡的辐射分布，所记录的数据变化也与辐射校正的增益偏移呈线性关系，则可通过调整每个传感器的均值、方差到某一参考值来达到去除条带噪声的目的。CCD 按行扫描获取数据，则各行入射辐射强度的均值和方差近似相等。矩匹配法选取一传感器上的强度值作为参考，将其他传感器所对应的灰度值利用反射率公式映射到该传感器上。反射率公式为

$$Y=\frac{\sigma_r}{\sigma_i}X+\mu_r-\mu_i\frac{\sigma_r}{\sigma_i} \tag{3.3.25}$$

式中，X、Y 分别为第 i 行图象各像素校正前后的灰度值；σ_r、μ_r 为参考 CCD 扫描行的均方差、均值；σ_i、μ_i 为第 i 行图象的根方差和均值。该方法同样存在由于地物种类繁多，均值和方差变化很大，虽然能够剔除一部分条带噪声，但是往往

使图象反映的地表光谱信息发生畸变，而且只适合应用于几何校正前的数据，对于大多数的用户，可操作的数据均为几何校正后的数据，这也使该方法难以推广应用。

由于条带噪声是典型的周期性噪声，其噪声参数可以通过检测图象的频谱来进行估计，进而利用其周期性质提出了一个基于 FFT 的条带噪声消除算法。

1. 遥感图象条带噪声的频谱分析

在遥感图象中，由于在载体航向上的推扫会附加条带噪声，条带噪声自身具有周期性。根据频谱分析的理论，周期性的噪声趋向于产生频率尖峰，这些尖峰通过视觉分析可以被检测到，如图 3.3.7 所示。图 3.3.7(a)为中巴地球资源卫星(CBERS-2)的三波段所获取的、经过辐射校正和几何纠正的图象，显示模式为 512×512，在图中出现斜的条带噪声；图 3.3.7(b)为图 3.3.7(a)的二维频谱的对数谱，频谱中存在两条明显的频率尖峰直线，这两条频率尖峰直线互相平行而且与扫描方向垂直。因此，当扫描方向确定时，图象条带噪声的方向即可确定。

(a) CBERS-2 三波段图象

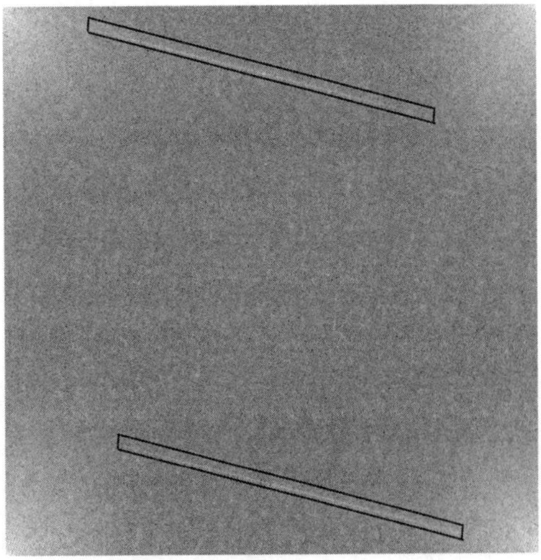

(b) 图象(a)的频谱(没有进行移动)

图 3.3.7　含条带噪声的 CBERS-2 三波段图象及其频谱分析图(39%显示)

该种条带噪声严重影响遥感图象的质量，也影响后续的图象超分辨处理。为了遥感图象的正常应用，必须尽可能减少这种噪声影响。因此，我们设计了去除图象条带噪声的一种滤波器——陷波带阻滤波器。

2. 陷波带阻滤波器的设计

为了消除图象的条带噪声，将其图象频谱中存在两条互相平行且与扫描方向垂直的尖峰直线作为先验信息，在频域里设计陷波带阻滤波器。图 3.3.8 给出三种陷波带阻滤波器的三维透视图。

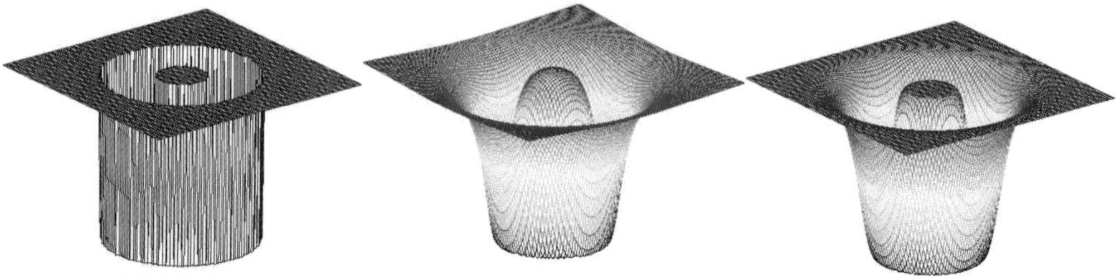

(a) 理想带阻滤波器　　(b) 巴特沃斯带阻滤波器　　(c) 高斯带阻滤波器

图 3.3.8　三种常见的陷波带阻滤波器示意图(见彩图)

理想圆形陷波带阻滤波器的数学模型为

$$H(u,v)=\begin{cases}1, & D(u,v)<D_0-W/2\\ 0, & D_0-W/2\leqslant D(u,v)\leqslant D_0+W/2\\ 1, & D(u,v)>D_0+W/2\end{cases}\tag{3.3.26}$$

式中，$D(u,v)=\left[(u-M/2)^2+(v-N/2)^2\right]^{\frac{1}{2}}$，$M,N$ 是图象频谱的二维宽度，二维圆函数的中心与二维图象频谱的中心重合；$H(u,v)$ 定义了一个圆环形的陷波带阻滤波器；W 是阻带的宽度；D_0 是圆形阻带中心的半径。

n 阶巴特沃斯陷波带阻滤波器的数学模型为

$$H(u,v)=\frac{1}{1+\left[\dfrac{D(u,v)W}{D^2(u,v)-D_0^2}\right]^{2n}}\tag{3.3.27}$$

高斯陷波带阻滤波器的数学模型为

$$H(u,v)=1-\mathrm{e}^{-\frac{1}{2}\left[\frac{D^2(u,v)-D_0^2}{D(u,v)W}\right]}\tag{3.3.28}$$

陷波带阻滤波器(图象中心部位为低频部分)示意图，如图 3.3.9 所示。

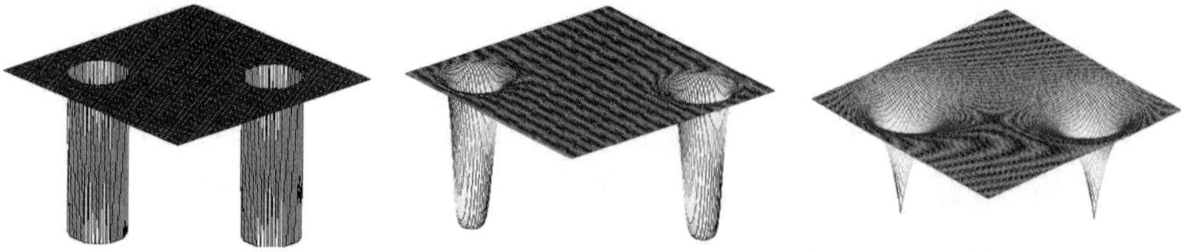

(a) 理想陷波带阻滤波器　　(b) 巴特沃斯陷波带阻滤波器　　(c) 高斯陷波带阻滤波器

图 3.3.9　陷波带阻滤波器(图象中心部位为低频部分)示意图(见彩图)

将上述的带阻滤波器应用于频谱中任意位置，则可得到相应的以(u_0,v_0)和$(-u_0,-v_0)$为中心、以D_0为半径的陷波带阻滤波器，为此，令

$$D_1(u,v)=\left[(u-M/2-u_0)^2+(v-N/2-v_0)^2\right]^{0.5} \tag{3.3.29}$$

$$D_2(u,v)=\left[(u-M/2+u_0)^2+(v-N/2+v_0)^2\right]^{0.5} \tag{3.3.30}$$

则理想陷波带阻滤波器为

$$H(u,v)=\begin{cases}1, & D_1(u,v)\leqslant D_0\text{或}D_2(u,v)\geqslant D_0\\ 0, & \text{其他}\end{cases} \tag{3.3.31}$$

n阶巴特沃斯陷波带阻滤波器为

$$H(u,v)=\frac{1}{1+\left[\dfrac{D_0^2}{D_1(u,v)D_2(u,v)}\right]^n} \tag{3.3.32}$$

高斯陷波带阻滤波器为

$$H(u,v)=1-\mathrm{e}^{-\frac{1}{2}\left[\frac{D_1(u,v)D_2(u,v)}{D_0^2}\right]} \tag{3.3.33}$$

将上述设计思想拓展到针对遥感图象条带噪声的陷波带阻滤波器设计，其频谱特性示意图如图 3.3.10 所示，我们建立的陷波带阻滤波器设计公式为

$$H(u,v)=\begin{cases}0, & u\in[u_0-w/2,u_0+w/2],\ u_0=a(v-v_1)+u_1,\ v\in[v_1,v_2]\\ 0, & u\in[u_0-w/2,u_0+w/2],\ u_0=a(v-v_3)+u_2,\ v\in[v_3,v_4]\\ 1, & \text{其他}\end{cases} \tag{3.3.34}$$

式中，a为条带噪声谱带中心线的斜率；w为条带噪声谱带的宽度；u_1,u_2,v_1,v_2,v_3,v_4为条带噪声谱带的位置参数；a、w和位置参数通过预先对条带噪声图象的频谱分析确定。

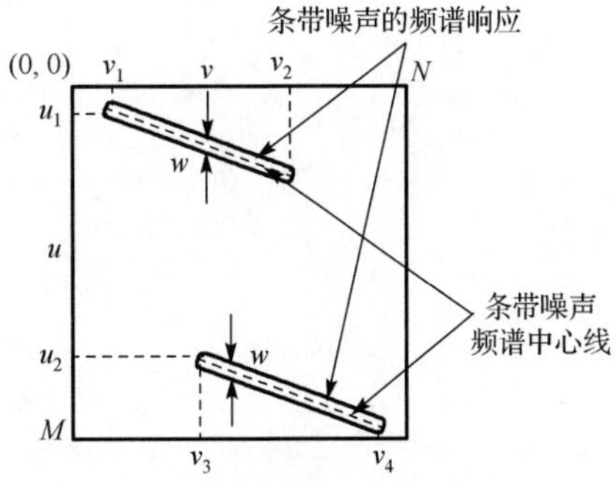

图 3.3.10　陷波带阻滤波器设计示意图

在陷波带阻滤波器的设计过程中，由于希望尽可能保护纹理细节，通常要求滤波器的阻带宽度尖锐且狭窄。但是，如果阻带宽度太窄，则可能不会完全消除图象中的条带噪声，而阻带宽度太宽，则会模糊图象的细节，实际处理的过程中需要慎重选择。但是，对于相同来源的遥感图象，条带噪声方向是一致的，而且阻带宽度通常是不变的，因此，可以充分分析一类的图象，取得其条带噪声频谱分布的特征，作为先验信息设计专用陷波带阻滤波器，既可以很好地消除条带噪声，又可以有效地保护纹理细节。

3. 实验结果

针对图 3.3.7 所示的条带噪声频谱设计的陷波带阻滤波器，实验结果如图 3.3.11 所示。

根据图 3.3.7(b)所示的遥感图象频谱，设计的陷波带阻滤波器的带阻特性如图 3.3.11(b)所示，对图 3.3.11(a)所示的遥感图象进行处理，得到的条带噪声图象如图 3.3.11(c)所示，图 3.3.11(d)是陷波带阻滤波器滤波后的输出图象。由图 3.3.11 可以看出，在输出图象中，完全消除了条带噪声，一些原来被其覆盖的细小的纹理细节也被有效修复了。

(a)实际的遥感图象

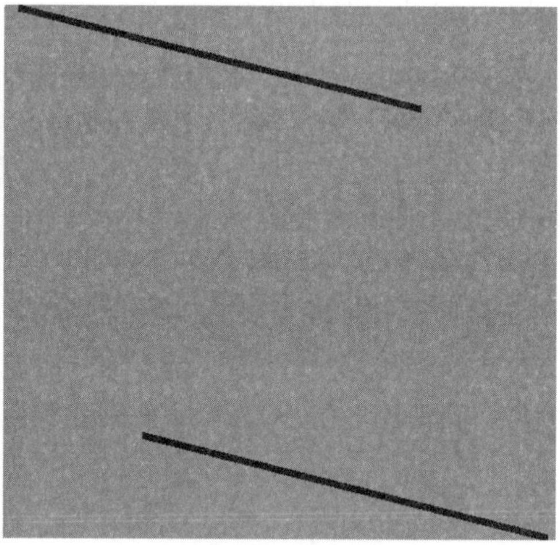

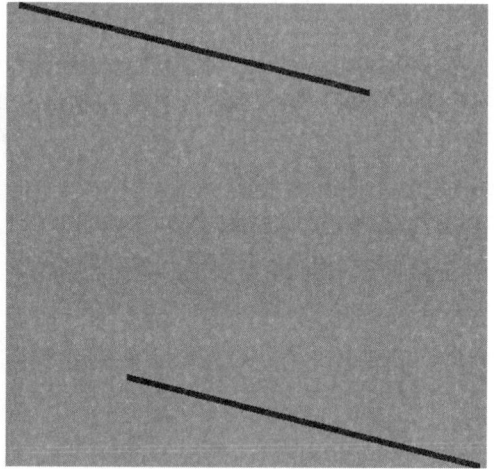

(b)陷波带阻滤波器

(c)滤除的条带噪声图象

(d)滤波后的输出图象

图 3.3.11　陷波带阻滤波器及其处理前后的图象(39%显示)

3.3.5　改进的中值滤波器消除颗粒噪声算法

传统的中值滤波技术是一种非线性的处理方法，在某些条件下可以做到既去除图象噪声又保护边缘纹理。但是它也有固有的缺陷，如果使用不当，则会损失许多图象纹理细节，如对点、线等细节较多的图象不太适用。我们提出的改进的中值滤波器的设计目的，是滤除某类遥感图象中非常严重的颗粒噪声，同时又能较好地保护图象的边缘和纹理细节。其主要设计思想是在具有严重颗粒噪声的图象中进行有限制的中值滤波，即在常规的中值滤波中引入基于梯度的限制条件：被处理点的梯度小于预定的门限且其灰值在预定的值域之外。这样，将遥感图象的梯度与其颗粒噪声的关系作为先验信息，建立了有限制的中值滤波算法，不但可以消除图象中严重的颗粒噪声，而且可以有效地保护纹理细节。

引入限制的改进的中值滤波器的算法步骤如下。

(1) 对遥感图象 $f(x,y)$ 的各个像点计算梯度，得到梯度图象 $G(x,y)$，并且分析图象梯度与颗粒噪声的关系获得先验信息，进而确定两个梯度门限 G_{th1}、G_{th2}，$G_{\text{th2}} > G_{\text{th1}}$。

(2) 在图象中取第一个像点 (x,y)。

(3) 判断：若 $G(x,y) > G_{\text{th1}}$，则转步骤(8)；否则，继续。

(4) 在图象中取像点 (x,y) 的邻域 S，N 是 S 中像点总数，计算邻域梯度平均值 $\bar{G}_{x,y}$，即

$$\bar{G}_{xy} = \frac{1}{N}\sum_{(x,y)\in S} G(x,y)$$

(5) 判断：若 $\bar{G}_{x,y} > G_{\text{th2}}$，则转步骤(8)；否则，继续。

(6) 计算邻域 S 的中值 f_{median}。

(7) 判断：若 $f(x,y) \notin \left[f_{\text{median}} - \Delta f, f_{\text{median}} + \Delta f\right]$，则 $f(x,y) = f_{\text{median}}$。其中，$\Delta f$ 是根据先验信息确定的一个比较小的正值。

(8) 依次更新像点 (x,y)，返回步骤(3)，直到图象 $f(x,y)$ 中的所有像点都计算完毕。

显然，步骤(3)和步骤(5)引入了基于梯度的限制条件，满足 $G(x,y) > G_{\text{th1}}$ 和 $\bar{G}_{x,y} > G_{\text{th2}}$ 两个条件的点处，图象边缘和纹理细节比较丰富，不进行中值滤波；步骤(7)引入了灰值值域的限制条件。这样，上述中值滤波算法不但能有效地消除图象的颗粒噪声，而且能有效地保护图象的纹理细节。实验结果从简。

3.4　图象薄云薄雾的抑制技术

在空间存在云雾时，由于太阳光的照射，所成图象 $f(x,y)$ 是两部分的组合，一是

太阳光被云雾反射的成分，二是太阳光穿透云雾被景物反射后再穿透云雾的成分，即

$$f(x,y)=L(1-t(x,y))+aLr(x,y)t(x,y) \tag{3.4.1}$$

式中，$r(x,y)$为景物反射率；$t(x,y)$为云层的透过率；L为太阳光强度；a为太阳光在大气传输过程中的衰减系数；$r(x,y)$、$t(x,y)$和a的数值位于0～1。详见2.4节。

对于云雾较厚的卫星遥感图象，由于图象中几乎不含地面景物信息，所以其利用价值较低。然而，在薄云薄雾的情况下，云雾图象模型可以简化为

$$f(x,y)=i(x,y)r(x,y) \tag{3.4.2}$$

式中，前一个影响因素$i(x,y)$主要是云雾图象成分；后一个影响因素$r(x,y)$是景物图象成分。若要去除云雾的影响，则要去除$i(x,y)$，提取$r(x,y)$。由于$f(x,y)$是由$i(x,y)$和$r(x,y)$相乘得到的，所以无法使用一般的滤波器将$i(x,y)$去掉。为了消除薄云薄雾的影响，主要根据其分布特点：一般而言，云雾成分主要分布在相对低频部分。

3.4.1 基于同态滤波的薄云薄雾抑制技术

利用同态滤波进行图象处理是把对数运算、傅里叶变换和频率滤波结合起来的一种处理方法。对式(3.4.2)两边取对数，得

$$z(x,y)=\ln f(x,y)=\ln i(x,y)+\ln r(x,y) \tag{3.4.3}$$

对式(3.4.3)两端同时进行傅里叶变换，即

$$F[z(x,y)]=F[\ln f(x,y)]=F[\ln i(x,y)]+F[\ln r(x,y)] \tag{3.4.4}$$

令$Z(u,v)=F[z(x,y)]$，$I(u,v)=F[\ln i(x,y)]$，$R(u,v)=F[\ln r(x,y)]$，则

$$Z(u,v)=I(u,v)+R(u,v) \tag{3.4.5}$$

如果用一个频率传输函数为$H(u,v)$的滤波器来处理$Z(u,v)$，则

$$P(u,v)=H(u,v)Z(u,v)=H(u,v)I(u,v)+H(u,v)R(u,v) \tag{3.4.6}$$

显然，由式(3.4.6)可见，如果适当地设置滤波器$H(u,v)$的频率传输函数，可以实现云雾图象成分相关项$H(u,v)I(u,v)\Rightarrow 0$，即消除薄云薄雾的图象成分；或者实现景物图象成分相关项$H(u,v)R(u,v)\Rightarrow 0$，即可提取薄云薄雾的图象成分。

对式(3.4.6)进行傅里叶反变换，即

$$p(x,y)=F^{-1}[P(u,v)]=F^{-1}[H(u,v)I(u,v)]+F^{-1}[H(u,v)R(u,v)] \tag{3.4.7}$$

令$i'(x,y)=F^{-1}[H(u,v)I(u,v)]$，$r'(x,y)=F^{-1}[H(u,v)R(u,v)]$，则式(3.4.7)变为

$$p(x,y)=i'(x,y)+r'(x,y) \tag{3.4.8}$$

因为$z(x,y)$是$f(x,y)$的对数，为了得到滤波后图象$g(x,y)$，还要进行指数的运算，即

$$g(x,y)=\exp[p(x,y)]=\exp[i'(x,y)]\exp[r'(x,y)] \tag{3.4.9}$$

令 $i_0(x,y)=\exp[i'(x,y)]$，$r_0(x,y)=\exp[r'(x,y)]$，则式(3.4.9)变为

$$g(x,y)=i_0(x,y)r_0(x,y) \tag{3.4.10}$$

式中，$i_0(x,y)$ 是处理后的云雾图象成分；$r_0(x,y)$ 是处理后的景物图象成分。显然，在 $H(u,v)I(u,v)\Rightarrow 0$ 的情况下，$i'(x,y)\Rightarrow 0$，$i_0(x,y)\Rightarrow 1$，则 $g(x,y)\Rightarrow r_0(x,y)$，即提取了景物图象成分；而在 $H(u,v)R(u,v)\Rightarrow 0$ 的情况下，$r'(x,y)\Rightarrow 0$，$r_0(x,y)\Rightarrow 1$，则 $g(x,y)\Rightarrow i_0(x,y)$，即提取了云雾图象成分，还需要从原图象 $f(x,y)$ 减去所提取的云雾图象，才能得到景物图象。

基于同态滤波抑制云雾的方法基础：一帧薄云薄雾图象的云雾成分与景物成分的空间频率不同，这个特征使得可能将其取对数后的傅里叶变换的低频分量和云雾成分联系起来，而将高频分量与景物成分联系起来，这种近似基本反映了薄云薄雾图象的本质。

1. 滤波器设计的技术路线

在薄云薄雾图象中，由于云雾为相对低频分量，所以从理论上来说应该采用高通滤波器来消除或抑制云雾的干扰，但是图象中的大部分景物信息也集中在低频部分，所以去除云雾的过程中不可避免地要去掉一部分有用的低频信息，实际处理中比较困难。

同态滤波是抑制云雾的一个有效方法，它首先利用对数运算将云雾干扰成分和景物反射成分之间的相乘关系变成相加的关系，然后在频域进行抑制云雾处理，其理论根据为：云雾成分通常是较慢的变化，所以位于频谱的相对低频部分，而尽管景物反射成分也有低频成分，但是比较稳定，云雾成分不像景物成分那么稳定。如果建立景物空间分量的模型，并把它们的低频成分从一幅图象的所有低频成分中去掉，那么剩余的低频部分都是云雾成分。提取和消除云雾干扰的技术路线如下：

(1) 采用高通滤波器来消除或抑制云雾的干扰，然后加上目标的低频成分，得到景物图象。为保证不使有用信息丢失过多，要求高通滤波器的过渡带很窄，给滤波器的设计带来困难。

(2) 首先使用低通滤波器将云雾成分从图象中提取出来，得到云雾的估计图象，然后从原图象中消除云雾图象，得到消除云雾后的景物图象。

第二个技术路径可以通过选取较小的截止频率达到最大限度保护图象的目的，这样对过渡带的要求可以降低。巴特沃斯低通滤波器的特点是无振铃，处理后的图象模糊程度轻，而且滤除噪声效果好，所以最好选用巴特沃斯低通滤波器进行云雾成分的提取。

显然，基于同态滤波的抑制云雾法不可避免地要损失部分景物低频信息，为了减少景物信息的损失，就要尽可能降低滤波器的过渡带，这样又会降低云雾抑制效果。

2. 薄云薄雾抑制算法

利用同态滤波器进行云雾抑制的实施方案如图 3.4.1 所示，算法步骤如下。

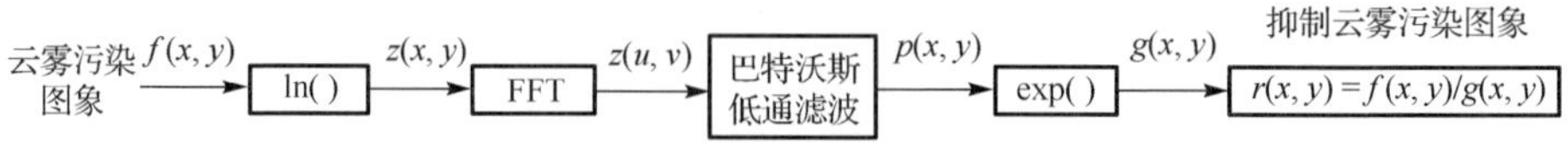

图 3.4.1　基于同态滤波的图象薄云薄雾抑制技术实施方案框图

(1) 对获得的遥感图象 $f(x,y)$ 取对数，即

$$z(x,y)=\ln f(x,y)=\ln i(x,y)+\ln r(x,y)$$

(2) 进行低通滤波，提取云雾分量，即

$$F[z(x,y)]=F[\ln f(x,y)]=F[\ln i(x,y)]+F[\ln r(x,y)]$$

$$Z(u,v)=I(u,v)+R(u,v)$$

$$P(u,v)=H(u,v)Z(u,v)=H(u,v)I(u,v)+H(u,v)R(u,v)$$

式中，$H(u,v)$ 为巴特沃斯低通滤波器的频率传输函数。

$$p(x,y)=F^{-1}[P(u,v)]=F^{-1}[H(u,v)I(u,v)]+F^{-1}[H(u,v)R(u,v)]$$

$$g(x,y)=\exp[p(x,y)]=i_0(x,y)r_0(x,y)$$

(3) 由式 (3.4.2) 解出抑制云雾后的遥感图象，即

$$r(x,y)=f(x,y)/g(x,y)$$

3. 实验结果

图 3.4.2 给出了一组利用同态滤波云雾抑制算法的典型处理结果，其中，图 3.4.2 (a) 为被云雾污染的遥感图象，图 3.4.2 (b) 为提取的云雾图象，图 3.4.2 (c) 为抑制云雾后的图象。图 3.4.3 给出三组实验结果，省略了云雾图象，显示模式为 256×256。由图可见，云雾成分得到了有效抑制。

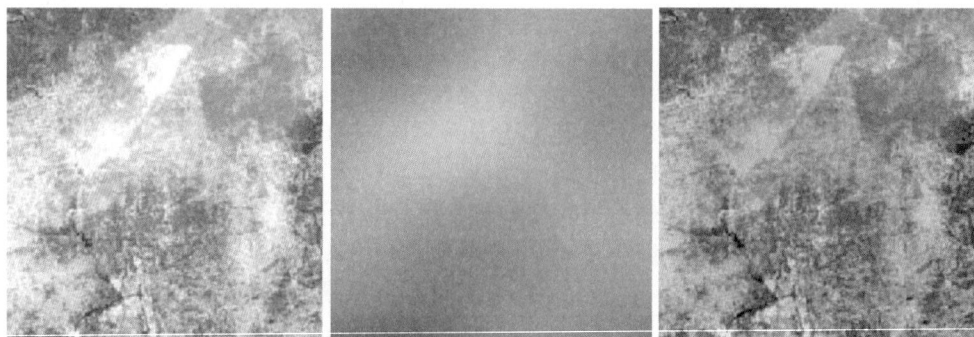

(a) 云雾污染图象　　(b) 云雾提取结果　　(c) 抑制云雾图象

图 3.4.2　基于同态滤波的图象薄云薄雾抑制技术典型实验结果 (44%显示)

第一组

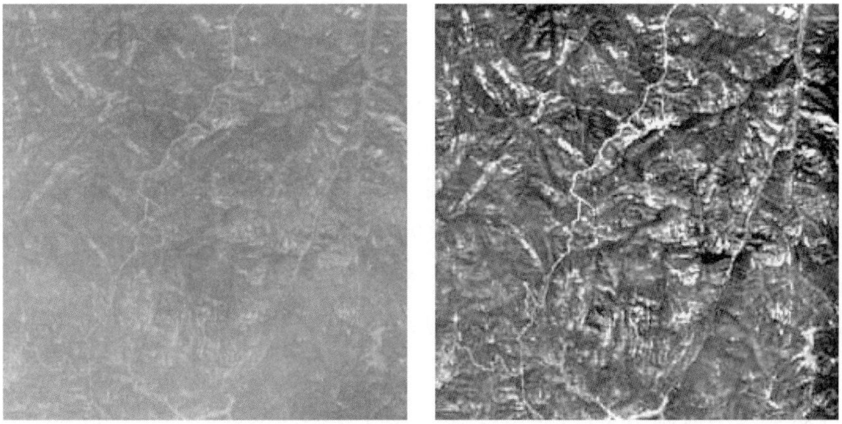

第二组

第三组

图 3.4.3　基于同态滤波的图象薄云薄雾抑制技术实验结果(66%显示)

3.4.2　基于小波多分辨分析的薄云薄雾抑制技术

小波多分辨分析方法也可以用于提取云雾图象，然后从原图象中消除掉，但是需要同一地区无云雾的参考图象。首先，利用小波多分辨分析方法分别对含薄云薄雾的图象和不含云雾的参考图象进行多层分解，在含薄云薄雾的图象分解后的低频成分中，除了景物成分，还有云雾成分，而在参考图象分解后的低频成分中仅有景物成分。两个分解后的低频成分中景物成分是相同的。对这两个低频成分通过小波逆变换可以得到两个重构的低频成分的图象，这两个图象相减即可提取出云雾成分。进而，就可以从含薄云薄雾的图象中去除提取的云雾成分，得到抑制云雾后的图象(Du et al.，2002)。这是一种多源图象融合的云雾抑制技术。显然，这种云雾抑制技术，在理论上，既可以不损失景物信息，又可以完全消除云雾成分。

1. 小波多分辨分析

相对于传统的分析方法来说，小波分析的一个主要优点是提供了局部分析和细化的能力，它可以更好地对时空信号的变化进行建模，在描述信号的细节方面更为方便。通过小波多分辨分析可以将一幅图象进行多层分解，形成多个分辨率成分，每一部分有不同的频率和空间属性，而且通过小波逆变换可以利用每部分重构一个高分辨率图象。

对于一维情况，假设 $\{V_j\}_{j\in z}$ 是一个多分辨率分析，则尺度函数 $\Phi(x)$ 满足 $\int\Phi(x)\mathrm{d}x=1$，被用来定义近似成分(低频)；小波函数 $\Psi(x)$ 满足 $\int\Psi(x)\mathrm{d}x=0$，被用来定义细节成分(高频)。

通过对基本小波函数 $\Psi(x)$ 进行平移和尺度变换，可以得到一系列的小波基函数 $\{\Psi_{a,b}(x)\}$，即

$$\Psi_{a,b}(x)=\frac{1}{\sqrt{a}}\Psi\left(\frac{x-b}{a}\right) \tag{3.4.11}$$

式中，实数 $a>0$ 反映基函数的尺度；实数 b 表示基函数沿 x-轴的平移。

对于二维情况，假设分解级数为 N，一幅数字图象 $\{C^0_{n,m}\}_{n,m\in z}$ 的第 k 级多分辨率正交小波分解为

$$\left.\begin{aligned}
C^k_{n,m}&=\sum_{j,l\in Z}\overline{h}_{j-2n}\overline{h}_{j-2m}C^{k-1}_{j,l}\\
d^{k1}_{n,m}&=\sum_{j,l\in Z}\overline{h}_{j-2n}\overline{g}_{l-2m}C^{k-1}_{j,l}\\
d^{k2}_{n,m}&=\sum_{j,l\in Z}\overline{g}_{j-2n}\overline{h}_{l-2m}C^{k-1}_{j,l}\\
d^{k3}_{n,m}&=\sum_{j,l\in Z}\overline{g}_{j-2n}\overline{g}_{l-2m}C^{k-1}_{j,l}
\end{aligned}\right\},\quad k=1,2,\cdots,N \tag{3.4.12}$$

式中，$\{h_k\}_{k\in z}$ 是正交小波滤波器系数（$g_k=(-1)^{k-1}\overline{h}_{1-k}$）；$\{d_{n,m}^{k1}\}$ 是第 k 级的水平细节；$\{d_{n,m}^{k2}\}$ 是第 k 级的垂直细节；$\{d_{n,m}^{k3}\}$ 是对角线细节；$\{C_{n,m}^{k}\}$ 是低频成分。

图象分解小波系的选择与小波系的属性和图象的特征有关，通过分析和实验，选用比较常用的 Daubechies 小波系(db$N$)，Ψ 和 Φ 的支持长度为 $2N-1$，N 为 Ψ 的消失矩的数目。

在对图象进行多分辨分解时，需要考虑两个问题：一个是小波系阶数的选择；另一个是分解的级数。实验分析表明，阶数的选择对处理结果影响不大，而级数的大小是否合适，则对处理结果有较大影响。分解的级数决定了相应的空间尺度被认为是相对稳定的，级数越高，空间尺度越大。如果级数选得太低，则在抑制云雾的同时会导致地面景物的某些细节丢失；级数太高，则会导致对云雾的估计不够准确，从而使结果图象中残留的云雾成分较多，所以在实际处理过程中，要折中考虑。

2. 薄云薄雾抑制算法

由于景物虽然也包含一些低频成分，但是它们在空域是比较稳定的，并且趋于展示明显的纹理。如果可以建立景物空间分量的模型，并把它们从一幅图象的所有低频成分中去掉，则可以将剩余的云雾成分从图象中抽取出来，从而得到抑制云雾后的估计图象。利用小波多分辨分析可以对一幅含薄云薄雾的图象 A 进行多层分解，分解后的低频成分中薄云薄雾占主要地位。如果能够得到一幅无云雾参考图象 B，则通过同样的处理可以得到低频成分中含有的景物分量。对这两个低频成分通过小波逆变换可以得到两个重构的低频成分图象，这两个图象相减即可提取出云雾成分。进而，就可以从云雾图象中去除云雾。

实施方案如图 3.4.4 所示，算法步骤如下。

(1) 对云雾污染图象 A 和无云雾参考图象 B 进行图象配准操作，以便后续操作能够准确提取云雾信息。

(2) 分别对图象 A 和图象 B 进行多分辨分解，提取景物中的低频成分。

(3) 低频图象重建：利用图象 A 和图象 B 的低频成分重建低频图象，获得相应的第 k 级系数矩阵估计，令 cA_k 表示图象 A 的第 k 级系数矩阵估计，cB_k 表示图象 B 的第 k 级系数矩阵估计。

(4) 云雾成分估计：令 cA_h 表示图象 A 中云雾成分，则

$$cA_h=\begin{cases}cA_k-cB_k, & cA_k\geqslant cB_k\\ 0, & cA_k<cB_k\end{cases} \tag{3.4.13}$$

(5) 中值滤波：图象配准残留误差可能会在处理过程中产生噪声，需要进行抑制。

(6) 从被薄云薄雾污染的图象 A 中剔除所估计出的云雾成分，即可得到抑制云雾后的结果图象 R，即

$$R=A-cA_h \tag{3.4.14}$$

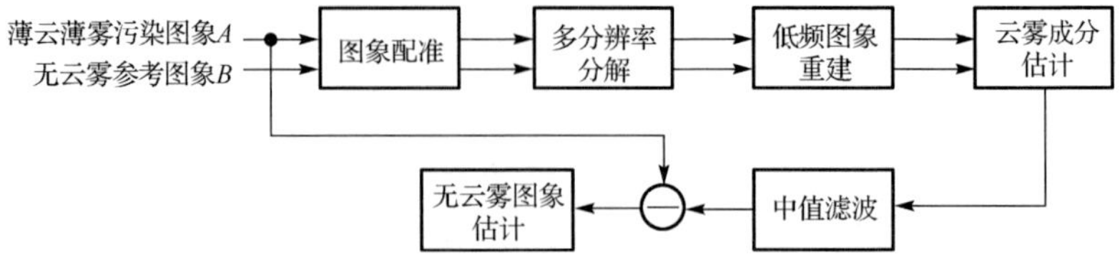

图 3.4.4　基于小波多分辨分析的图象薄云薄雾抑制技术实施方案

3. 实验结果

利用上述基于小波多分辨分析的图象薄云薄雾抑制算法进行了实验，取得了很好的实验结果，图 3.4.5 给出了一组应用实验结果，其中，图 3.4.5(a) 为一幅 1991 年拍

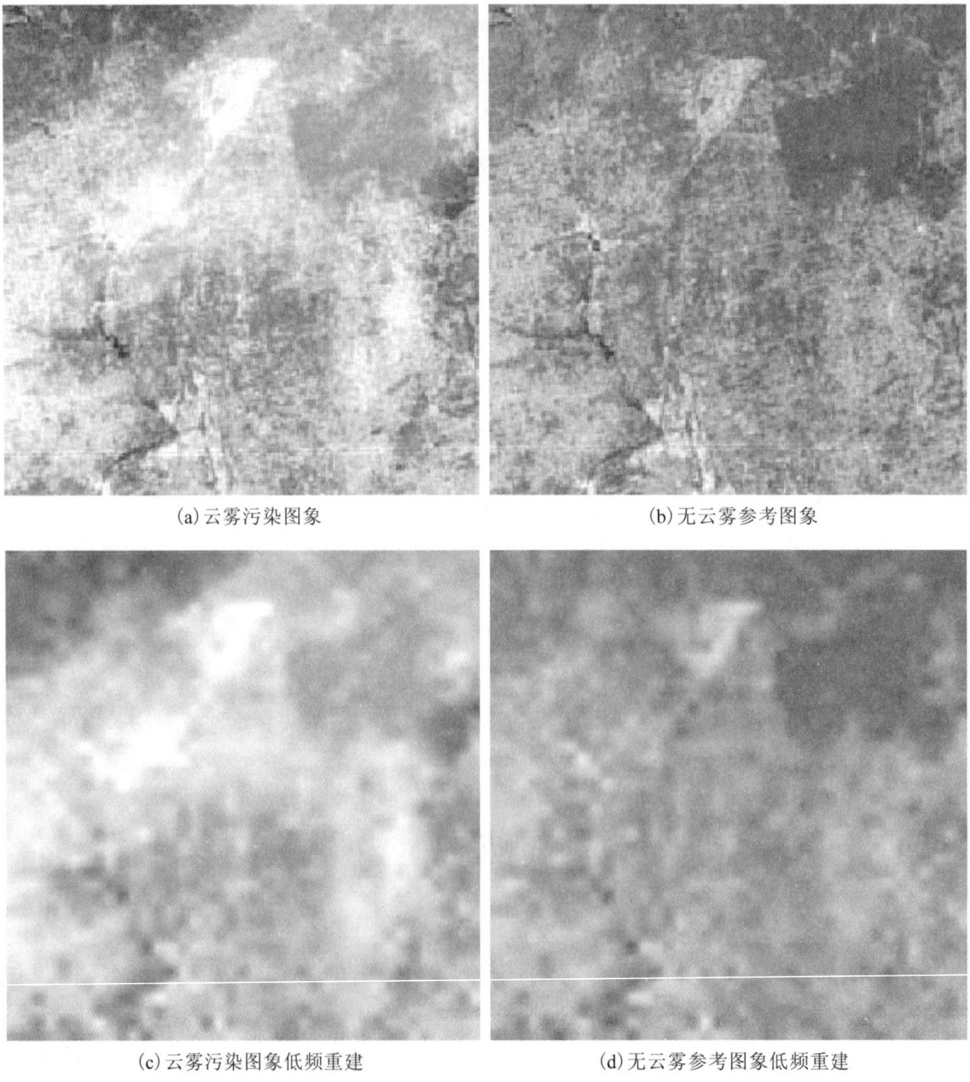

(a) 云雾污染图象　　(b) 无云雾参考图象

(c) 云雾污染图象低频重建　　(d) 无云雾参考图象低频重建

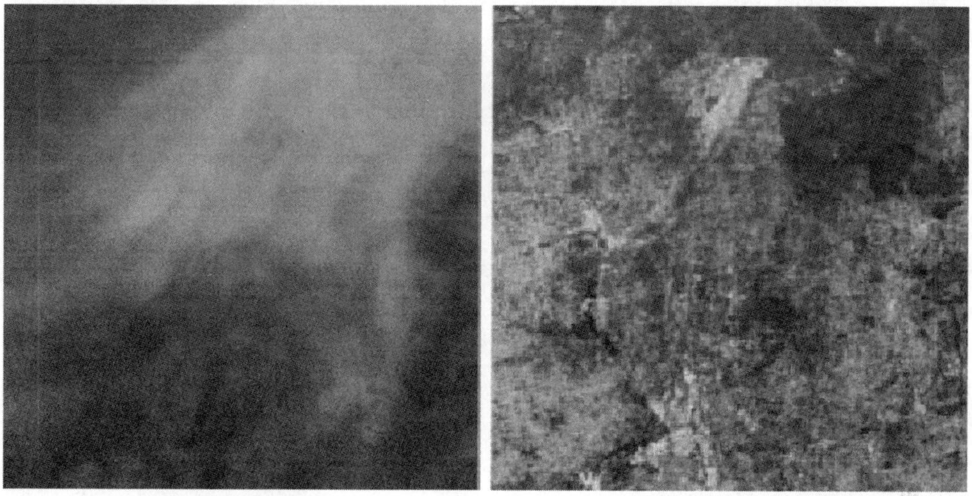

(e) 云雾提取结果　　　　　　　　　　　　　　　　(f) 抑制云雾的景物图象

图 3.4.5　基于小波多分辨分析的图象薄云薄雾抑制应用实验结果(64%显示)

摄的云雾污染遥感图象；图 3.4.5(b)为 1986 年拍摄的一幅同地区的无云雾遥感图象,用于参考图象;图 3.4.5(c)和图 3.4.5(d)为利用 db4 小波系分别对图 3.4.5(a)和图 3.4.5(b)进行 3 级分解后的有、无云雾低频图象重建；图 3.4.5(e)为计算出的云雾分布图象；图 3.4.5(f)为利用小波多分辨分析抑制云雾后的景物图象。可以看出，最后输出的景物图象很接近无云雾参考图象，表明该算法抑制薄云薄雾的效果更好。

鉴于同地区无云雾参考图象可能难以得到，进行了仿真实验：在无云雾图象附加一定的薄云薄雾作为要处理的云雾图象，而原无云雾图象用于无云雾参考图象，执行基于图象小波多分辨分析的薄云薄雾抑制算法，得到抑制云雾图象，图 3.4.6

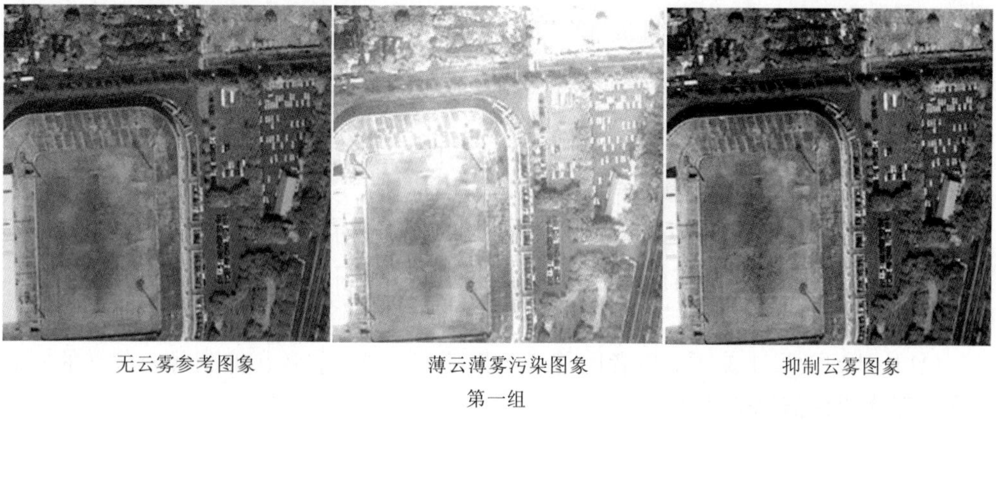

无云雾参考图象　　　　　　　　薄云薄雾污染图象　　　　　　　　抑制云雾图象

第一组

无云雾参考图象　　薄云薄雾污染图象　　抑制云雾图象

第二组

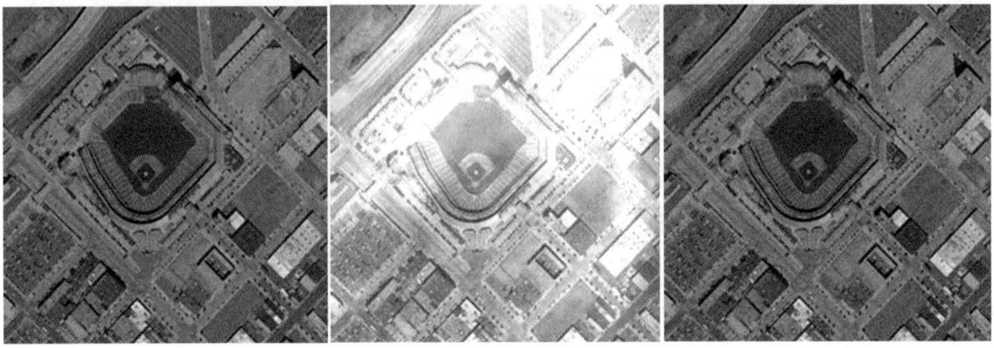

无云雾参考图象　　薄云薄雾污染图象　　抑制云雾图象

第三组

图 3.4.6　基于小波多分辨分析的图象薄云薄雾抑制仿真实验结果(72%显示)

给出三组仿真实验结果，由于版面的限制，均缩小到 72%显示，与图 3.4.5 比较，省略了利用 db4 小波系分别对无/有云雾图象进行 3 级分解后的低频图象重建以及提取出的云雾分布图象，直接给出抑制云雾后的图象，可以看出，均取得良好效果，三组右侧图象中的云雾成分均被消除，非常接近左侧无云雾的原图象。

3.4.3　两种抑制薄云薄雾方法的比较

由图 3.4.2、图 3.4.3 和图 3.4.5、图 3.4.6 的实验结果可以看出，上述基于同态滤波的和基于小波多分辨分析的两种薄云薄雾抑制算法都取得了一定的效果。

(1) 从算法上来看，基于同态滤波的图象薄云薄雾抑制技术不需要无云雾参考图象，而基于小波多分辨分析的图象薄云薄雾抑制技术则需要一幅同一地区的无云雾图象作为参考图象。

(2) 从处理效果上来看，后者比前者效果要好一些，前者在抑制薄云薄雾的同时导致少部分图象信息的丢失。

在实际处应用中，如果能够获得无云雾参考图象，则可采用第二种基于小波多分辨分析的图象薄云薄雾抑制算法，否则应采用第一种基于同态滤波的图象薄云薄雾抑制算法。

3.5　小结与评述

针对引起遥感观测图象质量退化的主要因素，本章介绍了图象复原的有关内容。

作为一项关键技术，首先介绍了关于模糊图象的系统辨识方案和解模糊算法，其中主要包括图象基本频域反卷积解模糊算法和有限支持域上迭代盲目反卷积解模糊算法。在理论分析的基础上，分别对两类算法建立了一系列的数学模型，并进行了大量仿真实验及其数据分析。实验结果及其 PSNR 的分析数据表明，图象基本频域四种反卷积解模糊算法中的几何平均滤波和 Wiener 滤波两种算法取得了较好的模糊图象复原效果；图象有限支持域上空间域的和基于 FT 的两种迭代盲目反卷积解模糊算法取得了比较类似的解模糊复原效果：对无噪图象迭代 100 次均可使图象 PSNR 提高 10dB 左右，更多的迭代次数收效较小，而对有噪图象迭代 2 或 3 次即可使图象 PSNR 提高达到峰值 5～6dB，其中基于 FT 的算法效果稍优且有快速算法。因此，最后特别利用基于 FT 的有限支持域上图象迭代盲目反卷积算法对“资源二号”真实遥感观测图象进行了解模糊复原应用实验，取得了良好的效果，可使模糊较严重的观测图象对比度平均改善 9～11dB，证明了所建立的解模糊算法是可靠的，可以有效地应用于真实遥感图象的解模糊复原。

关于图象复原的噪声抑制技术，为了达到增强图象分辨率的目的，要求在去噪的过程中避免图象边缘纹理的损失，在消除边缘纹理处噪声的同时，很好地保护边缘纹理。因此，重点研究了基于多源(帧)信息融合的图象频域循环递归迭代去噪技术和基于 PDE 的图象扩散去噪技术，均给出了去噪算法模型。因为后者是帧内处理技术，应用方便，所以较详细地介绍了基于 PDE 的一系列扩散去噪模型及其扩散参数的选择，特别是为了很好地保护图象边缘纹理，我们在扩散参数中引入二阶偏导数，建立了改进的非线性各向异性扩散模型，共形成九种扩散去噪算法。仿真实验表明，频域循环递归迭代去噪算法能有效地抑制图象噪声，使图象的 PSNR 提高 4.5dB 以上，明显改善了图象分辨能力；而基于 PDE 的九种扩散去噪算法的图象噪声抑制效果差别很大，本书所建立的改进的非线性各向异性扩散去噪算法效果最好，既有效地消除了噪声，又保护甚至增强了边缘纹理，分别处理高斯噪声和泊松噪声污染的图象，可使图象的 PSNR 分别大约提高 4dB 和 3dB。最后，利用改进的非线性各向异性扩散去噪算法对噪声较严重的“资源二号”真实遥感观测图象进行了去噪复原应用实验，也取得了良好的效果，不但图象噪声基本消除了，图象信噪比得到明显改善，而且能够很好地保护边缘纹理等高频特征，即可消除边缘纹理处的噪声，又不会使边缘纹理变模糊，实际增强了高频特征及其纹理细节，提高了对图象内涵客体的分辨能力。所以，本书所建立的改进的各向异性扩散去噪算法可以实际应用于噪声图象的复原，且因是帧内处理技术，所以应用方便。

云雾也是污染遥感图象的一个重要因素，针对含薄云薄雾的图象，还存在相当多的景物目标信息，因此重点研究了图象薄云薄雾的抑制技术。在分析含薄云薄雾的图象成像模型及其频谱分布特征的基础上，重点研究了基于同态滤波的和基于小波多分辨分析的两种图象薄云薄雾抑制技术，分别建立了两套图象云雾抑制算法模型及其算法流程。对基于同态滤波的图象薄云薄雾抑制算法进行了应用实验，取得满意的效果，云雾成分大都消除了，输出结果图象清晰度、对比度和分辨能力均有很大改善；而对基于小波多分辨分析的图象薄云薄雾抑制算法，既进行了应用实验，又进行了仿真实验，均取得更好的实验效果，云雾成分消除得比较干净，输出结果图象的清晰度、对比度和分辨能力均有更大的改善。后种算法虽然效果更好，但是要求提供同地区无云雾参考图象，而前种算法不需要参考图象。所以，两种图象薄云薄雾抑制算法的应用场合不同，若能够提供同地区无云雾参考图象，则使用基于小波多分辨分析的图象薄云薄雾抑制算法；否则，使用基于同态滤波的图象薄云薄雾抑制算法。

第 4 章　频域图象超分辨处理技术研究

4.1　引　　言

由 2.5 节对光学成像系统调制传递函数(MTF)的研究可知，成像系统的 MTF 相当于一个低通滤波器，且由于不相干光学系统衍射而使成像系统存在一个截止频率，不能传递截止频率以上的信号频率成分。因此，当原理想的物图象 $g(k,l)$ 通过光学成像系统后，不但会损失高频成分，而且会丢失超过截止频率的频谱成分，使观测图象 $f(k,l)$ 会减弱甚至丢失原有的纹理细节，图象分辨率明显降低。

在 1.2 节关于遥感图象的成像过程及其影响因素的分析中，已经指出在获取遥感图象的过程中有许多因素会导致图象质量的退化，除了图象模糊、噪声污染和云雾干扰等因素使图象因损失高频信息而降低分辨率，还有 CCD 等光电敏感器的欠采样抽取作用使图象因减少采样点数而丢失有用信息。欠采样以及光学衍射的截止频率均会导致高频混叠且改变高频结构，这些都会进一步降低分辨率。欠采样越严重(采样点数越少)，截止频率越低，高频混叠越严重，有用信息丢失越多，图象分辨率降低得越多。

第 3 章所研究的图象复原技术，可以恢复因模糊、噪声污染和薄云薄雾干扰等导致的图象高频信息和分辨能力的损失，其极限是逼近遥感成像系统所能达到的程度。但是，所有的图象复原操作都不会增加像素点数，不会恢复因系统欠采样和截止频率等导致的高频损失，更不会解开频率混叠而改善高频结构。因此，在完成所有图象复原操作后，实际图象 $f(k,l)$ 的质量，虽然会有改善甚至很大的改善，但是与原来物图象 $g(k,l)$ 的质量比较，还会存在差距甚至很大的差距，这表明图象分辨率的提高还有潜力甚至很大的潜力。

为了使观测图象 $f(k,l)$ 解开频率混叠、恢复原物图象 $g(k,l)$ 在截止频率之外丢失的频谱成分，并且拓宽频谱、改善高频结构，必须研究和采用新的图象处理方法，这就是图象超分辨技术。一般地讲，对实际观测的低分辨率遥感图象，为了恢复其质量，首先进行适当的图象复原操作，然后进行图象超分辨操作。但是，如果在图象超分辨操作中无意放大了噪声和模糊等对图象的影响，也需要在图象超分辨操作后进行相应的图象复原操作。在完成图象复原和图象超分辨处理后，图象的质量和分辨率会超过遥感成像设备所能达到的极限，使之逼近原来的理想物图象 $g(k,l)$。

图象超分辨与图象复原一样，均是成像过程的逆操作，在数学物理问题中属于

“反问题”。在 1.3.1 节已经说明，“反问题”的求解难度是很大的，尤其是图象超分辨在目前仍属于创新性的前沿课题，难度就更大。但是，正像在 1.3.2 节中所指出的，图象超分辨有坚实的理论依据，这里进行比较简洁而深入的理论分析。

首先，遥感图象 $f(k,l)$ 一般占有有限的空间区域，在某个二维区域之外全为 0，其频谱 $F(u,v)$ 是解析函数。根据解析函数的性质，若其在某一有限区域已知，则会处处已知，由 $F(u,v)$ 在某一区域上有限的取值，可以实现解析延拓，对它的整体进行重建。所以，依据解析延拓理论，充分利用先验信息，突破逆操作限制条件，能够实现图象超分辨。

任何数字图象都具备非负性和有界性的基本约束和性质。遥感成像系统的 CCD 等光电敏感器的欠采样以及光学衍射等因素使系统具有某个较低的、固定的截止频率，当原物图象 $g(k,l)$ 通过成像系统后，高于截止频率的高频信息通过卷积叠加到较低的频率信息中，导致观测图象 $f(k,l)$ 的频谱高频段出现频率混叠。这表明截止频率以上的高频成分并没有绝对丢失，而是被融合到截止频率以下的频率成分中。这就给图象超分辨提出明确的任务：设计和建立解频率混叠的有效操作，对 $f(k,l)$ 进行处理，重新恢复原在截止频率以上的高频成分，拓展频谱，改善高频结构，使之逼近原理想物图象 $g(k,l)$ 的频谱。

为了解开低分辨率观测图象 $f(k,l)$ 频率混叠的很多有效操作都是非线性操作，要求被处理图象始终满足非负性和有界性的约束，因此具有附加高频成分的作用，进而通过逐步调整，可以在被处理图象中引入、提取和扩展高频成分。频、空域以及神经网络的各种图象超分辨技术研究，中心任务都是设计和建立试图能解开频率混叠的各种特别的非线性操作，通过对低分辨率图象 $f(k,l)$ 的处理，解开频率混叠，恢复高频成分，实现图象超分辨。

本章和后续两章分别论述频、空域以及神经网络的图象超分辨技术研究。本章主要包括单帧频域变换与补偿扩展超分辨技术、频域解混叠超分辨技术和二至多帧频域融合超分辨技术，通过理论分析和实验研究，在频域分别建立三种有效的图象超分辨算法。

4.2　单帧频域变换与补偿扩展超分辨处理技术研究

在图象复原中，输入图象的大小和输出图象的大小是相同的，像素总数没有变化；而在超分辨处理中，输出图象的像素数一般多于输入图象的像素数，像素总数数倍增长，这等价于要求提高被处理图象的采样率。

众所周知，插值是提高采样率的一种重要方法，是从数字化的离散图象向连续图象逼近的一种操作。所以，在图象超分辨处理操作中，图象内插往往是不可缺少的操作，用于提高图象的采样率，以便逼近高分辨率图象。

关于插值的古典方法、基于核函数的常规方法和 FIR 插值法的基本理论与数学模型已经在 1.5 节中介绍，这里不再重复。

4.2.1　FFT 插值法的改进和频域变换增强技术的形成

FFT 插值法是利用傅里叶变换进行插值，可以解决 FIR 插值法中的频率上限问题，它的计算精度高、计算速度快、实时性好，在理论上对于限带周期函数是很有效的。假定使用 FFT 插值法，由低分辨率图象 $x_1(k,l)$，其大小为 $M\times N$，得到高分辨率图象 $x_2(k,l)$，其大小为 $PM\times PN$，需要对 $x_1(k,l)$ 在行和列两个方向上进行 P 倍插值操作，其基本算法的步骤如下。

(1) 对低分辨率图象 $x_1(k,l)$ 进行傅里叶变换，得到它的频谱 $X_1(u,v)$，二维宽度仍为 $M\times N$，分别如图 4.2.1 (a) 和图 4.2.1 (b) 所示。

(2) 将频谱 $X_1(u,v)$ 在 $M/2$ 和 $N/2$ 处拉开，中间高频部分补 $(P-1)M$ 行和 $(P-1)N$ 列零值，令 $P=2$，如图 4.2.1 (c) 所示，即为所求高分辨率图象的频谱 $X_2(u,v)$。

(3) 对 $X_2(u,v)$ 进行傅里叶反变换就得到高分辨率的图象 $x_2(k,l)$，如图 4.2.1 (d) 所示，数据点数增加到 $PM\times PN$。

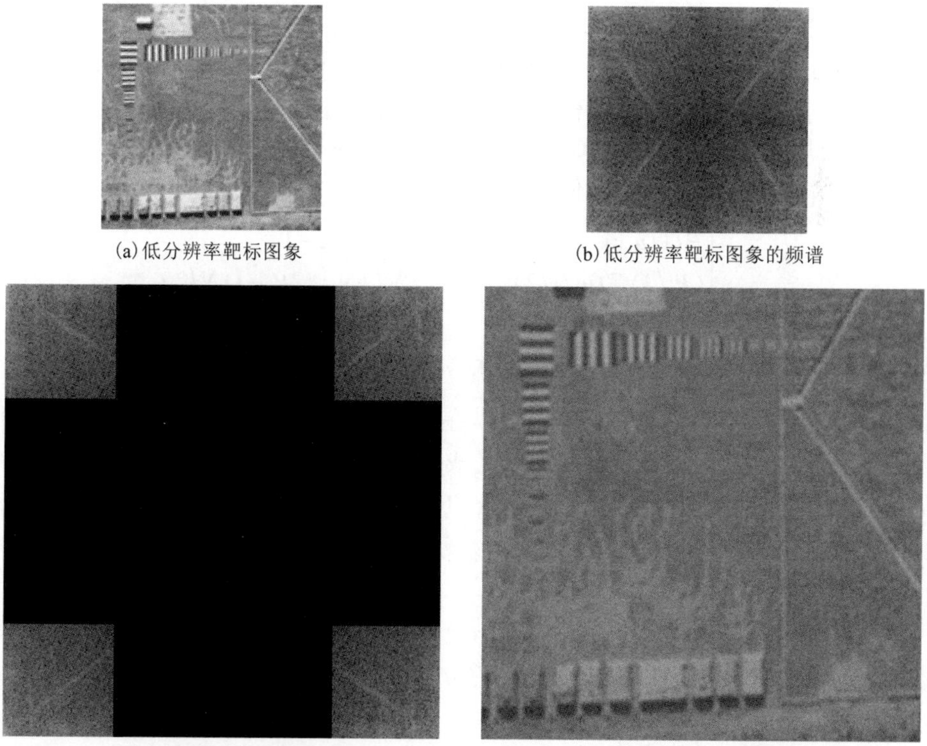

(a) 低分辨率靶标图象　(b) 低分辨率靶标图象的频谱

(c) 高分辨率靶标图象频谱　(d) 高分辨率靶标图象

图 4.2.1　FFT 插值 ($P=2$) 算法示意图

若把低分辨率图象的频谱从中间机械地拉开，然后中间补零，没有另外的频谱变换，则最后得到的高分辨率图象效果不好，如图 4.2.1(d)所示对靶标图象的处理结果。因此，有必要探讨更为完善的 FFT 插值方法。

在多年的研究中，为了改进原 FFT 插值算法，把增强技术引入内插操作中，导出了一套完整的单帧频域变换与增强滤波插值公式(李宁宁，1995)，即将上述原 FFT 插值基本算法步骤的第(2)步通过式(4.2.1)和式(4.2.2)及有关操作来实现，见中国发明专利(李金宗，2011)。在这里，为了本书上下文的通用化，低分辨率图象 $x_1(k,l)$ 及其频谱 $X_1(u,v)$换用 $f(k,l)$ 及其频谱 $F(u,v)$表示，其变换与增强后的频谱及其图象用 $G(u,v)$和 $g(k,l)$ 表示。

首先，对被处理的低分辨率图象频谱 $F(u,v)$ 逐列在行方向上进行频谱变换与增强滤波操作，即对 $v\in[0,N)$ 中每一个 v 依次执行

$$G'(u,v)=\begin{cases}P_rF(u,v), & 0\leqslant u\leqslant M/2-1\\ (P_r/2)F(M/2,v), & u=M/2,u=(2P_r-1)M/2\\ 0, & M/2+1\leqslant u\leqslant(2P_r-1)M/2-1\\ P_rF\big(u-(P_r-1)M,v\big), & (2P_r-1)M/2+1\leqslant u\leqslant P_rM-1\end{cases}\tag{4.2.1}$$

式中，v=0,1,2,⋯,N–1，N 为原图象在列方向上的像素数；P_r 为在行方向上的插值倍数。得到的 $G'(u,v)$ 为 $F(u,v)$在行域完成变换与增强滤波操作的中间频谱，显然，在行向上的序列长度都增加到 P_r 倍，序列的幅值也有增强。

然后，对所得到的中间频谱 $G'(u,v)$ 逐行在列方向上进行频谱变换与增强滤波操作，即对 $u\in[0,P_rM)$ 中每一个 u 依次执行

$$G(u,v)=\begin{cases}P_cG'(u,v), & 0\leqslant v\leqslant N/2-1\\ (P_c/2)G'(u,N/2), & v=N/2,v=(2P_c-1)N/2\\ 0, & N/2+1\leqslant v\leqslant(2P_c-1)N/2-1\\ P_cG'\big(u,v-(P_c-1)N\big), & (2P_c-1)N/2+1\leqslant v\leqslant P_cN-1\end{cases}\tag{4.2.2}$$

式中，u=0,1,2,⋯, P_rM–1，P_rM 为 $G'(u,v)$ 在行方向上的像素数；P_c 为列向上的插值倍数。得到的 $G(u,v)$ 为 $G'(u,v)$ 在列域完成变换与增强滤波操作的频谱，显然，在列向上的序列长度都增加到 P_c 倍，序列的幅值也有增强。同时，$G(u,v)$ 是低分辨率图象频谱 $F(u,v)$完成变换与增强滤波操作后的频谱，即频域变换与增强滤波器输出的频谱。

在一般情况下，M=N，P_c=P_r=2，式(4.2.1)和式(4.2.2)是单帧频域变换与增强滤波器频谱响应公式。利用这两个公式，建立了一套完整的单帧图象频域变换与增强超分辨算法。

利用单帧图象频域变换与增强算法处理靶标图象的实验结果如图 4.2.2 所示，图 4.2.2(a)为输入图象的双线性插值图象，图 4.2.2(b)为输出图象，输入/输出图象

模式映射 $128\times128\rightarrow256\times256$；而图 4.2.2(c)为原 FFT 插值算法处理的结果图象。实验结果比较可见，该算法的效果有明显改善。

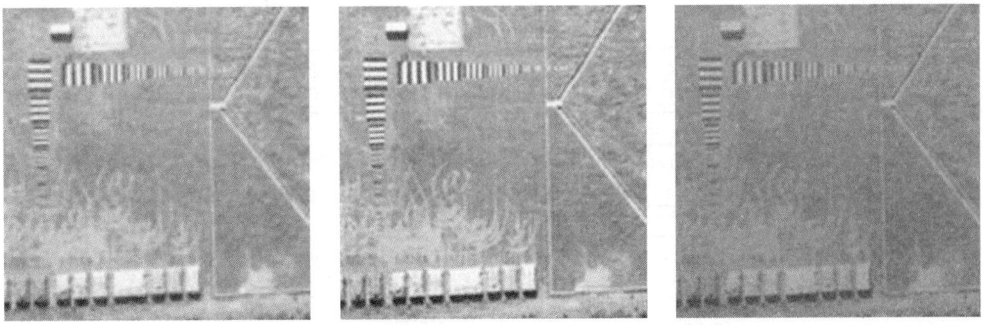

(a)低分辨率靶标图象(128×128)双线性插值图象　(b)利用频域变换与增强获得的高分辨率图象(256×256)　(c)利用原 FFT 插值方法获得的高分辨率图象(256×256)

图 4.2.2　单帧图象频域变换与增强算法处理靶标图象提高分辨率效果比较(51%显示)

利用单帧图象频域变换与增强算法对真实遥感图象做了大量的实验，在图 4.2.3 中给出一组实验结果，左图为输入的原分辨率 1m 的遥感图象，行、列均经双线性插值放大二倍；右图为输出图象，输入/输出图象模式映射为 $128\times128\rightarrow256\times256$。显然，右图的图象纹理丰富了，对比度和分辨率提高了，很多几乎都可以分辨的小汽车，而在左图中难以分辨。该算法不但提高分辨率的效果是明显的，而且是帧内处理技术，所要求的外部条件最少，这对于实际应用来说也是非常有意义的。所以为了提高处理效果和适应性，继续重点研究和完善这种改进后的算法，在引入抑制振铃技术后，即将形成一套单帧频域补偿与扩展滤波技术及其算法。

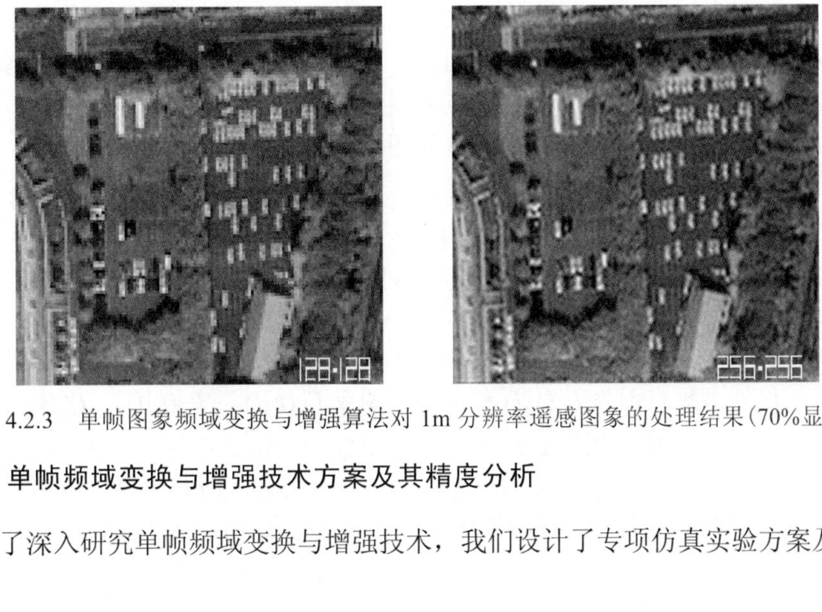

图 4.2.3　单帧图象频域变换与增强算法对 1m 分辨率遥感图象的处理结果(70%显示)

4.2.2　单帧频域变换与增强技术方案及其精度分析

为了深入研究单帧频域变换与增强技术，我们设计了专项仿真实验方案及其处理精度分析计算公式，其仿真实验方案见图 4.2.4，而处理精度计算公式见式(4.2.3)～式(4.2.6)。为了得到真实的处理精度，在这个实验方案中不包含预处理。现把有关问题说明如下。

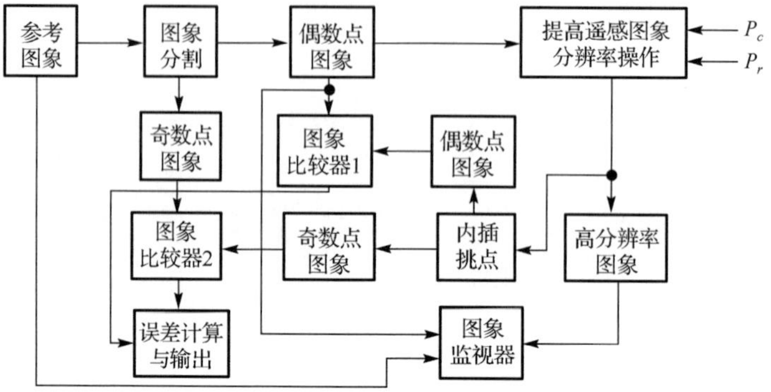

图 4.2.4　单帧频域变换与增强算法仿真技术方案

(1) P_r 与 P_c 的取值：对行和列双向的像素数均提高到 2 倍的操作，取 P_r=P_c=2；对仅行或列单向的像素数提高到 2 倍的操作，取 P_c=2、P_r=1 或 P_r=2、P_c=1。

(2) 图象分割：为了便于考查处理精度，把在实验中采集的或由真实遥感图象上选取的一定大小的图象用于参考图象，同时按坐标的奇偶点分割。

对于单向提高分辨率的实验，则在提高分辨率的方向(行或列)将参考图象按奇偶点分割成两个低分辨率的图象：

$I_e(k,l)$——偶数点(0,2,4,…)图象，用于提高分辨率操作的输入图象；

$I_o(k,l)$——奇数点(1,3,5,…)图象，仅用于参考图象。

对于双向提高分辨率的实验，则要将参考图象分割成四个低分辨率图象：

$I_{ee}(k,l)$——行与列均为偶数点的图象，用于提高分辨率操作的输入图象；

$I_{eo}(k,l)$——行与列分别为偶、奇点的图象，仅用于参考图象；

$I_{oe}(k,l)$——行与列分别为奇、偶点的图象，仅用于参考图象；

$I_{oo}(k,l)$——行与列均为奇数点的图象，仅用于参考图象。

下面为了方便，将 $I_{oe}(k,l)$、$I_{eo}(k,l)$ 和 $I_{oo}(k,l)$ 统称为奇数点图象。

(3) 内插挑点：在获取超分辨率图象的同时，使用内插挑点法(李宁宁，1995)，对超分辨率图象进行分割。其方法与(2)中介绍的图象分割的方法相同，对于单向提高分辨率的实验，得到偶数点图象 $I'_e(k,l)$ 和奇数点图象 $I'_o(k,l)$；对于双向提高分辨率的实验，得到偶数点图象 $I'_{ee}(k,l)$ 和奇数点图象 $I'_{eo}(k,l)$、$I'_{oe}(k,l)$、$I'_{oo}(k,l)$。

(4) 图象比较器：通过比较处理前后相应图象对应像素点的灰度值，计算处理误差 ε_1 和 ε_2，其中 ε_1 称为原点误差，而 ε_2 称为合成误差。令 sum 为低分辨率输入图象的像素总数，则对于单向提高分辨率的实验，ε_1 和 ε_2 分别定义为

$$\varepsilon_1 = \frac{\sum_{(k,l)\in\Re_e(\Re'_e)}\left|I'_e(k,l) - I_e(k,l)\right|}{\text{sum}} \tag{4.2.3}$$

$$\varepsilon_2 = \frac{\sum_{(k,l)\in\Re_o(\Re'_o)}\left|I'_o(k,l) - I_o(k,l)\right|}{2\cdot\text{sum}} + \frac{\varepsilon_1}{2} \tag{4.2.4}$$

式中，$\Re_e(\Re'_e)$、$\Re_o(\Re'_o)$分别是$I_e(I'_e)$、$I_o(I'_o)$的二维取值区域，计算合成误差ε_2的像素总数增加一倍。而对于双向提高分辨率的实验，ε_1和ε_2分别定义为

$$\varepsilon_1 = \frac{\sum_{(k,l)\in\Re_{ee}(\Re'_{ee})}\left|I'_{ee}(k,l) - I_{ee}(k,l)\right|}{\text{sum}} \tag{4.2.5}$$

$$\begin{aligned}\varepsilon_2 = &\frac{\sum_{(k,l)\in\Re_{eo}(\Re'_{eo})}\left|I'_{eo}(k,l) - I_{eo}(k,l)\right|}{4\cdot\text{sum}} + \frac{\sum_{(k,l)\in\Re_{oe}(\Re'_{oe})}\left|I'_{oe}(k,l) - I_{oe}(k,l)\right|}{4\cdot\text{sum}} \\ &+ \frac{\sum_{(k,l)\in\Re_{oo}(\Re'_{oo})}\left|I'_{oo}(k,l) - I_{oo}(k,l)\right|}{4\cdot\text{sum}} + \frac{\varepsilon_1}{4}\end{aligned} \tag{4.2.6}$$

式中，$\Re_{ee}(\Re'_{ee})$、$\Re_{eo}(\Re'_{eo})$、$\Re_{oe}(\Re'_{oe})$、$\Re_{oo}(\Re'_{oo})$分别是$I_{ee}(I'_{ee})$、$I_{eo}(I'_{eo})$、$I_{oe}(I'_{oe})$、$I_{oo}(I'_{oo})$的二维取值区域，计算合成误差ε_2的像素总数增加三倍。

(5) 输出：在图象监视器上显示原图象、由原图象分割出的低分辨率输入图象$I_e(k,l)/I_{ee}(k,l)$和处理后得到的高分辨率图象，供视觉观测处理效果。同时，输出原点误差ε_1和合成误差ε_2，以评价处理精度和质量。

在实验室里采集了大量图象，同时也采集了很多真实遥感图象，进行了仿真实验，图 4.2.5 和图 4.2.6 中分别给出单向和双向提高分辨率的五组视图，其中-1 为原始参考图象，-2 为降低分辨率后的偶数点图象(输入图象)，-3 为应用单帧频域变换与增强算法操作提高分辨率后的图象(输出图象)，奇数点图象没有显示，但是它们被用于计算合成误差ε_2。

根据式(4.2.3)～式(4.2.6)，利用计算机在如图 4.2.5 和图 4.2.6 所示的各组仿真实验中对多项处理精度同时进行了分析，表 4.2.1 给出了单向提高分辨率的处理精度分析结果，表 4.2.2 给出了双向提高分辨率的处理精度分析结果。从两个表中可以看出，无论单向的还是双向的提高分辨率的处理结果，原点误差ε_1均为 0，而合成误差ε_2的均方根值：单向提高分辨率的约为 0.011，双向提高分辨率的约为 0.022。从图 4.2.5 和图 4.2.6 看出，初步处理效果是明显的。

表 4.2.1　单帧频域变换与增强算法单向提高图象分辨率的处理误差

图象 / 误差	A	B	C	D	E	均方根误差
ε_1	0	0	0	0	0	0
ε_2	0.016	0.009	0.008	0.010	0.009	0.011

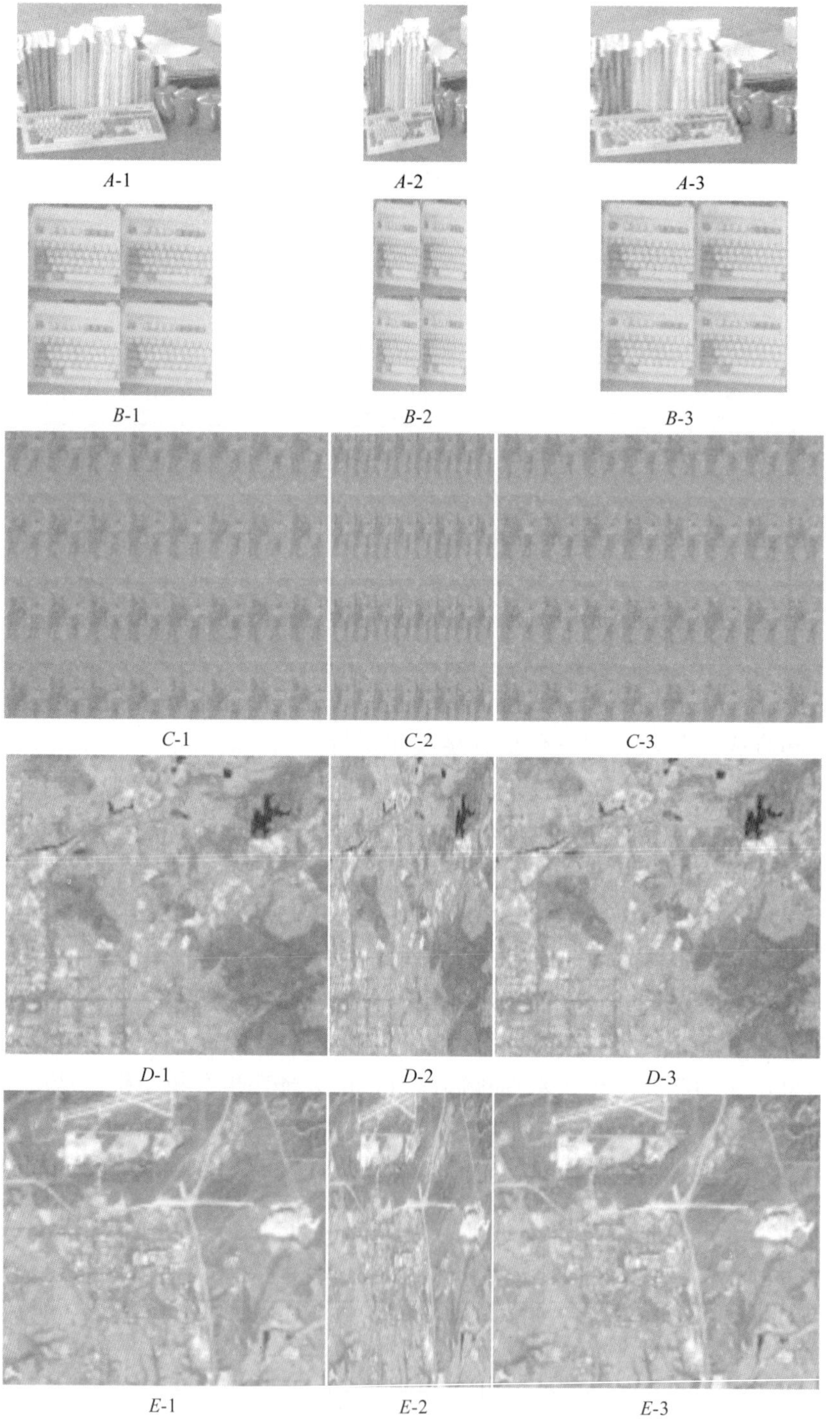

图 4.2.5　单帧频域变换与增强算法单向提高图象分辨率的实验结果

 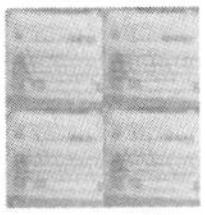 

A-1　　*A*-2　　*A*-3

B-1　　*B*-2　　*B*-3

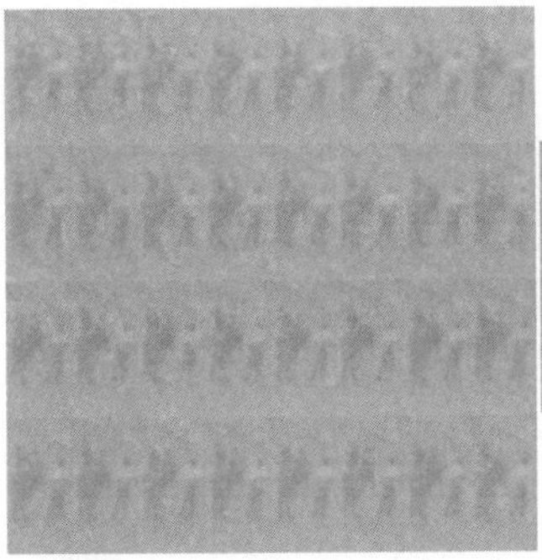  

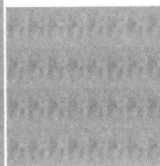

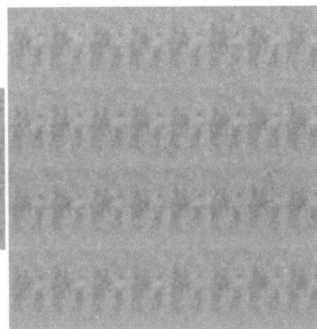

C-1　　*C*-2　　*C*-3

 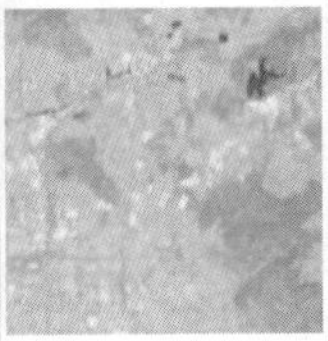 

D-1　　*D*-2　　*D*-3

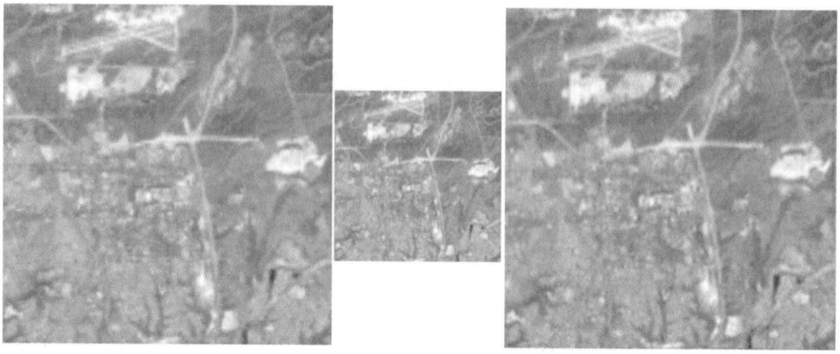

图 4.2.6　单帧频域变换与增强算法双向提高图象分辨率的实验结果

表 4.2.2　单帧频域变换与增强算法双向提高图象分辨率的处理误差

误差＼图象	A	B	C	D	E	均方根误差
ε_1	0	0	0	0	0	0
ε_2	0.032	0.026	0.021	0.016	0.017	0.022

在研究过程中，还特别请应用单位的专家对上述仿真技术方案的处理结果进行了评审，得到了充分的肯定。在此基础上，进一步建立了单帧频域变换与增强应用技术方案，见图 4.2.7。利用这个应用技术方案，输入图象是低分辨率图象，不再进行分割，等价于图 4.2.4 中的偶数点图象，直接用于频域变换与增强算法的输入图象，因此没有低分辨率的奇数点参考图象，不能计算合成误差 ε_2。但是，为了监视处理的质量，处理后的高分辨率图象要分割出偶数点图象，用于计算原点误差 ε_1。在处理过程中，要求始终保持原点误差 $\varepsilon_1 = 0$，否则处理精度不能满足要求，应重新处理。

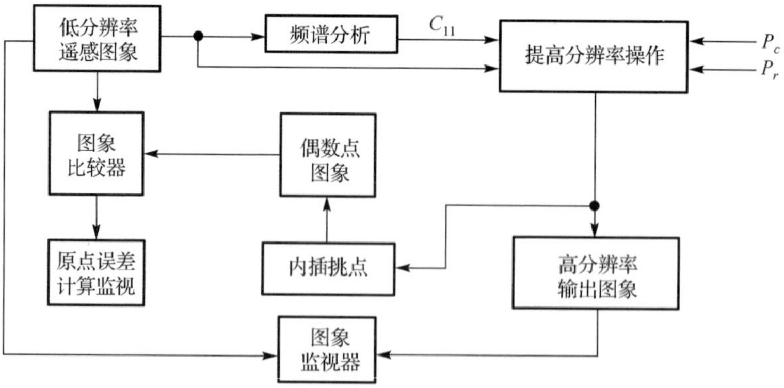

图 4.2.7　单帧频域变换与增强技术应用方案

利用图 4.2.7 的应用技术方案对大量图象进行了处理，取得了比较满意的初步处理结果，图 4.2.8 给出了三组有代表性的处理图象，每组的左图为输入图象的双线性插值图象，右图为输出结果图象，输入/输出图象模式映射 $128\times128\rightarrow256\times256$；其中图 4.2.8(a)为对靶标图象的处理，图 4.2.8(b)为对 1m 分辨率真实遥感图象的处理，图 4.2.8(c)为对 0.5m 分辨率国外卫星遥感图象的处理，它们的原点误差均为 $\varepsilon_1=0$，且均有明显的视觉效果。

尽管图 4.2.8 是算法刚刚形成的初步实验结果，但是已经展现出了极好的应用前景，所以有必要投入更大的精力，进行更深入的研究。

在这种情况下，为了优化单帧频域变换与增强技术算法，遇到两个方面的问题：一是理论问题，即要求通过理论分析确定该算法的使用条件和理论极限，并探求使

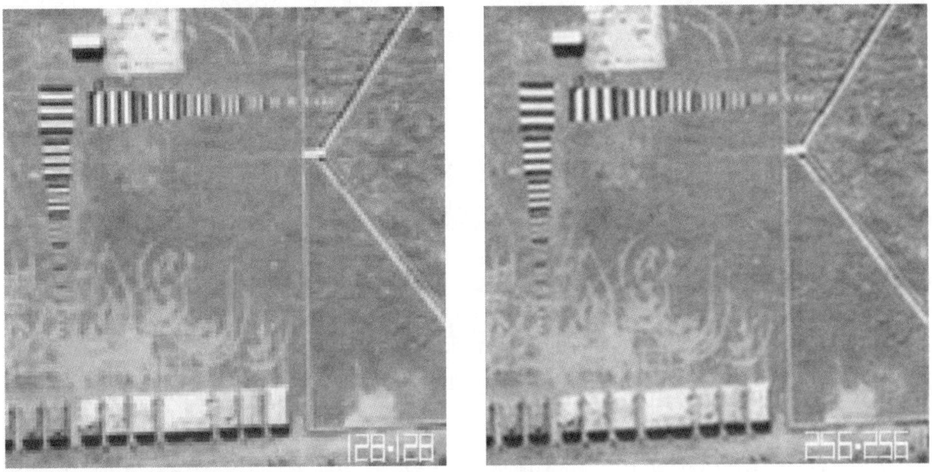

(a) 处理前后的靶标图象

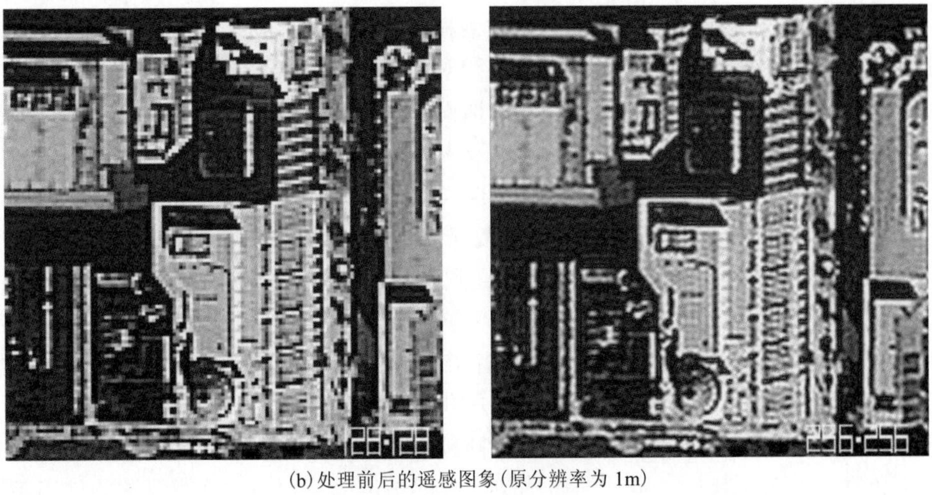

(b) 处理前后的遥感图象(原分辨率为 1m)

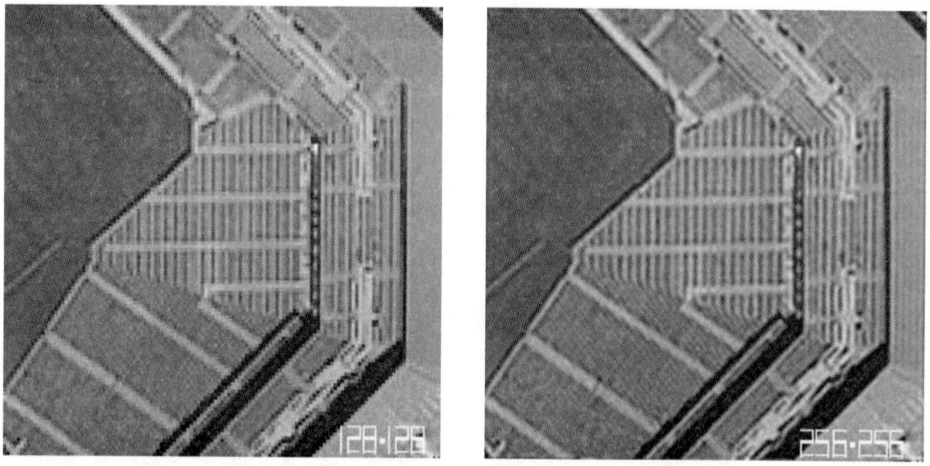

(c) 处理前后的国外卫星遥感图象（原分辨率为 0.5m）

图 4.2.8 单帧频域变换与增强算法处理前后的图象（72%显示）

用该算法的自适应控制参数；二是振铃问题，在图 4.2.8 (a) 和图 4.2.8 (c) 的初步处理结果的局部区域明显出现了振铃假象，振铃现象是一种高频干扰，影响真实目标的识别和定位，为了实际应用，必须研究消除振铃的技术。

4.2.3 使用条件与理论极限

为了得到单帧频域变换与增强技术算法的使用条件和理论极限，对被处理的图象进行了大量的频谱分析，并且将频谱分析的结果与提高分辨率算法的效果相结合，力图抽取出有意义的结论。

在 2.1.3 节的频谱分析中，我们已经提出和建立了新的参数——频率混叠深度 FAD 参数 C_{11}，用于描述图象频谱的频率混叠程度，并且进行了大量的实验研究。

图4.2.9给出了一类遥感图象的二维频谱和一维频谱分析结果，图象模式为128×128，其中图 4.2.9 (a) 的图象比较平滑，复杂性和对比度都比较低，图 4.2.9 (b) 的图象复杂性比较高。在两组分析图象中，-1) 是原遥感图象；-2) 是-1) 的二维振幅谱的三维显示，纵轴是 $\log_2|F(u,v)|$，其中 $|F(u,v)|$ 为二维振幅谱；-3) 为-2) 的首行、中间行和末行的一维显示。考虑到频谱值可能为零，在取对数的实际运行中，真数加 1，在表达中省略。可以看出，图象的景物越复杂，高频成分越丰富，其高频混叠程度越大；图象的对比度越大，频谱的变化越剧烈。

利用大量的真实遥感图象，通过理论分析和反复实验，得到该算法的使用条件为具有有限频率混叠的遥感图象。在对各类遥感图象进行频谱分析的基础上，估计频率混叠深度 FAD 参数 C_{11}，并且与算法的处理效果相结合，得到关于使用条件和理论极限的结论：$C_{11} \leqslant 0.4$ 为所研究的单帧频域超分辨算法的使用条件，即 $C_{11} = 0.4$ 为使用该算法的理论极限。实际的遥感图象大都满足单帧频域超分辨算法的使用条件。

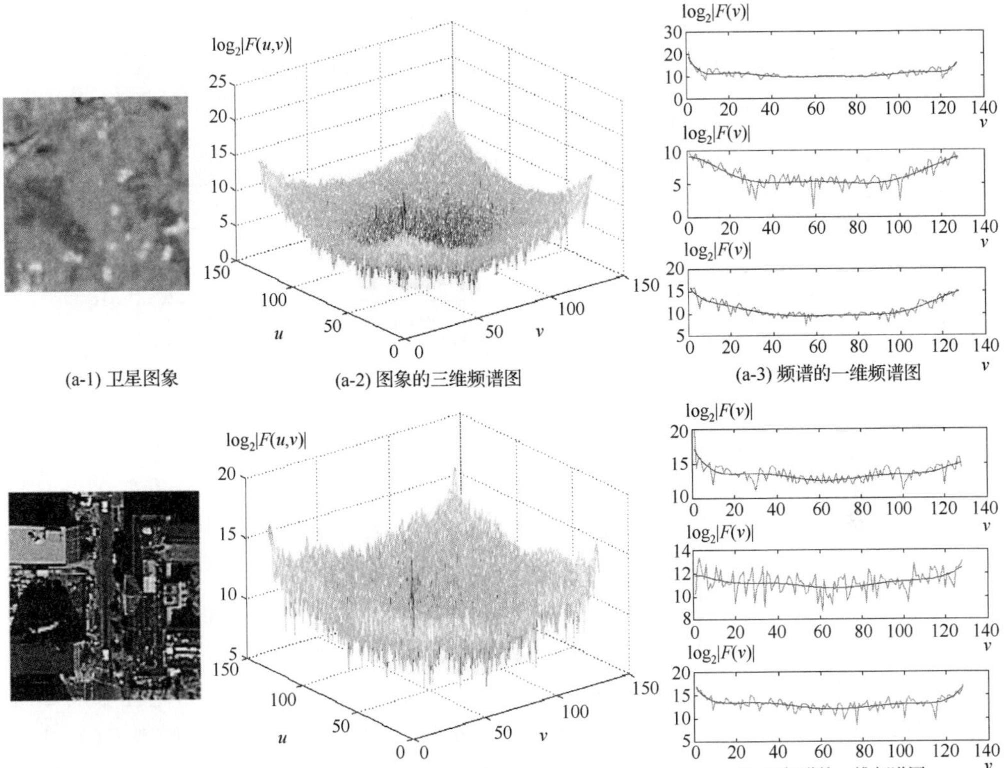

(a-1) 卫星图象　(a-2) 图象的三维频谱图　(a-3) 频谱的一维频谱图

(b-1) 卫星图象　(b-2) 图象的三维频谱图　(b-3) 频谱的一维频谱图

图 4.2.9　遥感图象的二维频谱和一维频谱分析(见彩图)

4.2.4　振铃的抑制和帧内频域补偿与扩展滤波器的设计

FFT 插值法及其改进的单帧频域变换与增强算法的输出图象中往往出现振铃假象，振铃的抑制成为算法应用和改进提高的一项关键技术。因此，根据现有算法，拟定了抑制振铃的实施方案，见图 4.2.10，在研究中实现了帧内频域解混叠补偿与扩展滤波器的设计。

由实施方案可以看出，实现这项关键技术的研究主要包括三个步骤：

(1) 通过在频域和空域对图象超分辨算法的输入、输出图象进行一系列的分析，确定振铃出现的原因，并提取抑制振铃的控制参数。

(2) 通过在频域和空域对局部区域出现振铃的高分辨率图象分别进行校正处理与效果对比，设计解混叠及其振铃抑制滤波器，并经实验分析反复优化。

(3) 在原单帧频域变换与增强超分辨算法的基础上，利用抑制振铃的控制参数，建立在必要时能自动引入抑制振铃操作的自适应算法，并且经过实验优化。

下面分别介绍上述三个步骤的研究情况，最后给出实验结果和分析。

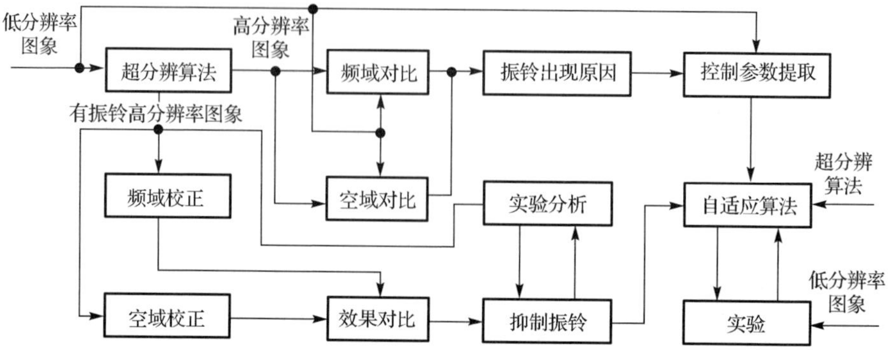

图 4.2.10　图象超分辨中抑制振铃技术实施方案框图

1. 振铃出现的原因分析

FFT 插值操作把低分辨率图象的频谱从中间拉开补零后，有可能导致频谱出现突变。以一维信号为例，如图 4.2.11 所示，假设对有限长度连续信号 $f(t)$ 进行采样，若满足采样定理，如图 4.2.11(a)所示，则其频谱 $F(u)$ 没有频谱混叠，把频谱 $F(u)$ 从中间拉开补零后，如图 4.2.11(b)所示，其频谱 $G(u)$ 不会出现突变，所以在傅里叶反变换后的时域信号中不会出现振荡现象，即不会出现振铃；但是，当采样不满足采样定理时，如图 4.2.11(c)所示，则其频谱 $F_1(u)$ 出现了频谱混叠，把频谱 $F_1(u)$ 从中间拉开补零后，如图 4.2.11(d)所示，其频谱 $G_1(u)$ 的高端就出现突变，所以在傅里叶反变换后的时域信号中会出现振荡现象，即可能会出现振铃。也就是说，在 FFT 插值操作过程中，因原低分辨率图象的欠采样导致的频谱高端的突变是振铃出现的根源(李金宗等，2003)。

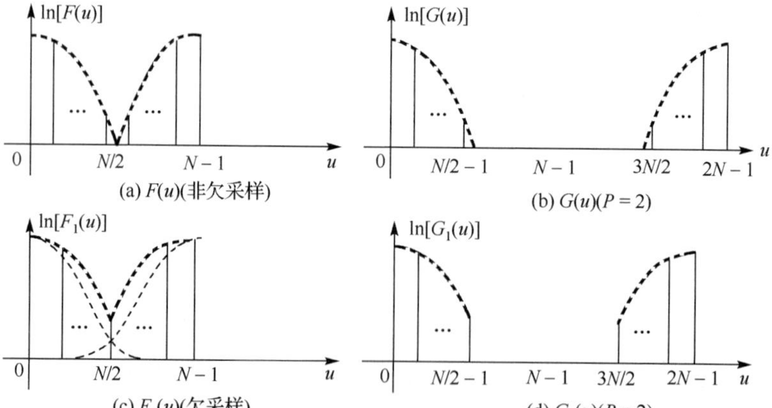

图 4.2.11　一维信号 FFT 插值法频域变换示意图

…拟合的真实频谱；—混叠前的频谱

同理，对二维图象信号 $f(k,l)$，也可以进行类似的分析，如图 4.2.12 所示。

若图象中至少有一维采样频率不满足采样定理，即出现欠采样，则会产生混叠。图 4.2.12(a)的图象景物比较平坦，几乎无频谱混叠；图 4.2.12(b)的图象景物比较复杂，其频谱高端有混叠；而图 4.2.12(c)的图象景物最为复杂，其频谱高端混叠比较严重。对于有频率混叠的二维频谱，在频谱高端中间拉开补零后，交界处就会产生突变，其图象的局部区域可能出现振铃。

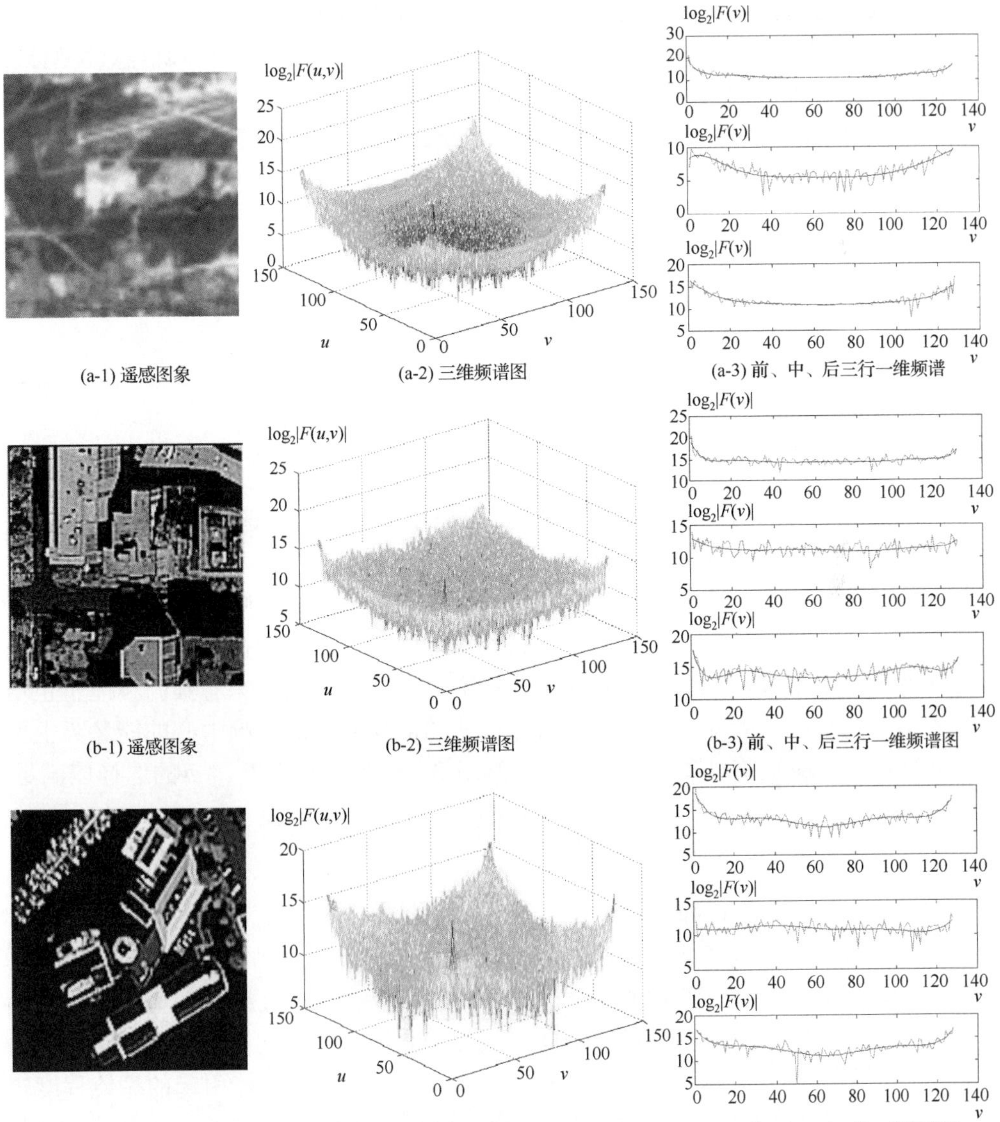

(a-1) 遥感图象　(a-2) 三维频谱图　(a-3) 前、中、后三行一维频谱

(b-1) 遥感图象　(b-2) 三维频谱图　(b-3) 前、中、后三行一维频谱图

(c-1) 遥感图象　(c-2) 三维频谱图　(c-3) 前、中、后三行一维频谱图

图 4.2.12　复杂程度不同的图象及其频谱分析图(见彩图)

2. 一维频域补偿与扩展滤波器基础函数

1) 设计

为了抑制可能出现的振铃，分别在频域和空域研究了抑制振铃的校正技术，经过效果对比，最后选用频域校正法，即在频域设计频域补偿与扩展滤波器用于抑制振铃。

在频域补偿与扩展滤波器的设计中，应该首先重点考虑以下三点：

(1) 要尽量保持图象的原有信息。由于频谱混叠，景物的部分高频信息被融合在较低的频率成分中，抑制振铃的设计应该使超分辨率图象尽量恢复混叠的高频信息。

(2) 由于振铃出现程度与实际图象频谱混叠程度有关，所设计的抑制振铃的模型应该是可控的。

(3) 操作简单可靠，尽量减少计算量，以利于实时处理。

兼顾以上三点考虑，设计频域补偿与扩展滤波器基础函数，其一维数学模型为

$$H(u)=\begin{cases} A\exp\left(-\dfrac{u^p}{\omega}\right), & 0\leqslant u\leqslant N/2 \\ A\exp\left(-\dfrac{(N-u)^p}{\omega}\right), & N/2\leqslant u\leqslant N-1 \end{cases} \tag{4.2.7}$$

式中，u 为频谱点；A、ω 和 p 为控制参数，可以根据实际情况选择，分别说明如下。

A 的选择：为实际的插值倍数，例如，二倍插值时，$A=2$。

ω 的选择：当采样频率小于奈奎斯特频率时，混叠的高频频谱使其中心的能量为正常值的二倍，若没有增大低频能量的处理，则 ω 的取值应使 $H(N/2)=1/2$。但是由于 A 取为插值倍数，一维插值的低频能量增大了 A 倍，则意味着其高频能量也增大了 A 倍，计及这个因素，所以 ω 的取值应使频谱变换后的高频中心的能量为混叠的高频频谱中心能量的 $A/2$，即应使 $H(N/2)=A/2$，根据式(4.2.7)，ω 的选择应满足

$$\omega=\left(\frac{N}{2}\right)^p \Big/ \ln 2 \tag{4.2.8}$$

可见，ω 的选择与 p 的选择有关。

p 的选择：图 4.2.13 给出了单帧频域补偿与扩展滤波器基础函数的曲线随指数 p 变化的趋势，容易看出，当 p 越大时，对高频的响应(通过率)越高；反之，对高频的响应越低。当图象频率混叠深度 FAD 参数 C_{11} 较大时，可能引起的振铃程度较大，p 应该选择得较小；当频率混叠深度 FAD 参数 C_{11} 较小时，可能引起的振铃程度较小，p 可以选择得较大；当没有振铃或振铃较轻时，$p\to\infty$。

现在进一步说明单帧频域补偿与扩展滤波器一维基础函数 $H(u)(u=0,1,2,\cdots,N-1)$

的应用。为此，要利用基础函数式(4.2.7)建立的频率响应函数(图4.2.13)，同时与单帧频域变换与增强技术相结合，以便建立单帧频域补偿与扩展滤波器。为了便于理解，这里首先说明一维频域补偿与扩展滤波器的设计，假定该滤波器利用一维基础函数 $H(u)(u=0,1,2,\cdots,N-1)$ 已经建立，则对一维输入图象信号频率函数 $F(u)(u=0,1,2,\cdots,N-1)$ 的响应，即其输出的一维图象信号频率函数(以 $A=2$ 即二倍插值操作为例) $G(u)$ $(u=0,1,2,\cdots,2N-1)$，可以表示为

$$G(u)=\begin{cases} H(u)\cdot F(u), & 0\leqslant u<N/2 \\ F(u)\cdot[A-H(u)], & N/2\leqslant u<N \\ F(u-N)\cdot[A-H(u-N)], & N\leqslant u<3N/2 \\ H(u-N)\cdot F(u-N), & 3N/2\leqslant u<2N \end{cases} \tag{4.2.9}$$

这就是给定一维序列长度为 N 的输入图象信号频谱的一维频域补偿与扩展滤波器的输出频率响应函数，其信号序列长度为 $2N$。

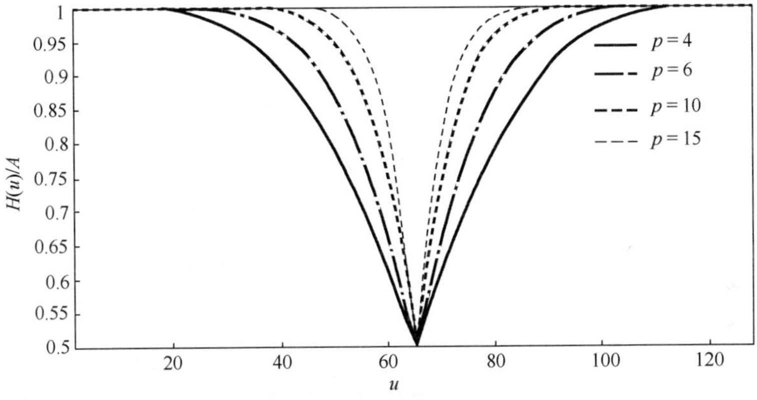

图 4.2.13　单帧频域补偿与扩展滤波器一维基础函数响应和 p 指数变化的关系

根据频域补偿与扩展滤波器一维基础函数频率响应示意图 4.2.13 及其输出频率响应函数式(4.2.9)，容易得到一维频域补偿与扩展滤波器操作原理示意图，如图 4.2.14 所示。其中，图 4.2.14(a)给出了一维混叠的图象信号频率函数 $F(u)$ $(u=0,1,2,\cdots,N-1)$ (图示以 $N=128$ 为例)，其频谱高段是混叠的；图 4.2.14(b)给出了频域补偿与扩展滤波器一维基础函数频率传递函数 $H(u)(A=2)(u=0,1,2,\cdots,N-1)$；图 4.2.14(c)给出了一维频域补偿与扩展滤波器的输出图象信号(序列长度 $2N$)频率函数。可以看出，所建立的一维频域补偿与扩展滤波器输出信号的频率函数将输入信号的频率函数扩展了 $A=2$ 倍，同时进行了相应的增强，校正了频谱高段混叠，不但消除了可能引起振铃现象的频率突变，而且补偿了引起频率混叠的高频信息，改善了频谱结构，使之逼近实际景物频谱，所以其分辨率、对比度和清晰度必然会有提高。

2) 性能实验及精度分析

为了考查一维频域补偿与扩展滤波器的性能，设计并进行了专项实验分析。在实验中使用一维数据，原数据 $a(k)$（$k=1,2,\cdots,N$），长度 $N=32$；对 $a(k)$ 隔点抽取得到抽取后的序列，其长度为 M=16；通过不同的方法对抽取后 M 点的数据实现二倍插值，得到新的插值后的 N 点数据 $b(k)$；然后对插值后的数据 $b(k)$ 进行精度分析，即通过与原 N 点数据 $a(k)$ 的比较计算插值精度。定义的插值误差 ε 为

$$\varepsilon=\frac{\sum_{k=1}^{N}\left|a(k)-b(k)\right|}{\sum_{k=1}^{N}a(k)} \tag{4.2.10}$$

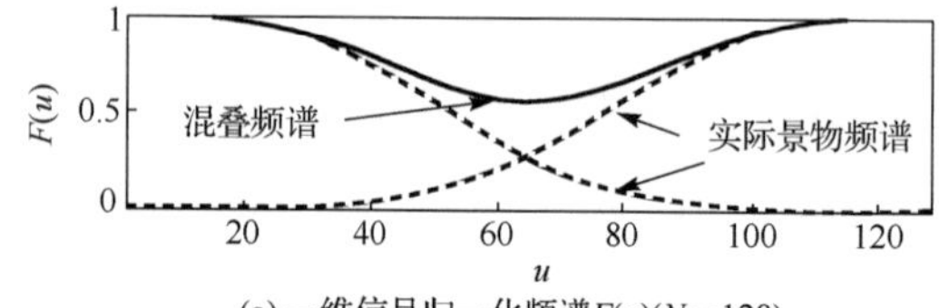

(a) 一维信号归一化频谱 $F(u)(N=128)$

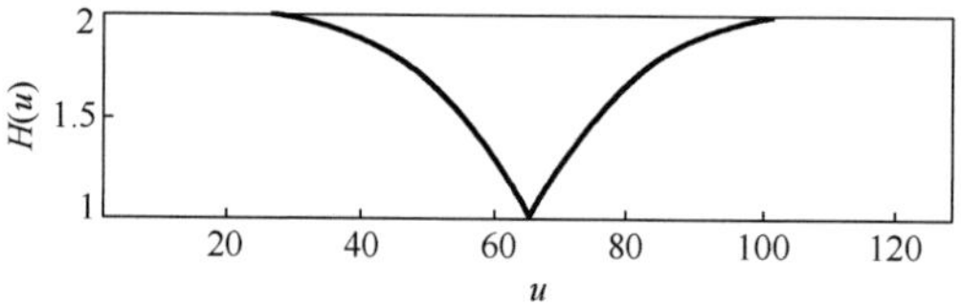

(b) 一维频域补偿滤波器基础函数频率传递函数 $H(u)(A=2)$

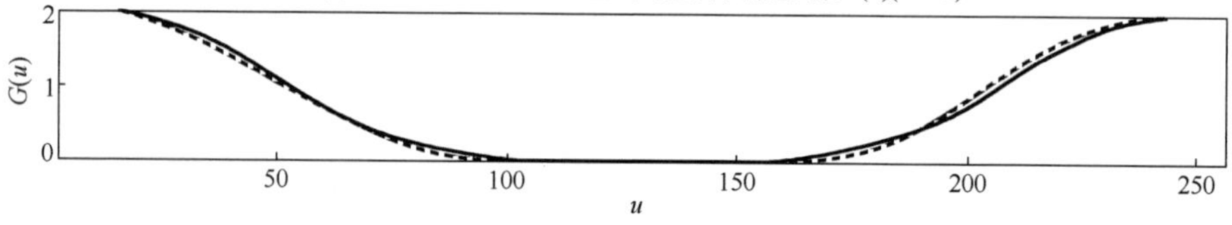

(c) 一维频域补偿与扩展滤波器处理后的信号频谱 $G(u)(2N=256)$

图 4.2.14　一维频率补偿与扩展滤波器操作原理（混叠的校正和补偿）示意图（A=2）

为了比较各种插值方法的性能优劣，令原数据 $a(k)$ 分别为两种类型信号的采样值，一种是变化较缓慢的信号，另一种是变化较剧烈的信号。使用的插值方法有 FFT 插值、频域补偿与扩展滤波插值、最近邻插值和线性插值。其中，FFT 插值是指频率补偿与扩展以前的频域变换与增强插值技术，实际上已经与通常的 FFT 插值大不相同，但是为了方便，在本实验中仍然用 FFT 插值表示。两类曲线的实验结果见图 4.2.15，其中图 4.2.15(a) 为变化较缓慢信号的实验结果，图 4.2.15(b) 为变化较剧烈信号的实验结果，图中纵坐标均为 $a(k)/b(k)$，其中实线表示 $a(k)$，其余曲线表示图注说明的操作所形成的 $b(k)$。在实验中频域补偿与扩展滤波器系数 p 对两类信号的取值分别为 $p=55$ 和 $p=2.2$。

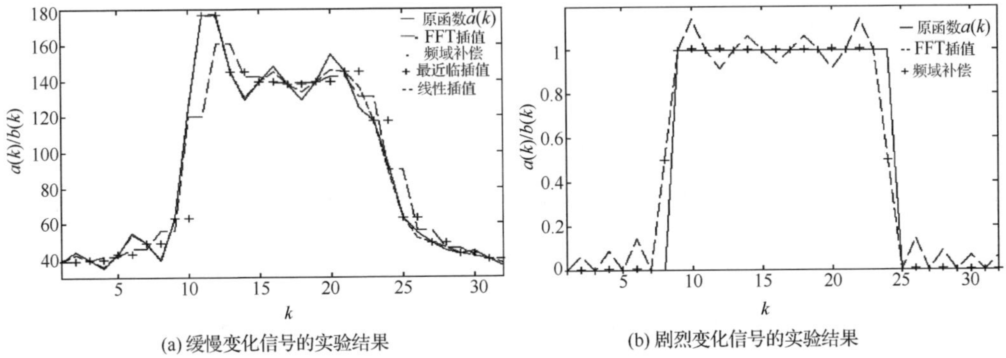

图 4.2.15　一维频域补偿与扩展滤波器和其他几种插值方法的性能实验效果比较

利用式(4.2.10)，对图 4.2.15 中两类信号的实验结果进行了精度分析，其中，对图 4.2.15(a)中变化较缓慢信号实验结果误差的分析数据如表 4.2.3 所示，对图 4.2.15(b)中变化较剧烈信号实验结果误差的分析结果如表 4.2.4 所示。

表 4.2.3　频域补偿与扩展等插值法处理变化较缓慢信号的插值误差比较(p=55)

方法	频域补偿扩展	FFT 插值(变换增强)	最近邻插值	线性插值
误差(ε)	0.0166	0.0166	0.0717	0.0920

表 4.2.4　频域补偿与扩展等插值法处理变化较剧烈信号的插值误差比较(p=2.2)

方法	频域补偿扩展	FFT 插值(变换增强)
误差(ε)	0.0652	0.1229

由上面的实验结果和精度分析数据可以看出：对变化较缓慢的信号，频域补偿与扩展滤波器法与 FFT 插值法在频域变换与增强后的效果等同，明显优于最近邻插值与线性插值；但对变化剧烈的信号，频域补偿与扩展滤波器法明显优于 FFT 插值法在频域变换与增强后的效果。上述结果分析表明，在引入频域补偿与扩展技术后，对变化剧烈的图象信号处理取得更好的结果。

图象信号的变化剧烈意味着其频率分量特别丰富，在采样率一定的情况下，出现欠采样，即频谱高段出现混叠。若不引用频域补偿与扩展技术，则在执行频域变换与增强操作后仍然会出现高端频谱突变，进而产生振铃假象；在引入频域补偿与扩展操作后，不但可以恢复融合在较低频段中的高能分量，消除频率突变，抑制振铃的出现，而且有效地扩展和改善频谱结构，使之逼近实际景物频谱，因此必然会提高处理效果，提高处理的精度。可见，理论分析和实验效果均已证明上面所设计的一维频域补偿与扩展滤波器的性能是良好的。

3. 帧内频域补偿与扩展滤波器

一维频域补偿与扩展滤波器很容易应用到二维图象处理中，见我们的中国发明专利(李金宗，2011)。

首先，对被处理的低分辨率图象频谱 $F(u,v)$逐列在行向上进行频谱补偿与扩展操作，为此利用一维频域补偿与扩展滤波器基础函数 $H(u)$（式(4.2.7)），假定行向插值倍数 $P_r=A=2$，对 $v\in[0,N)$ 中每一个 v 都执行

$$G'(u,v)=\begin{cases}H(u)\cdot F(u,v), & 0\leqslant u<M/2\\ F(u,v)\cdot[A-H(u)], & M/2\leqslant u<M\\ F(u-M,v)\cdot[A-H(u-M)], & M\leqslant u<3M/2\\ H(u-M)\cdot F(u-M,v), & 3M/2\leqslant u<2M\end{cases} \tag{4.2.11}$$

式中，$v=0,1,2,\cdots,N-1$，N 为原图象在列方向上的像素数。得到的 $G'(u,v)$ 为 $F(u,v)$ 在行域完成补偿与扩展操作的中间频谱，显然，其在行向上的序列长度都增加到 $P_r=2$ 倍，序列的幅值也有相应增强。然后，对所得到的中间频谱 $G'(u,v)$ 逐行在列向上进行频谱补偿与扩展操作，为此利用一维频域补偿与扩展滤波器基础函数 $H(v)$（见式(4.2.7)，其中自变量 u 换成 v)，假定行向插值倍数 $P_c=A=2$，对 $u\in[0,2M)$ 中每一个 u 都执行

$$G(u,v)=\begin{cases}H(v)\cdot G'(u,v), & 0\leqslant v<N/2\\ G'(u,v)\cdot[A-H(v)], & N/2\leqslant v<N\\ G'(u,v-N)\cdot[A-H(v-N)], & N\leqslant v<3N/2\\ H(v-N)\cdot G'(u,v-N), & 3N/2\leqslant v<2N\end{cases} \tag{4.2.12}$$

式中，$u=0,1,2,\cdots,2M-1$，$2M$ 为中间频谱 $G'(u,v)$ 在行方向上的像素数。得到的 $G(u,v)$ 为 $G'(u,v)$ 在列域完成补偿与扩展操作的频谱，显然，在列向上的序列长度都增加到 $P_c=2$ 倍，序列的幅值也有相应增强。同时，$G(u,v)$ 就是对低分辨率图象频谱 $F(u,v)$ 完成补偿与扩展操作后的频谱，即二维频域补偿与扩展滤波器的输出响应频谱。

在一般情况下，$M=N$，$P_c=P_r=2$，式(4.2.11)和式(4.2.12)是单帧频域补偿与扩展滤波器输出频谱响应公式。利用这两个公式，建立了一套完整的单帧图象频域补偿与扩展操作算法，与原 FFT 插值算法及其频域变换与增强算法比较，其效果有很大的改善，因为不但解开了频率混叠，展宽了频谱，而且消除了频谱的突变，抑制了振铃的出现。

目前在原 FFT 插值算法的基础上建立了两种单帧频域超分辨算法：①单帧频域变换与增强算法，式(4.2.1)和式(4.2.2)为频域变换与增强公式；②单帧频域补偿与扩展算法，式(4.2.11)和式(4.2.12)为频域补偿与扩展公式，式(4.2.7)为其基础函数公式。实验结果已经证明，第一种算法比原 FFT 插值算法的效果好，而理论分析和实验数据精度均已表明第二种算法因可以更好地解开频率混叠和抑制振铃，故效果

更好。但是，与第一种算法比较，第二种算法操作较多。现在要解决两个问题：首先是两种算法的选用条件，其次是第二种算法基础函数控制参数 p 的选择。

由算法的开发过程容易理解，上述两种单帧频域超分辨算法的选用条件取决于被处理图象的频率混叠程度，当图象频谱频率混叠很轻微时，使用第一种算法，否则使用第二种算法。2.1.3 节在频谱分析中给出了与振铃抑制有关的参数 C_{12}，而基础函式(4.2.7)中的控制参数 p 也与抑制振铃有关，所以在功能上控制参数 p 是与 C_{12} 等价的。在对基础函数频率响应的分析中已经明确，如图 4.2.13 所示，频率混叠越重，p 应该选得越小，而频率混叠越轻，p 应该选得越大。如果频率混叠很轻微，则其频谱不必执行第二种算法的频域补偿与扩展操作，可以执行第一种算法的频域变换与增强操作。

所以，控制参数 p 的选择在上述两种单帧频域超分辨算法的理论和应用中都是至关重要的，下面专题研究这个问题。

4. 控制参数指数 p 的分析计算

研究进展到建立上述两种单帧频域超分辨操作的自适应算法，为了方便，将上述两种算法统称为单帧频域变换与补偿扩展超分辨算法，其自适应算法的控制参数选为频域补偿与扩展滤波器基础函数公式(式(4.2.7))中的指数 p。

在实际应用过程中，控制参数 p 的选取往往比较困难。首先可以通过实验的方法：在一类要处理的图象中采集样本图象，观察对样本图象的实际处理结果，选择控制参数 p 的初值，然后通过考查频域补偿与扩展滤波后的效果进行修正，这样反复进行，直到得到满意的结果，决定处理这类图象的指数 p 值的范围。

深入分析表明，对图象 $f(k,l)$ 超分辨处理后出现振铃程度与其频谱 $F(u,v)$ 的归一化高频能量 $E_{\text{col-row}}$ 有明确的规律性关系，即 $E_{\text{col-row}}$ 越大，振铃越严重。令 $E_{\text{col-row}}$ 为图象频谱 $F(u,v)$ 中高频区中心两行和两列的能量与图象总能量的比值，即

$$E_{\text{col-row}} = 10\times\log_{10}\frac{\sum\limits_{u=M/2-1}^{M/2}\sum\limits_{v=0}^{N-1}\left|F(u,v)\right|^2+\sum\limits_{v=N/2-1}^{N/2}\sum\limits_{u=0}^{M-1}\left|F(u,v)\right|^2}{\sum\limits_{m=0}^{M-1}\sum\limits_{n=0}^{N-1}\left|F(u,v)\right|^2}\ \text{(dB)} \tag{4.2.13}$$

$$\begin{cases} E_{\text{col-row}} < -63\text{dB}, & \text{振铃等级}=0\ \text{无振铃} \\ -63\text{dB} \leqslant E_{\text{col-row}} < -56\text{dB}, & \text{振铃等级}=1\ \text{振铃轻微} \\ -56\text{dB} \leqslant E_{\text{col-row}} < -51\text{dB}, & \text{振铃等级}=2\ \text{振铃明显} \\ -51\text{dB} \leqslant E_{\text{col-row}} < -45\text{dB}, & \text{振铃等级}=3\ \text{振铃较重} \\ -45\text{dB} \leqslant E_{\text{col-row}} < -37\text{dB}, & \text{振铃等级}=4\ \text{振铃严重} \end{cases} \tag{4.2.14}$$

对一类设计分辨率为 3m 的遥感图象的实验分析结果，在超分辨处理后的图象

中出现振铃的程度与 $E_{\text{col-row}}$ 之间的关系如式(4.2.14)所示，该式可以作为这类图象是否要在单帧频域变换与补偿扩展超分辨算法中引入振铃抑制操作的依据。

为了便于应用，有必要对控制参数 p 的选值进行更深入的研究。令图象的行、列数分别为 M、N，定义图象振幅谱的方差为

$$D_F = \frac{1}{MN}\sum_{m=0}^{M-1}\sum_{n=0}^{N-1}(|F(u,v)| - F_{\text{mean}})^2 \tag{4.2.15}$$

式中，F_{mean} 为振幅谱的均值，即

$$F_{\text{mean}} = \frac{1}{MN}\sum_{u=0}^{M-1}\sum_{v=0}^{N-1}|F(u,v)| \tag{4.2.16}$$

显然，如果图象振幅谱的方差 D_F 越大，则表示图象频谱的波动和突变越大(即频率混叠越严重)，导致的振铃也会越大，为了抑制振铃的出现，根据频域补偿与扩展滤波器基础函数的频率响应特性，控制参数 p 应该越小。反之，如果图象振幅谱的方差 D_F 越小，则表示图象频谱的波动和突变越小(即频率混叠越轻微)，导致的振铃也会越轻微，为了抑制振铃的出现，控制参数 p 可以大些。如果图象振幅谱的方差 D_F 很小，则表示图象频谱的波动很小，使用第一套频域变换与增强超分辨算法处理后也不会出现振铃，没有必要使用操作较多的第二套频域补偿与扩展超分辨算法。

通过大量的实验，对某类遥感图象得到了控制参数 p 与振幅谱方差 D_F 的关系，如图 4.2.16 所示，横坐标为 $D_F\times10^{-8}$，纵坐标为控制参数指数 p 值。

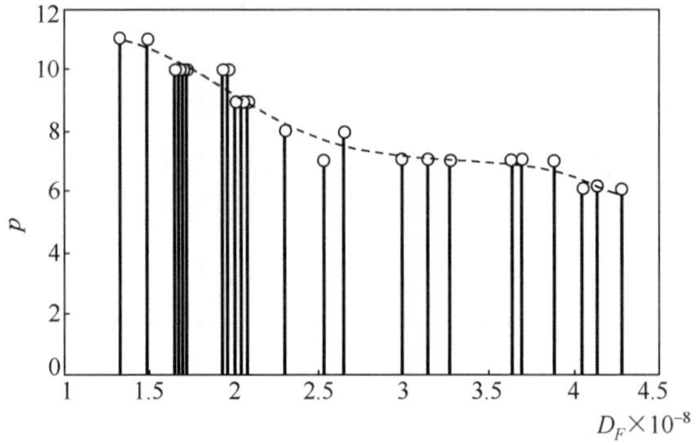

图 4.2.16　图象振幅谱方差 D_F 与指数 p 的关系

由图 4.2.16 可以看出，p 与 D_F 的关系有统计规律性；D_F 越大，则 p 越小。为了能够进行自适应处理，利用最小二乘法对图 4.2.16 中的实验数据点进行多项式拟合，拟合曲线可表示为

$$p = \sum_{i=0}^{5} A(i)(D_F\times10^{-8})^{(5-i)} \tag{4.2.17}$$

式中，系数 $A(i)$ 的取值见表 4.2.5。

表 4.2.5　式(4.2.17)的系数 $A(i)$ 的取值

$A(0)$	$A(1)$	$A(2)$	$A(3)$	$A(4)$	$A(5)$
1.0278	−15.1419	86.0297	−233.7996	299.5851	−133.6284

因此，由实际被处理的低分辨率图象的频谱，可以根据式(4.2.15)和式(4.2.16)求出振幅谱方差 D_F，再由式(4.2.17)求得控制参数 p 值。进而，可以建立帧内超分辨自适应算法。

4.2.5　单帧频域变换与补偿扩展超分辨自适应算法

在 p 值的求法确定后，还需要进一步建立 p 值与解频率混叠和抑制振铃的关系。这又需要通过大量的实验研究，对一类遥感观测图象，得到控制参数 p 的阈值 p_{th}，当 $p \leqslant p_{th}$ 时，将计算出的 p 值引入基础函数，进而执行第二套频域补偿与扩展超分辨算法后的图象能抑制振铃的出现；当 $p > p_{th}$ 时，执行第一套频域变换与增强超分辨算法后的图象不会出现振铃，不必执行操作比较复杂的第二套频域补偿与扩展超分辨算法。

因此，以 p 为控制参数，可以建立单帧频域变换与补偿扩展超分辨自适应算法，利用大量真实遥感图象对算法进行考查和优化，进而形成如图 4.2.17 所示的单帧频域变换与补偿扩展超分辨自适应算法模块，见我们的中国发明专利(李金宗，2011)。

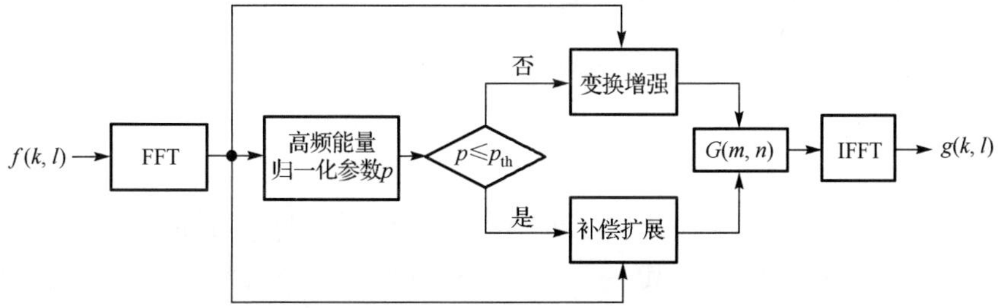

图 4.2.17　单帧频域变换与补偿扩展超分辨自适应算法模块

由图 4.2.17 可见，所建立的单帧频域变换与补偿扩展超分辨自适应算法模块，其中包括两套超分辨技术操作，且可以自适应地转换：当 $p > p_{th}$ 时，履行较简便的频域变换与增强滤波算法；当 $p \leqslant p_{th}$ 时，则履行性能更优的频域补偿与扩展滤波算法。主要算法步骤如下：

(1) 选择频域补偿与扩展滤波器基础函数的参数：由插值倍数确定 A，通过对被处理低分辨率图象的分析确定控制参数 p 的阈值 p_{th}。

(2) 输入低分辨率图象 $f(k,l)$，进行频谱分析，获得其频谱 $F(u,v)$。

(3) 根据 $F(u,v)$，由式(4.2.15)计算其振幅值方差 D_F。

(4) 根据式(4.2.17)计算 p 值。

(5) 若 $p > p_{th}$，则转向步骤(8)；否则，继续。

(6) 由式(4.2.8)计算 ω，进而由式(4.2.7)得到 $H(u)$。

(7) 根据式(4.2.11)和式(4.2.12)，由 $F(u,v)$ 计算频率补偿与扩展滤波后的超分辨率图象的频谱 $G(u,v)$，转向步骤(9)。

(8) 根据式(4.2.1)和式(4.2.2)，由 $F(u,v)$ 计算频域变换与增强滤波后的超分辨图象的频谱 $G(u,v)$。

(9) 由 $G(u,v)$ 进行 IFFT，获得超分辨率图象 $g(k,l)$。

(10) 若还要继续处理，则转向步骤(2)；否则，结束。

4.2.6 实验结果及其分析

为了考查所建立的单帧频域变换与补偿扩展超分辨算法的性能，尤其考查其对遥感图象的适应性，利用该算法模块处理了大量遥感图象，进行了实验研究和分析，其中主要包括三个类型：

(1) 分辨率等级测试序列图象的性能考查实验研究与分析；

(2) 对不同类型不同分辨率等级卫星遥感图象的应用处理结果与分析；

(3) 图象模式放大 4×4 倍应用效果实验研究与分析。

下面分别介绍三类实验结果及其分析。

1. 利用分辨率等级测试序列图象的性能考查实验结果及其分析

我们当时得到的等级测试序列图象，其分辨率范围是从 3m 到 1m，等级差是 0.1m，首先用来对所建立的单帧频域变换与补偿扩展超分辨自适应算法模块性能进行考查实验。

图 4.2.18 给出分辨率等级测试序列图象对单帧频域变换与补偿扩展超分辨自适应算法的六组考查实验结果，其中，(a)、(b)两组输入分辨率为 3m 的等级测试图象，(c)、(d)两组输入分辨率为 2m 的等级测试图象，(e)、(f)两组输入分辨率为 1m 的等级测试图象；在六组实验图象中，-1)为算法输入的等级测试图象，-2)为算法处理后的输出图象，-3)为参考图象即与分辨率最接近而不高于-2)中图象的等级测试图象，而在(e)、(f)中，因等级测试序列图象中无更高分辨率的等级图象，故无参考图象。表 4.2.6 给出考查实验数据和主观评价。

表 4.2.6 分辨率等级测试图象对单帧图象频域变换与补偿扩展算法的性能考查实验数据

实验组别	输入图象分辨率	输出图象分辨率	分辨率提高倍数	主观评价
(a)、(b)	3m	1.8m	1.666	效果明显
(c)、(d)	2m	1.4m	1.428	效果明显
(e)、(f)	1m			效果明显

(a-1) 算法输入分辨率为 3m 的等级测试图象(经过双线性插值放大)

(a-2) 算法对(a-1)处理后的输出图象

(a-3) 参考图象即与(a-2)分辨率最接近的 1.8m 等级测试图象(经过放大调整)

(b-1) 算法输入分辨率为 3m 的等级测试图象 (经过双线性插值放大)

(b-2) 算法对 (b-1) 处理后的输出图象

(b-3) 参考图象即与 (b-2) 分辨率最接近的 1.8m 等级测试图象 (经过放大调整)

(c-1) 算法输入分辨率为 2m 的等级测试图象（经过双线性插值放大）

(c-2) 算法对 (c-1) 处理后的输出图象

(c-3) 参考图象即与 (c-2) 分辨率最接近的 1.4m 等级测试图象（经过放大调整）

(d-1)算法输入分辨率为 2m 的等级测试图象(经过双线性插值放大)

(d-2)算法对(d-1)处理后的输出图象

(d-3)参考图象即与(d-2)分辨率最接近的 1.4m 等级测试图象(经过放大调整)

(e-1) 算法输入分辨率为 1m 的等级测试图象（经过双线性插值放大）

(e-2) 算法对 (e-1) 处理后的输出图象

(f-1) 算法输入分辨率为 1m 的等级测试图象（经过双线性插值放大）

(f-2) 算法对 (f-1) 处理后的输出图象

图 4.2.18　分辨率等级测试图象对单帧频域变换与补偿扩展算法的性能考查实验结果

此项实验结果还可参见我们的博士论文(黄建明，2006)。由图 4.2.18 可见，在单帧频域变换与补偿扩展超分辨算法处理分辨率等级测试图象后，输出图象的细节纹理丰富了，对比度和清晰度都明显增强了，表明其分辨率有很大的提高，即验证了该算法具有很强的图象超分辨处理功能，并且从图中六组实验图象及其数据还可进行进一步的解读分析。

(1) 由 (a)、(b) 两组的实验结果表明，算法对输入分辨率为 3m 的等级测试图象处理后，输出图象的分辨率可与分辨率为 1.8m 的等级测试图象基本相当，由此单帧频域变换与补偿扩展超分辨算法对分辨率等级为 3m 的图象处理后，输出图象的分辨率可以提高 1.666 倍。

(2) 由 (c)、(d) 两组的实验结果表明，算法对输入分辨率为 2m 的等级测试图象处理后，输出图象的分辨率可与分辨率为 1.4m 的等级测试图象基本相当，由此单帧频域变换与补偿扩展超分辨算法对分辨率等级为 2m 的图象处理后，输出图象的分辨率可以提高 1.428 倍。

(3) 由 (e)、(f) 两组的实验结果表明，算法对输入分辨率为 1m 的等级测试图象处理后，输出图象的分辨率、对比度和清晰度也有很明显的提高，但因为无更高分辨率的等级测试图象用于参考图象，目前无法通过比较法得到具体的数据指标。

2. 对不同类型不同分辨率等级遥感图象的应用处理结果及其分析

1) 对“资源二号”遥感观测图象的应用处理结果

应用单帧频域变换与补偿扩展超分辨算法模块处理了大量的“资源二号”遥感观测图象，图 4.2.19 给出其中四组处理结果，每组的左图是算法输入的观测图象 (128×128)，经过色阶调整，且行、列均经双线性插值放大二倍，右图是算法输出的处理结果图象 (256×256)。由于版面限制，图象均 72%显示。由图可见，虽然输入图象质量差，其模糊和噪声都比较严重，但是输出图象质量改善非常明显，模糊和噪声基本上都消除了，纹理细节更丰富了，对比度和清晰度增强很大，分辨率有大幅度提高。显然，对“资源二号”遥感图象的处理比对测试图象的处理效果更明显，这表明该算法很适合于处理“资源二号”一类遥感观测图象。

第一组

第二组

第三组

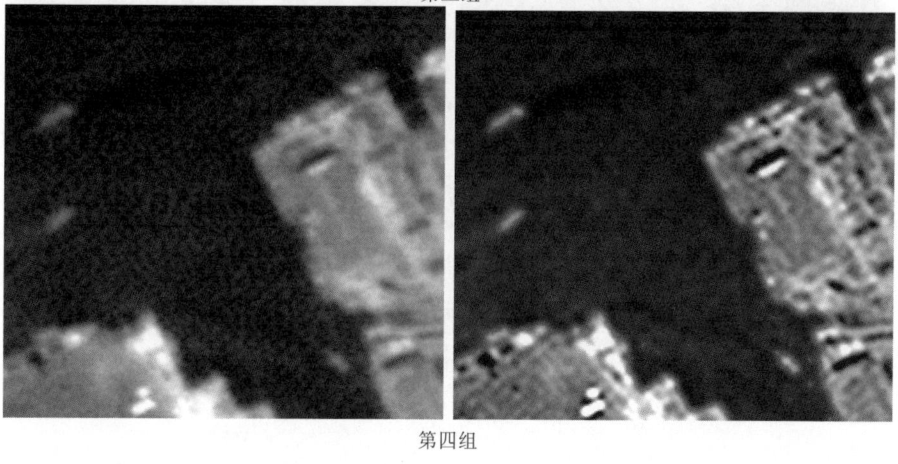

第四组

图 4.2.19　单帧频域变换与补偿扩展算法对“资源二号”遥感图象的应用处理结果(72%显示)

“资源二号”遥感图象的地面分辨率设计指标为 3m，因此，图 4.2.19 所示对“资源二号”实际观测图象的应用实验结果表明，图 4.2.18 中利用 3m 分辨率等级测试图象对单帧频域变换与补偿扩展算法的考查结果，即分辨率指标提高 1.666 倍是可信的。

2) 对多种类型不同分辨率卫星遥感图象的应用处理结果

为了进一步考查单帧频域变换与补偿扩展算法的应用普适性，还应用算法处理了国际上多种类型不同分辨率等级的卫星遥感图象，如图 4.2.20 所示。

(a-1) 资源卫星的原始遥感图象 (19.5m)

(a-2) 对 (a-1) 图象的超分辨处理结果

(b-1) Spot 卫星的原始遥感图象(20m)

(b-2) 对(b-1)图象超分辨处理结果

(b-3) Spot 卫星的原始遥感图象(10m)

(c) 对 Spot4 卫星遥感处理前(左)后(右)的图象

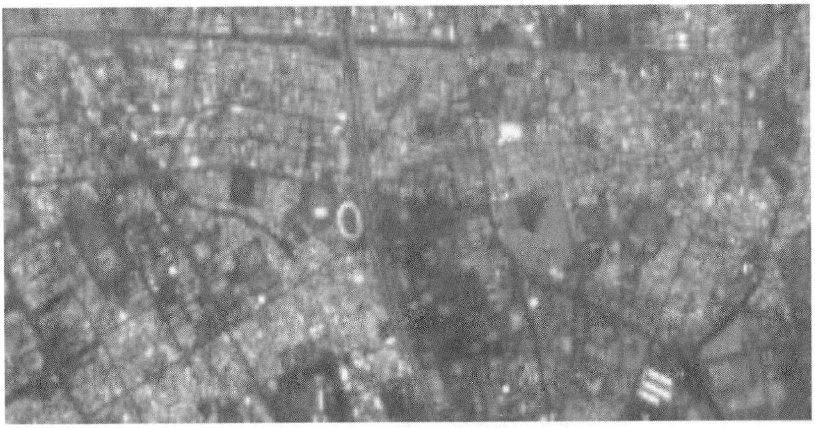

（d-1）Spot5 卫星的原始遥感图象

（d-2）对（d-1）图象的超分辨处理结果

（e-1）国外卫星的原始遥感图象（5m）

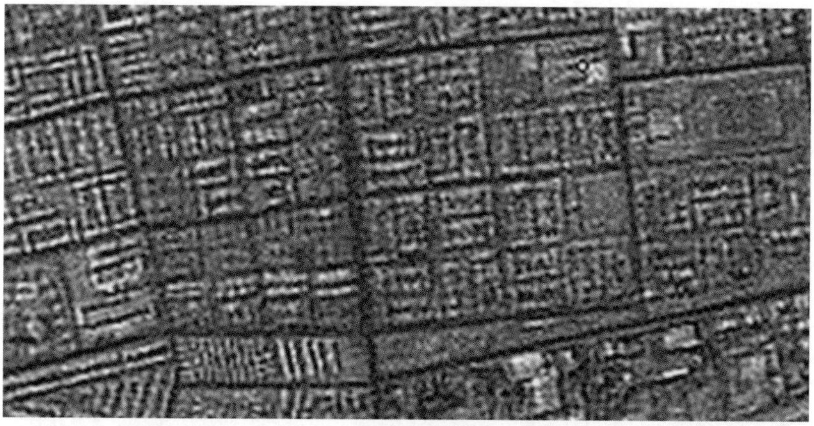

(e-2) 对 (e-1) 图象超分辨处理结果

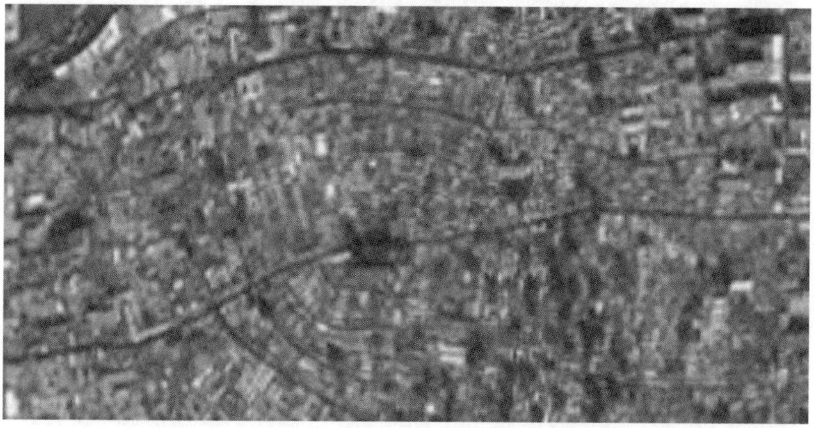

(f-1) 国外卫星的原始遥感图象 (4m)

(f-2) 对 (f-1) 图象超分辨处理结果

(g-1) Iknos 卫星的原始遥感图象(1m)

(g-2) 对(g-1) Iknos 图象的处理结果

(h) 对 Quickbird(0.61m) 卫星遥感处理前(左)后(右)的图象

图 4.2.20　单帧频域变换与补偿扩展算法对多类不同分辨率卫星遥感图象的应用处理结果

在图 4.2.20 中显示的单帧频域变换与补偿扩展算法有效地应用于处理国际上多种类型遥感卫星如资源卫星、Spot 系列(Spot2、Spot4、Spot5 等)卫星、Iknos 和 Quickbird 等、不同分辨率等级(如 20m、19.5m、16m、10m、5m、4m、3m、1m、0.61m 和 0.5m 等)的图象，分别说明如下。

(a)是对中巴合作的资源卫星遥感图象的处理效果，原设计分辨率为 19.5m，处理结果表明图象分辨率、对比度和清晰度均有较大幅度的提高。

(b)是对原分辨率为 20m 的 Spot 卫星遥感图象的处理结果，与图中给出的参考图象比较，处理结果的分辨率接近于分辨率为 10m 的 Spot 卫星遥感图象。

(c)、(d)是分别对 Spot4 和 Spot5 卫星遥感图象的处理效果，其分辨率、对比度和清晰度均有大幅度的提高。

(e)、(f)是分别对原分辨率 5m 和 4m 国外卫星遥感图象的处理效果，其分辨率、对比度和清晰度均有较大幅度的提高。

(g)、(h)是分别对原分辨率 1m Iknos 和原分辨率 0.61m Quickbird 的卫星遥感图象的处理效果，其分辨率、对比度和清晰度也均有明显的改善和提高。

因此，单帧频域变换与补偿扩展算法得到了应用单位的普遍好评，具有广泛的应用。

3. 图象模式放大 4×4 倍应用效果实验结果与比较

以上介绍的实验结果都是单帧频域变换与补偿扩展超分辨算法均执行图象模式放大 2×2 倍的处理效果，为了扩大实际应用，同时为了后面在图象频域融合超分辨算法中引用，这里进一步通过实验研究应用该算法执行图象模式放大 4×4 倍的处理效果，图 4.2.21 给出其中四组对“资源二号”遥感图象的处理结果，而图 4.2.22 给出其中三组对分辨率分别为 4m、1m、0.5m 国外卫星遥感图象的处理结果，输入图象模式为128×128。其中，每组的左图为输入图象的双线性插值图象，中图为执行显示模式放大 2×2 倍超分辨处理结果图象；而右图为算法执行显示模式放大 4×4 倍超分辨处理结果图象，50%显示。

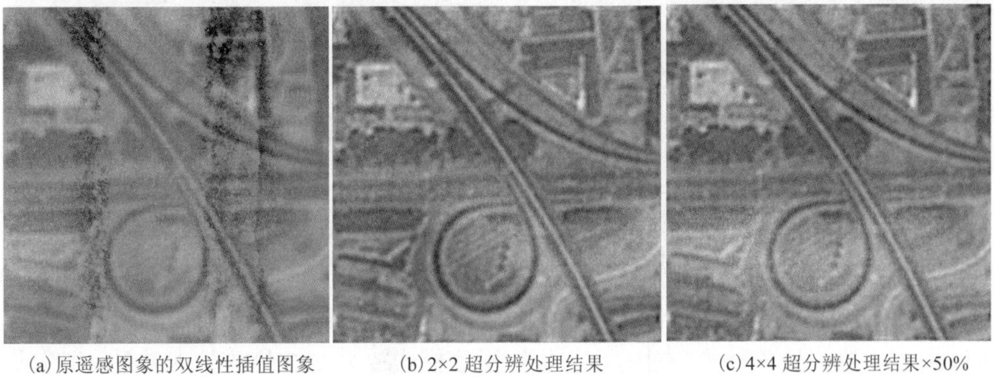

(a)原遥感图象的双线性插值图象　(b)2×2 超分辨处理结果　(c)4×4 超分辨处理结果×50%

第一组

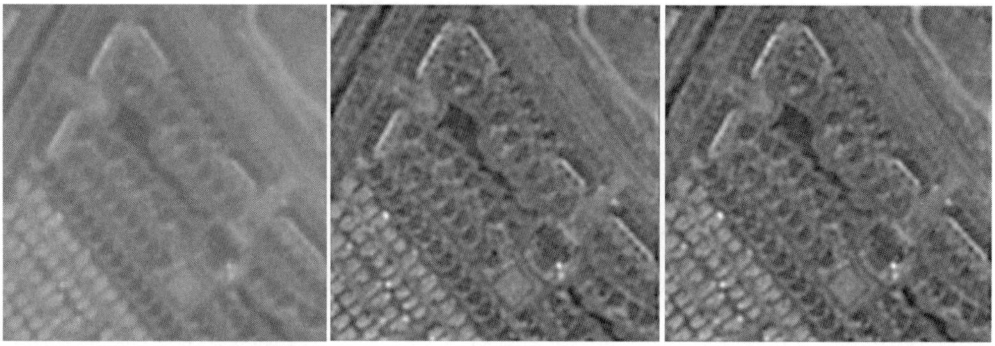

(a) 原遥感图象的双线性插值图象　(b) 2×2 超分辨处理结果　(c) 4×4 超分辨处理结果×50%

第二组

(a) 原遥感图象的双线性插值图象　(b) 2×2 超分辨处理结果　(c) 4×4 超分辨处理结果×50%

第三组

(a) 原遥感图象的双线性插值图象　(b) 2×2 超分辨处理结果　(c) 4×4 超分辨处理结果×50%

第四组

图 4.2.21　单帧频域变换与补偿扩展算法对“资源二号”图象执行显示模式放大 4×4 倍处理效果(53%显示)

由图 4.2.21 和图 4.2.22 可见，单帧频域变换与补偿扩展超分辨算法执行图象模式放大 4×4 倍的处理结果(右图)，与执行图象模式放大 2×2 倍的处理结果(中图)比较，超分辨效果没有降低，甚至还要好些，所以单帧频域变换与补偿扩展算法同样可以实际应用于图象模式放大 4×4 倍的超分辨处理，同时可用于后续的图象频域融合超分辨算法。

(a) urban-atlanta 地区（分辨率 4m）双线性插值图象　　(b) 2×2 超分辨处理结果　　(c) 4×4 超分辨处理结果×50%

第一组

(a) Madrid 地区 Ikonos（分辨率 1m）双线性插值图象　　(b) 2×2 超分辨处理结果　　(c) 4×4 超分辨处理结果×50%

第二组

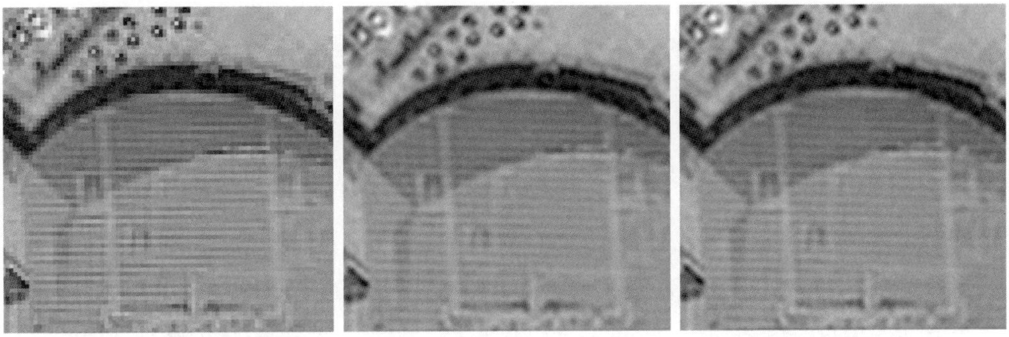

(a) Half 地区卫星图象（分辨率 1m）双线性插值图象　　(b) 2×2 超分辨处理结果　　(c) 4×4 超分辨处理结果×50%

第三组

图 4.2.22　单帧频域变换与补偿扩展算法对国际卫星图象执行显示模式放大 4×4 倍处理效果

4.3　图象频域解混叠超分辨处理技术研究

尽管单帧频域变换与补偿扩展超分辨技术及其算法有很多优点，但当低分辨率图象频率混叠深度 FAD 参数 $C_{11} > 0.4$ 时，即频率混叠较严重时，该算法难以解开混叠，使其处理效果不够好。因此，有必要利用多帧(源)序列图象的非冗余信息，研究较复杂的多帧(源)频域解混叠超分辨技术。

4.3.1　研究实施方案

多帧(源)频域解混叠超分辨技术实施方案见图 4.3.1，实施步骤说明如下。

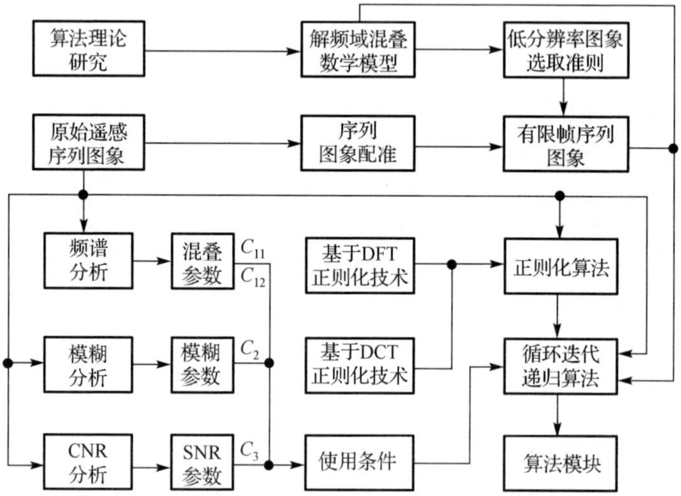

图 4.3.1　图象频域解混叠超分辨技术实施方案

(1) 对图象频域解混叠的理论进行深入研究，在其基本理论及其基本数学模型的基础上，建立和优化解混叠、解模糊和增强信噪比的图象频域处理的一系列数学模型，所建立的模型应该是可控的。

(2) 应用序列图象配准技术和图象选取准则，要求位移参数的配准精度达到亚像元量级(见 2.6 节)。

(3) 对原遥感图象进行频谱分析、模糊分析和信噪比分析，提取相应的参数：频率混叠参数 C_{11}、C_{12}，模糊参数 C_2，信噪比参数 C_3。

(4) 根据混叠参数、模糊参数和信噪比参数，研究该算法的使用条件。

(5) 为了能应用在欠定和其他病态的条件下，研究算法的正则化技术，其中包括基于 DFT 的和基于离散余弦变换(Discrete Cosine Transform，DCT)的正则化技术。

(6)研究重复递归迭代算法，形成循环迭代递归算法模块，并通过大量实验对软件模块进行考核和优化。

我们对该算法的实际研究过程可以分成四个阶段。

第一阶段：研究对基于多帧(至少四帧)信息融合的频域解混叠基本理论和算法及其正则化技术，使算法在完成解混叠的同时，具有解模糊和抑制噪声的功能。

第二阶段：在多帧(源)频域解混叠理论基础上，研究单帧频域解混叠的理论和重复递归迭代法，以便于实际应用。

第三阶段：利用频率混叠深度参数，优化重复递归迭代算法，提高图象超分辨效果。

第四阶段：研究二至多帧频域解混叠技术，即频域融合超分辨算法，提高应用效果。

关于图象频域融合超分辨技术的研究结果将在 4.4 节专题介绍。

4.3.2 多帧(源)频域解混叠的理论分析

1. 解混叠基本模型的导出

多帧频域解混叠技术是由 Tsai 和 Huang 首先提出的(Tsai et al.，1984)。定义一个二维连续图象 $f(x,y)$，其傅里叶变换记为 $F^c(u,v)$，根据式(2.1.13)，$F^c(u,v)$ 为

$$F^c(u,v)=\int_{x=-\infty}^{\infty}\int_{y=-\infty}^{\infty}f(x,y)\exp(-\mathrm{j}2\pi(xu+yv))\mathrm{d}x\mathrm{d}y \tag{4.3.1}$$

令给定的 $f(x,y)$ 分别在 x 和 y 方向上进行亚像元平移 δ_{xk}、δ_{yk} ($k=1,2,\cdots,p$)，得到 p 帧连续的序列图象 $\{f_k(x,y)\}$，有

$$f_k(x,y)=f(x+\delta_{xk},y+\delta_{yk}),\quad k=1,2,\cdots,p \tag{4.3.2}$$

根据傅里叶变换的平移定理(与 DFT 的平移定理(式(2.1.23))类似)，$f_k(x,y)$ 的傅里叶变换为

$$F_k^c(u,v)=\exp(\mathrm{j}2\pi(\delta_{xk}u+\delta_{yk}v))F^c(u,v),\quad k=1,2,\cdots,p \tag{4.3.3}$$

$f_k(x,y)$ 分别在 x 和 y 方向上均匀采样，得到 p 帧离散的序列图象 $\{f_k(i,j)\}$，即

$$\begin{gathered}f_k(i,j)=f(iT_x+\delta_{xk},jT_y+\delta_{yk})\\ i=0,1,2,\cdots,M-1;\quad j=0,1,2,\cdots,N-1;\quad k=1,2,\cdots,p\end{gathered} \tag{4.3.4}$$

式中，T_x 和 T_y 分别为 x 和 y 方向的采样周期，而 $F_x=1/T_x$ 和 $F_y=1/T_y$ 分别为 x 和 y 方向的采样频率。第 k 帧离散图象 $f_k(i,j)$ 的二维离散傅里叶变换即其频谱 $F_k(m,n)$ 为

$$F_k(m,n)=\sum_{i=0}^{M-1}\sum_{l=0}^{N-1}f_k(i,j)\exp\left(-\mathrm{j}2\pi\left(\frac{mi}{M}+\frac{nl}{N}\right)\right) \tag{4.3.5}$$

$$m=0,1,\cdots,M-1;\quad n=0,1,\cdots,N-1;\quad k=1,2,\cdots,p$$

如果采样过程属于欠采样，则 $f_k(i,j)$ 的频谱会出现频率混叠，参考文献(李金宗，1989)的 1.3 节，可以得到其频谱混叠公式为

$$F_k(m,n)=\frac{1}{T_xT_y}\sum_{i=-\infty}^{\infty}\sum_{l=-\infty}^{\infty}F_k^c\left(\frac{2\pi m}{MT_x}+i\omega_x,\frac{2\pi n}{NT_y}+l\omega_y\right) \tag{4.3.6}$$

$$m=0,1,2,\cdots,M-1;\quad n=0,1,2,\cdots,N-1;\quad k=1,2,\cdots,p$$

式中，频谱周期 $\omega_x=2\pi F_x=2\pi/T_x$； $\omega_y=2\pi F_y=2\pi/T_y$ 。

如果原始图象 $f(x,y)$ 是带限信号，则必存在最小整数 L_x 和 L_y，使其傅里叶变换满足

$$|F^c(u,v)|=0\,,\qquad |u|>L_x(\omega_x/2\pi),\quad |v|>L_y(\omega_y/2\pi) \tag{4.3.7}$$

相应地，式(4.3.6)可以改写为

$$F_k(m,n)=\frac{1}{T_xT_y}\sum_{i=-L_x}^{L_x-1}\sum_{l=-L_y}^{L_y-1}F_k^c\left(\frac{2\pi m}{MT_x}+i\omega_x,\frac{2\pi n}{NT_y}+l\omega_y\right) \tag{4.3.8}$$

$$m=0,1,2,\cdots,M-1;\quad n=0,1,2,\cdots,N-1;\quad k=0,1,\cdots.p$$

根据式(4.3.3)所示的连续傅里叶变换平移定理，由式(4.3.2)，式(4.3.8)右端求和内的项为

$$\begin{aligned}&F_k^c\left(\frac{2\pi m}{MT_x}+i\omega_x,\frac{2\pi n}{NT_y}+l\omega_y\right)\\&=\exp\left(\mathrm{j}2\pi\left(\delta_{xk}\left(\frac{m}{MT_x}+\frac{i}{T_x}\right)+\delta_{yk}\left(\frac{n}{NT_y}+\frac{l}{T_y}\right)\right)\right)F^c\left(\frac{2\pi m}{MT_x}+i\omega_x,\frac{2\pi n}{NT_y}+l\omega_y\right)\end{aligned} \tag{4.3.8a}$$

将式(4.3.8a)引入式(4.3.8)，其求和项按照 i、l 先行后列的顺序排列，即 i、l 的取值按照 $(-L_x,-L_y)$，$(-L_x+1,-L_y)$，$(-L_x+1,-L_y+1)$，$(-L_x+2,-L_y)$，$\cdots$，(L_x-2,L_y-1)，(L_x-1,L_y-1) 的顺序组合，建立二维矩阵和一维向量的映射关系，令

$$\left(\frac{2\pi m}{MT_x}+i\omega_x,\frac{2\pi n}{NT_y}+l\omega_y\right)\to r \tag{4.3.9}$$

式中，$i=(r-1)\bmod(2L_x)-L_x$； $l=\lfloor(r-1)/2L_y\rfloor-L_y$； $\lfloor x\rfloor$ 为小于或等于 x 的最大整数； $r=1,2,\cdots,4L_xL_y$，则式(4.3.8)可以写成矩阵形式，即

$$\begin{bmatrix} F_1(m,n) \\ F_2(m,n) \\ \vdots \\ F_p(m,n) \end{bmatrix} = \begin{bmatrix} \phi_{1,1}^{mn} & \phi_{1,2}^{mn} & \cdots & \phi_{1,4L_xL_y}^{mn} \\ \phi_{2,1}^{mn} & \phi_{2,2}^{mn} & \cdots & \phi_{2,4L_xL_y}^{mn} \\ \vdots & \vdots & & \vdots \\ \phi_{p,1}^{mn} & \phi_{p,2}^{mn} & \cdots & \phi_{p,4L_xL_y}^{mn} \end{bmatrix} \begin{bmatrix} F_{mn}^c(1) \\ F_{mn}^c(2) \\ \vdots \\ F_{mn}^c(4L_xL_y) \end{bmatrix} \tag{4.3.10}$$

式中，$F_k(m,n)$ 见式(4.3.5)，而 $\phi_{k,r}^{mn}$ ($k=1,2,\cdots,p;r=1,2,\cdots,4L_xL_y$)以及 $F_{mn}^c(r)$ 分别为

$$\begin{aligned} \phi_{k,r}^{mn} &= \frac{1}{T_xT_y}\exp\left(\mathrm{j}2\pi\left(\delta_{xk}\left(\frac{m}{MT_x}+\frac{i}{T_x}\right)+\delta_{yk}\left(\frac{n}{NT_y}+\frac{l}{T_y}\right)\right)\right) \\ &= \frac{1}{T_xT_y}\exp\left(\mathrm{j}2\pi\left(\delta_{xk}\left(\frac{m}{MT_x}-\frac{L_x}{T_x}\right)+\delta_{yk}\left(\frac{n}{NT_y}-\frac{L_y}{T_y}\right)\right)\right) \\ &\quad \times\exp\left(\mathrm{j}2\pi\left(\frac{\delta_{xk}}{T_x}(r-1)\bmod(2L_x)+\frac{\delta_{yk}}{T_y}\left\lfloor\frac{r-1}{2T_y}\right\rfloor\right)\right) \end{aligned} \tag{4.3.10a}$$

$$F_{mn}^c(r) = F^c\left(\frac{2\pi m}{MT_x}+i\omega_x, \frac{2\pi n}{NT_y}+l\omega_y\right), \quad r=1,2,\cdots,4L_xL_y \tag{4.3.10b}$$

把式(4.3.10)写成简化形式，即

$$\boldsymbol{F}_p^{mn} = \boldsymbol{\Phi}_{p,4L_xL_y}^{mn}\boldsymbol{F}_{mn}^c, \quad m=0,1,\cdots,M-1; \quad n=0,1,\cdots,N-1 \tag{4.3.11}$$

式中，$\boldsymbol{F}_p^{mn}$ 是由 p 帧 $M\times N$ 维低分辨率序列图象的频谱组成的列阵，每帧图象的频谱都是混叠的；$\boldsymbol{\Phi}_{p,4L_xL_y}^{mn}$ 是由 p 帧低分辨率序列图象频谱中反映亚像元平移关系的相位指数矩阵，维数为 $p\times4L_xL_y$，其中每个矩阵因子又都是 $M\times N$ 维的；$\boldsymbol{F}_{mn}^c$ 为离散的连续图象(无混叠)频谱按照式(4.3.9)分离出的 $\boldsymbol{F}_{mn}^c(r)$ ($r=1,2,\cdots,4L_xL_y$)组成的列阵，其中每项 $\boldsymbol{F}_{mn}^c(r)$ 均为 $M\times N$ 维。可见，式(4.3.11)描述了一组 p 帧欠采样序列图象的频谱 $\boldsymbol{F}_p^{mn}$ 与相应离散的连续图象频谱分离出的一组 $4L_xL_y$ 项 $\boldsymbol{F}_{mn}^c(r)$ 频谱之间的关系，实际上是一组线性方程，在 $p\geqslant4L_xL_y$ 条件下，该式可解，其解法称为多帧频域解混叠超分辨基本算法，简述如下。

(1) 在一类欠采样序列图象 $\{f_k(i,j)\}$ 频谱分析基础上，确定混叠公式(式(4.3.7))的 L_x,L_y。

(2) 对序列图象 $\{f_k(i,j)\}$ 进行图象配准操作，选取满足可解条件的 $p\geqslant4L_xL_y$ 帧，同时获得一组帧间平移参数 $(\delta_{xk},\delta_{yk})$ ($k=1,2,\cdots,p$)。

(3) 对所选 p 帧序列图象 $\{f_k(i,j)\}$ 逐帧进行 DFT 操作，得到的它们的频谱 $F_k(m,n)$ ($m=0,1,2,\cdots,M-1;n=0,1,2,\cdots,N-1;k=0,1,\cdots,p$)，且令 $\boldsymbol{F}_p^{mn}=[F_1(m,n),F_2(m,n),\cdots,F_p(m,n)]^{\mathrm{T}}$。

(4) 由 $(\delta_{xk},\delta_{yk})(k=1,2,\cdots,p)$ 以及 L_x,L_y 分别建立 $p\times 4L_xL_y$ 维矩阵 $\boldsymbol{\Phi}_{p,4L_xL_y}^{mn}$ 和 $4L_xL_y$ 维列阵 $\boldsymbol{F}_{mn}^{c}$，它们的每个因子分别见式(4.3.10a)和式(4.3.10b)。

(5) 建立线性方程组 $\boldsymbol{F}_p^{mn}=\boldsymbol{\Phi}_{p,4L_xL_y}^{mn}\boldsymbol{F}_{mn}^{c}$，解得 $\boldsymbol{F}_{mn}^{c}$，即 $\boldsymbol{F}_{mn}^{c}(r)(r=1,2,\cdots,4L_xL_y)$。

(6) 根据式(4.3.9)对 $4L_xL_y$ 项 $\boldsymbol{F}_{mn}^{c}(r)$ 进行反组合，得到 $2L_xM\times 2L_yN$ 维的 $F^c(m,n)$。

(7) 对 $F^c(m,n)$ 进行 IFFT，输出 $2L_xM\times 2L_yN$ 维超分辨重建图象。

可见，该算法输出的超分辨重建图象的幅面是每帧输入低分辨率图象幅面的 $2L_x\times 2L_y$ 倍，当 $L_x=L_y=1$ 时，算法至少需 4 帧输入图象，可实现 2×2 倍显示模式放大，这是经常应用的情况。关于步骤(5)线性方程组解法，可以参见下面导出的解混叠和抑制噪声重复递归迭代算法。

显然，这个频域解混叠过程实际上是通过欠采样序列图象频域及其混叠相位指数矩阵之间的运算以及逆傅里叶变换实现混叠图象空域的反卷积。但是，这种算法比较复杂，而且 p 帧低分辨率图象的选取要满足一定的条件，否则，算法会出现病态。因为在运算过程中需求解矩阵的逆，为了使其逆存在，该矩阵应具有非奇异性，为此，p 帧低分辨率图象的选取应满足以下两个条件(Kim et al., 1990)。

(1) 平行于坐标轴 y 的帧间平移帧数 $\leqslant 2L_y$，平行于坐标轴 x 的帧间平移帧数 $\leqslant 2L_x$。

(2) 对称于线 $y=x$ 的具有标准化平移 $(\delta_{xk}/T_x,\delta_{yk}/T_y)$ 的帧对数 $\leqslant q$，而 q 的取值为：当 $L_x\geqslant L_y$ 时，$q=(2L_y)(4L_x-2L_y-1)/2$；当 $L_y\geqslant L_x$ 时，$q=(2L_x)(4L_y-2L_x-1)/2$。

同时，还要求图象模糊是线性移不变(LSI)的，其噪声是加性齐次的。

2. 解混叠和抑制噪声的递归迭代算法模型

为了表达简洁方便，在式(4.3.11)中省略 mn 和 $4L_xL_y$，并且假定有 k 帧欠采样低分辨率序列图象，在考虑加性噪声后，式(4.3.11)变为

$$\boldsymbol{Z}_k=\boldsymbol{\Phi}_k\boldsymbol{F}^c+\boldsymbol{N}_k \tag{4.3.12}$$

式中，$\boldsymbol{N}_k$ 是 k 帧图象频谱的噪声项。当 $k=l$ 时，有

$$\boldsymbol{Z}_{k=l}=[\boldsymbol{Z}_1,\boldsymbol{Z}_2,\cdots,\boldsymbol{Z}_l]^{\mathrm{T}} \tag{4.3.12a}$$

$$\boldsymbol{\Phi}_{k=l}=[\boldsymbol{Y}_1,\boldsymbol{Y}_2,\cdots,\boldsymbol{Y}_l]^{\mathrm{T}} \tag{4.3.12b}$$

式中，上标“T”表示转置；$\boldsymbol{Y}_k$ 为第 k 帧的相位关系矢量，即

$$\boldsymbol{Y}_k=[\phi_{k,1}^{mn},\phi_{k,2}^{mn},\cdots,\phi_{k,4L_xL_y}^{mn}]^{\mathrm{T}} \tag{4.3.12c}$$

为了求得式(4.3.12)中 $\boldsymbol{F}^c$ 的估计 $\hat{\boldsymbol{F}}^{(k)}$(省略上标“^{c}”)，根据均方误差(MSE)

准则，有

$$\|\boldsymbol{E}\|^2=(\boldsymbol{Z}_k-\boldsymbol{\Phi}_k\hat{\boldsymbol{F}}^{(k)})^*(\boldsymbol{Z}_k-\boldsymbol{\Phi}_k\hat{\boldsymbol{F}}^{(k)}) \tag{4.3.13}$$

式中，上标“*”表示复共轭转置。求偏导 $\partial\|\boldsymbol{E}\|^2/\partial(\boldsymbol{F}^{(k)})^*$，并令其等于零，可以解出

$$\hat{\boldsymbol{F}}^{(k)}=(\boldsymbol{\Phi}_k^*\boldsymbol{\Phi}_k)^{-1}(\boldsymbol{\Phi}_k^*\boldsymbol{Z}_k)$$

令

$$\boldsymbol{R}(k)=\boldsymbol{\Phi}_k^*\boldsymbol{\Phi}_k\,,\quad \boldsymbol{P}(k)=\boldsymbol{R}^{-1}(k)\,,\quad \boldsymbol{r}(k)=\boldsymbol{\Phi}_k^*\boldsymbol{Z}_k \tag{4.3.14}$$

则

$$\hat{\boldsymbol{F}}^{(k)}=\boldsymbol{P}(k)\boldsymbol{r}(k)\,,\qquad \boldsymbol{R}(k)\hat{\boldsymbol{F}}^{(k)}=\boldsymbol{r}(k) \tag{4.3.15a}$$

进而，可有

$$\boldsymbol{R}(k+1)\hat{\boldsymbol{F}}^{(k+1)}=\boldsymbol{r}(k+1) \tag{4.3.15b}$$

当低分辨率图象的帧数为 $k=p=4L_xL_y$ 时，利用式(4.3.14)计算 $\boldsymbol{P}(p)$、$\boldsymbol{r}(p)$，进而利用式(4.3.15a)可以解出

$$\hat{\boldsymbol{F}}^{(p)}=\boldsymbol{P}(p)\boldsymbol{r}(p) \tag{4.3.16}$$

当 $k>p$ 时，由式(4.3.16)解出的 $\boldsymbol{F}^{(\mathrm{P})}$ 被用于将要导出的递归迭代算法的初值。为了便于导出循环递归迭代算法公式，对 k+1 帧，有

$$\boldsymbol{R}(k+1)=\boldsymbol{R}(k)+\bar{\boldsymbol{Y}}_{k+1}\boldsymbol{Y}_{k+1}^{\mathrm{T}}\,,\quad \boldsymbol{r}(k+1)=\boldsymbol{r}(k)+\bar{\boldsymbol{Y}}_{k+1}\boldsymbol{Z}_{k+1} \tag{4.3.17}$$

$$\boldsymbol{P}(k+1)=\boldsymbol{R}^{-1}(k+1)=\boldsymbol{P}(k)-\boldsymbol{P}(k)\bar{\boldsymbol{Y}}_{k+1}\boldsymbol{Y}_{k+1}^{\mathrm{T}}\boldsymbol{P}^{\mathrm{T}}(k)(\boldsymbol{Y}_{k+1}^{\mathrm{T}}\boldsymbol{P}(k)\bar{\boldsymbol{Y}}_{k+1}+1)^{-1} \tag{4.3.18a}$$

式中，上标“–”表示复共轭。令

$$\boldsymbol{Q}(k+1)=\boldsymbol{P}(k)\bar{\boldsymbol{Y}}_{k+1}\,,\qquad a(k+1)=\boldsymbol{Y}_{k+1}^{\mathrm{T}}\boldsymbol{P}(k)\bar{\boldsymbol{Y}}_{k+1}+1 \tag{4.3.18b}$$

式中，矩阵 $\boldsymbol{P}(k)$ 和标量 $a(k+1)$ 是实数的；$\boldsymbol{Q}(k+1)$ 是复数的，则式(4.3.18a)变为

$$\boldsymbol{P}(k+1)=\boldsymbol{R}^{-1}(k+1)=\boldsymbol{P}(k)-\boldsymbol{Q}(k+1)\boldsymbol{Q}^*(k+1)/a(k+1) \tag{4.3.18c}$$

令

$$\hat{\boldsymbol{F}}^{(k+1)}=\hat{\boldsymbol{F}}^{(k)}+\boldsymbol{E}^{(k+1)} \tag{4.3.19}$$

将式(4.3.17)、式(4.3.19)代入式(4.3.15b)，经过代数操作，得到

$$\boldsymbol{E}^{(k+1)}=\boldsymbol{P}(k+1)\bar{\boldsymbol{Y}}_{k+1}(\boldsymbol{Z}_{k+1}-\boldsymbol{Y}_{k+1}^{\mathrm{T}}\hat{\boldsymbol{F}}^{(k)}) \tag{4.3.20}$$

这样，利用多帧低分辨率序列图象，在频域解混叠基本算法基础上，可以利用导出的式(4.3.19)和式(4.3.20)以及式(4.3.18b)、式(4.3.18c)等，通过重复递归迭代算法，求解图象无混叠的频谱，迭代的终结与低分辨率图象帧数和规定的最高迭代

次数有关，也与对高分辨率图象的质量要求有关。由于迭代公式是利用最小平方误差准则导出的，所以算法的结果不但能解混叠，而且能同时抑制噪声，提高图象信噪比，更有效地提高图象分辨率。

3. 解混叠、解模糊和抑制噪声的递归迭代算法模型

在序列图象引入模糊后，其频谱式(4.3.3)可以改写为

$$F_k^b(u,v) = H_k(u,v)F^c(u,v)\exp(\mathrm{j}2\pi(\delta_{xk}u + \delta_{yk}v)),\quad k = 1,2,\cdots,p \tag{4.3.21}$$

式中，$F_k^b(u,v)$、$H_k(u,v)$ 分别是序列模糊图象 $f_k^b(x,y)$ 及其模糊函数 $h_k(x,y)$ 的傅里叶变换。同样假定原给定图象 $f(x,y)$ 为限带图象，其频谱 $F^c(u,v)$ 满足式(4.3.7)，以 T_x、T_y 分别为 x 和 y 方向的采样周期对 $f_k^b(x,y)$ 进行欠采样后，得到与式(4.3.8)类似的频率混叠公式，即

$$F_k^b(m,n) = \frac{1}{T_xT_y}\sum_{i=-L_x}^{L_x-1}\sum_{l=-L_y}^{L_y-1} H_k\left(\frac{2\pi m}{MT_x} + i\omega_x, \frac{2\pi n}{NT_y} + l\omega_y\right)F_k^c\left(\frac{2\pi m}{MT_x} + i\omega_x, \frac{2\pi n}{NT_y} + l\omega_y\right) \tag{4.3.22}$$

$$m = 0,1,2,\cdots,M-1;\quad n = 0,1,2,\cdots,N-1;\quad k = 0,1,\cdots,p$$

式中，第 k 帧混叠的频谱 $F_k^c(\ )$ 仍由式(4.3.8a)确定。利用式(4.3.8)～式(4.3.10)的过程，由式(4.3.22)可以得到与式(4.3.11)类似的公式，即

$$\boldsymbol{F}_p^b(m,n) = \boldsymbol{\Psi}_{p,4L_xL_y}^{mn}\boldsymbol{F}_{mn}^c \tag{4.3.23}$$

式中

$$\boldsymbol{F}_p^b(m,n) = [F_1^b(m,n), F_2^b(m,n),\cdots,F_p^b(m,n)]^{\mathrm{T}} \tag{4.3.23a}$$

$$\boldsymbol{F}_{mn}^c = [F_{mn}^c(1), F_{mn}^c(2),\cdots,F_{mn}^c(4L_xL_y)]^{\mathrm{T}} \tag{4.3.23b}$$

$$\boldsymbol{\Psi}_{p,4L_xL_y} = \begin{bmatrix} \Psi_{1,1}^{mn} & \Psi_{1,2}^{mn} & \cdots & \Psi_{1,4L_xL_y}^{mn} \\ \Psi_{2,1}^{mn} & \Psi_{2,2}^{mn} & \cdots & \Psi_{2,4L_xL_y}^{mn} \\ \vdots & \vdots & & \vdots \\ \Psi_{p,1}^{mn} & \Psi_{p,2}^{mn} & \cdots & \Psi_{p,4L_xL_y}^{mn} \end{bmatrix} \tag{4.3.23c}$$

式中，$F_k^b(m,n)(k=1,2,\cdots,p)$ 是采样模糊图象 $f_k^b(i,j) = f^b(iT_x + \delta_{xk}, jT_y + \delta_{yk})$ ($k = 1,2,\cdots,p$)的离散傅里叶变换；$F_{mn}^c(r)$ ($r = 1,2,\cdots,4L_xL_y$)(见式(4.3.10b))；而 $\Psi_k^{mn}(r)$ 为

$$\Psi_k^{mn}(r) = H_k^{mn}(r)\boldsymbol{\Phi}_{k,r}^{mn},\quad k = 1,2,\cdots,p;\quad r = 1,2,\cdots,4L_xL_y \tag{4.3.23d}$$

式中，$\boldsymbol{\Phi}_{k,r}^{mn}$ 见式(4.3.10a)，而 $H_k^{mn}(r)$ 为

$$H_k^{mn}(r)=H_k\left(\frac{2\pi m}{MT_x}+i\omega_x,\frac{2\pi n}{NT_y}+l\omega_y\right),\quad \begin{aligned}i&=(r-1)\bmod(2L_x)-L_x\\ l&=\left\lfloor (r-1)/2L_y\right\rfloor-L_y\end{aligned} \tag{4.3.23e}$$

可见，式(4.3.23)是附加模糊因素的线性方程组，当 $p\geqslant 4L_xL_y$ 时，采取与式(4.3.11)相同的解法，可以得到 $2L_xM\times 2L_yN$ 维的超分辨图象，其中 $M\times N$ 为输入低分辨率图象的维数。若 $L_x=L_y=1$，则算法至少需 4 帧输入图象，实现 2×2 倍显示模式放大，这是经常应用的情况。

若在 k 帧低分辨率模糊序列图象中同时考虑加性噪声污染，并且为了表达简洁方便，省略 mn 和 $4L_xL_y$，式(4.3.23)变为

$$\boldsymbol{Z}_k=\boldsymbol{\varPsi}_k\boldsymbol{F}^c+\boldsymbol{N}_k \tag{4.3.24}$$

与式(4.3.12)的解法类似，对式(4.3.24)采用最小均方技术，可以导出类似的重复递归迭代算法模型，实现在解混叠的同时解模糊和抑制噪声，更有效地实现超分辨重建图象。但是，由于模糊等因素可能会引起求解过程病态，有时需要引入正则化技术，才能得到理想的结果。

4. Tychonov 正则化

对于线性方程组，有

$$\boldsymbol{Ax}=\boldsymbol{b} \tag{4.3.25}$$

式中，对于所应用的情况，$\boldsymbol{A}$ 为 $k\times 4L_xL_y$ 的矩阵。在一般情况下，式(4.3.25)的最小二乘解为

$$\boldsymbol{x}=(\boldsymbol{A}^*\boldsymbol{A})^{-1}\boldsymbol{A}^*\boldsymbol{b} \tag{4.3.26}$$

式中，上标“*”表示复共轭转置。但是，假定由于图象模糊等因素，或者因为低分辨率序列图象的选择不当，甚至可能出现 $k<4L_xL_y$ 的不适定情况，使方程(4.3.25)出现不适定情况，即变成一个病态方程组，$(\boldsymbol{A}^*\boldsymbol{A})$ 不可逆。在方程(4.3.25)出现病态的情况下，为了能够求解，必须对方程进行正则化处理，可令

$$R(\boldsymbol{x})=\|\boldsymbol{Ax}-\boldsymbol{b}\|^2+r(\boldsymbol{x}) \tag{4.3.27}$$

式中，$r(\boldsymbol{x})$ 是一个确保方程组有稳定解的正则化函数，这就称为 Tychonov 正则化。

下面就一种最简单的情形，给出 Tychonov 正则化算法的基本步骤。假设可以估计 $\boldsymbol{x}\approx\boldsymbol{c}$，则

$$r(\boldsymbol{x})=\lambda\|\boldsymbol{x}-\boldsymbol{c}\|^2 \tag{4.3.28}$$

式中，λ 是为了平衡数据的信任度和解的光滑性而引入的一个参数，被称为正则化参数。将式(4.3.28)代入式(4.3.27)，并且对 $\boldsymbol{x}$ 求导，且令其等于零，可得

$$A^*(Ax-b)+\lambda(x-c)=0 \tag{4.3.29}$$

可以解出

$$x=(A^*A+\lambda I)^{-1}(A^*b+\lambda c) \tag{4.3.30}$$

对应于式(4.3.24)，有

$$A=\Psi_k,\quad x=F^c,\quad b=Z_k \tag{4.3.31}$$

上述正则化处理是在频域进行的，其缺点是信噪比的大小和参数λ的选择对处理结果有很大的影响，处理结果不够稳定。文献(马曾栋，2002)给出我们的某些研究成果。

为了更有效地解决解混叠、解模糊和抑制噪声算法中可能出现的病态问题，特别是针对频域正则化所带来的计算量和储存量的增加，Rhee 和 Kang 进一步在空域对式(4.3.24)进行了正则化处理(Rhee et al.，1999)。为此，他们对输入图象的数据适当地增加一些冗余点，使之具有对称性，导出了利用 DCT 代替 DFT 的有效算法，从而消除虚数运算，大大降低了计算量和储存量。

为了更方便于实际应用，进一步研究退化的图象频域解混叠算法，首先研究最简单的单帧频域解混叠处理方法。

4.3.3　单帧频域解混叠算法

要处理的遥感图象是光学成像系统对连续图象信号采样得到的。若使用在图 4.3.2(a)中的理想采样函数$\delta(x)$，各个像素点的采样值与该点在地面景物图象上的点值相对应，并不反映该点周围其他点的信息。但是实际上，由于每个成像光敏元都有一定的几何尺寸，所采集的像素点值往往是实际景物中对应点及其邻域点的所有有关信息的加权和。为了能正确地描述光学成像系统的实际采样过程，我们分析了常见的几种采样函数形式，如图 4.3.2 所示，图 4.3.2(b)矩形采样函数 rect(x)意味着采样后的像素点值反映的是相邻几个点的灰度均值，由于该形式简单，现在国内外许多超分辨处理的方法使用了这种采样方式；而图 4.3.2(c)三角采样函数 trig(x)、图 4.3.2(d)高斯采样函数 Gauss(x)含截断的 sinc(x)函数等使采样后的像素点值反映相邻几个点的加权平均和。

为了确定合适的再采样函数，要吸收遥感图象在实际成像过程中的先验信息，并且通过理论分析和反复实验加以修正。经过分析，在光学成像系统采样过程中，高斯函数的形式更加逼近真实的采样过程，这在仿真实验中也得到了验证。但是，直接使用高斯函数再采样时，会引起图象模糊。因此，在研究单帧频域解混叠技术过程中，对其中的再采样过程进行了适当的变化，这种变化利用了多帧频域解混叠中的一个步骤，即每帧低分辨率图象与原未退化的高分辨率图象之间的相位关系。在实际操作中，再采样函数仍用$\delta(x)$函数，而相应图象的相位关系矢量乘以高斯采样函数。

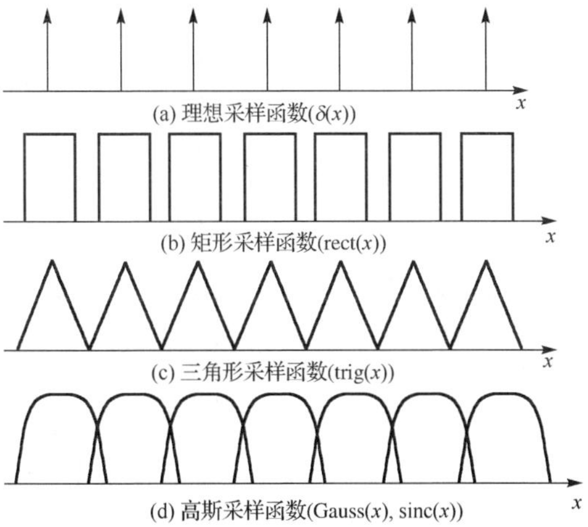

图 4.3.2　常见的几种采样函数

可见，为了建立退化的单帧频域解混叠算法，不但需要多帧频域解混叠的基本理论和基本算法为基础，而且需要单帧频域变换与补偿扩展技术为基础，还需要对合适的再采样过程进行适当的变化。通过反复深入的研究，建立了如下的算法过程。

(1) 利用单帧频域变换与补偿扩展超分辨自适应算法，将原低分辨率图象 $f(i,j)$ 双向提高分辨率，得到高分辨率图象 $g_o(i,j)$。

(2) 使用 $\delta(x)$ 函数进行再采样，由 $g_o(i,j)$ 构造相应的多帧低分辨率图象 $f_k(i,j)$ ($k=1,2,\cdots,p$, $p\geqslant 4L_xL_y$)。

(3) 利用适当的高斯采样函数与频域解混叠算法中的相位关系矩阵相乘，得到新的相位关系矩阵。

(4) 实施频域解混叠的循环递归迭代算法，由 p 帧低分辨率图象 $f_k(i,j)$ 重构高分辨率图象 $g(i,j)$。

利用单帧频域解混叠算法，在输入图象帧数少于 L^2 帧（L 为高分辨图象行和列分别相对于低分辨率图象行和列的放大倍数）的情况下，也可以充分利用多帧信息，达到超分辨的目的。由于把再采样函数作为先验信息融合到算法中，并且以多帧频域解混叠和单帧频域变换与补偿扩展为基础，所以应该取得比利用单帧频域变换与补偿扩展超分辨处理技术更优的效果。所建立的单帧频域解混叠重复递归迭代算法模块见图 4.3.3，具体步骤如下。

(1) 由要处理的遥感图象及其先验信息分析，选取合适的高斯采样函数。

(2) 输入一帧实际的 $M\times N$ 维遥感图象 $f(i,j)$，并利用单帧频域变换与补偿扩展算法对 $f(i,j)$ 进行 4×4 倍超分辨处理，得到高分辨率图象 $g_o(i,j)$。

(3) 通过再采样过程，由 $g_o(i,j)$ 构造 16 帧低分辨率序列图象 $\{f_k(i,j)\}$($k=1,2,\cdots,p$, $p=16$)。

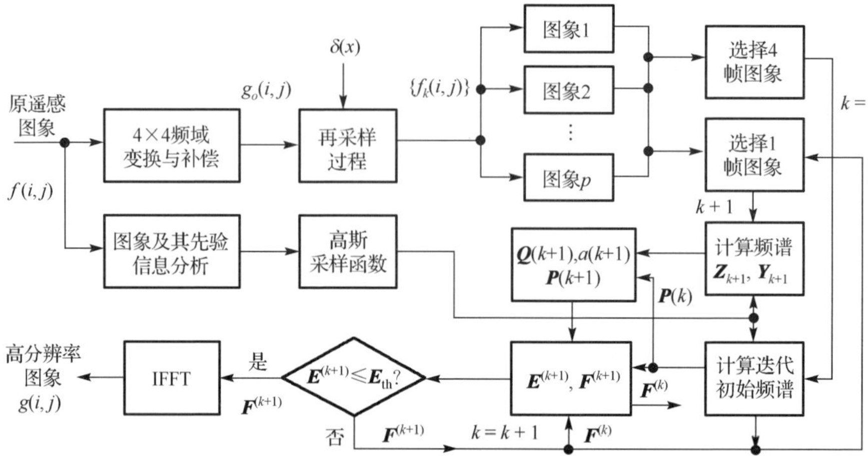

图 4.3.3　单帧频域解混叠重复递归迭代算法模块

(4) 按输入/输出图象 2×2 倍显示模式放大设计，在 $\{f_k(i,j)\}$ 中取 4 帧，如取前 4 帧，分别进行傅里叶变换，得到它们的频谱 $\boldsymbol{F}_k$ ($k=1,2,3,4$)。

(5) 令 $k=4$ ，利用式 (4.3.12b) 和式 (4.3.12c) 计算的结果与适当选择的高斯采样函数乘积得到 $\boldsymbol{\Phi}_k$ ，进而利用式 (4.3.14) 计算 $\boldsymbol{P}(k)$ 、 $\boldsymbol{r}(k)$ ，再利用式 (4.3.15a) 计算循环递归迭代算法的初值 $\boldsymbol{F}^{(k)}$ ，给出 $\boldsymbol{P}(k)$ 、 $\boldsymbol{F}^{(k)}$ ，并且给定剩余误差门限 $\boldsymbol{E}_{\text{th}}$ 。

(6) 在 $\{f_k(i,j)\}$ 中取第 $k+1$ 幅图象，进行傅里叶变换，得到第 $k+1$ 幅的频谱 $\boldsymbol{Z}_{k+1}$ 。

(7) 利用式 (4.3.12c) 计算的相位关系矢量与适当选择的高斯采样函数乘积得到 $\boldsymbol{Y}_{k+1}$ 。

(8) 利用式 (4.3.18b) 计算 $\boldsymbol{Q}(k+1)$ 、 $a(k+1)$ ，利用式 (4.3.18c) 计算 $\boldsymbol{P}(k+1)$ 。

(9) 利用式 (4.3.20) 和式 (4.3.19) 分别计算 $\boldsymbol{E}^{(k+1)}$ 、 $\boldsymbol{F}^{(k+1)}$ 。

(10) 判断：如果 $\boldsymbol{E}^{(k+1)} \geqslant \boldsymbol{E}_{\text{th}}$ 和 $k<p$ ，则令 $k=k+1$ ，返回步骤 (6)；否则，继续。

(11) 将频谱矢量 $\boldsymbol{F}^{(k+1)}$ 的四元素 $\boldsymbol{F}_{mn}^{c(k+1)}(r)$ ($r=1,2,3,4$)，依据式 (4.3.9) 反组合转换成 $2M\times 2N$ 维频谱 $G(m,n)$ ，进而通过 IFFT，输出 $2M\times 2N$ 维超分辨重建图象 $g(i,j)$ 。

通过大量的仿真实验和对实际遥感图象的应用实验，对单帧频域解混叠循环递归迭代算法进行了考核和优化，取得了满意的效果。

4.3.4　实验结果及其分析

利用所得到的频域解混叠超分辨算法，做了大量的仿真实验和真实遥感图应用象的实验，其中对单帧频域解混叠重复递归迭代算法进行了反复考核和测试，取得了非常满意的效果。这里提供的实验结果及其分析有三类：

(1) 多源 (帧) 频域解混叠基本算法的仿真验证实验结果及其分析；

(2) 分辨率等级测试序列图象对单帧频域解混叠算法的性能考查实验结果及其分析；

(3) 单帧频域解混叠迭代算法的应用处理结果及其分析。

1. 多源(帧)频域解混叠基本算法的仿真验证实验结果及其分析

上述关于多源(帧)频域解混叠的理论分析及其基本算法模型已经表明，算法需要输入至少 4 帧满足约束条件的低分辨率序列图象，才可能完成频域解混叠的基本操作，得到超分辨率重建图象。在没有多帧分辨率序列图象的情况下，则可由一帧真实的高分辨率遥感图象，模拟观测图象成像过程，通过模糊/加噪和下采样等退化处理，甚至附加较严重的模糊和噪声污染，分别产生 4 帧以上帧间位移为亚像元级且满足条件约束的低分辨率序列图象、低分辨率噪声序列图象、低分辨率模糊序列图象等三类图象，对多帧频域解混叠基本算法进行了大量的仿真验证实验研究，图 4.3.4～图 4.3.6 分别给出三类图象的各两组实验结果。

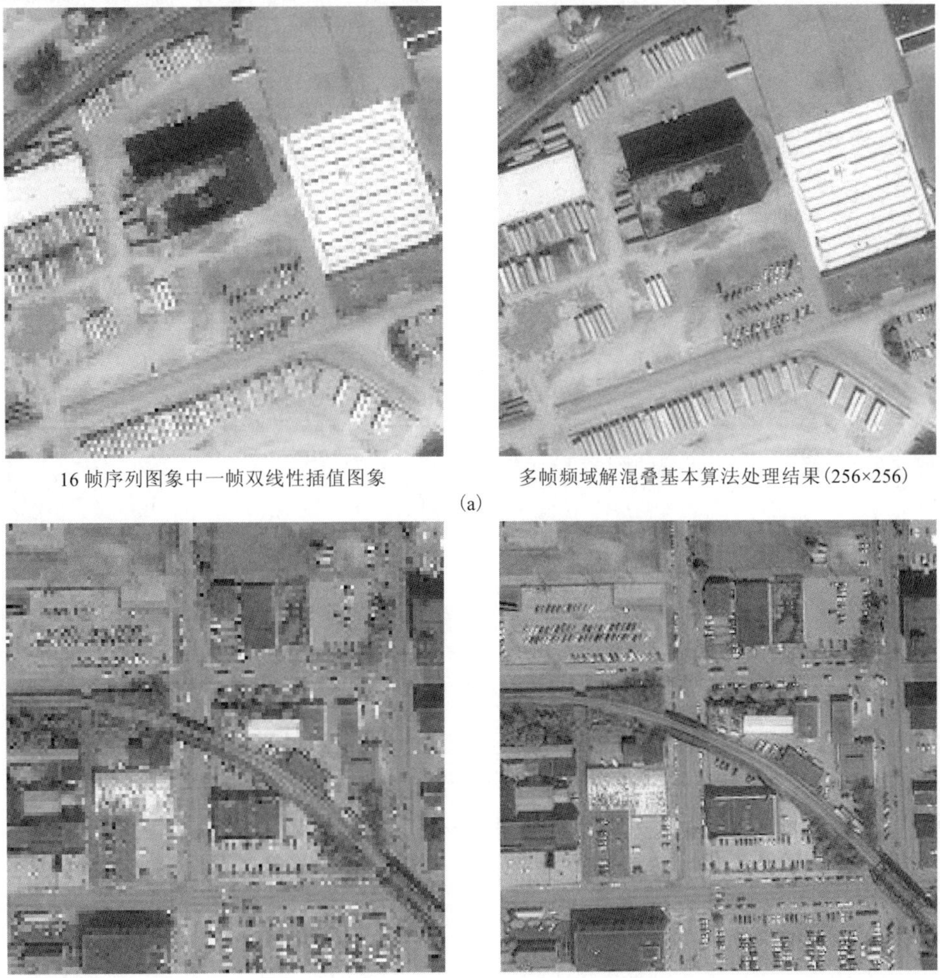

16 帧序列图象中一帧双线性插值图象　　多帧频域解混叠基本算法处理结果(256×256)

(a)

16 帧序列图象中一帧双线性插值图象　　多帧频域解混叠基本算法处理结果(256×256)

(b)

图 4.3.4　多帧频域解混叠基本算法对 16 帧欠采样序列图象的仿真验证实验结果(66%显示)

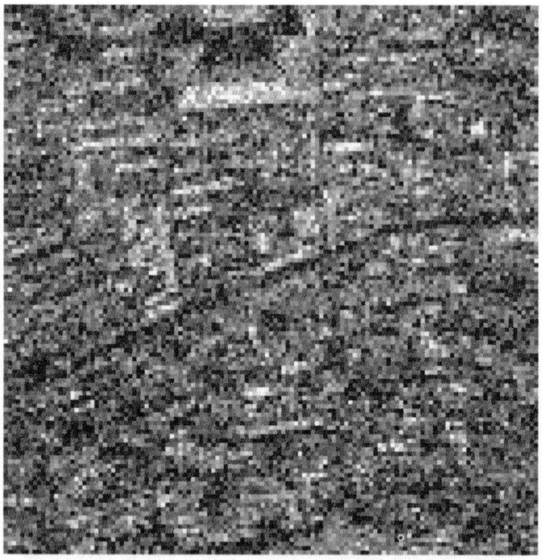
16 帧噪声序列图象中一帧双线性插值图象(PSNR=16.42dB)

多帧频域解混叠基本算法输出图象(256×256，PSNR=21.28dB)

(a)

16 帧噪声序列图象中一帧双线性插值图象(PSNR=16.27dB)

多帧频域解混叠基本算法输出图象(256×256，PSNR=21.14dB)

(b)

图 4.3.5　多帧频域解混叠基本算法对 16 帧欠采样噪声序列图象的仿真验证实验结果(66%显示)

图 4.3.4 的两组实验图象中，作为多帧频域解混叠基本算法的输入图象，左图是 16 帧帧间位移为亚像元级的低分辨率序列图象中一帧双线性插值图象，而右图是完成基本算法操作后的一帧输出图象。由图可见，输出图象的质量有很大改善，不但图象纹理丰富了，而且图象的对比度和清晰度均有明显增强，所以图象分辨率有很大提高，表明多帧频域解混叠基本算法具有很强的图象超分辨能力，验证了其理论的正确性及其算法的有效性。

图 4.3.5 的两组实验图象中，作为多帧频域解混叠基本算法的输入图象，左图是 16 帧帧间位移为亚像元级的低分辨率噪声序列图象中一帧双线性插值图象，而右图

16 帧模糊序列图象中一帧双线性插值图象
(PSNR=14.11dB)

多帧频域解混叠基本算法输出图象
(256×256，PSNR=36.30dB)

(a)

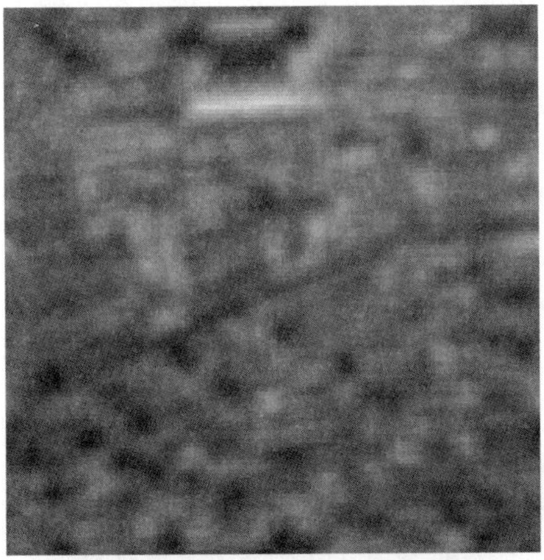

16 帧模糊序列图象中一帧双线性插值图象
(PSNR=15.94dB)

多帧频域解混叠基本算法输出图象
(256×256，PSNR=42.41dB)

(b)

图 4.3.6 多帧频域解混叠基本算法对 16 帧欠采样模糊序列图象的仿真验证实验结果(66%显示)

是完成基本算法操作后的一帧输出图象。由图可见，输出图象与输入图象比较，图象的分辨率、对比度和清晰度均有明显改善；同时，图的下标已经标明，输入图象的 PSNR 分别为 16.42dB、16.27dB，而输出图象的 PSNR 分别为 21.28dB、21.14dB，即基本算法使输出图象 PSNR 分别增加 4.86dB、4.87dB，这说明多帧频域解混叠基本算法在进行解混叠的同时具有噪声抑制的能力，验证了其理论的正确性及其算法的有效性。

图 4.3.6 的两组实验图象中，作为多帧频域解混叠基本算法的输入图象，左图是

16 帧帧间位移为亚像元级的低分辨率模糊序列图象中一帧双线性插值图象，而右图是完成基本算法操作后的一帧输出图象。由输出图象与输入图象的直观比较可以看出，提高分辨率、对比度和清晰度的效果很明显；同时，图的下标已经标明，输入图象的 PSNR 分别为 14.11dB、15.94dB，而输出图象的 PSNR 分别为 36.30dB、42.41dB，即基本算法使图象 PSNR 分别增加 22.19dB、26.47dB，这说明多帧频域解混叠基本算法在进行解混叠的同时具有解模糊的能力，验证了其理论的正确性及其算法的有效性。

2. 利用分辨率等级测试序列图象的性能考查实验结果及其分析

由图 4.3.3 所示的单帧频域解混叠算法模块及其算法步骤，在引入图象模式放大 4×4 倍的单帧频域变换与补偿扩展超分辨技术和高斯再采样技术后，通过重复递归迭代运算，可以由一帧输入低分辨率图象得到一帧频域解混叠的超分辨图象。为了考查所建立的单帧频域解混叠重复递归迭代算法的有效性和功能，同样利用在 4.2.6 节的第 1 部分的分辨率等级测试序列图象对其进行了大量的性能考查实验，图 4.3.7 给出其中五组实验结果。

图 4.3.7 给出的五组考查实验结果中，(a)、(b)两组实验输入分辨率为 3m 的等级测试图象，(c)、(d)两组实验输入分辨率为 2m 的等级测试图象，(e)组实验输入分辨率为 1m 的等级测试图象；在五组实验图象中，-1)为单帧频域解混叠算法输入的等级测试图象，-2)为算法处理后的输出图象，-3)为参考图象即分辨率最接近而不高于-2)中图象的等级测试图象，而在(e)中，因等级测试序列图象中无更高分辨率的等级图象，故无参考图象列出；表 4.3.1 给出对单帧频域解混叠算法性能考查实验数据和主观评价，进一步解读见后面。

(a-1)算法输入分辨率为 3m 的等级测试图象(经过双线性插值放大)

(a-2) 算法对 (a-1) 处理后的输出图象

(a-3) 参考图象即分辨率最接近而不高于 (a-2) 的 1.8m 等级测试图象 (经过放大调整)

(b-1) 算法输入分辨率为 3m 的等级测试图象 (经过双线性插值放大)

(b-2)算法对(b-1)处理后的输出图象

(b-3)参考图象即分辨率最接近而不高于(b-2)的 1.8m 等级测试图象(经过放大调整)

(c-1)算法输入分辨率为 2m 的等级测试图象(经过双线性插值放大)

(c-2) 算法对 (c-1) 处理后的输出图象

(c-3) 参考图象即分辨率最接近而不高于 (c-2) 的 1.4m 等级测试图象 (经过放大调整)

(d-1) 算法输入分辨率为 2m 的等级测试图象 (经过双线性插值放大)

(d-2) 算法对 (d-1) 处理后的输出图象

(d-3) 参考图象即分辨率最接近而不高于 (d-2) 的 1.4m 等级测试图象 (经过放大调整)

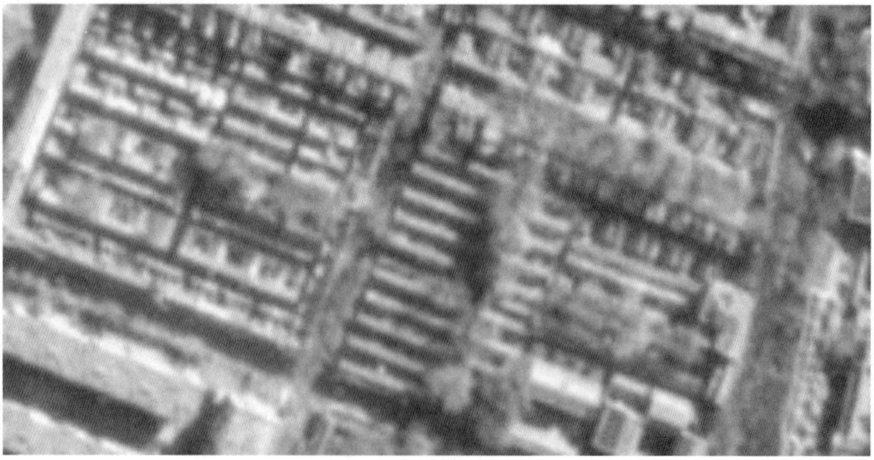

(e-1) 算法输入分辨率为 1m 的等级测试图象 (经过双线性插值放大)

(e-2) 算法对 (e-1) 处理后的输出图象

图 4.3.7　分辨率等级测试图象对单帧频域解混叠算法的性能考查实验结果

表 4.3.1　分辨率等级测试图象对单帧频域解混叠超分辨算法的性能考查实验数据

实验组别	输入图象分辨率	输出图象分辨率	分辨率提高倍数	主观评价
(a)、(b)	3m	优于 1.8m	>1.666	效果明显
(c)、(d)	2m	优于 1.4m	>1.428	效果明显
(e)	1m			效果明显

由图 4.3.7 可以看出，在单帧频域解混叠重复递归迭代算法处理分辨率等级测试图象后，输出图象的细节纹理丰富了，对比度和清晰度都明显增强了，表明其分辨率有很大的提高，即考查验证了该算法具有很强的图象超分辨处理功能，并且从五组实验图象及其数据还可进行进一步的解读分析。

(1) 由 (a)、(b) 两组的实验结果表明，算法对输入分辨率为 3m 的等级测试图象处理后，输出图象的分辨率接近但优于分辨率为 1.8m 的等级测试图象，由此单帧频域解混叠超分辨算法对分辨率等级为 3m 的图象处理后，输出图象的分辨率提高大于 1.666 倍。

(2) 由 (c)、(d) 两组的实验结果表明，算法对输入分辨率为 2m 的等级测试图象处理后，输出图象的分辨率接近但优于分辨率为 1.4m 的等级测试图象，由此单帧频域解混叠超分辨算法对分辨率等级为 2m 的图象处理后，输出图象的分辨率提高大于 1.428 倍。

(3) 由 (e) 组的实验结果表明，算法对输入分辨率为 1m 的等级测试图象处理后，输出图象的分辨率、对比度和清晰度也有很明显的提高，但因为无更高分辨率的等级测试图象用于参考图象，目前无法通过比较法得到具体的数据指标。

由实验结果及其分析可见，分辨率等级测试序列图象对单帧频域解混叠算法的性能考查结果稍微优于对单帧频域变换与补偿扩展算法的考查结果，但是其操作也复杂些。

3. 单帧频域解混叠算法的应用处理结果及其分析

1) 对“资源二号”遥感观测图象的应用处理结果

利用单帧频域解混叠超分辨算法模块处理了大量的“资源二号”遥感图象，图 4.3.8 给出其中五组处理结果，每组的左图是算法输入的观测图象(128×128)，经过色阶调整，且行、列均经双线性插值放大二倍，右图是算法输出的处理结果图象(256×256)。由于版面限制，图象均 72%显示。由图可见，虽然输入的实际遥感观测图象质量较差，其模糊和噪声污染都比较严重，但是输出图象质量改善非常明显，模糊和噪声基本上都消除了，细节更丰富了，对比度和清晰度增强很大，分辨率有大幅度的提高，表明该算法不但能解“资源二号”遥感图象的频率混叠，而且能去模糊和抑制噪声。显然，对“资源二号”遥感图象的处理效果比对测试图象的处理效果更明显，这表明该算法很适合于处理“资源二号”一类遥感图象。

“资源二号”遥感图象地面分辨率设计指标为 3m，因此，图 4.3.8 的应用实验结果表明，图 4.3.7 中对原分辨率为 3m 测试图象的考查结果，即分辨率提高大于 1.666 倍是可信的。

2) 对国际上卫星图象的处理结果

图 4.3.9 给出了单帧频域解混叠算法对国际上某卫星遥感观测图象的两组应用处理结果，被处理遥感观测图象不但分辨率低，而且模糊也比较严重，而该算法处理后的图象消除了模糊，增强了对比度和清晰度，提高了图象分辨率，这表明算法具有很好的普适性。

第一组

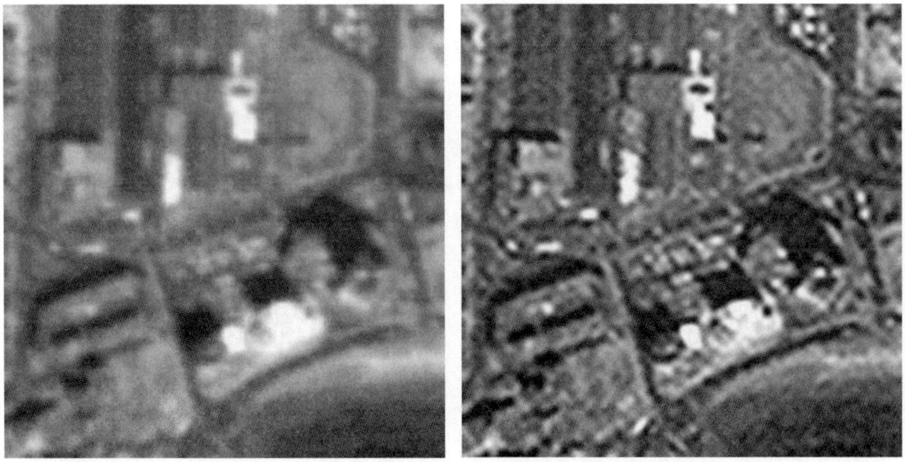

第二组

第三组

第四组

第五组

图 4.3.8　单帧频域解混叠算法对“资源二号”遥感图象的应用处理结果(72%显示)

(a-1)放大的原图象　(a-2)单帧频域解混叠处理后的图象

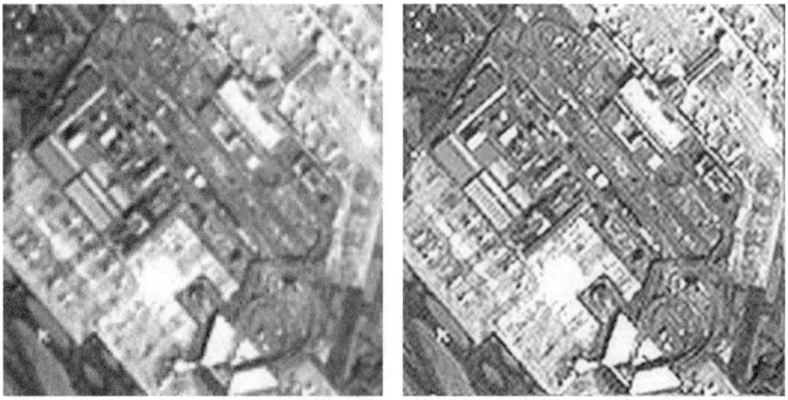

(b-1)放大的原图象　(b-2)单帧频域解混叠处理后的图象

图 4.3.9　单帧频域解混叠算法对国际上某卫星图象的应用处理结果

4.4　二至多帧频域融合超分辨算法研究

4.4.1　引言

在 4.2 节里，开发建立了单帧频域变换与补偿扩展超分辨算法，该算法是帧内处理技术，其理论扎实、应用方便、普适性强，但是应用条件是被处理图象的频率混叠深度参数 $C_{11} \leqslant 0.4$，当图象的频率混叠较严重时，即 $C_{11} > 0.4$，在一般情况下，使用该算法得不到满意的超分辨结果。而在 4.3 节里，论述和建立了多帧频域解混叠的模型及其基本算法，可以应用在图象频率混叠较严重即 $C_{11} > 0.4$ 的情况，即突破了单帧频域变换与补偿扩展算法的应用条件，且能取得更良好的超分辨效果，但是该算法要求输入不少于四帧帧间平移为亚像元级的序列图象，并且对帧间平移、图象模糊和噪声类型等还有诸多限制条件，因此期望通过多帧频域解混叠基本算法的良态运算得到满意的超分辨效果十分不易。所以，在 4.3.3 节里，在引入单帧频域变换与补偿扩展技术和适当的再采样技术后，将多帧频域解混叠基本算法转化为单帧频域解混叠重复递归迭代算法，实验结果表明，取得了比单帧频域变换与补偿扩展算法稍微好一些的超分辨效果，但是这种算法也是帧内处理技术，不能应用于具有更多帧同时输入的情况。若得到两帧或三帧帧间平移为亚像元级的序列图象，并且期望充分利用它们蕴涵的非冗余信息取得更好的超分辨效果，则在上述频域超分辨算法中还没有适当的算法可以被选用实现这种期望。

本节在 4.2 节和 4.3 节的基础上，针对存在不少于两帧帧间平移为亚像元级的输入低分辨率序列图象，建立图象频域融合超分辨算法，以便汲取已有多帧蕴涵的非冗余信息，取得更好的图象超分辨处理效果。

4.4.2　频域融合超分辨算法的建立

现在建立图象频域融合超分辨算法，其内涵要求如下。

(1) 二帧至多帧低分辨率序列图象非冗余信息的融合，且对图象的频率混叠深度无限制。

(2) 单帧频域变换与补偿扩展技术与多帧频域解混叠技术的融合。

(3) 在融合算法中，参与多帧频域解混叠运算的帧均应满足帧间平移、图象模糊和噪声类型等条件的限制，保障融合算法始终良态运行，以便充分汲取输入序列图象中蕴涵的非冗余信息，取得最佳效果。

根据上述对图象频域融合超分辨算法内涵的要求，在单帧频域变换与补偿扩展超分辨技术和频域解混叠超分辨技术的基础上，根据二帧至多帧输入图象的条件，确保多帧频域解混叠的限制条件，保障算法的良态运行，并且还要求完善算法，提高算法的鲁棒性、适应性和效果，通过反复的实验研究和理论分析，以最少输入二帧(容易扩展到更多的帧)低分辨率序列图象为例，为建立频域融合超分辨算法，逐步解决了下列关键问题。

(1)输入低分辨率图象的获取：为了获取至少两帧输入低分辨率序列图象，首先在某一观测区域、不同时相的至少两幅完整的较大幅面的遥感观测图象上执行平方误差最小的图象块整数像素的匹配操作，在整数像素匹配处分别截取大小相同的图象块，得到具有帧间亚像素级位移的多组至少两帧序列真实遥感观测图象，为了显示和处理的方便，获取的低分辨率图象可以是 64×64 或 128×128 或 256×256 等。

(2)图象噪声和模糊类型的预处理。

① 检查所获取的图象是否存在乘性的散斑等噪声类型，如果图象存在乘性噪声，则通过同态滤波等转化为加性噪声，参见 2.3.1 节。

② 检查所获取的图象是否存在 LSV 模糊类型，如果图象存在 LSV 模糊，则通过解模糊操作转化为 LSI 模糊，参见 3.2 节的图 3.2.1。

如果所获取的图象不存在乘性噪声和 LSV 模糊，则可以进行消除其他模糊和噪声的预处理，参见 3.2 节和 3.3 节。但是，因为所建立的频域融合超分辨操作具有消除模糊和噪声的功能，而且在完成超分辨操作后还可进行图象复原操作，所以在所获取的图象不存在乘性噪声和 LSV 模糊的情况下，也可以暂不进行消除模糊和噪声的图象预处理。

(3)图象配准及其帧间变换参数的精确测定：输入低分辨率序列图象帧间平移参数是多帧频域解混叠算法的重要参数，其精度对算法效果有重大影响。为了得到精确的帧间平移参数，可以对获取的多组至少两帧序列低分辨率输入图象，在完成噪声和模糊类型的预处理后，分别执行优化的频域帧间配准算法，参见先验信息提取中的 2.6.2 节的第 3 部分，其旋转角度误差小于 0.01°，平移参数误差小于 0.02 像素。如果帧间存在旋转参数，则要求在配准算法中进行帧间旋转补偿，然后得到更精确的帧间平移参数。

(4)解决多帧频域解混叠算法输入图象帧数不足的问题：频域融合超分辨算法中的多帧频域解混叠算法需要输入低分辨率序列图象的帧数应大于或等于 4 帧，可是获取的每组序列图象最少只有二帧，为了解决帧数不足的问题，则要利用单帧频域变换与补偿扩展超分辨算法和适当的再采样技术。例如，对获取的一组二帧输入低分辨率序列图象，分别执行图象模式放大 4×4 倍的单帧频域变换与补偿扩展超分辨算法后，再分别对超分辨结果图象执行在单帧频域解混叠超分辨算法中应用的再采样技术(参见其算法流程)，得到分辨率等级与原输入低分辨率序列图象相同的、蕴涵信息更加丰富的、两个新的低分辨率序列图象，其中每个序列图象 16 帧，共可得到 2×16=32 帧低分辨率序列图象，远超过多帧频域解混叠基本算法所要求的 4 帧，所以允许实施进一步的挑选操作。

(5) 输入序列图象的挑选操作：为了使算法输入的低分辨率序列图象帧间亚像元平移满足多帧频域解混叠算法的限制条件，以便在运算过程中消除病态，优化处理效果，对通过图象配准得到的每组 2×16=32 帧低分辨率序列图象进行挑选，挑选准则如下。

① 平行于坐标轴 $x(y)$ 的帧间平移帧数不多于 $2L_x$（$2L_y$）。

② 对称于线 $y=x$ 且具有标准化平移 $(\delta_{xk}/T_x, \delta_{yk}/T_y)$ 的帧对数不多于 q，而 q 取值为：当 $L_x \geqslant L_y$ 时，$q=(2L_y)(4L_x-2L_y-1)/2$；当 $L_y \geqslant L_x$ 时，$q=(2L_x)(4L_y-2L_x-1)/2$。

在实际应用的情况中，令 $L_x=L_y=1$，因此平行于坐标轴 $x(y)$ 和对称于线 $y=x$ 的帧间平移帧数均不能多于 2，而对两帧输入序列图象经图象模式放大 4×4 倍单帧频域变换与补偿扩展超分辨后再采样得到 2×16=32 帧低分辨率序列图象，将亚像元平移参数不满足限制条件的帧剔除掉，从中选择亚像元平移满足限制条件的图象，而其帧数还可以远大于 4，实际达到 2×8=16 帧，保证算法始终不出现“病态”，高效、稳定，不会出现任何假象。

(6) 高斯再采样函数的创建：高斯再采样函数是解决输入低分辨率序列图象帧数不足问题的一项关键技术，其创建必须模拟真实遥感成像质量退化过程，建立在遥感观测图象的成像机理及其逆变过程的超分辨机理基础上。

(7) 显然，频域融合超分辨算法对上述关键问题的解决，应用了单帧频域变换与补偿扩展超分辨技术、多帧频域解混叠超分辨技术、优化的频域高精度配准技术、高斯再采样技术等，还可能应用图象噪声和模糊类型的预处理技术，建立了以频域处理为主的多项技术融合的图象超分辨算法，其框图如图 4.4.1 所示，图示二帧输入，容易扩展到更多帧输入。

根据图 4.4.1 所示的两帧输入图象频域融合超分辨算法框图，对其算法步骤说明如下。

(1) 在某一观测区域、不同时相的两幅较大幅面完整的遥感观测图象上，通过平方误差最小的图象块整数像素匹配操作，获取的一组两帧实际观测的低分辨率序列图象，作为算法一次运算的两帧输入图象，假定图象维数为 $M \times N$。

(2) 检查输入图象是否存在乘性噪声和 LSV 模糊，若存在，则进行相应的图象复原预处理操作，将图象乘性噪声转化为加性噪声，将图象 LSV 模糊转化为 LSI 模糊。必要时还可进行消除其他模糊和噪声的预处理操作。如果进行了预处理操作，则保留预处理后图象替代原图象作为继续处理的图象。

(3) 利用优化的图象频域高精度配准算法，完成两帧输入序列图象配准及其帧间变换参数的精确测量。如果帧间存在旋转变换，则在配准过程中对第二帧完成旋转补偿，并且以旋转补偿后的图象替代原图象作为继续处理的图象。

(4) 对处理中的两帧序列图象分别执行图象模式放大 4×4 倍的单帧频域变换与补偿扩展超分辨算法，得到两帧图象模式放大 4×4 倍的超分辨图象。

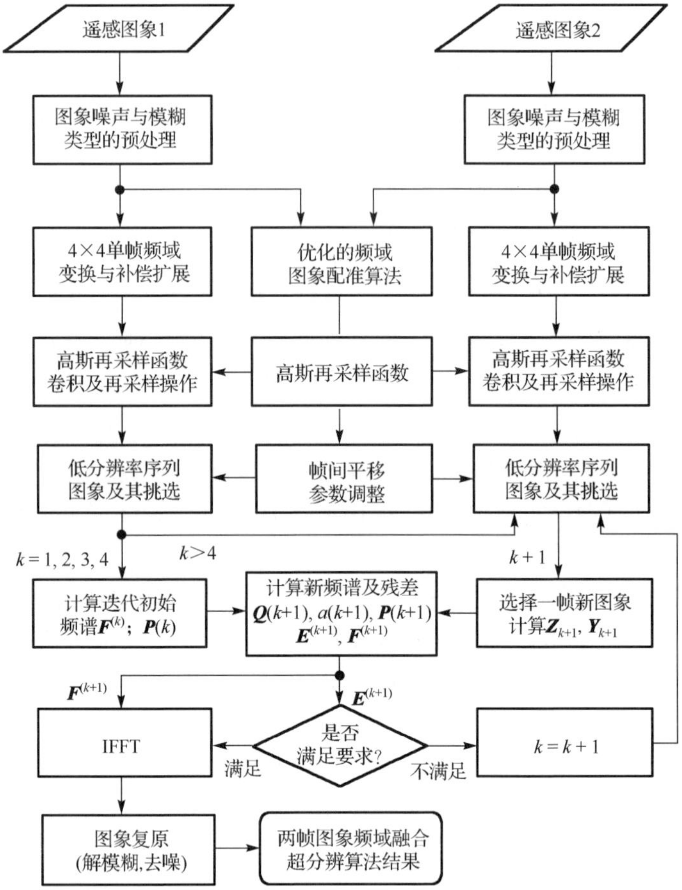

图 4.4.1　二至多帧图象频域融合超分辨算法框图(图象模式放大 2×2 倍)

(5) 利用对所处理的一类遥感图象的成像和超分辨机理以及先验信息的分析所设计的高斯再采样函数，对两帧 4×4 倍的超分辨图象在执行与高斯采样函数卷积后进行 1/4×1/4 再采样操作，得到两个低分辨率序列图象，其中共有 2×16=32 帧；进而，从中挑选满足多帧频域解混叠算法对输入帧间平移参数限制的帧，实际选用 12 帧，令 $p=12$。

(6) 利用步骤(3)中得到的帧间配准平移参数，对步骤(5)中从两个低分辨率序列图象中挑选出的 12 帧进行帧间平移参数的调整，然后进行后续操作。

(7) 履行图象模式放大 2×2 倍频域解混叠重复递归迭代算法，从被挑选的原属于第一个低分辨率序列图象中任选 4 帧，且令 $k=4$，计算迭代初始频谱 $\boldsymbol{F}^{(k)}$ 及其由混叠相位矩阵演变的矩阵 $\boldsymbol{P}(k)=\boldsymbol{R}^{-1}(k)$，并且设置残差阈值 $\boldsymbol{E}_{\text{th}}$，令迭代次数 $N=1$。

(8) 在挑选的 p 帧中任取(已用的帧除外)一帧作为迭代算法的输入，令其为 $(k+1)$ 帧，计算其频谱 $\boldsymbol{Z}_{k+1}$ 及其混叠相位指数列向量 $\boldsymbol{Y}_{k+1}$ (见式(4.3.12c))。

(9) 利用式(4.3.18b)计算迭代矩阵 $\boldsymbol{Q}(k+1)$ 和标量 $\alpha(k+1)$，利用式(4.3.18c)计算矩阵 $\boldsymbol{P}(k+1)$，再利用式(4.3.20)和式(4.3.19)分别计算新频谱残差 $\boldsymbol{E}^{(k+1)}$ 和新频谱 $\boldsymbol{F}^{(k+1)}$。

(10) 判断迭代算法是否满足终止条件，终止条件为下列两者之一：一是频谱新残差 $\boldsymbol{E}^{(k+1)}$ 小于设置的阈值 $\boldsymbol{E}_{\text{th}}$；二是给定的最高迭代次数，如果要求所选出的帧间平移参数满足条件的 12 帧低分辨率序列图象都能参与运算，则最高迭代次数为 $N \geqslant 8$。如果不满足迭代终止条件，则令 $k=k+1, N=N+1$，转回步骤(8)；否则继续。

(11) 将步骤(8)得到的图象新频谱 $\boldsymbol{F}^{(k+1)}$ 的四元素 $\boldsymbol{F}_{mn}^{c(k+1)}(r)$ ($r=1,2,3,4$)，依据式(4.3.9)反组合转换成 $2M\times 2N$ 维矩阵 $G(m,n)$，进而通过 IFFT，得到重建的 $2M\times 2N$ 维超分辨图象。

(12) 对重建图象执行复原操作，主要是解模糊操作，以消除图象模糊，如果重建图象还存在噪声，则执行去噪操作，输出更优质的高分辨率重建图象。

4.4.3 实验结果及其分析

为了验证和考查所建立的二至多帧频域融合超分辨算法的性能，对该算法进行了大量实验研究和分析，这里主要给出其中的三种类型：

(1) 仿真验证实验；

(2) 性能考查实验；

(3) 应用效果实验。

1. 二至多帧频域融合超分辨算法的仿真验证实验结果及其分析

为了验证二至多帧频域融合算法的超分辨能力，首先进行了大量的仿真实验，实验方法：首先，选取初始的数帧高分辨率真实遥感观测图象(显示模式 256×256)；接着，模拟遥感观测图象的真实成像过程，对所选择的每帧初始高分辨率图象依次进行质量退化处理，即先执行支持域为 3×3、方差为 5 的高斯函数模糊后，再进行 (1/2)×(1/2) 下采样操作，得到每组 4 帧帧间位移依次为(0,0)、(0,0.5)、(0.5,0)、(0.5,0.5)的低分辨率序列图象，从中任选两帧作为算法的一组输入图象，这里选其中的第一帧和第四帧；然后，对每组两帧输入低分辨率序列图象执行图 4.4.1 所示的算法流程，分别得到一帧频域融合超分辨算法的输出结果图象，输入/输出显示模式放大 2×2 倍。我们做了大量的实验研究，其中六组实验结果如图 4.4.2 所示，每组的左图为选取的初始高分辨率遥感图象，中图为两帧低分辨率输入图象中一帧的双线性插值图象，右图为输出结果图象，由于版面的限制，均 73%显示。以左侧的初始高分辨率图象为参考图象，可以计算出算法输入双线性插值图象(中图)和输出结果图象的峰值信噪比以及结果图象的信噪比，如表 4.4.1 所示。

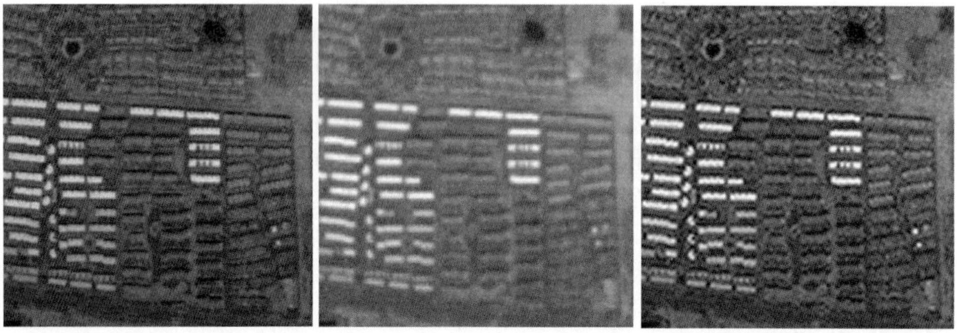

第一组

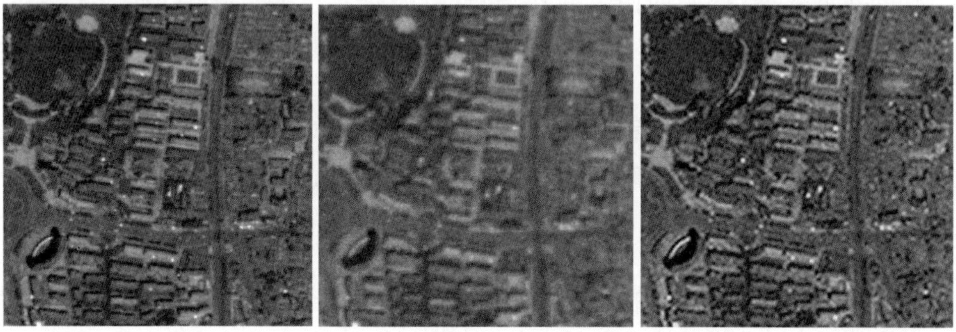

第二组

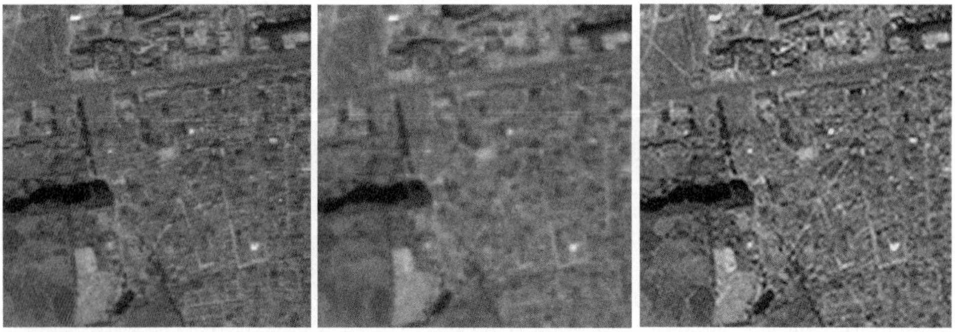

第三组

第四组

第五组

第六组

图 4.4.2　两帧输入频域融合超分辨算法的仿真验证实验结果(73%显示)

表 4.4.1　两帧输入频域融合超分辨算法

仿真验证实验图象的 PSNR 和 SNR　　(单位：dB)

实验组别	输入双线性插值图象(中图)	融合算法迭代输出结果图象(右图)	PSNR 提高值	输出结果图象的 SNR
第一组	17.0176	25.8810	8.8634	17.1160
第二组	20.1974	27.1247	6.9273	20.6105
第三组	21.5204	29.6436	8.1232	22.8199
第四组	17.5901	25.3104	7.7203	17.8735
第五组	17.2524	25.3553	8.1029	15.1638
第六组	19.2988	27.9306	8.6318	19.5296
平　均	18.8128	26.8743	8.0615	18.8522

由图 4.4.2 可以看出，两帧输入频域融合超分辨算法对真实遥感图象的仿真实验结果(右图)与其输入图象的双线性插值图象(中图)比较，不但对比度和清晰度提高了，而且图象纹理细节丰富了，表明图象分辨率有很大提高，这验证了该融合算法的超分辨能力；并且每组右图所示的输出结果图象的视觉效果达到甚至超过了左图所示的初始高分辨率参考图象，这表明所建立的融合超分辨算法的效果优于频域其他超分辨算法，关于这一点将在下面介绍的分辨率等级测试图象的性能考查实验中给出提高分辨率数据的进一步证明。

表 4.4.1 中给出的峰值信噪比和信噪比数据表明，相对于输入双线性插值图象的 PSNR，输出图象的 PSNR 提高 7～8.8dB，平均大约提高 8dB，输出结果图象的 SNR 为 15～22.8dB，平均为 18.8dB，满足研究合同中的 SNR≥13.5dB 的性能指标。

2. 利用分辨率等级测试图象的性能考查实验结果及其分析

我们得到的 Iknos 分辨率等级测试序列图象有两组，一是 1.4～3m 简称 3m 分辨率等级测试图象；二是 1～2m 简称 2m 分辨率等级测试图象，用来对两帧输入频域融合超分辨算法的性能进行性能考查实验，图 4.4.3 和图 4.4.4 分别给出两组实验结果。

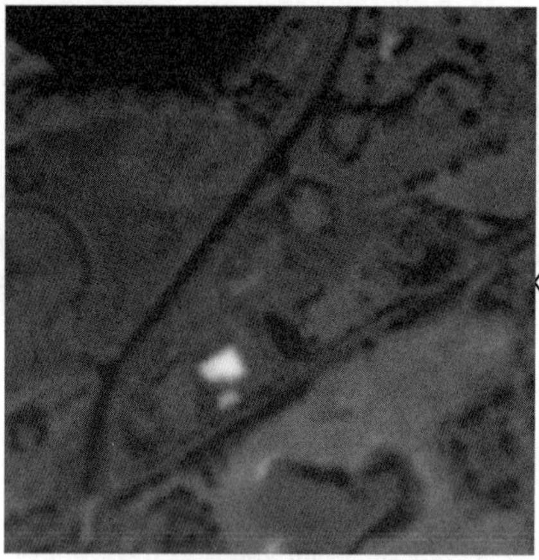

(a) 输入低分辨率双线性插值图象

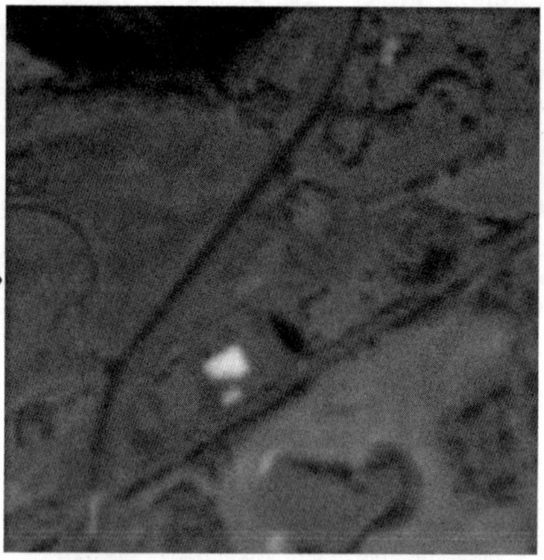

(b) 等级测试图象中分辨率为 3m 的图象

(c) 两帧频域融合算法处理后图象

(d) 等级测试图象中分辨率为 1.6m 的图象

第一组

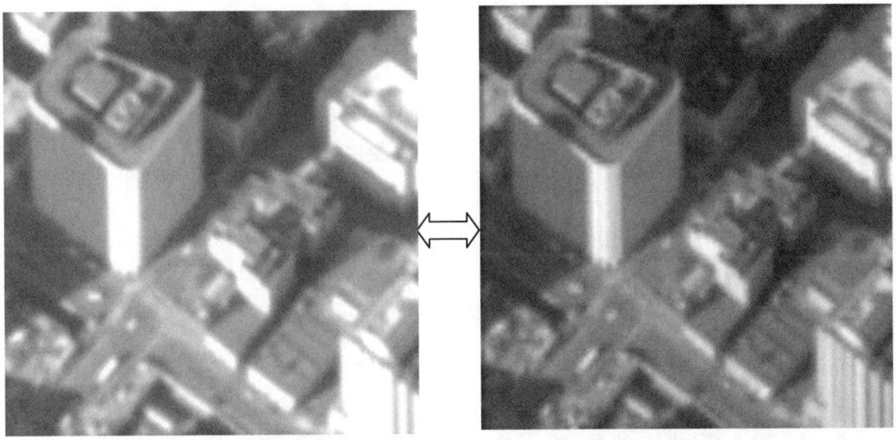

(a) 输入低分辨率双线性插值图象　　　　(b) 等级测试图象中分辨率为 3m 的图象

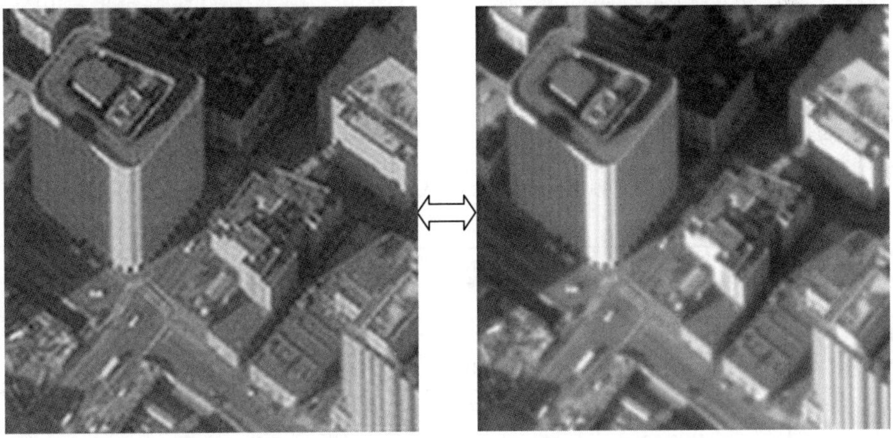

(c) 两帧频域融合算法处理后图象　　　　(d) 等级测试图象中分辨率为 1.6m 的图象

第二组

图 4.4.3　3m 分辨率 Iknos 等级测试图象对两帧输入频域融合超分辨算法的性能考查实验结果

图 4.4.3 给出两组利用 3m 分辨率 Iknos 等级测试序列图象对两帧频域融合超分辨算法的性能考查实验结果，其中，每组 4 帧图象：图 4.4.3(a) 为两帧输入低分辨率序列图象中一帧双线性插值图象；图 4.4.3(b) 为分辨率最接近而不低于图 4.4.3(a) 的等级测试序列图象中的一帧，其分辨率为 3m；图 4.4.3(c) 为两帧频域融合超分辨算法处理后的输出结果图象；图 4.4.3(d) 为分辨率最接近而不高于图 4.4.3(c) 的等级测试序列图象中的一帧，其分辨率为 1.6m。

在图 4.4.3 中，输入图象 (a) 的获取方法：对原分辨率为 1.4m 的等级测试图象执行 (1/2)×(1/2) 下采样后生成的 4 帧帧间位移依次为 (0,0)、(0,0.5)、(0.5,0)、(0.5,0.5) 的低分辨率序列图象，从中任选两帧，如第一帧和第四帧，用于输入低分辨率序列图象，而为了与输出结果图象 (c) 尺寸一致，以便于直观分析对比，对其中一帧双线性插值后显示，即(a)。同时，为了显示尺寸一致，对(b)、(d)图象的显示尺寸也进行了调整。由图可以看出，两组输出结果图象(c)与输入双线性插值图象(a)比较，图象纹理细节丰富很多，对比度和清晰度增强很大，表明图象分辨率有大幅度的提高。而由(b)、(d)的标注可见，处理前输入图象的分辨率为 3m，而处理后输出结果图象的分辨率优于 1.6m，可求出该算法提高分辨率的倍数不小于 3/1.6=1.875 倍，即两帧频域融合超分辨算法可使原 3m 分辨率图象的分辨率提高 1.875 倍以上，高于研究合同中提高图象分辨率 1.6 倍左右的性能指标。

利用 9 组 3m 分辨率 Iknos 等级测试图象对两帧频域融合超分辨算法进行了类似的性能考查实验，并且以质量退化处理前的 1.4m 等级图象为参考，在实验中可以计算出输入双线性插值图象(a)和输出结果图象(c)的 PSNR 与结果图象的 SNR，如表 4.4.2 所示，表中前两组的数据与图 4.4.3 中两组实验图象是一一对应的，而为了节省篇幅，后 7 组的数据对应的处理图象没有给出。由表中的数据可以看出，两帧频域融合超分辨算法处理 3m 分辨率遥感图象可以使图象的 PSNR 提高 6～8.5dB，平均提高 7.5dB，而输出结果图象的 SNR 为 13.8～18dB，平均为 15.37dB，满足研究合同中输出结果图象的 SNR≥13.5dB 的性能指标。

表 4.4.2　频域融合超分辨算法处理 3m 分辨率等级测试图象的 PSNR 和 SNR

（单位：dB）

实验组别	PSNR			输出结果图象的 SNR
	输入插值图象	输出结果图象	提高值	
第一组	18.1818	26.6742	8.4924	15.1286
第二组	16.8109	24.2836	7.4727	14.0886
第三组	18.7904	26.8160	8.0256	14.0655
第四组	17.5923	25.2931	7.7008	13.8600
第五组	17.5903	25.0806	7.4903	15.3734
第六组	18.0937	25.9426	7.8489	15.6346
第七组	17.1531	24.9688	7.8157	17.9417
第八组	19.9823	26.7203	6.7380	14.9728
第九组	19.5562	25.7009	6.1447	17.3271
平　均	18.1946	25.7200	7.5255	15.3769

图 4.4.4 给出两组利用 2m 分辨率 Iknos 等级测试图象对两帧频域融合超分辨算法的性能考查实验结果，其中，每组中 4 帧图象：图 4.4.4(a)为两帧输入低分辨率序列图象中一帧双线性插值图象；图 4.4.4(b)为分辨率最接近而不低于图 4.4.4(a)的等级测试序列图象中的一帧，其分辨率为 2m；图 4.4.4(c)为两帧频域融合超分辨算法处理后的输出结果图象；图 4.4.4(d)为分辨率最接近而不高于图 4.4.4(c)的等级测试序列图象中的一帧，其分辨率为 1.1m。表 4.4.3 给出实验图象的峰值信噪比和输出结果图象的信噪比数据。

(a) 输入低分辨率双线性插值图象

(b) 等级测试图象中分辨率为 2m 的图象

(c) 两帧频域融合算法处理后图象

(d) 等级测试图象中分辨率为 1.1m 的图象

第一组

(a) 输入低分辨率双线性插值图象

(b) 等级测试图象中分辨率为 2m 的图象

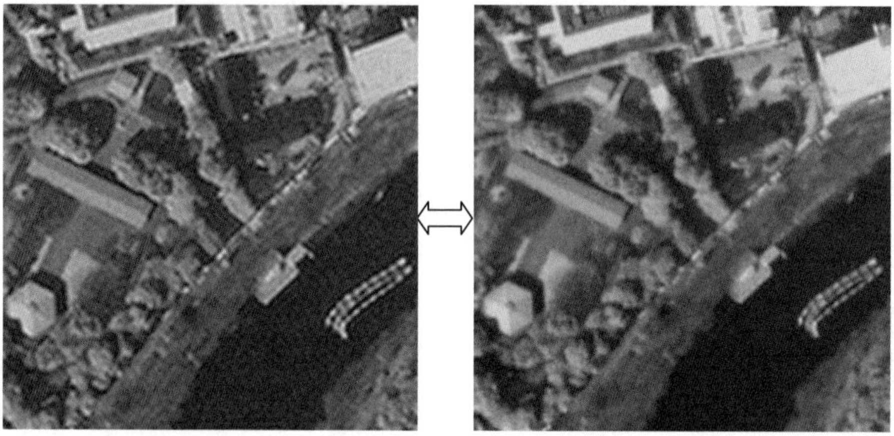

(c) 两帧频域融合算法处理后图象　　(d) 等级测试图象中分辨率为 1.1m 的图象

第二组

图 4.4.4　2m 分辨率 Iknos 等级测试图象对频域融合超分辨算法的性能考查实验结果

在图 4.4.4 中，输入图象(a)的获取方法：在对原始分辨率为 1m 的等级测试图象执行 (1/2)×(1/2) 下采样后生成的 4 帧帧间位移依次为 (0,0)、(0,0.5)、(0.5,0)、(0.5,0.5) 的低分辨率序列图象，从中任选两帧，如第一帧和第四帧，用于输入低分辨率序列图象，而为了与输出结果图象(c)尺寸一致，以便于直观分析对比，对其中一帧双线性插值后显示，即(a)。同时，为了显示尺寸一致，对(b)、(d)图象的显示尺寸也进行了调整。由图可以看出，两组输出结果图象(c)与输入双线性插值图象(a)比较，图象纹理细节丰富也很多，对比度和清晰度增强也很大，表明图象分辨率有较大幅度的提高。而由图中两组实验结果(b)、(d)的标注可见，处理前输入图象的分辨率略低于 2m，而处理后输出结果图象的分辨率优于 1.1m，可求出该算法提高分辨率的倍数不小于 2/1.1=1.818 倍，即两帧频域融合超分辨算法可使原 2m 分辨率图象的分辨率提高 1.8 倍以上，高于研究合同中 1.6 倍左右的性能指标。

表 4.4.3　频域融合超分辨算法处理 2m 分辨率等级测试图象的 PSNR 和 SNR

（单位：dB）

等级图象组别	PSNR			处理结果图象的 SNR
	输入双线性插值图象	处理输出图象	提高值	
第一组	19.4975	26.9691	7.4716	17.2135
第二组	18.6782	26.8344	8.1562	15.5857
第三组	21.1326	27.7546	6.6220	16.6806
第四组	18.6806	26.3193	7.6387	16.2728

续表

等级图象组别	PSNR			处理结果图象的SNR
	输入双线性插值图象	处理输出图象	提高值	
第五组	19.8509	27.4425	7.5916	19.3127
第六组	20.6619	27.3707	6.7088	14.4325
第七组	20.9379	28.2646	7.3267	15.1686
第八组	21.5308	28.9196	7.3888	14.8967
第九组	21.2123	28.3598	7.1475	14.1936
平　均	20.2425	27.5816	7.3391	15.9730

利用 9 组 2m 分辨率 Iknos 等级测试图象对两帧频域融合超分辨算法进行了类似的性能考查实验，并且以质量退化处理前的 1m 等级图象为参考，在实验中可以计算出输入双线性插值图象(a)和输出结果图象(c)的 PSNR 和输出结果图象的 SNR，如表 4.4.3 所示，表中前两组的数据与图 4.4.4 中两组实验图象是一一对应的，而为了节省篇幅，后 7 组的数据对应的处理图象没有给出。由表中的数据可以看出，两帧频域融合超分辨算法处理 2m 分辨率图象可以使图象的 PSNR 提高 6.5～8dB，平均提高 7.3dB，而输出图象的 SNR 为 14～19.3dB，平均为 15.97dB，满足研究合同中 SNR≥13.5dB 的性能指标。

3. 二帧输入频域融合超分辨算法的应用效果实验结果及其分析

为了进行两帧输入频域融合超分辨算法的应用实验，首先获取了两个地区不同时相的各两幅大幅面完整的真实遥感图象；然后分别在同一地区两幅图象上执行平方误差最小的图象块整数像素的匹配操作，各获取数组 256×256 维的两帧序列观测图象；接着，依次作为两帧输入图象，执行如图 4.4.1 所示的图象频域融合超分辨算法，进行大量的应用实验，得到输出重建超分辨图象，输入/输出显示模式放大 2×2 倍，其中六组实验结果如图 4.4.5 所示；每组的左图、中图为输入两帧的双线性插

第一组

第二组

第三组

第四组

第五组

第六组

图 4.4.5　两帧输入频域融合超分辨算法的应用处理结果(36%显示)

值图象，而右图为输出结果图象，由于版面的限制，均缩小到 36%显示。每组输入图象帧间平移参数如表 4.4.4 所示，配准精度优于 0.02 像素。六组输出图象相对于输入双线性插值图象对比度改善的数据如表 4.4.5 所示。

表 4.4.4　图 4.4.5 中两帧输入图象帧间配准位移参数　(单位：像素)

实验组别	第一组	第二组	第三组	第四组	第五组	第六组	备注
δ_x	−0.0056	0.3019	0.0062	0.1805	0.2230	0.3311	图象配准中有旋转补偿
δ_y	0.0506	0.1192	−0.0277	0.0393	0.0027	−0.1248	

表 4.4.5　图 4.4.5 中频域融合超分辨算法输出图象对比度改善因子 T_{e1}　(单位：dB)

实验组别	第一组	第二组	第三组	第四组	第五组	第六组	平　均
T_{e1}	10.2799	8.5441	10.5273	9.2266	9.0234	10.5722	9.6956

应用实验结果分析：由图 4.4.5 所示图象频域融合超分辨算法对两帧输入的应用实验结果可见，每组右图所示的输出结果图象与左图、中图所示的两帧实际遥感观测序列输入图象的双线性插值图象比较，图象纹理丰富了，很多右图中能够清楚分辨的内涵客体细节特征在左图、中图中难以分辨，表明算法具有很强的图象超分辨效果；而由表 4.4.5 的客观评价数据进一步表明，与输入双线性插值图象比较，输出结果图象的对比度改善 9～10dB，所以输出图象对比度、分辨率和清晰度提高的超分辨视觉效果非常明显，不但图象频谱有很大的扩展和改善，而且图象的模糊和噪声也得到很好的抑制。在应用实验中被处理的实际观测图象均来自两个地区的“资源二号”遥感图象，其设计分辨率为 3m 左右，应用处理效果表明：上述利用 3m 和 2m 分辨率 Iknos 等级测试图象对该算法的性能考查实验结果，即图象分辨率分别提高 1.875 倍和 1.8 倍以上、PSNR 分别提高 7.5dB 和 7.3dB 是可信的，取得了在频域比其他超分辨算法更好的图象超分辨效果。所以，所建立的二至多帧频域融合超分辨算法可以实际应用。

4.5　小结与评述

在频域里，我们所研究的图象超分辨技术要解决的核心问题是解开被处理低分辨率图象的频率混叠、扩展和增强高频成分、展宽频谱、改善频谱结构，使其恢复和逼近原理想物图象的频谱。遥感图象产生频率混叠的原因主要为：一是光电成像敏感器的欠采样，二是不相干光学系统衍射使成像系统存在一个截止频率。为了表征低分辨率图象频率混叠的程度，我们定义了 FAD 参数 C_{11}，可以用于选择和优化图象超分辨算法的控制参数，还可以作为图象超分辨处理效果的客观评价参数。本章研究了三种频域图象超分辨算法，一是单帧频域变换与补偿扩展超分辨算法，二是频域解混叠超分辨算法，三是二至多帧频域融合超分辨算法。

关于单帧频域变换与补偿扩展超分辨算法，由于要求的外部条件最少，对一帧低分辨率遥感图象，只要频率混叠不十分严重($C_{11} \leqslant 0.4$)，就可以实现超分辨率处理，应用起来特别方便，同时对大量的国内外真实遥感图象的应用实验结果表明，这种方法具有普遍适用性，因此在研究初期重点对这种帧内超分辨处理算法进行了深入的研究。首先，在 FFT 内插算法中引入频谱变换与增强操作，导出了一套完整的频域变换与增强公式，可以解比较轻微的频域混叠；然后，为了抑制在处理后的图象局部因频率突变而出现振铃假象，提出并建立了专用的频率补偿与扩展滤波器基础函数，推演出频域补偿与扩展滤波器算法，该算法不但能消除频率突变，抑制振铃的出现，而且能把混叠在较低频段的高频成分分离出来，增补高频分量，展宽频谱，改善频谱结构，有效地提高了超分辨处理效果，并且通过实验精度分析验证了该算法的优良特性；进而，通过对被处理低分辨率图象的频谱波动情况的分析，导出了抑制振铃算法中控制参数 p 的计算公式，建立了在频域变换与增强算法的基础上必要时可以自动引入抑制振铃操作的频率补偿与扩展滤波器的自适应算法，统称为单帧频域变换与补偿扩展超分辨自适应算法，进而形成了该算法软件模块，如图 4.2.17 所示。理论分析和实验表明，该算法的处理效果与被处理低分辨率图象的频率混叠情况有关，当 $C_{11} \approx 0.1 \sim 0.4$ 时，算法能取得满意的处理效果；当 $C_{11} > 0.4$ 时，算法难以收到比较好的效果。而对国内外大量遥感图象频谱分析的结果表明，它们的频率混叠深度大都满足 $C_{11} \leqslant 0.4$，这证实了这个方法的普适性。实验分析表明，对原分辨率为 3m、2m 的图象处理后，图象分辨率分别提高 1.666 倍和 1.412 倍，对原 1m 分辨率的 Iknos 卫星图象甚至更低分辨率(0.61m)的 Quickbird 卫星图象处理后，对比度、分辨率和清晰度均有明显提高，得到应用单位好评。显然，该算法具有理论扎实、应用方便、普适性强的特点。

为了对低分辨率图象获得较好的超分辨处理效果，特别是在 $C_{11} > 0.4$ 即频率混叠比较严重的情况下，应该使用频域解混叠超分辨算法。这种超分辨算法比较复杂，具有扎实的理论基础。首先，针对具有亚像元位移的一组欠采样低分辨率序列图象，在有限带宽频谱混叠公式的基础上，通过严密的数学演变和推导，建立了多帧频域解混叠的数学模型及其基本算法，进而计及噪声污染和模糊，利用最小均方技术，将多帧频域解混叠基本算法扩展导出在解混叠的同时、解模糊和抑制噪声污染的一套重复递归迭代算法模型，并且实验证实了这套多帧频域解混叠基本算法迭代模型的有效性。鉴于一般难以得到同一地区的多帧像源，为了方便于实际应用，将多帧频域解混叠技术退化，引进图象模式放大 4×4 倍单帧频域变换与补偿扩展算法，并且利用通过被处理一类图象及其先验信息分析所建立的合适的高斯再采样函数，在多帧频域解混叠重复递归迭代算法的基础上，建立了单帧频域解混叠超分辨算法，其重复递归迭代算法模块如图 4.3.3 所示。与单帧频域变换与补偿扩展超分辨算法比较，单帧频域解混叠超分辨重复递归迭代算法，虽然比较复杂、运算时间稍长，但处理效果较优，对原分辨率为 3m、2m 的图象处理后，图象分辨率分别提高 1.666 倍和 1.412 倍以上，对原 1m 分辨率甚至更低分辨率的图象处理后，对比度、分辨率和清晰度也有明显的提高，同样可以适用于处理国内外多种类型不同分辨率等级的卫星遥感图象，具有理论扎实、应用方便、普适性强的特点。

进而，为了进一步提高图象频域超分辨算法的处理效果，在 4×4 倍单帧频域变换与补偿扩展算法和多帧频域解混叠重复递归迭代算法的基础上，引进优化的图象频域精确配准技术和利用对一类遥感图象成像机理及其先验信息分析所设计的高斯再采样函数等，建立了二至多帧频域融合超分辨算法，如图 4.4.1 所示。在实际运算过程中，由于每帧输入图象均产生同等分辨率的 16 帧富含更多非冗余信息的序列图象，两帧输入图象则产生 32 帧，允许实施挑选操作满足帧间亚像元位移的限制条件，并且引入了对图象模糊和噪声类型的预处理操作，使所有操作始终处于“良态”运行。所以，虽然这种算法复杂、运算时间较长，但是方便于二帧至更多帧输入序列图象的超分辨处理，扩大了算法的实用性，并且取得了频域超分辨算法中最优的效果，对原分辨率为 3m、2m 的图象处理后，图象分辨率分别提高 1.875 倍和 1.8 倍以上、PSNR 分别平均提高 7.5dB 和 7.3dB，充分表明所建二至多帧频域融合算法不但效果最好，而且具有很强的稳定性和可靠性。

上述在频域所建立的三种图象超分辨算法均可以实际应用，根据所处理的一类遥感图象的频率混叠情况以及应用环境、应用效果的要求，可以适当选择其中一种算法。

第5章　空域图象超分辨处理技术研究

5.1　引　　言

空域图象超分辨处理技术一般需要多帧低分辨率序列图象，而鉴于图象的不同帧蕴涵着图象内涵客体与景物的非冗余信息，可以使得重建的高分辨率图象的频谱更丰富，因此在理论上多帧超分辨处理的效果会更好。同时，空域图象超分辨处理方法灵活多变，近年来发展比较快，其中，既有基于概率统计理论的图象超分辨重建方法，又有基于集合理论的图象超分辨重建方法。

在空域里，由低分辨率序列图象重构高分辨率图象的超分辨方法，有一个发生、发展和循序渐进的过程，作为研究基础，概括简述如下。

1)迭代后向投影方法

给定图象的一个超分辨估计 $\hat{z}$ 和成像影射模型 $\boldsymbol{H}$，通过 $\hat{\boldsymbol{Y}}=\boldsymbol{H}\hat{z}$ 可以得到低分辨率图象估计 $\hat{\boldsymbol{Y}}$。迭代后向投影(Iteration Back-Projection，IBP)方法是把第 j^{th} 次迭代获得的低分辨率图象估计 $\hat{\boldsymbol{Y}}^{(j)}$ 和被观测的低分辨率图象 $\boldsymbol{Y}$ 之间的误差，经过后向投影算子 $\boldsymbol{H}^{\text{BP}}$(典型的 $\boldsymbol{H}^{\text{BP}}$ 近似 $\boldsymbol{H}^{-1}$)映射后，进行超分辨率图象估计的更新，即

$$\hat{z}^{(j+1)}=\hat{z}^{(j)}+\boldsymbol{H}^{\text{BP}}(\boldsymbol{Y}-\hat{\boldsymbol{Y}}^{(j)})=\hat{z}^{(j)}+\boldsymbol{H}^{\text{BP}}(\boldsymbol{Y}-\boldsymbol{H}\hat{z}^{(j)}) \tag{5.1.1}$$

式(5.1.1)的迭代停止在 $\boldsymbol{Y}$ 和 $\hat{\boldsymbol{Y}}^{(j)}$ 之间的误差小于给定的门限值。IBP 方法最早是由 Irani 和 Peleg 提出的(Irani et al.，1993)，这种方法增强了超分辨图象与观测数据的一致性，但是，它的收敛性被证明仅适用于仿射几何畸变的情况，而且解经常不是唯一的。

2)凸集投影估计方法

因为 IBP 方法的应用有很大的局限性，由 Patti 等所提出的凸集投影(Projections onto Convex Sets，POCS)估计方法得到了很好的发展(Patti et al.，1997；Eren et al.，1997)。根据图象的集理论恢复，关于被恢复图象 z 的每一个先验知识都被公式化在一个限制凸集里，被恢复图象是这个凸集里的一个元素。把未知图象假设为一个适宜的希尔伯特(Hilbert)空间中的一个元素，可以方便地引入先验信息或约束，例如，正的、带限的能量、数据的保真度和平滑等，同时引入幅度边界的限制(0～255)，从而限制了希尔伯特空间中的一个封闭凸集的解空间，先验信息的增加意味着解区的缩小。于是，对 m 个信息，存在 m 个相应的封闭凸集 $C_i(i=1,2,\cdots,m)$ 和非空的交

集 $C_0 \cong \bigcap_1^m C_i$，且 $z \in C_0$。对给定限制集 C_i 和它们各自的投影算子 P_i，导出了求解未知图象 z 的估计迭代公式，即

$$\hat{z}^{n+1} = P_m P_{m-1} \cdots P_2 P_1 \hat{z}^n, \quad n = 1, 2, \cdots \tag{5.1.2}$$

或者，更一般地，有

$$\hat{z}^{n+1} = T_m T_{m-1} \cdots T_2 T_1 \hat{z}^n, \quad n = 1, 2, \cdots \tag{5.1.3}$$

式中，$T_i = 1 + \lambda_i (P_i - 1)$ 是松弛投影算子，参数 $\lambda_i (i = 1, 2, \cdots, m)$ 是松弛参数，当 $\lambda_i = 1$ 时，$T_i's = P_i's$。迭代收敛于限制集的交集 C_0 中的可行解。

POCS 估计方法可以适应于 LSV 模糊，其缺点是比较复杂，计算量和储存量都比较大，并且解不具有唯一性、依赖于初始假设、收敛慢。

一个替代的集理论超分辨方法(Tom et al.，1996)是使用一个椭圆来限定约束集，这个椭圆的中心被当作未知图象的超分辨估计 $\hat{z}$。尽管有界椭圆方法确保了解的唯一性，但是解不一定是最优的。

文献(Patti et al.，2001)改善了基于 POCS 的图象超分辨重构方法，第一是改善连续图象离散化模型以有利于允许运用高级插值方法，第二是修改限制集以减少边缘振铃和混叠。

3) 最大似然估计方法

把图象超分辨视为统计推断问题(Schultz et al.，1996)，已经获得显著成效。未知理想图象 z 的最大似然(Maximum Likelihood，ML)估计是通过最大化观测图象 y 的条件概率密度即似然函数 $P(y|z)$ 得到(Elad et al.，1996)。在某些情况下，ML 估计方法可以被应用于由多帧低分辨率图象重构一帧高分辨率图象的超分辨处理。

4) 最大后验概率估计方法

根据 Bayes 理论，理想图象 z 的最大后验概率(Maximum A-posteriori Probability，MAP)估计方法是最大化 z 的后验概率 $P(z|y)$ 得到理想图象的估计 $\hat{z}$，其中，y 是低分辨率观测图象，其条件有二：一是要知道条件概率密度 $P(y|z)$；二是要知道理想图象的先验概率 $P(z)$。如果概率分布 $P(z)$ 是均匀的，则 MAP 估计等效于 ML 估计。如果加性噪声和理想图象都是高斯随机过程，而噪声又是零均值的，则 MAP 估计就变成最小均方误差估计。

Hardie 等在文献(Hardie et al.，1997)中采取循环协同梯度下降的优化算法，使代价函数对高分辨率图象和低分辨率序列图象帧间位移参数同时最小化，这样就有效地利用了多帧观测数据。Rajan和 Subhasis 在文献(Rajan et al.，2001)中把高分辨率图象模型化为 Markov 随机场，并且要求代价函数是凸的，理想图象的先验概率 $P(z)$ 满足 Gibbs 分布。

5)泊松最大后验概率估计方法

1992 年 Hunt 假定图象模型为 Poisson 分布的，并且代入 MAP 估计的表达式，形成了 PMAP 估计方法(Hunt et al., 1992)。文献(Lettington et al., 1995)和(Pan et al., 1999)进一步将图象的梯度引入 PMAP 算法，有效地减少振铃假象和提高计算效率。

6)混合处理方法

文献(Schultz et al., 1996; Elad et al., 1997)把 ML、MAP 和 POCS 结合起来，形成空域混合超分辨处理方法。Elad 等在此基础上，将概率统计法和 POCS 法相结合，提出了综合两者优点的算法，同时给出了一个由 ML/MAP 估计、POCS 估计和椭圆性限制定义的优化函数，即

$$\min\varepsilon^2=\left\{(\boldsymbol{y}_k-\boldsymbol{H}_k\boldsymbol{z})^{\mathrm{T}}\boldsymbol{R}^{-1}(\boldsymbol{y}_k-\boldsymbol{H}_k\boldsymbol{z})+\alpha(\boldsymbol{S}\boldsymbol{z})^{\mathrm{T}}\boldsymbol{V}(\boldsymbol{S}\boldsymbol{z})\right\},\left\{\boldsymbol{z}\in C_k,1\leqslant k\leqslant M\right\} \tag{5.1.4}$$

式中，$\boldsymbol{R}$ 为噪声自相关矩阵；α 为正则化系数；$\boldsymbol{S}$ 为拉普拉斯算子；$\boldsymbol{V}$ 为控制图象光滑度的权矩阵；C_k 为附加限制。混合处理方法综合了多种方法的优点，在理论和应用上都有深入研究的必要。

7)基于非均匀采样的图象超分辨方法

基于非均匀采样的图象超分辨重构方法，先由一组低分辨率图象通过运动配准产生一帧非均匀采样的密度复合图象，进而采用非均匀采样图象的超分辨重构技术得到一帧高分辨率图象。文献(Early et al., 2001)中指出，为了由图象的非均匀采样数据重建高分辨率图象，要求非均匀采样的密度比均匀的 Nyquist 采样密度大 $1/\ln 2\approx1.44$ 倍，重建的方法有加性代数重建技术(Additive Algebraic Reconstruction Technique, AART)、乘性代数重建技术(Multiplicative Algebraic Reconstruction Technique, MART)和散射图象重建(Scatterometer Image Reconstruction, SIR)等。

本章首先介绍由低分辨率序列图象重构高分辨率图象的网格化的超分辨方法，即简称网格法的创新技术；然后依次介绍 MAP 估计、PMAP 估计、POCS 估计以及 PMAP 与 POCS 最优融合等图象超分辨方法。重点阐述各种超分辨估计算法的理论依据、模型演变、关键参数的选择，并且给出必要的算法流程以及实验研究与结果的分析。

5.2　网格超分辨估计算法及其模块研究

我们研究建立的网格超分辨估计算法是基于 Shannon 采样定理和图象局部二维内插拟合的网格化方法，其中要利用序列图象配准及其帧间亚像元位移参数的精确测量等技术。

5.2.1　低分辨率序列图象与高分辨率图象之间的空间关系

假设有一帧未退化的二维限带连续物图象 $f(x,y)$，根据采样定理的要求，对 $f(x,y)$ 进行离散化，$f_{\mathrm{HR}}(k,l)$ 表示离散后未失真的高分辨率图象，假定其大小为 $2L_xN\times 2L_yN$；对 $f_{\mathrm{HR}}(k,l)$ 进行欠采样，$f_{\mathrm{LR}}(k,l)$ 表示对 $f(x,y)$ 离散后频率混叠的低分辨率图象，适当选择采样周期，使其大小为 $N\times N$。为了说明 $f_{\mathrm{HR}}(k,l)$ 与 $f_{\mathrm{LR}}(k,l)$ 之间的关系，令

$$f_{\mathrm{HR}}(k,l)=f(kT_x,lT_y)\text{，}\quad k=0,1,\cdots,2L_xN-1,\quad l=0,1,\cdots,2L_yN-1 \tag{5.2.1}$$

$$f_{\mathrm{LR}}^i(k,l)=f(kT'_x+\delta_x^i,lT'_y+\delta_y^i)\text{，}\quad k=0,1,\cdots,N-1,\quad l=0,1,\cdots,N-1,\quad i=1,2,\cdots,P \tag{5.2.2}$$

式中，T_x 和 T_y 表示 $f_{\mathrm{HR}}(k,l)$ 分别在 x 和 y 方向的采样周期；T'_x 和 T'_y 表示 $f_{\mathrm{LR}}^i(k,l)$ 分别在 x 和 y 方向的采样周期；δ_x^i 和 δ_y^i 表示第 i 帧低分辨率图象分别在 x 和 y 方向相对于参考图象 $f(kT'_x,lT'_y)$ 的亚像元位移；$T'_x=2L_xT_x$，$T'_y=2L_yT_y$。实际应用时，$f_{\mathrm{LR}}^i(k,l)$ 和 $f_{\mathrm{HR}}(k,l)$ 一般都是方阵，即 $L_x=L_y$，则 $f_{\mathrm{LR}}^i(k,l)$ 的帧数 $p=2L_x\times 2L_y$；若 $L_x=L_y=1$，则 $p=4$。

根据 Shannon 采样定理，由离散后未失真的数字图象 $f_{\mathrm{HR}}(k,l)$ 重建连续限带的原图象 $f(x,y)$ 的数理过程可用公式表示为

$$f(x,y)=\sum_{k=0}^{2L_xN-1}\sum_{l=0}^{2L_yN-1}f_{\mathrm{HR}}(kT_x,lT_y)\frac{\sin(\pi(x-kT_x)/T_x)}{\pi(x-kT_x)/T_x}\cdot\frac{\sin(\pi(y-lT_y)/T_y)}{\pi(y-lT_y)/T_y} \tag{5.2.3}$$

把式(5.2.3)代入式(5.2.2)，即可得频率混叠的低分辨率序列图象 $f_{\mathrm{LR}}^i(k,l)$ 与未失真的高分辨率图象 $f_{\mathrm{HR}}(k,l)$ 之间的关系，即

$$f_{\mathrm{LR}}^i(k,l)=\sum_{k_1=0}^{2L_xN-1}\sum_{l_1=0}^{2L_yN-1}f_{\mathrm{HR}}(k_1T_x,l_1T_y)\cdot\frac{\sin(W_x(kT'_x+\delta_x^i-k_1T_x))}{W_x(kT'_x+\delta_x^i-k_1T_x)}\cdot\frac{\sin(W_y(lT'_y+\delta_y^i-l_1T_y))}{W_y(lT'+\delta_y^i-l_1T_y)}$$
$$k=0,1,2,\cdots,N-1;\quad l=0,1,2,\cdots,N-1;\quad i=1,2,\cdots,P \tag{5.2.4}$$

式中，W_x 和 W_y 分别为

$$W_x=\pi/T_x\text{，}\quad W_y=\pi/T_y \tag{5.2.5}$$

在式(5.2.2)中，假定低分辨率图象之间的位移是标准的，即

$$\begin{cases}\delta_x^i=\left\lfloor\dfrac{i-1}{2L_x}\right\rfloor\dfrac{T'_x}{2L_x}\\[2ex]\delta_y^i=(i-1)\bmod(2L_y)\dfrac{T'_y}{2L_y}\end{cases}\text{，}\quad i=1,2,\cdots,p \tag{5.2.6}$$

若令 $L_x = L_y = 1, T_x' = 2T_x, T_y' = 2T_y$，引用式(5.2.1)和式(5.2.2)，有

$$\begin{cases} f_{\mathrm{LR}}^1(k,l) = f_{\mathrm{HR}}(2k,2l), & \delta_x^1 = \delta_y^1 = 0 \\ f_{\mathrm{LR}}^2(k,l) = f_{\mathrm{HR}}(2k,2l+1), & \delta_x^2 = 0,\ \delta_y^2 = T_y'/2 \\ f_{\mathrm{LR}}^3(k,l) = f_{\mathrm{HR}}(2k+1,2l), & \delta_x^3 = T_x'/2,\ \delta_y^3 = 0 \\ f_{\mathrm{LR}}^4(k,l) = f_{\mathrm{HR}}(2k+1,2l+1), & \delta_x^4 = T_x'/2,\ \delta_y^4 = T_y'/2 \end{cases} \tag{5.2.7}$$

式中，$k,l = 0,1\cdots,N-1$，式(5.2.7)中的低分辨率序列图象具有标准位移，表示为 $f_{\mathrm{LR}}^{\mathrm{stdi}}(k,l)\ (i=1,2,3,4)$。$f_{\mathrm{LR}}^{\mathrm{stdi}}(k,l)(i=1,2,3,4)$ 与高分辨率图象 $f_{\mathrm{HR}}(k,l)$ 之间的位置关系可以用网格图表示，如图 5.2.1 所示。由图可见，如果已知 $f_{\mathrm{LR}}^{\mathrm{stdi}}(k,l)\ (i=1,2,\cdots,4L_xL_y)$，其高分辨率图象 $f_{\mathrm{HR}}(k,l)$ 的重构是非常简单的，只需把 $f_{\mathrm{LR}}^{\mathrm{stdi}}(k,l)$ 的像素值按照标准位移的关系放回 $f_{\mathrm{HR}}(k,l)$ 的适当位置，这被称为由低分辨率序列图象重构高分辨率图象的网格化方法，简称网格法。

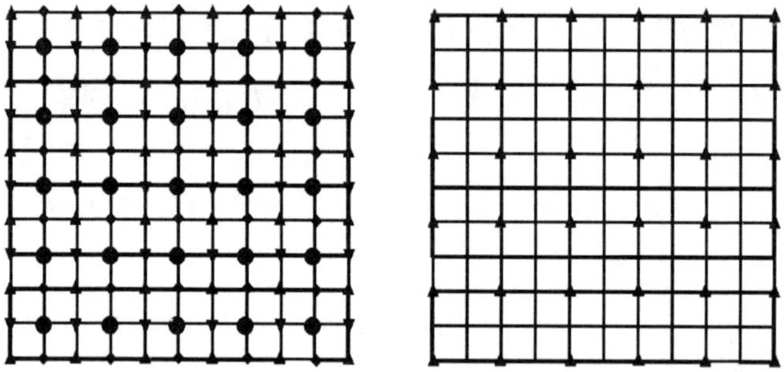

(a) 高分辨图象网格图　　(b) 低分辨率参考图象网格图（$\delta_x^1 = \delta_y^1 = 0$）

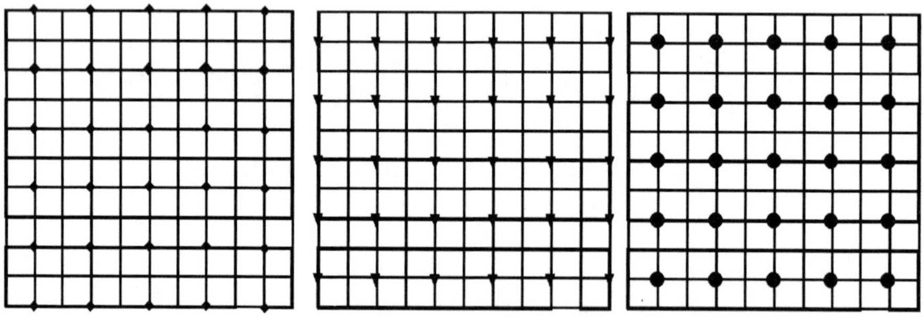

$\left(\delta_x^2 = 0,\ \delta_y^2 = \frac{T_y'}{2}\right)$　$\left(\delta_x^3 = \frac{T_x'}{2},\ \delta_y^3 = 0\right)$　$\left(\delta_x^4 = \frac{T_x'}{2},\ \delta_y^4 = \frac{T_y'}{2}\right)$

(c) 标准位移低分辨率图象网格图

图 5.2.1　具有标准位移的低分辨率图象（$L_x = L_y = 1$）与高分辨率图象的网格对应关系示意图

但是在实际应用中，低分辨率序列图象 $f_{\mathrm{LR}}^i(k,l)(i=1,2,3,4)$ 的帧间位移很难满足

标准化的要求，其在高分辨率图象中相对位置关系一般是非标准的，如图 5.2.2 所示。图中，正三角形▲所示的低分辨率图象为参考图象，$\delta_x^1=\delta_y^1=0$；菱形◆所示的低分辨率图象，δ_x^2 稍微大于 0，δ_y^2 小于 0.5；倒三角形▼所示的低分辨率图象，δ_x^3 稍微大于 0.5，δ_y^3 稍微大于 0；圆球●所示的低分辨率图象，δ_x^4、δ_y^4 均稍微小于 0.5。可见，后三个低分辨率图象的亚像元位移均不是标准值，它们在高分辨率图象的位置不在标准的网格上，这是一般情况。

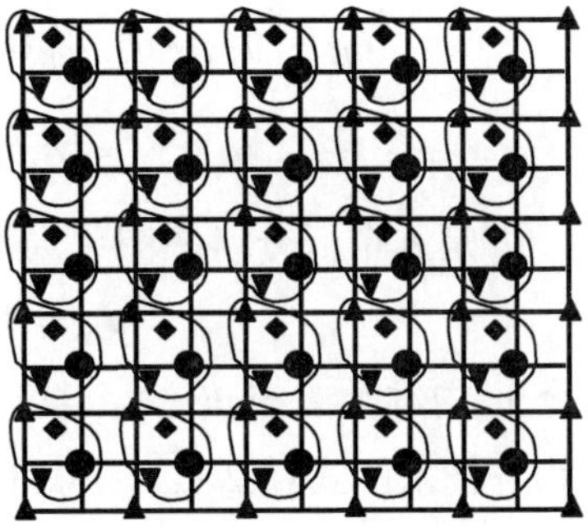

图 5.2.2　具有非标准位移的低分辨率图象在高分辨率图象中的网格示意图

5.2.2　标准位移低分辨率图象的求解

假定有低分辨率序列图象 $f_{\text{LR}}^i(k,l)$ $(i=1,2,\cdots,p)$，帧间位移是非标准的，如何转换成具有标准位移的低分辨率序列图象 $f_{\text{LR}}^{\text{stdi}}(k,l)(i=1,2,\cdots,4L_xL_y)$，是网格化重构方法的关键，当 $L_x=L_y=1$ 时，$i=1,2,3,4$。现从图象局部区域内插拟合的角度专题解决这个关键问题。

令 $\varphi(x,y)$ 为高分辨率图象 $f_{\text{HR}}(k,l)$ 的局部区域二维内插拟合曲面函数，即

$$\varphi(x,y)=axy+bx+cy+d \tag{5.2.8}$$

式中，$(x,y)=(0,0)$ 是拟合函数的局部坐标原点，即 $f_{\text{HR}}(k,l)$ 的局部区域中心。对该局部区域包含的 p 帧已知低分辨率序列图象的灰度值 $f_{\text{LR}}^i(k,l)$ $(i=1,2,\cdots,p)$，通过优化的频域图象配准算法可以精确测定对参考图象的帧间变换参数，其中如果存在帧间旋转参数，则在图象配准中进行帧间旋转补偿，计算出精确的帧间平移位移 δ_x^i,δ_y^i $(i=1,2,\cdots,p)$，则

$$\begin{bmatrix} f_{\text{LR}}^1(k,l) \\ f_{\text{LR}}^2(k,l) \\ \vdots \\ f_{\text{LR}}^p(k,l) \end{bmatrix} = \begin{bmatrix} \delta_x^1\delta_y^1 & \delta_x^1 & \delta_y^1 & 1 \\ \delta_x^2\delta_y^2 & \delta_x^2 & \delta_y^2 & 1 \\ \vdots & \vdots & \vdots & \vdots \\ \delta_x^p\delta_y^p & \delta_x^p & \delta_y^p & 1 \end{bmatrix} \begin{bmatrix} a \\ b \\ c \\ d \end{bmatrix}$$

令

$$\boldsymbol{\Phi}=\begin{bmatrix} \delta_x^1\delta_y^1 & \delta_x^1 & \delta_y^1 & 1 \\ \delta_x^2\delta_y^2 & \delta_x^2 & \delta_y^2 & 1 \\ \vdots & \vdots & \vdots & \vdots \\ \delta_x^p\delta_y^p & \delta_x^p & \delta_y^p & 1 \end{bmatrix} \tag{5.2.9}$$

$$\boldsymbol{L}_{kl}=\left[f_{\rm LR}^{1}(k,l),f_{\rm LR}^{2}(k,l),\cdots,f_{\rm LR}^{p}(k,l)\right]^{\rm T},\quad k,l=0,1,\cdots,N-1 \tag{5.2.10}$$

$$\boldsymbol{\gamma}_{kl}=\left[a,b,c,d\right]^{\rm T},\quad k,l=0,1,\cdots,N-1 \tag{5.2.11}$$

显然，$\boldsymbol{\Phi}$ 是 p 个低分辨率图象局部区域的位移关系矩阵，则

$$\boldsymbol{L}_{kl}=\boldsymbol{\Phi}\boldsymbol{\gamma}_{kl},\quad k,l=0,1,\cdots,N-1 \tag{5.2.12}$$

令 $\boldsymbol{\gamma}_{kl}$ 的维数为 $\dim(\boldsymbol{\gamma}_{kl})$，且当已知非标准位移的低分辨率图象帧数时，则可由最小均方技术解式(5.2.12)，可得

$$\boldsymbol{\gamma}_{kl}=(\boldsymbol{\Phi}^{\rm T}\boldsymbol{\Phi})^{-1}\boldsymbol{\Phi}^{\rm T}\boldsymbol{L}_{kl},\quad k,l=0,1,\cdots,N-1 \tag{5.2.13}$$

可以在每个低分辨率像素 (k,l) 处反求出式(5.2.8)中的系数矢量 $\boldsymbol{\gamma}_{kl}=\left[a,b,c,d\right]^{\rm T}$，进而可以获得高分辨率图象 $f_{\rm HR}(k,l)$ 局部区域二维拟合曲面。

然后，在类似于式(5.2.6)确定的标准位移 (δ_x^i,δ_y^i) 上重采样，就可以得到具有标准位移的低分辨率图象 $f_{\rm LR}^{\rm stdi}(k,l)$。在数学上还可以进一步求解，例如，在 $L_x=L_y=1$ 时，与式(5.2.8)对应的标准位移矩阵 $\boldsymbol{\Phi}_{\rm std}$ 为

$$\boldsymbol{\Phi}_{\rm std}=\begin{bmatrix}0&0&0&1\\0&0&0.5&1\\0&0.5&0&1\\0.25&0.5&0.5&1\end{bmatrix} \tag{5.2.14}$$

令 $\boldsymbol{\Phi}=\boldsymbol{\Phi}_{\rm std}$，代入式(5.2.12)，可求出具有标准位移的 $f_{\rm LR}^{\rm stdi}(k,l)$ 值排列成的矢量 $\boldsymbol{L}_{\rm std}^{kl}$，即

$$\boldsymbol{L}_{\rm std}^{kl}=\boldsymbol{\Phi}_{\rm std}\boldsymbol{\gamma}_{kl},\quad k,l=0,1,\cdots,N-1 \tag{5.2.15}$$

在完成式(5.2.15)的求解后，根据式(5.2.10)，可以得到具有标准位移的 4 帧低分辨率序列图象的值排列成的矢量 $\boldsymbol{L}_{\rm std}^{kl}$，即具有标准位移的低分辨率图象 $f_{\rm LR}^{\rm stdi}(k,l)$ $(i=1,2,3,4)$。

若高分辨率图象 $f_{\rm HR}(k,l)$ 的局部区域内插拟合函数 $\varphi(x,y)$ 取下列形式

$$\varphi(x,y)=ax^2+by^2+cxy+dx+ey+f \tag{5.2.16}$$

则 p 个低分辨率图象 $f_{\rm LR}^{i}(k,l)$ 局部区域的位移关系矩阵为

$$\boldsymbol{\Phi}=\begin{bmatrix}(\delta_x^1)^2&(\delta_y^1)^2&\delta_x^1\delta_y^1&\delta_x^1&\delta_y^1&1\\(\delta_x^2)^2&(\delta_y^2)^2&\delta_x^2\delta_y^2&\delta_x^2&\delta_y^2&1\\\vdots&\vdots&\vdots&\vdots&\vdots&\vdots\\(\delta_x^p)^2&(\delta_y^p)^2&\delta_x^p\delta_y^p&\delta_x^p&\delta_y^p&1\end{bmatrix} \tag{5.2.17}$$

相应的系数矢量 $\boldsymbol{\gamma}_{kl}$ 变为

$$\boldsymbol{\gamma}_{kl}=\left[a,b,c,d,e,f\right]^{\rm T},\quad k,l=0,1,\cdots,N-1 \tag{5.2.18}$$

在 $L_x = L_y = 1$ 时，标准位移矩阵 $\boldsymbol{\Phi}_{\text{std}}$ 为

$$\boldsymbol{\Phi}_{\text{std}} = \begin{bmatrix} 0 & 0 & 0 & 0 & 0 & 1 \\ 0 & 0.25 & 0 & 0 & 0.5 & 1 \\ 0.25 & 0 & 0 & 0.5 & 0 & 1 \\ 0.25 & 0.25 & 0.25 & 0.5 & 0.5 & 1 \end{bmatrix} \tag{5.2.19}$$

在已知非标准位移的低分辨率图象帧数 $p \geqslant \dim(\boldsymbol{\gamma}_{kl})$ 时，仍然利用式(5.2.10)、式(5.2.12)和式(5.2.13)在每个低分辨率像素 (k,l) 处反求出式(5.2.16)中的系数矢量 $\boldsymbol{\gamma}_{kl} = \left[a,b,c,d,e,f\right]^{\text{T}}$，进而将已经确定的式(5.2.19)和式(5.2.18)代入式(5.2.15)，可以求解具有标准位移的 4 帧低分辨率序列图象的值排列成的矢量 $\boldsymbol{L}_{\text{std}}^{kl}$，即具有标准位移的低分辨率图象 $f_{\text{LR}}^{\text{stdi}}(k,l)(i=1,2,3,4)$。

可见，高分辨率图象 $f_{\text{HR}}(k,l)$ 的局部区域内插拟合函数 $\varphi(x,y)$ 多项式的具体形式可以变化，在已知非标准位移的低分辨率图象帧数 $p \geqslant \dim(\boldsymbol{\gamma}_{kl})$ 条件下，根据上述过程，均可以求出其系数矢量 $\boldsymbol{\gamma}_{kl}$，进而根据对应的标准位移矩阵 $\boldsymbol{\Phi}_{\text{std}}$，求解出具有标准位移的低分辨率图象 $f_{\text{LR}}^{\text{stdi}}(k,l)(i=1,2,3,4)$。根据目前图象超分辨的能力，取 $L_x = L_y = 1$ 足够了。

5.2.3　空域递归迭代网格算法模型的建立

由前面的理论分析可知，当非标准位移的低分辨率图象 $f_{\text{LR}}^{i}(k,l)$ 的帧数 p 不小于系数矢量 $\boldsymbol{\gamma}_{kl}$ 的维数 $\dim(\boldsymbol{\gamma}_{kl})$ 时，求解标准位移的低分辨率序列图象 $f_{\text{LR}}^{\text{stdi}}(k,l)$ 的算法才能有定解。令

$$\boldsymbol{R}(i) = \boldsymbol{\Phi}_i^{\text{T}} \boldsymbol{\Phi}_i \tag{5.2.20}$$

$$\boldsymbol{r}_{kl}^{i} = \boldsymbol{\Phi}_i^{\text{T}} \boldsymbol{L}_{kl}^{i},\quad k,\ l = 0,1,\cdots,N-1 \tag{5.2.21}$$

则式(5.2.13)变为

$$\boldsymbol{\gamma}_{kl}^{i} = \boldsymbol{R}^{-1}(i)\boldsymbol{r}_{kl}^{i},\quad k,l = 0,1,\cdots,N-1 \tag{5.2.22}$$

令 $i_0 = \dim(\boldsymbol{\gamma}_{kl})$，则根据式(5.2.9)或式(5.2.17)，可有

$$\boldsymbol{\Phi}_{i_0} = \begin{bmatrix} \delta_x^1\delta_y^1 & \delta_x^1 & \delta_y^1 & 1 \\ \delta_x^2\delta_y^2 & \delta_x^2 & \delta_y^2 & 1 \\ \vdots & \vdots & \vdots & \vdots \\ \delta_x^{i_0}\delta_y^{i_0} & \delta_x^{i_0} & \delta_y^{i_0} & 1 \end{bmatrix} \quad 或 \quad \boldsymbol{\Phi}_{i_0} = \begin{bmatrix} (\delta_x^1)^2 & (\delta_y^1)^2 & \delta_x^1\delta_y^1 & \delta_x^1 & \delta_y^1 & 1 \\ (\delta_x^2)^2 & (\delta_y^2)^2 & \delta_x^2\delta_y^2 & \delta_x^2 & \delta_y^2 & 1 \\ \vdots & \vdots & \vdots & \vdots & \vdots & \vdots \\ (\delta_x^{i_0})^2 & (\delta_y^{i_0})^2 & \delta_x^{i_0}\delta_y^{i_0} & \delta_x^{i_0} & \delta_y^{i_0} & 1 \end{bmatrix} \tag{5.2.23}$$

$$\boldsymbol{L}_{kl} = \left[f_{\text{LR}}^{1}(k,l), f_{\text{LR}}^{2}(k,l), \cdots, f_{\text{LR}}^{i_0}(k,l) \right]^{\text{T}},\quad k,l = 0,1,\cdots,N-1 \tag{5.2.24}$$

相应地，式(5.2.20)～式(5.2.22)变为

$$\boldsymbol{R}(i_0)=\boldsymbol{\Phi}_{i_0}^{\mathrm{T}}\boldsymbol{\Phi}_{i_0}\,,\quad \boldsymbol{R}^{-1}(i_0)=(\boldsymbol{\Phi}_{i_0}^{\mathrm{T}}\boldsymbol{\Phi}_{i_0})^{-1} \tag{5.2.25}$$

$$\boldsymbol{r}_{kl}^{i_0}=\boldsymbol{\Phi}_{i_0}^{\mathrm{T}}\boldsymbol{L}_{kl}^{i_0}\,,\quad k,l=0,1,\cdots,N-1 \tag{5.2.26}$$

$$\boldsymbol{\gamma}_{kl}^{i_0}=\boldsymbol{R}^{-1}(i_0)\boldsymbol{r}_{kl}^{i_0}\,,\quad k,l=0,1,\cdots,N-1 \tag{5.2.27}$$

为了提高重构高分辨率图象的精度和效果，可以使用更多的低分辨率序列图象。当 $i>i_0$ 时，由解出的 $\boldsymbol{\gamma}_{kl}^{i_0}$ 被用于将要导出的重复迭代算法的初值，且由第 i+1 帧的位移参数构成位移矢量 $\boldsymbol{\varphi}_{i+1}$，即

$$\boldsymbol{\varphi}_{i+1}=(\delta_x^{i+1}\delta_y^{i+1}\ \ \delta_x^{i+1}\ \ \delta_y^{i+1}\ \ 1)^{\mathrm{T}}\ \ 或\ \ \boldsymbol{\varphi}_{i+1}=((\delta_x^{i+1})^2\ \ (\delta_y^{i+1})^2\ \ \delta_x^{i+1}\delta_y^{i+1}\ \ \delta_x^{i+1}\ \ \delta_y^{i+1}\ \ 1)^{\mathrm{T}} \tag{5.2.28}$$

根据式(5.2.20)和式(5.2.21)，分别有

$$\boldsymbol{R}(i+1)=\boldsymbol{R}(i)+\boldsymbol{\varphi}_{i+1}\boldsymbol{\varphi}_{i+1}^{\mathrm{T}} \tag{5.2.29}$$

$$\boldsymbol{r}_{kl}^{i+1}=\boldsymbol{r}_{kl}^{i}+f_{\mathrm{LR}}^{i}(k,l)\,,\quad k,l=0,1,\cdots,N-1 \tag{5.2.30}$$

令矩阵 $\boldsymbol{P}(i)=\boldsymbol{R}^{-1}(i)$，则 $\boldsymbol{P}(i+1)=\boldsymbol{R}^{-1}(i+1)$，可求得

$$\boldsymbol{P}(i+1)=\boldsymbol{R}^{-1}(i+1)=\boldsymbol{P}(i)-\boldsymbol{P}(i)\boldsymbol{\varphi}_{i+1}\boldsymbol{\varphi}_{i+1}^{\mathrm{T}}\boldsymbol{P}^{\mathrm{T}}(i)(\boldsymbol{\varphi}_{i+1}^{\mathrm{T}}\boldsymbol{P}(i)\boldsymbol{\varphi}_{i+1}+1)^{-1} \tag{5.2.31}$$

令

$$\boldsymbol{Q}(i+1)=\boldsymbol{P}(i)\boldsymbol{\varphi}_{i+1}\,,\quad \alpha(i+1)=\boldsymbol{\varphi}_{i+1}^{\mathrm{T}}\boldsymbol{P}(i)\boldsymbol{\varphi}_{i+1}+1 \tag{5.2.32}$$

则

$$\boldsymbol{P}(i+1)=\boldsymbol{P}(i)-\boldsymbol{Q}(i+1)\boldsymbol{Q}^{\mathrm{T}}(i+1)/\alpha(i+1) \tag{5.2.33}$$

令

$$\boldsymbol{\gamma}_{kl}^{i+1}=\boldsymbol{\gamma}_{kl}^{i}+\boldsymbol{E}_{kl}^{i+1}\,,\qquad k,l=0,1,\cdots,N-1 \tag{5.2.34}$$

则可以得到剩余误差为

$$\boldsymbol{E}_{kl}^{i+1}=\boldsymbol{P}(i+1)\boldsymbol{\varphi}_{i+1}(f_{\mathrm{LR}}^{i}(k,l)-\boldsymbol{\varphi}_{i+1}^{\mathrm{T}}\boldsymbol{\gamma}_{kl}^{i}),\quad k,l=0,1,\cdots,N-1 \tag{5.2.35}$$

这样，由式(5.2.23)～式(5.2.27)计算的系数矢量迭代初值，然后利用式(5.2.28)、式(5.2.32)～式(5.2.35)等进行重复递归迭代运算，当剩余误差 $\boldsymbol{E}_{kl}^{i+1}$ 满足要求或者达到规定的迭代次数时，由最后得到的系数矢量估计 $\boldsymbol{\gamma}_{kl}^{i+1}$，利用对应的标准位移矩阵 $\boldsymbol{\Phi}_{\mathrm{std}}$ 和式(5.2.15)得到 $f_{\mathrm{LR}}^{\mathrm{stdi}}(k,l)(i=1,2,3,4,\ k,l=0,1,\cdots,N-1)$，进而完成网格法重构高分辨率图象 $f_{\mathrm{HR}}(k,l)$。

5.2.4　空域递归迭代网格算法模块

由非标准位移的低分辨率序列图象 $f_{\mathrm{LR}}^{i}(k,l)\ (i=1,2,\cdots,p)$，求解其高分辨率图象的重复递归迭代网格超分辨算法模块如图 5.2.3 所示，主要算法步骤说明如下。

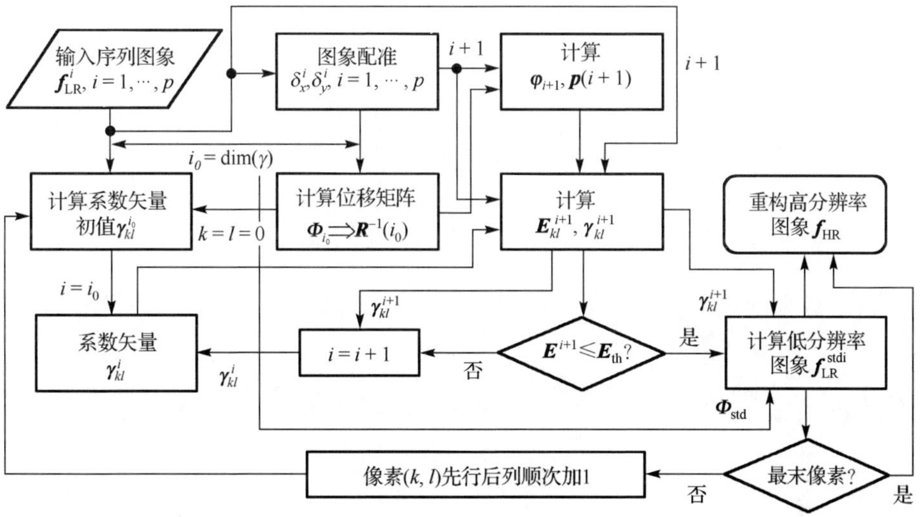

图 5.2.3　由低分辨率序列图象重构高分辨率图象递归迭代网格超分辨算法模块

(1) 输入 $N \times N$ 维序列图象 f_{LR}^i $(i=1,2,\cdots,p,p \geqslant 4)$，帧间亚像元位移 δ_x^i、δ_y^i 是任意的。

(2) 通过优化的频域图象配准操作求出帧间亚像元位移 δ_x^i、δ_y^i $(i=1,2,\cdots,p)$。

(3) 选择图象局部区域内插拟合公式，确定其系数矢量 γ 的维数为 $i_0=\dim(\gamma)$，$p \geqslant i_0$，并确定对应的标准位移矩阵 Φ_{std}，令 $k=0,l=0$，即当前像素 (k,l) 为 $(0,0)$。

(4) 取前 i_0 帧输入序列图象及其位移参数，利用式(5.2.23)中行和列维数均为 i_0 的 Φ_{i_0}，由式(5.2.25)计算矩阵 $R^{-1}(i_0)$，进而由式(5.2.26)和式(5.2.27)计算在当前像素 (k,l) 的系数矢量初值 $\gamma_{kl}^{i_0}$，且令 $i=i_0$，并且选取误差阈值 E_{th}。

(5) 取第 $i+1$ 帧的位移参数 δ_x^{i+1}、δ_y^{i+1}，利用式(5.2.28)中列维数为 i_0 的 φ_{i+1}，由式(5.2.32)计算 $Q(i+1)$、$\alpha(i+1)$，由式(5.2.33)计算矩阵 $P(i+1)$。

(6) 利用式(5.2.35)计算剩余误差 E_{kl}^{i+1}，利用式(5.2.34)计算系数矢量 γ_{kl}^{i+1}。

(7) 判断：如果 $E_{kl}^{i+1} > E_{th}$，则令 $i=i+1$，返回步骤(5)；否则，继续。

(8) 利用迭代生成的系数矢量 γ_{kl}^{i+1} 和步骤(3)中确定的标准位移矩阵 Φ_{std}，根据式(5.2.15)计算具有标准位移的 4 帧低分辨率序列图象 $f_{LR}^{stdi}(k,l)$ 在当前 (k,l) 的像素值。

(9) 判断：若 (k,l) 未达到 $(N-1,N-1)$，则按先行后列顺次加 1，返回步骤(4)；否则，继续。

(10) 根据网格关系，由 4 帧 $f_{LR}^{stdi}(k,l)$ 重构高分辨率图象 $f_{HR}(k,l)$ $(k,l=0,1,\cdots,2N-1)$。

5.2.5 实验结果及其分析

为了验证网格超分辨算法的有效性，利用一帧遥感图象模拟成像模型生成多帧低分辨率序列图象 $f_{\text{LR}}^{i}(k,l)$ $(i=1,2,\cdots,p,p=16)$，实施图 5.2.3 所示的重复递归迭代算法，重构高分辨率图象 $f_{\text{HR}}(k,l)$。在实验中，取一帧低分辨率图象(显示模式 64×64)，重建高分辨率图象(显示模式 128×128)，做了大量的实验，图 5.2.4 给出其中两组实

(a-1) 最近邻插值的结果

(a-2) 双线性插值的结果

(a-3) 双三次插值的结果

(a-4) 利用式(5.2.8)的网格法重建结果

(a-5) 利用式(5.2.16)的网格法重建结果

(b-1) 最近邻插值的结果

(b-2) 双线性插值的结果

(b-3) 双三次插值的结果

(b-4) 利用式(5.2.8)的网格法重建结果

(b-5) 利用式(5.2.16)的网格法重建结果

图 5.2.4　网格超分辨算法等两组处理结果及其比较

验结果，为了比较，其中，-1)、-2)、-3)分别为最近邻插值、双线性插值和双三次插值的处理结果；-4)、-5)分别为利用式(5.2.8)和式(5.2.16)局部内插拟合函数基础公式的网格迭代算法处理结果。由图看出，利用网格算法处理的图象，细节更丰富，对比度和清晰度增强更多，效果明显优于传统的插值方法。

表 5.2.1 给出图 5.2.4 中使用三种插值和两个局部内插拟合函数基础公式的网格超分辨算法处理后峰值信噪比的比较，本节使用两个基础公式网格超分辨算法处理后图象的峰值信噪比比其他方法大约高 10dB。

表 5.2.1　图 5.2.4 中网格超分辨算法等多种方法处理图象的 PSNR 比较

(单位：dB)

图 5.2.2 中图象组别	最近邻插值	双线性插值	双三次插值	利用式(5.2.8)	利用式(5.2.16)
(a)	19.076	20.265	20.244	32.327	31.070
(b)	19.656	19.913	19.694	31.654	32.428

5.3　MAP 估计算法及其算法模块研究

5.3.1　研究实施方案

MAP 估计处理技术是一种空域的、基于多帧(源)信息融合的图象复原和超分辨技术，其研究实施方案见图 5.3.1，主要研究步骤如下。

(1) 基于贝叶斯决策理论，对 MAP 估计算法的理论进行深入分析，同时考虑频率混叠、模糊和噪声等因素，建立算法的数学模型，数学模型应该是可控的。

(2) 对原低分辨率遥感图象进行频谱分析、模糊分析和信噪比分析，提取混叠参数、模糊参数和信噪比参数，进而研究该算法的先验信息和使用条件。

(3) 根据贝叶斯决策理论，最大化图象后验概率，从而确定一个合适的代价函数。

(4) 选择用于循环迭代算法的下降梯度，以提高迭代算法收敛的速度。

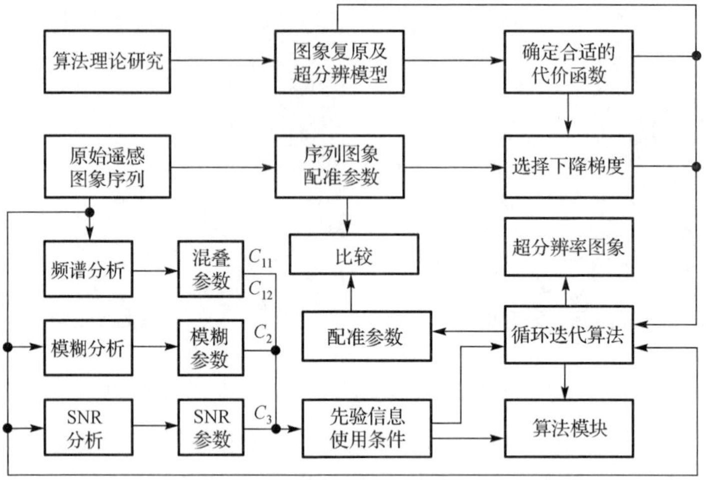

图 5.3.1　MAP 估计算法研究实施方案

(5)建立多帧序列图象配准和超分辨图象的循环迭代算法数学模型，完成 MAP 估计算法模块的研究。

5.3.2　图象的概率模型与估计

假定理想高分辨率图象的大小为 $L_1N_1 \times L_2N_2$，其向量形式表示为

$$\boldsymbol{z} = \left[z_1, z_2, \cdots, z_N\right]^{\mathrm{T}} \tag{5.3.1}$$

式中，$N = L_1N_1 \times L_2N_2$。得到的第 k 帧低分辨率序列观测图象的向量形式表示为

$$\boldsymbol{Y}_k = \left[y_{k,1}, y_{k,2}, \cdots, y_{k,M}\right]^{\mathrm{T}}, \quad k = 1,2,\cdots,p \tag{5.3.2}$$

式中，$M = N_1 \times N_2$。p 帧低分辨率序列图象可以表示为

$$\boldsymbol{y} = \left[\boldsymbol{Y}_1^{\mathrm{T}}, \boldsymbol{Y}_2^{\mathrm{T}}, \cdots, \boldsymbol{Y}_p^{\mathrm{T}}\right]^{\mathrm{T}} = \left[y_1, y_2, \cdots, y_{pM}\right]^{\mathrm{T}} \tag{5.3.3}$$

在一般情况下，低分辨率序列图象与理想高分辨率图象之间存在这样的关系，前者的像素值是后者诸像素值的一个加权和再附加加性噪声，例如，第 k 帧低分辨率图象 $\boldsymbol{Y}_k$ 的第 m 个像素值 $y_{k,m}$ 等于高分辨图象 $\boldsymbol{z}$ 与成像核函数 w 的卷积加上高斯噪声 $\eta_{k,m}$，即

$$y_{k,m} = \sum_{r=1}^{N} w_{k,m,r}(\boldsymbol{s}_k) z_r + \eta_{k,m}, \quad m = 1,2,\cdots,M, \quad k = 1,2,\cdots,p \tag{5.3.4}$$

式中，$w_{k,m,r}(\boldsymbol{s}_k)$ 表示高分辨率图象 $\boldsymbol{z}$ 的第 r 个像素 z_r 对第 k 帧低分辨率图象 $\boldsymbol{Y}_k$ 的第 m 个像素 $y_{k,m}$ 的贡献权值；$\boldsymbol{s}_k = \left[s_{k,1}, s_{k,2}, \cdots, s_{k,K}\right]^{\mathrm{T}}$ 是第 k 帧低分辨率图象的 K 个配准参数，当 $K=2$ 时，在某种情况下可有 $\boldsymbol{s}_k = \left[h_k, v_k\right]^{\mathrm{T}}$，其中 h_k、v_k 分别为水平方向和垂直方向的帧间平移参数；$\eta_{k,m}(m=1,2,\cdots,M, k=1,2,\cdots,p)$ 是加性噪声。p 帧低分辨率图象的加性噪声也可表达为 $\eta_m(m=1,2,\cdots,pM)$。

将式(5.3.4)描述的 p 帧低分辨率序列图象与高分辨率图象的关系写成矩阵形式，即

$$\boldsymbol{y} = \boldsymbol{W}_s \boldsymbol{z} + \boldsymbol{n} \tag{5.3.5}$$

式中，$\boldsymbol{W}_s$ 是 $pM \times N$ 维的，其中的元素 (l,r) 是 $w_{k,m,r}(\boldsymbol{s}_k)$，$l = kM + m$；$\boldsymbol{n} = [\eta_1, \eta_2, \cdots, \eta_{pM}]^{\mathrm{T}}$。可以把图象看成随机场，其中的噪声 η_m 服从高斯分布 $N(0, \sigma_\eta^2)$，则 $\boldsymbol{n}$ 的概率密度为

$$P_r(\boldsymbol{n}) = \frac{1}{(2\pi)^{\frac{pM}{2}} \sigma_\eta^{pM}} \exp\left(-\frac{1}{2\sigma_\eta^2} \boldsymbol{n}^{\mathrm{T}} \boldsymbol{n}\right) = \frac{1}{(2\pi)^{\frac{pM}{2}} \sigma_\eta^{pM}} \exp\left(-\frac{1}{2\sigma_\eta^2} \sum_{m=1}^{pM} \eta_m^2\right) \tag{5.3.6}$$

根据式(5.3.5)和式(5.3.6)，可以写出 p 帧低分辨率序列图象 $\boldsymbol{y}$ 的条件概率密度，即

$$P_r(\boldsymbol{y} \mid \boldsymbol{z}, \boldsymbol{s}) = \frac{1}{(2\pi)^{\frac{pM}{2}} \sigma_\eta^{pM}} \exp\left(-\frac{1}{2\sigma_\eta^2} (\boldsymbol{y} - \boldsymbol{W}_s \boldsymbol{z})^{\mathrm{T}} (\boldsymbol{y} - \boldsymbol{W}_s \boldsymbol{z})\right) \tag{5.3.7}$$

希望在给定观测图象 $\boldsymbol{y}$ 条件下同时得到高分辨率图象 $\boldsymbol{z}$ 和配准参数 $\boldsymbol{s}$ 的最大后验概率估计 $\hat{\boldsymbol{z}}$、$\hat{\boldsymbol{s}}$，即 MAP 估计，为此需要利用联合后验概率 $P_r(\boldsymbol{z}, \boldsymbol{s} \mid \boldsymbol{y})$，使 $\hat{\boldsymbol{z}}$、$\hat{\boldsymbol{s}}$ 满足

$$\hat{\boldsymbol{z}}, \hat{\boldsymbol{s}} = \arg\max_{\boldsymbol{z}, \boldsymbol{s}} P_r(\boldsymbol{z}, \boldsymbol{s} \mid \boldsymbol{y}) \tag{5.3.8}$$

根据贝叶斯准则，式(5.3.8)可变为

$$\hat{\boldsymbol{z}}, \hat{\boldsymbol{s}} = \arg\max_{\boldsymbol{z}, \boldsymbol{s}} \frac{P_r(\boldsymbol{y} \mid \boldsymbol{z}, \boldsymbol{s}) P_r(\boldsymbol{z}, \boldsymbol{s})}{P_r(\boldsymbol{y})} \tag{5.3.9}$$

式中，分母 $P_r(\boldsymbol{y})$ 不是 $\boldsymbol{z}$、$\boldsymbol{s}$ 的函数，且 $\boldsymbol{z}$ 和 $\boldsymbol{s}$ 互为独立变量，式(5.3.9)可改写为

$$\hat{\boldsymbol{z}}, \hat{\boldsymbol{s}} = \arg\max_{\boldsymbol{z}, \boldsymbol{s}} P_r(\boldsymbol{y} \mid \boldsymbol{z}, \boldsymbol{s}) P_r(\boldsymbol{z}) P_r(\boldsymbol{s}) \tag{5.3.10}$$

式中，$P_r(\boldsymbol{z})$、$P_r(\boldsymbol{s})$ 分别是高分辨率图象 $\boldsymbol{z}$ 和帧间运动参数 $\boldsymbol{s}$ 的先验概率。由低分辨率的观测图象 $\boldsymbol{y}$ 直接估计高分辨率图象 $\boldsymbol{z}$ 一般是病态的反问题，合适地选择 $P_r(\boldsymbol{z})$ 和 $P_r(\boldsymbol{s})$ 的先验模型可以起到正则化的作用，使问题变成良态的。

因为高斯模型一般可以比较准确地反映图象随机场的统计特征，所以 $\boldsymbol{z}$ 的概率密度函数取为

$$P_r(\boldsymbol{z}) = \frac{1}{(2\pi)^{\frac{N}{2}} \lvert \boldsymbol{C}_z \rvert^{\frac{1}{2}}} \exp\left(-\frac{1}{2} \boldsymbol{z}^{\mathrm{T}} \boldsymbol{C}_z^{-1} \boldsymbol{z}\right) \tag{5.3.11}$$

式中，$\boldsymbol{C}_z$ 是 $\boldsymbol{z}$ 的 $N \times N$ 协方差矩阵。用 $C_{i,j}^{-1}$ 表示 $\boldsymbol{C}_z^{-1}$ 中的第 (i,j) 个元素，且表示成因子相乘的形式，即

$$C_{i,j}^{-1} = \frac{1}{\lambda} \sum_{r=1}^{N} (d_{i,r} d_{j,r})$$

上式表示 z 中的 N 个元素对 $C_{i,j}^{-1}$ 都有影响。实际上，像素之间的相互影响与它们之间的距离有关，距离越远，相互影响越小，当距离很远时，相互影响近似于零。把上式代入式(5.3.11)，可有

$$P_r(z)=\frac{1}{(2\pi)^{\frac{N}{2}}\,|\boldsymbol{C}_z|^{\frac{1}{2}}}\exp\left(-\frac{1}{2\lambda}\sum_{i=1}^{N}(\boldsymbol{z}^{\mathrm{T}}\boldsymbol{d}_i\boldsymbol{d}_i^{\mathrm{T}}\boldsymbol{z})\right) \tag{5.3.12}$$

式中，$\boldsymbol{d}_i=\left[d_{i,1},d_{i,2},\cdots,d_{i,N}\right]$ 是系数向量；λ 是控制参数，因而随机场 z 的先验模型可改写为

$$P_r(z)=\frac{1}{(2\pi)^{\frac{N}{2}}\left|\boldsymbol{C}_z\right|^{\frac{1}{2}}}\exp\left(-\frac{1}{2\lambda}\sum_{i=1}^{N}\left(\sum_{j=1}^{N}d_{i,j}z_j\right)^2\right) \tag{5.3.13}$$

帧间运动参数 $\boldsymbol{s}$ 先验模型 $P_r(\boldsymbol{s})$ 的选取，完全由具体应用所特定。在信噪比很低或需要对很多参数做出估计的情况下，事先确定一个有效的先验统计模型 $P_r(\boldsymbol{s})$ 是十分有益的；但是，当信噪比较高并且仅需估计相对较少数量的参数时，为了产生有用解，不必预先选择 $\boldsymbol{s}$ 的先验模型。在一般情况下，$\boldsymbol{s}$ 可以由观测图象明显超定，而无须依靠先验模型做出估计。因此，式(5.3.10)可以简化为

$$\hat{z},\hat{\boldsymbol{s}}=\arg\max_{z,s}(P_r(\boldsymbol{y}\,|\,z,\boldsymbol{s})P_r(z)) \tag{5.3.14}$$

在式(5.3.14)中，如果 z 的先验分布是均匀的，则

$$\hat{z},\hat{\boldsymbol{s}}=\arg\max_{z,s}P_r(\boldsymbol{y}\,|\,z,\boldsymbol{s}) \tag{5.3.15}$$

式(5.3.15)表明，未知理想图象 z 和帧间运动参数 $\boldsymbol{s}$ 是通过最大化观测图象 $\boldsymbol{y}$ 的条件概率密度即似然函数 $P_r(\boldsymbol{y}\,|\,z,\boldsymbol{s})$ 得到的，这就是最大似然 ML 估计。这同时表明，如果理想图象的概率分布 $P_r(z)$ 是均匀的，MAP 估计等效于 ML 估计。下面仍然继续研究 MAP 估计。

5.3.3　代价函数及其最小化估计

显然，直接由式(5.3.14)求解比较困难，因此定义代价函数 $L(z,\boldsymbol{s})$ 为

$$L(z,\boldsymbol{s})=-\ln(P_r(\boldsymbol{y}\,|\,z,\boldsymbol{s})P_r(z)) \tag{5.3.16}$$

则式(5.3.14)等价于

$$\begin{aligned}\hat{z},\hat{\boldsymbol{s}}&=\arg\min_{z,s}L(z,\boldsymbol{s})\\&=\arg\min_{z,s}(-\ln P_r(\boldsymbol{y}\,|\,z,\boldsymbol{s})-\ln P_r(z))\end{aligned} \tag{5.3.17}$$

把式(5.3.7)和式(5.3.11)代入式(5.3.16)，并且忽略不是 z 或者 $\boldsymbol{s}$ 函数的项，得到一个关于 z 和 $\boldsymbol{s}$ 的代价函数，即

$$L(\boldsymbol{z},\boldsymbol{s})=\frac{1}{2\sigma_\eta^2}(\boldsymbol{y}-\boldsymbol{W}_s\boldsymbol{z})^{\mathrm{T}}(\boldsymbol{y}-\boldsymbol{W}_s\boldsymbol{z})+\frac{1}{2}\boldsymbol{z}^{\mathrm{T}}C_z^{-1}\boldsymbol{z} \tag{5.3.18}$$

根据式(5.3.17)，为了得到高分辨率图象和帧间运动参数的估计 $\hat{\boldsymbol{z}}$、$\hat{\boldsymbol{s}}$，需要求代价函数 $L(\boldsymbol{z},\boldsymbol{s})$ 关于 $\boldsymbol{z}$ 、$\boldsymbol{s}$ 的最小值。显然，对很多运动模型，由式(5.3.18)求 $L(\boldsymbol{z},\boldsymbol{s})$ 对 $\boldsymbol{s}$ 的微分是很不容易的，同时估计 $\boldsymbol{z}$ 和 $\boldsymbol{s}$ 使 $L(\boldsymbol{z},\boldsymbol{s})$ 达到极小就更为困难。但是，如果给定 $\boldsymbol{z}$ 的一个初值，则可以按一定算法搜索确定一组有限的离散帧间运动参数 $\boldsymbol{s}$，使 $L(\boldsymbol{z},\boldsymbol{s})$ 对 $\boldsymbol{s}$ 达到极小。接着，如果将搜索得到的 $\boldsymbol{s}$ 固定，由 $L(\boldsymbol{z},\boldsymbol{s})$ 构成的关于 $\boldsymbol{z}$ 的二次函数，则相对比较容易地对 $\boldsymbol{z}$ 极小化。这样使代价函数 $L(\boldsymbol{z},\boldsymbol{s})$ 分别对 $\boldsymbol{z}$ 和 $\boldsymbol{s}$ 交替下降，逐步使之最小化，直到算法收敛或者达到规定的迭代次数，同时得到对 $\boldsymbol{z}$ 和 $\boldsymbol{s}$ 的估计 $\hat{\boldsymbol{z}}$、$\hat{\boldsymbol{s}}$。

假定在第 n 次迭代中，先给定高分辨率图象 $\boldsymbol{z}$ 的估计 $\hat{\boldsymbol{z}}^n=[\hat{z}_1^n,\hat{z}_2^n,\cdots,\hat{z}_N^n]^{\mathrm{T}}$，由式(5.3.18)求代价函数 $L(\boldsymbol{z},\boldsymbol{s})$ 对帧间运动参数 $\boldsymbol{s}$ 的最小，忽略与 $\boldsymbol{s}$ 无关的项，得到估计 $\hat{\boldsymbol{s}}^n$，即

$$\begin{aligned}\hat{\boldsymbol{s}}^n&=\arg\min_{s}L(\hat{\boldsymbol{z}}^n,\boldsymbol{s})\\&=\arg\min_{s}((\boldsymbol{y}-\boldsymbol{W}_S\hat{\boldsymbol{z}}^n)^{\mathrm{T}}(\boldsymbol{y}-\boldsymbol{W}_S\hat{\boldsymbol{z}}^n))\end{aligned} \tag{5.3.19}$$

而同样由式(5.3.18)，代价函数 $L(\boldsymbol{z},\boldsymbol{s})$ 在向量 $\boldsymbol{z}$ 方向上的梯度为

$$\nabla_z L(\boldsymbol{z},\boldsymbol{s})=\frac{1}{\sigma_\eta^2}(\boldsymbol{W}_S^{\mathrm{T}}\boldsymbol{W}_S\boldsymbol{z}-\boldsymbol{W}_S^{\mathrm{T}}\boldsymbol{y})+\boldsymbol{C}_z^{-1}\boldsymbol{z} \tag{5.3.20}$$

式中

$$\nabla_z L(\boldsymbol{z},\boldsymbol{s})=\left[\frac{\partial L(\boldsymbol{z},\boldsymbol{s})}{\partial z_1},\frac{\partial L(\boldsymbol{z},\boldsymbol{s})}{\partial z_2},\cdots,\frac{\partial L(\boldsymbol{z},\boldsymbol{s})}{\partial z_N}\right]^{\mathrm{T}} \tag{5.3.21}$$

把由式(5.3.19)算出的帧间运动参数估计 $\hat{\boldsymbol{s}}^n$ 用于第 $n+1$ 次迭代，利用式(5.3.20)，使 $\nabla_z L(\boldsymbol{z},\boldsymbol{s})|_{s=\hat{s}^n}=0$，解出第 $n+1$ 次迭代的高分辨率图象 $\boldsymbol{z}$ 的估计，即

$$\hat{\boldsymbol{z}}^{n+1}=[\boldsymbol{W}_{\hat{S}^n}^{\mathrm{T}}\boldsymbol{W}_{\hat{S}^n}+\sigma_\eta^2\boldsymbol{C}_z^{-1}]^{-1}\boldsymbol{W}_{\hat{S}^n}^{\mathrm{T}}\boldsymbol{y} \tag{5.3.22}$$

令 $n=n+1$，则 $\hat{\boldsymbol{z}}^n=\hat{\boldsymbol{z}}^{n+1}$，返回式(5.3.19)，形成梯度下降循环递归迭代运算。相对误差 e^{n+1} 为

$$e^{n+1}=\left\|\hat{\boldsymbol{z}}^{n+1}-\hat{\boldsymbol{z}}^n\right\|/\left\|\hat{\boldsymbol{z}}^n\right\| \tag{5.3.23}$$

设置 e_{th} 为误差阈值，经过反复迭代，如果

$$e^{n+1}\leqslant e_{\mathrm{th}} \tag{5.3.24}$$

则停止迭代，可得到重构的高分辨率图象估计 $\hat{\boldsymbol{z}}=\boldsymbol{z}^{n+1}$。

5.3.4　梯度下降的优化

由式(5.3.4)和式(5.3.6)可以获得 $\boldsymbol{y}$ 的条件概率密度，即

$$P_r(\boldsymbol{y}\,|\,\boldsymbol{z},\boldsymbol{s})=\frac{1}{(2\pi)^{\frac{pM}{2}}\sigma_\eta^{pM}}\exp\left(-\frac{1}{2\sigma_\eta^2}\sum_{m=1}^{pM}\left(y_m-\sum_{r=1}^{N}w_{m,r}(\boldsymbol{s})z_r\right)^2\right) \tag{5.3.25}$$

将式(5.3.25)和式(5.3.13)代入式(5.3.17)，忽略与 $\boldsymbol{z}$ 、 $\boldsymbol{s}$ 无关的项，MAP 估计变为

$$\hat{\boldsymbol{z}},\hat{\boldsymbol{s}}=\arg\min_{z,S}L(\boldsymbol{z},\hat{\boldsymbol{s}})=\arg\min_{z,s}\left(\frac{1}{2\sigma_\eta^2}\sum_{m=1}^{pM}\left(y_m-\sum_{r=1}^{N}w_{m,r}(\boldsymbol{s})z_r\right)^2+\frac{1}{2\lambda}\sum_{i=1}^{N}\left(\sum_{j=1}^{N}d_{i,j}z_j\right)^2\right) \tag{5.3.26}$$

其中代价函数 $L(\boldsymbol{z},\boldsymbol{s})$ 为

$$L(\boldsymbol{z},\boldsymbol{s})=\frac{1}{2\sigma_\eta^2}\sum_{m=1}^{pM}\left(y_m-\sum_{r=1}^{N}w_{m,r}(\boldsymbol{s})z_r\right)^2+\frac{1}{2\lambda}\sum_{i=1}^{N}\left(\sum_{j=1}^{N}d_{i,j}z_j\right)^2 \tag{5.3.27}$$

在第 n 次迭代中，给定高分辨率图象的估计 $\hat{\boldsymbol{z}}^n$，则帧间运动参数 $\boldsymbol{s}$ 的估计 $\hat{\boldsymbol{s}}^n$ 为

$$\hat{\boldsymbol{s}}_k^n=\arg\min_{\boldsymbol{s}_k}\left(\sum_{m=1}^{M}\left(y_{k,m}-\sum_{r=1}^{N}w_{k,m,r}(\boldsymbol{s}_k)\hat{z}_r^n\right)^2\right),\quad k=1,2,\cdots,p \tag{5.3.28}$$

由式(5.3.27)求对高分辨率图象第 t 个像素 z_t 的偏导数，得到

$$g_t(\boldsymbol{z},\boldsymbol{s})=\frac{\partial L(\boldsymbol{z},\boldsymbol{s})}{\partial z_t}=\frac{1}{\sigma_\eta^2}\sum_{m=1}^{pM}\left(w_{m,t}(\boldsymbol{s})\left(\sum_{r=1}^{N}w_{m,r}(\boldsymbol{s})z_r-y_m\right)\right)+\frac{1}{\lambda}\sum_{i=1}^{N}d_{i,t}\left(\sum_{r=1}^{N}d_{i,r}z_r\right) \tag{5.3.29}$$

由式(5.3.29)看出，下降梯度 $g_t(\boldsymbol{z},\boldsymbol{s})=\partial L(\boldsymbol{z},\boldsymbol{s})/\partial z_t$ 的计算分两个部分，第一部分是“预测数据”与低分辨率图象数据值差的和，“预测数据”是 z_r 对低分辨率图象的贡献加权，加权系数为 $w_{m,k}(\boldsymbol{s})$；第二部分是图象 $\boldsymbol{z}$ 的先验梯度，是高分辨率图象所有像素对下降梯度 $g_t(\boldsymbol{z},\boldsymbol{s})=\partial L(\boldsymbol{z},\boldsymbol{s})/\partial z_t$ 贡献的线性组合。

在已知 $\hat{\boldsymbol{z}}=\hat{\boldsymbol{z}}^n$ 和 $\hat{\boldsymbol{s}}=\hat{\boldsymbol{s}}^n$ 时，对每一个像素，由于梯度下降估计，估计的更新为

$$\hat{z}_t^{n+1}=\hat{z}_t^n-\varepsilon^n g_t(\hat{\boldsymbol{z}}^n,\hat{\boldsymbol{s}}^n),\quad t=1,2,\cdots,N \tag{5.3.30}$$

整幅高分辨率图象的更新可以表达为

$$\hat{\boldsymbol{z}}^{n+1}=\hat{\boldsymbol{z}}^n-\varepsilon^n\nabla_z L(\boldsymbol{z},\boldsymbol{s})|_{z=\hat{z}^n,s=\hat{s}^n} \tag{5.3.31}$$

式中，参数 ε^n 表示迭代步长，这个参数需要合理选择，保证小到防止发散，大到在适当的迭代步数下收敛。最优步长可以通过最小化式(5.3.32)，即

$$L(\hat{\boldsymbol{z}}^{n+1},\hat{\boldsymbol{s}}^n)=L(\hat{\boldsymbol{z}}^n-\varepsilon^n\nabla_z L(\boldsymbol{z},\boldsymbol{s})|_{z=\hat{z}^n,S=\hat{S}^n},\hat{\boldsymbol{s}}^n) \tag{5.3.32}$$

得到

$$\varepsilon^n=\frac{\dfrac{1}{\sigma_\eta^2}\displaystyle\sum_{m=1}^{pM}\gamma_m\left(\sum_{r=1}^{N}w_{m,r}(\hat{\boldsymbol{s}}^n)\hat{z}_r^n-y_m\right)+\frac{1}{\lambda}\sum_{i=1}^{N}\overline{g}_i\left(\sum_{r=1}^{N}d_{i,r}\hat{z}_r^n\right)}{\dfrac{1}{\sigma_\eta^2}\displaystyle\sum_{m=1}^{pM}\gamma_m^2+\frac{1}{\lambda}\sum_{i=1}^{N}\overline{g}_i^2} \tag{5.3.33}$$

式中，γ_m、$\overline{g}_i$ 分别为

$$\gamma_m = \sum_{r=1}^{N} w_{m,r}(\hat{\boldsymbol{s}}^n) g_r(\hat{\boldsymbol{z}}^n, \hat{\boldsymbol{s}}^n) \tag{5.3.33a}$$

$$\overline{g}_i = \sum_{r=1}^{N} d_{i,r} g_r(\hat{\boldsymbol{z}}^n, \hat{\boldsymbol{s}}^n) \tag{5.3.33b}$$

5.3.5 循环递归迭代算法模块

根据上面的分析，可以建立 MAP 估计循环递归迭代算法模块，如图 5.3.2 所示，算法的主要步骤说明如下。

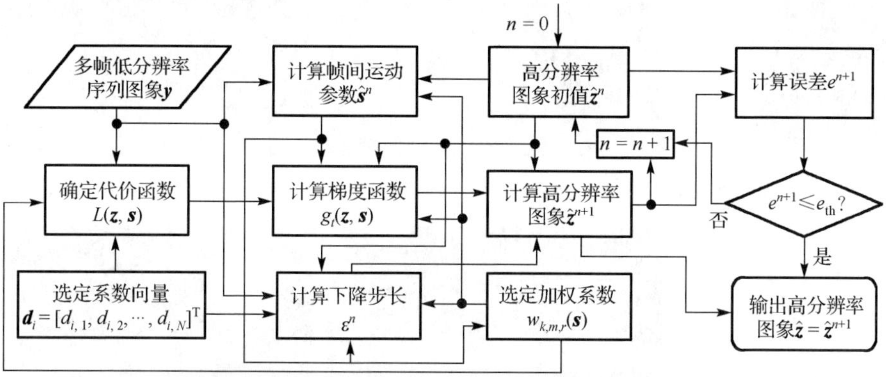

图 5.3.2　MAP 估计循环递归迭代算法模块

(1) 输入多帧低分辨率序列图 $f_k(i,l)$ $(k=1,2,\cdots,p)$，并且按照式(5.3.2)和式(5.3.3)建立其中每帧和所有帧的向量表示 $\boldsymbol{Y}_k$、$\boldsymbol{y}$，选定系数向量 $\boldsymbol{d}_i=[d_{i,1},d_{i,2},\cdots,d_{i,N}]^{\mathrm{T}}$ 和加权系数 $w_{k,m,r}(\boldsymbol{s}_k)$ 以及高分辨率图象初始估计 $\hat{\boldsymbol{z}}^0$，且令 $n=0$，给定误差门限 e_{th}。

(2) 根据式(5.3.27)和式(5.3.29)确定代价函数 $L(\boldsymbol{z},\boldsymbol{s})$ 及其梯度函数 $g_t(\boldsymbol{z},\boldsymbol{s})$。

(3) 由式(5.3.28)计算帧间运动参数 $\hat{\boldsymbol{s}}_k^n(k=1,2,\cdots,p), \hat{\boldsymbol{s}}^n \in [\hat{\boldsymbol{s}}_1^n, \hat{\boldsymbol{s}}_2^n, \cdots, \hat{\boldsymbol{s}}_p^n]$。

(4) 令 $\hat{\boldsymbol{s}}=\hat{\boldsymbol{s}}^n$，重新确定 $w_{k,m,r}(\boldsymbol{s}_k)$，令 $\boldsymbol{s}=\hat{\boldsymbol{s}}^n, \boldsymbol{z}=\hat{\boldsymbol{z}}^n$，由式(5.3.29)重新确定 $g_t(\boldsymbol{z},\boldsymbol{s})$。

(5) 由式(5.3.33)计算梯度下降的最优步长 ε^n。

(6) 由式(5.3.31)计算 $\hat{\boldsymbol{z}}^{n+1}$。

(7) 由式(5.3.23)计算误差 e^{n+1}。

(8) 判断：如果 $e^{n+1} > e_{\mathrm{th}}$，则令 $n=n+1$，返回步骤(3)；否则，继续。

(9) 令高分辨率图象估计 $\hat{\boldsymbol{z}}=\hat{\boldsymbol{z}}^{n+1}$，输出。

5.3.6 实验结果及其分析

由于缺乏原算法所需要的同一地区多帧遥感图象的像源，在实验室里利用真实遥感图象模拟产生了多帧低分辨率图象，实施算法模块如图 5.3.2 所示的 MAP 循环

迭代运算，做了大量的仿真实验，验证了算法的有效性。图 5.3.3 给出了(a)、(b)、(c)三组典型的实验结果，其中，-1)为输入四帧序列图象中一帧，其显示模式为 64×64；-2)为-1)的双线性插值图象；-3)为执行 MAP 估计循环递归迭代算法输出的超分辨重建图象，其显示模式为128×128。

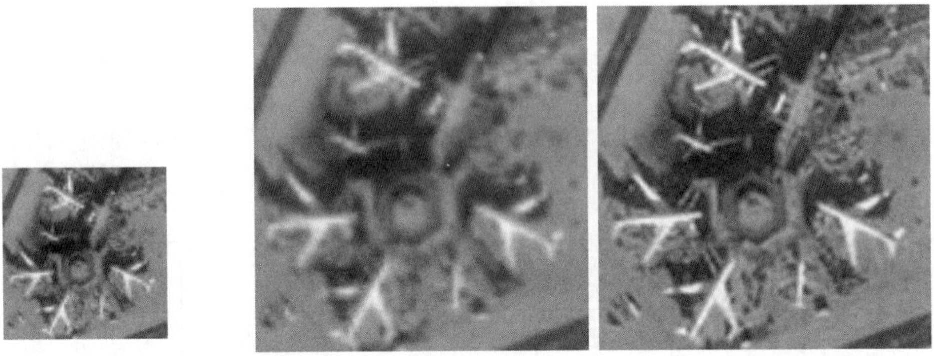

(a-1) 四帧低分辨率输入图象之一　(a-2) 双线性插值图象　(a-3) MAP 估计超分辨重建图象

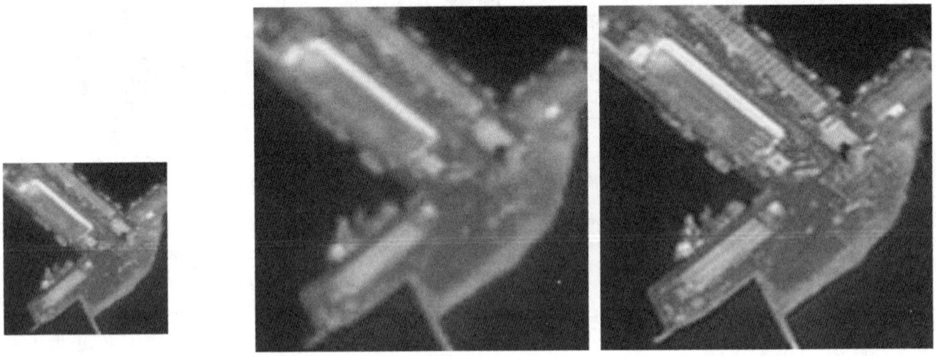

(b-1) 四帧低分辨率输入图象之一　(b-2) 双线性插值图象　(b-3) MAP 估计超分辨重建图象

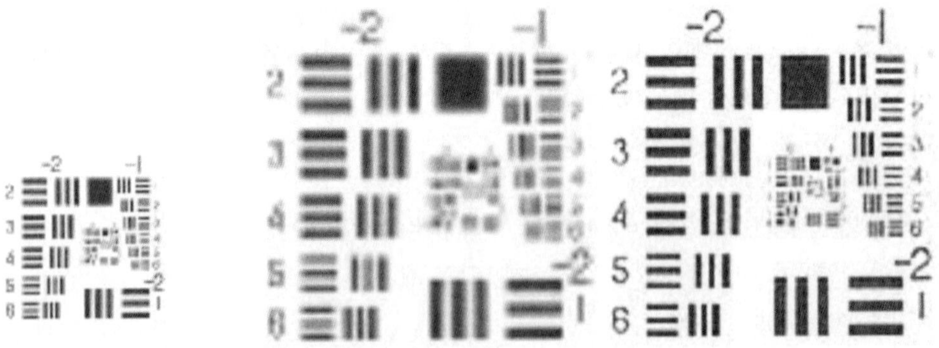

(c-1) 四帧低分辨率输入图象之一　(c-2) 双线性插值图象　(c-3) MAP 估计超分辨重建图象

图 5.3.3　MAP 估计算法与双线性插值法的实验结果比较

由图 5.3.3 可以看出，在执行 MAP 循环迭代算法的重建图象中，细节更加丰富，分辨率、对比度和清晰度均有更明显的增强，这表明本节所建立的 MAP 估计算法是有效的，对图象具有超分辨处理的功能。表 5.3.1 给出了每组的双线性插值图象和 MAP 估计算法两种方法处理后图象峰值信噪比数据，MAP 估计算法的输出图象峰值信噪比大约高 10dB。

表 5.3.1　图 5.3.3 中 MAP 估计算法等处理图象的 PSNR 比较　（单位：dB）

实验组别	(a)	(b)	(c)
双线性插值图象	24.8	26.6	20.0
MAP 估计图象	36.5	36.6	33.6

5.4　PMAP 估计算法模型及其改进算法研究

5.4.1　引言

在许多情况下，泊松概率模型比高斯概率模型能更好地表示图象的概率分布，需要用泊松随机场来建模。例如，用斑纹干涉法(speckle interferometry)获得的短曝光天文图象，它是许多光子事件的结果，以及医学 CT 图象和照相底片用银粒密度表达的光学强度等，都具有泊松分布的性质。对于光学遥感系统使用 CCD 光电探测器时，在低照度情况下，无论所成图象还是图象噪声，概率分布均服从泊松分布。

在 2.1 节和 2.3 节给出的图象与噪声的泊松分布统计模型基础上，本节导出 PMAP 估计基本算法模型，同时给出 PML 估计基本算法模型。鉴于 PMAP 估计算法优于 PML 估计算法，对 PMAP 估计图象超分辨算法进行比较深入的研究。针对使用条件和应用需求，在三个方面对 PMAP 估计基本算法进行改进。

(1) 针对 PMAP 估计基本算法没有考虑下采样算子和位移算子的情况，加入下采样算子和位移算子，形成推广的 PMAP 估计算法，即 GPMAP 估计图象超分辨算法，使得使用范围得到扩展，图象超分辨效果得到改善。

(2) 针对配准误差、噪声、运算残差等不利影响，同时为了进一步增强算法的鲁棒性，在算法执行过程中设置阈值，逐个像素地进行比较和选择，使得灰度值差别过大的像素在迭代过程中失去作用，形成鲁棒扩展的 PMAP 估计算法，即 RGPMAP 估计图象超分辨重建方法，降低了配准误差、噪声、运算残差等的不利影响，增强了算法的鲁棒性。

(3) 针对 PMAP 估计图象超分辨重建算法是“病态”的逆问题，其解不稳定和不唯一的情况，需要加入合适的正则化项。为此，对几种正则化函数进行比较和分析，实验表明 Tukey 正则化函数具有更好的鲁棒性和效果。

针对每项改进，都进行一系列的实验验证，取得实验结果与理论分析的一致性，使改进的 PMAP 估计算法理论扎实、效果优良、可行可靠。

5.4.2 PMAP/PML 估计基本算法模型

一个具有泊松分布的随机变量 ξ，是指其取整数 k 的概率可以表达为

$$P(\xi=k)=\frac{\lambda^k \mathrm{e}^{-\lambda}}{k!},\quad k=0,1,2,\cdots$$

式中，λ 是 ξ 的数学期望和方差。

为了表达和应用方便，将要求的高分辨率图象 $\boldsymbol{u}$ 和实际观测的 p 帧低分辨率序列图象 $\boldsymbol{y}^l(l=1,2,\cdots,p)$ 的所有像素分别整合成一维的矢量，假定高分辨率图象有 N 个像素，每帧低分辨率图象均有 M 个像素，即

$$\begin{cases}\boldsymbol{u}=[u(1),u(2),\cdots,u(N)]^{\mathrm{T}}\\ \boldsymbol{y}=[y(1),y(2),\cdots,y(M),y(M+1),\cdots,y(pM)]^{\mathrm{T}}\end{cases}\tag{5.4.1}$$

式中，$N=P_rP_cM$，P_r、P_c 分别为低分辨率图象 $\boldsymbol{y}$ 的每一帧与高分辨率图象 $\boldsymbol{u}$ 比较在行、列方向上采样周期的放大倍数，即在行、列方向上，若 $\boldsymbol{u}$ 的采样周期分别为 T_r,T_c，则每帧低分辨率图象 $\boldsymbol{y}^l(l=1,2,\cdots,p)$ 的采样周期分别为 P_rT_r、P_cT_c。因为图象的概率模型是泊松分布的，所以高分辨率图象 $\boldsymbol{u}$ 的先验概率 $P(\boldsymbol{u})$ 和条件概率 $P(\boldsymbol{y}|\boldsymbol{u})$ 分别为

$$P(\boldsymbol{u})=\prod_{k=1}^{N}\Big((\bar{\boldsymbol{u}}_k)^{\boldsymbol{u}_k}\exp(-\bar{\boldsymbol{u}}_k)\Big)/(\boldsymbol{u}_k)!\tag{5.4.2}$$

$$P(\boldsymbol{y}|\boldsymbol{u})=\prod_{k=1}^{pM}\Big((\bar{\boldsymbol{y}}_k)^{\boldsymbol{y}_k}\exp(-\bar{\boldsymbol{y}}_k)\Big)/(\boldsymbol{y}_k)!\tag{5.4.3}$$

式中，下标 k 表示第 k 个像素；变量上面的横杠“ ¯ ”表示样本均值。根据概率的性质，在操作中应保证高分辨率图象的条件概率 $0\leqslant P(\boldsymbol{y}|\boldsymbol{u})\leqslant 1$，并且满足贝叶斯准则，即

$$P(\boldsymbol{u}|\boldsymbol{y})=\frac{P(\boldsymbol{y}|\boldsymbol{u})P(\boldsymbol{u})}{P(\boldsymbol{y})}\tag{5.4.4}$$

式中，$P(\boldsymbol{u}|\boldsymbol{y})$ 为高分辨率图象 $\boldsymbol{u}$ 在已知观测图象 $\boldsymbol{y}$ 条件下的后验概率；$P(\boldsymbol{u})$ 是 $\boldsymbol{u}$ 的先验概率；$P(\boldsymbol{y})$ 为观测图象 $\boldsymbol{y}$ 的全概率。可以通过适当地选择高分辨率图象 $\boldsymbol{u}$，使其后验概率 $P(\boldsymbol{u}|\boldsymbol{y})$ 达到最大，即通过求解式(5.4.5)得到高分辨率图象的估计 $\hat{\boldsymbol{u}}$，即

$$\hat{\boldsymbol{u}}=\arg\max_{\boldsymbol{u}}[P(\boldsymbol{u}|\boldsymbol{y})]=\arg\max_{\boldsymbol{u}}\left(\frac{P(\boldsymbol{y}|\boldsymbol{u})P(\boldsymbol{u})}{P(\boldsymbol{y})}\right)\tag{5.4.5}$$

由于观测图象 $\boldsymbol{y}$ 的全概率 $P(\boldsymbol{y})$ 与 $\boldsymbol{u}$ 无关，所以式(5.4.5)等价于

$$\hat{\boldsymbol{u}} = \arg\max_{\boldsymbol{u}}(P(\boldsymbol{y}|\boldsymbol{u})P(\boldsymbol{u})) \tag{5.4.6}$$

为了便于求解，可以将式(5.4.6)转变为如下自然对数形式，即

$$\hat{\boldsymbol{u}} = \arg\max_{\boldsymbol{u}}(\ln P(\boldsymbol{y}|\boldsymbol{u}) + \ln P(\boldsymbol{u})) \tag{5.4.7}$$

式(5.4.7)表明，高分辨率图象的估计 $\hat{\boldsymbol{u}}$ 就是其在泊松分布中的最大后验概率(MAP)估计，简称 PMAP 估计，可以通过式(5.4.8)求解，即

$$\left[\frac{\partial \ln(P(\boldsymbol{y}|\boldsymbol{u}))}{\partial \boldsymbol{u}} + \frac{\partial \ln(P(\boldsymbol{u}))}{\partial \boldsymbol{u}}\right]_{\boldsymbol{u}=\hat{\boldsymbol{u}}_{\text{PMAP}}} = 0 \tag{5.4.8}$$

如果高分辨率图象 $\boldsymbol{u}$ 的先验分布 $P(\boldsymbol{u})$ 是均匀的，则式(5.4.7)变为

$$\hat{\boldsymbol{u}} = \arg\max_{\boldsymbol{u}}(\ln P(\boldsymbol{y}|\boldsymbol{u})) \tag{5.4.9}$$

式(5.4.9)表明，泊松分布的高分辨率图象估计 $\hat{\boldsymbol{u}}$ 只取决于其条件概率 $P(\boldsymbol{y}|\boldsymbol{u})$ 最大值，因此退化为泊松分布的最大似然估计，简称 PML 估计，可以通过式(5.4.10)求解，即

$$\left[\frac{\partial \ln(P(\boldsymbol{y}|\boldsymbol{u}))}{\partial \boldsymbol{u}}\right]_{\boldsymbol{u}=\hat{\boldsymbol{u}}_{\text{PML}}} = 0 \tag{5.4.10}$$

假定高分辨率图象 $\boldsymbol{u}$ 退化是由模糊引起的，整合的低分辨率图象 $\boldsymbol{y}$ 成像模型简化为

$$\boldsymbol{y} = \boldsymbol{h} * \boldsymbol{u} = \boldsymbol{H}\boldsymbol{u} \tag{5.4.11}$$

式中，$\boldsymbol{h}$ 是整合的使 p 帧低分辨率图象模糊退化的点扩散函数，可以表示为

$$\boldsymbol{h} = [\boldsymbol{h}_1^{\text{T}}, \boldsymbol{h}_2^{\text{T}}, \cdots, \boldsymbol{h}_l^{\text{T}}, \cdots, \boldsymbol{h}_p^{\text{T}}]^{\text{T}} \tag{5.4.11a}$$

式中，$\boldsymbol{h}_l(l=1,2,\cdots,p)$ 是各帧的归一化点扩散函数矢量。而式(5.4.11)中的 $\boldsymbol{H}$ 是与 $\boldsymbol{h}$ 对应的模糊矩阵，可以表示为

$$\boldsymbol{H} = [\boldsymbol{H}_1^{\text{T}}, \boldsymbol{H}_2^{\text{T}}, \cdots, \boldsymbol{H}_l^{\text{T}}, \cdots, \boldsymbol{H}_p^{\text{T}}]^{\text{T}} \tag{5.4.11b}$$

式中，$\boldsymbol{H}_l(l=1,2,\cdots,p)$ 是单帧的 $M\times N$ 维的模糊循环矩阵。显见，$\boldsymbol{H}$ 是整合的 $pM\times N$ 的模糊矩阵。这样，式(5.4.11)右端 $\boldsymbol{Hu}$ 的计算是在高分辨率图象 $\boldsymbol{u}$ 的 N 个高密度的采样点上进行的，而得到的是整合的 p 帧低分辨率图象 $\boldsymbol{y}^l(l=1,2,\cdots,p)$ 在 pM 个低密度采样点上的像素值。即，整合的 p 帧低分辨率图象 $\boldsymbol{y}$ 的第 k 个像素值 $y(k)$ 为

$$y(k) = \sum_{j=1}^{N} H(k,j)u(j), \quad k=1,2,\cdots,pM \tag{5.4.12}$$

式中，j 是高分辨率图象的 N 个高密度采样点的采样序号；k 是整合的 p 帧低分辨

率图象的 pM 个低密度采样点的采样序号。为了使导出的公式表达方便且有利于直观理解，我们在这里令 $y(k)=\boldsymbol{y}_k, H(k,j)=\boldsymbol{H}_{kj}, u(j)=\boldsymbol{u}_j$，则式(5.4.12)可以表示为

$$\boldsymbol{y}_k=\sum_{j=1}^{N}\boldsymbol{H}_{kj}\boldsymbol{u}_j,\quad k=1,2,\cdots,pM \tag{5.4.13}$$

对式(5.4.2)所示的高分辨率图象 $\boldsymbol{u}$ 的先验概率 $P(\boldsymbol{u})$ 取自然对数，即

$$\ln P(\boldsymbol{u})=\sum_{k=1}^{N}(\boldsymbol{u}_k\ln\overline{\boldsymbol{u}}_k-\ln(\boldsymbol{u}_k!)-\overline{\boldsymbol{u}}_k) \tag{5.4.14}$$

根据斯特林公式(《数学手册》编写组，1979)，$\boldsymbol{u}_k!=\sqrt{2\pi\boldsymbol{u}_k}(\boldsymbol{u}_k/\mathrm{e})^{\boldsymbol{u}_k}\mathrm{e}^{\frac{\theta}{12\boldsymbol{u}_k}}(0<\theta<1)$，可有

$$\ln(\boldsymbol{u}_k!)=\ln\sqrt{2\pi}+\ln\sqrt{\boldsymbol{u}_k}+\boldsymbol{u}_k\ln\boldsymbol{u}_k-\boldsymbol{u}_k+\theta/(12\boldsymbol{u}_k),\quad 0<\theta<1 \tag{5.4.15}$$

将式(5.4.15)代入式(5.4.14)，得到

$$\ln P(\boldsymbol{u})=\sum_{k=1}^{N}\left(\boldsymbol{u}_k\ln\overline{\boldsymbol{u}}_k-\ln\sqrt{2\pi}-\ln\sqrt{\boldsymbol{u}_k}-\boldsymbol{u}_k\ln\boldsymbol{u}_k+\boldsymbol{u}_k-\frac{\theta}{12\boldsymbol{u}_k}-\overline{\boldsymbol{u}}_k\right),\quad 0<\theta<1$$

进而，注意到抽样样本均值 $\overline{\boldsymbol{u}}_k$ 可视为随机变量，上式两端对 $\boldsymbol{u}$ 的第 i 分量 $\boldsymbol{u}_i/\overline{\boldsymbol{u}}_i$ 取偏导，可有

$$\frac{\partial}{\partial\boldsymbol{u}_i}\ln P(\boldsymbol{u})=\ln\overline{\boldsymbol{u}}_i+\frac{\boldsymbol{u}_i-\overline{\boldsymbol{u}}_i}{\overline{\boldsymbol{u}}_i}-\frac{1}{2\boldsymbol{u}_i}-\ln\boldsymbol{u}_i+\frac{\theta}{12\boldsymbol{u}_i^2}\approx\ln\frac{\overline{\boldsymbol{u}}_i}{\boldsymbol{u}_i},\quad i=1,2,\cdots,N \tag{5.4.16}$$

式中，因为对数运算，像素 $\boldsymbol{u}_i$ 的值不能为 0，只能为正整数，所以 $\theta/(12\boldsymbol{u}_i^2)\ll 0.5$，$1/(2\boldsymbol{u}_i)<0.5$, $|\boldsymbol{u}_i-\overline{\boldsymbol{u}}_i|/\overline{\boldsymbol{u}}_i<0.5$，该三项以及它们的代数和均位于计算误差允许的范围内，所以均可忽略不计。

对式(5.4.3)所示的高分辨率图象 $\boldsymbol{u}$ 的条件概率 $P(\boldsymbol{y}|\boldsymbol{u})$ 取自然对数，即

$$\ln P(\boldsymbol{y}|\boldsymbol{u})=\sum_{k=1}^{pM}(\boldsymbol{y}_k\ln\overline{\boldsymbol{y}}_k-\ln(\boldsymbol{y}_k!)-\overline{\boldsymbol{y}}_k) \tag{5.4.17}$$

根据式(5.4.13)，$\overline{\boldsymbol{y}}_k=\sum_{j=1}^{N}\boldsymbol{H}_{kj}\overline{\boldsymbol{u}}_j(k=1,2,\cdots,pM)$，代入式(5.4.17)，可有

$$\ln P(\boldsymbol{y}/\boldsymbol{u})=\frac{1}{p}\sum_{k=1}^{pM}\left(\boldsymbol{y}_k\ln\left(\sum_{k=1}^{N}(\boldsymbol{H}_{kj}\overline{\boldsymbol{u}}_j)\right)-\ln(\boldsymbol{y}_k!)-\sum_{k=1}^{N}(\boldsymbol{H}_{kj}\overline{\boldsymbol{u}}_j)\right)$$

式中，乘子 $1/p$ 是因为其右端要在整合的 p 帧图象 $\boldsymbol{y}^l(l=1,2,\cdots,p)$ 的所有像素求和而条件概率应满足 $0\leqslant P(\boldsymbol{y}|\boldsymbol{u})\leqslant 1$ 的要求引入的。进而，上式两端对 $\boldsymbol{u}$ 的第 i 分量 $\boldsymbol{u}_i/\overline{\boldsymbol{u}}_i$ 取偏导，得到

$$\frac{\partial}{\partial \boldsymbol{u}_i}\ln p(\boldsymbol{y}\mid\boldsymbol{u})=\frac{1}{p}\sum_{k=1}^{pM}\left(\left(\boldsymbol{y}_k\Big/\sum_{j=1}^{N}\boldsymbol{H}_{kj}\bar{\boldsymbol{u}}_j-1\right)\boldsymbol{H}_{ki}\right),\quad i=1,2,\cdots,N \tag{5.4.18}$$

将式(5.4.18)和式(5.4.16)代入式(5.4.8)，可以得到高分辨率图象 $\boldsymbol{u}$ 的 PMAP 估计计算公式，即

$$\ln\left(\frac{\boldsymbol{u}_i}{\bar{\boldsymbol{u}}_i}\right)=\frac{1}{p}\sum_{k=1}^{pM}\left(\left(\boldsymbol{y}_k\Big/\sum_{j=1}^{N}\boldsymbol{H}_{kj}\bar{\boldsymbol{u}}_j-1\right)\boldsymbol{H}_{ki}\right),\quad i=1,2,\cdots,N$$

上式可以转变为

$$\boldsymbol{u}_i=\bar{\boldsymbol{u}}_i\exp\left(\frac{1}{p}\sum_{k=1}^{pM}\left(\left(\boldsymbol{y}_k\Big/\sum_{j=1}^{N}\boldsymbol{H}_{kj}\bar{\boldsymbol{u}}_j-1\right)\boldsymbol{H}_{ki}\right)\right),\quad i=1,2,\cdots,N \tag{5.4.19}$$

进而，应用 Picard 的 $\boldsymbol{u}^{n+1}=\Phi(\boldsymbol{u}^n)$ 转换迭代形式，建立整合输入的 PMAP 估计基本算法模型，即

$$\hat{\boldsymbol{u}}_i^{n+1}=\hat{\boldsymbol{u}}_i^{n}\exp\left(\frac{1}{p}\sum_{k=1}^{pM}\left(\left(\boldsymbol{y}_k\Big/\sum_{j=1}^{N}\boldsymbol{H}_{kj}\hat{\boldsymbol{u}}_j^n-1\right)\boldsymbol{H}_{ki}\right)\right),\quad i=1,2,\cdots,N,\quad n=0,1,2,\cdots \tag{5.4.20}$$

可以任意选择高分辨率图象初始估计 $\hat{\boldsymbol{u}}^0$。在第 n 次迭代中，需要整合的低分辨率图象 $\boldsymbol{y}$ 及其模糊矩阵 $\boldsymbol{H}$ 代入公式进行卷积和相关等运算结果的 $1/p$ 的指数函数值，再与 $\hat{\boldsymbol{u}}_i^n$ 相乘得到 $\hat{\boldsymbol{u}}_i^{n+1}$，对 $\hat{\boldsymbol{u}}_i^n$ 所有像素依次（$i=1,2,\cdots,N$）完成同样过程，图象估计由 $\hat{\boldsymbol{u}}^n$ 更新为 $\hat{\boldsymbol{u}}^{n+1}$；然后令 $n=n+1$，进行新的迭代运算，直到精度满足要求。可将式(5.4.20)写成矢量和矩阵的形式，即

$$\hat{\boldsymbol{u}}^{n+1}=\hat{\boldsymbol{u}}^n\exp\left(\frac{1}{p}\left(\frac{\boldsymbol{y}}{\boldsymbol{h}*\hat{\boldsymbol{u}}^n}-1\right)\circ\boldsymbol{h}\right)=\hat{\boldsymbol{u}}^n\exp\left(\frac{1}{p}\boldsymbol{H}^{\mathrm{T}}\left(\frac{\boldsymbol{y}}{\boldsymbol{H}\hat{\boldsymbol{u}}^n}-1\right)\right),\quad n=0,1,2,\cdots \tag{5.4.21}$$

式中，$*$ 代表卷积运算；$\circ$ 代表相关运算。

若式(5.4.1)中高分辨率图象 $\boldsymbol{u}$ 的表达式不变，而整合的低分辨率图象 $\boldsymbol{y}$ 表达式改写为

$$\boldsymbol{y}=[\boldsymbol{y}_1^{\mathrm{T}},\boldsymbol{y}_2^{\mathrm{T}},\cdots,\boldsymbol{y}_p^{\mathrm{T}}]^{\mathrm{T}},\ \boldsymbol{y}^l=[y^l(1),y^l(2),\cdots,y^l(M)]^{\mathrm{T}},\quad l=1,2,\cdots,p \tag{5.4.22}$$

而单帧低分辨率观测图象的模糊成像模型为

$$\boldsymbol{y}^l=\boldsymbol{h}_l*\boldsymbol{u}=\boldsymbol{H}_l\boldsymbol{u},\qquad l=1,2,\cdots,p \tag{5.4.23}$$

式中，$\boldsymbol{h}_l$ 和 $\boldsymbol{H}_l$ 与式(5.4.11)后的解释相同，即 $\boldsymbol{h}_l(l=1,2,\cdots,p)$ 为单帧低分辨率图象的归一化模糊函数矢量，而 $\boldsymbol{H}_l(l=1,2,\cdots,p)$ 是对应的 $M\times N$ 维的模糊循环矩阵。式(5.4.23)右端 $\boldsymbol{H}_l\boldsymbol{u}$ 的计算仍然是在高分辨率图象 $\boldsymbol{u}$ 的 N 个高密度采样点上进

行的，而得到的是单帧低分辨率图象 $\boldsymbol{y}^l$ 的 M 个低密度采样点上的像素值。因此，低分辨率图象 $\boldsymbol{y}^l$ 的第 k 个像素值 $y(k)$ 为

$$y^l(k)=\sum_{j=1}^{N}H_l(k,j)u(j),\quad k=1,2,\cdots,M,\quad l=1,2,\cdots,p \tag{5.4.24}$$

式(5.4.24)的计算方法与式(5.4.12)类似，这里不再累述。为了使导出的公式表达方便且有利于直观理解，我们在这里令 $y^l(k)=\boldsymbol{y}_k^l, H_l(k,j)=\boldsymbol{H}_{kj}^l, u(j)=\boldsymbol{u}_j$，则式(5.4.24)可以简化为

$$\boldsymbol{y}_k^l=\sum_{j=1}^{N}\boldsymbol{H}_{kj}^l\boldsymbol{u}_j,\quad k=1,2,\cdots,M,\quad l=1,2,\cdots,p \tag{5.4.25}$$

利用式(5.4.22)和式(5.4.25)，式(5.4.20)所示的 PMAP 估计基本算法模型可以改写为

$$\hat{\boldsymbol{u}}_i^{n+1}=\hat{\boldsymbol{u}}_i^n\prod_{l=1}^{p}\exp\left(\frac{1}{p}\sum_{k=1}^{M}\left(\left(\boldsymbol{y}_k^l\Big/\sum_{j=1}^{N}\boldsymbol{H}_{kj}^l\hat{\boldsymbol{u}}_j^n-1\right)\boldsymbol{H}_{ki}^l\right)\right),\quad i=1,2,\cdots,N,\quad n=0,1,2,\cdots \tag{5.4.26}$$

可以任意选择高分辨率图象初始估计 $\hat{\boldsymbol{u}}^0$。在第 n 次迭代中，需要 p 帧低分辨率图象 $\boldsymbol{y}^l$ 及其模糊循环矩阵 $\boldsymbol{H}^l=\boldsymbol{H}_l$ 依次（$l=1,2,\cdots,p$）代入公式进行卷积和相关等运算结果的 $1/p$ 的指数函数值相乘后，再与 $\hat{\boldsymbol{u}}_i^n$ 相乘才能得到 $\hat{\boldsymbol{u}}_i^{n+1}$，对 $\hat{\boldsymbol{u}}^n$ 所有像素依次（$i=1,2,\cdots,N$）完成同样过程，高分辨率图象估计由 $\hat{\boldsymbol{u}}^n$ 更新为 $\hat{\boldsymbol{u}}^{n+1}$；然后令 $n=n+1$，进行新的迭代运算，直到精度满足要求。式(5.4.26)可以转换成矢量和矩阵形式，即

$$\hat{\boldsymbol{u}}^{n+1}=\hat{\boldsymbol{u}}^n\prod_{l=1}^{p}\exp\left(\frac{1}{p}\left(\frac{\boldsymbol{y}_k^l}{\boldsymbol{h}_l*\hat{\boldsymbol{u}}^n}-1\right)\circ\boldsymbol{h}_l\right)=\hat{\boldsymbol{u}}^n\prod_{l=1}^{p}\exp\left(\frac{1}{p}\boldsymbol{H}_l^{\mathrm{T}}\left(\frac{\boldsymbol{y}^l}{\boldsymbol{H}_l\hat{\boldsymbol{u}}^n}-1\right)\right),\quad n=0,1,2,\cdots \tag{5.4.27}$$

假定 p 帧低分辨率图象表达式不取式(5.4.1)的整合形式，改变成单帧形式，即设定为

$$\boldsymbol{y}^l=[y^l(1),y^l(2),\cdots,y^l(M)]^{\mathrm{T}},\quad l=1,2,\cdots,p \tag{5.4.28}$$

而高分辨率图象 $\boldsymbol{u}$ 的式(5.4.1)及其先验概率 $P(\boldsymbol{u})$ 的式(5.4.2)不变，而其条件概率 $P(\boldsymbol{y}^l|\boldsymbol{u})$ 为

$$p(\boldsymbol{y}^l|\boldsymbol{u})=\prod_{k=1}^{M}((\overline{\boldsymbol{y}}_k^l)^{\boldsymbol{y}_k^l}\exp(-\overline{\boldsymbol{y}}_k^l))\big/(\boldsymbol{y}_k^l)!,\quad l=1,2,\cdots,p \tag{5.4.29}$$

根据贝叶斯准则，高分辨率图象 $\boldsymbol{u}$ 在已知观测图象 $\boldsymbol{y}^l$ 条件下的后验概率 $P(\boldsymbol{u}|\boldsymbol{y}^l)$ 为

$$P(\boldsymbol{u}\mid\boldsymbol{y}^l)=\frac{P(\boldsymbol{y}^l\mid\boldsymbol{u})P(\boldsymbol{u})}{P(\boldsymbol{y}^l)},\qquad l=1,2,\cdots,p \tag{5.4.30}$$

式中，$P(\boldsymbol{y}^l)$ 为观测图象 $\boldsymbol{y}^l(l=1,2,\cdots,p)$ 的全概率。可以通过适当地选择 $\boldsymbol{u}$ 使得后验概率 $P(\boldsymbol{u}|\boldsymbol{y}^l)$ 达到最大，经类似于式(5.4.5)～式(5.4.7)的推导过程，得到未知高分辨率图象的 PMAP 估计 $\hat{\boldsymbol{u}}=\arg\max\limits_{\boldsymbol{u}}(\ln P(\boldsymbol{y}^l|\boldsymbol{u})+\ln P(\boldsymbol{u}))$，并且可以通过式(5.4.31)计算，即

$$\left[\frac{\partial\ln(P(\boldsymbol{y}^l\mid\boldsymbol{u}))}{\partial\boldsymbol{u}}+\frac{\partial\ln(P(\boldsymbol{u}))}{\partial\boldsymbol{u}}\right]_{\boldsymbol{u}=\hat{\boldsymbol{u}}_{\text{PMAP}}}=0,\qquad l=1,2,\cdots,p \tag{5.4.31}$$

如果高分辨率图象的先验概率 $P(\boldsymbol{u})$ 是均匀分布的，则得到未知高分辨率图象的 PML 估计 $\hat{\boldsymbol{u}}=\arg\max\limits_{\boldsymbol{u}}(\ln P(\boldsymbol{y}^l|\boldsymbol{u}))$，并且可以通过式(5.4.32)计算，即

$$\left[\frac{\partial\ln(P(\boldsymbol{y}^l\mid\boldsymbol{u}))}{\partial\boldsymbol{u}}\right]_{\boldsymbol{u}=\hat{\boldsymbol{u}}_{\text{PML}}}=0,\qquad l=1,2,\cdots,p \tag{5.4.32}$$

式(5.4.29)两端对 $\boldsymbol{u}$ 的第 i 分量 $\boldsymbol{u}_i/\overline{\boldsymbol{u}}_i$ 取偏导，并且根据单帧低分辨率观测图象的成像模型式(5.4.23)，可以利用式(5.4.25)，代入 $\overline{\boldsymbol{y}}_k^l=\sum\limits_{j=1}^{N}\boldsymbol{H}_{kj}^l\overline{\boldsymbol{u}}_j(k=1,2,\cdots,p)$，得到

$$\frac{\partial}{\partial\boldsymbol{u}_i}\ln p(\boldsymbol{y}_k^l|\boldsymbol{u})=\sum_{k=1}^{M}\left(\left(\boldsymbol{y}_k^l\Big/\sum_{j=1}^{N}\boldsymbol{H}_{kj}^l\overline{\boldsymbol{u}}_j-1\right)\boldsymbol{H}_{ki}^l\right),\quad i=1,2,\cdots,N,\ l=1,2,\cdots,p \tag{5.4.33}$$

将式(5.4.33)和式(5.4.16)代入式(5.4.31)，并且应用 Picard 的 $\boldsymbol{u}^{n+1}=\varPhi(\boldsymbol{u}^n)$ 转换迭代形式，可以建立逐帧输入的 PMAP 估计基本算法模型，即

$$\hat{\boldsymbol{u}}_i^{n+1}=\hat{\boldsymbol{u}}_i^n\left(\sum_{k=1}^{M}\left(\left(\boldsymbol{y}_k^l\Big/\sum_{j=1}^{N}\boldsymbol{H}_{kj}^l\hat{\boldsymbol{u}}_j^n-1\right)\boldsymbol{H}_{ki}^l\right)\right), \tag{5.4.34}$$
$$i=1,2,\cdots,N,\qquad n=0,1,2,\cdots,\qquad l=\operatorname{mod}(n/p)+1$$

可以任意选择高分辨率图象初始估计 $\hat{\boldsymbol{u}}^0$。在第 n 次迭代中，将当前被处理低分辨率图象 $\boldsymbol{y}^l$ 及其模糊循环矩阵 $\boldsymbol{H}^l$ 代入公式进行卷积和相关等运算后的指数函数值与 $\hat{\boldsymbol{u}}_i^n$ 相乘得到 $\hat{\boldsymbol{u}}_i^{n+1}$，对所有像素依次（$i=1,2,\cdots,N$）完成同样过程，高分辨率图象估计由 $\hat{\boldsymbol{u}}^n$ 更新为 $\hat{\boldsymbol{u}}^{n+1}$；然后令 $n=n+1,\ l=\operatorname{mod}(n/p)+1$，进行新的迭代运算，直到精度满足要求。式(5.4.34)可以转换成矢量和矩阵形式，即

$$\hat{\boldsymbol{u}}^{n+1}=\hat{\boldsymbol{u}}^n\left(\left(\frac{\boldsymbol{y}_k^l}{\boldsymbol{h}_l*\hat{\boldsymbol{u}}^n}-1\right)\circ\boldsymbol{h}_l\right)=\hat{\boldsymbol{u}}^n\left(\boldsymbol{H}_l^{\mathrm{T}}\left(\frac{\boldsymbol{y}_k^l}{\boldsymbol{H}_l\hat{\boldsymbol{u}}^n}-1\right)\right), \tag{5.4.35}$$
$$n=0,1,2,\cdots,\quad l=\operatorname{mod}(n/p)+1$$

PMAP 估计基本算法模型(式(5.4.20)和式(5.4.21)与式(5.4.34)和式(5.4.35)比较)，前两式的迭代运算是对整合的低分辨率图象和整合的点扩散模糊函数设计的，式(5.4.26)和式(5.4.27)在这一点上是相同的；而式(5.4.34)和式(5.4.35)的迭代运算是对单帧的低分辨率图象和单帧的点扩散模糊函数设计的，每次迭代运算的维数少些，实际应用方便些。

假定高分辨率图象 $\boldsymbol{u}$ 的先验概率是均匀分布的，同样可以得到 PML 估计基本算法模型。对整合的 p 帧低分辨率图象 $\boldsymbol{y}$，根据式(5.4.10)，直接利用式(5.4.18)，可以得到

$$\frac{\partial}{\partial \boldsymbol{u}_i}\ln p(\boldsymbol{y}\,|\,\boldsymbol{u})=\frac{1}{p}\sum_{k=1}^{pM}\left(\left(\boldsymbol{y}_k\Big/\sum_{j=1}^{N}\boldsymbol{H}_{kj}\bar{\boldsymbol{u}}_j\right)\boldsymbol{H}_{ki}-\boldsymbol{H}_{ki}\right)=\frac{1}{p}\sum_{k=1}^{pM}\left(\boldsymbol{y}_k\Big/\sum_{j=1}^{N}\boldsymbol{H}_{kj}\bar{\boldsymbol{u}}_j\right)\boldsymbol{H}_{ki}-1=0,\quad i=1,2,\cdots,N$$

式中，$\sum_{k=1}^{pM}\boldsymbol{H}_{ki}=p(i=1,2,\cdots,N)$，这是因为每帧观测图象的点扩散函数都是归一化的。上式即为

$$\frac{1}{p}\sum_{k=1}^{pM}\left(\left(\boldsymbol{y}_k\Big/\sum_{j=1}^{N}\boldsymbol{H}_{kj}\bar{\boldsymbol{u}}_j\right)\boldsymbol{H}_{ki}\right)=1,\qquad i=1,2,\cdots,N$$

上式两端同乘 $\boldsymbol{u}_i/\bar{\boldsymbol{u}}_i$，并且转换迭代形式，可以得到整合输入的 PML 估计基本算法模型，即

$$\hat{\boldsymbol{u}}_i^{n+1}=\hat{\boldsymbol{u}}_i^{n}\left(\frac{1}{p}\sum_{k=1}^{pM}\left(\boldsymbol{y}_k\Big/\sum_{j=1}^{N}\boldsymbol{H}_{kj}\hat{\boldsymbol{u}}_j^{n}\right)\boldsymbol{H}_{ki}\right),\quad i=1,2,\cdots,N,\ \ n=0,1,2,\cdots \tag{5.4.36}$$

在第一次迭代中，可以任意选择 $\hat{\boldsymbol{u}}^0$。在第 n 次迭代中，需要将整合的 p 帧低分辨率图象 $\boldsymbol{y}$ 及其模糊矩阵 $\boldsymbol{H}$ 代入公式进行卷积和相关等运算结果的 $1/p$，再与 $\hat{\boldsymbol{u}}_i^n$ 相乘得到 $\hat{\boldsymbol{u}}_i^{n+1}$，对 $\hat{\boldsymbol{u}}_i^n$ 的所有像素依次($i=1,2,\cdots,N$)完成同样过程，高分辨率图象由 $\hat{\boldsymbol{u}}^n$ 更新得到 $\hat{\boldsymbol{u}}^{n+1}$；然后令 $n=n+1$，进行新的迭代运算，直到精度满足要求。式(5.4.36)可转换成矢量和矩阵形式，即

$$\hat{\boldsymbol{u}}^{n+1}=\hat{\boldsymbol{u}}^{n}\left(\frac{1}{p}\exp\left(\frac{\boldsymbol{y}}{\boldsymbol{h}*\hat{\boldsymbol{u}}^{n}}\circ\boldsymbol{h}\right)\right)=\hat{\boldsymbol{u}}^{n}\left(\frac{1}{p}\exp\left(\boldsymbol{H}^{\mathrm{T}}\cdot\frac{\boldsymbol{y}}{\boldsymbol{H}\hat{\boldsymbol{u}}^{n}}\right)\right),\quad n=0,1,2,\cdots \tag{5.4.37}$$

对非整合形式的 p 帧低分辨率序列图象 $\boldsymbol{y}^l(l=1,2,\cdots,p)$，如式(5.4.28)所示，为了得到高分辨率图象 $\boldsymbol{u}$ 的 PML 估计，根据式(5.4.32)，直接利用式(5.4.33)，得到

$$\frac{\partial}{\partial \boldsymbol{u}_i}\ln p(\boldsymbol{y}_k^l\,|\,\boldsymbol{u})=\sum_{k=1}^{M}\left(\boldsymbol{y}_k^l\Big/\sum_{j=1}^{N}\boldsymbol{H}_{kj}^l\bar{\boldsymbol{u}}_j\right)\boldsymbol{H}_{ki}^l-1=0,\quad i=1,2,\cdots,N,\quad l=1,2,\cdots,p$$

式中，$\sum_{k=1}^{M}\boldsymbol{H}_{ki}^l=1(i=1,2,\cdots,N)$，这是因为各帧观测图象的点扩散函数均是归一化的。上式即为

$$\sum_{k=1}^{M}\left(\boldsymbol{y}_k^l\Big/\sum_{j=1}^{N}\boldsymbol{H}_{kj}^l\bar{\boldsymbol{u}}_j\right)\boldsymbol{H}_{ki}^l=1,\quad i=1,2,\cdots,N,\quad l=1,2,\cdots,p$$

上式两端同乘 $\boldsymbol{u}_i/\bar{\boldsymbol{u}}_i$，并且转换迭代形式，可以得到逐帧输入的 PML 估计基本算法模型，即

$$\hat{\boldsymbol{u}}_i^{n+1}=\hat{\boldsymbol{u}}_i^n\sum_{k=1}^{M}\left(\left(\boldsymbol{y}_k^l\Big/\sum_{j=1}^{N}\boldsymbol{H}_{kj}^l\hat{\boldsymbol{u}}_j^n\right)\boldsymbol{H}_{ki}^l\right),\quad i=1,2,\cdots,N,\quad n=0,1,2,\cdots,\quad l=\mathrm{mod}(n/p)+1 \tag{5.4.38}$$

可以任意选择高分辨率图象初始估计 $\hat{\boldsymbol{u}}^0$。在第 n 次迭代中，将当前被处理低分辨率图象 $\boldsymbol{y}^l$ 及其模糊矩阵 $\boldsymbol{H}^l$ 代入公式进行卷积和相关等运算后与 $\hat{\boldsymbol{u}}_i^n$ 相乘得到 $\hat{\boldsymbol{u}}_i^{n+1}$，对所有像素依次 $(i=1,2,\cdots,N)$ 完成同样过程，图象估计由 $\hat{\boldsymbol{u}}^n$ 更新为 $\hat{\boldsymbol{u}}^{n+1}$；然后令 $n=n+1$，$l=\mathrm{mod}(n/p)+1$，进行新的迭代运算，直到精度满足要求。式(5.4.38)可转换成矢量和矩阵形式，即

$$\hat{\boldsymbol{u}}^{n+1}=\hat{\boldsymbol{u}}^n\left(\frac{\boldsymbol{y}_k^l}{\boldsymbol{h}_l*\hat{\boldsymbol{u}}^n}\circ\boldsymbol{h}_l\right)=\hat{\boldsymbol{u}}^n\left(\boldsymbol{H}_l^{\mathrm{T}}\cdot\frac{\boldsymbol{y}_k^l}{\boldsymbol{H}_l\hat{\boldsymbol{u}}^n}\right),\quad n=0,1,2,\cdots,\quad l=\mathrm{mod}(n/p)+1 \tag{5.4.39}$$

理论上，在图象的先验概率是均匀分布的情况下，PML 估计算法和 PMAP 估计算法是等价的；否则，PML 估计算法是不正确的，如果同样执行两种算法，PMAP 估计算法可以得到满意的效果，而 PML 估计算法的处理结果图象往往会出现比较严重的振铃，参见 5.4.4 节的实验结果图 5.4.1。所以，PMAP 估计算法包含和优于 PML 估计超分辨算法。

5.4.3　改进的 PMAP 估计算法

1. 推广的 PMAP 估计算法——GPMAP 估计扩展算法

本节对 PMAP 估计基本算法进行扩展，得到 GPMAP 估计扩展算法，使其适用于更一般的成像模型。

对于整合的低分辨率观测图象 $\boldsymbol{y}$，只考虑模糊因素的影响，式(5.4.11)是其简化的成像模型，重写如下

$$\boldsymbol{y}=\boldsymbol{h}*\boldsymbol{u}=\boldsymbol{H}\boldsymbol{u} \tag{5.4.40}$$

式中，$\boldsymbol{h}$ 是整合的计及模糊因素的点扩散函数；$\boldsymbol{H}$ 是与 $\boldsymbol{h}$ 对应的模糊矩阵；导出的 PMAP 估计基本算法模型：一是卷积形式，二是矩阵形式，如式(5.4.21)所示，重写如下

$$\hat{\boldsymbol{u}}^{n+1}=\hat{\boldsymbol{u}}^n\exp\left(\frac{1}{p}\left(\frac{\boldsymbol{y}}{\boldsymbol{h}*\hat{\boldsymbol{u}}^n}-1\right)\circ\boldsymbol{h}\right)=\hat{\boldsymbol{u}}^n\exp\left(\frac{1}{p}\boldsymbol{H}^{\mathrm{T}}\left(\frac{\boldsymbol{y}}{\boldsymbol{H}\hat{\boldsymbol{u}}^n}-1\right)\right),\quad n=0,1,2,\cdots \tag{5.4.41}$$

对于单帧的低分辨率序列图象 $\boldsymbol{y}^l$，只考虑模糊因素的影响，式(5.4.23)是其简化的成像模型，重写如下

$$\boldsymbol{y}^l = \boldsymbol{h}_l * \boldsymbol{u} = \boldsymbol{H}_l \boldsymbol{u}, \qquad l = 1,2,\cdots,p \tag{5.4.42}$$

式中，$\boldsymbol{h}_l\,(l=1,2,\cdots,p)$是各帧的计及模糊因素的点扩散函数；$\boldsymbol{H}_l$是与$\boldsymbol{h}_l$对应的模糊循环矩阵；导出的 PMAP 估计基本算法模型同样有两种形式：一是卷积形式，二是矩阵形式，如式(5.4.35)所示，重写如下

$$\hat{\boldsymbol{u}}^{n+1} = \hat{\boldsymbol{u}}^n \left(\left(\frac{\boldsymbol{y}_k^l}{\boldsymbol{h}_l * \hat{\boldsymbol{u}}^n} - 1 \right) \circ \boldsymbol{h}_l \right) = \hat{\boldsymbol{u}}^n \left(\boldsymbol{H}_l^{\mathrm{T}} \left(\frac{\boldsymbol{y}_k^l}{\boldsymbol{H}_l \hat{\boldsymbol{u}}^n} - 1 \right) \right), \tag{5.4.43}$$
$$n = 0,1,2,\cdots, \quad l = \mathrm{mod}(n/p) + 1$$

在式(5.4.40)的简化成像模型中，只考虑了整合的计及模糊因素的点扩散函数 $\boldsymbol{h}$，即模糊矩阵 $\boldsymbol{H}$ 的影响，没有考虑下采样矩阵和帧间移动矩阵的影响，这样导出的 PMAP 估计基本算法模型式(5.4.41)，不但使用范围受限制，而且能够实现的超分辨性能也受限制。现在对式(5.4.41)所示的 PMAP 估计基本算法模型进行扩展，使其适用于更一般的成像模型。

对于整合的低分辨率图象 $\boldsymbol{y}$，不计噪声因素，一般的成像模型可以用矩阵形式表示为

$$\boldsymbol{y} = \boldsymbol{B}\boldsymbol{u} = \begin{pmatrix} \boldsymbol{D}_1 \boldsymbol{H}_1 \boldsymbol{M}_1 \\ \boldsymbol{D}_2 \boldsymbol{H}_2 \boldsymbol{M}_2 \\ \vdots \\ \boldsymbol{D}_p \boldsymbol{H}_p \boldsymbol{M}_p \end{pmatrix} \boldsymbol{u} \tag{5.4.44}$$

式中，$\boldsymbol{y}$和$\boldsymbol{u}$如式(5.4.1)所示；$\boldsymbol{B} = [(\boldsymbol{D}_1\boldsymbol{H}_1\boldsymbol{M}_1)^{\mathrm{T}}, (\boldsymbol{D}_2\boldsymbol{H}_2\boldsymbol{M}_2)^{\mathrm{T}}, \cdots, (\boldsymbol{D}_p\boldsymbol{H}_p\boldsymbol{M}_p)^{\mathrm{T}}]^{\mathrm{T}}$, $\boldsymbol{D}_l(l=1,2,\cdots,p)$为单帧的 $M\times N$ 维下采样矩阵，$\boldsymbol{H}_l(l=1,2,\cdots,p)$为单帧的 $N\times N$ 维模糊矩阵，$\boldsymbol{M}_l(l=1,2,\cdots,p)$为单帧的 $N\times N$ 维帧间相对运动畸变矩阵。观察式(5.4.41)所示的迭代公式，可以看出，迭代目的就是使 $\boldsymbol{y}$ 和 $\boldsymbol{h}*\hat{\boldsymbol{u}}^n$（即 $\boldsymbol{H}\hat{\boldsymbol{u}}^n$））之差随迭代逐渐减小。直观上可以进行推广，将 $\boldsymbol{h}\otimes\hat{\boldsymbol{u}}^n$（即 $\boldsymbol{H}\hat{\boldsymbol{u}}^n$）改为 $\boldsymbol{B}\hat{\boldsymbol{u}}^n$，而迭代的目的变为使 $\boldsymbol{y}$ 和 $\boldsymbol{B}\hat{\boldsymbol{u}}^n$ 的差别随迭代逐渐减小，这样进行推广后，就使 PMAP 算法适用于如式(5.4.44)所示的一般的成像模型。因此，相应地，式(5.4.41)所示的只考虑模糊影响的整合 PMAP 估计基本算法模型可以推广为

$$\hat{\boldsymbol{u}}^{n+1} = \hat{\boldsymbol{u}}^n \exp\left(\frac{1}{p} \boldsymbol{B}^{\mathrm{T}} \left(\frac{\boldsymbol{y}}{\boldsymbol{B}\hat{\boldsymbol{u}}^n} - 1 \right) \right), \quad n = 0,1,2,\cdots \tag{5.4.45}$$

式(5.4.45)是同时考虑下采样、模糊和运动畸变影响的整合输入的 GPMAP 估计扩展算法模型。

对于逐帧输入的 PMAP 估计基本算法，也可以采用同样的方法进行推广。在式(5.4.42)的简化成像模型中，只考虑了各帧的计及模糊因素的点扩散函数 $\boldsymbol{h}_l$，即模糊矩阵 $\boldsymbol{H}_l$ 的影响，没有考虑下采样矩阵 $\boldsymbol{D}_l$ 和帧间移动矩阵 $\boldsymbol{M}_l$ 的影响，这样导出的 PMAP 估计基本算法模型如式(5.4.43)所示，不但使用范围受限制，而且能够实现的超分辨性能也受限制。现在对式(5.4.43)所示的 PMAP 估计基本算法模型进行扩展，使其适用于更一般的成像模型。

对于单帧的低分辨率图象 $\boldsymbol{y}^l$，不计噪声因素，一般的成像模型可以用矩阵形式表示为

$$\boldsymbol{y}^l = \boldsymbol{B}_l\boldsymbol{u} = (\boldsymbol{D}_l\boldsymbol{H}_l\boldsymbol{M}_l)\boldsymbol{u}, \quad l = 1,2,\cdots,p \tag{5.4.46}$$

式中，$\boldsymbol{y}^l$、$\boldsymbol{u}$ 分别见式(5.4.28)和式(5.4.1)；$\boldsymbol{B}_l = \boldsymbol{D}_l\boldsymbol{H}_l\boldsymbol{M}_l(l = 1,2,\cdots,p)$; $\boldsymbol{D}_l(l = 1,2,\cdots,p)$ 为单帧的 $M \times N$ 维下采样矩阵；$\boldsymbol{H}_l(l = 1,2,\cdots,p)$ 为单帧的 $N \times N$ 维模糊矩阵；$\boldsymbol{M}_l(l = 1,2,\cdots,p)$ 为单帧的 $N \times N$ 维帧间相对运动畸变矩阵。观察式(5.4.43)所示的迭代公式，可以看出，迭代目的就是使 $\boldsymbol{y}^l$ 和 $\boldsymbol{h}_l * \hat{\boldsymbol{u}}^n$（即 $\boldsymbol{H}_l\hat{\boldsymbol{u}}^n$）之差随迭代逐渐减小。直观上可以进行推广，将 $\boldsymbol{h}_l * \hat{\boldsymbol{u}}^n$（即 $\boldsymbol{H}_l\hat{\boldsymbol{u}}^n$）改为 $\boldsymbol{B}_l\hat{\boldsymbol{u}}^n$，而迭代目的变为使 $\boldsymbol{y}^l$ 和 $\boldsymbol{B}_l\hat{\boldsymbol{u}}^n$ 的差别随迭代逐渐减小，这样推广后，就使 PMAP 估计算法适用于如式(5.4.46)所示的一般的成像模型。因此，相应地，式(5.4.43)所示的只考虑模糊矩阵影响的 PMAP 估计基本算法模型可以推广为

$$\hat{\boldsymbol{u}}^{n+1} = \hat{\boldsymbol{u}}^n \exp\left(\boldsymbol{B}_l^{\mathrm{T}}\left(\frac{\boldsymbol{y}^l}{\boldsymbol{B}_l\hat{\boldsymbol{u}}^n} - 1\right)\right) = \hat{\boldsymbol{u}}^n \exp\left(\boldsymbol{M}_l^{\mathrm{T}}\boldsymbol{H}_l^{\mathrm{T}}\boldsymbol{D}_l^{\mathrm{T}}\left(\frac{\boldsymbol{y}^l}{\boldsymbol{D}_l\boldsymbol{H}_l\boldsymbol{M}_l\hat{\boldsymbol{u}}^n} - 1\right)\right), \tag{5.4.47}$$
$$n = 0,1,2,\cdots, \qquad l = \mathrm{mod}(n/p) + 1$$

式(5.4.47)是同时考虑下采样、模糊和运动畸变影响的逐帧输入的 GPMAP 估计扩展算法模型。

5.4.4 节的图 5.4.3 是 GPMAP 估计算法与 PMAP 估计算法的实验结果比较。

2. 鲁棒性的 GPMAP 估计算法——RGPMAP 估计鲁棒扩展算法

本节以单帧的 GPMAP 估计扩展算法模型(5.4.47)为例，研究如何进一步改进算法，以便增强算法的鲁棒性和稳定性。

由于图象噪声、配准误差和运算残差等因素的干扰都会影响迭代算法运算的效果，算法应用的鲁棒性和稳定性比较差。为了增强算法的鲁棒性和稳定性，减弱上述不利因素对迭代算法运算效果的影响，鉴于每次迭代运算都是逐个像素进行，在算法模型中可以引入迭代限制条件，消除异常干扰因素的不利影响。

为了在 GPMAP 估计算法模型中引入有利的迭代限制条件，对其迭代模型中对第 l 帧低分辨率图象 $\boldsymbol{y}^l$ 的上采样即逆变换 $\hat{\boldsymbol{u}}_l^n = \boldsymbol{M}_1^{\mathrm{T}}\boldsymbol{H}_1^{\mathrm{T}}\boldsymbol{D}_1^{\mathrm{T}}\boldsymbol{y}^l$ 进行逐个像素考查和选

择，如果 $\hat{\boldsymbol{u}}_l^n$ 的第 i 个像素的迭代估计值上下波动过大，则表明该像素值很大可能受到噪声污染和/或配准误差和/或运算残差等因素的过大干扰，可以确定为异常像素，消除该异常像素对迭代算法重建高分辨率图象估计的影响，则可以有效地增强算法的鲁棒性和稳定性。

因此，为了增强鲁棒性和稳定性，在 GPMAP 估计算法模型中加入 $N \times N$ 维的对角限制矩阵 $\boldsymbol{S}_l$，其对角线元素的值分别为 1 或 0，取决于第 l 帧低分辨率图象 $\boldsymbol{y}^l$ 的上采样即逆变换 $\hat{\boldsymbol{u}}_l^n = \boldsymbol{M}_l^{\mathrm{T}} \boldsymbol{H}_l^{\mathrm{T}} \boldsymbol{D}_l^{\mathrm{T}} \boldsymbol{y}^l$ 的各个像素对迭代算法重建高分辨率图象估计有无贡献，若为正常像素，则对应的对角线元素设定为 1；若判定为异常像素，则对应的对角线元素设定为 0。需要说明的是，当 $n=0, l=1$ 时，$\boldsymbol{S}_l$ 对角线元素的值应该全部设为 1，这是因为第一帧低分辨率图象 $\boldsymbol{y}^l$ 作为参考帧，其上采样的所有像素都应该对重建高分辨率图象估计起作用。

第 l 帧观测图象 $\boldsymbol{y}^l$ 的对角限制矩阵 $\boldsymbol{S}_l, l>1$ 的确定方法有两种，分别说明如下。

第一种方法：是将上采样即逆变换 $\hat{\boldsymbol{u}}_l^n = \boldsymbol{M}_l^{\mathrm{T}} \boldsymbol{H}_l^{\mathrm{T}} \boldsymbol{D}_l^{\mathrm{T}} \boldsymbol{y}^l$ 与高分辨率图象初值估计 $\hat{\boldsymbol{u}}^0$ 的各个像素值对应比较，若差别小于预定的阈值 δ，则相应对角线上元素值令为 1，否则为 0，即

$$\boldsymbol{S}_l(i,i) = \begin{cases} 1, & \left| \dfrac{\hat{\boldsymbol{u}}_l^n(i)}{\hat{\boldsymbol{u}}^0(i)+\varepsilon} - 1 \right| < \delta, \quad l>1, \quad i=1,2,\cdots,N \\ 0, & \text{其他} \end{cases} \tag{5.4.48}$$

式中，$\hat{\boldsymbol{u}}_l^n(i)$ 表示第 l 帧观测图象 $\boldsymbol{y}^l$ 在第 n 次迭代中上采样的第 i 个像素值；$\hat{\boldsymbol{u}}^0(i)$ 表示高分辨率图象初值估计的第 i 个像素值；ε 为一个极小的数以避免分母接近零引起的数值不稳定；δ 为一个小的正数；$\boldsymbol{S}_l(i,i)$ 表示第 l 帧对角限制矩阵对角线上 (i,i) 元素的值。

第二种方法：是将上采样即逆变换 $\hat{\boldsymbol{u}}_l^n = \boldsymbol{M}_l^{\mathrm{T}} \boldsymbol{H}_l^{\mathrm{T}} \boldsymbol{D}_l^{\mathrm{T}} \boldsymbol{y}^l$ 与迭代算法当前重建高分辨率图象估计 $\hat{\boldsymbol{u}}^n$ 的各个像素值对应比较，若差别小于预定的阈值 δ，则相应对角线上元素值令为 1，否则为 0，即

$$\boldsymbol{S}_l(i,i) = \begin{cases} 1, & \left| \dfrac{\hat{\boldsymbol{u}}_l^n(i)}{\hat{\boldsymbol{u}}^n(i)+\varepsilon} - 1 \right| < \delta, \quad l>1, \quad i=1,2,\cdots,N \\ 0, & \text{其他} \end{cases} \tag{5.4.49}$$

式中，$\hat{\boldsymbol{u}}_l^n(i)$ 表示第 l 帧低分辨率图象 $\boldsymbol{y}^l$ 在第 n 次迭代中上采样的第 i 个像素；$\hat{\boldsymbol{u}}^n(i)$ 表示迭代算法当前重建高分辨率图象估计的第 i 个像素值；ε 为一个极小的数以避免分母接近零引起的数值不稳定；δ 为一个小的正数；$\boldsymbol{S}_l(i,i)$ 为第 l 帧对角限制矩阵 (i,i) 元素的值。

第一种方法确定的对角限制矩阵 $\boldsymbol{S}_l, l>1$，只取决于高分辨率图象初值估计 $\hat{\boldsymbol{u}}^0(i)$ 和输入低分辨率图象 $\boldsymbol{y}^l$ 上采样的各个像素的值，不随迭代而更新；而第二种方法确定的对角限制矩阵 $\boldsymbol{S}_l, l>1$，取决于每次迭代重建的高分辨图象估计 $\hat{\boldsymbol{u}}^n$ 和输入低分辨率图象 $\boldsymbol{y}^l$ 上采样的各个像素的值，随着迭代而不断更新。可见，第二种确定 $\boldsymbol{S}_l, l>1$ 的方法要优于第一种确定 $\boldsymbol{S}_l, l>1$ 的方法。因此，在 5.4.4 节的有关实验中采用了第二种确定 $\boldsymbol{S}_l, l>1$ 的方法。

将确定的对角限制矩阵 $\boldsymbol{S}_l$ 引入式(5.4.47)，得到

$$\hat{\boldsymbol{u}}^{n+1} = \hat{\boldsymbol{u}}^n \exp\left(\boldsymbol{S}_l \boldsymbol{M}_l^{\mathrm{T}} \boldsymbol{H}_l^{\mathrm{T}} \boldsymbol{D}_l^{\mathrm{T}} \left(\frac{\boldsymbol{y}^l}{\boldsymbol{D}_l \boldsymbol{H}_l \boldsymbol{M}_l \hat{\boldsymbol{u}}^n} - 1\right)\right), \quad n=0,1,2,\cdots, \quad l=\mathrm{mod}(n/p)+1 \tag{5.4.50}$$

式(5.4.50)是增强鲁棒性的 GPMAP 估计扩展算法，简称 RGPMAP 估计鲁棒扩展算法模型。

现在说明对角限制矩阵 $\boldsymbol{S}_l, l>1$ 中阈值 δ 的选择问题。如果 δ 选择过大，如

$$\delta > \left|\frac{\hat{\boldsymbol{u}}_l^n(i)}{\hat{\boldsymbol{u}}^n(i)+\varepsilon} - 1\right|, \quad l>1, \quad i=1,2,\cdots,N$$

则式(5.4.50)所示的 RGPMAP 估计鲁棒扩展算法模型相当于没有设置限制条件，与式(5.4.47)的 GPMAP 估计扩展算法运行相同，即没有增强鲁棒性和稳定性。反过来，如果 δ 选择过小，例如，$\delta \Rightarrow 0$，则会把噪声污染和/或配准误差和/或运算残差等因素干扰较小引起的非异常像素也排除在重建高分辨率图象估计的算法迭代运算之外，虽然具有鲁棒性和稳定性，但是迭代算法重建图象的超分辨效果会停留在第 1 次的重建估计上，因为这相当于将其后迭代的低分辨率输入图象所有像素的贡献都设置为零。因此，需要根据经验对阈值 δ 进行合适的选择，以便在算法鲁棒性及其超分辨效果之间进行折中，一般取为接近于零的一个较小的正数。

最后，由于图象超分辨重建过程是图象质量退化过程的逆变换，在数学物理范畴中属于“反问题”，在求解过程中，有可能出现“病态”，使解不稳定也不唯一。所以还需要在算法模型中引入适当的正则化项，消除运算过程可能出现的“病态”，使解稳定收敛。根据 3.3.3 节介绍的基于 PDE 的各向异性扩散去噪模型，具有既能消除图象噪声又能保持纹理的优良特性，这里为了建立正则化项，还是利用 P-M 扩散方程(3.3.15)，即

$$\partial_t \boldsymbol{u} = \mathrm{div}\left(c\left(|\nabla \boldsymbol{u}|\right)\nabla \boldsymbol{u}\right) \tag{5.4.51}$$

式中，$\nabla \boldsymbol{u}$ 为图象梯度；扩散系数 $c(x)$ 是非负单调递减函数，具有特性 $\lim\limits_{x\to\infty} c(x) \to 0$。

在引入正则化项后，式(5.4.50)变为

$$\hat{\boldsymbol{u}}^{n+1}=\hat{\boldsymbol{u}}^{n}\exp\left(\boldsymbol{S}_l\boldsymbol{M}_l^{\mathrm{T}}\boldsymbol{H}_l^{\mathrm{T}}\boldsymbol{D}_l^{\mathrm{T}}\left(\frac{\boldsymbol{y}^l}{\boldsymbol{D}_l\boldsymbol{H}_l\boldsymbol{M}_l\hat{\boldsymbol{u}}^n}-1\right)+\lambda\mathrm{div}\left(c\left(\left|\nabla\hat{\boldsymbol{u}}^n\right|\right)\nabla\hat{\boldsymbol{u}}^n\right)\right),\quad n=0,1,2,\cdots,\quad l=\mathrm{mod}(n/p)+1 \tag{5.4.52}$$

式中，λ 是一个很小的正数。

为了得到适宜的正则化项，需要求解式(5.4.51)，这相当于最小化以下能量函数，即

$$\arg\min_{\boldsymbol{u}}E(\boldsymbol{u})=\int_\Omega\rho\left(\left|\nabla\boldsymbol{u}\right|\right)\mathrm{d}\Omega$$

式中，$\rho\left(\left|\nabla\boldsymbol{u}\right|\right)$ 是一个鲁棒范数，它与扩散系数的关系为 $c(x)=\rho'(x)/x$ 。可见，由选定的鲁棒范数 $\rho(x,\sigma)$，可以得到相应的扩散系数 $c(x,\sigma)$，其中 σ 为尺度参数。人们提出了许多种鲁棒范数，若取 Lorentzian 鲁棒误差范数 $\rho(x,\sigma)=\ln(1+x^2/(2\sigma^2))$，则

$$c(x,\sigma)=\frac{2}{2\sigma^2+x^2} \tag{5.4.52a}$$

若取 Huber 鲁棒误差范数：当 $|x|\leqslant\sigma$ 时，$\rho(x,\sigma)=x^2/(2\sigma)+\sigma/2$；否则，$\rho(x,\sigma)=|x|$，则

$$c(x,\sigma)=\begin{cases}1/\sigma, & |x|\leqslant\sigma\\ \mathrm{sign}(x)/x, & \text{其他}\end{cases} \tag{5.4.52b}$$

若取 Tukey 鲁棒误差范数：当 $|x|\leqslant\sigma$ 时，$\rho(x,\sigma)=x^2/\sigma^2-x^4/\sigma^4+x^6/(3\sigma^6)$；否则，$\rho(x,\sigma)=1/3$，则

$$c(x,\sigma)=\begin{cases}\dfrac{1}{2}\left(1-\dfrac{x^2}{\sigma^2}\right)^2, & |x|\leqslant\sigma\\ 0, & \text{其他}\end{cases} \tag{5.4.52c}$$

由式(5.4.52a)～式(5.4.52c)可以看出，前两式的扩散系数在 $x=\nabla\hat{\boldsymbol{u}}^n$ 所有取值范围内都有值，而 Tukey 范数的扩散系数在 $x>\sigma$ 后，其值为零，即图象梯度 $\nabla\hat{\boldsymbol{u}}^n$ 较大时停止扩散，能更好地保持纹理。实验也表明，式(5.4.52)分别引入三种扩散系数，均可改善超分辨效果，其中利用式(5.4.52c)的改善更明显，见我们的博士论文(杨学峰，2011)。

5.4.4 实验结果及其分析

我们对 PMAP 估计基本算法及其改进的算法做了大量的实验，以便验证和优化算法的图象超分辨性能，下面给出三个方面的实验结果及其分析：

(1) PMAP 估计基本算法的性能及其与 PML 估计基本算法的性能比较；

(2) GPMAP 估计扩展算法与 PMAP 估计基本算法的性能比较；

(3)RGPMAP 估计鲁棒扩展算法的应用效果验证。

1)PMAP 估计基本算法的性能及其与 PML 估计基本算法的性能比较

为了验证 PMAP 估计基本算法的性能，并且与 PML 估计基本算法的性能进行比较，利用 5.4.2 节推导和建立的两种算法的基本模型做了很多实验(杨学峰，2011)，为了便于理解和说明，这里给出两组实验，如图 5.4.1 所示。

实验方法：首先，选取两帧高分辨率遥感图象，分别如图 5.4.1 中两组实验图象的(a)所示；然后，分别对两组的(a)图象进行模糊和(1/2)×(1/2)下采样处理，各自得到四帧具有亚像元位移的低分辨率序列图象，在两组中的(b)分别给出其中一帧的双线性插值图象。同时，为抑制边缘振铃假象，在两种基本算法的执行过程中对输入图象均执行 8 个像素的边缘镜像扩展。实验结果分别见两组图象的(c)、(d)，其中(c)是 PMAP 估计基本算法处理的结果图象，而(d)是 PML 估计基本算法处理的结果图象。

(a) 初始高分辨率图象

(b) 一帧退化图象的双线性插值图象

(c) PMAP 基本算法处理结果图象

(d) PML 基本算法处理结果图象

第一组

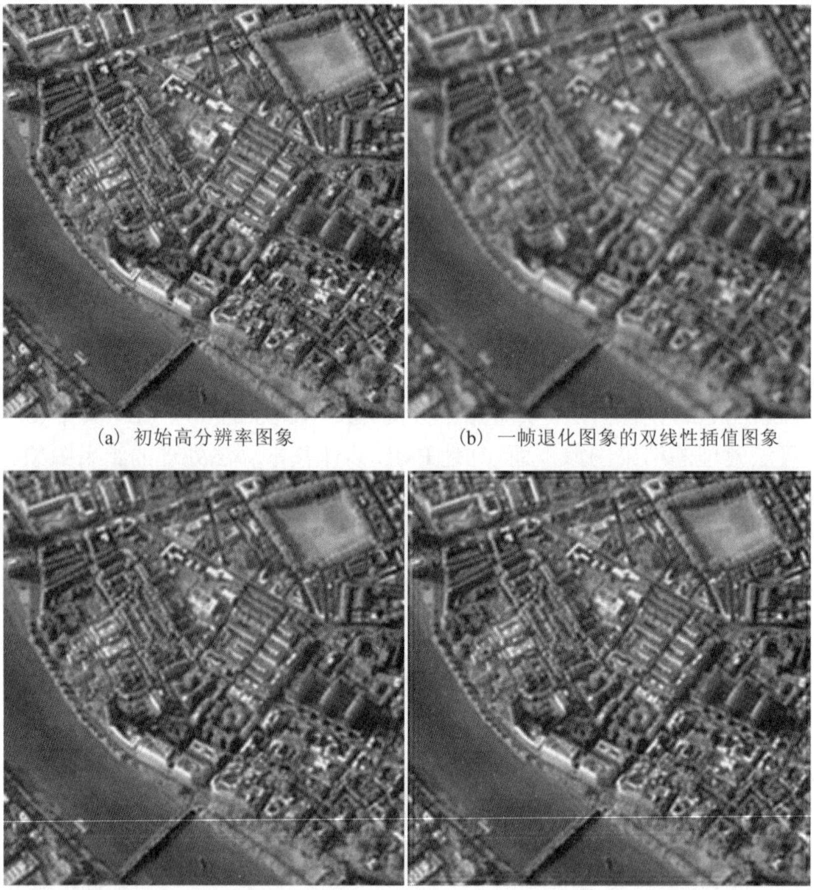

(a) 初始高分辨率图象　　(b) 一帧退化图象的双线性插值图象

(c) PMAP 基本算法处理结果图象　　(d) PML 基本算法处理结果图象

第二组

图 5.4.1　PMAP 与 PML 估计基本算法两组实验结果比较

将两组的处理结果图象(c)和(d)分别与被处理图象(b)进行比较，容易看出：质量都改善了，图象细节和纹理增强了，分辨率、对比度和清晰度都有明显的提高，因此得到第一个结论，PMAP 和 PML 估计基本算法都具有从低分辨率图象超分辨重建高分率图象的功能；同时，将两组各自处理结果的(c)与(d)进行比较，可以看出 PMAP 超分辨处理结果消除了振铃假象，而 PML 超分辨处理结果的四周边缘有明显的振铃，因此得到第二个结论，在由低分辨率图象实现高分辨率图象重建方面，与 PML 估计基本算法比较，PMAP 估计基本算法具有明显的超分辨性能优势。实际上，这是因为 PML 估计基本算法在理论上只适用于图象的先验概率是均匀分布的情况，而实验中的被处理图象不满足这个条件。

在图 5.4.1 的两组实验中，分别以初始高分辨率图象(a)为参考图象，可以计算出两种算法迭代结果图象的峰值信噪比，图 5.4.2 给出其与迭代次数的关系曲线，其中 80 次迭代后实现的 PSNR 比较如表 5.4.1 所示。在计算 PML 算法图象的 PSNR 时，为了排除边缘振铃的影响，都截除边缘 10 个像素。由两组 PSNR 曲线及其数据表明，PMAP 估计基本算法始终明显优于 PML 估计基本算法，两组 80 次迭代后图象的 PSNR，前者比后者分别高 0.5106dB 和 0.4834dB。所以，从迭代重建图象的 PSNR 数据分析同样表明，在能够实现的超分辨性能上，与 PML 估计基本算法比较，PMAP 估计基本算法具有明显的优势。

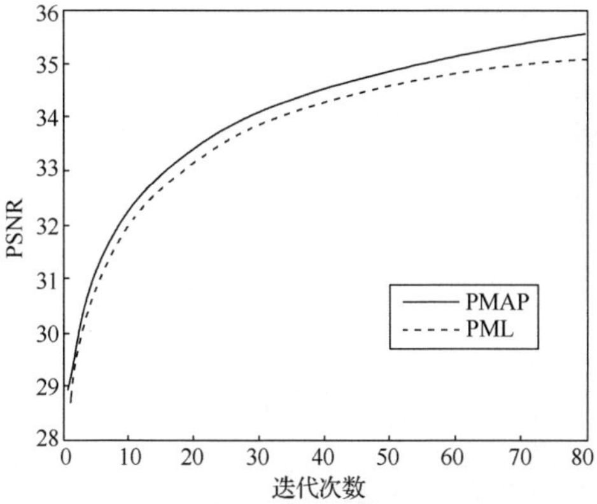

(a) 第一组实验两种算法迭代图象PSNR

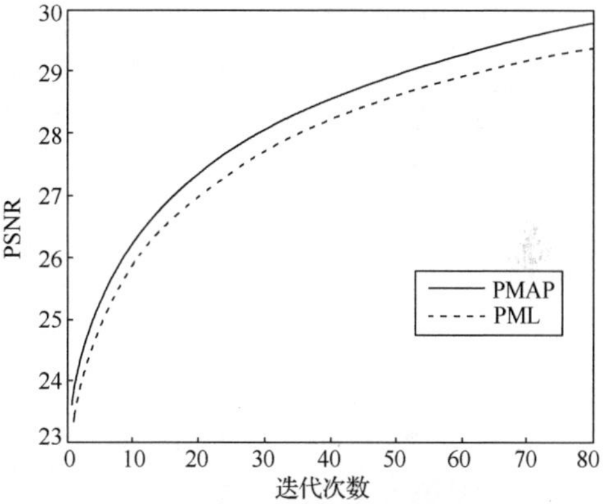

(b) 第二组实验两种算法迭代图象PSNR

图 5.4.2　图 5.4.1 中 PMAP 与 PML 估计基本算法迭代图象的 PSNR 比较(单位：dB)

表 5.4.1　PMAP 和 PML 估计基本算法在图 5.4.1 两组实验中 80 次迭代图象 PSNR 比较

(单位：dB)

实　　验	PMAP 基本算法	PML 基本算法	PMAP-PML
第一组实验	35.6016	35.0910	0.5106
第二组实验	29.8187	29.3353	0.4834

2) GPMAP 估计扩展算法与 PMAP 估计基本算法的性能比较

为了验证 GPMAP 估计扩展算法的性能，且与 PMAP 估计基本算法的性能进行比较，这里给出一个实验(杨学峰，2011)，如图 5.4.3 所示。

图 5.4.3(a)是一帧初始高分辨率 Iknos 图象；对(a)图象进行退化处理，其中包括标准差为 2、支持域为 3×3 的高斯模糊后，再进行 $(1/2)\times(1/2)$ 下采样操作，产生四帧具有亚像素位移分别为(0,0)、(0,0.5)、(0.5,0)、(0.5,0.5)的低分辨率序列图象，(b)是其中一帧双线性插值的图象；(c)、(d)分别是 PMAP 估计基本算法和 GPMAP 估计扩展算法对四帧低分辨率图象进行迭代处理的结果图象，迭代次数为 100 次。由图可以看出，低分辨率双线性插值图象(b)模糊、分辨率很低；PMAP 估计基本算法处理结果图象(c)的分辨率有了明显提高，许多在(b)中不能分辨的纹理显现出来，又一次表明其具有图象超分辨重建功能；而 GPMAP 估计扩展算法的处理结果图象

(d)效果更好，纹理更丰富，对比度、分辨率和清晰度提高得更多，表明 GPMAP 估计扩展算法具有更高的图象超分辨处理功能。

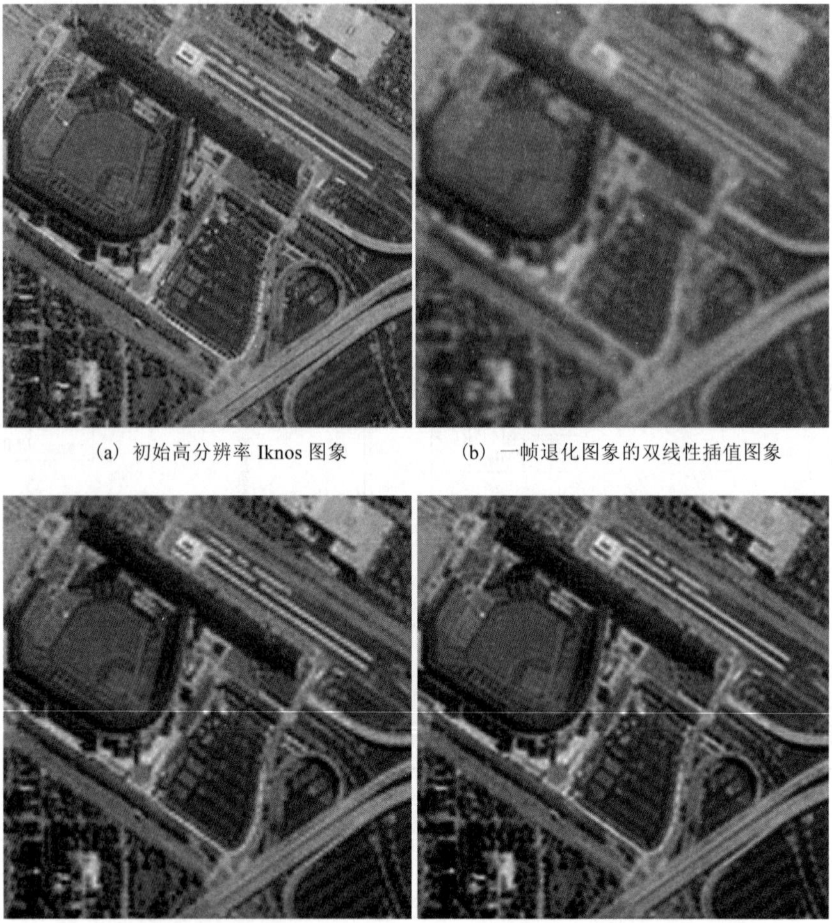

(a) 初始高分辨率 Iknos 图象　　(b) 一帧退化图象的双线性插值图象

(c) PMAP 算法处理结果图象　　(d) GPMAP 算法处理结果图象

图 5.4.3　GPMAP 扩展算法与 PMAP 基本算法超分辨处理结果比较

在图 5.4.3 的实验中，以初始高分辨率 Iknos 图象(a)为参考图象，可以计算出 GPMAP 估计扩展算法和 PMAP 估计基本算法的迭代图象 PSNR，其与迭代次数的关系如图 5.4.4 所示。显然，随着迭代次数的增加，两种算法的迭代图象 PSNR 都有增加，但是 GPMAP 估计扩展算法的 PSNR 增加得更快，两者的 PSNR 差别随迭代次数增加逐渐拉大，迭代 100 次时，GPMAP 估计扩展算法的迭代结果图象 PSNR 值大约高 1.7dB。可见，无论实验结果图象的效果比较，还是 PSNR 数据的分析对比，均表明所建立的 GPMAP 估计扩展算法均明显优于 PMAP 估计基本算法。

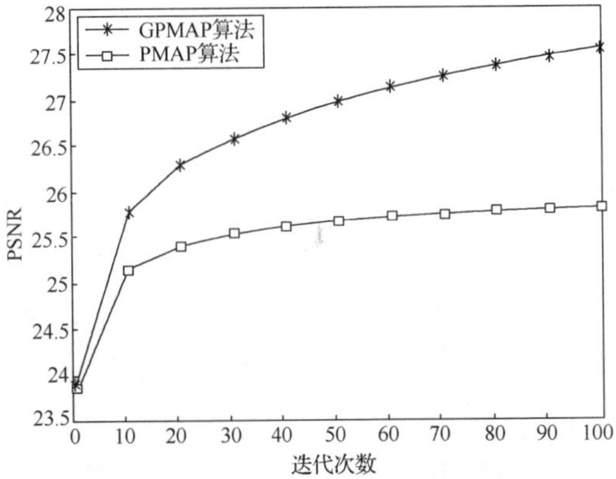

图 5.4.4　GPMAP 扩展算法与 PMAP 基本算法迭代图象的 PSNR 比较(单位：dB)

3)RGPMAP 估计鲁棒扩展算法的鲁棒性及其应用效果验证

为了验证 RGPMAP 估计鲁棒扩展算法的鲁棒性能，给出两组仿真实验，分别如图 5.4.5 和图 5.4.6 所示。首先选取一帧原始高分辨率图象，分别见两图中的(a)；然后进行退化处理：先进行标准差为5、支持域为3×3 的高斯模糊，再进行 (1/2)×(1/2) 下采样操作，得到四帧具有亚像素位移分别为(0,0)、(0,0.5)、(0.5,0)和(0.5,0.5)的低分辨率序列图象，其中一帧的双线性插值图象分别见两图中的(b)。

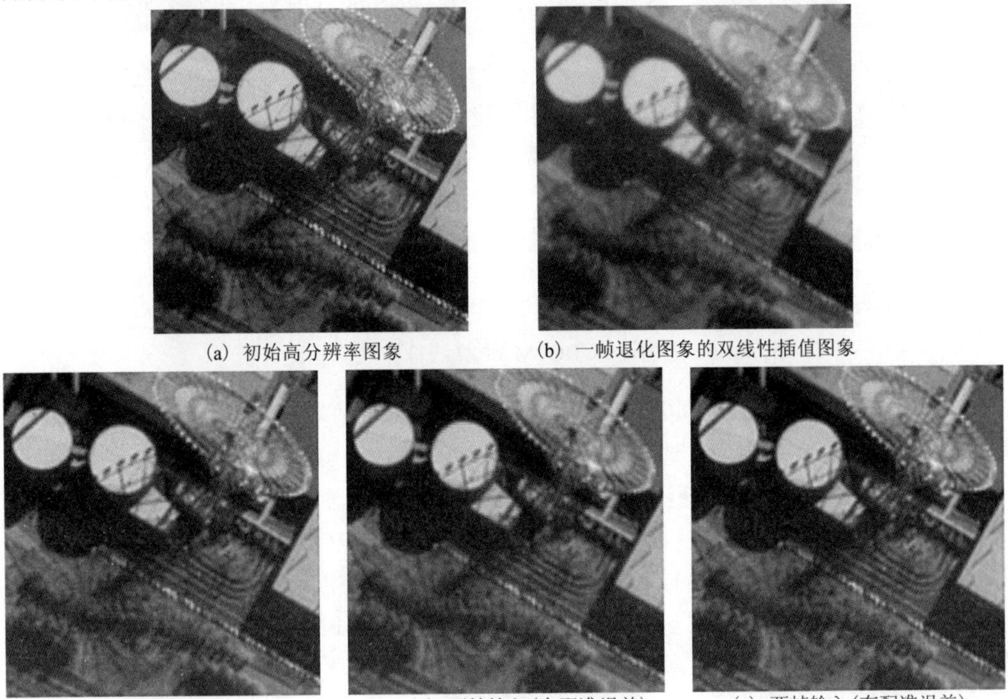

(a) 初始高分辨率图象　(b) 一帧退化图象的双线性插值图象

(c) 两帧输入(无配准误差)RGPMAP 算法结果图象　(d) 两帧输入(有配准误差) RGPMAP 算法结果图象　(e) 两帧输入(有配准误差) GPMAP 算法结果图象

图 5.4.5　两帧输入 RGPMAP 算法鲁棒性能验证实验

图 5.4.5 所示的第一组实验是两帧输入的验证实验结果：首先，从退化产生的四帧低分辨率图象中选取位移为(0,0)的一帧作为参考帧，另外再任选一帧，执行两帧输入的 RGPMAP 估计鲁棒扩展算法，结果见图中的(c)；然后，在两帧之间加入 0.4 像素的平移误差后，先后执行有配准误差的 RGPMAP 和 GPMAP 算法，结果分别如图中的(d)、(e)所示。

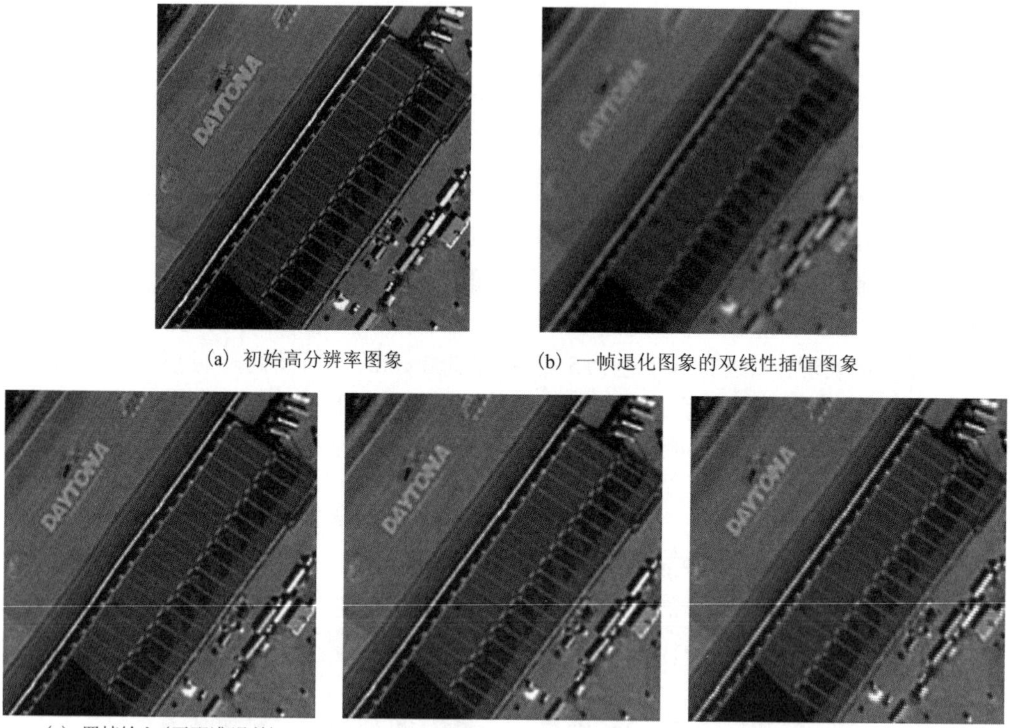

(a) 初始高分辨率图象　(b) 一帧退化图象的双线性插值图象

(c) 四帧输入(无配准误差) RGPMAP 算法结果图象　(d) 四帧输入(有配准误差) RGPMAP 算法结果图象　(e) 四帧输入(有配准误差) GPMAP 算法结果图象

图 5.4.6　四帧输入 RGPMAP 算法鲁棒性能验证实验

图 5.4.6 所示的第二组实验是四帧输入的验证实验结果：将退化产生的四帧低分辨率图象均作为输入图象，选取位移为(0,0)的一帧作为参考帧，首先执行无配准误差的 RGPMAP 估计鲁棒扩展算法，结果如图中的(c)所示；然后，对其他三帧都加入 0.4 像素的随机平移误差后先后执行：有配准误差的 RGPMAP 估计鲁棒扩展算法和有配准误差的 GPMAP 估计扩展算法，结果分别如图中的(d)、(e)所示。

由图 5.4.5 和图 5.4.6 可以看出，其中(c)所示的 RGPMAP 估计鲁棒扩展算法的处理效果最好，这是因为无论两帧输入还是四帧输入都无配准误差，四帧输入的非冗余信息量更多，所以其效果更好；(d)所示的 RGPMAP 估计鲁棒扩展算法的处理效果略有降低，这是因为无论两帧输入还是四帧输入，虽然因均加入配准误差所致处理效果降低，但是由于 RGPMAP 算法的鲁棒性使处理效果降低很不明显，四帧输入中三帧有配准误差而两帧输入中只有一帧有配准误差，使四帧输入的处理效果降低得比较明显些；而(e)所示的有配准误差的 GPMAP 估计扩展算法的处理效果降低非常明显，其中四帧输入的效果降低得最多，这表明 GPMAP 估计扩展算法对帧间配准误差等变化缺乏 RGPMAP 估计鲁棒扩展算法所具有的鲁棒性。上述实验分析结果与所用算法效果的理论分析一致，通过效果分析和对比，验证了 RGPMAP 估计鲁棒扩展算法的鲁棒性能。

在两组实验中，分别以初始高分辨率图象(a)为参考图象，计算结果图象的 PSNR 值，如表 5.4.2 所示；同时计算出结果图象的 SNR 值，如表 5.4.3 所示。对于 PSNR 值，相对于无配准误差的 RGPMAP 估计鲁棒扩展算法结果(c)的 PSNR 值，两帧、四帧输入有配准误差的 RGPMAP 估计鲁棒扩展算法结果(d)的 PSNR 值降低很少，分别为 0.98%和 3.35%；而同样两帧、四帧输入的有配准误差的 GPMAP 估计扩展算法结果(e)的 PSNR 值降低很多，分别为 16.45%和 34.07%。对于 SNR 值，相对于无配准误差的 RGPMAP 估计鲁棒扩展算法结果(c)的 SNR 值，两帧、四帧输入的有配准误差的 RGPMAP 估计鲁棒扩展算法结果(d)的 SNR 值降低也很少，分别为 1.74%和 3.10%；而同样两帧、四帧输入的有配准误差的 GPMAP 估计扩展算法结果(e)的 SNR 值降低很多，分别为 48.62%和 62.56%。无论 PSNR 值还是 SNR 值，有配准误差的 RGPMAP 估计鲁棒扩展算法结果和 GPMAP 估计扩展算法结果，四帧输入的都比两帧输入的降低更多，这是因为四帧输入中三帧有配准误差而两帧输入中只有一帧有配准误差。可见，两组结果的 PSNR 值和 SNR 值分析，特别是与 GPMAP 估计扩展算法比较，充分验证了 RGPMAP 估计鲁棒扩展算法具有很强的鲁棒性。

表 5.4.2　RGPMAP 等算法两组实验结果的 PSNR 比较　　(单位：dB)

实验组别	(c) 计算数据	(d)		(e)	
		计算数据	降低/%	计算数据	降低/%
图 5.4.5	33.4940	33.1627	0.98	27.9816	16.45
图 5.4.6	28.2760	27.3279	3.35	19.6405	34.07

表 5.4.3　RGPMAP 等算法两组实验结果的 SNR 比较　　(单位：dB)

实验组别	(c) 计算值	(d)		(e)	
		计算数据	降低/%	计算数据	降低/%
图 5.4.5	24.4443	24.0188	1.74	12.5584	48.62
图 5.4.6	24.7908	24.0206	3.10	9.2808	62.56

最后给出利用 RGPMAP 估计鲁棒扩展算法对三组图象的仿真实验结果，其中

包括 Lena、Baboon 和 City 图象，如图 5.4.7 所示。在图中的(a)、(b)、(c)三组图象中，左图为高分辨率初始图象，中图是初始图象经模糊处理后再进行 (1/2)×(1/2) 下采样得到的四帧低分辨率图象中的一帧进行双线性插值的图象，右图分别是 RGPMAP 估计鲁棒扩展算法对三组四帧退化的低分辨率序列图象进行超分辨处理的结果图象。

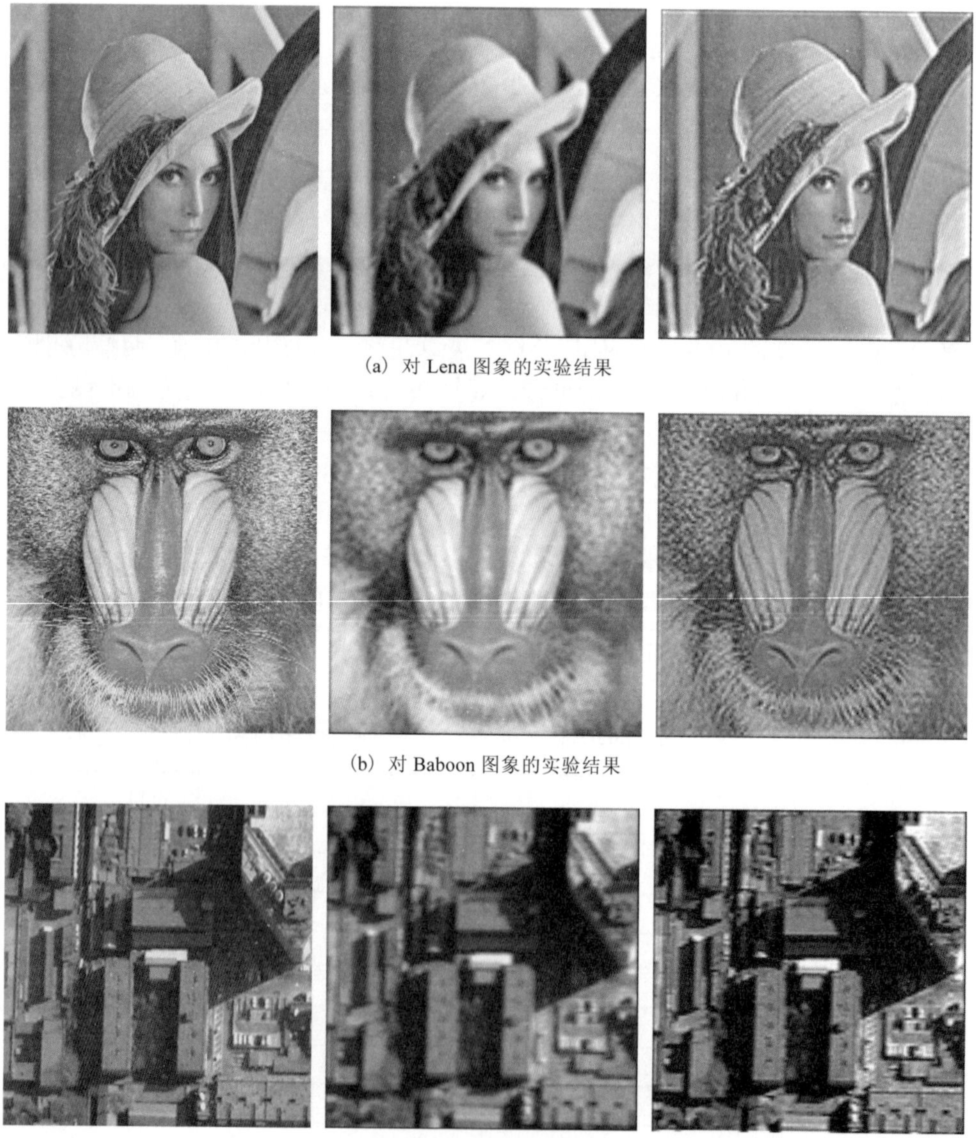

(a) 对 Lena 图象的实验结果

(b) 对 Baboon 图象的实验结果

(c) 对 City 遥感图象的实验结果

图 5.4.7　RGPMAP 估计算法超分辨仿真实验结果(66%显示)

由图 5.4.7 可以看出，RGPMAP 估计鲁棒扩展算法超分辨处理后的三组右侧结果图象，与中间的被处理低分辨率图象的双线性插值图象比较，质量均有显著的提高，纹理丰富了，形态改善了，对比度、分辨率和清晰度均有明显的提高。以左侧的高分辨率图象为参考图象，可以分别计算出三组输入图象的双线性插值图象和实验结果图象的 PSNR，如表 5.4.4 所示，由表中的数据可以看出，RGPMAP 估计鲁棒扩展算法可以使图象 PSNR 大约提高 10dB。

表 5.4.4　图 5.4.7 中 RGPMAP 估计算法处理图象的 PSNR 比较　（单位：dB）

实　　验	Lena	Baboon	City
中图（被处理双线性插值图象）	12.0365	9.6377	11.5351
右图（处理结果图象）	22.0761	19.7587	21.4365
处理后提高	10.0396	10.1210	9.9014

5.5　POCS 估计算法模型及其计算流程研究

5.5.1　引言

在 5.1 节引言中已经指出，凸集投影（POCS）估计方法是由迭代后向投影（IBP）估计方法发展而来的，其基本迭代公式如式（5.1.2）和式（5.1.3）所示，并且在那里还给出了一些必要的解释，这里不再重复。本节要有限地介绍 POCS 估计算法的基础理论，重点是建立优化的POCS 估计基本算法模型以及稳定性和鲁棒性都比较强的 RPOCS 估计鲁棒算法模型，阐述迭代运算的机制，还要研究在高分辨率重建图象估计中出现边缘振铃的原因和抑制振铃出现的方法。

POCS 估计算法是空域中一种有效的图象超分辨重建方法，但是具有运算量大、易于出现振铃的缺点。为了克服这些缺点，主要从两个方面对算法进行改进，第一是改进低分辨率观测图象成像模型，有利于恢复和增强较高的空间频率，并且可以修改高分辨率图象的限制凸集，更好地抑制边缘振铃的出现；第二是改进由低分辨率观测图象产生高分辨率图象的逆转过程，研究合适的正则化技术，将限制各种解允许度的先验假设强加在逆转过程中，以便提高算法的效率。在处理过程中，当模糊函数的方差过大时，在图象的纹理边缘附近容易出现振铃现象。为了解决这个问题，利用图象的边缘特征作为先验信息，修改边缘点的广义归一化点扩散函数，改进限制凸集，抑制振铃在迭代算法的超分辨重建图象里出现，并且在逆转过程中，既能消除图象的模糊，又能保护图象的纹理细节，既抑制了振铃假象的出现，又增加了高频成分的恢复，可以有效地提高超分辨处理的效果。

POCS 估计算法还具有对配准误差、图象噪声和运算残差等不利干扰因素鲁棒性差的缺点，在较大配准误差和/或图象噪声和/或运算残差等不利因素干扰的情况下，其稳定性和超分辨图象重建效果会显著下降。因此，对算法提高鲁棒性的研究很有必要。鉴于算法迭代是逐个像素进行的，在迭代过程中允许逐个像素的挑选，删除那些因图象配准误差和/或图象噪声和/或运算残差等干扰因素较严重而对重建图象效果产生负面影响的异常像素，提高算法的鲁棒性、稳定性和重建图象超分辨效果，进而建立鲁棒性的POCS估计算法——RPOCS估计鲁棒算法。

在所建立的RPOCS估计鲁棒算法模型基础上，为了得到更高的图象超分辨性能，还要研究有关的参数选择，并且给出算法流程，最后给出其图象超分辨性能的实验验证。

5.5.2 POCS估计算法的基础理论

凸集投影是信号超分辨重建的重要方法，是一大类迭代复原和超分辨算法的基础。凸集指集合中任意两点之间的点仍在该集合中的闭集合，对于Hilbert空间的一个集合C，若$\forall x_1,x_2\in C$，则有$\lambda x_1+(1-\lambda)x_2\in C$，其中$\lambda\in(0,1)$，则称$C$为凸集。

定理 5.5.1　设C是Hilbert空间H的一个闭凸子集，$y\in H$是任意一个元素，则必有唯一的$x_0\in C$，使得

$$\inf_{x\in C}\|y-x\|=\|y-x_0\| \tag{5.5.1}$$

式中，符号 inf 表示集合C的下确界。该定理是凸集投影超分辨重建理论的基础。显然，y在集合C上的投影Py是C中距离y最近的元素，上式唯一地定义了一个投影算子P。

假定P为一投影算子，如果存在一个正的常数$\mu=0\sim1$，使得

$$\|Px_1-Px_2\|\leqslant\mu\|x_1-x_2\|，\quad\forall x_1,x_2\in C \tag{5.5.2}$$

则称投影算子P为压缩投影。

定理 5.5.2　设C是Hilbert空间H的一个子集，C中任意一个映入它自身的压缩投影P，都有一个唯一的定点x_∞，使得从C的任意元素x_0出发，都有$P^n x_0\to x_\infty$。

在信号复原和超分辨重建中，所求信号x可能满足若干个不同的限制条件，每一个限制条件均在各自的闭凸集中，则x存在这些限制条件对应的一组闭凸集的交集C_0中，即$x\in C_0=\bigcap_{i=1}^{N}C_i$。

现用P_0和$P_i\ (i=1,2,\cdots,m)$分别表示投影到C_0和$C_i\ (i=1,2,\cdots,m)$的投影算子，那么$P_0=P_mP_{m-1}\cdots P_1$。更一般地，可以引入松弛算子λ_0和$\lambda_i\ (i=1,2,\cdots,m)$，此时投影算子定义为

$$T_i=1+\lambda_i(P_i-1)，\quad i=0,1,2,\cdots,m \tag{5.5.3}$$

从而，POCS估计算法可以更一般地将所求未知信号x的估计表示为

$$\hat{x}^{n+1} = T_0\hat{x}^n = T_m T_{m-1}\cdots T_1\hat{x}^n \tag{5.5.4}$$

应用凸集投影方法进行超分辨图象重建需要处理如下问题：将关于解的若干限制条件包含在若干个凸集 C_i $(i=1,2,\cdots,m)$ 之内；确定凸集 C_i 的投影算子 P_i $(i=1,2,\cdots,m)$；对每个投影算子 P_i 选择适当的松弛参数 λ_i $(i=1,2,\cdots,m)$；进而进行迭代投影。

下面以常用的凸集及其投影算子为例，说明建立方法。根据先验知识对解进行的限制可以转换成约束凸集 C_i，进而建立所求高分辨率图象估计在凸集 C_i 上的投影算子。例如，预知图象像素的取值范围为[0, 255]，则所求图象估计 $\hat{\boldsymbol{u}}$ 的幅度约束凸集 C_A 可表示为

$$C_A = (\hat{\boldsymbol{u}} | 0 \leqslant \hat{\boldsymbol{u}}_i \leqslant 255), \quad i=1,2,\cdots,N \tag{5.5.5}$$

式中，$\hat{\boldsymbol{u}}_i$ 为 $\hat{\boldsymbol{u}}$ 的第 i 个像素估计；N 为其像素数。所求图象估计 $\hat{\boldsymbol{u}}$ 在凸集 C_A 上的投影算子可表示为

$$P_A\hat{\boldsymbol{u}} = \begin{cases} 0, & \hat{\boldsymbol{u}}_i < 0 \\ \hat{\boldsymbol{u}}_i, & 0 \leqslant \hat{\boldsymbol{u}}_i \leqslant 255, \quad i=1,2,\cdots,N \\ 255, & \hat{\boldsymbol{u}}_i > 255 \end{cases} \tag{5.5.6}$$

算子 $P_A\hat{\boldsymbol{u}}$ 是图象 $\hat{\boldsymbol{u}}$ 在凸集 C_A 上的投影；再如，如果对所求图象的能量有限制，则所求解图象估计 $\hat{\boldsymbol{u}}$ 的能量约束凸集 C_E 可表示为

$$C_E = (\hat{\boldsymbol{u}} | E_{\hat{\boldsymbol{u}}} \leqslant E) \tag{5.5.7}$$

$\hat{\boldsymbol{u}}$ 在凸集 C_E 上的投影算子可表示为

$$P_E\hat{\boldsymbol{u}} = \begin{cases} \hat{\boldsymbol{u}}, & E_{\hat{\boldsymbol{u}}} \leqslant E \\ \sqrt{E/E_{\hat{\boldsymbol{u}}}}\,\hat{\boldsymbol{u}}, & E_{\hat{\boldsymbol{u}}} > E \end{cases} \tag{5.5.8}$$

算子 $P_E\hat{\boldsymbol{u}}$ 是图象估计 $\hat{\boldsymbol{u}}$ 在凸集 C_E 上的投影。

现在研究最常用的数据一致性限制(Data Consistence Constraints，DCC)问题。在一个成像场景上，低分辨率观测图象 $\boldsymbol{y}$ 的成像模型一般可以表示为 $\boldsymbol{y}=\boldsymbol{u}*\boldsymbol{h}+\boldsymbol{n}$，其中，$*$ 为卷积运算符，$\boldsymbol{u}$ 为成像场景的原高分辨率数字物图象，$\boldsymbol{n}$ 为加性噪声，而 $\boldsymbol{h}$ 为计及低分辨率成像传感器的欠采样混叠效应、各种光学模糊、相对运动畸变以及噪声等图象质量退化因素的空间移变或移不变的广义归一化点扩散函数，由于图象质量退化的因素很多，所以 $\boldsymbol{h}$ 一般可由均值为 0、方差为 σ^2 的高斯函数逼近。假设现有 p 帧低分辨率序列观测图象 $\boldsymbol{y}^l$ 及其广义归一化点扩散函数 $\boldsymbol{h}_l(l=1,2,\cdots,p)$，要求通过数据一致性限制求解原高分辨率图象的估计。为此，首先任意给定所求图象估计 $\hat{\boldsymbol{u}}$，例如，令 $\hat{\boldsymbol{u}}$ 为第一帧观测图象 $\boldsymbol{y}^l$ 即参考图象的双线性插值图象；然后，在 $\hat{\boldsymbol{u}}$ 的像素坐标平面上确定与被处理观测图象 $\boldsymbol{y}^l$ 的像素坐标 (m_1,m_2) 相对应的像素坐标 (s_0,t_0)，则

$$\hat{\boldsymbol{y}}^l(m_1,m_2)=\sum\nolimits_{(n_1,n_2)\in \boldsymbol{R}_{s_0,t_0}^{\boldsymbol{h}_l}}\hat{\boldsymbol{u}}(n_1,n_2)\boldsymbol{h}_l(s_0,t_0,n_1,n_2)=\hat{\boldsymbol{u}}*\boldsymbol{h}_l(s_0,t_0)$$
$$(m_1,m_2)\in \boldsymbol{y}^l,\quad l=1,2,\cdots,p \tag{5.5.9}$$

式中，$\boldsymbol{R}_{s_0,t_0}^{\boldsymbol{h}_l}$ 为 $\boldsymbol{h}_l$ 在 $\hat{\boldsymbol{u}}$ 的像素坐标平面上以 (s_0,t_0) 为中心的二维支持域。接着，比较低分辨率图象估计值 $\hat{\boldsymbol{y}}^l(m_1,m_2)$ 与其实际观测值 $\boldsymbol{y}^l(m_1,m_2)$ 的大小，取残差 $\boldsymbol{r}^l(m_1,m_2)$ 为

$$\boldsymbol{r}^l(m_1,m_2)=\boldsymbol{y}^l(m_1,m_2)-\hat{\boldsymbol{y}}^l(m_1,m_2),\quad (m_1,m_2)\in \boldsymbol{y}^l,\quad l=1,2,\cdots,p \tag{5.5.10}$$

并且令 $\boldsymbol{\delta}^l(m_1,m_2)$ 为 $\hat{\boldsymbol{y}}^l$ 在像素坐标 (m_1,m_2) 的置信度，若 $\left|\boldsymbol{r}^l(m_1,m_2)\right|\leqslant \boldsymbol{\delta}^l(m_1,m_2)$，则表明参与式(5.5.9)运算的即 $\boldsymbol{R}_{s_0,t_0}^{\boldsymbol{h}_l}$ 覆盖的所有像素值 $\hat{\boldsymbol{u}}(n_1,n_2)$ 是可信的，所以不必修改；否则，将该低分辨率像素的残差反向投影到 $\boldsymbol{R}_{s_0,t_0}^{\boldsymbol{h}_l}$ 覆盖的 $\hat{\boldsymbol{u}}$ 的像素坐标区域上，对其中所有的像素值 $\hat{\boldsymbol{u}}(n_1,n_2)$ 进行修改，以便减小残差，使有关的像素值逼近原高分辨率物图象 $\boldsymbol{u}$ 在响应坐标的像素值。所以，可以建立所求图象估计 $\hat{\boldsymbol{u}}$ 的数据一致性限制凸集 C_D，C_D 可表示为

$$C_D=\left(\hat{\boldsymbol{u}}\middle|\left|\boldsymbol{y}^l(m_1,m_2)-\hat{\boldsymbol{u}}*\boldsymbol{h}_l(s_0,t_0)\right|\leqslant \delta^l(m_1,m_2)\right),\quad (m_1,m_2)\in \boldsymbol{y}^l,\quad l=1,2,\cdots,p \tag{5.5.11}$$

式中，低分辨率观测图象 $\boldsymbol{y}^l$ 的像素坐标 (m_1,m_2) 与 $\hat{\boldsymbol{u}}$ 的像素坐标 (s_0,t_0) 相对应。如果残差 $\boldsymbol{r}^l(m_1,m_2)$ 为正且满足 $\boldsymbol{r}^l(m_1,m_2)>\boldsymbol{\delta}^l(m_1,m_2)$，则由式(5.5.10)可见，$\boldsymbol{R}_{s_0,t_0}^{\boldsymbol{h}_l}$ 覆盖的像素值 $\hat{\boldsymbol{u}}(n_1,n_2)$ 偏小，需要增大；如果残差 $\boldsymbol{r}^l(m_1,m_2)$ 为负且满足 $\boldsymbol{r}^l(m_1,m_2)<-\boldsymbol{\delta}^l(m_1,m_2)$，则由式(5.5.10)可见，$\boldsymbol{R}_{s_0,t_0}^{\boldsymbol{h}_l}$ 覆盖的像素值 $\hat{\boldsymbol{u}}(n_1,n_2)$ 偏大，需要减小。所以，所求图象像素估计 $\hat{\boldsymbol{u}}(n_1,n_2)$ 在数据一致性限制凸集 C_D 上的反向投影算子可以表示为

$$P_D(\hat{\boldsymbol{u}}(n_1,n_2))=\hat{\boldsymbol{u}}(n_1,n_2)$$
$$+\begin{cases}\dfrac{\boldsymbol{r}_l(m_1,m_2)-\boldsymbol{\delta}_l(m_1,m_2)\boldsymbol{h}_l(s_0,t_0,n_1,n_2)}{\sum\nolimits_{(n_1,n_2)\in \boldsymbol{R}_{s_0,t_0}^{\boldsymbol{h}_l}}\boldsymbol{h}_l^2(s_0,t_0,n_1,n_2)}, & \boldsymbol{r}_l(m_1,m_2)>\boldsymbol{\delta}_l(m_1,m_2)\\ 0, & \left|\boldsymbol{r}_l(m_1,m_2)\right|\leqslant \boldsymbol{\delta}_l(m_1,m_2)\\ \dfrac{\boldsymbol{r}_l(m_1,m_2)+\boldsymbol{\delta}_l(m_1,m_2)\boldsymbol{h}_l(s_0,t_0,n_1,n_2)}{\sum\nolimits_{(n_1,n_2)\in \boldsymbol{R}_{s_0,t_0}^{\boldsymbol{h}_l}}\boldsymbol{h}_l^2(s_0,t_0,n_1,n_2)}, & \boldsymbol{r}_l(m_1,m_2)<-\boldsymbol{\delta}_l(m_1,m_2)\end{cases} \tag{5.5.12}$$
$$(m_1,m_2)\in \boldsymbol{y}^l,\quad (n_1,n_2)\in \boldsymbol{R}_{s_0,t_0}^{\boldsymbol{h}_l},\quad l=1,2,\cdots,p$$

在 POCS 估计算法中，选择高分辨率图象初始估计 $\hat{\boldsymbol{u}}^0$，令 n=0，将 $\hat{\boldsymbol{u}}^0$ 依次向所要求满足的各个凸集进行投影，进行迭代运算，第 n 次迭代投影的图象估计为 $\hat{\boldsymbol{u}}^{n+1}$，迭代运算的精度逐次提高，随着 n 的增加，图象估计 $\hat{\boldsymbol{u}}^{n+1}$ 逐渐逼近所求的原高分辨率物图象 $\boldsymbol{u}$。假定要求的约束凸集对应的投影算子为 P_i $(i=1,2,\cdots,m)$，则图象估计的一般迭代运算公式为

$$\hat{\boldsymbol{u}}^{n+1}=P_m P_{m-1}\cdots P_1\hat{\boldsymbol{u}}^n,\quad n=0,1,2,\cdots \tag{5.5.13}$$

或

$$\hat{\boldsymbol{u}}^{n+1}=T_m T_{m-1}\cdots T_1\hat{\boldsymbol{u}}^n,\quad n=0,1,2,\cdots \tag{5.5.14}$$

式中，$T_i=1+\lambda_i(P_i-1)\ (i=0,1,2,\cdots,m)$，迭代终止条件为达到最大迭代次数或所有低分辨率像素迭代估计的残差均小于预定的置信度阈值 $\boldsymbol{\delta}^l(m_1,m_2)$，得到图象估计的最优解 $\hat{\boldsymbol{u}}=\hat{\boldsymbol{u}}^{n+1}$。

5.5.3　POCS 估计基本算法和 RPOCS 估计鲁棒算法

1. 算法模型的建立

为了建立高效的 POCS 估计算法，首先应该确定其输入/输出图象模式映射。虽然目前实际应用的超分辨算法图象模式放大一般为 2×2，但是，兼顾发展前景，我们在建立 POCS 算法模型时，假设其输入/输出图象模式放大为 $q\times q$，q 为等于或大于 2 的整数；同时，为了提高图象超分辨处理效果，使输出重建图象的每个像素坐标在所有低分辨率观测图象中均有不同的影射像素坐标，以便低分辨率像素估计残差的反向投影能均匀地覆盖高分辨率估计像素，因此通过适当方法采集 $p\geqslant q^2$ 帧低分辨率序列观测图象 $\boldsymbol{y}^l(l=1,2,\cdots,p)$，其帧间无旋转变换或者进行了旋转补偿，而精确测定的帧间平移参数 $(\delta_1^l,\delta_2^l)(l=1,2,\cdots,p)$，具有标准化或接近标准化的特征。所谓标准化帧间平移参数，若令每帧低分辨率图象在两正交坐标方向上的采样间隔均为 1，则 $(\delta_1^l,\delta_2^l)(l=1,2,\cdots,p)$，均为亚像元参数，且满足

$$\begin{cases}\delta_1^l=\lfloor (l-1)/q\rfloor/q\\ \delta_2^l=(l-1)\bmod(q)/q\end{cases},\quad l=1,2,\cdots,p \tag{5.5.15}$$

式中，第一帧观测图象 $\boldsymbol{y}^1$ 的平移参数 $\boldsymbol{\delta}_1^1=\boldsymbol{\delta}_2^1=0$，一般被视为参考帧。如果帧间亚像元平移参数与其标准化数据差距较大，则其处理方法为：一是优化图象采集过程重新采集，二是参考 5.2 节的方法对位移参数进行标准化处理。这样，若 (m_1,m_2) 为某低分辨率观测图象 $\boldsymbol{y}^l$ 的被处理像素坐标，则其在高分辨率图象估计 $\hat{\boldsymbol{u}}$ 的像素平面上影射坐标 (s_0,t_0) 为

$$s_0=qm_1+\left\lfloor q\boldsymbol{\delta}_1^l+0.5\right\rfloor,\quad t_0=qm_2+\left\lfloor q\boldsymbol{\delta}_2^l+0.5\right\rfloor \tag{5.5.16}$$

在数据一致性限制投影算子式 (5.5.12) 中，将 $P_D(\hat{\boldsymbol{u}}(n_1,n_2))$ 写成重建图象像素估计 $\hat{\boldsymbol{u}}(n_1,n_2)$，进而应用 Picard 的 $\hat{\boldsymbol{u}}^{n+1}=\Phi(\boldsymbol{u}^n)$ 转换迭代形式，则可以建立 POCS 估计基本算法模型，即

$$\hat{\boldsymbol{u}}^{n+1}(n_1,n_2)=\hat{\boldsymbol{u}}^{n}(n_1,n_2)+\begin{cases}\dfrac{\boldsymbol{r}_l^n(m_1,m_2)-\boldsymbol{\delta}_l(m_1,m_2)\boldsymbol{h}_l(s_0,t_0,n_1,n_2)}{\sum_{(n_1,n_2)\in\boldsymbol{R}_{s_0,t_0}^{\boldsymbol{h}_l}}\boldsymbol{h}_l^2(s_0,t_0,n_1,n_2)}, & \boldsymbol{r}_l^n(m_1,m_2)>\boldsymbol{\delta}_l(m_1,m_2)\\ 0, & \left|\boldsymbol{r}_l^n(m_1,m_2)\right|\leqslant\boldsymbol{\delta}_l(m_1,m_2)\\ \dfrac{\boldsymbol{r}_l^n(m_1,m_2)+\boldsymbol{\delta}_l(m_1,m_2)\boldsymbol{h}_l(s_0,t_0,n_1,n_2)}{\sum_{(n_1,n_2)\in\boldsymbol{R}_{s_0,t_0}^{\boldsymbol{h}_l}}\boldsymbol{h}_l^2(s_0,t_0,n_1,n_2)}, & \boldsymbol{r}_l^n(m_1,m_2)<-\boldsymbol{\delta}_l(m_1,m_2)\end{cases}\tag{5.5.17}$$

$(m_1,m_2)\in\boldsymbol{y}^l,\quad (n_1,n_2)\in\boldsymbol{R}_{s_0,t_0}^{\boldsymbol{h}_l},\quad s_0=qm_1+\lfloor q\delta_1^l+0.5\rfloor,\quad t_0=qm_2+\lfloor q\delta_2^l+0.5\rfloor,\quad n=0,1,2,\cdots,l=\mathrm{mod}(n/p)+1$

$$\boldsymbol{r}_l^n(m_1,m_2)=\boldsymbol{y}^l(m_1,m_2)-\hat{\boldsymbol{y}}_l^n(m_1,m_2)=\boldsymbol{y}^l(m_1,m_2)-\hat{\boldsymbol{u}}^n*\boldsymbol{h}_l(s_0,t_0)\tag{5.5.17a}$$

式中，$\boldsymbol{\delta}^l(m_1,m_2)$ 为 $\boldsymbol{y}^l$ 在像素坐标 (m_1,m_2) 的置信度，$\boldsymbol{R}_{s_0,t_0}^{\boldsymbol{h}_l}$ 为 $\boldsymbol{h}_l$ 在 $\hat{\boldsymbol{u}}^n$ 的像素坐标平面上以 (s_0,t_0) 为中心的二维支持域；$*$ 为卷积运算符；$\hat{\boldsymbol{u}}^n*\boldsymbol{h}_l(s_0,t_0)$ 表示 $\hat{\boldsymbol{u}}^n$ 与 $\boldsymbol{h}_l$ 在 $\hat{\boldsymbol{u}}^n$ 的像素坐标平面上以 (s_0,t_0) 为坐标原点的卷积，得到的是被处理低分辨率图象 $\boldsymbol{y}^l$ 在坐标 (m_1,m_2) 的像素估计 $\hat{\boldsymbol{y}}_l^n(m_1,m_2)$。

现在说明式(5.5.17)的迭代运算机制：令迭代次数 $n=0$，任意给定高分辨率图象初始估计 $\hat{\boldsymbol{u}}^0$；对于第 n 次迭代，首先令 $l=\mathrm{mod}(n/p)+1$，取被处理低分辨率图象 $\boldsymbol{y}^l$，对其依次进行逐个像素的处理，相应地，在当前高分辨率图象估计 $\hat{\boldsymbol{u}}^n$ 中是逐个运算块的依次进行迭代运算，由式(5.5.16)确定当前被处理低分辨率像素坐标 (m_1,m_2) 在当前高分辨率像素平面上的迭代运算块中心坐标 (s_0,t_0)，而迭代运算块的大小由广义归一化点扩散函数 $\boldsymbol{h}_l$ 中心在 (s_0,t_0) 的二维支持域 $\boldsymbol{R}_{s_0,t_0}^{\boldsymbol{h}_l}$ 确定，适当设计广义归一化点扩散函数 $\boldsymbol{h}_l$ 二维支持域，当 $\boldsymbol{y}^1$ 的所有低分辨率像素都被处理完后，所有高分辨率像素估计由 $\hat{\boldsymbol{u}}^n(n_1,n_2)$ 被替代为 $\hat{\boldsymbol{u}}^{n+1}(n_1,n_2)$，即 $\hat{\boldsymbol{u}}^n\Rightarrow\hat{\boldsymbol{u}}^{n+1}$；然后，令 $n=n+1$，$l=\mathrm{mod}(n/p)+1$，取新的被处理低分辨率图象 $\boldsymbol{y}^l$ 进行新的迭代运算，直到满足迭代终结条件，最后得到算法超分辨重建图象估计 $\hat{\boldsymbol{u}}=\hat{\boldsymbol{u}}^{n+1}$。

现在进一步说明一个迭代运算块内的运算机制。假设 $q=2$，$\boldsymbol{R}_{s_0,t_0}^{\boldsymbol{h}_l}$ 为 3×3，则在第 n 次迭代中，被处理低分辨率图象像素坐标 (m_1,m_2) 与当前高分辨率像素坐标 (s_0,t_0) 互为影射关系，当前高分辨率图象估计 $\hat{\boldsymbol{u}}^n$ 中以 (s_0,t_0) 为中心、以 3×3 为大小的一个迭代运算块退化生成被处理图象 $\boldsymbol{y}^l$ 像素估计 $\hat{\boldsymbol{y}}_l^n(m_1,m_2)$，再将像素残差 $\boldsymbol{r}_l^n(m_1,m_2)$ 反向投影到 $\hat{\boldsymbol{u}}^n$ 的当前迭代运算块，这样正反两个过程如示意图 5.5.1 所示(因版面显示限制，左、右图尺寸调整不一致)。

在图 5.5.1 中，左图阴影区表示当前高分辨率图象估计 $\hat{\boldsymbol{u}}^n$ 的以 (s_0,t_0) 为中心的一个迭代运算块，根据式(5.5.17a)在该运算块上进行卷积 $\hat{\boldsymbol{u}}^n*\boldsymbol{h}_l(s_0,t_0)$ 运算得到右图阴影覆盖的被处理低分辨率图象 y^l 像素平面坐标 (m_1,m_2) 的像素估计 $\hat{\boldsymbol{y}}_l^n(m_1,m_2)$ 以及残差 $\boldsymbol{r}_l^n(m_1,m_2)$；由式(5.5.17)将右图阴影坐标 (m_1,m_2) 的像素估计残差反向投影到到左

图阴影覆盖的迭代运算块上，将 $\boldsymbol{r}_l^n(m_1,m_2)$ 分配到该块内的所有像素，其中每个像素得到的差值份额由广义归一化点扩散函数 $\boldsymbol{h}_l(s_0,t_0)$ 确定，对有关的像素值进行修正，以便减少这些像素下次迭代估计的误差。

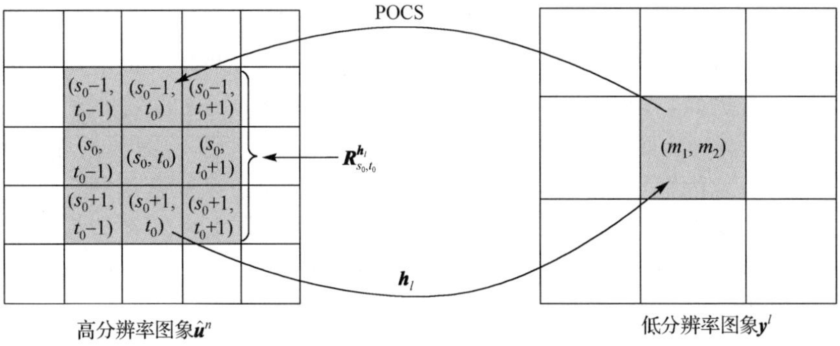

图 5.5.1　高分辨率图象退化及其 POCS 估计重建示意图

在 POCS 估计基本算法执行过程中，存在输入低分辨率序列图象的配准参数、噪声和运算残差等干扰因素的不利影响，因为迭代是逐个像素进行的，而有的像素受到的干扰可能很大，不但会影响算法的效果，而且会影响算法的稳定性。因此，有必要对基本算法模型式(5.5.17)进行改进，在限制条件中增加一个阈值 $\boldsymbol{\delta}_l^2(m_1,m_2)$，称为鲁棒(robustness)阈值，当残差 $\boldsymbol{r}_l^n(m_1,m_2)$ 过大且满足 $\left|\boldsymbol{r}_l^n(m_1,m_2)\right| > \boldsymbol{\delta}_l^2(m_1,m_2)$ 时，表明该像素在第 n 次迭代运算中因干扰过大而被认为是异常像素，不必对当前高分辨率图象估计 $\hat{\boldsymbol{u}}^n$ 在相应运算块的像素进行更新，从而使算法具有稳定性和鲁棒性，这样 POCS 估计基本算法模型就转变为 RPOCS 估计鲁棒算法模型，即

$$
\hat{\boldsymbol{u}}^{n+1}(n_1,n_2) = \hat{\boldsymbol{u}}^n(n_1,n_2) + \begin{cases} \dfrac{\boldsymbol{r}_l^n(m_1,m_2) - \boldsymbol{\delta}_l(m_1,m_2)\boldsymbol{h}_l(s_0,t_0,n_1,n_2)}{\sum_{(n_1,n_2)\in \boldsymbol{R}_{s_0,t_0}^{\boldsymbol{h}_l}} \boldsymbol{h}_l^2(s_0,t_0,n_1,n_2)}, & \boldsymbol{\delta}_l^1(m_1,m_2) < \boldsymbol{r}_l^n(m_1,m_2) < \boldsymbol{\delta}_l^2(m_1,m_2) \\ 0, & \left|\boldsymbol{r}_l^n(m_1,m_2)\right| \leqslant \boldsymbol{\delta}_l^1(m_1,m_2) \text{或} \left|\boldsymbol{r}_l^n(m_1,m_2)\right| \geqslant \boldsymbol{\delta}_l^2(m_1,m_2) \\ \dfrac{\boldsymbol{r}_l^n(m_1,m_2) + \boldsymbol{\delta}_l(m_1,m_2)\boldsymbol{h}_l(s_0,t_0,n_1,n_2)}{\sum_{(n_1,n_2)\in \boldsymbol{R}_{s_0,t_0}^{\boldsymbol{h}_l}} \boldsymbol{h}_l^2(s_0,t_0,n_1,n_2)}, & -\boldsymbol{\delta}_l^1(m_1,m_2) > \boldsymbol{r}_l^n(m_1,m_2) > -\boldsymbol{\delta}_l^2(m_1,m_2) \end{cases} \tag{5.5.18}
$$

$$
(m_1,m_2)\in \boldsymbol{y}^l,\quad (n_1,n_2)\in \boldsymbol{R}_{s_0,t_0}^{\boldsymbol{h}_l},\quad s_0 = qm_1 + \lfloor q\delta_1^l + 0.5 \rfloor,\quad t_0 = qm_2 + \lfloor q\delta_2^l + 0.5 \rfloor,\quad n = 0,1,2,\cdots, l = \mathrm{mod}(n/p)+1
$$

式中，$\boldsymbol{\delta}_l^1(m_1,m_2)$ 是观测图象 $\boldsymbol{y}^l$ 在像素坐标 (m_1,m_2) 的置信度；$\boldsymbol{\delta}_l^2(m_1,m_2)$ 是残差 $\boldsymbol{r}_l^n(m_1,m_2)$ 的鲁棒阈值；残差 $\boldsymbol{r}_l^n(m_1,m_2)$ 为

$$
\boldsymbol{r}_l^n(m_1,m_2) = \boldsymbol{y}^l(m_1,m_2) - \hat{\boldsymbol{y}}_l^n(m_1,m_2) = \boldsymbol{y}^l(m_1,m_2) - \hat{\boldsymbol{u}}^n * \boldsymbol{h}_l(s_0,t_0) \tag{5.5.18a}
$$

现在分析超分辨重建图象的边缘振铃出现的原因及其消除方法。首先，考虑广义归一化点扩散函数 $\boldsymbol{h}_l$ 是高斯型的，令其标准差为 σ，σ 越大，二维支持域 $\boldsymbol{R}_{s_0,t_0}^{\boldsymbol{h}_l}$ 越

大。在图象边缘上，当σ较大时，$\boldsymbol{R}_{s_0,t_0}^{\boldsymbol{h}_l}$会跨越边缘线，在暗侧边缘上低分辨率像素坐标$(m_1,m_2)$的残差$\boldsymbol{r}_l^n(m_1,m_2)$反向投影对当前高分辨率相应暗区边缘像素校正时，因存在边缘另一侧亮区像素的影响，使由式(5.5.18a)得到的低分辨率像素估计$\hat{\boldsymbol{y}}_l^n(m_1,m_2)$较大，而残差$\boldsymbol{r}_l^n(m_1,m_2)$偏小，则根据式(5.5.18)对当前相应高分辨率暗区边缘像素的校正可能使其值变得更低；反之，对当前高分辨率亮区边缘像素的校正可能使其值变得更高。因此，方差σ较大时，当前高分辨率图象估计$\hat{\boldsymbol{u}}^n$的暗侧边缘像素可能变得异常暗，而亮侧边缘像素可能变得异常亮，即在边缘线两侧出现Gibbs现象，即本书所称的振铃假象。可见，边缘振铃是由向边缘像素集的反向投影引起的，为了抑制边缘振铃，需要修改边缘上的数据一致性限制，即在边缘像素上为$\boldsymbol{h}_l$设计适当的加权函数，使其系数在边缘两侧的梯度方向上随距离的增加而迅速衰减，而在边缘方向上保持恒定。

梯度是边缘检测的一种常用方法。被处理图象$\boldsymbol{y}^l$在被处理像素坐标(m_1,m_2)的梯度可表示为$\nabla\boldsymbol{y}^l(m_1,m_2)=(G_x^l,G_y^l)^{\mathrm{T}}$，其中$G_x^l,G_y^l$分别为两个正交坐标$x$和$y$方向的一阶偏导数；为了计算方便，令梯度大小为$\left|\nabla\boldsymbol{y}^l(m_1,m_2)\right|\approx\left|G_x^l\right|+\left|G_y^l\right|$，而梯度的方向指向图象灰度变化最大的方向，其与坐标x轴的夹角为$\theta^l(m_1,m_2)=\arctan(G_x^l/G_y^l)$。边缘近似于直线段，如果坐标$(m_1,m_2)$在边缘上，则其边缘方向垂直于该点的梯度方向，所以该边缘的斜率为

$$\tan(\alpha^l(m_1,m_2))=\tan\left(\frac{\pi}{2}+\theta^l(m_1,m_2)\right)=-\frac{G_x^l}{G_y^l} \tag{5.5.19}$$

故坐标(m_1,m_2)所在的边缘线可以表示为

$$G_x^l\cdot m_1+G_y^l\cdot m_2=0 \tag{5.5.20}$$

如果(m_1,m_2)是$\boldsymbol{y}^l$的边缘像素，则令(n_1,n_2)为其高分辨率影射像素(s_0,t_0)的邻域点，则(n_1,n_2)到该边缘线的距离为

$$d\approx\left|G_x\cdot n_1+G_y\cdot n_2\right|\Big/\left(\left|G_x\right|+\left|G_y\right|\right) \tag{5.5.21}$$

在$\boldsymbol{y}^l$的边缘坐标(m_1,m_2)点，即其高分辨率映射坐标(s_0,t_0)点，设计加权函数为距离d的指数衰减函数，即

$$c(n_1,n_2)=\mathrm{e}^{-\lambda d}=\mathrm{e}^{-\lambda\left|G_x\cdot n_1+G_y\cdot n_2\right|/\left(\left|G_x\right|+\left|G_y\right|\right)},\quad (n_1,n_2)\in\boldsymbol{R}_{s_0,t_0}^{\boldsymbol{h}_l} \tag{5.5.22}$$

式中，$\boldsymbol{R}_{s_0,t_0}^{\boldsymbol{h}_l}$为中心位于$(s_0,t_0)$的第$l$帧低分辨率图象广义归一化点扩散函数$\boldsymbol{h}_l$的二维支持域；$\lambda$为控制衰减率的常数，$\lambda$越大，$c(n_1,n_2)$随$d$的增加而衰减越快，当$\lambda=3$时，距离$d=\sqrt{2}$处邻域坐标$(n_1,n_2)$的加权函数$c(n_1,n_2)\approx 0$。进而，可以得到定义$\boldsymbol{y}^l$

在边缘坐标 (m_1,m_2)（高分辨率映射坐标 (s_0,t_0)）上的修改后的广义归一化点扩散函数为

$$\begin{aligned}\boldsymbol{h}_l'(s_0,t_0) &= \boldsymbol{h}_l(s_0,t_0)\cdot c(n_1,n_2) = \boldsymbol{h}_l(s_0,t_0)\cdot \mathrm{e}^{-\lambda d} \\ &= \boldsymbol{h}_l(s_0,t_0)\cdot \mathrm{e}^{-\lambda\left|G_x\cdot n_1+G_y\cdot n_2\right|/\left(|G_x|+|G_y|\right)},\ (n_1,n_2)\in \boldsymbol{R}_{s_0,t_0}^{\boldsymbol{h}_l}\end{aligned} \tag{5.5.23}$$

显然，由于式(5.5.22)所示加权函数 $c(n_1,n_2)$ 的作用，修改的以边缘坐标 (s_0,t_0) 为中心的广义归一化点扩散函数 $\boldsymbol{h}_l'(s_0,t_0)$ 在梯度方向上像脉冲，反向投影对当前高分辨率亮区(暗区)边缘像素的迭代运算不再受边缘另一侧暗区(亮区)像素的影响，或者这种互相影响可以忽略不计，不会出现暗区边缘像素可能变得更暗和亮区边缘像素可能变得更亮的 Gibbs 现象，即消除了边缘振铃假象；而在边缘方向上，因为 $d=0 \Rightarrow \boldsymbol{h}_l'=\boldsymbol{h}_l$，所以 $\boldsymbol{h}_l$ 的系数值保持不变。

2. 参数设置

在说明 RPOCS 估计鲁棒算法即式(5.5.18)中的置信度 $\boldsymbol{\delta}_l^1(m_1,m_2)$ 和鲁棒阈值 $\boldsymbol{\delta}_l^2(m_1,m_2)$ 的参数设置问题之前，首先再次注重说明算法涉及的广义归一化点扩散函数 $\boldsymbol{h}_l(l=1,2,\cdots,p)$ 的意义。

所谓广义归一化点扩散函数，即不但包含计及了实际观测低分辨率序列图象的各种模糊因素，而且包含计及了图象帧间各种运动畸变的影响因素，还包含计及了导致采样间隔变化的低分辨率序列图象欠采样混叠等影响因素。因此，没有必要像 PMAP 估计基本算法推广得到 GPMAP 估计扩展算法那样再对 POCS/RPOCS 估计算法进行类似的推广。为了在 RPOCS 估计鲁棒算法的超分辨重建图象中抑制振铃现象的出现，利用式(5.5.20)判断被处理低分辨率像素是否在边缘上，并且对边缘像素利用式(5.5.23)所示修正后的广义归一化点扩散函数 $\boldsymbol{h}_l'$，以便抑制边缘振铃的出现，并且能提高处理效果。

置信度 $\boldsymbol{\delta}_l^1(m_1,m_2)$ 的选择对 RPOCS 估计鲁棒算法的效果有一定的影响，当其取值较大时，可使解的限制变得宽松，难以得到较好的超分辨结果；而当其取值较小时，可使解的限制变得严格，可以得到较好的超分辨结果，同时也需要更多的迭代次数才能达到收敛。由于 RPOCS 估计鲁棒算法的解与图象噪声的统计参数有关，噪声越大，$\boldsymbol{\delta}_l^1(m_1,m_2)$ 的取值也越大。在理想情况下，假设局部噪声方差为 σ_0，$\boldsymbol{\delta}_l^1(m_1,m_2)$ 应取为 $c\sigma_0$，c 为一常数。由于局部噪声方差为 σ_0 的准确估计比较困难，计算量也较大，经过大量实验结果的分析比较，在本书的实验研究中，$\boldsymbol{\delta}_l^1(m_1,m_2)$ 采用常数阈值，选择 $\boldsymbol{\delta}_l^1(m_1,m_2)=0.002$。

鲁棒性阈值 $\boldsymbol{\delta}_l^2(m_1,m_2)$ 的作用是在 RPOCS 估计鲁棒算法迭代运算过程中逐个像素的挑选，排除因配准误差或/和图象噪声或/和运算残差等干扰因素过大而变异常

的像素进入反向投影的迭代运算，只允许受到干扰较小的正常像素进入反向投影的迭代操作，所以 $\boldsymbol{\delta}_l^2(m_1,m_2)$ 对 RPOCS 估计鲁棒算法的超分辨重建效果的稳定性和鲁棒性有较大贡献。对 $\boldsymbol{\delta}_l^2(m_1,m_2)$ 的参数设置考虑如下：如果 $\boldsymbol{\delta}_l^2(m_1,m_2)$ 选择过大，则会使部分异常像素进入迭代运算，从而减弱算法的稳定性和鲁棒性，所以，$\boldsymbol{\delta}_l^2(m_1,m_2)$ 越大，算法稳定性和鲁棒性越差，在取极大值的情况下，RPOCS 估计鲁棒算法退化成 POCS 估计基本算法；如果 $\boldsymbol{\delta}_l^2(m_1,m_2)$ 选择过小，则会将部分正常的像素也排除在反向投影的迭代运算之外，从而使迭代更新的像素数目减少，算法效果也会变差。因此，$\boldsymbol{\delta}_l^2(m_1,m_2)$ 的选择应该是上述因素的折中，在配准误差或/和图象噪声或/和运算残差等干扰因素较强的情况下，应该取较小的值以增强鲁棒性；否则，在配准精度较高或/和噪声较小等情况下，$\boldsymbol{\delta}_l^2(m_1,m_2)$ 可以取较大的值以提高超分辨重建效果。

RPOCS 估计鲁棒算法的解一般对高分辨率图象初始估计 $\hat{\boldsymbol{u}}^0$ 的选择有较大的依赖性，较好的高分辨率图象初始估计将会减少收敛的迭代次数，得到更好的超分辨重建图象效果。在输入/输出图象模式放大 $q \times q$ 中 $q=2$ 的一般情况下，$\hat{\boldsymbol{u}}^0$ 一般选取低分辨率序列图象参考帧的插值图象，而最常用的插值是双线性插值，其计算复杂度低，并且与选用其他插值算法的初始图象而算法最后得到的超分辨重建图象效果的差别很小。

最后，迭代次数 n 也是一个重要的参数。由于输入 p 帧低分辨率序列图象，包含所有输入图象的每次大的循环迭代所需时间较长，过多的迭代次数会使计算量大幅增加，而最后得到的超分辨重建图象效果的改善也很小；而过少的迭代次数可能达不到收敛程度，而最后得不到应有的超分辨重建图象的效果。一个终止迭代的常用方法是对前后两次迭代结果之残差进行评估，当残差小于一定的阈值时即认为达到了收敛，停止迭代。实验表明，一般 2～3 次大的循环迭代即可达到较好的稳定结果。在本书的算法设计和实验中，循环迭代次数为 3，若更新被处理图象，则迭代次数 $n=n+1$，迭代终止次数 n 选择为 $3p$。

3. 计算流程

首先做好 RPOCS 估计鲁棒算法的准备工作：确定其输入/输出图象模式放大 $q \times q$，对目前一般应用情况，令 $q=2$；为了优化算法重建图象的超分辨效果，采集 $p \geqslant q^2$ 帧低分辨率序列图象 $\boldsymbol{y}^l (l=1,2,\cdots,p)$，通过优化的频域图象配准操作（见 2.6.2 节的第 3 部分）精确测定帧间亚像元位移参数 $(\delta_1^l,\delta_2^l)(l=1,2,\cdots,p)$，力求位移参数标准化或接近标准化（见式(5.5.15)），若存在帧间旋转则进行了旋转补偿，其中第一帧 $\boldsymbol{y}^1$ 为参考帧，其位移参数 $\delta_1^l=\delta_2^l=0$；并且计及下采样混叠因素以及各种模糊和运动畸变等影响因素确定广义归一化点扩散函数 $\boldsymbol{h}_l (l=1,2,\cdots,p)$，适当设计二维支持域。RPOCS 算法流图如图 5.5.2 所示，主要步骤如下。

(1) 输入 p 帧低分辨率序列图象 $\boldsymbol{y}^l$、帧间位移参数 (δ_1^l,δ_2^l) 及其广义点扩散函数

$\boldsymbol{h}_l\ (l=1,2,\cdots,p)$，假定每帧在两正交坐标上的像素数为 $M\times M$；设置算法参数：置信度 $\boldsymbol{\delta}_l^1(m_1,m_2)=0.002$，根据噪声情况设置鲁棒阈值 $\boldsymbol{\delta}_l^2(m_1,m_2)$，根据抑制边缘振铃要求设置衰减因子 λ，令迭代次数 $n=0$。

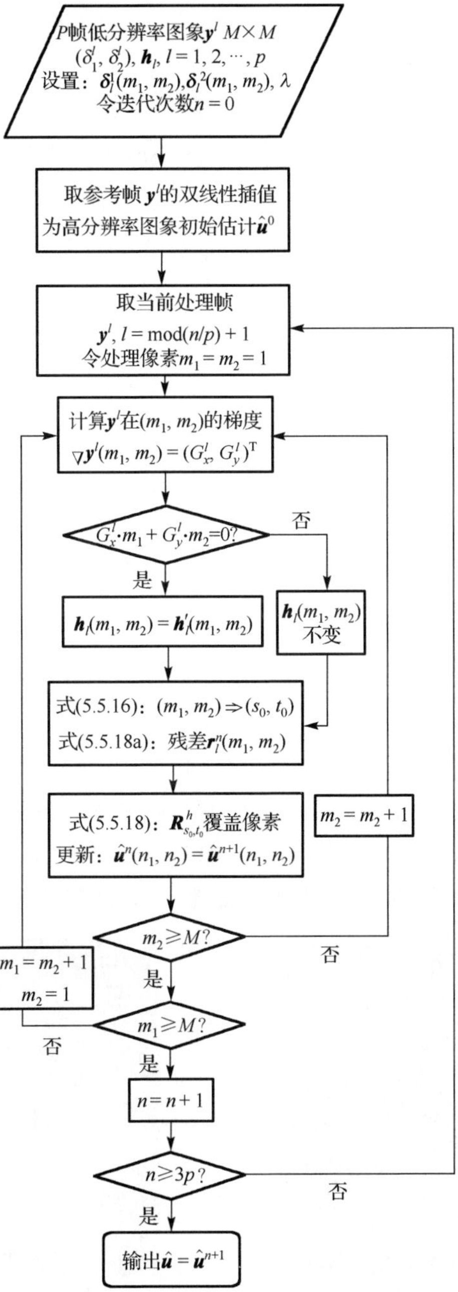

图 5.5.2　RPOCS 估计鲁棒算法流程图

(2) 取参考帧 $\boldsymbol{y}^1$ 的双线性插值图象为高分辨率图象初值估计 $\hat{\boldsymbol{u}}^0$。

(3) 取当前处理帧 $\boldsymbol{y}^l, l=\text{mod}(n/p)+1$，令当前处理像素坐标 $m_1=m_2=1$。

(4) 计算当前处理帧 $\boldsymbol{y}^l$ 在当前处理像素坐标 (m_1,m_2) 的梯度 $\nabla\boldsymbol{y}^l(m_1,m_2)=(G_x^l,G_y^l)^{\mathrm{T}}$，若式(5.5.20)成立，则判定 (m_1,m_2) 为边缘点，$\boldsymbol{h}_l(m_1,m_2)$ 被式(5.5.23)的 $\boldsymbol{h}_l'(m_1,m_2)$ 代替，否则 $\boldsymbol{h}_l(m_1,m_2)$ 保持不变。

(5) 利用式(5.5.16)计算 $\boldsymbol{y}^l$ 的被处理像素坐标 (m_1,m_2) 在当前高分辨率图象估计 $\hat{\boldsymbol{u}}^n$ 像素平面上的映射坐标 (s_0,t_0)，利用式(5.5.18a)计算卷积 $\hat{\boldsymbol{u}}^n*\boldsymbol{h}_l(s_0,t_0)$ 得到 $\boldsymbol{y}^l$ 的像素估计 $\hat{\boldsymbol{y}}_l^n(m_1,m_2)$ 及其与实际观测值 $\boldsymbol{y}^l(m_1,m_2)$ 之间的残差 $\boldsymbol{r}_l^n(m_1,m_2)$。

(6) 将残差 $\boldsymbol{r}_l^n(m_1,m_2)$ 反向投影到当前高分辨率图象 $\boldsymbol{u}^n$ 坐标平面上以 (s_0,t_0) 为中心、$\boldsymbol{R}_{s_0,t_0}^{\boldsymbol{h}_l}$ 覆盖的二维像素坐标 (n_1,n_2) 区域，利用式(5.5.18)对该区域的所有像素 $\hat{\boldsymbol{u}}^n(n_1,n_2)$ 逐个完成迭代运算，更新为 $\hat{\boldsymbol{u}}^{n+1}(n_1,n_2)$。

(7) 判断：若 $m_2<M$，则 $m_2=m_2+1$，返回步骤(4)；否则，继续。

(8) 判断：若 $m_1<M$，则令 $m_1=m_1+1$，$m_2=1$，返回步骤(4)；否则，令 $n=n+1$，继续。

(9) 判断：若 $n<3p$，则返回步骤(3)；否则，输出超分辨重建图象估计 $\hat{\boldsymbol{u}}=\hat{\boldsymbol{u}}^{n+1}$。

算法内层为像素的迭代，循环次数为 $3pM^2$，若 $p=4, M=256$，则共循环 786432 次。

5.5.4　实验结果及其分析

为了验证 RPOCS 估计鲁棒算法的鲁棒性能，给出两组仿真验证实验，分别如图 5.5.3 和图 5.5.4 所示。首先分别选取一帧原始高分辨率图象，见两图中的(a)；然后分别对所选的原始高分辨率图象(a)进行质量退化处理：先进行标准差为 5、支持域为 3×3 的高斯模糊，再进行 $(1/2)\times(1/2)$ 下采样操作，得到四帧具有帧间亚像元位移分别为(0,0)、(0,0.5)、(0.5,0)和(0.5,0.5)的低分辨率序列图象，其中参考帧的双线性插值图象分别见两图的(b)。由于版面限制，均 73%显示。

(a) 原始高分辨率图象

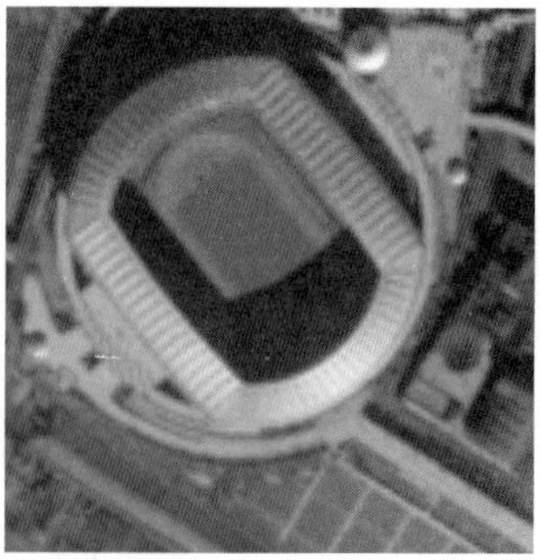
(b) 一帧退化图象的双线性插值图象

(c) 两帧输入(无配准误差)
RPOCS 算法结果

(d) 两帧输入(有配准误差)
RPOCS 算法结果

(e) 两帧输入(有配准误差)
POCS 算法结果

图 5.5.3　两帧输入 RPOCS 和 POCS 估计算法鲁棒性能仿真验证实验(73%显示)

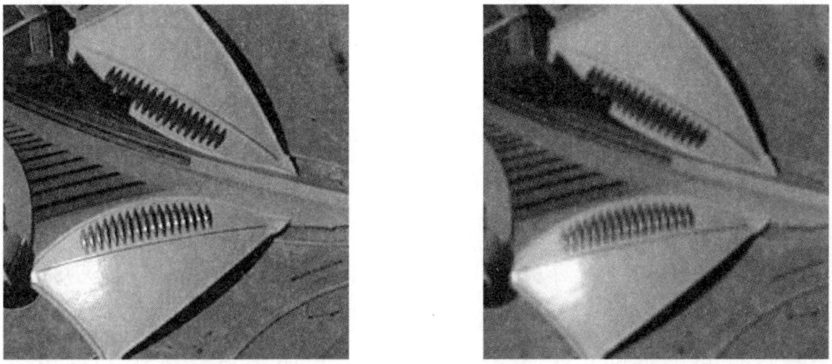

(a) 原始高分辨率图象

(b) 一帧退化图象的双线性插值图象

(c) 四帧输入(无配准误差)
RPOCS 算法结果

(d) 四帧输入(有配准误差)
RPOCS 算法结果

(e) 四帧输入(有配准误差)
POCS 算法结果

图 5.5.4　四帧输入 RPOCS 和 POCS 估计算法鲁棒性能仿真验证实验(73%显示)

图 5.5.3 所示的第一组实验是 RPOCS 估计鲁棒算法执行两帧输入的仿真验证实验结果：首先，从质量退化产生的四帧低分辨率序列图象中选取位移为(0,0)的参考帧，另外再任选一帧，执行两帧($p=2$)输入的 RPOCS 估计鲁棒算法，结果见图中

的(c)；然后，在两帧的亚像元位移中加入 0.4 像素的平移误差后，分别执行：有配准误差的 RPOCS 估计鲁棒算法和有配准误差的 POCS 估计基本算法，结果分别如图中的(d)、(e)所示。

图 5.5.4 所示的第二组实验是四帧输入的验证实验结果：将退化产生的 4 帧低分辨率图象均作为输入图象，其中位移为(0,0)的为参考帧，首先执行无配准误差的 RPOCS 估计鲁棒算法，结果见图中的(c)；然后，对其他三帧都加入 0.4 像素的随机平移误差后分别执行：有配准误差的 RPOCS 估计鲁棒算法和有配准误差的 POCS 估计基本算法，结果分别如图中的(d)、(e)所示。

由图 5.5.3 和图 5.5.4 可以看出，与(b)所示的输入图象比较，(c)、(d)所示的 RPOCS 估计鲁棒算法和(e)所示的 POCS 估计基本算法的输出图象的纹理都丰富很多，对比度和清晰度都有增强，表明图象分辨率都有提高，验证了两种算法具有图象超分辨处理功能；其中，(c)所示 RPOCS 估计鲁棒算法的处理效果最好，这是因为无论两帧输入还是四帧输入都无配准误差，四帧输入的非冗余信息量更多，其效果更好；(d)所示的 RPOCS 估计鲁棒算法的处理效果显然略有降低，但是降低很不明显，这是因为无论两帧输入还是四帧输入，虽然输入低分辨率序列图象之间有配准误差，但是 RPOCS 算法具有很好的鲁棒性，四帧输入中三帧有配准误差而两帧输入中只有一帧有配准误差，使四帧输入的处理效果降低得比较明显些；而(e)所示的有配准误差的 POCS 估计基本算法的处理效果降低非常明显，其中四帧输入的效果降低得最多，这表明 POCS 估计基本算法对帧间配准误差等变化缺乏 RPOCS 估计鲁棒算法所具有的稳定性。上述实验分析结果与所用算法效果的理论分析一致，通过效果分析和对比，不但验证了该类算法的图象超分辨重建功能，而且验证了 RPOCS 估计鲁棒算法具有很好的鲁棒性能。

为了给出 RPOCS 算法鲁棒性的数据证明，以图中原始高分辨率图象(a)为参考图象，可以分别计算出两组实验结果图象的 PSNR 值，如表 5.5.1 所示；同时，还可计算出实验结果图象的 SNR 值，如表 5.5.2 所示。对于 PSNR 值，相对于无配准误差的 RPOCS 估计鲁棒算法结果(c)的 PSNR 值，两帧、四帧输入的有配准误差的 RPOCS 估计鲁棒算法结果(d)的 PSNR 值降低很少，分别为 0.82%和 2.06%；而有同样配准误差的两帧、四帧输入 POCS 估计基本算法结果(e)的 PSNR 值降低很多，分别为 22.87%和 33.22%。对于 SNR 值，相对于无配准误差的 RPOCS 估计鲁棒算法结果(c)的 SNR 值，两帧、四帧输入的有配准误差的 RPOCS 估计鲁棒算法结果(d)的 SNR 值降低也很少，分别为 2.27%和 3.05%；而有同样配准误差的两帧、四帧输入 POCS 估计基本算法结果(e)的 SNR 值降低很多，分别为 43.17%和 53.30%。无论 PSNR 值还是 SNR 值，有配准误差的 RPOCS 估计鲁棒算法结果和 POCS 估计基本算法结果，四帧输入的都比两帧输入的降低更多，这是因为四帧输入中三帧有配准误差，而两帧输入中只有一帧有配准误差。可见，两组实验结果的 PSNR 值和 SNR 值分析对比，特别是与 POCS 估计基本算法结果比较，充分验证了 RPOCS 估计鲁棒算法具有很强的鲁棒性。

表 5.5.1　RPOCS 和 POCS 估计算法两组处理图象的 PSNR 比较　（单位：dB）

实验组别	(c)	(d)		(e)	
	计算数据	计算数据	降低/%	计算数据	降低/%
图 5.5.3	28.2462	28.0149	0.82	21.7857	22.87
图 5.5.4	31.3452	30.6986	2.06	20.9331	33.22

表 5.5.2　RPOCS 和 POCS 估计算法两组处理图象的 SNR 比较　（单位：dB）

实验组别	(c)	(d)		(e)	
	计算值	计算数据	降低/%	计算数据	降低/%
图 5.5.3	24.5627	24.0045	2.27	13.9598	43.17
图 5.5.4	24.9379	24.1772	3.05	10.8847	53.30

最后给出利用 RPOCS 估计鲁棒算法对三组图象的仿真实验结果，如图 5.5.5 所示，其中，左图为高分辨率初始图象，中图是分别对高分辨率初始图象经模糊处理后再进行 (1/2)×(1/2) 下采样得到的四帧低分辨率序列图象中一帧双线性值图象，右图是 RPOCS 估计鲁棒算法分别对三组 4 帧低分辨率序列图象进行处理后输出的超分辨重建图象。

第一组

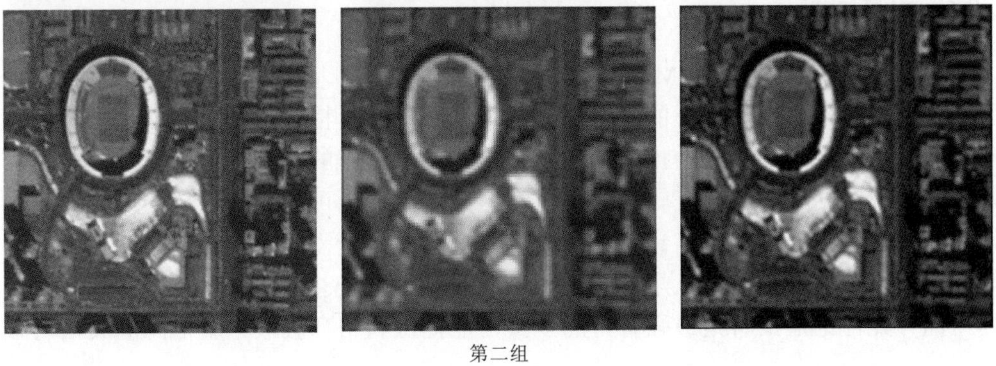

第二组

第三组

图 5.5.5 RPOCS 估计鲁棒算法超分辨处理实验结果(72%显示)

由图 5.5.5 可以看出，RPOCS 估计鲁棒算法超分辨处理后的三组右侧输出重建的结果图象，与中间的同组被处理的输入低分辨率图象的双线性插值图象比较，质量均有显著的提高，图象纹理丰富了，形态改善了，图象分辨率、对比度和清晰度均有明显提高。分别以左侧的原高分辨率图象为参考图象，可以分别计算出三组中间的算法输入低分辨率图象的双线性插值图象和右侧的算法输出重建超分辨图象的峰值信噪比，如表 5.5.3 所示，由表中的 PSNR 数据可以看出，RPOCS 估计鲁棒算法可以将图象 PSNR 大约提高 10dB。

表 5.5.3 图 5.5.5 中 RPOCS 估计鲁棒算法处理图象的 PSNR 比较 (单位：dB)

实验组别	输入双线性插值图象(中图)	输出重建超分辨图象(右图)	输出重建图象 PSNR 提高值
第一组	20.3880	30.9535	10.5655
第二组	20.5864	30.2944	9.708
第三组	19.9947	30.1584	10.1637

5.6 PMAP/POCS 融合最优算法的建立及其实验研究

5.6.1 引言

基于统计推断理论的 PMAP 估计图象超分辨重建和基于集合理论的 POCS 估计图象超分辨重建是两种优秀的图象超分辨技术，各有其特点。PMAP 估计图象超分辨重建技术，具有基于统计推断的严格理论框架、良好的收敛性以及解的唯一性，方法灵活且对高频成分具有较强的恢复和增强能力，也可以正则化项的形式汲取先验信息，但是更多的先验信息难以融合进去，并且一般需要上百次迭代才能达到收敛；而 POCS 估计图象超分辨重建技术，拥有集理论框架和多个凸集交集的解空间，且当拥有集理论框架时是最强有力的工具，能提供利用和汲取先验信息的灵活有效方法，更易于吸收先验信息，可适用于图象模糊类型是线性移不变(LSI)的或线性移变(LSV)的，算法收敛需要的迭代次数较少，一般迭代 3 次就可达到较好的超分辨效果，缺点是其解不具有唯一性，计算速度较慢，且对高分辨率图象初始估计的依赖性较大，好的初始估计可以获得更好的超分辨重建效果和更快的收敛速度。因此，PMAP 与 POCS 两种估计超分辨重建技术的特点具有互补性。

Schultz 和 Stevenson 较早对 MAP/POCS 融合问题进行了研究，见文献(Schultz et al.，1996)。Elad 和 Feuer 提出了基于混合 ML/MAP/POCS 的融合图象超分辨重建方法(Elad et al.，1997)，利用基于概率统计理论的 ML/MAP 重建方法将图象超分辨重建作为一个统计推断问题，同时利用基于集合理论的 POCS 重建方法将其凸集投影对解空间进行限制。文献(Supratik et al.，2000)将 PML 与 POCS 两种超分辨方法进行相互交替迭代，获得了较好的超分辨效果，但是在 5.4 节里已经通过理论和实验证明：PML 方法效果要逊于 PMAP 方法，而且边缘振铃现象比较严重。文献(Keightley et al.，1995；Binghua et al.，2003)等对 MAP/POCS 融合算法进行了研究，也取得了较好的超分辨效果，但是对 PMAP 估计算法具有一定的限制条件。

为了充分发挥 PMAP 与 POCS 两类图象超分辨重建技术的优点，需要利用两者的互补性把这两类超分辨重建技术结合起来，建立更有效的 PMAP 与 POCS 融合图象超分辨重建技术。其主体思想：利用 PMAP 估计方法的灵活性且对高频成分具有较强恢复和增强能力的特点将其进行拓展，使其包含 POCS；同时利用 POCS 估计方法易于汲取先验信息且可用于 LSV 模糊的特点，对其限制凸集进行改进，使之能用于限制 PMAP 的解空间，从而使两个超分辨技术的优点有机地融合起来，特别是将两类技术中各自最优秀的算法融合起来，建立基于统计推断理论和集合理论的最高效的空域图象融合超分辨重建算法，力图使融合的算法效果更好、速度更快、适应性更高、鲁棒性更强。

本节首先介绍有关 PMAP 估计与 POCS 估计两类图象超分辨重建技术融合的基础理论，然后重点阐述和建立两者最优的融合算法，将改进的 PMAP 超分辨重建方法，即 RGPMAP 估计鲁棒性扩展算法，与改进的 POCS 超分辨重建方法，即 RPOCS 估计鲁棒算法，进行融合，建立最优的 RGPMAP-RPOCS 空域图象融合超分辨算法，最后对所建立的融合最优算法进行仿真验证实验，利用分辨率等级测试图象的性能考查实验，并且通过输入两帧真实观测图象的应用效果实验表明所建立的融合最优算法能够被实际应用。

5.6.2　PMAP/POCS 融合的理论基础

PMAP 与 POCS 两类方法的融合问题可由 MAP 估计基本算法与 POCS 估计基本算法的融合问题导入。基于统计推断理论的 MAP 估计与基于集合理论的 POCS

估计两种基本算法的融合问题，可以从 5.4 节的式(5.4.4)给出的贝叶斯公式引入，现将该公式重写为

$$P(\boldsymbol{u} \mid \boldsymbol{y}) = \frac{P(\boldsymbol{y} \mid \boldsymbol{u})P(\boldsymbol{u})}{P(\boldsymbol{y})} \tag{5.6.1}$$

式中，高分辨率图象 $\boldsymbol{u}$ 的后验概率 $P(\boldsymbol{u} \mid \boldsymbol{y})$、类概率分布 $P(\boldsymbol{y} \mid \boldsymbol{u})$ 与先验概率 $P(\boldsymbol{u})$ 均服从高斯分布。通过 $\boldsymbol{u}$ 的选择使后验概率 $P(\boldsymbol{u} \mid \boldsymbol{y})$ 即能量函数

$$\boldsymbol{e}^2 = \max_{\boldsymbol{u}} \left\{ \ln(P(\boldsymbol{y} \mid \boldsymbol{u})) + \ln(P(\boldsymbol{u})) \right\} \tag{5.6.2}$$

最大化，且满足条件

$$\boldsymbol{u} \in \boldsymbol{C}_{\boldsymbol{k}},\ k = 1, 2, \cdots, M \tag{5.6.3}$$

式中，C_k 表示第 k 个限制凸集，相应的投影算子表示为 $\boldsymbol{P}_k$；M 为限制凸集的数目。

对于 POCS 估计，有多种限制凸集 $\boldsymbol{C}_k$ 对解进行约束，如数据一致性限制凸集、平滑限制凸集等。对于数据一致性限制凸集，基于 L_2 范数可以得到如下椭圆限制凸集

$$\boldsymbol{C}_l = \left\{ \boldsymbol{u} \middle| \left\| \boldsymbol{D}_l \boldsymbol{H}_l \boldsymbol{M}_l \boldsymbol{u} - \boldsymbol{y}^l \right\|_{W_l}^2 \leqslant 1 \right\} \tag{5.6.4}$$

式中，l 为帧序号，如果图象噪声为加性白噪声，则 $W_l = \sigma_l^{-2} I$。

基于 L_∞ 距离范数的数据一致性限制凸集为

$$\boldsymbol{C}_l = \left\{ \boldsymbol{u} \middle| \left| \boldsymbol{D}_l \boldsymbol{H}_l \boldsymbol{M}_l \boldsymbol{u}(m,n) - \boldsymbol{y}^l(m,n) \right| \leqslant \boldsymbol{\delta}_l(m,n) \right\} \tag{5.6.5}$$

式中，l 为帧序号；(m,n) 为像素坐标。该限制凸集实际为具有多个顶点的凸多面体。

对于基于拉普拉斯算子和权矩阵 $\boldsymbol{V}$ 的平滑限制凸集，利用 L_2 范数可以表示为

$$\boldsymbol{C}_S = \left\{ \boldsymbol{u} \middle| \left\| \boldsymbol{S}\boldsymbol{u} \right\|_V^2 \leqslant 1 \right\} \tag{5.6.6}$$

而利用 L_∞ 范数可以表示为

$$\boldsymbol{C}_S(m,n) = \left\{ \boldsymbol{u} \middle| \left| [\boldsymbol{S}\boldsymbol{u}](m,n) \right| \leqslant \delta_0 \right\} \tag{5.6.7}$$

显然，式(5.6.4)和式(5.6.6)所定义的是椭圆形限制凸集集合。对于椭圆限制凸集的求解是非常复杂的计算过程，一个可行的方法是选取这些椭圆交集的中心作为 POCS 估计的解，其椭圆交集中心是如下线性方程

$$\boldsymbol{R}\hat{\boldsymbol{u}} = \boldsymbol{P} \tag{5.6.8}$$

的解，式中

$$\boldsymbol{R} = \rho_0 \boldsymbol{S}^{\mathrm{T}} \boldsymbol{V} \boldsymbol{S} + \sum_{l=1}^{p} \rho_l \boldsymbol{H}_l^{\mathrm{T}} \boldsymbol{W}_l \boldsymbol{H}_l \tag{5.6.9}$$

$$\boldsymbol{P} = \sum_{l=1}^{p} \rho_l \boldsymbol{H}_l^{\mathrm{T}} \boldsymbol{W}_l \boldsymbol{H} \boldsymbol{Y}^l \tag{5.6.10}$$

式中，p 为输入低分辨率序列图象的帧数；ρ_k 满足条件：$\rho_k \geqslant 0$，且 $\sum_{l=1}^{p}\rho_l \leqslant 1$，不同的 ρ_l 对应不同的限制椭圆，当所有的 ρ_l 都相等时，其解相当于 ML 和 MAP 估计算法的解，可以利用 ML 和 MAP 的迭代运算方法(最速梯度下降法、共轭梯度法、高斯-塞德尔迭代法等)进行计算。这说明基于二次凸集约束的 POCS 估计和 MAP 估计两类算法在一定条件下是相通的。

而由式(5.6.5)和式(5.6.7)定义的是凸多面体集合，对凸多面体凸集限制的求解要容易得多，参数设置变得简单，同时也免去了大型矩阵的计算。

所以，式(5.6.2)和式(5.6.3)所示的基于统计推断理论和集合理论的图象空域融合超分辨重建方法，能够利用所有需要的凸集限制条件，汲取先验信息，并收敛于唯一解。

对于泊松分布的图象 PMAP 统计推断方法，除了具有 MAP 估计方法的特点，还具有灵活且对高频成分具有较强恢复和增强能力的优点，但是达到收敛需要的迭代次数更多，甚至需要几百次。将 PMAP 与 POCS 融合起来，既能获得更好的超分辨效果，同样又能减少迭代次数，得到唯一的最优解。

类似于 MAP 与 POCS 的融合方法，PMAP 与 POCS 融合超分辨问题可以描述如下。

对通过高分辨率图象 $\boldsymbol{u}$ 的选择使后验概率 $P(\boldsymbol{u}|\boldsymbol{y})$ 最大化的能量函数式(5.6.2)及其限制条件式(5.6.3)，其中 $P(\boldsymbol{u}|\boldsymbol{y})$、$P(\boldsymbol{y}|\boldsymbol{u})$ 与 $P(\boldsymbol{u})$ 均服从泊松分布，C_k 表示第 k 个凸集，相应的投影算子表示为 $\boldsymbol{P}_k$，M 为凸集限制数目。令 $\boldsymbol{C}_0 = \bigcap_{k=1}^{M}\boldsymbol{C}_k$，即 $\boldsymbol{C}_0$ 为 M 个闭凸集的交集，则该交集仍为闭凸集，相应的投影算子表示为 $\boldsymbol{P}_0$，则限制条件可以表示为 $\boldsymbol{u}\in\boldsymbol{C}_0$。因此，POCS 估计基本迭代公式可以表示为

$$\hat{\boldsymbol{u}}^{n+1} = P_M \cdots P_2 P_1 \hat{\boldsymbol{u}}^n = P_0 \hat{\boldsymbol{u}}^n \tag{5.6.11}$$

RPOCS 估计鲁棒算法，增加了鲁棒性，并能通过修改定义在边缘像素坐标的广义归一化点扩散函数抑制边缘振铃的出现。RPOCS 主要利用基于 L_∞ 距离范数的数据一致性凸集限制条件，其为非椭圆凸集限制，而在融合算法中，还加入如下幅度限制凸集 $\boldsymbol{C}_A$，即

$$\boldsymbol{C}_A = \left\{ u \Big|_{0\leqslant \boldsymbol{u}(x,y)\leqslant 255} \right\} \tag{5.6.12}$$

式中，(x,y) 为图象像素坐标。对应的投影算子为

$$P_A\hat{\boldsymbol{u}}(x,y) = \begin{cases} 0, & \hat{\boldsymbol{u}}(x,y) < 0 \\ \hat{\boldsymbol{u}}(x,y), & 0 \leqslant \hat{\boldsymbol{u}}(x,y) \leqslant 255 \\ 255, & \hat{\boldsymbol{u}}(x,y) > 255 \end{cases} \tag{5.6.13}$$

5.6.3　PMAP/POCS 融合最优算法的建立

PMAP 和 POCS 两种图象超分辨重建技术融合的主导思想：利用 PMAP 算法的灵活性，并且拓展使其包含改进的 POCS 算法；改进 POCS 算法的限制凸集，使之限制 PMAP 的解空间，以便尽快逼近真解。经过艰苦的理论分析和实验研究，可以建立 PMAP/POCS 融合优化多级图象超分辨重建技术实施方案，如图 5.6.1 所示。

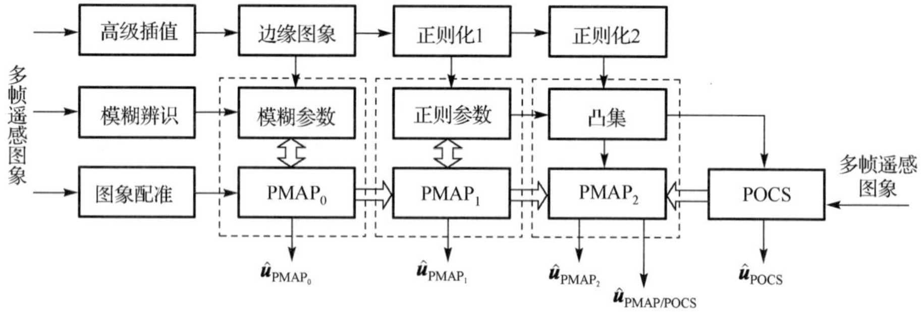

图 5.6.1　PMAP/POCS 融合优化多级图象超分辨算法实施方案框图

在图 5.6.1 所示的 PMAP/POCS 融合优化多级图象超分辨重建技术实施方案中，对输入的多帧遥感低分辨率序列图象，经过帧间配准、模糊辨识和高级插值等操作，改进的 PMAP 估计算法经过三级运算，其中包括抑制振铃和正则化环节对算法进行优化，每级都可以有超分辨重建图象输出；同时，POCS 估计算法从输入的多帧遥感低分辨率序列图象中提取边缘等有益信息，改进限制凸集，使之有利于与 PMAP 估计算法进行融合运算，减少迭代次数，提高运算效率，得到最优唯一解；最后，改进的 PMAP 估计算法与改进的 POCS 估计算法执行融合操作，通过有限的循环迭代运算，输出最优的融合超分辨重建图象。

假定 PMAP 估计算法对应的超分辨算子表示为 I_0，而 POCS 估计算法对应的限制凸集表示为 $C_k(k=1,2,\cdots,M)$，其对应的投影算子为 $P_k(k=1,2,\cdots,M)$，且令 $P_0=P_MP_{M-1}\cdots P_1$，则两类算法在融合顺序上可以有两种方法，分别表示为

$$\hat{\boldsymbol{u}}^{N+1}=P_M\cdots P_1I_0\hat{\boldsymbol{u}}^N=P_0I_0\hat{\boldsymbol{u}}^N,\quad N=0,1,2,\cdots \tag{5.6.14}$$

或者

$$\hat{\boldsymbol{u}}^{N+1}=I_0P_M\cdots P_1\hat{\boldsymbol{u}}^N=I_0P_0\hat{\boldsymbol{u}}^N,\quad N=0,1,2,\cdots \tag{5.6.15}$$

式中，上标 N 为融合算法的循环迭代次数。式(5.6.14)表示，在 $N=0$ 时，先将一帧低分辨率图象的双线性插值图象作为 PMAP 估计算法的高分辨率图象初始估计 $\hat{\boldsymbol{u}}^0$，执行一次 PMAP 估计算法的所有操作；再将其输出作为 POCS 估计算法的高分辨率图象初始估计 $\hat{\boldsymbol{u}}^0$，执行一次 POCS 估计算法的所有操作；然后令 $N=N+1$，进行循环迭代运算，直到融合算法收敛，输出高分辨率图象估计 $\hat{\boldsymbol{u}}=\hat{\boldsymbol{u}}^{N+1}$。而式(5.6.15)表示，执行顺序相反，

在 $N=0$ 时，先将一帧低分辨率图象的双线性插值图象作为 POCS 估计算法的高分辨率图象初始估计 $\hat{\boldsymbol{u}}^0$，执行一次 POCS 估计算法的所有操作；再将其输出作为 PMAP 估计算法的高分辨率图象初始估计 $\hat{\boldsymbol{u}}^0$，执行一次 PMAP 估计算法的所有操作；然后令 $N=N+1$，进行循环迭代运算，直到融合算法收敛，输出高分辨率图象估计 $\hat{\boldsymbol{u}}=\hat{\boldsymbol{u}}^{N+1}$。

在 5.4 节里，通过对所建立的 PMAP 估计基本算法进行扩展和鲁棒化，得到了最优的 RGPMAP 估计鲁棒扩展算法，其中还附加了正则化项，可以视为图 5.6.1 中对 PMAP 估计基本算法三级优化的结果，其逐帧输入的迭代算法模型如式(5.4.52)所示，重写为

$$\hat{\boldsymbol{u}}^{n+1}=\hat{\boldsymbol{u}}^n\exp\left(\boldsymbol{S}_l\boldsymbol{M}_l^{\mathrm{T}}\boldsymbol{H}_l^{\mathrm{T}}\boldsymbol{D}_l^{\mathrm{T}}\left(\frac{\boldsymbol{y}^l}{\boldsymbol{D}_l\boldsymbol{H}_l\boldsymbol{M}_l\hat{\boldsymbol{u}}^n}-1\right)+\lambda\operatorname{div}\left(c\left(\left|\nabla\hat{\boldsymbol{u}}^n\right|\right)\nabla\hat{\boldsymbol{u}}^n\right)\right),\quad n=0,1,2,\cdots,\quad l=\operatorname{mod}(n/p)+1 \tag{5.6.16}$$

式中，p 为输入低分辨率序列图象的帧数；n 为迭代次数。

在 5.5 节里，通过对 POCS 估计算法模型进行鲁棒化，得到 RPOCS 估计鲁棒算法，可以视为图 5.6.1 中对 POCS 估计基本算法优化的结果，其迭代算法模型如式(5.5.18)和式(5.5.18a)所示，迭代公式重写为

$$\hat{\boldsymbol{u}}^{n+1}(n_1,n_2)=\hat{\boldsymbol{u}}^n(n_1,n_2)+\begin{cases}\dfrac{\boldsymbol{r}_l^n(m_1,m_2)-\boldsymbol{\delta}_l(m_1,m_2)\boldsymbol{h}_l(s_0,t_0,n_1,n_2)}{\sum_{(n_1,n_2)\in\boldsymbol{R}_{s_0,t_0}^{\boldsymbol{h}_l}}\boldsymbol{h}_l^2(s_0,t_0,n_1,n_2)}, & \boldsymbol{\delta}_l^1(m_1,m_2)<\boldsymbol{r}_l^n(m_1,m_2)<\boldsymbol{\delta}_l^2(m_1,m_2)\\ 0, & \left|\boldsymbol{r}_l^n(m_1,m_2)\right|\leqslant\boldsymbol{\delta}_l^1(m_1,m_2)\text{ 或 }\left|\boldsymbol{r}_l^n(m_1,m_2)\right|\geqslant\boldsymbol{\delta}_l^2(m_1,m_2)\\ \dfrac{\boldsymbol{r}_l^n(m_1,m_2)+\boldsymbol{\delta}_l(m_1,m_2)\boldsymbol{h}_l(s_0,t_0,n_1,n_2)}{\sum_{(n_1,n_2)\in\boldsymbol{R}_{s_0,t_0}^{\boldsymbol{h}_l}}\boldsymbol{h}_l^2(s_0,t_0,n_1,n_2)}, & -\boldsymbol{\delta}_l^1(m_1,m_2)>\boldsymbol{r}_l^n(m_1,m_2)>-\boldsymbol{\delta}_l^2(m_1,m_2)\end{cases} \tag{5.6.17}$$

$$(m_1,m_2)\in\boldsymbol{y}^l,\quad (n_1,n_2)\in\boldsymbol{R}_{s_0,t_0}^{\boldsymbol{h}_l},\quad s_0=qm_1+\left\lfloor q\boldsymbol{\delta}_1^l+0.5\right\rfloor,\quad t_0=qm_2+\left\lfloor q\boldsymbol{\delta}_2^l+0.5\right\rfloor,\quad n=0,1,2,\cdots,l=\operatorname{mod}(n/p)+1$$

式中，$\boldsymbol{\delta}_l^1(m_1,m_2)$ 是观测图象 $\boldsymbol{y}^l$ 在像素坐标 (m_1,m_2) 的置信度；$\boldsymbol{\delta}_l^2(m_1,m_2)$ 是残差 $\boldsymbol{r}_l^n(m_1,m_2)$ 的鲁棒阈值；残差 $\boldsymbol{r}_l^n(m_1,m_2)$ 为

$$\boldsymbol{r}_l^n(m_1,m_2)=\boldsymbol{y}^l(m_1,m_2)-\hat{\boldsymbol{y}}_l^n(m_1,m_2)=\boldsymbol{y}^l(m_1,m_2)-\hat{\boldsymbol{u}}^n*\boldsymbol{h}_l(s_0,t_0) \tag{5.6.17a}$$

为了抑制边缘振铃的出现，广义归一化点扩散函数 $\boldsymbol{h}_l$ 在边缘像素坐标 (m_1,m_2) 即其高分辨率影射像素坐标 (s_0,t_0) 上修改为(见式(5.5.23))

$$\begin{aligned}\boldsymbol{h}_l'(s_0,t_0)&=\boldsymbol{h}_l(s_0,t_0)\cdot c(n_1,n_2)=\boldsymbol{h}_l(s_0,t_0)\cdot\mathrm{e}^{-\lambda d}\\&=\boldsymbol{h}_l(s_0,t_0)\cdot\mathrm{e}^{-\lambda\left|G_x\cdot n_1+G_y\cdot n_2\right|/\left(\left|G_x\right|+\left|G_y\right|\right)},\quad (n_1,n_2)\in R_{s_0,t_0}^{\boldsymbol{h}_l}\end{aligned} \tag{5.6.18}$$

式中，$\boldsymbol{R}_{s_0,t_0}^{\boldsymbol{h}_l}$ 为 $\boldsymbol{h}_l$ 的中心在 (s_0,t_0) 的二维支持域。

关于 PMAP/POCS 两类图象超分辨重建技术融合优化问题的研究，现在进展到两类改进的最优算法即 RGPMAP 估计鲁棒扩展算法与 RPOCS 估计鲁棒算法的融合优

化问题。根据式(5.6.14)和式(5.6.15)，RGPMAP/RPOCS 两种图象超分辨重建算法在其融合超分辨算法中有先后两种不同的执行顺序，分别如图 5.6.2 和图 5.6.3 所示。

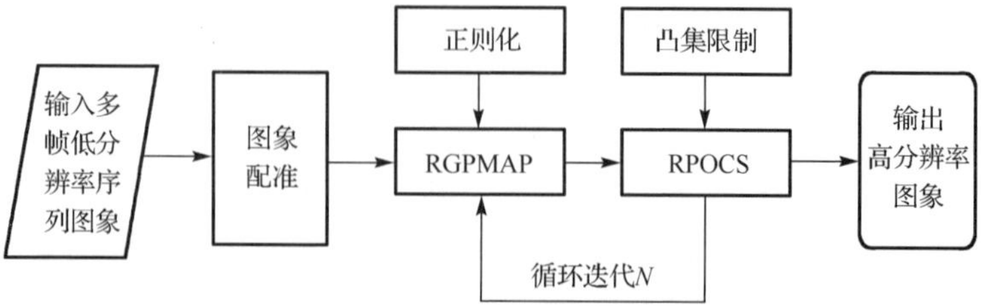

图 5.6.2　RGPMAP-RPOCS 融合方法示意图(一)

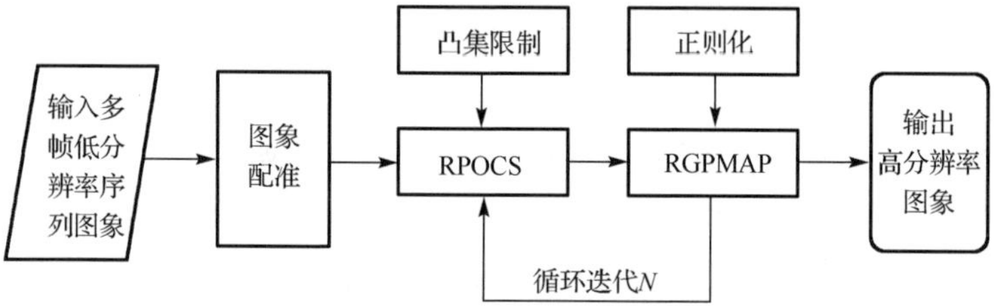

图 5.6.3　RPOCS-RGPMAP 融合方法示意图(二)

图 5.6.2 所示的融合方法：对经过图象配准等操作的输入多帧低分辨率序列图象，作为一个循环，先执行 RGPMAP 后执行 RPOCS，然后进行循环迭代，直到融合算法收敛，输出融合算法重建的超分辨图象，称为 RGPMAP-RPOCS 融合融合迭代算法；而图 5.6.3 所示的融合方法：对经过图象配准等操作的输入多帧低分辨率序列图象，作为一个循环，先执行 RPOCS 后执行 RGPMAP，然后进行循环迭代，直到融合算法收敛，输出融合算法重建的超分辨图象，称为 RPOCS-RGPMAP 图象融合迭代算法。

由于 RPOCS 估计鲁棒算法的图象超分辨重建效果对高分辨率图象初始估计的依赖性较大，所以从理论上讲，先执行 RGPMAP 的第一种融合方法，以便给 RPOCS 算法提供较好的高分辨率初始图象，最终输出超分辨重建图象的效果要优于先执行 RPOCS 的第二种融合方法。但是，这还需要 RGPMAP-RPOCS 和 RPOCS-RGPMAP 两种融合方法实验结果的比较来证明，实验方法如下。

对于第一种 RGPMAP-RPOCS 融合方法，在对输入的低分辨率序列图象经过图象配准操作得到各帧对参考帧的配准参数后，首先令迭代次数 $N=0$，取参考帧的双线性插值图象作为 RGPMAP 算法的高分辨率图象初始估计 $\hat{\boldsymbol{u}}^0$，在 RGPMAP 算法内执行一次完整的迭代运算，获得 RGPMAP 算法的高分辨率输出图象；再将该输出图象作为 RPOCS 算法的高分辨率图象初始估计，在 RPOCS 算法内执行一次完整的迭代运算，获得 RPOCS 算法的高分辨率输出图象；然后，令 $N=N+1$，将 RPOCS 算法输出图象作为 RGPMAP 算法的高分辨率图象初始估计 $\hat{\boldsymbol{u}}^N$，返回，进行循环迭代运算，直到收敛，输出融合算法重建的超分辨图象。对于第二种 RPOCS-RGPMAP 融合方法，在对输入的低分辨率序列图象经过图象配准操作得到各帧对参考帧的配准参数后，首先令迭代次数 $N=0$，将参考帧的双线性插值图象作为 RPOCS 算法的高分辨率图象初始估计 $\hat{\boldsymbol{u}}^0$，在 RPOCS 算法内执行一次完整的迭代运算，获得 RPOCS 算法的高分辨率输出图象；再将该输出图象作为 RGPMAP 算法的高分辨率图象初始估计，在 RGPMAP 算法内执行一次完整的迭代运算，获得 RGPMAP 算法的高分辨率输出图象；然后，令 $N=N+1$，将 RGPMAP 算法输出图象作为 RPOCS 算法的高分辨率图象初始估计 $\hat{\boldsymbol{u}}^N$，返回，进行循环迭代运算，直到收敛，输出融合算法重建的超分辨图象。这里强调指出，实验中的两种融合方法在一次循环迭代中分别执行一次基本运算，即算法所有输入低分辨率序列图象的操作均执行一次，无遗漏也无重复操作。

利用图 5.6.4 中六帧原始高分辨率测试图象，对上述 RGPMAP-RPOCS 和 RPOCS-RGPMAP 两种融合方法进行仿真实验。首先对每帧原始高分辨率测试图象执行方差为 1.2、支持域为 3×3 的高斯模糊操作后，再对行和列分别进行 1/2 下采样，分别得到六组低分辨率序列图象，各组四帧帧间位移依次为 (0,0)、(0.5,0)、(0,0.5)、(0.5,0.5)，六组的编号：对应图 5.6.4 中的原始高分辨率测试图象，上排从左到右属于一组、二组、三组，下排从左到右属于四组、五组、六组；然后，将这样模拟真实成像过程退化产生的六组低分辨率序列图象分别作为输入图象，按照上述实验方法分别执行两种融合方法的操作，而在程序中均以原图象为参考图象自动计算和输出每次迭代结果图象的 PSNR 值，分别如表 5.6.1 和表 5.6.2 所示，图 5.6.5 给出两种融合方法六组迭代图象的 PSNR 平均值与迭代次数的关系曲线。

图 5.6.4　六帧原始高分辨率测试图象

表 5.6.1　RGPMAP-RPOCS 融合方法六组测试迭代图象的 PSNR　（单位：dB）

迭代次数 N	一组	二组	三组	四组	五组	六组	平　均
1	37.8962	37.9373	37.9160	37.9008	37.9301	37.9492	37.9216
2	39.0915	39.2514	39.2396	39.2723	39.1983	39.3575	39.2351
3	39.7500	39.9343	39.9165	39.9145	39.9310	40.0599	39.9177
4	40.2733	40.4314	40.3723	40.3524	40.3821	40.4049	40.3694
5	40.6621	40.7906	40.6957	40.7319	40.7023	40.6354	40.7030
6	40.7609	40.9156	40.8623	40.8689	40.8653	40.9206	40.8656
7	40.8984	40.9810	40.9455	40.9331	40.9049	40.8991	40.9270
8	40.9162	41.0773	40.9560	40.9575	40.9464	40.8640	40.9529
9	40.9374	41.1175	40.9572	40.9610	40.9610	40.8145	40.9581
10	40.9570	41.1571	40.9679	40.9617	40.9632	40.7729	40.9633

表 5.6.2　RPOCS-RGPMAP 融合方法六组测试迭代图象的 PSNR　（单位：dB）

迭代次数 N	一组	二组	三组	四组	五组	六组	平　均
1	37.4408	37.4948	37.4934	37.4565	37.4906	37.4097	37.4643
2	38.7611	38.8916	38.8633	38.8883	38.8551	38.9042	38.8606
3	39.5517	39.6351	39.5637	39.5751	39.5992	39.6410	39.5943
4	39.8509	40.1694	40.0499	40.0172	40.0808	40.2956	40.0773
5	40.3691	40.5810	40.4471	40.3926	40.4675	40.3311	40.4314
6	40.5922	40.6756	40.6894	40.6251	40.6022	40.4575	40.6070
7	40.7121	40.7701	40.7930	40.7486	40.7182	40.6416	40.7306
8	40.8006	40.8629	40.8247	40.8200	40.8198	40.7770	40.8175
9	40.8355	40.8891	40.8559	40.8672	40.8565	40.8984	40.8671
10	40.8577	40.8943	40.8746	40.8828	40.8750	40.8584	40.8738

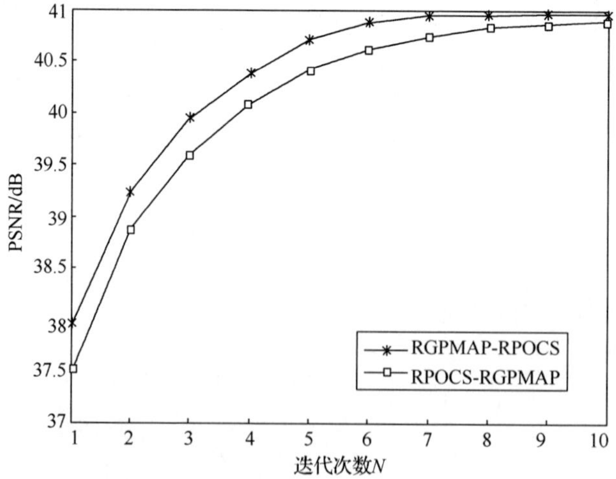

图 5.6.5　两种融合方法六组迭代图象 PSNR 均值与迭代次数 N 的关系曲线

由表 5.6.1 和表 5.6.2 的 PSNR 数据以及图 5.6.5 的 PSNR 均值与 N 的关系曲线，可得出以下结论。

(1) RGPMAP-RPOCS 和 RPOCS-RGPMAP 两种融合方法，尽管两类算法在一次循环迭代中均执行一次基本运算，无重复操作，但是随着迭代次数 N 的增加，重建图象的 PSNR 都在增长，这表明两种融合方法都能得到较好的效果，都能实现图象超分辨重建。

(2) 在相同迭代次数 N 的情况下，第一种即 RGPMAP-RPOCS 融合方法的超分辨重建图象的 PSNR 均值稍高于第二种即 RPOCS-RGPMAP 融合方法的超分辨重建图象的 PSNR 均值，当 $N=1$ 时，第一种融合方法的 PSNR 均值高 0.4573dB，随着迭代次数 N 的增加，差别逐渐减少，当 $N=10$ 时，第一种融合方法的 PSNR 均值还高 0.0895dB。

(3) RGPMAP-RPOCS 和 RPOCS-RGPMAP 两种融合方法的循环迭代收敛的次数：第一种 RGPMAP-RPOCS 方法迭代收敛次数为 $N=8$～9 次，而第二种 RPOCS-RGPMAP 方法迭代收敛次数为 $N=9$～10 次，可见，第一种方法收敛较快。

因此，根据上述实验结果的数据分析，第一种 RGPMAP-RPOCS 融合方法，不但效果较好，而且收敛较快，可以得到结论：RGPMAP-RPOCS 融合方法优于 RPOCS-RGPMAP 融合方法。这是在一次大循环迭代运算中，对两类算法的基本操作分别执行一次得到的。

显然，还可以改变两类算法的基本操作在一次循环迭代中执行次数，以求更优的图象超分辨重建结果，即在确定采用较优的 RGPMAP-RPOCS 融合方法后，还需要进一步确定在其一次大的循环迭代运算中两类算法的基本操作较优的运算次数即小的迭代次数，进而进一步确定最优的大循环迭代次数。为此，仍然使用实验的方法。

假设在 RGPMAP-RPOCS 融合方法的一次大循环迭代 N 中， RGPMAP 算法基本操作执行 m 次迭代运算，而 RPOCS 算法基本操作执行 n 次迭代运算。首先，为确定 n 的值，令 $m=1$， n 依次取 1、2、5 等，分别表示为 RGPMAP-RPOCS-1、RGPMAP-RPOCS-2 和 RGPMAP-RPOCS-5。仍然利用图 5.6.4 所示的六帧原始高分辨率测试图象进行实验，同样，首先对其中每帧分别进行方差为 1.2、支持域为 3×3 的高斯模糊操作后，再对行和列进行 1/2 下采样，得到六组低分辨率序列图象，各组四帧帧间位移依次为(0,0)、(0.5,0)、(0,0.5)、(0.5,0.5)，六组的编号也与上述实验中相同；然后，将所得到的六组各四帧低分辨率序列图象分别作为输入图象，依次执行 RGPMAP-RPOCS-1、RGPMAP-RPOCS-2 和 RGPMAP-RPOCS-5 等三种迭代算法操作，令迭代次数 $N=1,2,3,4,5$ ，即进行 5 次大循环的迭代运算，同时在运算过程中以原图象为参考图象自动计算和输出每次循环迭代重建图象的 PSNR 以及六组的 PSNR 平均值，如表 5.6.3～表 5.6.5 所示，而图 5.6.6 给出六组迭代图象的 PSNR 平均值与迭代次数 N 的三个关系曲线。由图 5.6.6 可以看出，当一次循环迭代中 RPOCS 的基本操作执行迭代次数 $n=5$ 与 $n=2$ 的 PSNR 均值曲线基本重合，而 $n=1$

与 $n=2$ 的 PSNR 值差别也很小，迭代次数 $N=5$ 时相差只有 0.0424dB，考虑到 RPOCS 算法基本操作的耗费时间较多，因此设置 $n=1$。

表 5.6.3　RGPMAP-RPOCS-1 (m=1) 融合算法六组测试迭代图象的 PSNR　(单位：dB)

迭代次数 N	一组	二组	三组	四组	五组	六组	平　均
1	37.9327	37.9103	37.9154	37.9208	37.9246	37.9258	37.9216
2	39.2328	39.2360	39.2366	39.2316	39.2406	39.2330	39.2351
3	39.9151	39.9089	39.9182	39.9184	39.9174	39.9282	39.9177
4	40.3643	40.3629	40.3685	40.3736	40.3707	40.3764	40.3694
5	40.7055	40.6916	40.7068	40.7038	40.7084	40.7019	40.7030

表 5.6.4　RGPMAP-RPOCS-2 (m=1) 融合算法六组测试迭代图象的 PSNR　(单位：dB)

迭代次数 N	一组	二组	三组	四组	五组	六组	平　均
1	38.0165	38.0098	38.0113	38.0103	38.0138	38.0127	38.0124
2	39.3603	39.3553	39.3598	39.3543	39.3606	39.3517	39.3570
3	40.0181	40.0149	40.0169	40.0197	40.0263	40.0271	40.0205
4	40.4475	40.4582	40.4649	40.4371	40.4610	40.4625	40.4552
5	40.7433	40.7512	40.7487	40.7425	40.7421	40.7446	40.7454

表 5.6.5　RGPMAP-RPOCS-5 (m=1) 融合算法六组测试迭代图象的 PSNR　(单位：dB)

迭代次数 N	一组	二组	三组	四组	五组	六组	平　均
1	38.0254	38.0263	38.0190	38.0264	38.0252	38.0265	38.0248
2	39.3804	39.3793	39.3788	39.3713	39.3746	39.3752	39.3766
3	40.0397	40.0238	40.0295	40.0365	40.0422	40.0305	40.0337
4	40.4634	40.4506	40.4712	40.4866	40.4680	40.4436	40.4639
5	40.7303	40.7756	40.7585	40.7720	40.7690	40.7600	40.7609

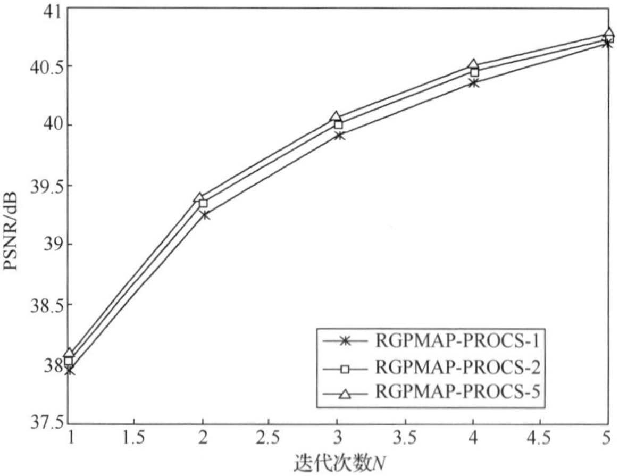

图 5.6.6　六组迭代图象 PSNR 均值与迭代次数 N 的三个关系曲线 (m=1)

同样方法，为确定 m 的值，令 $n=1$，m 依次为 1、2、5，相应的融合算法分别命名为 RGPMAP-1-RPOCS、RGPMAP-2-RPOCS 和 RGPMA-5-RPOCS，进行同样的

实验比较，三种融合算法循环迭代重建图象的 PSNR 值分别如表 5.6.6～表 5.6.8 所示，而图 5.6.7 给出六组迭代的 PSNR 平均值与迭代次数 N 的三个关系曲线。可以看出，$m=2$ 时的 PSNR 均值，比 $m=1$ 时的 PSNR 均值有一定的增加，而与 $m=5$ 时的 PSNR 均值差别极小，因此取 $m=2$ 是合适的设置。

表 5.6.6　RGPMAP-1-RPOCS(n=1)融合算法六组测试迭代图象的 PSNR　(单位：dB)

迭代次数 N	一组	二组	三组	四组	五组	六组	平　均
1	37.9160	37.9209	37.9301	37.9168	37.9244	37.9214	37.9216
2	39.2297	39.2385	39.2322	39.2343	39.2348	39.2411	39.2351
3	39.9183	39.9218	39.9138	39.9157	39.9169	39.9197	39.9177
4	40.3722	40.3606	40.3685	40.3632	40.3678	40.3841	40.3694
5	40.6952	40.7035	40.6988	40.7068	40.7052	40.7085	40.7030

表 5.6.7　RGPMAP-2-RPOCS(n=1)融合算法六组测试迭代图象的 PSNR　(单位：dB)

迭代次数 N	一组	二组	三组	四组	五组	六组	平　均
1	38.2173	38.2232	38.2240	38.2270	38.2313	38.2278	38.2251
2	39.4467	39.4474	39.4439	39.4456	39.4442	39.4464	39.4457
3	40.7058	40.7106	40.7080	40.6907	40.7010	40.7085	40.7041
4	40.8330	40.8636	40.8586	40.8472	40.8641	40.8569	40.8539
5	40.9415	40.9552	40.9578	40.9578	40.9639	40.9574	40.9556

表 5.6.8　RGPMAP-5-RPOCS(n=1)融合算法六组测试迭代图象的 PSNR　(单位：dB)

迭代次数 N	一组	二组	三组	四组	五组	六组	平　均
1	38.3401	38.3458	38.3505	38.3445	38.3471	38.3444	38.3454
2	39.5324	39.5361	39.5293	39.5345	39.5302	39.5349	39.5329
3	40.7893	40.7978	40.7943	40.7929	40.7951	40.8042	40.7956
4	40.9157	40.9134	40.9206	40.9173	40.9176	40.9162	40.9168
5	40.9978	40.9912	41.0046	41.0277	40.9420	41.0331	40.9994

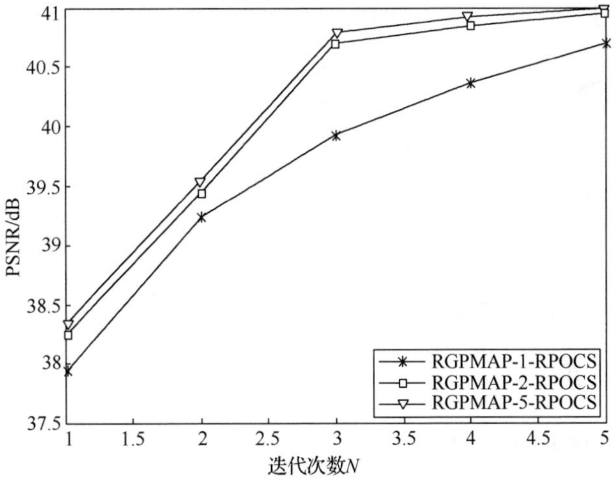

图 5.6.7　六组迭代图象 PSNR 均值与迭代次数 N 的三个关系曲线(n=1)

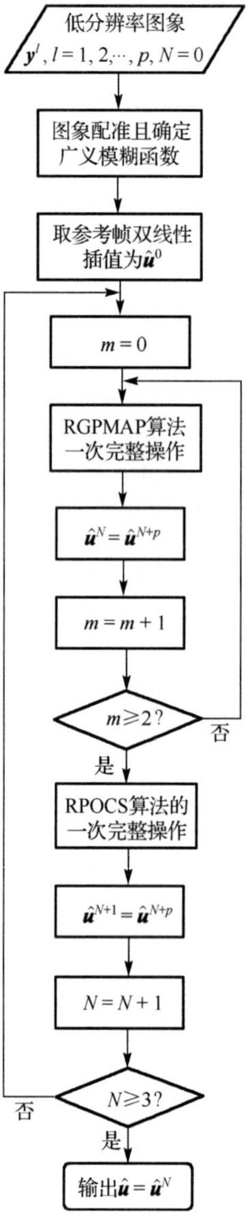

图 5.6.8　RGPMAP-2-RPOCS 融合最优算法流程图

所以，在 RGPMAP 与 RPOCS 一次循环迭代操作中，RGPMAP 的所有操作执行 2 次，而 RPOCS 的所有操作执行 1 次，所建立的融合最优算法简称为 RGPMAP-2-RPOCS。同时，由图 5.6.7 可以看出，在循环迭代次数 $N=3$ 时，RGPMAP-2-RPOCS 融合算法已经收敛，当 $N>3$ 时，PSNR 值增加很小，因此融合最优算法的循环迭代次数设置为 $N=3$。

假设已有 p 帧低分辨率序列图象 $\boldsymbol{y}^l(l=1,2,\cdots,p)$，RGPMAP-2-RPOCS 融合最优算法流程如图 5.6.8 所示，算法的主要步骤如下。

(1) 输入低分辨率序列图象 $\boldsymbol{y}^l(l=1,2,\cdots,p)$，且令循环迭代次数 $N=0$。

(2) 令低分辨率序列图象的第 1 帧 $\boldsymbol{y}^1$ 为参考帧，将其他各帧依次相对参考图象 $\boldsymbol{y}^1$ 进行频域图象精确配准操作，得到图象配准参数，若帧间存在旋转，则完成旋转补偿后，精确确定帧间平移参数，进而确定广义模糊函数 $\boldsymbol{h}_l(l=1,2,\cdots,p)$。

(3) 取参考帧 $\boldsymbol{y}^1$ 的双线性插值图象为高分辨率图象初始估计 $\hat{\boldsymbol{u}}^0$。

(4) 令 $m=0$。

(5) 执行 RGPMAP 估计鲁棒扩展算法一次基本操作，即将低分辨率图象 $\boldsymbol{y}^l(l=1,2,\cdots,p)$ 依次代入式(5.6.16)进行迭代运算，得到输出图象 $\hat{\boldsymbol{u}}^{N+p}$。

(6) 令 $\hat{\boldsymbol{u}}^N=\hat{\boldsymbol{u}}^{N+p}$，$m=m+1$。

(7) 判断：若 $m\geqslant 2$，则继续；否则，返回步骤(5)。

(8) 执行 RPOCS 估计鲁棒算法的一次基本操作，即将低分辨率图象 $\boldsymbol{y}^l(l=1,2,\cdots,p)$，依次代入式(5.6.17)和式(5.6.17a)进行迭代运算，得到输出图象 $\hat{\boldsymbol{u}}^{N+p}$。

(9) 令 $\hat{\boldsymbol{u}}^{N+1}=\hat{\boldsymbol{u}}^{N+p}$，$N=N+1$。

(10) 判断：若 $N<3$，则返回步骤(4)；否则，输出高分辨率图象估计 $\hat{\boldsymbol{u}}=\hat{\boldsymbol{u}}^N$。

5.6.4　实验结果及其分析

为了验证和考查 RGPMAP-2-RPOCS 融合最优算法的效果和性能，给出三类实验结果及其分析：

(1)仿真验证实验；
(2)性能考查实验；
(3)应用效果实验。

1. 空域融合最优算法的仿真验证实验结果及其分析

实验方法：首先，选择一帧高分辨率遥感图象，并且模拟实际遥感观测图象的成像模型，对给出的原始高分辨率图象进行标准差为 1、支持域为5×5的高斯模糊退化处理后，再进行行和列均为 1/2 下采样，得到四帧位移关系依次为(0,0)、(0,0.5)、(0.5,0)、(0.5,0.5)的低分辨率序列图象；然后，将这四帧低分辨率序列图象作为输入图象，分别执行 RGPMAP 估计鲁棒扩展算法、RPOCS 估计鲁棒算法和 RGPMAP-2-RPOCS 融合最优算法等三种算法。图 5.6.9 给出了两组仿真实验结果(杨学峰，2011)，每组的(a)为原始高分辨率图象，(b)为模拟实际成像过程对(a)图象退化处理后四帧低分辨率序列图象的一帧双线性插值图象，(c)、(d)、(e)分别为三种算法的输出结果。

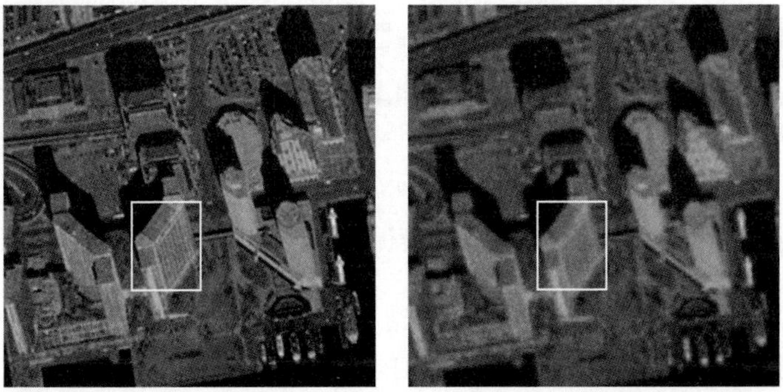

(a) 原始高分辨率图象　　(b) 退化图象的双线性插值图象

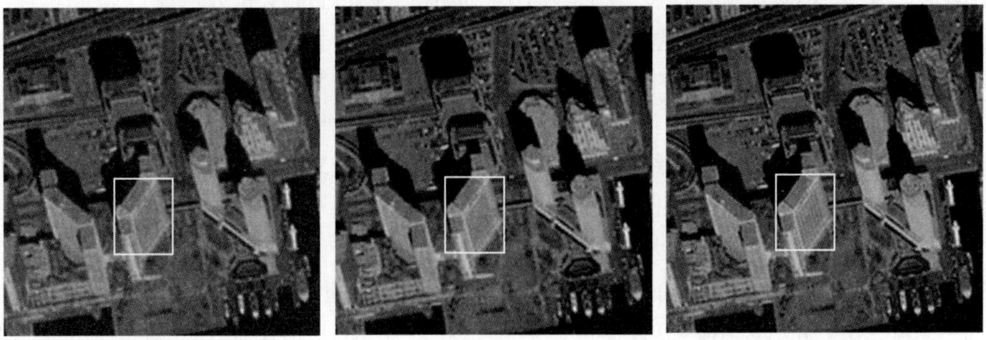

(c) RGPMAP 算法结果　　(d) RPOCS 算法结果　　(e) RGPMAP-2-RPOCS 算法结果

第一组

(a) 原始高分辨率图象　　(b) 退化图象的双线性插值图象

(c) RGPMAP 算法结果　　(d) RPOCS 算法结果　　(e) RGPMAP-2-RPOCS 算法结果

第二组

图 5.6.9　RGPMAP-2-RPOCS 融合最优等三种算法效果验证比较实验结果

从图 5.6.9 所示的两组仿真比较实验结果可以看出，虽然 RGPMAP 估计鲁棒扩展算法、RPOCS 估计鲁棒算法和 RGPMAP-2-RPOCS 融合最优算法等三种算法处理的图象超分辨效果都很明显，而 RGPMAP-2-RPOCS 融合最优算法的处理效果最优，无论从图象的纹理丰富的程度，还是从图象的清晰度、对比度和分辨率改善的程度，RGPMAP-2-RPOCS 融合最优算法的处理的(e)图象都明显优于其他两种算法处理的(c)和(d)图象。在两组图象中方框内区域的处理效果更为明显，比较起来，在第一组结果中，方框内区域的楼宇纹理，在(c)和(d)图象中难以分辨，而在(e)图象中则能比较清楚地分辨；在第二组结果中，方框内区域的纹理，虽然(c)和(d)图象中也能够分辨，但是远没有(e)图象中清晰。

上述是对三种算法处理效果图象的主观评价，为了得到客观的评价，以两组实验的原始高分辨率图象(a)为参考图象，计算三种算法超分辨处理结果图象的 PSNR 值，如表 5.6.9 所示。由表中数据可以看出，相对于 RGPMAP 估计鲁棒扩展算法和 RPOCS 估计鲁棒算法，RGPMAP-2-RPOCS 融合最优算法的 PSNR 大约提高 2～3dB。

表 5.6.9　图 5.6.9 中三种算法比较实验输出图象的 PSNR　(单位：dB)

实　验	RGPMAP 输出图象	RPOCS 输出图象	RGPMAP-2-RPOCS 输出图象
第一组	33.1080	34.6049	36.3508
第二组	29.6021	30.3028	32.3258

因此，无论主观评价还是客观评价，RGPMAP-2-RPOCS 融合最优算法的效果都优于 RGPMAP 算法和 RPOCS 算法，这充分验证了所建立的融合最优算法的有效性。

2. 利用分辨率等级测试图象的性能考查实验结果及其分析

利用分辨率等级差为 0.1m 的等级测试序列图象可以有效地考查 RGPMAP-2-RPOCS 融合最优算法的图象超分辨处理效果能达到的性能指标。分辨率等级测试序列图象有两组，一是 1.4～3m 简称 3m 分辨率等级测试序列图象；二是 1～2m 简称 2m 分辨率等级测试序列图象。

另外，专题测试组利用八组 Iknos 分辨率等级图象对该算法进行了测试，其最高分辨率图象如图 5.6.10 所示，均为 1m 分辨率的图象，专题测试组的测试结果也分别在两组等级测试序列图象的性能考查实验后顺便给出。

图 5.6.10　八组分辨率等级测试序列图象中的 1m 分辨率图象

1) 3m 分辨率等级测试图象的性能考查实验结果

为了利用 3m 分辨率等级测试序列图象对 RGPMAP-2-RPOCS 融合最优算法的性能进行考查实验，首先，对其中最高分辨率等级为 1.4m 的图象进行方差为 15、支持域为 3×3 的高斯模糊处理后，再对行和列进行 $(1/2)\times(1/2)$ 下采样操作，模拟产生四帧位移分别为(0,0)、(0,0.5)、(0.5,0)、(0.5,0.5)的低分辨率序列图象；然后，将模拟真实成像过程产生的四帧低分辨率序列图象作为输入图象，执行 RGPMAP-2-RPOCS 融合最优算法。

图 5.6.11 给出两组考查实验结果，其中，(a)为最高分辨率 1.4m 等级测试图象退化产生的 4 帧低分辨率图象中一帧的双线性插值图象；(b)为分辨率最接近而不低于(a)的等级测试序列图象中的一帧，其分辨率为 3m；(c)为融合最优算法处理输出图象；(d)为分辨率最接近而不高于(c)的等级测试序列图象的一帧，其分辨率为 1.6m。由图可以看出，被处理图象(a)的分辨率略低于 3m，而处理后图象分辨率不低于 1.6m，可求出分辨率提高倍数优于 3/1.6=1.875 倍，即 RGPMAP-2-RPOCS 融合最优算法可使原 3m 分辨率的遥感图象分辨率提高 1.875 倍以上。

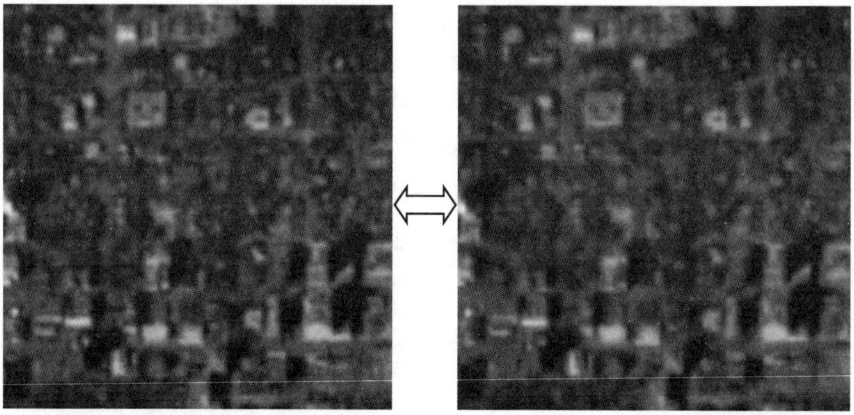

(a) 4 帧低分辨率图象中一帧双线性插值图象　　(b) 分辨率最接近而不小于(a)的等级图象(3m)

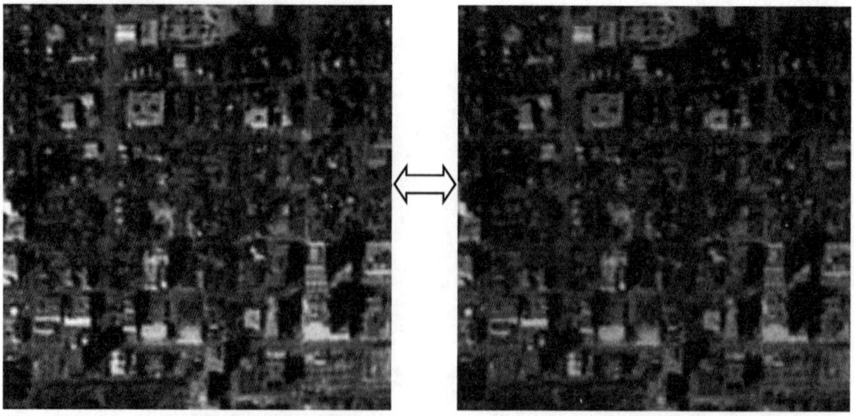

(c) RGPMAP-2-RPOCS 算法处理结果图象　　(d) 分辨率最接近而不大于(c)的等级图象(1.6m)

第一组

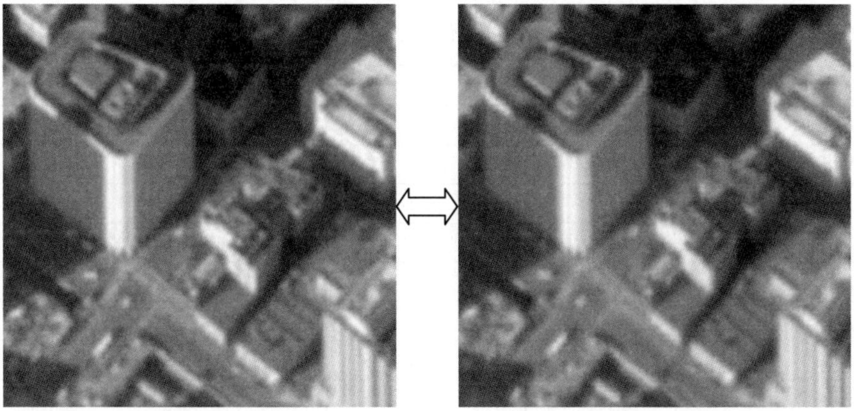

(a) 4 帧低分辨率图象中一帧双线性插值图象　　(b) 分辨率最接近而不小于(a)的等级图象(3m)

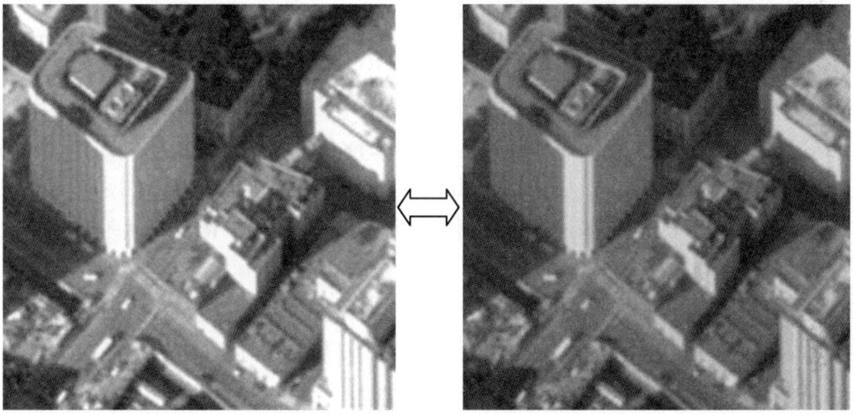

(c) RGPMAP-2-RPOCS 算法处理结果图象　　(d) 分辨率最接近而不大于(c)的等级图象(1.6m)

第二组

图 5.6.11　3m 分辨率等级测试图象对 RGPMAP-2-RPOCS 融合最优算法考查实验结果

专题测试组利用图 5.6.10 中所示最高分辨率为 1m 的 Iknos 分辨率等级测试图象对 RGPMAP-2-RPOCS 融合最优算法进行 3m 分辨率输入图象的测试，测试结果如表 5.6.10 所示，其中包括八组输出结果图象的分辨率(fbl)、fbl 和 PSNR 提高值以及 SNR 值。显然，RGPMAP-2-RPOCS 融合最优算法处理的八组输入图象分辨率均为 3m，而处理后八组结果图象的分辨率(fbl)中，最低 1.63m，最高 1.56m，平均 1.59m；fbl 的提高倍数：最低 1.84 倍，最高 1.96 倍，平均 1.89 倍；而 PSNR 提高值为 10.8～12dB、平均 11.50dB、处理结果图象 SNR 平均为 26.43dB。可见，专家测试组利用 3m 分辨率输入图象对 RGPMAP-2-RPOCS 融合最优算法的图象分辨率提高倍数的测试考查给出了较高的效果评价。

表 5.6.10 RGPMAP-2-RPOCS 融合最优算法对 3m 分辨率等级测试图象处理效果评价

输入图象	结果图象 fbl/m	fbl 提高倍数	PSNR 提高值/dB	结果图象 SNR/dB
Iknos01	1.60	1.88	11.44	26.45
Iknos02	1.60	1.88	11.37	26.46
Iknos03	1.56	1.92	12.12	26.78
Iknos04	1.63	1.84	11.42	26.69
Iknos05	1.53	1.96	11.48	26.57
Iknos06	1.63	1.84	10.86	26.15
Iknos07	1.63	1.84	11.28	26.21
Iknos08	1.56	1.92	12.05	26.15
平均值	1.59	1.89	11.50	26.43

2) 2m 分辨率等级测试图象的性能考查实验结果

为了利用 2m 分辨率等级测试序列图象对 RGPMAP-2-RPOCS 融合最优算法的性能进行考查实验，首先，对其中最高分辨率等级为 1m 的图象进行方差为 10、支持域为 3×3 的高斯模糊处理后，再对行和列进行 (1/2)×(1/2) 下采样操作，模拟产生四帧位移分别为(0,0)、(0,0.5)、(0.5,0)、(0.5,0.5)的低分辨率序列图象；然后，将模拟真实成像过程产生的四帧低分辨率序列图象作为输入图象，执行 RGPMAP-2-RPOCS 融合最优算法。

图 5.6.12 给出两组性能考查实验结果，其中，(a)为 1m 分辨率等级测试图象退化处理后的 4 帧低分辨率序列图象中的一帧双线性插值图象；(b)为分辨率最接近而不低于(a)的等级测试序列图象中的一帧，其分辨率为 2m；(c)为 RGPMAP-2-RPOCS 融合最优算法处理结果图象；(d)为分辨率最接近而不高于(c)的等级测试序列图象的一帧，其分辨率为 1.1m。

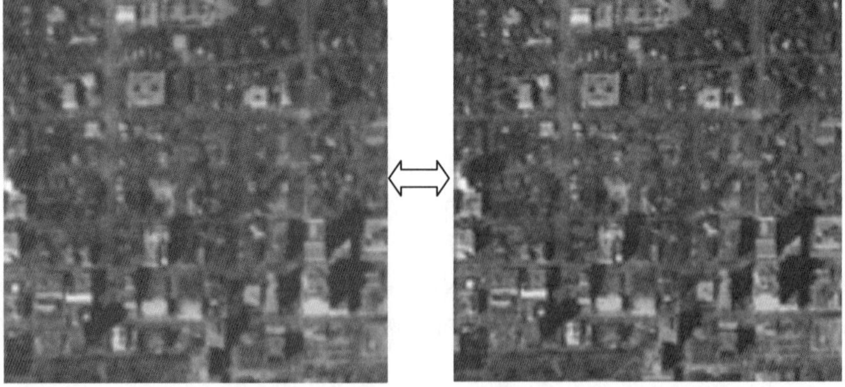

(a) 4 帧低分辨率图象中一帧双线性插值图象 (b) 分辨率最接近而不小于(a)的等级图象(2m)

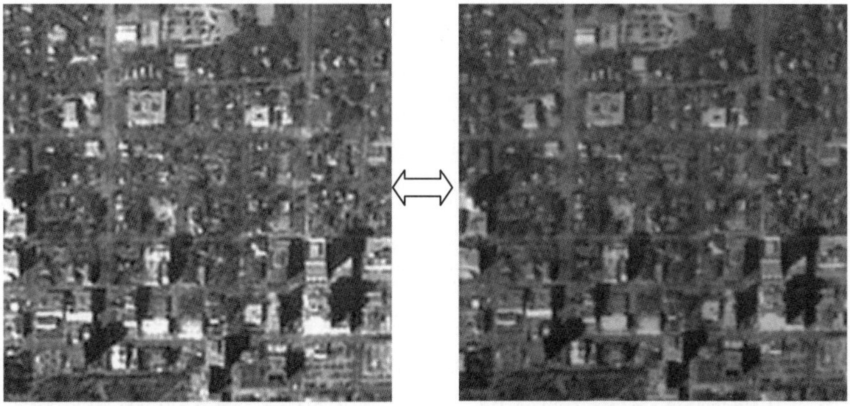

(c) RGPMAP-2-RPOCS 算法处理结果图象　　(d) 分辨率最接近而不大于(c)的等级图象(1.1m)

第一组

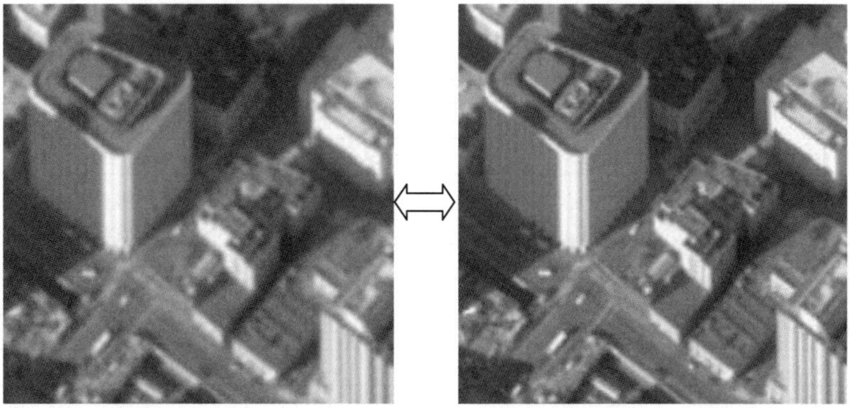

(a) 4 帧低分辨率图象中一帧双线性插值图象　　(b) 分辨率最接近而不小于(a)的等级图象(2m)

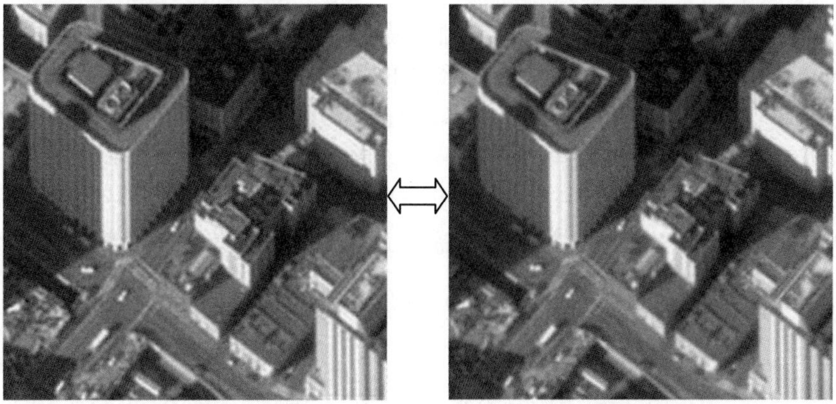

(c) RGPMAP-2-RPOCS 算法处理结果图象　　(d) 分辨率最接近而不大于(c)的等级图象(1.1m)

第二组

图 5.6.12　2m 分辨率等级测试图象对 RGPMAP-2-RPOCS 融合最优算法考查实验结果

由图 5.6.12 可以看出，RGPMAP-2-RPOCS 融合最优算法的输入双线性插值图象(a)的分辨率略低于 2m，而处理后输出结果图象(c)的分辨率不低于 1.1m，可求出分辨率提高倍数不小于 2/1.1=1.818 倍，即 RGPMAP-2-RPOCS 融合最优算法可使原 2m 分辨率的遥感图象分辨率提高 1.818 倍以上。

专题测试组利用图 5.6.10 中所示的最高分辨率为 1m 的 Iknos 分辨率等级测试图象对 RGPMAP-2-RPOCS 融合最优算法进行 2m 分辨率输入图象的测试，测试结果如表 5.6.11 所示，其中包括八组输出结果图象的分辨率(fbl)、fbl 和 PSNR 的提高倍数以及 SNR 值。显然，RGPMAP-2-RPOCS 融合最优算法处理的八组输入图象分辨率均为 2m，而处理后八组结果图象的分辨率(fbl)中，最低 1.22m，最高 1.1m，平均 1.17m；fbl 的提高倍数：最低 1.64 倍，最高 1.80 倍，平均 1.70 倍，略低于 2m 分辨率等级测试图象的性能考查实验结果；而 PSNR 提高值为 6.3～9dB、平均 7.78dB，处理结果图象的 SNR 平均为 25.24dB。

表 5.6.11　RGPMAP-2-RPOCS 融合最优算法对 2m 分辨率等级测试图象处理效果评价

输入图象	处理后图象 fbl	fbl 提高倍数	PSNR 提高值/dB	SNR /dB
Iknos01	1.19	1.68	7.68	25.31
Iknos02	1.11	1.80	9.15	25.07
Iknos03	1.16	1.72	8.52	25.20
Iknos04	1.22	1.64	7.28	25.75
Iknos05	1.19	1.68	6.34	25.03
Iknos06	1.22	1.64	6.77	25.13
Iknos07	1.16	1.72	8.41	25.06
Iknos08	1.14	1.76	8.11	25.32
平均值	1.17	1.70	7.78	25.24

综上所述，对 RGPMAP-2-RPOCS 融合最优算法的性能考查实验分析结果：利用 3m 和 2m 分辨率等级测试序列图象考查结果的提高图象分辨率倍数分别平均为 1.875 倍和 1.818 倍；而专家组利用最高分辨率为 1m 的 Iknos 分辨率等级测试图象进行 3m 和 2m 分辨率输入图象的测试结果的提高图象分辨率倍数分别平均为 1.89 倍和 1.70 倍，PSNR 提高分别平均为 11.5dB 和 7.78dB，结果图象的 SNR 平均分别为 26.43dB 和 25.24dB，充分表明 RGPMAP-2-RPOCS 融合最优算法具有优良的图象超分辨性能。

3. 两帧输入空域融合最优算法的应用效果实验结果及其分析

我们目前获得了两个地区不同时间摄取的各两幅大幅面完整的实际观测遥感图象，由于很难得到同一地区的更多不同时相的像源，所以对所建立的 RGPMAP-2-RPOCS 融合最优算法进行两帧输入的应用实验，以便根据实验效果判定该算法能否被实际应用。

因此，首先在两个地区的各两幅不同时相的实际遥感观测图象上分别执行平方误差最小的两个图象块整数像素的匹配操作，得到两个地区的数组具有亚像元位移的两帧真实观测序列图象；然后，依次对得到的数组两帧序列图象执行优化的频域图象配准操作，其中若存在帧间旋转参数，则进行帧间旋转补偿，进而得到精确的帧间亚像元位移参数，方法详见 2.6.2 节的第 3 部分；根据帧间位移参数，通过汲取图象模糊信息、边缘信息以及抑制边缘振铃假象出现的有关操作，建立各帧的广义模糊函数，完善执行 RGPMAP-2-RPOCS 融合最优算法的条件。若帧间存在旋转变换，则将旋转补偿后的图象替代原图象继续后续操作。

在应用实验中，所取数组两帧序列图象分别用于 RGPMAP-2-RPOCS 融合最优算法的两帧输入图象，每帧显示模式为 256×256，其中第一帧为参考帧，其双线性插值图象为高分辨率图象的初始估计，模糊函数取方差 5、支持域3×3的高斯模糊核，算法输出超分辨重建图象，其行、列像素数均为输入图象的 2 倍。我们进行了大量的应用实验，由于篇幅的限制，这里仅给出其中六组实验结果，如图 5.6.13 所示，其中每组的左侧、中间为两帧输入图象的双线性插值图象，右侧为算法输出重建图象，由于版面限制，均缩小到 36%显示。六组输入图象的帧间亚像元位移参数见表 5.6.12，配准精度优于 0.02 像素，为算法奠定了良好的基础。六组输出图象相对于输入双线性插值图象对比度改善的数据如表 5.6.13 所示。

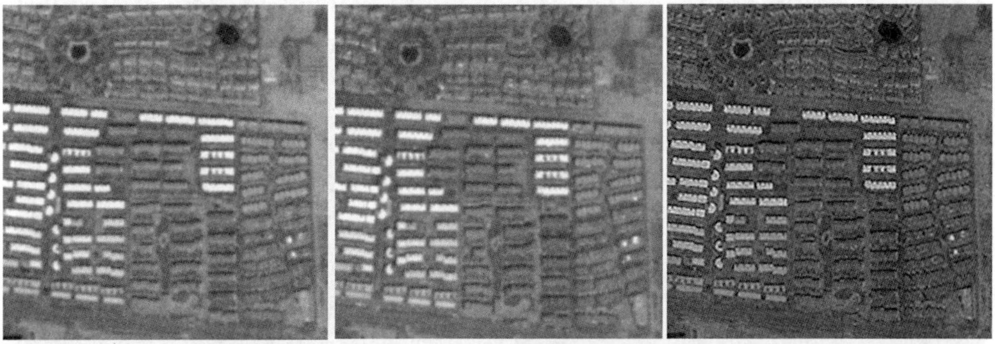

第一组

第二组

第三组

第四组

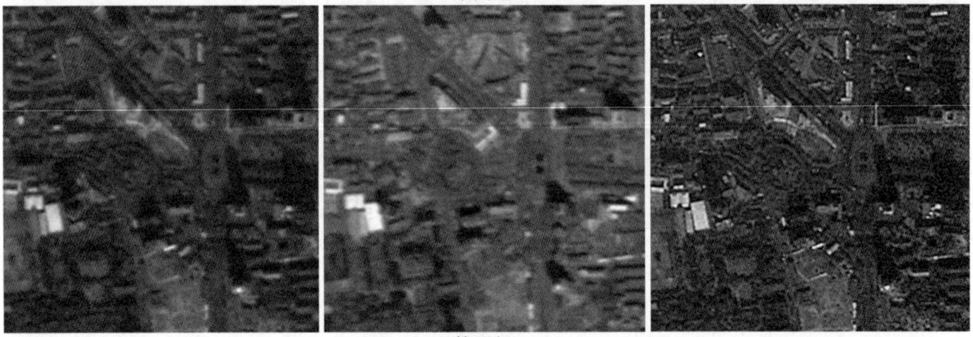

第五组

第六组

图 5.6.13　RGPMAP-2-RPOCS 融合最优算法对两帧输入图象的应用处理结果(36%显示)

表 5.6.12　图 5.6.13 中两帧输入图象帧间位移参数　（单位：像素）

实验组别	第一组	第二组	第三组	第四组	第五组	第六组	备　注
δ_x	0.1641	−0.0561	0.4570	0.3458	0.0332	−0.0662	图象配准中有旋转补偿
δ_y	−0.0135	−0.0006	−0.1690	0.0146	0.0023	0.0066	

表 5.6.13　图 5.6.13 中 RGPMAP-2-RPOCS 融合最优算法输出图象对比度改善因子　（单位：dB）

实验组别	第一组	第二组	第三组	第四组	第五组	第六组	平　均
T_{e1}	8.6405	11.2392	11.4276	12.1131	13.2075	12.3850	11.5022

应用实验结果分析：由图 5.6.13 可以看出，RGPMAP-2-RPOCS 融合最优算法对六组两帧输入真实观测序列图象的处理效果均十分明显，每组右侧的输出重建图象相对于被处理的左侧、中间两帧输入的双线性插值图象，图象纹理细节丰富了，其中很多可以清楚分辨的内涵客体细节而在左侧、中间两帧输入双线性插值图象中不能被分辨，表明算法具有很强的图象超分辨效果；而由表 5.6.13 的客观评价数据进一步表明，与输入双线性插值图象比较，输出结果图象的对比度平均改善 11～12dB，所以输出图象对比度、分辨率和清晰度提高的超分辨视觉效果非常明显，不但图象频谱有很大的扩展和改善，而且图象的模糊和噪声也得到很好的抑制。在应用实验中的被处理图象来源于两个地区的“资源二号”遥感图象，其设计分辨率为 3m 左右，应用处理效果表明：上述利用 3m 和 2m 分辨率 Iknos 等级测试图象对该算法的性能考查实验结果，即图象分辨率分别提高 1.875 倍和 1.8 倍以上、PSNR 分别提高 11.5dB 和 7.78dB 是可信的。所以，应用实验效果表明，RGPMAP-2-RPOCS 融合最优算法可以实际应用。

5.7　小结与评述

本章阐述了空域图象超分辨方法的研究进展情况，其中主要包括网格超分辨估计算法及其模块研究、MAP 估计算法及其模块研究、PMAP 估计算法模型及其改进方法研究、POCS 估计算法模型及其计算流程研究，最后给出 PMAP/POCS 融合最优算法及其实验研究的结果。

我们首先提出并建立了由多帧具有帧间任意亚像元位移的低分辨率序列图象融合重构一帧高分辨率图象的网格超分辨估计算法。根据 Shannon 采样定理，确定了帧间具有标准位移的低分辨率序列图象 $\boldsymbol{f}_{\mathrm{LR}}^{\mathrm{stdi}}(i=1,2,\cdots,4L_xL_y)$ 与其对应的高分辨率图象 $\boldsymbol{f}_{\mathrm{HR}}$ 之间的网格化关系；利用图象局部区域二维内插拟合曲面函数，并且利用图象配准及其精确提取的帧间平移参数(若帧间存在旋转参数，则进行了旋转补偿)，建立了一套空域网格递归迭代算法模型及其算法模块，可将具有帧间任意亚像元位移的非标准低分辨率序列图象 $\boldsymbol{f}_{\mathrm{LR}}^{i}(i=1,2,\cdots,p,p\geqslant 4L_xL_y)$ 转换成具有帧间标准亚像元位移的低分辨率序列图象 $\boldsymbol{f}_{\mathrm{LR}}^{\mathrm{stdi}}(i=1,2,\cdots,4L_xL_y)$，一般常用 $L_x=L_y=1$；进而根据 $\boldsymbol{f}_{\mathrm{LR}}^{\mathrm{stdi}}$ 与的 $\boldsymbol{f}_{\mathrm{HR}}$ 网格关系，由 $4L_xL_y$ 帧低分辨率序列图象 $\boldsymbol{f}_{\mathrm{LR}}^{\mathrm{stdi}}$ 融合重建一帧高分率图象 $\boldsymbol{f}_{\mathrm{HR}}$，这就是网格化超分辨估计算法，简称网格法。实验表明，该网格法处理效果与双线性插值和双三次插值图象的效果比较，可将图象的 PSNR 值大约提高 10dB 左右。

MAP 估计算法是基于贝叶斯决策理论的多源(帧)信息融合超分辨方法。我们首先通过理论分析和实验研究确定了 MAP 估计超分辨技术的实施方案，将图象及其噪声的概率分布置于高斯概率模型中，在已知低分辨率序列观测图象 $\boldsymbol{y}$ 条件下，最大化后验概率 $P(\boldsymbol{z},\boldsymbol{s}\mid\boldsymbol{y})$，得到所求的高分辨率图象 $\boldsymbol{z}$ 和低分辨率序列图象帧间运动参数 $\boldsymbol{s}$ 的 MAP 估计 $\hat{\boldsymbol{z}},\hat{\boldsymbol{s}}$；同时考虑 $\boldsymbol{y}$ 与 $\boldsymbol{z}$ 像素值之间的关系和先验概率 $P(\boldsymbol{z})$，利用贝叶斯公式，引导出合适的代价函数 $L(\boldsymbol{z},\boldsymbol{s})$；兼顾观测图象频率混叠、模糊以及噪声污染等因素，引进先验信息，选择适当的下降梯度，给出了循环求解 $\hat{\boldsymbol{z}}$ 和 $\hat{\boldsymbol{s}}$ 的系列数学模型，并且建立了能实现多帧序列图象配准和超分辨图象估计的循环递归迭代算法及其算法模块。实验表明，MAP 估计算法处理效果与双线性插值图象比较，可将图象 PSNR 值大约提高 10dB。

PMAP 估计基本算法模型的导出，是将图象及其噪声的概率分布置于泊松概率模型中，同样根据贝叶斯公式，通过最大化后验概率 $P(\boldsymbol{u}\mid\boldsymbol{y})$，并且利用斯特林公式，逐步得到求解高分辨率图象 $\boldsymbol{u}$ 的 PMAP 估计基本算法递归迭代公式，其中包括 p 帧低分辨率序列图象整合 $\boldsymbol{y}$ 输入的和低分辨率图象 $\boldsymbol{y}^l(l=1,2,\cdots,p)$ 逐帧输入的两种形式。如果图象先验概率 $P(\boldsymbol{u})$ 是均匀分布的，同样方法，则导出了求解高分辨率图象 $\boldsymbol{u}$ 的 PML 估计基本算法递归迭代公式。理论与实验均证明 PMAP 算法优于 MPL 算法。为了使算法适用于更一般的成像模型，对 PMAP 估计基本算法进行了扩展，得到 GPMAP 估计扩展算法模型。进而，为了增强算法的鲁棒性和稳定性，在迭代运算中剔除由于干扰过大的不良像素影响，建立了 RGPMAP 估计鲁棒扩展算法模型，还引入了正则化项，消除运算过程可能出现的“病态”，使解稳定收敛，得到唯一解。实验表明，RGPMAP 估计鲁棒扩展算法对图象的处理效果，与图象的双线性插值图象比较，可以将图象 PSNR 值大约提高 10dB。

POCS 估计算法模型的研究，根据集恢复理论，主要是在图象数据一致性限制凸集及其投影算子的基础上，并且假定输入/输出图象模式放大为 $q\times q$（$q\geqslant 2$ 的整数），采集输入低分辨率序列图象 $\boldsymbol{y}^l(l=1,2,\cdots,p,\ p\geqslant q^2)$，其帧间具有标准化或接近标准化的位移参数 $(\delta_1^l,\delta_2^l)(l=1,2,\cdots,p)$，引用被处理低分辨率像素置信度，建立了 POCS 估计基本算法模型，阐述了算法在当前高分辨率图象估计的一个运算块与其影射的一个被处理低分辨率像素之间正向退化卷积运算和反向投影迭代运算的过程，以及逐个运算块逐个像素的递归迭代运算机制；进而，引入被处理低分辨率像素估计残差的鲁棒阈值，将 POCS 估计基本算法模型转变成 RPOCS 估计鲁棒算法模型；还通过修改定义在边缘像素坐标的广义归一化点扩散函数抑制边缘振铃的出现；最后，说明了置信度、鲁棒性阈值和循环迭代次数等算法参数的选择，建立了三次循环迭代的 RPOCS 估计鲁棒算法计算流程。实验表明，RPOCS 估计鲁棒算法对遥感图象的处理效果，与图象的双线性插值图象比较，可以将图象 PSNR 值大约提高 10dB。

最后介绍的 PMAP/POCS 融合最优算法，我们是在空域概率统计推断和集理论恢复的融合理论基础上，以处理效果为主兼顾处理效率，建立了 RGPMAP-2-RPOCS 融合最优算法，确定了其循环迭代次数为 $N=3$，而在每次循环迭代中，先执行 RGPMAP 估计鲁棒扩展算法的两次所有操作，然后执行 RPOCS 估计鲁棒算法的一次所有操作，达到效果和效率双佳的融合效果。我们对所建立融合最优算法的效果进行了一系列的实验验证、性能考查和应用效果实验研究。首先是真实遥感序列图象的仿真效果验证比较实验，结果表明，与 RGPMAP 估计鲁棒扩展算法以及 RPOCS 估计鲁棒算法比较，所建融合最优算法具有更强的图象超分辨能力，可使处理图象的 PSNR 值增加 2～3dB，验证了该融合最优算法的有效性；然后，利用 3m 和 2m 分辨率 Iknos 等级测试序列图象对所建融合最优算法的性能进行了考查实验，结果表明，可以使图象分辨率分别提高 1.875 倍和 1.8 倍以上，使图象 PSNR 值分别平均提高 11.5dB 和 7.78dB；最后，利用同一地区、不同时相的两帧实际遥感序列图象输入的应用效果实验，结果表明，所建立的 RGPMAP-2-RPOCS 空域图象融合最优算法，在空域具有最强的超分辨图象重建能力，可以实际应用。

这里对 RGPMAP-2-RPOCS 空域融合最优算法与二至多帧频域融合超分辨算法的图象超分辨性能进行比较：首先是比较利用 3m 和 2m 分辨率 Iknos 等级测试图象对两类融合算法的性能考查实验结果，虽然提高图象分辨率倍数近似相同，即分别均在 1.875 倍和 1.8 倍以上，但是空域的融合算法使输出图象 PSNR 提高得多些；其次是比较输入来源于“资源二号”的两帧遥感序列图象对两类融合算法的应用实验结果，显然图象超分辨效果在视觉上都很好且很接近，但是，平均来看，空域的融合算法使输出图象对比度的改善多 1～2dB。所以，由空、频域两类融合超分辨算法的性能考查与应用效果实验结果的对比，无论直观的视觉分析，还是客观的评价参数，均可得到相同的结论：RGPMAP-2-RPOCS 空域融合最优算法与二至多帧频域融合超分辨算法的图象超分辨效果非常接近，几乎一致，但是这里的空域 RGPMAP-2-RPOCS 融合最优算法的超分辨效果稍优。

第 6 章　神经网络图象超分辨技术研究

6.1　引　　言

人脑有大约 1.4×10^{11} 个神经细胞即神经元，每个神经元有数以千万计的通道与其他神经元相互连接，形成复杂的生物神经网络，具有学习、认知、记忆、联想等能力。生物神经网络以神经元为基本信息处理单元，对信息进行分布式存储和并行式处理，使得人脑具有神奇的智能，可以超越现实条件下逻辑无法越过的认识屏障，深入事物内部认识事物本质与规律。人工神经网络（Artificial Neural Network，ANN）是仿效人脑的生物神经系统而建立的智能信息处理系统，其中包括组织结构及其活动机制等，在结构上具有信息的存储分布性和处理并行性，在性能上具有高度的非线性、良好的容错性和鲁棒性，并且具有自学习、自组织和高度自适应性等特征。这种脑式的智能信息处理系统能完成普通计算机难以完成的联想记忆、大规模快速的并行运行、非线性图象模式映射、知识抽取、分类识别等功能，还可以进行概念模糊、信息不完整等具有不确定性的知识处理。因此，神经网络能使许多传统信息处理系统无法解决的问题得到满意的效果，现已广泛应用于模式识别、数据压缩、参数辨识、智能控制、市场预测以及一些医学和工程的应用领域。

前两章研究的都是基于重构的频、空域图象超分辨技术，其主要特征是把图象作为信号来处理，所用信息主要是从被处理的低分辨率图象/序列图象中提取的，其次是尽量汲取先验信息；但是，随着提高图象分辨率倍数的要求增加，由于需要更多的非冗余信息量，需要低分辨率序列图象的帧数急剧增加，当分辨率提高倍数达到上限后，无论增加多少帧的低分辨率序列图象，都无法再改善重建超分辨图象的效果。针对基于重构的图象超分辨技术的局限性，利用神经网络的脑式信息处理系统特点，基于学习的神经网络图象超分辨技术应运而生。

图象超分辨本质上是由低分辨率序列图象到高分辨率图象的模式映射，其中大都是复杂的非线性图象模式映射问题，前面已经指出，这是一种“病态”的逆问题，况且遥感图象成像系统的模糊、噪声污染、抽取等退化机制以及观测图象的成像模型都是无法精确确定的，所以图象超分辨问题具有处理机理模糊、数据不完全和/或不精确等不确定性，这种非线性的图象模式映射问题恰好是神经网络技术擅长处理的问题。

利用神经网络解决图象超分辨问题，其基本思想是利用其仿效人脑的学习能力，从包含低分辨率序列图象与高分辨率图象的训练样本和环境中学习经验知识，认识且存储它们之间的内在联系规律和经验，其中更注重汲取先验信息，模拟高分辨率遥感图象退化的逆过程，建立、改进和存储其庞大的分布式连接权值系统，导出具有图象超分辨能力的神经网络，并且在不增加低分辨率图象处理帧数的情况下，通过优化的学习和训练方法，仍能使网络具有更强的高频信息恢复能力和图象模式的非线性映射能力，即使在某些不确定性条件下，仍能使网络获得更好的图象超分辨效果，且具有良好的泛化应用和再生能力。

关于神经网络的研究，起源于 19 世纪末期，经历了启蒙阶段和低潮阶段，进入 20 世纪 80 年代以后，对神经网络的复兴最有影响的是 Hopfield 发表的文献(Hopfield，1982)，利用 Lyapunov 能量函数的原理，给出了网络稳定性判据，为著名的组合优化旅行商问题(Traveling Saleman Problem，TSP)提供了新的解决方案，首次明确了动态网络中存储信息的原理，使神经网络的构造和学习有了理论指导。因此，在 20 世纪的 80 和 90 年代，Hopfield 网络被用于图象超分辨率技术的研究(Sun et al.，1992；Sun et al.，1995；Sun，1998)，为图象超分辨技术的发展起了很大的推动作用。但是，随着研究的深入发展，用于图象超分辨的 Hopfield 网络研究出现一些难以改进的问题：

(1) 训练过程收敛慢，学习算法要求的时间太长；

(2) 其解搜索过程不可预测，可能因局部最优而失败；

(3) 能够达到的精度水平通常是不可预测的。

进入 21 世纪后，对图象超分辨神经网络的热情逐渐转移到后向传输神经网络(Back-Propagation Neural Network，BPNN)，下面简称 BP 网，参见文献(Valdes et al.，2000；Miravet et al.，2004；Lu Y et al.，2004；Anastassopoulos，2005)等。文献(Valdes et al.，2000)指出，在他们的研究中，BP 网模型仅可用于遥感图象的超分辨，对其他类型图象的应用还有待于进一步的研究。文献(Miravet et al.，2004)提出一种混合的多层感知器概率神经网络(Multi-Layer Perceptron-Probabilistic Neural Network，MLP-PNN)的方法，利用图象的局部模型化系数作为输入神经元，数据的维数通过应用主成分分析(Principle Component Analysis，PCA)技术来减少。在文献(Lu et al.，2004)中给出了 BP 网泛化再生能力的实验结果，如图 6.1.1 所示。

由图 6.1.1 看出，使用(a-1) Lena 采集的训练样本图象(采集方法见后面)训练 BP 网的三幅输出图象中，不但自身输出图象(a-2)优于自身融合图象(a-3)，而且 Cameron、多光谱(TM)的输出图象(b-2)、(c-2)分别优于使用(b-1)、(c-1)采集的训练样本图象自身训练的 BP 网输出图象(b-3)、(c-3)，这表明使用(a-1) Lena 采集的训练图象能使网络收敛于更高的精度，并且表明良好训练的图象超分辨 BP 网确实具有强大的泛化再生能力。

(a-1) Lena 原图象　　(a-2) Lena 训练 NN 输出图象　　(a-3) 融合图象

(b-1) Cameron 原图象　　(b-2) Lena 训练 NN 输出图象　　(b-3) 自身训练 NN 输出图象

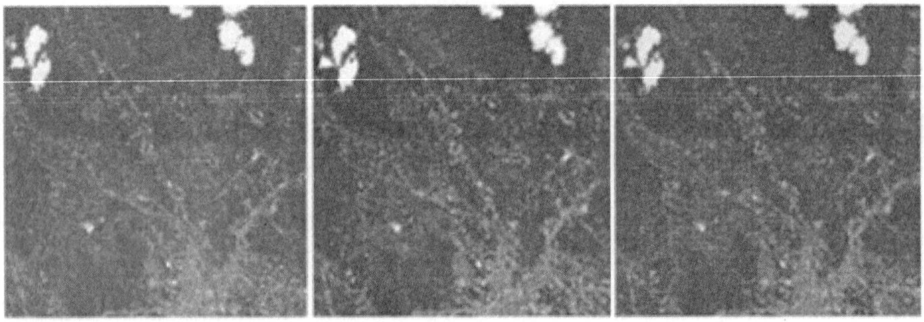

(c-1) TM 原图象　　(c-2) Lena 训练 NN 输出图象　　(c-3) 自身训练 NN 输出图象

图 6.1.1　BPNN 再生能力的实验结果

使所建立的神经网络具有强大的图象超分辨再生能力是研究的最终目标，因为 BP 网已经在泛化再生能力的应用方面有良好的表现，所以本章重点研究和建立优化的用于图象超分辨的 BP 神经网络，并且通过实验证明网络的泛化应用性能，可以实现新的高分辨率图象的再生。下面将介绍有关内容：6.2 节介绍神经网络的技术基础；6.3 介绍 BP 网结构模型及其学习算法；6.4 节介绍图象超分辨神经网络训练样本图象的采集及其训练映射向量的获取方法；6.5 介绍 BP 网结构的确定方法；6.6 节进行单级训练图象超分辨 BP 网的建立和实验研究；6.7 节重点阐述优化的三级训练图象超分辨 BP 网的建立及其实验结果与分析；最后在 6.8 节给出本章小结与评述。

6.2　神经网络技术基础

本节概述神经元模型及其激励函数、人工神经网络模型及其学习方法。

6.2.1　神经元及其激励函数

1. 生物神经元及其功能

生物神经元在结构上是由细胞体(cell body)、树突(dendrite)、轴突(axon)和突触(synapse)组成的。细胞体是神经元的主体，由细胞核、细胞质和细胞膜构成，细胞核占较大部分，进行着呼吸和新陈代谢等生化过程；细胞体之外的细胞膜将细胞液分成内外两部分，具有内负外正的静息电位。从细胞体向外延伸很多突起的类似灌木丛状的神经纤维，称为树突，是信号的输入端；其中最长的一条细的突起为轴突，用来传出电化学信号，是信号的输出端。一个神经元的轴突末梢与其他神经元的细胞体或树突进行通信连接，形成输入/输出接口，称为突触。突触由突触前膜、突触间隙和突触后膜三部分，信号由一个神经元的轴突末梢的突触前膜经突触间隙传递到另一个神经元的树突或细胞体等受体表面即突触后膜，突触间隙在电学上将突触前膜和突触后膜断开。每个生物神经元有 10^3～10^5 个突触，多个神经元经突触相连形成生物神经网络。

细胞体是微型处理器，对各树突和细胞体各部位传进来的其他神经元的输入信号进行整合，并在一定条件下被激发，产生一输出信号；输出信号沿轴突传至末梢，通过突触将信号传向其他神经元的树突和细胞体。

细胞膜内外的静息电位差大约−70mV(内负外正)，此时神经元处于静息状态。当神经元收到外界刺激时，如果膜电位向正偏移，则神经元转向兴奋状态；如果膜电位向负偏移，则神经元转向抑制状态。在某个时刻，神经元必定处于静息、兴奋和抑制三个状态之一。而神经元信息的产生与兴奋程度有关，如果膜电位从静息电位上升 15mV 以上，即超过阈值电位−55mV 时，其膜电位会在 1ms 内上升 100mV 左右，即输出一个宽 1ms 高 100mV 的电脉冲(神经冲动)；经过数毫秒的不应期后，如果又有超过阈值电位的兴奋刺激，则再次产生和输出兴奋电脉冲，所有电脉冲的宽度和高度相同，其密度由兴奋刺激的程度确定。

神经脉冲信号沿轴突传向其末梢的各个分支的突触前时，突触前膜释放称为递质的物质，递质经突触间隙的液体扩散，在突触后膜与受体结合，使膜电位发生变化；而膜电位的变化与突触的属性有关，兴奋性突触使膜电位升高，而抑制性突触使膜电位降低，这个过程有 0.2～1ms 的时滞，主要取决于突触延迟。

生物神经元从其各个方向和部位的突触接收其他神经元轴突传入的电脉冲信号，各个电脉冲信号到达的时间也会有差异，在一个时刻所引起的膜电位变化大致等于同时到达的所有电脉冲信号引起的膜电位变化的代数和，这是空间整合和时间整合，其结果决定该神经元的输出，且使具有亿万个神经元的生物神经网络可以有条不紊处理各种复杂的信息。

2. 人工神经元模型

人工神经元是对生物神经元结构和功能进行模拟的结果，其影响最大的模型是心理学家 McCulloch 和数学家 Pitts 于 1943 年最早提出的 M-P 模型，该模型对神经元的信息处理机制给出一些简化的假定，可以归纳为五点，简述如下。

(1) 神经元都是多输入单输出的信息处理单元。

(2) 神经元输入有兴奋性输入和抑制性输入两种类型。

(3) 神经元有空间整合特性和阈值特性，忽略时间整合和不应期。

(4) 神经元输入到输出主要取决于突触延迟的固定时滞。

(5) 神经元自身是非时变的，其突触延迟为常数。

显然，上述假定表明，人工神经元是对生物神经元结构和信息处理过程的简化与概括，如图 6.2.1 所示，神经元 j 有 n 个输入，其大小用 $x_i(i=1,2,\cdots,n)$ 表示，一个输出用 o_j 表示；每个输入都有一个加权系数 $w_{ij}(i=1,2,\cdots,n)$，其正负模拟突触的兴奋性和抑制性，其大小模拟突触的连接强度；$\sum$ 表示所有输入的代数和，模拟神经元的空间整合特性，其值相当于生物神经元的膜电位；只有当输入总和 $\sum$ 超过给定的阈值时，神经元才会被激活产生输出，模拟神经元的阈值特性；输出与输入的关系由激励函数 $f()$ 确定。

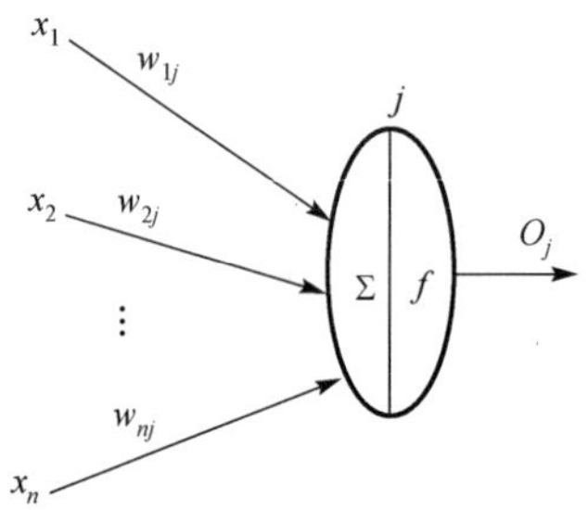

图 6.2.1　人工神经元模型示意图

为了方便，下面常将人工神经元简称为神经元。将神经元 j 在 t 时刻的总输入表示为

$$\mathrm{net}_j(t)=\sum_{i=1}^{n} w_{ij}x_i(t) \tag{6.2.1}$$

式中，突触连接系数即连接权值 w_{ij} 与时间无关体现神经元的非时变特性。因为神经元输入到输出存在主要取决于突触延迟的时滞，时滞对于所有神经元都是相同的、恒定的，所以可以令其为 1，则神经元的输出可以表示为

$$o_j(t+1) = f\left(\sum_{i=1}^{n} w_{ij}x_i(t) - T_j\right) \tag{6.2.2}$$

式中，T_j 表示神经元 j 的阈值。

在式(6.2.1)中，为了简便，省略其中的(t)，右端可以表示成点积的形式，即

$$\text{net}_j = \boldsymbol{W}_j^{\mathrm{T}}\boldsymbol{X} \tag{6.2.3}$$

式中，$\boldsymbol{W}_j = (w_{1j}, w_{2j}, \cdots, w_{nj})^{\mathrm{T}}$；$\boldsymbol{X} = (x_1, x_2, \cdots, x_n)^{\mathrm{T}}$。此时，式(6.2.2)可以表示为

$$o_j = f(\text{net}_j - T_j) = f(\boldsymbol{W}_j^{\mathrm{T}}\boldsymbol{X} - T_j) \tag{6.2.4}$$

这是神经元的数学模型，其中忽略了信号传递和处理过程的时滞。上述已经说明，生物神经元的阈值大约为−55mV，对于人工神经元，如果认为阈值 $T_j \approx 0$，则其数学模型变为

$$o_j = f(\text{net}_j) = f(\boldsymbol{W}_j^{\mathrm{T}}\boldsymbol{X}) \tag{6.2.5}$$

3. 神经元的激励函数

神经元采用不同的激励变换函数，则具有不同的信息处理特性，这是决定人工神经网络整体性能的要素之一。神经元的激励函数反映其输出与激活状态的关系，这里给出三种常用的形式。

阈值型激励函数：阈值型激励函数包括如图 6.2.2 所示的单极性阶跃函数和双极性阶跃函数，可以分别表示为

$$f(x) = \begin{cases} 1, & x \geqslant 0 \\ 0, & x < 0 \end{cases} \tag{6.2.6a}$$

和

$$f(x) = \begin{cases} 1, & x \geqslant 0 \\ -1, & x < 0 \end{cases} \tag{6.2.6b}$$

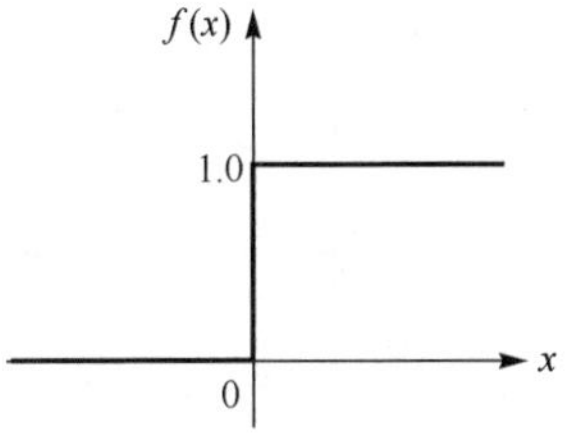

(a) 单极性阈值型激励函数

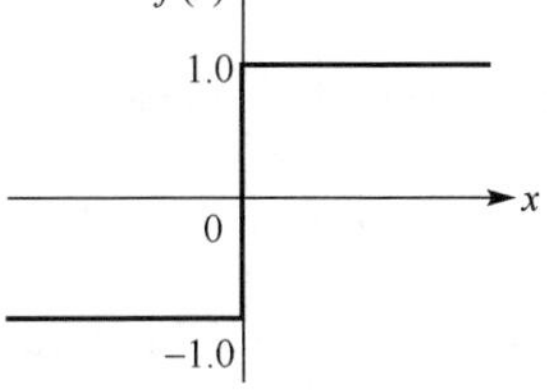

(b) 双极性阈值型激励函数

图 6.2.2　阈值型激励函数示意图

分段线性激励函数：分段线性激励函数包括如图 6.2.3 所示的单极性分段线性激励函数和双极性分段线性激励函数，若令 $x_c = \dfrac{1}{c}$，则可分别表示为

$$f(x)=\begin{cases}1, & x>x_c \\ cx, & x_c \leqslant x \leqslant 0 \\ 0, & x<0\end{cases} \tag{6.2.7a}$$

和

$$f(x)=\begin{cases}1, & x>x_c \\ cx, & x_c \leqslant x \leqslant 0 \\ -1, & x<0\end{cases} \tag{6.2.7b}$$

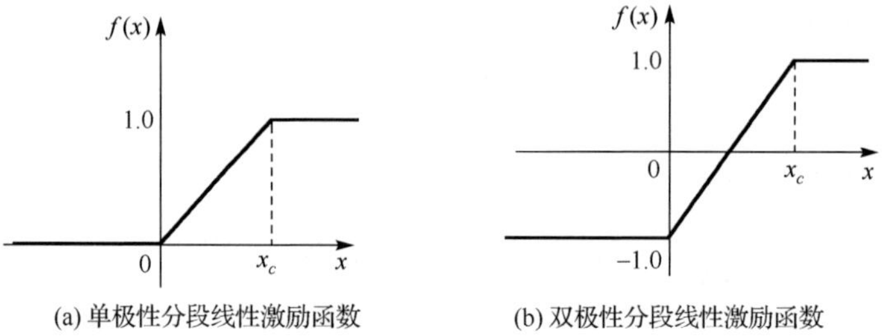

图 6.2.3　分段线性激励函数示意图

S 型激励函数：S 型激励函数即 Sigmoid 函数，包括如图 6.2.4 所示的单极性 S 型激励函数和双极性 S 型激励函数，可以分别表示为

$$f(x)=\frac{1}{1+\mathrm{e}^{-x}} \tag{6.2.8a}$$

和

$$f(x)=\frac{1-\mathrm{e}^{-x}}{1+\mathrm{e}^{-x}} \tag{6.2.8b}$$

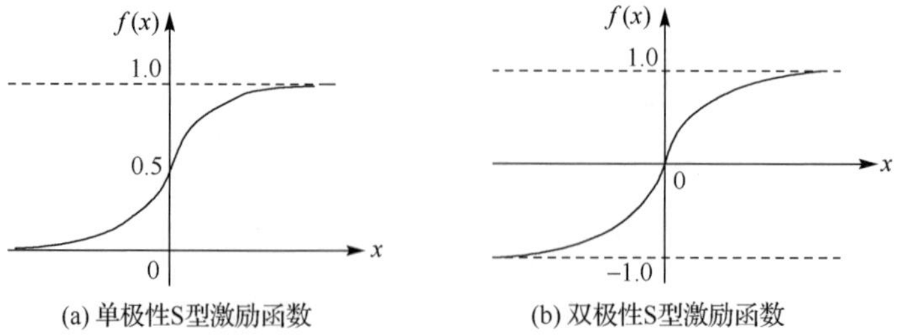

图 6.2.4　S 型激励函数示意图

S 型激励函数是一种常用的非线性激励函数，其特点是自身及其导数都是连续的，在应用上非常方便。

6.2.2　人工神经网络模型及其学习方法

生物神经网络是由数以亿计的生物神经元通过具有可塑性的突触耦合构成完美复杂的大脑。人工神经网络是通过对人脑的基本单元即神经细胞的建模和连接来探索模拟生物神经网络功能的模型，是具有学习、联想、记忆和模式识别、高级信息处理等大脑风格的智能信息处理系统。但是，限于物理实现的困难和应用的方便，人工神经网络往往由相对少量的神经元构成，所以人工神经网络不是生物神经网络的逼真描述，而只是对其局部结构与功能的模仿和抽象。下面常将人工神经网络简称为神经网络(Neural Network，NN)，甚至简称为网络。

由大量的神经元通过适当的方式进行连接且使其具有适当的连接权值，进而构成庞大的神经网络，才能实现对复杂信号的智能处理和存储，并具有满意的特性。因此，应该同时考虑物理实现可能和应用需要，选用一定数目的神经元，并且按一定规则进行连接，构建实用的神经网络。神经网络中的神经元常称为“节点”或处理单元，其中所有节点在时间和空间上均是同步的。

目前，可供选择的神经网络模型很多，其分类与网络连接的拓扑结构和网络内部的信息流向等因素有关，其中拓扑结构是决定神经网络特性的重要因素，常见的神经网络模型有前馈层次型、输入输出反馈的前馈层次型、前馈层内互连型、反馈全互连型和反馈局部互连型等(韩力群，2006)。根据本书的应用需要，这里重点介绍前馈层次型神经网络结构模型，其示意图如图 6.2.5 所示。

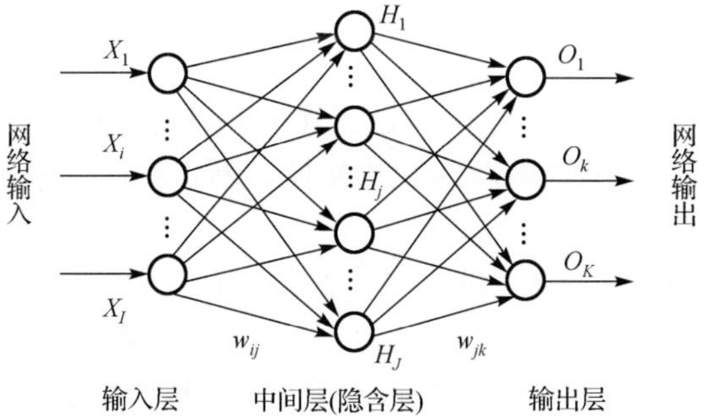

图 6.2.5　前馈层次型神经网络结构模型示意图

在网络拓扑结构上，前馈层次型神经网络将神经元按功能分成若干层：输入层、中间层(隐含层)和输出层，各层顺序相连。输入层各神经元接收外界的输入信息，没有信息处理功能，将接收来的信息传递给第一中间层各神经元，图中 w_{ij} 表示其中的连接权值系统；中间层又称隐含层，可有一层或多层(图示一层)，均是内部信息处理层，第一隐含层各神经元将获得的信息进行处理变换后，以类似的方式传给第二隐含层各神经元，以此类推，直到最后的隐含层各神经元将信息处理变换后传给输出层各神经元，图中 w_{jk} 表示其中的连接权值系统；输出层各神经元也有信息处理功能，将得到的信息进一步处理变换后，向外界输出处理结果。在连接方式上，层次型拓扑结构有单纯层次型、输出输入反馈型和层内互连型三种，图 6.2.5 所示的连接方式是单纯层次型，相邻层的各神经元之间均有连接，而层内神经元之间没有连接，另外两种连接方式不难给出，这里从简。

在信息流向上，前馈层次型神经网络的信息传递，如前所述，是从输入层各神经元到隐含层各神经元再到输出层各神经元逐层进行的，在有多层隐含层的情况下，信息也是由第一隐含层各神经元开始逐层处理和传递到最后的隐含层。网络的节点即神经元在信息处理能力上分两类：一是输入层的输入节点无信息处理能力，其功能是从外界引入信息传给第一隐含层的各节点；二是具有信息处理能力的节点，包括所有隐含层和输出层的节点，不同层的节点可能有不同的信息处理功能，即可能有不同的激励变换函数。

现在举例说明神经网络的结构特点。假定如图 6.2.5 所示的神经网络由三层构成，每层的神经元数目分别为 16、20、16，则神经元总数为 52，其中输入层的 16 个神经元都是并行输入单元，中间层的 20 个神经元是并行处理单元，而输出层的 16 个神经元也是并行处理单元；层间模拟生物突触的连接拓扑结构分别由 w_{ij}、w_{jk} 所示的两组加权系数构成，其中前者共有 16×20=320 个加权系数，后者共有 20×16=320 个加权系数，在正常工作状态，每个加权系数都有一定的连接强度即连接权值，其整体连接权值系统 $\boldsymbol{W}$ 反映用于理解、处理和解决问题的知识存储和记忆。可见，神经网络具有高度互连型、分布式存储记忆、高度并行信息处理以及可塑性结构等突出特点。

神经网络具有学习能力，通过学习过程才能在其庞大的加权系统 $\boldsymbol{W}$ 中实现知识的存储和记忆，进而具有解决问题的功能特性。网络在履行某种工作任务之前必须进行学习。

学习过程离不开训练，学习和训练是神经网络产生较为持久的某种能力的过程。生物神经元之间的突触联系，部分是先天的，部分是在学习过程中不断受到刺激而逐渐产生的。对于要建立的神经网络，通过特别采集的大量的训练样本，履行某种训练方法，在训练过程中汲取训练样本中蕴涵的知识和规律，实现连接权值的动态调整，不断地改变网络的连接权值及其拓扑结构，实现知识的分布式存储和记忆，进而使网络具有类似人脑的解决问题的智能。因此，神经网络的学习方法是决定其信息处理能力的重要因素之一，在建立神经网络过程中占有重要地位。

神经网络的学习方法很多，可以分为两大类：有监督(有教师)学习和无监督(无教师)学习，两者之间的差别在于：学习的过程中是否有与输入数据模式相对应的输出目标数据模式作为网络训练过程的指导。

有监督学习方法不但包括训练输入数据模式，还包括相对应的训练输出目标数据模式。在训练过程中，根据对实际训练输入数据产生的输出数据与训练输出目标数据的差别，网络按照一定的规律来调节其结构的连接权值系统 $\boldsymbol{W}$ ，使网络在进一步训练中的输出数据模式与其目标数据模式逐渐地趋于一致。训练过程可以反复进行，当网络对所有的训练输入数据模式均能产生训练输出目标数据模式时，即认为网络已经在教师监督的训练中学会了蕴涵在训练样本数据中的知识和规则，可以进行工作了。有监督的学习方法还可以利用一定的误差标准使训练收敛于较高的精度。

无监督的学习方法指网络训练数据中只有训练输入数据模式而没有训练输出目标数据模式。在训练过程中，对网络连续不断地提供训练输入数据模式，提供网络特有的内部结构和一定的学习规则，并且提供使网络不断在输入数据流中发现和汲取可能存在的知识和规律，并且发挥网络的自组织能力，根据发现和汲取的知识和规律，不断地自动调整网络连接权值 $\boldsymbol{W}$ ，其结果是使网络在无教师监督的训练中学会蕴涵在训练输入样本数据中的知识和规则，可以进行如自动分类等特定功能的工作了。

上述神经网络的学习方法可以用其中一个神经元的图解进一步说明和理解。在学习过程中，一个神经元权值调整示意图如图 6.2.6 所示，图中表示神经元 j，其输入向量 $\boldsymbol{X}$ 可以来自网络外部的训练输入数据，也可以来自网络内部的其他神经元的输出；权值向量 $\boldsymbol{W}_j$ 是由连接到该神经元的全部加权系数构成的，即 $\boldsymbol{W}_j=(w_{1j},w_{2j},\cdots,w_{nj})^{\mathrm{T}}$ ；$r(\boldsymbol{W}_j,\boldsymbol{X},\boldsymbol{d}_j)$ 是学习信号，该信号是权值向量 $\boldsymbol{W}_j$ 和输入信号 $\boldsymbol{X}$ 的函数，而在有教师监督的学习过程中，它还是训练输出目标数据 $\boldsymbol{d}_j$ 的函数。

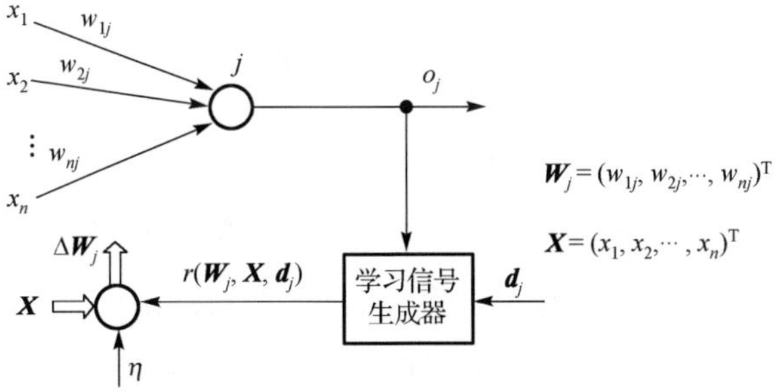

图 6.2.6　学习过程中权值调整示意图

通用的学习规则：权值向量 $\boldsymbol{W}_j$ 在 t 时刻的调整量 $\Delta\boldsymbol{W}_j(t)$ 与 t 时刻的输入向量 $\boldsymbol{X}(t)$ 和学习信号 r 的乘积成正比，可以表达为

$$\Delta\boldsymbol{W}_j(t)=\eta r(\boldsymbol{W}_j(t),\boldsymbol{X}(t),\boldsymbol{d}_j(t))\boldsymbol{X}(t) \tag{6.2.9}$$

式中，η 为正数，称为学习常数，决定学习速率。下一个时刻的权值向量调整为

$$\boldsymbol{W}(t+1)=\boldsymbol{W}(t)+\Delta\boldsymbol{W}_j(t)=\boldsymbol{W}(t)+\eta r(\boldsymbol{W}_j(t),\boldsymbol{X}(t),\boldsymbol{d}_j(t))\boldsymbol{X}(t) \tag{6.2.10}$$

可见，神经元是自适应单元，其权值调整规则对学习信号有多种不同的定义，进而形成各种不同的神经网络。

6.3 BP 网模型及其学习算法

在 BP 网即 BP 神经网络基本模型的基础上，本节比较详细地阐述其学习过程及其数学模型、基本学习算法(梯度下降算法)及其局限性、优良的比例共轭梯度学习算法及其实验研究、学习算法实现的保障及优化等。

6.3.1 BP 网学习过程分析及其数学模型

前面已经说明 BP 网是 BP 神经网络的简称，而 BP 是后向传输之意。BP 网属于一种多层神经网络，图 6.3.1 给出研究中使用的基本结构及其学习过程示意图，其中在结构上包括输入层、隐含层和输出层，隐含层可以是多层，但是大多是一层，相邻层之间的各神经元是全互连方式，即下一层的每个神经元与其上一层的所有神经元都有连接关系，而同层的各神经元之间没有连接关系。

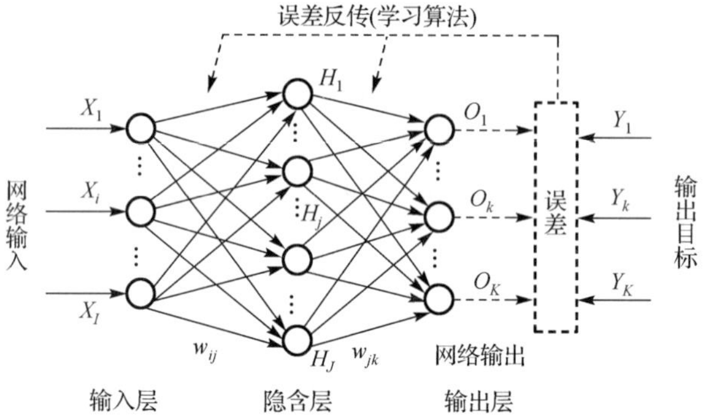

图 6.3.1　BP 网基本结构及其学习过程示意图

BP 网的学习过程可以概述如下：如图 6.3.1 所示，假定 BP 网是包含输入层、隐含层和输出层的三层结构，三层的神经元数目依次为 I、J、K，其训练输入信号数据模式$(X_1,\cdots,X_i,\cdots,X_I)^{\mathrm{T}}$和训练输出目标数据模式$(Y_1,\cdots, Y_k,\cdots, Y_K)^{\mathrm{T}}$(有监督的学习方法)同时分别从网络输入层和网络输出层传入，网络开始学习过程。网络学习过程实质是由训练信号的正向前馈传播和误差信号的反向反馈传播两个阶段组成。在训练信号的正向前馈传播时，网络的输入层各神经元接收训练输入样本信号数据$(X_1,\cdots,X_i,\cdots,X_I)^{\mathrm{T}}$，并且传递到隐含层各神经元，隐含层各神经元经空间整合(求和)和激励函数变换后计算出其输出信号数据$(H_1,\cdots, H_j,\cdots, H_J)^{\mathrm{T}}$，并且将其传递到输出层各神经元；在输出层，再经各神经元的空间整合(求和)和激励函数变换后计算出其输出信号数据$(O_1,\cdots, O_k,\cdots, O_K)^{\mathrm{T}}$，并且计算出网络输出信号数据$(O_1,\cdots, O_k,\cdots, O_K)^{\mathrm{T}}$与训练输出目标信号数据$(Y_1,\cdots, Y_k,\cdots, Y_K)^{\mathrm{T}}$之间的均方误差，即输出误差。如果输出误差较大，即得不到训练输出目标数据模式，则开始误差信号的反向反馈传播过程：将误差信号按照某种规则沿原来的连接通路经隐含层各神经元向输入层各神经元逐层反馈，使各层所有神经元均分摊到一定的误差信号数据，作为修正各层之间加权系数即连接权值的依据。随着训练数据流的不间断输入，这种训练信号的正向前馈传播和误差信号的反向反馈传播的过程周而复始，同时网络各层之间连接权值不断地进行调整，直到网络各层间连接权值达到稳定的状态，使网络对所有训练输入样本数据模式均能得到训练输出目标数据模式，或者使输出误差降低到可接受的程度，即 BP 网完成了学习过程。

在单隐层的 BP 网中，如图 6.3.1 所示，假定隐含层和输出层各神经元的阈值均为零，输入层的输入信号数据向量$\boldsymbol{X}=(X_1,X_2,\cdots,X_I)^{\mathrm{T}}$，隐含层的输出信号数据向量$\boldsymbol{H}=(H_1,H_2,\cdots,H_J)^{\mathrm{T}}$，输出层的输出信号数据向量$\boldsymbol{O}=(O_1,O_2,\cdots,O_K)^{\mathrm{T}}$，而训练输出目标数据向量$\boldsymbol{Y}=(Y_1,Y_2,\cdots,Y_K)^{\mathrm{T}}$；输入层各神经元到隐含层各神经元之间的加权系数矩阵为$\boldsymbol{W}_{XH}=(\boldsymbol{W}_1,\boldsymbol{W}_2,\cdots,\boldsymbol{W}_J)^{\mathrm{T}}$，其中，$\boldsymbol{W}_j=(w_{1j},w_{2j},\cdots,w_{Ij})^{\mathrm{T}}(j=1,2,\cdots,J)$；隐含层到输出层之间加权系数矩阵为$\boldsymbol{W}_{HO}=(\boldsymbol{W}_1,\boldsymbol{W}_2,\cdots,\boldsymbol{W}_K)^{\mathrm{T}}$，其中，$\boldsymbol{W}_k=(w_{1k},w_{2k},\cdots,w_{Jk})^{\mathrm{T}}$ $(k=1,2,\cdots,K)$；并且假定隐含层各神经元的激励变换函数采用单极性 S 型函数，如图 6.2.4(a)所示，可以表达为

$$f(x)=\frac{1}{1+\mathrm{e}^{-x}} \tag{6.3.1}$$

其特点是函数本身及其导数都是连续的，输出值区间为(0, 1)，函数呈非线性递增光滑变化，且当$x\to+\infty$(或$-\infty$)时，函数一致逼近幅值 1(或 0)，其导数的形式为

$$f'(x)=f(x)(1-f(x)) \tag{6.3.2}$$

而假定输出层各神经元的激励变换函数采用单极性分段线性函数，如图 6.2.3(a)所示，其中线性段的斜率为 1，可以表达为

$$f(x)=\begin{cases}1, & x>1\\ x, & 1\geqslant x\geqslant 0\\ 0, & x<0\end{cases} \tag{6.3.3}$$

其特点是在 x 的有效区间[0, 1]内，该函数是连续可微的，其输出值区间为[0, 1]，其导数的形式为

$$f'(x)=1,\quad x\in[0,1] \tag{6.3.4}$$

隐含层各神经元和输出层各神经元选择激励变换函数，出于这种考虑：如图 6.3.2

中红线所示，当各层间连接权值均初始化为零或接近零的值时，则网络早期学习阶段，隐含层各神经元的空间整合输入为零或接近零、输出为 0.5 或接近 0.5，即工作在其线性的中心段；而输出层各神经元也会工作在整合输入大于零而接近零的线性段，这样能提高学习效率。

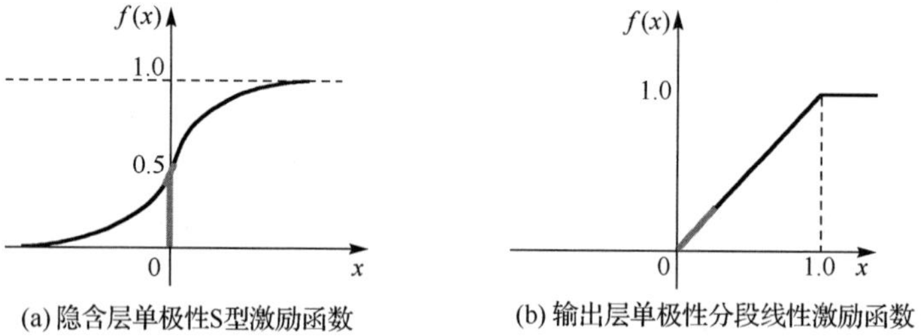

图 6.3.2　隐含层和输出层激励函数示意图(见彩图)

对于隐含层各神经元，由于各神经元的空间整合作用，其输入为

$$\text{net}_j = \sum_{i=1}^{I} w_{ij} X_i, \qquad j = 1,2,\cdots,J \tag{6.3.5}$$

引用激励函数(6.3.1)，各神经元的输出为

$$H_j = f(\text{net}_j) = f\left(\sum_{i=1}^{I} w_{ij} X_i\right) = \frac{1}{1-\exp\left(-\sum_{i=1}^{I} w_{ij} X_i\right)}, \qquad j = 1,2,\cdots,J \tag{6.3.6}$$

其导数式(6.3.2)可以改写为

$$f'(\text{net}_j) = f(\text{net}_j)(1 - f(\text{net}_j)) \tag{6.3.7}$$

对于输出层各神经元，由于各神经元的空间整合作用，其输入为

$$\text{net}_k = \sum_{j=1}^{J} w_{jk} H_j, \qquad k = 1,2,\cdots,K \tag{6.3.8}$$

引用激励函数(6.3.3)，各神经元的输出为

$$O_k = f(\text{net}_k) = \begin{cases} 1, & \text{net}_k > 1 \\ \sum_{j=1}^{J} w_{jk} H_j, & 1 \geqslant \text{net}_k \geqslant 0 \\ 0, & 0 > \text{net}_k \end{cases}, \qquad k = 1,2,\cdots,K \tag{6.3.9}$$

其导数式(6.3.4)可以改写为

$$f'(\text{net}_k) = 1, \quad \text{net}_k \in [0,\ 1] \tag{6.3.10}$$

关于隐含层和输出层各神经元的激励变换函数的选择不是唯一的，例如，隐含层各神经元还可采用双极性S型激励变换函数(见式(6.2.8b))，输出层各神经元还可采用双极性分段线性激励变换函数(见式(6.2.7b))、单极性或双极性 S 型激励变换函数等，在给定的工作区间内，它们同样是连续可微的，同样可以得到相应的 BP 网数学模型，本书从简。

6.3.2　BP 网基本学习算法及其局限性

仍然以如图 6.3.1 所示的三层 BP 网为例说明其学习算法。在 6.3.1 节已经定性地说明，BP 网的学习过程包含训练信号的正向前馈传播和误差信号的反向反馈传播两个过程，在训练信号正向前馈传播到输出层时，得到输出层即网络的即使输出信号数据向量$\boldsymbol{O}$，而外界传入输出层的训练输出目标数据向量为$\boldsymbol{Y}$，可以计算输出均方误差E为

$$E=\frac{1}{K}(\boldsymbol{Y}-\boldsymbol{O})^2=\frac{1}{K}\sum_{k=1}^{K}(Y_k-O_k)^2 \tag{6.3.11}$$

引入式(6.3.9)，并且令$\mathrm{net}_k\in[0,1]$，则

$$E=\frac{1}{K}\sum_{k=1}^{K}(Y_k-f(\mathrm{net}_k))^2=\frac{1}{K}\sum_{k=1}^{K}\left(Y_k-\sum_{j=1}^{J}w_{jk}H_j\right)^2 \tag{6.3.12}$$

再引入式(6.3.6)，则

$$E=\frac{1}{K}\sum_{k=1}^{K}\left(Y_k-\sum_{j=1}^{J}w_{jk}f(\mathrm{net}_j)\right)^2=\frac{1}{K}\sum_{k=1}^{K}\left(Y_k-\sum_{j=1}^{J}w_{jk}f\left(\sum_{i=1}^{I}w_{ij}X_i\right)\right)^2 \tag{6.3.13}$$

可见，输出误差E是各层间加权系数权值w_{jk}、w_{ij}的函数，所以通过适当地调整各层间加权系数的权值，可以减少网络输出误差E，不同的权值调整规则形成网络不同的学习算法。

1. 梯度下降算法

加权系数权值的调整量Δw_{jk}、Δw_{ij}与E下降的梯度$-\partial E/\partial w_{jk}$、$-\partial E/\partial w_{ij}$成正比，即满足

$$\Delta w_{jk}=-\eta\frac{\partial E}{\partial w_{jk}},\qquad j=1,2,\cdots,J,\quad k=1,2,\cdots,K \tag{6.3.14}$$

$$\Delta w_{ij}=-\eta\frac{\partial E}{\partial w_{ij}},\qquad i=1,2,\cdots,I,\quad j=1,2,\cdots,J \tag{6.3.15}$$

式中，$\eta\in(0,1)$为比例系数，反映学习速率，右端的负号表示梯度下降。这类学习算法是网络基本学习算法，即误差梯度下降算法(Gradient Descent Algorithms，GDA)。

为了得到 GDA 在各层间加权系数权值的调整公式，还需要进行如下的数学变换。

对输出层，式(6.3.14)可以重写为

$$\Delta w_{jk} = -\eta \frac{\partial E}{\partial \mathrm{net}_k} \frac{\partial \mathrm{net}_k}{\partial w_{jk}} = \eta \delta_k H_j, \quad j = 1,2,\cdots,J, \quad k = 1,2,\cdots,K \tag{6.3.16}$$

式(6.3.16)的推导中利用了式(6.3.8)，并且引用了输出层误差信号 δ_k，δ_k 定义为

$$\delta_k = -\frac{\partial E}{\partial \mathrm{net}_k}, \qquad k = 1,2,\cdots,K \tag{6.3.17}$$

利用式(6.3.11)，可以求出 δ_k，即

$$\delta_k = -\frac{\partial E}{\partial O_k} \frac{\partial O_k}{\partial \mathrm{net}_k} = \frac{2}{K}(Y_k - O_k) f'(\mathrm{net}_k), \qquad k = 1,2,\cdots,K \tag{6.3.18}$$

再引入式(6.3.10)，且令 $\mathrm{net}_k \in [0, 1]$，得到

$$\delta_k = \frac{2}{K}(Y_k - O_k), \qquad k = 1,2,\cdots,K \tag{6.3.19}$$

对隐含层，式(6.3.15)可以重写为

$$\Delta w_{ij} = -\eta \frac{\partial E}{\partial \mathrm{net}_j} \frac{\partial \mathrm{net}_j}{\partial w_{ij}} = \eta \delta_j X_i, \quad i = 1,2,\cdots,I, \quad j = 1,2,\cdots,J \tag{6.3.20}$$

式(6.3.20)的推导中利用了式(6.3.5)，并且引用了隐含层误差信号 δ_j，δ_j 定义为

$$\delta_j = -\frac{\partial E}{\partial \mathrm{net}_j}, \qquad j = 1,2,\cdots,J \tag{6.3.21}$$

利用式(6.3.13)以及式(6.3.8)、式(6.3.9)，可以求出 δ_j，即

$$\begin{aligned} \delta_j &= -\frac{\partial E}{\partial H_j} \frac{\partial H_j}{\partial \mathrm{net}_j} = \frac{2}{K}\left(\sum_{k=1}^{K}\left(Y_k - \sum_{j=1}^{J} w_{jk} H_j\right) w_{jk}\right) f'(\mathrm{net}_j) \\ &= \frac{2}{K}\left(\sum_{k=1}^{K}(Y_k - O_k) w_{jk}\right) f'(\mathrm{net}_j), \qquad j = 1,2,\cdots,J \end{aligned} \tag{6.3.22}$$

再利用式(6.3.19)和式(6.3.7)及式(6.3.6)，得到

$$\delta_j = \left(\sum_{k=1}^{K} \delta_k w_{jk}\right) H_j (1 - H_j), \qquad j = 1,2,\cdots,J \tag{6.3.23}$$

将式(6.3.19)和式(6.3.23)分别代入式(6.3.16)和式(6.3.20)，得到三层 BP 网学习算法的层间加权系数即连接权值的调整公式，即

$$\begin{cases}\Delta w_{jk} = \eta\delta_k H_j = \dfrac{2}{K}\eta(Y_k - O_k)H_j, & j=1,2,\cdots,J,\quad k=1,2,\cdots,K \\ \Delta w_{ij} = \eta\delta_j X_i = \eta\left(\displaystyle\sum_{k=1}^{K}\delta_k w_{jk}\right)H_j(1-H_j)X_i, & i=1,2,\cdots,I,\quad j=1,2,\cdots,J\end{cases} \tag{6.3.24}$$

为了后面表述方便，令 $\boldsymbol{\delta}_{HO}=(\delta_1,\delta_2,\cdots,\delta_K)^{\mathrm{T}}$，$\boldsymbol{\delta}_{XH}=(\delta_1,\delta_2,\cdots,\delta_J)^{\mathrm{T}}$，并且令 t 表示当前时间，则可得到当前时刻层间连接权值的调整矩阵，即

$$\begin{cases}\Delta\boldsymbol{W}_{HO}(t)=\eta\boldsymbol{\delta}_{HO}\boldsymbol{H}^{\mathrm{T}} \\ \Delta\boldsymbol{W}_{XH}(t)=\eta\boldsymbol{\delta}_{XH}\boldsymbol{X}^{\mathrm{T}}\end{cases} \tag{6.3.25}$$

容易看出，在 BP 网学习算法中，各层间加权系数权值的调整公式在形式上具有一致性，均取决于学习速率 η、本层输出误差信号 $\boldsymbol{\delta}_{HO}$ 或 $\boldsymbol{\delta}_{XH}$、本层输入信号 $\boldsymbol{H}$ 或 $\boldsymbol{X}$ 等三个因素。其中，输出层误差信号 $\boldsymbol{\delta}_{HO}$ 取决于网络实际输出与目标输出的差值，直接反映了输出误差，而隐含层误差信号 $\boldsymbol{\delta}_{XH}$ 是从输出层逐层反馈过来的。

进而，可以得到网络在学习过程中层间连接权值矩阵形式的迭代公式，即

$$\begin{cases}\boldsymbol{W}_{HO}(t+1)=\boldsymbol{W}_{HO}(t)+\Delta\boldsymbol{W}_{HO}(t) \\ \boldsymbol{W}_{YH}(t+1)=\boldsymbol{W}_{YH}(t)+\Delta\boldsymbol{W}_{YH}(t)\end{cases} \tag{6.3.26}$$

由误差梯度下降算法导出的各层间加权系数权值的调整公式不难由单隐层推广到多隐层，这里从简。显然，由上述 BP 网学习算法，其主要特点是训练信号的前馈计算和误差信号的反馈传播，其信号流程如图 6.3.3 所示。

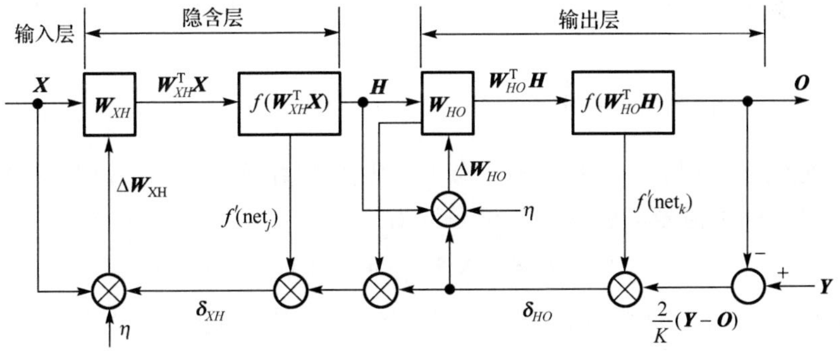

图 6.3.3　BP 网学习过程信号流程示意图

训练信号的前馈计算过程：训练输入信号 $\boldsymbol{X}$ 传入输入层后，经过输入层与隐含层之间所有加权系数 $w_{ij}(i=1,2,\cdots,I,j=1,2,\cdots,J)$ 组成的权矩阵 $\boldsymbol{W}_{XH}$ 的传递、隐含层各神经元的空间整合及其激励函数的变换 $f(\boldsymbol{W}_{XH}^{\mathrm{T}}\boldsymbol{X})$，得到隐含层的输出矩阵 $\boldsymbol{H}$；$\boldsymbol{H}$ 经过隐含层与输出层之间所有加权系数 $w_{jk}(j=1,2,\cdots,J,k=1,2,\cdots,K)$ 组成的权向量 $\boldsymbol{W}_{HO}$ 的传递、输出层各神经元的空间整合及其激励函数的变换 $f(\boldsymbol{W}_{HO}^{\mathrm{T}}\boldsymbol{H})$，得到输出

层即网络的输出矩阵 $\boldsymbol{O}$。在输出层计算训练输出目标矩阵 $\boldsymbol{Y}$ 与网络即时输出矩阵 $\boldsymbol{O}$ 之间的均方误差 E，若误差 E 较大，则开始误差信号的反馈过程：由 $\boldsymbol{Y}$、$\boldsymbol{O}$ 之差的 $2/K$ 与 $f'(\mathrm{net}_k)$（在输出层各神经元工作在其学习段的一般情况下，$f'(\mathrm{net}_k)=1$）之积得到输出层的误差信号 $\boldsymbol{\delta}_{HO}$，由 $\boldsymbol{\delta}_{HO}$、输出层的输入矩阵 $\boldsymbol{H}$ 和学习常数 η 可以得到即时权矩阵 $\boldsymbol{W}_{HO}(t)$ 的调整矩阵 $\Delta\boldsymbol{W}_{HO}(t)$，对 $\boldsymbol{W}_{HO}(t)$ 进行调整，即 $\boldsymbol{W}_{HO}(t+1)=\boldsymbol{W}_{HO}(t)+\Delta\boldsymbol{W}_{HO}(t)$；进而，由 $\boldsymbol{\delta}_{HO}$、$\boldsymbol{W}_{HO}$ 和 $f'(\mathrm{net}_j)$ 计算隐含层的误差信号 $\boldsymbol{\delta}_{XH}$，由 $\boldsymbol{\delta}_{XH}$、输入向量 $\boldsymbol{X}$ 和学习常数 η 可以得到即时权矩阵 $\boldsymbol{W}_{XH}(t)$ 的调整矩阵 $\Delta\boldsymbol{W}_{XH}(t)$，对 $\boldsymbol{W}_{XH}(t)$ 进行调整，即 $\boldsymbol{W}_{XH}(t+1)=\boldsymbol{W}_{XH}(t)+\Delta\boldsymbol{W}_{XH}(t)$，完成三层 BP 网在一次反馈过程中层间所有加权系数即连接权值的自适应调整。

在学习过程中，如果误差函数 $\boldsymbol{\delta}_{HO}$、$\boldsymbol{\delta}_{XH}$ 均到达零或非常小，则权值调整量 $\Delta\boldsymbol{W}_{HO}(t)$、$\Delta\boldsymbol{W}_{XH}(t)$ 均逼近零，停止权值 $\boldsymbol{W}_{HO}(t)$、$\boldsymbol{W}_{XH}(t)$ 的更新；如果误差函数 $\boldsymbol{\delta}_{HO},\boldsymbol{\delta}_{XH}$ 是严格的凸函数，存在唯一的极小点（即为全局最小），则网络会收敛得到最优的 $\boldsymbol{W}_{HO}$、$\boldsymbol{W}_{XH}$。上述学习算法的信号流程，不难由单隐层推广到多隐层。

BP 网在一次输入训练样本模式后，通过训练输入信号的前馈计算输出信号及其误差、误差信号的反馈自适应调整各层间连接权值，使网络输出误差逐渐减小，直到网络各层间连接权值达到稳定的状态，更新训练输入样本模式，重复训练输入信号的前馈计算和误差信号的反馈自适应调整连接权值等训练过程，直到对所有的训练输入样本模式均能得到训练输出目标样本模式，或者网络输出误差达到给定的精度要求，网络学习收敛即完成了学习过程，网络各层节点间互连的加权系数存储一组稳定的连接权值，即分布式存储从训练样本数据流中学会的知识和规律，以备网络进行泛化应用。

2. 梯度下降算法的局限性

由式(6.3.13)可见，三层 BP 网在学习过程中的输出误差 E 是各层间连接权值和训练输入/输出样本信号的函数，即可表达为

$$E=F(\boldsymbol{X},\boldsymbol{W}_{HO},\boldsymbol{W}_{XH},\boldsymbol{Y})$$

根据图 6.3.1 给出的 BP 网基本结构及其学习过程示意图，上式表达的误差函数 E 中可以调节的层间连接权的个数为 $n_w=I\times J+J\times K$，若 $I=16,J=20,K=16$，则 $n_w=640$，可见误差 E 是 n_w+1 维空间中形状复杂的超曲面，超曲面上每个点的高度是误差值，对应的坐标向量是 n_w 维的层间连接权值，这样的空间被称为误差权空间。为了便于表达和理解，在误差权空间里，取其中某一个层间连接权值坐标方向上的切面，得到误差超曲面在该切面中的误差切线，显然，该切线应该是一曲线，可以反映误差超曲面的某些基本属性，图 6.3.4 给出该切线的示意图。

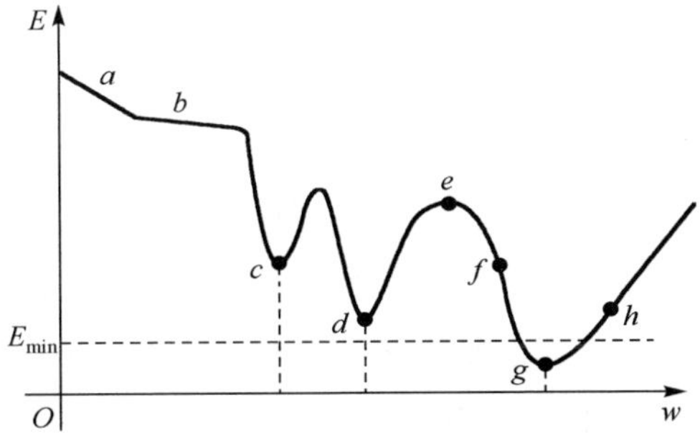

图 6.3.4　误差超曲面在单个连接权值坐标方向上的切线示意图

由图 6.3.4 所示的误差曲线的基本特点推广可以看出，误差超曲面在误差权空间里的分布存在两个特点：例如，图中切线上类似直线段的 b 段所在误差超曲面中扩展的局部区域是梯度很小的平坦区域，所以在误差超曲面中存在平坦区域，这是误差超曲面的第一个特点；再如，图中切线上低凹的谷点 c,d,g 均是所在误差超曲面的极小点，则扩展到误差超曲面中，可以得到误差超曲面的第二个特点是存在误差的多个极小点。对误差超曲面的上述两个特点的形成及其影响分别说明如下。

1) 存在误差的局部平坦区域

若误差 E 进入误差超曲面的局部平坦区域，则其梯度 $\partial E/\partial \boldsymbol{W}_{HO}$、$\partial E/\partial \boldsymbol{W}_{XH}$ 均很小，误差下降缓慢。在训练使误差进入其局部平坦区域后，尽管误差可能还很大，但由于其梯度很小，使权值的调整力度很小，所以误差很难走出平坦区域，只有以增加训练次数为代价，缓慢进行，这样就降低了学习速度，延长了学习收敛的时间。但是，只要权值调整方向正确，调整时间足够长，误差总可以走出其局部平坦区域，而进入其超曲面的某个谷点。

为了尽量避免训练使误差进入其超曲面的局部平坦区域，需要考查局部平坦区域形成的原因。由式(6.3.14)、式(6.3.15)和式(6.3.24)，并且引用式(6.3.19)，可以得到

$$\begin{cases} \dfrac{\partial E}{\partial w_{jk}} = -\dfrac{2}{K}(Y_k - O_k)H_j, & j=1,2,\cdots,J, \quad k=1,2,\cdots,K \\ \dfrac{\partial E}{\partial w_{ij}} = -\left(\dfrac{2}{K}\sum_{k=1}^{K}(Y_k - O_k)w_{jk}\right)H_j(1-H_j)X_i, & i=1,2,\cdots,I, \quad j=1,2,\cdots,J \end{cases} \tag{6.3.27}$$

在输出误差较大的情况下，由式(6.3.27)的上式，使 $\partial E/\partial w_{jk}\,(j=1,2,\cdots,J,$ $k=1,2,\cdots,K)$ 很小的原因只有隐含层各神经元的输出 $H_j(j=1,2,\cdots,J)$，很小，当 $H_j \leqslant 0$ $(j=1,2,\cdots,J)$ 时，误差可以为任意值；由式(6.3.27)的下式，使 $\partial E/\partial w_{ij}\,(i=1,2,\cdots,I,$ $j=1,2,\cdots,J)$ 很小的原因是 $H_j(j=1,2,\cdots,J)$ 接近 0 或接近 1，当 $H_j=0$或$H_j=1(j=1,$ $2,\cdots,J)$ 时，误差可以为任意值。另外，$X_j(i=1,2,\cdots,I)$ 是网络外界输入信号，网络

学习算法无法控制；其次，如果 $Y_k - O_k(k=1,2,\cdots,K)$ 很小，则误差落入其超曲面的某个谷点，不会形成局部平坦区域。

综上所述，当 $H_j \leqslant 0$ 或 $H_j = 1(j=1,2,\cdots,J)$ 时，误差 E 可以为任意值，而其梯度 $\partial E/\partial \boldsymbol{W}_{HO}$ 、$\partial E/\partial \boldsymbol{W}_{XH}$ 均很小，使误差超曲面中出现局部平坦区域。由输出层各神经元的分段线性激励函数图 6.3.2(b)可见，当 $H_j < 0(j=1,2,\cdots,J)$ 时，其激励函数的斜率为 0，即工作在低的饱和状态，对连接权值 $w_{jk}(j=1,2,\cdots,J,k=1,2,\cdots,K)$ 调整不敏感，即 $\partial E/\partial \boldsymbol{W}_{HO}$ 很小；而由隐含层各神经元的 S 型激励函数图 6.3.2(a)可见，当隐含层各神经元的空间整合输入 $\left|\sum_{i=1}^{I} w_{ij} X_i\right| > 5(j=1,2,\cdots,J)$ 时，则各激励函数输出 H_j $(j=1,2,\cdots,J)$ 接近 0 或接近 1，即工作在饱和状态，对连接权值 $w_{ij}(i=1,2,\cdots,I,$ $j=1,2,\cdots,J)$ 的调整也不敏感，即 $\partial E/\partial \boldsymbol{W}_{XH}$ 很小。

因此，在训练过程中使误差避免落入其超曲面的局部平坦区域的方法是使各层神经元的激励变换函数避免工作在饱和状态，即避免出现 $H_j \leqslant 0$ 和 $\left|\sum_{i=1}^{I} w_{ij} X_i\right| > 5,$ $(j=1,2,\cdots,J)$。

2)存在误差的多个局部极小值

在图 6.3.4 所示的多维误差权空间在某个连接权值坐标方向上的切面，其中误差超曲面在该坐标方向上的切线呈现多个低凹的谷点 c,d,g 等。可以想象，误差超曲面在多维空间里更是起伏凸凹连绵不断，像丘陵似的，会有很多谷点即其极小点。图 6.3.4 中切线上的谷点 c,d,g 可能是多维权空间中误差超曲面上的谷点即极小点，也可能是误差超曲面的一条谷线上点。总之，误差超曲面上会有很多极小点，其中大多是局部极小点，只有一个或少量几个为全局极小点即最小点，极小点和最小点的误差在各个连接权值坐标的梯度均为 0，而梯度下降学习算法没有识别极小点和最小点的能力。若训练过程使误差落入某个极小点，则由于误差在各个坐标方向的梯度均为 0 而不能自拔。训练过程使误差进入局部极小还是全局最小与连接权值的初始设置有关，因此应该认真研究初始权值的设置问题。

误差超曲面的局部平坦区域会使训练次数大大增加，从而减缓了网络学习收敛的速度；而误差超曲面的多个局部极小点会使误差陷入局部极小，从而训练可能无法使误差达到给定的精度，更无法收敛到全局最小。这两个问题是梯度下降学习算法的固有缺点，可以通过对学习算法的优化进行适当的补救。

6.3.3　比例共轭梯度学习算法

虽然针对梯度下降法的缺点可以采取一些改进措施，但是在网络训练中往往不能得到令人满意的效果，所以本节研究一种优良的用于网络快速监督训练的比例共轭梯度学习算法。显然，梯度下降学习算法是建立在输出误差函数的线性近似基础上的，而通过输出误差二阶近似函数的最小化可以引导出比例共轭梯度算法(Moller，1993)。

1. 共轭梯度算法分析

图 6.3.1 所示三层 BP 网基本结构层间连接权值向量 $\boldsymbol{W}$ 的维数 $N = I \times J + J \times K$，令 $\Re^N$ 为 $\boldsymbol{W}$ 的权空间，则 $\Re^N$ 中一点 $\boldsymbol{w}$ 邻域 $(\boldsymbol{w}+\Delta\boldsymbol{w})$ 的误差函数 $E(\boldsymbol{w}+\Delta\boldsymbol{w})$ 可由泰勒级数表示为

$$E(\boldsymbol{w}+\Delta\boldsymbol{w}) = E(\boldsymbol{w}) + E'(\boldsymbol{w})^{\mathrm{T}}\Delta\boldsymbol{w} + \frac{1}{2}\Delta\boldsymbol{w}^{\mathrm{T}}E''(\boldsymbol{w})\Delta\boldsymbol{w} + \cdots \tag{6.3.28}$$

式中，$E'(\boldsymbol{w})$ 是误差函数的 N 维梯度；$E''(\boldsymbol{w})$ 是误差函数的 $N \times N$ 维 Hessian 矩阵；$\Delta\boldsymbol{w}$ 是权值 $\boldsymbol{w}$ 在学习过程中的 N 维调节量(即 $\boldsymbol{w}$ 的权值增量)。

如果 $N \times N$ 维 Hessian 矩阵 $E''(\boldsymbol{w})$ 满足

$$\boldsymbol{y}^{\mathrm{T}}E''(\boldsymbol{w})\boldsymbol{y} > 0, \quad \forall \boldsymbol{y} \in \Re^N \tag{6.3.29}$$

则称 Hessian 矩阵 $E''(\boldsymbol{w})$ 是正定的。令 $\boldsymbol{p}_1, \boldsymbol{p}_2, \cdots \boldsymbol{p}_N$ 为 $\Re^N$ 中的一套非零权向量，如果

$$\boldsymbol{p}_i^{\mathrm{T}}E''(\boldsymbol{w})\boldsymbol{p}_j = 0, \quad i \neq j, \quad i,j = 1,2,\cdots,N \tag{6.3.30}$$

成立，则称这套权向量是关于非奇异对称 $N \times N$ 维矩阵 $E''(\boldsymbol{w})$ 的共轭系统，可确定一套满足

$$\boldsymbol{w}_{k+1} = \boldsymbol{w}_1 + \sum_{i=1}^{k}\alpha_i\boldsymbol{p}_i = \boldsymbol{w}_k + \alpha_k\boldsymbol{p}_k, \quad k = 1,2,\cdots,N \tag{6.3.31}$$

的权向量，其中，$\boldsymbol{w}_1 \in \Re^N$。

根据式(6.3.31)，由当前的权值点确定下一权值点是在一次迭代中实现的，其中主要包括两个步骤：首先是确定搜索方向 $\boldsymbol{p}_k$，然后是确定步长 α_k，即可得到希望的新点。如果 $\boldsymbol{p}_k$ 被固定为负梯度方向 $-E'(\boldsymbol{w})$ 和步长 α_k 被设置为常数 η，那么最小化 $E(\boldsymbol{w})$ 的算法就变成由式(6.3.14)和式(6.3.15)引导的梯度下降法。可以看出，梯度下降法是建立在误差函数的线性近似 $E(\boldsymbol{w}+\Delta\boldsymbol{w}) \approx E(\boldsymbol{w}) + E'(\boldsymbol{w})^{\mathrm{T}}\Delta\boldsymbol{w}$ 基础上的，这是算法常表现收敛性差的主要原因。另一个原因是该算法使用的恒定步长，在很多情况下是低效的，并且使算法缺乏鲁棒性。

共轭梯度方法是利用误差函数的二阶近似，能更仔细地选择搜索方向和步长，令 $\boldsymbol{w}_1 \in \Re^N$，其邻域点 $\Delta\boldsymbol{w}$ 的误差函数可取为二阶近似函数，即

$$E_{qw}(\Delta\boldsymbol{w}) = E(\boldsymbol{w}) + E'(\boldsymbol{w})^{\mathrm{T}}\Delta\boldsymbol{w} + \frac{1}{2}\Delta\boldsymbol{w}^{\mathrm{T}}E''(\boldsymbol{w})\Delta\boldsymbol{w} \tag{6.3.32}$$

为了得到 $E_{qw}(\Delta\boldsymbol{w})$ 的最小值，必须首先找其临界点 $\Delta\boldsymbol{w}$，这些点应满足 $E_{qw}(\Delta\boldsymbol{w})$ 对 $\Delta\boldsymbol{w}$ 的偏导数等于零，即

$$E'_{qw}(\Delta\boldsymbol{w}_*) = E''(\boldsymbol{w})\Delta\boldsymbol{w}_* + E'(\boldsymbol{w}) = 0 \tag{6.3.33}$$

可见，临界点 $\Delta\boldsymbol{w}_*$ 是线性方程(6.3.33)的解。如果 $\boldsymbol{p}_1,\boldsymbol{p}_2,\cdots\boldsymbol{p}_N$ 是权空间 $\Re^N$ 中关于 Hessian 矩阵 $E''(\boldsymbol{w})$ 的一套共轭系统，根据式(6.3.31)，由初始点 $\Delta\boldsymbol{w}_1$ 到临界点 $\Delta\boldsymbol{w}_*$ 的步骤被表达为 $\boldsymbol{p}_1,\boldsymbol{p}_2,\cdots\boldsymbol{p}_N$ 的线性组合，即

$$\Delta\boldsymbol{w}_* - \Delta\boldsymbol{w}_1 = \sum_{i=1}^{N}\alpha_i\boldsymbol{p}_i, \quad \alpha_i \in \Re^N \tag{6.3.34}$$

式(6.3.34)两端分别乘以 $\boldsymbol{p}_j^{\mathrm{T}}E''(\boldsymbol{w})$，并且利用式(6.3.33)及式(6.3.30)，分别得到

左端：$\boldsymbol{p}_j^{\mathrm{T}}E''(\boldsymbol{w})(\Delta\boldsymbol{w}_* - \Delta\boldsymbol{w}_1) = \boldsymbol{p}_j^{\mathrm{T}}\left(-E'(\boldsymbol{w}) - E''(\boldsymbol{w})\Delta\boldsymbol{w}_1\right) = -\boldsymbol{p}_j^{\mathrm{T}}E'_{qw}(\Delta\boldsymbol{w}_1)$

右端：$\boldsymbol{p}_j^{\mathrm{T}}E''(\boldsymbol{w})\sum_{i=1}^{N}\alpha_i\boldsymbol{p}_i = \boldsymbol{p}_j^{\mathrm{T}}E''(\boldsymbol{w})(\alpha_1\boldsymbol{p}_1 + \cdots + \alpha_j\boldsymbol{p}_j + \cdots + \alpha_N\boldsymbol{p}_N) = \alpha_j\boldsymbol{p}_j^{\mathrm{T}}E''(\boldsymbol{w})\boldsymbol{p}_j$

故有

$$\alpha_j = \frac{-\boldsymbol{p}_j^{\mathrm{T}}E'_{qw}(\Delta\boldsymbol{w}_1)}{\boldsymbol{p}_j^{\mathrm{T}}E''(\boldsymbol{w})\boldsymbol{p}_j} \tag{6.3.35}$$

可见，临界点 $\Delta\boldsymbol{w}_*$ 能够利用式(6.3.34)和式(6.3.35)通过 N 次迭代确定。但是，临界点 $\Delta\boldsymbol{w}_*$ 不一定是最小点，也可能是最大点。但是，我们可以证明，如果 Hessian 矩阵 $E''(\boldsymbol{w})$ 是正定的，则临界点 $\Delta\boldsymbol{w}_*$ 是全局最小点，证明如下：

令 $\Delta\boldsymbol{w}$ 为 $\boldsymbol{w}$ 邻域里的任一点，依次利用式(6.3.33)和式(6.3.34)，可有

$$\begin{aligned}
E_{qw}(\Delta\boldsymbol{w}) &= E(\Delta\boldsymbol{w}_* + (\Delta\boldsymbol{w} - \Delta\boldsymbol{w}_*)) \\
&= E(\boldsymbol{w}) + E'(\boldsymbol{w})^{\mathrm{T}}\left(\Delta\boldsymbol{w}_* + (\Delta\boldsymbol{w} - \Delta\boldsymbol{w}_*)\right) + \frac{1}{2}\left(\Delta\boldsymbol{w}_* + (\Delta\boldsymbol{w} - \Delta\boldsymbol{w}_*)\right)^{\mathrm{T}}E''(\boldsymbol{w})(\Delta\boldsymbol{w}_* + (\Delta\boldsymbol{w} - \Delta\boldsymbol{w}_*)) \\
&= E(\boldsymbol{w}) + E'(\boldsymbol{w})^{\mathrm{T}}\Delta\boldsymbol{w}_* + \frac{1}{2}\Delta\boldsymbol{w}_*^{\mathrm{T}}E''(\boldsymbol{w})\Delta\boldsymbol{w}_* + (\Delta\boldsymbol{w} - \Delta\boldsymbol{w}_*)^{\mathrm{T}}E''(\boldsymbol{w})\Delta\boldsymbol{w}_* + E'(\boldsymbol{w})^{\mathrm{T}}(\Delta\boldsymbol{w} - \Delta\boldsymbol{w}_*) \\
&\quad + \frac{1}{2}(\Delta\boldsymbol{w} - \Delta\boldsymbol{w}_*)^{\mathrm{T}}E''(\boldsymbol{w})(\Delta\boldsymbol{w} - \Delta\boldsymbol{w}_*) \\
&= E_{qw}(\Delta\boldsymbol{w}_*) + (\Delta\boldsymbol{w} - \Delta\boldsymbol{w}_*)^{\mathrm{T}}\left(E''(\boldsymbol{w})\Delta\boldsymbol{w}_* + E'(\boldsymbol{w})\right) + \frac{1}{2}(\Delta\boldsymbol{w} - \Delta\boldsymbol{w}_*)^{\mathrm{T}}E''(\boldsymbol{w})(\Delta\boldsymbol{w} - \Delta\boldsymbol{w}_*) \\
&= E_{qw}(\Delta\boldsymbol{w}_*) + \frac{1}{2}(\Delta\boldsymbol{w} - \Delta\boldsymbol{w}_*)^{\mathrm{T}}E''(\boldsymbol{w})(\Delta\boldsymbol{w} - \Delta\boldsymbol{w}_*)
\end{aligned}$$

因为 Hessian 矩阵 $E''(\boldsymbol{w})$ 是正定的，根据式(6.3.29)，$\frac{1}{2}(\Delta\boldsymbol{w} - \Delta\boldsymbol{w}_*)^{\mathrm{T}}E''(\boldsymbol{w})(\Delta\boldsymbol{w} - \Delta\boldsymbol{w}_*) > 0$，故

$$E_{qw}(\Delta\boldsymbol{w}) = E_{qw}(\Delta\boldsymbol{w}_*) + \frac{1}{2}(\Delta\boldsymbol{w} - \Delta\boldsymbol{w}_*)^{\mathrm{T}} E''(\boldsymbol{w})(\Delta\boldsymbol{w} - \Delta\boldsymbol{w}_*) > E_{qw}(\Delta\boldsymbol{w}_*) \tag{6.3.36}$$

式(6.3.36)表明：如果 Hessian 矩阵 $E''(\boldsymbol{w})$ 是正定的，则临界点 $\Delta\boldsymbol{w}_*$ 必定是误差函数在权值点 $\boldsymbol{w}$ 邻域里的最小点。在此基础上，下面将依次给出共轭方向算法、共轭系统算法和共轭梯度算法，并且若无特殊说明，则总是假定 Hessian 矩阵 $E''(\boldsymbol{w})$ 是正定的。

1) 共轭方向算法

令 $\boldsymbol{w} \in \Re^N$，且 $\boldsymbol{p}_1, \boldsymbol{p}_2, \cdots, \boldsymbol{p}_N$ 为 Hessian 矩阵 $E''(\boldsymbol{w})$ 的一套共轭系统，利用式(6.3.34)和式(6.3.35)，可以建立在 $\boldsymbol{w}$ 邻域中求解最小点 $\Delta\boldsymbol{w}_*$ 的迭代算法，称为共轭方向(Conjugate Direction，CD)算法，其中间点均是极小点，其步骤如下：

(1) 令 $\boldsymbol{p}_1, \boldsymbol{p}_2, \cdots, \boldsymbol{p}_N$ 为 Hessian 矩阵 $E''(\boldsymbol{w})$ 的一套共轭系统，给定初始权增量 $\Delta\boldsymbol{w}_1$，$k = 1$；

(2) 计算二阶信息：$\delta_k = \boldsymbol{p}_k^{\mathrm{T}} E''(\boldsymbol{w}) \boldsymbol{p}_k$；

(3) 计算步长：$\mu_k = -\boldsymbol{p}_k^{\mathrm{T}} E'_{qw}(\boldsymbol{w})$，$\alpha_k = \mu_k / \delta_k$；

(4) 更新权向量：$\Delta\boldsymbol{w}_{k+1} = \Delta\boldsymbol{w}_k + \alpha_k \boldsymbol{p}_k$；

(5) 判断：若 $k \leqslant N$，则令 $k = k+1$，返回步骤(2)；否则，输出 $\Delta\boldsymbol{w}_1, \Delta\boldsymbol{w}_2, \cdots, \Delta\boldsymbol{w}_{N+1}$。

可以确信：CD 算法的最多 N 次迭代能检测到二次误差函数的全局最小点。

2) 共轭系统算法

共轭方向算法是假设已经得到了共轭系统，实际上，它们也能被特别设计的算法递归确定。给定初始权值点 $\Delta\boldsymbol{w}_1$ 后，$\boldsymbol{p}_1$ 被设置为最陡的梯度下降向量 $-E'_{qw}(\Delta\boldsymbol{w}_1)$，而 $\boldsymbol{p}_{k+1}$ 为当前最陡下降向量 $-E'_{qw}(\Delta\boldsymbol{w}_{k+1})$ 和前一共轭梯度方向 $\boldsymbol{p}_k$ 的线性组合，而 $\Delta\boldsymbol{w}_{k+1}$ 由共轭方向算法得到，这就是基于 CD 算法的共轭系统(Conjugate System，CS)算法，其步骤如下：

(1) 任意给定 $\boldsymbol{w}$ 的权增量 $\Delta\boldsymbol{w}_1$，设置初始共轭权向量 $\boldsymbol{p}_1 = \boldsymbol{r}_1 = -E'_{qw}(\Delta\boldsymbol{w}_1)$，$k = 1$；

(2) 计算二阶信息：$\delta_k = \boldsymbol{p}_k^{\mathrm{T}} E''(\boldsymbol{w}) \boldsymbol{p}_k$；

(3) 计算步长：$\mu_k = -\boldsymbol{p}_k^{\mathrm{T}} E'_{qw}(\boldsymbol{w})$，$\alpha_k = \mu_k / \delta_k$；

(4) 更新权向量：$\Delta\boldsymbol{w}_{k+1} = \Delta\boldsymbol{w}_k + \alpha_k \boldsymbol{p}_k$；

(5) 计算共轭参数：$\boldsymbol{r}_{k+1} = -E'_{qw}(\Delta\boldsymbol{w}_{k+1})$，$\beta_k = \left(|\boldsymbol{r}_{k+1}|^2 - \boldsymbol{r}_{k+1}^{\mathrm{T}} \boldsymbol{r}_k\right) / \mu_k$；

(6) 建立新的共轭方向：$\boldsymbol{p}_{k+1} = \boldsymbol{r}_{k+1} + \beta_k \boldsymbol{p}_k$；

(7) 判断：若 $k < N$，则令 $k = k+1$，返回步骤(2)；否则，输出一套共轭系统 $\boldsymbol{p}_1, \boldsymbol{p}_2, \cdots \boldsymbol{p}_N$。

共轭系统算法得到的共轭向量经常被称为共轭梯度方向。

3) 共轭梯度算法

将共轭方向算法和共轭系统算法结合，可以得到共轭梯度(Conjugate Gradient, CG)算法。在 CG 算法的每次迭代中，均应用全局误差函数 E 在当前点 $\boldsymbol{w}\in\Re^{N}$ 的二阶近似 E_{qw}。因为真实的误差函数 $E(\boldsymbol{w})$ 是非二次的，该算法不一定在 N 步迭代中收敛。如果算法在 N 步后不收敛，则算法要重新开始，也就是将 $\boldsymbol{p}_{k+1}$ 初始化为当前最陡的下降方向 $\boldsymbol{r}_{k+1}$。这也意味着上述两个算法仅在误差函数 E 精确等于二次近似函数 E_{qw} 时的理想情况下是有效的。当然，这不是经常的情形，但是，当前点距离极小点越近，E_{qw} 对误差函数 E 的二阶近似就越好，实际应用中，这个性质为了得到快速收敛是足够的。标准的 CG 算法步骤如下：

(1) 选择初始权向量 $\boldsymbol{w}_1$，且令 $\boldsymbol{p}_1=\boldsymbol{r}_1=-E'(\boldsymbol{w}_1)$，$k=1$，设置误差阈值 $E_{阈值}$；

(2) 计算二阶信息：$\boldsymbol{s}_k=E''(\boldsymbol{w})\boldsymbol{p}_k$，$\delta_k=\boldsymbol{p}_k^{\mathrm{T}}\boldsymbol{s}_k$；

(3) 计算步长：$\mu_k=\boldsymbol{p}_k^{\mathrm{T}}\boldsymbol{r}_k$，$\alpha_k=\mu_k/\delta_k$；

(4) 更新权向量：$\boldsymbol{w}_{\mathrm{k}+1}=\boldsymbol{w}_k+\alpha_k\boldsymbol{p}_k$，$\boldsymbol{r}_{k+1}=-E'_{qw}(\boldsymbol{w}_{k+1})$；

(5) 判断：如果 $k \bmod N=0$，则重新开始算法，即令 $\boldsymbol{p}_{k+1}=\boldsymbol{r}_{k+1}$；

否则，建立新的共轭方向：$\beta_k=(|\boldsymbol{r}_{k+1}|^2-\boldsymbol{r}_{k+1}^{\mathrm{T}}\boldsymbol{r}_k)/\mu_k$，$\boldsymbol{p}_{k+1}=\boldsymbol{r}_{k+1}+\beta_k\boldsymbol{p}_k$；

(6) 判断：如果误差 $E(\boldsymbol{w}_{k+1})>E_{阈值}$，则令 $k=k+1$，返回步骤(2)；

否则，返回和保存 $\boldsymbol{w}_{k+1}$ 为训练收敛的权值点，结束。

其中，$E(\boldsymbol{w}_{k+1})\leqslant E_{阈值}$ 意味着 E_{qw} 在权值点 $\boldsymbol{w}_{k+1}$ 达到或接近最小点，满足训练收敛的要求，所以迭代可以结束。共轭系数 β_k 又称为方向因子，其计算公式为

$$\beta_k=\frac{|\boldsymbol{r}_{k+1}|^2-\boldsymbol{r}_{k+1}^{\mathrm{T}}\boldsymbol{r}_k}{\mu_k} \tag{6.3.37}$$

被称为 Hestenes-Stiefel 公式。共轭系数还存在其他不同的计算公式，例如，在另外两种比较典型的共轭梯度算法中的共轭系数计算公式分别为

Fletcher-Reeves 共轭梯度算法：

$$\beta_k^{\mathrm{FR}}=\frac{\boldsymbol{r}_k^{\mathrm{T}}\boldsymbol{r}_k}{\boldsymbol{r}_{k-1}^{\mathrm{T}}\boldsymbol{r}_{k-1}} \tag{6.3.38}$$

Polak-Ribiere 共轭梯度算法：

$$\beta_k^{\mathrm{PR}}=\frac{\Delta\boldsymbol{r}_{k-1}^{\mathrm{T}}\boldsymbol{r}_k}{\|\boldsymbol{r}_{k-1}\|^2} \tag{6.3.39}$$

但是，当共轭梯度方法被用于非二次误差函数时，上述 CG 算法中应用的 Hestenes-Stiefel 共轭系数计算公式(6.3.37)是最优的。当算法进展不好时，式(6.3.37)导致下列关系

$$\boldsymbol{r}_{k+1} \approx \boldsymbol{r}_k \Rightarrow \beta_k \approx 0 \Rightarrow \boldsymbol{p}_{k+1} \approx \boldsymbol{r}_{k+1}$$

因此，强迫算法重新开始。

2. 比例共轭梯度算法的导出

在 CG 算法的每次迭代中，必须计算和储存 Hessian 矩阵 $E''(\boldsymbol{w}_k)$，因为其计算的复杂性，要求计算量为 $O(N^3)$、储存量为 $O(N^2)$，显然这是需要改进的。通常是通过用线性搜索逼近步长来解决这一问题。鉴于基于线性搜索的学习算法有诸多缺点，还可以使用另一种方法估计步长，其基本想法是 CG 算法中的二次信息项 $\boldsymbol{s}_k = E''(\boldsymbol{w}_k)\boldsymbol{p}_k$ 以形式为

$$\boldsymbol{s}_k = E''(\boldsymbol{w}_k)\boldsymbol{p}_k \approx \frac{E'(\boldsymbol{w}_k + \sigma_k \boldsymbol{p}_k) - E'(\boldsymbol{w}_k)}{\sigma_k}, \quad 0 < \sigma_k << 1 \tag{6.3.40}$$

的非对称逼近来估计，其计算量和储存量分别为 $O(3N^2)$ 和 $O(N)$，这样得到可直接应用于 BP 网的一种训练算法，这种对标准 CG 算法稍微修正的版本仍然被称为 CG 算法。

如果 CG 算法在实验中失败，其主要原因如下：

(1) 在权空间的不同区域，Hessian 矩阵 $E''(\boldsymbol{w}_k)$ 的正定性具有不确定性；

(2) 在权空间远离最小点的区域，二阶逼近函数 E_{qw} 对误差函数的近似程度差。

我们通过对 CG 算法的改进逐一解决这两个问题，进而引导出比例共轭梯度(Scale Conjugate Gradient，SCG) 算法。

1) Hessian 矩阵 $E''(\boldsymbol{w}_k)$ 正定性的保障

在 CG 算法中引进标量 λ_k，即拉格朗日乘子，用于调整 $E''(\boldsymbol{w}_k)$ 的不确定性，即令

$$\boldsymbol{s}_k = \frac{E'(\boldsymbol{w}_k + \sigma_k \boldsymbol{p}_k) - E'(\boldsymbol{w}_k)}{\sigma_k} + \lambda_k \boldsymbol{p}_k \tag{6.3.41}$$

并且在每次迭代中根据 $\delta_k (= \boldsymbol{p}_k^{\mathrm{T}} \boldsymbol{s}_k)$ 的符号调整 λ_k，而 δ_k 的符号直接揭示 Hessian 矩阵 $E''(\boldsymbol{w}_k)$ 是不是正定的。如果 $\delta_k \leqslant 0$，那么 Hessian 矩阵 $E''(\boldsymbol{w}_k)$ 不是正定的，需要提高 λ_k，再次计算 $\boldsymbol{s}_k$。如果将新的 $\boldsymbol{s}_k$ 命名为 $\tilde{\boldsymbol{s}}_k$，提高后的 λ_k 命名为 $\tilde{\lambda}_k$，则 $\tilde{\boldsymbol{s}}_k$ 为

$$\tilde{\boldsymbol{s}}_k = \boldsymbol{s}_k + (\tilde{\lambda}_k - \lambda_k)\boldsymbol{p}_k \tag{6.3.42}$$

假设在迭代中出现 $\delta_k \leqslant 0$，λ_k 应提高多少才能使 $\delta_k > 0$？如果将新的 δ_k 命名为 $\tilde{\delta}_k$，则

$$\tilde{\delta}_k = \boldsymbol{p}_k^{\mathrm{T}} \tilde{\boldsymbol{s}}_k = \boldsymbol{p}_k^{\mathrm{T}}(\boldsymbol{s}_k + (\tilde{\lambda}_k - \lambda_k)\boldsymbol{p}_k) = \delta_k + (\tilde{\lambda}_k - \lambda_k)|\boldsymbol{p}_k|^2 \tag{6.3.43}$$

为了保障 Hessian 矩阵 $E''(\boldsymbol{w}_k)$ 的正定性，应使 $\tilde{\delta}_k > 0$，根据式(6.3.43)，则要求

$$\tilde{\lambda}_k > \lambda_k - \delta_k / |\boldsymbol{p}_k|^2 \tag{6.3.44}$$

式(6.3.44)表明，如果 λ_k 的提高大于 $-\delta_k/|\boldsymbol{p}_k|^2$，则 $\tilde{\delta}_k>0$，确保 Hessian 矩阵 $E''(\boldsymbol{w}_k)$ 的正定性。现在的问题是 $\tilde{\lambda}_k$ 应该提高多少才能得到最佳解？一种合理的选择为

$$\tilde{\lambda}_k=2\left(\lambda_k-\delta_k/|\boldsymbol{p}_k|^2\right) \tag{6.3.45}$$

这引导出

$$\tilde{\delta}_k=\delta_k+(\tilde{\lambda}_k-\lambda_k)|\boldsymbol{p}_k|^2=\delta_k+\left(2\lambda_k-2\frac{\delta_k}{|\boldsymbol{p}_k|^2}-\lambda_k\right)|\boldsymbol{p}_k|^2=-\delta_k+\lambda_k|\boldsymbol{p}_k|^2 \tag{6.3.46}$$

步长的计算公式变为

$$\alpha_k=\frac{\mu_k}{\tilde{\delta}_k}=\frac{\mu_k}{-\boldsymbol{p}_k^{\mathrm{T}}\boldsymbol{s}_k+\lambda_k|\boldsymbol{p}_k|^2} \tag{6.3.47}$$

式(6.3.47)表明，λ_k 越大，步长 α_k 越小，这正符合直观要求。

2) 二阶逼近误差函数 E_{qw} 近似程度的调节

既然 λ_k 值是以上述方式比例于 Hessian 矩阵 $E''(\boldsymbol{w}_k)$ 的正定性，算法工作的二次逼近误差函数 E_{qw} 不会始终很好地近似于 $E(\boldsymbol{w})$，需要一种调节量化参数 λ_k 大小的机制以便使两者实现良好的近似，即使 Hessian 矩阵是正定时仍然需要这种机制。为此，定义测量 $E_{qw}(\alpha_k\boldsymbol{p}_k)$ 逼近 $E(\boldsymbol{w}_k+\alpha_k\boldsymbol{p}_k)$ 的近似程度的比较参数 Δ_k 为

$$\Delta_k=\frac{E(\boldsymbol{w}_k)-E(\boldsymbol{w}_k+\alpha_k\boldsymbol{p}_k)}{E(\boldsymbol{w}_k)-E_{qw}(\alpha_k\boldsymbol{p}_k)} \tag{6.3.48}$$

利用式(6.3.32)和式(6.3.33)，式(6.3.48)的分母可以演变为

$$\begin{aligned}E(\boldsymbol{w}_k)-E_{qw}(\alpha_k\boldsymbol{p}_k)&=E(\boldsymbol{w}_k)-E(\boldsymbol{w}_k)-\alpha_kE'(\boldsymbol{w}_k)^{\mathrm{T}}\boldsymbol{p}_k-\frac{1}{2}\alpha_k^2\boldsymbol{p}_k^{\mathrm{T}}E''(\boldsymbol{w}_k)\boldsymbol{p}_k\\&=\alpha_k^2\boldsymbol{p}_k^{\mathrm{T}}E''(\boldsymbol{w}_k)\boldsymbol{p}_k-\frac{1}{2}\alpha_k^2\boldsymbol{p}_k^{\mathrm{T}}E''(\boldsymbol{w}_k)\boldsymbol{p}_k=\frac{1}{2}\alpha_k^2\delta_k=\frac{\mu_k^2}{2\delta_k}\end{aligned}$$

将上式代入式(6.3.48)，则 Δ_k 为

$$\Delta_k=\frac{2\delta_k(E(\boldsymbol{w}_k)-E(\boldsymbol{w}_k+\alpha_k\boldsymbol{p}_k))}{\mu_k^2} \tag{6.3.49}$$

显然，Δ_k 越接近 1，$E_{qw}(\alpha_k\boldsymbol{p}_k)$ 越逼近 $E(\boldsymbol{w}_k+\alpha_k\boldsymbol{p}_k)$。由 Δ_k 确定 λ_k 的调节公式为

$$\lambda_k=\begin{cases}\dfrac{1}{4}\lambda_k, & \Delta_k>0.75\\ \lambda_k+\dfrac{\delta_k(1-\Delta_k)}{|\boldsymbol{p}_k|^2}, & \Delta_k<0.25\end{cases} \tag{6.3.50}$$

3) SCG 算法

将保障 Hessian 矩阵 $E''(\boldsymbol{w}_k)$ 的正定性以及改进二阶逼近误差函数 E_{qw} 的近似程度等措施引入标准的 CG 算法，我们得到 SCG 算法，其步骤可以描述如下。

(1) 选择初始权向量 $\boldsymbol{w}_1$ 和标量：$0<\sigma_1\leqslant 10^{-4}$、$0<\lambda_1\leqslant 10^{-6}$、$\tilde{\lambda}_1=0$，且令 $\boldsymbol{p}_1=\boldsymbol{r}_1=-E'(\boldsymbol{w}_1)$，$k=1$，设置误差阈值 $E_{阈值}$，标识位 success=true。

(2) 如果 success=true，则计算二阶信息：

$\sigma_k=\sigma/|\boldsymbol{p}_k|$，$\boldsymbol{s}_k=(E'(\boldsymbol{w}_k+\sigma_k\boldsymbol{p}_k)-E'(\boldsymbol{w}_k))/\sigma_k$，$\delta_k=\boldsymbol{p}_k^{\mathrm{T}}\boldsymbol{s}_k$。

(3) 计算二阶信息 δ_k：$\delta_k=\delta_k+(\lambda_k-\tilde{\lambda}_k)|\boldsymbol{p}_k|^2$。

(4) 如果 $\delta_k\leqslant 0$，则为使 Hessian 矩阵 $E''(\boldsymbol{w}_k)$ 正定，提高 λ_k 和 δ_k：

$\tilde{\lambda}_k=2\left(\lambda_k-\delta_k/|\boldsymbol{p}_k|^2\right)$，$\delta_k=-\delta_k+\lambda_k|\boldsymbol{p}_k|^2$，$\lambda_k=\tilde{\lambda}_k$。

(5) 计算步长：$\mu_k=\boldsymbol{p}_k^{\mathrm{T}}\boldsymbol{r}_k$，$\alpha_k=\mu_k/\delta_k$。

(6) 计算比较参数：$\Delta_k=2\delta_k(E(\boldsymbol{w}_k)-E(\boldsymbol{w}_k+\alpha_k\boldsymbol{p}_k))/\mu_k^2$。

(7) 判断：如果 $\Delta_k<0$，近似太差，则需要调整：$\tilde{\lambda}_k=\lambda_k$，success=false，转向步骤(9)；

否则，近似满足要求，进行正常迭代：$\boldsymbol{w}_{k+1}=\boldsymbol{w}_k+\alpha_k\boldsymbol{p}_k$，$\boldsymbol{r}_{k+1}=-E'(\boldsymbol{w}_{k+1})$，$\tilde{\lambda}_k=0$，success=true。

如果 $k \bmod N=0$，则重新开始算法：$\boldsymbol{p}_{k+1}=\boldsymbol{r}_{k+1}$；

否则，$\beta_k=\left(|\boldsymbol{r}_{k+1}|^2-\boldsymbol{r}_{k+1}^{\mathrm{T}}\boldsymbol{r}_k\right)/\mu_k$，$\boldsymbol{p}_{k+1}=\boldsymbol{r}_{k+1}+\beta_k\boldsymbol{p}_k$。

(8) 判断：如果 $\Delta_k\geqslant 0.75$，则减少比例参数：$\lambda_k=\dfrac{1}{4}\lambda_k$。

(9) 判断：如果 $\Delta_k<0.25$，则增加比例参数：$\lambda_k=\lambda_k+\delta_k(1-\Delta_k)/|\boldsymbol{p}_k|^2$。

(10) 判断：如果误差 $E(\boldsymbol{w}_{k+1})>E_{阈值}$，则令 $k=k+1$，返回步骤(2)；

否则，保存 $\boldsymbol{w}_{k+1}$ 为训练收敛的权值点，结束。

实际应用中，σ 的取值尽可能小，可取机器能计量的精度。当 $\sigma\leqslant 10^{-4}$ 时，实验表明 σ 值不会成为 SCG 算法性能的临界值，因此 SCG 算法不包括任何将成为算法临界值的用户依赖参数，与基于线性搜索算法比较，这是主要优点，后者包括那些类型的参数。

通过 SCG 算法在实验中的运行情况分析，可以得到下列特征。

(1) 误差随训练迭代次数的增长而单调下降，并且逼近零。

(2) 误差可能在某几个 1 或 2 次迭代的瞬间保持恒定，在这些瞬间，利用量化参数的式(6.3.45)保障了 Hessian 矩阵的正定性。

(3) 利用量化参数的式(6.3.45)保障 Hessian 矩阵正定性的操作一般出现在迭代运算的开始阶段，例如，在 0～25 次迭代期间，因此量化参数的值在迭代运算的开始阶段是变化的，而在其余期间为零。这表明当前点距离所希望的最小点越近，Hessian 矩阵正定性的概率越大。

(4)无论什么时候利用式(6.3.45)提高量化参数的值，误差都会有较大降低。

3. 比例共轭梯度算法与其他算法的性能实验比较

为了比较比例共轭梯度算法与其他网络学习算法的性能，我们设计网络训练与自检实验，并且进行实验结果及其统计数据的分析，详见我们的博士论文(朱福珍，2011)。

实验方法：利用相同的训练输入样本序列图象和训练输出目标样本图象，对具有相同结构及其参数设置的网络，分别使用不同的学习算法进行训练实验，在实验中设置训练回合数或称学习次数为 Epochs = 5000，网络输出 MSE 误差阈值 $E_{\text{阈值}} = 0.0003$；在训练过程中，记录各种学习算法的训练收敛情况；在训练过程完成后，将训练输入样本序列图象分别作为各个被训练网络的输入，进行网络自检，记录输出结果图象及其与训练输出目标样本图象的差图象，并且计算输出结果图象的 PSNR 等统计数据。

实验结果：如图 6.3.5 所示，其中包括梯度下降学习算法、拟牛顿学习算法、Polak-Ribiere 共轭梯度法、Fletcher-Reeves 共轭梯度法和 SCG 学习算法等五种不同网络学习算法的训练实验结果，而训练和自检实验的数据统计如表 6.3.1 所示。图 6.3.5 的左图和中图分别给出五个被训练网络的自检实验输出结果图象、结果图象与训练目标图象间的差图象，显示模式 256×256，因版面限制，均 50%显示；右图给出训练收敛情况。

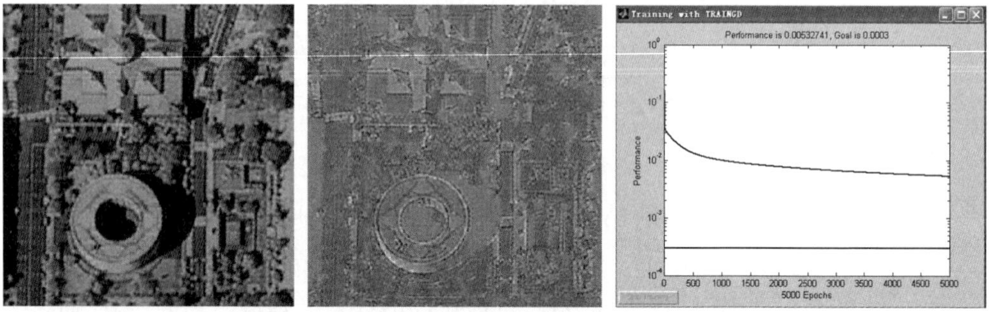

(a) 梯度下降学习算法训练网络自检的效果及训练收敛情况

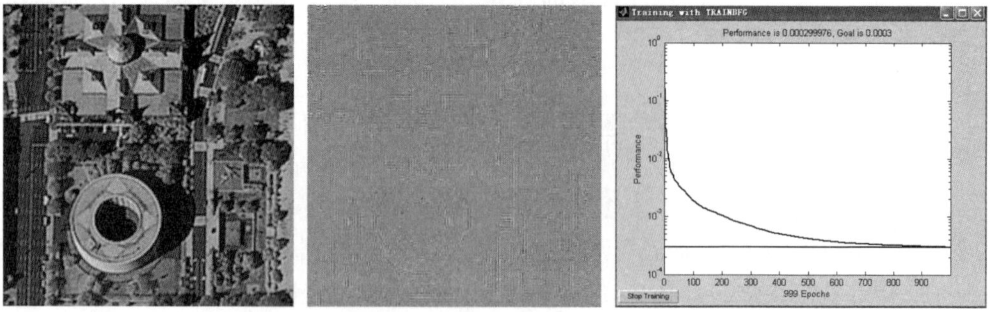

(b) 拟牛顿学习算法训练网络自检的效果及训练收敛情况

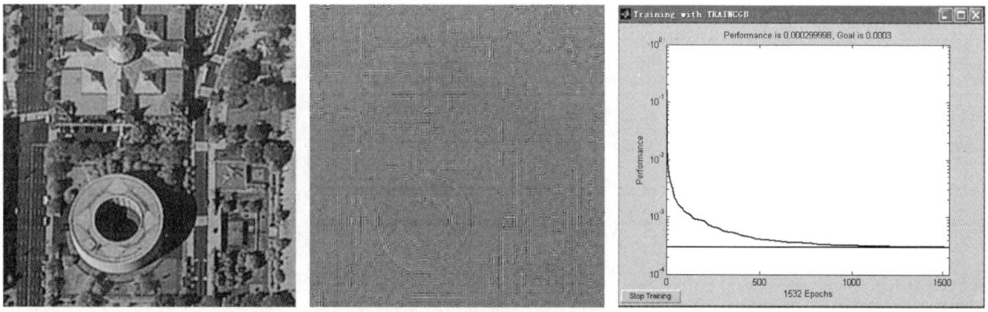

(c) Polak-Ribiere 共轭梯度法训练网络自检的效果及训练收敛情况

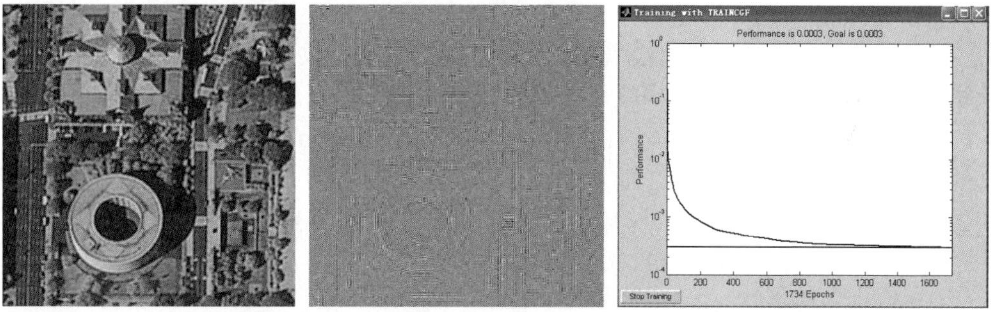

(d) Fletcher-Reeves 共轭梯度法训练网络自检的效果及训练收敛情况

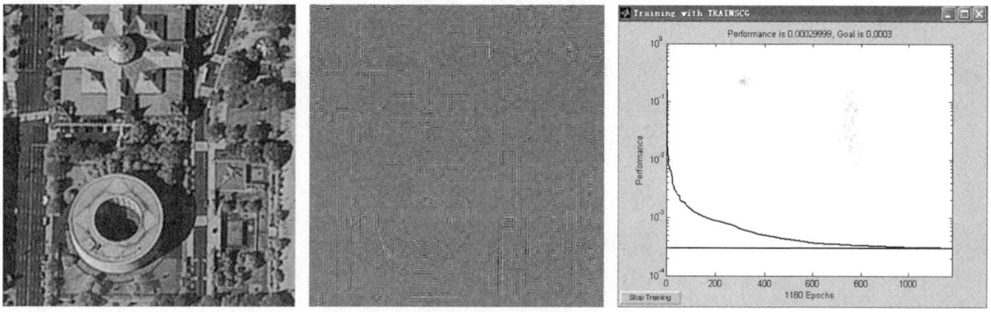

(e) SCG 学习算法训练网络自检的效果及训练收敛情况

图 6.3.5　不同学习算法训练相同网络的效果比较(图象 50%显示)

表 6.3.1　不同学习算法训练相同网络的数据统计

图 6.3.5 中图象组别	学习算法	训练耗时及其收敛情况	网络输出图象的 PSNR/dB	网络学习次数及其输出误差
(a)	梯度下降法	不收敛	22.7763	Epoch 5000/5000, MSE 0.00532741/0.0003
(b)	拟牛顿法	1236s，收敛	35.2428	Epoch 999/5000, MSE 0.000299976/0.0003
(c)	Polak-Ribiere 共轭梯度法	514s，收敛	35.2372	Epoch 1532/5000, MSE 0.000299998/0.0003
(d)	Fletcher-Reeves 共轭梯度法	486s，收敛	35.2379	Epoch 1734/5000, MSE 0.0003/0.0003
(e)	SCG 算法	426s，收敛	35.2378	Epoch 1180/5000, MSE 0.00029999/0.0003

实验结果及其统计数据分析：由图 6.3.5 的右图所示的网络训练收敛情况可以看出，梯度下降法的训练未收敛，SCG 算法的收敛速度最快；由中图所示的差图象可以看出，梯度下降法的差图象最强，而其余算法的差图象均较弱；由左图所示的自检输出结果图象可以看出，梯度下降法的输出结果图象质量最差，其余算法的输出结果图象质量均较好。而表 6.3.1 的统计数据可以进一步验证上述分析：梯度下降法的学习次数达到了 5000 次，MSE 仍然大于 $E_{阈值}$，即训练未收敛，其自检输出图象的 PSNR 值只有 22.7763dB；其余四种算法的学习次数进行 1000～1800 次，MSE 均已小于 $E_{阈值}$，即训练均已收敛，且输出图象的 PSNR 值很接近，均已达到 35.23dB 以上。

由表 6.3.1 中的数据还可以看出，后四种算法的训练收敛耗时有较大差异：拟牛顿法的收敛耗时比三种共轭梯度算法的收敛耗时长一倍以上，甚至为 SCG 算法收敛耗时的三倍；SCG 算法的收敛耗时最短，分别比 Polak-Ribiere 共轭梯度法、Fletcher-Reeves 共轭梯度法的收敛耗时短 88s 和 60s。可见，网络训练与自检的实验结果分析表明，SCG 算法的效率高、效果好，所以在建立遥感图象超分辨网络的训练中，应优先采用 SCG 学习算法。

6.3.4 BP 网学习算法实现的保障及优化

为了保障网络学习算法的实现，并且提高学习算法的效率和质量，补救某些学习算法的缺点，让误差收敛于其超曲面的全局最小点或接近最小点，即让网络学习收敛于全局最优或接近全局最优的状态，需要对学习算法采取一些优化措施：

(1) 网络连接初始权值的设置；

(2) 训练输入/输出数据的归一化；

(3) 在权值调整中引入动量项；

(4) 在隐含层激励函数中引入陡峭因子；

(5) 向量映射代替像素映射；

(6) 通过注入噪声扩展训练输入样本图象的数量。

现在逐一说明如下。

1) 网络连接初始权值的设置

网络连接的初始权值决定网络学习过程起始误差在其超曲面上的起点，对于网络学习速度以及学习收敛后的网络性能有至关重要的影响。由于 BP 网输出层各神经元采用分段线性函数，而隐含层各神经元采用非线性的 S 型激励函数，所以隐含层各神经元对网络学习过程及其效果的影响较大。

由图 6.3.2 所示的隐含层 S 型激励函数 $f(\mathrm{net}_j)$ 和输出层分段线性激励函数 $f(\mathrm{net}_k)$ 的特性曲线可见，若将层间连接权值 $w_{ij}(i=1,2,\cdots,I,j=1,2,\cdots,J)$ 和 $w_{jk}(j=1,2,\cdots,J,$

$k=1,2,\cdots,K$) 的初始值设置为接近 0 的值，则隐含层各神经元的整合输入 $\text{net}_j = \sum_{i=1}^{I} w_{ij} X_i (j=1,2,\cdots,J)$ 均接近 0，其输出接近 0.5，工作在其特性曲线的线性区段中心部位；而输出层各神经元的整合输入 $\text{net}_k = \sum_{j=1}^{J} w_{jk} H_j (k=1,2,\cdots,K)$ 均接近 0 而大于 0，也工作在其特性曲线的线性区段。网络隐含层和输出层所有神经元在学习起始段均工作在线性状态，则有较高的权值调整力度和较高的学习速度。因此，应将网络层间所有连接权的初始值设置为接近 0 的值，使训练起始段的误差梯度下降搜索中均工作在近似线性状态，不但有较高的学习速度，而且误差基本不存在局部极小值的问题。随着网络训练数据流的进展，一方面使网络输出误差逐渐趋近全局最小，另一方面使各神经元激励函数可能逐渐演变成非线性函数，这时学习过程虽然可能使误差超曲面出现一些局部极小值，但是由于在一般情况下网络输出误差已经足够接近误差超曲面的全局最小值，此时学习误差收敛于这个区域的某个局部极小值，网络特性已经接近最优，学习收敛的效果往往是可以接受的。

所以，应将网络层间所有连接的初始权值均设置为接近于 0 的小随机值，即初始化为(−0.01，0.01)的随机数。选择随机数的原因是想打破均匀性，避免网络连接权值调整的每一步方向都是相同的(即同时增加或同时减少)，这样可以保证隐含层和输出层各神经元的工作远离激励变换函数的饱和区，避免形成误差超曲面的局部平坦区域，并且工作在变化最为灵敏的区域，必然会加快网络学习的收敛速度，有利于误差收敛于全局最小值和网络具有最优的特性。同时，在一般情况下，以较小的初始权值进行训练，学习过程得到的网络复杂性也比较低。

2) 训练输入/输出数据的归一化

BP 网隐含层各神经元均采用单极性 S 型激励变换函数 $f(\text{net}_j)$，见式(6.3.1)和图 6.3.2(a)，那么该函数是非线性的，具有这种特性：当其神经元整合输入 $\left|\text{net}_j = \sum_{i=1}^{I} w_{ij} X_i\right| > 5$ 时，即进入该函数 $f(\text{net}_j)$ 的饱和区，其斜率接近 0；而输出层各神经元均采用单极性分段线性激励变换函数 $f(\text{net}_k)$，见式(6.3.3)和图 6.3.2(b)，那么该函数是分段线性的，具有这种特性：当其神经元整合输入 $\text{net}_k = \sum_{j=1}^{J} w_{jk} H_j = 0 \sim 1$ 时，$f(\text{net}_k)$ 是线性的，若 $\text{net}_k > 1$ 或 $\text{net}_k < 0$，则 $f(\text{net}_k)$ 均为 0，其斜率均为 0，也进入饱和状态。显然，无论隐含层还是输出层，所有神经元都应该避免出现饱和状态。

在对网络进行训练时，直接利用的是训练样本图象的像素值，其值域为[0, 255]，如果不进行变换直接将其输入网络，则会使隐含层和输出层各神经元很快进入饱和区，轻者导致误差超曲面出现局部平坦区域，重者导致网络训练的瘫痪。因此，必须对训练输入样本序列图象和训练输出目标样本图象的像素数据进行归一化处理，即均除以 255，使得每个数据值都落在[0, 1]，避免因输入数据的绝对值过大引起神经元的饱和等问题，以加快网络的学习速度。

当然，在获取网络输出图象的过程中还需要进行输出数据的反变换，即所有输出数据均乘以 255，并且对输出数据进行适当的拼接，以便得到合理的网络输出图象。

3) 在权值调整中引入动量因子

在 BP 网基本学习算法即梯度下降法中，连接权值的调整公式如式(6.3.25)所示，只按当前 t 时刻误差梯度下降的方向调整，而没有考虑 t 时刻之前梯度，常使训练过程产生振荡，致使学习收敛很慢。为了避免出现这种情况，在式(6.3.25)中增加一动量项， 即

$$\begin{cases}\Delta \boldsymbol{W}_{HO}(t)=\eta\boldsymbol{\delta}_{HO}\boldsymbol{H}^{\mathrm{T}}+\alpha\Delta \boldsymbol{W}_{HO}(t-1)\\ \Delta \boldsymbol{W}_{XH}(t)=\eta\boldsymbol{\delta}_{XH}\boldsymbol{X}^{\mathrm{T}}+\alpha\Delta \boldsymbol{W}_{XH}(t-1)\end{cases} \tag{6.3.51}$$

式中，右端第二项是引入的动量项，其中 α 为动量因子。

在连接权值调整公式中增加动量项的目的是通过记忆上一时刻连接权值的变化方向，且从前一次权值调整量中取出一部分叠加到本次权值调整量中，从而利用了“惯性效应”，可以抑制网络训练中可能出现的振荡，起到了缓冲平滑、避免振荡、加速网络学习收敛的作用，其实质是通过改变学习速率来提高网络学习收敛的性能。

4) 在隐含层激励函数中引入陡峭系数

在 BP 网的数学模型中，见 6.3.1 节，隐含层神经元的激励函数均采用非线性的单极性 S 型函数 $f(x)$，如式(6.3.1)所示。因为隐含层神经元激励变换函数的非线性对网络学习过程的影响较大，为了扩散激励函数的线性区间，增加学习斜率，并且减少进入其饱和区的可能性，现在将隐含层神经元的激励函数 $f(x)$ 进行扩展，即改变为

$$f(x)=\frac{1}{1+\mathrm{e}^{-ux}} \tag{6.3.52}$$

式中，u 为引入的陡峭系数，其值的大小可以改变函数曲线的陡峭程度。引入陡峭系数后的 S 型函数称为扩展的 S 型函数，当 u 分别取 1.5、1.25、1、0.75、0.5 时的函数曲线如图 6.3.6 所示。可见，u 值越大，函数曲线越陡峭，因此其斜率就越大，网络连接权值的调节量 $|\Delta \boldsymbol{W}_{XH}|$ 也就越大，从而有利于误差摆脱其超曲面的局部极小点。但是，u 也并非越大越好，因为在希望激励函数陡峭的同时还要尽量逼近线性。从图中可以看出，$u=1.5$ 时的函数曲线斜率虽然大但非线性比较明显，因此，取 $u=1.25$。

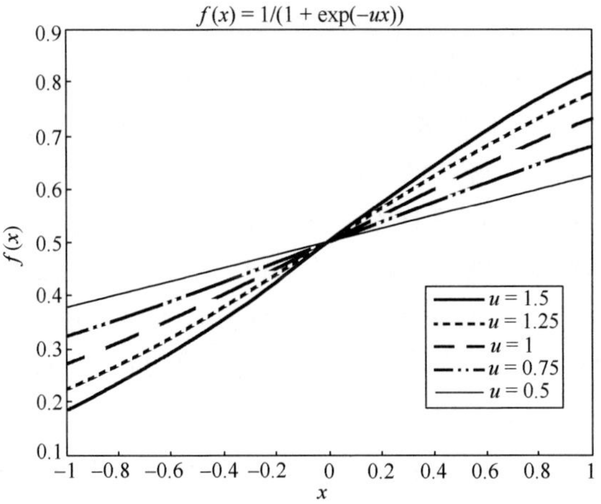

图 6.3.6　扩展 S 型函数在不同陡峭系数时的函数曲线

5) 向量映射代替像素映射

在传统而简单的用于建立遥感图象超分辨神经网络的训练过程中，大都采用训练输入/输出像素映射(Pixel-Mapping，PM)方式，即把低分辨率的训练输入样本序列图象和高分辨率的训练输出目标样本图象在相应位置的像素采取一一对应的方式，并且将其中每个输入样本图象的像素和输出目标样本图象相应位置的像素构成训练像素映射集，即训练输入/输出 PM 集，依次对网络进行训练。而比较先进的训练输入/输出向量映射(Vector-Mapping，VM)方式是将训练输入样本序列图象和训练输出目标样本图象按照一定方式(见后面)划分成若干对应的局部邻域，并且将其中每个输入样本图象在相应局部邻域的所有输入像素和输出目标样本图象在同一相应局部区域的所有输出目标像素分别构成训练输入/输出向量，所有对应的局部区域构成训练输入/输出向量映射集，即训练输入/输出 VM 集，依次对网络进行训练。在网络学习收敛速度和效果等方面，输入/输出 VM 训练方式均优于输入/输出 PM 训练方式，主要原因有两点。

一是网络的输入/输出 PM 训练方式没有考虑像素邻域信息的贡献。在每帧低分辨率的训练输入样本图象中，某一个像素区域均覆盖高分辨率的训练输出目标样本图象对应的几个像素邻域，称为成像传感器的瞬时视场。因此，应该在每帧训练输入样本图象和输出目标样本图象中的相应区域分别采集一组邻域像素构成网络训练向量映射集，即输入/输出 VM 集，对网络进行训练，使网络学习到其中富含的邻域信息，可以提高学习收敛的速度和效果；而不应使用一一对应的像素映射集，即不采用输入/输出 PM 训练方式，因为其中缺少邻域信息，网络学习收敛慢且效果差。

二是网络的输入/输出 PM 训练方式没有考虑图象边缘模糊属性的影响。在由高分辨率图象质量退化为低分辨率序列图象的过程中，边缘可能变模糊，为了说明这个问题，利用如表 6.3.2 所示的两组数据进行说明。表中列出 16 帧低分辨率序列图象中同一位置但有亚像素位移的两组数据和 1 帧高分辨率图象中对应位置的像素数据，可以看出，低分辨率序列图象的两组 16 个像素的数据彼此接近，但是与之对应的高分辨率图象中两组一个像素的数据却差异很大。如果将这样的数据分别用于训练的输入/输出 PM 数据，则网络将不可能实现这样的映射关系，原因是：如果网络把两个彼此相近的输入数据映射为两个差别很大的数据，那么该网络是不稳定的，且是不可信的。而网络的输入/输出 VM 训练方式可以解决汲取边缘模糊信息的问题，因为每组 VM 中均包含训练输入/输出样本图象的相应邻域，所以可以消除低分辨率训练输入样本图象中边缘模糊的影响。

表 6.3.2　低分辨率序列图象与高分辨率图象中提取的两组对应数据

图　　象	第一组	第二组
低分辨率序列图象(16 帧)	192，189，192，200， 150，149，152，161， 115，115，120，124， 115，118，120，121	200，190，192，202， 160，149，152，161， 127，115，120，128， 135，140，142，150
高分辨率图象(1 帧)	147	196

网络的输入/输出 VM 训练方式还是非线性的，具有恢复高频成分的功能，利用边缘纹理信息实现频谱外推，可以增强超分辨的效果。

6) 通过输入样本图象注入少量噪声扩展训练样本图象数量

充足的训练样本图象及其训练映射向量是神经网络得以充分训练并收敛到全局最优或接近全局最优，同时使网络具有稳定泛化再生能力的保障。但是，实际得到满足网络训练要求的训练样本图象并非易事。当训练样本图象数量不足时，可以通过某种方式构造一个虚拟或替代的训练样本图象集，来增加训练向量映射的数量，以保证网络的充分训练和良好的泛化再生能力。

Bishop 和 An 在文献(Bishop，1995；An，1996)中已经证明：在噪声标准差较小时，网络训练输入样本图象中添加少量的噪声等价于神经网络结构设计的正则化方法，且正则化系数与噪声的标准差有关。由注入噪声的网络训练输入样本序列图象构造的网络训练输入向量必然也含有一定的噪声，噪声的加入在加快网络学习速度的同时，避免了网络死记硬背地学习，增强了网络学习效果的抗干扰能力，提高了网络应用的泛化性和鲁棒性；同时，还有助于在学习过程中使网络误差逃离其误差超曲面的局部最小。

通过输入样本图象注入适量的人为噪声，可以增加训练样本输入图象及其训练映射向量的数量，同时还可平滑网络学习曲线。因为神经网络要学习的函数规律大多数是光滑的，即如果两个输入样本图象非常接近，那么它们期望的目标输出也就非常近似。这意味着，可以对任意训练输入样本图象中加入微小噪声来产生新的训练输入样本图象，只要该噪声足够小，就可以假定新的训练输入样本图象期望的目标输出改变量很小，从而可以使用同一训练输出目标样本图象。这样，网络训练样本图象及其向量映射就得到了扩展。例如，假定有 N 个向量映射，即 $z^{\mu}=(x^{\mu},y^{\mu})$，$(\mu=1,2,\cdots,N)$，如果新得到 N 个噪声 $\xi^{\mu}(\mu=1,2,\cdots,N)$，则可以构造新的训练映射向量：$z_{\text{new}}^{\mu}=(x^{\mu}+\xi^{\mu},y^{\mu})(\mu=1,2,\cdots,N)$。噪声的加入改变了训练输入量而不改变目标输出量，这样就平滑了神经网络学习的曲线，使网络权值调整量不至于过大，从而控制了网络的复杂程度，网络的泛化再生能力会有所提高。

注入噪声的方法与一些正则化方法类似，但需要注意的是，注入的噪声应适量，否则，噪声过多会产生无用信息，过少则起的作用有限。一般注入的噪声为高斯噪声，其均值为 0，而方差为 0.01 左右。

6.4　网络训练样本图象的采集及其映射向量的获取

训练数据的准备是网络设计的基础，数据选择的科学合理性对于网络设计及其训练效果具有非常重要的影响。Partridge 对 BP 网分类问题的研究中已经证明，在网络泛化再生能力的影响方面，网络的训练样本数据的质量甚至超过了网络结构的优化(Partridge，1996)。因此，为网络准备适宜的训练样本数据是非常必要和重要的。

在图象超分辨神经网络技术中，网络训练输入样本序列图象和输出目标样本图象及其映射向量的选取以及训练输出样本图象质量提高等都是十分重要的问题，其中关于输出目标样本图象质量的提高方法，可以采用第 3 章图象复原中研究的方法，这里不再累述。

网络结构连接权总数 n_w 称为网络信息容量，假设训练映射向量数为 P，两者之间的关系也是非常重要的问题。对于确定的 P，若 n_w 过少，则网络不能蕴涵训练样本中的全部知识和规律；若 n_w 过多，则网络得不到充分训练。所以，两者之间存在着合理的匹配关系，这种匹配关系对于给定的被训练的网络收敛到预定的精度需要准备多少训练映射向量是至关重要的。

6.4.1　网络训练样本图象的采集

为了能够训练出具有强大图象超分辨再生能力的神经网络，在研究低分辨率的训练输入样本序列图象和高分辨率的输出目标样本图象采集时，首先必须深入研究遥感图象的观测模型，了解低分辨率序列图象与高分辨率图象之间的关系。关于遥感图象的成像过程及其质量退化的影响因素，已经在 1.2 节进行了详细研究，并且图 1.2.2 给出了观测图象成像模型，其中下采样是引起低分辨率图象频率混叠等质量退化的关键环节，同时还有运动畸变、光学模糊和噪声污染等各种质量退化因素，这里不再累述。进而可以得到在实验室里采集网络训练样本图象的基本方法：由一帧高分辨率图象(HRI)，模拟遥感成像过程，产生一组低分辨率序列图象(LRIs)用于训练输入样本序列图象，而原 HRI 用于训练输出目标样本图象。显然，其关键是由一帧 HRI 退化产生一组 LRIs，数学模型可以表示为

$$\boldsymbol{y}^l = \boldsymbol{H}_l \boldsymbol{x} + \boldsymbol{n}_l, \quad l = 1,2,\cdots,p \tag{6.4.1}$$

式中，$\boldsymbol{x}$ 为一帧 HRI；p 为 LRIs 的帧数；$\boldsymbol{H}_l$ 为包含各种质量退化因素的第 l 帧低分辨率图象的系数矩阵；$\boldsymbol{n}_l$ 为第 l 帧低分辨率图象的加性噪声；$\boldsymbol{y}^l(l=1,2,\cdots,p)$ 为由 $\boldsymbol{x}$ 退化生成的一组 LRIs。为了简便，令 USS 为欠采样和亚像素位移(Undersampled and Subpixel-Shifted，USS)的缩写，则对一帧 HRI 的退化操作可通过 USS 操作实现，如图 6.4.1 所示。

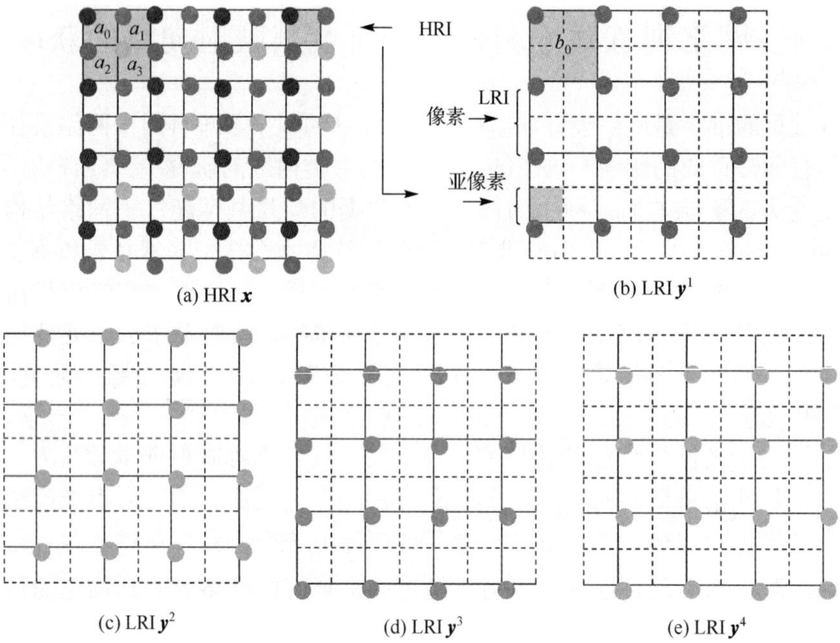

图 6.4.1　由一帧 HRI 生成四帧 LRIs 的 USS 操作示意图(见彩图)

如图 6.4.1 所示，(a)为选择的一帧高分辨率图象，对(a)图象执行模糊等质量退化操作后进行(1/2)×(1/2)下采样，对所得到的 LRIs 分别附加一定的噪声后，依次得到(b)、(c)、(d)、(e)所示的四帧 LRIs：$\boldsymbol{y}^l(l=1,2,3,4)$，其中(b)所示的为参考帧 $\boldsymbol{y}^1$，亚像元位移为(0, 0)，其余三帧，(c)的 $\boldsymbol{y}^2$、(d)的 $\boldsymbol{y}^3$、(e)的 $\boldsymbol{y}^4$，相对参考帧(b)的 $\boldsymbol{y}^1$ 的亚像元位移依次为(0.5, 0)、(0, 0.5)、(0.5, 0.5)。在像素所占图象局部区域上，(a)中的 1 个像素对应(b)、(c)、(d)、(e)中的 0.5×0.5 个像素，而(b)、(c)、(d)、(e)中的 1 个像素对应(a)中的 2×2 个像素，例如，(a)中黑影覆盖的 4 个像素对应(b)

中黑影覆盖的 1 个像素，而(b)中的 1 个像素值 b_0 实际与所执行的模糊操作以及附加的噪声污染等退化因素有关，在(b)、(c)、(d)、(e)四帧图象中示意像素的像点颜色与(a)中对应位置示意像素的像点颜色有所变化，试图表明各种模糊操作和噪声污染的影响，可能使像素值有所变化，甚至可能使像素位置有少许移动，这均在 USS 操作的含义内。但是，考虑到神经网络在训练过程中是从训练样本数据流中搜索和学习其中蕴涵的知识与规律，关键是训练输入样本序列图象数据和输出目标样本图象数据中蕴涵的映射关系，而不是其中每个数据自身的精确性，因此在训练数据的实际采集中，为了简便，可以将(b)中的 1 个像素值 b_0 取为(a)中对应的 4 个像素值 a_0,a_1,a_2,a_3 的某个加权和，也可以更简单地取为 4 个像素值 a_0,a_1,a_2,a_3 的均值，即令 $b_0=(a_0,a_1,a_2,a_3)/4$。

可见，通过包含(1/2)×(1/2)下采样的 USS 操作，由一帧 HRI 得到的 4 帧 LRIs 中的每一帧，虽然内容相似，但是相位不同，均可用于网络训练输入样本序列图象，而原 HRI 用于训练输出目标样本图象。

如果在 USS 操作中对一帧 HRI 履行的不是(1/2)×(1/2)下采样，而是(1/3)×(1/3)或是(1/4)×(1/4)等下采样，则得到的 LRIs 不是 4 帧，而是 9 帧或是 16 帧等，它们的内容虽然相似，但是相位不同。在 LRIs 中的帧数多于 4 帧的情况下，所有的 LRIs 可以共同用于网络训练输入样本序列图象，这将导致网络的输入层神经元增多(见 6.5 节中关于网络输入层神经元数目的确定方法)。因此，若由一帧 HRI 得到 9 帧或 16 帧 LRIs，为了不使网络输入层神经元数目过于扩展，以便简化网络结构，可以将得到的 LRIs 优选和/或分组，例如，从其中优选 4 帧构成一组网络训练输入样本序列图象，也可分别构成两组或四组训练输入样本序列图象，而对应的训练输出目标样本图象均为原来的一帧 HRI。

在实际应用中还要注意：如果要求网络应用于 TM 图象和多类型图象的超分辨处理，则要利用 TM 图象和所有类型的高分辨率图象分别模拟低分率图象的观测模型进行类似的质量退化过程产生网络训练输入样本序列图象，而训练输出目标样本图象则由高分辨率的 TM 图象和多类型图象通过融合的方法产生，例如，核主成分分析(KPCA)算法、“à-trous”小波变换(ATWT)、IHS 变换以及广义 IHS(GIHS)变换等，汲取 TM 图象和多类型图象的非冗余信息。在这种情况下，所建立的神经网络可以实现融合超分辨，能够在提高空间分辨率的同时保护和增强光谱分辨率，有利于目标类别属性特征分析。

6.4.2　网络训练映射向量的构造方法

对于一帧大小为 $L\times L$ 的网络训练输入样本图象，若直接将整幅图象输入神经网络，则要求网络输入层神经元的数量为 $L\times L$，若 $L=64$ 或 $L=128$，则要求输入层神经元的数量高达 4096 或 16384；同样，对于一帧大小为 $K\times K$ 的网络训练输出目标样本图象，若直接将整幅图象输入神经网络，则要求网络输出层神经元的数量为 $K \times K$，若 $K = 128$ 或 $K = 256$，则要求网络输出层神经元的数量高达 16384 或 65536。上述情况下构成的网络十分复杂，连接权值矩阵非常庞大，网络结构的实现非常困难，或者可能根本无法实现。所以，需要将网络训练输入/输出样本图象转换成维数较小的网络训练映射向量，以便降低网络结构的复杂度和便于训练。

首先将所有的训练输入/输出数据同除以 255，即完成数据正变换。为了得到网络训练映射向量，将网络训练的输入样本序列图象和输出目标样本图象的对应邻域分别分割成若干块，并且将数帧低分辨率的训练输入样本序列图象中的一组相应邻域像素进行列变换作为网络训练的输入向量，而将一帧高分辨率的训练输出目标样本图象的相应邻域像素进行列变换作为对应的网络训练输出目标向量，进而将一一对应的输入向量和输出目标向量共同构成网络训练的输入/输出映射向量，这样将训练输入样本序列图象和输出目标样本图象转换为训练输入/输出映射向量集，即输入/输出 VM 集，然后依次利用 VM 集中的输入/输出映射向量对网络进行训练，最后对网络的输出数据进行块合并，并且完成数据反变换，可以得到完整的网络训练输出结果图象。

显然，构造网络训练输入/输出映射向量集的关键是如何对数帧训练输入样本序列图象和一帧训练输出目标样本图象进行合理的分块。为了说明网络训练映射向量集的构造方法，以四帧显示模式 128×128 的网络训练输入样本序列图象和一帧显示模式 256×256 的网络训练输出目标样本图象为例，图 6.4.2 给出网络训练映射向量集的构成示意图。

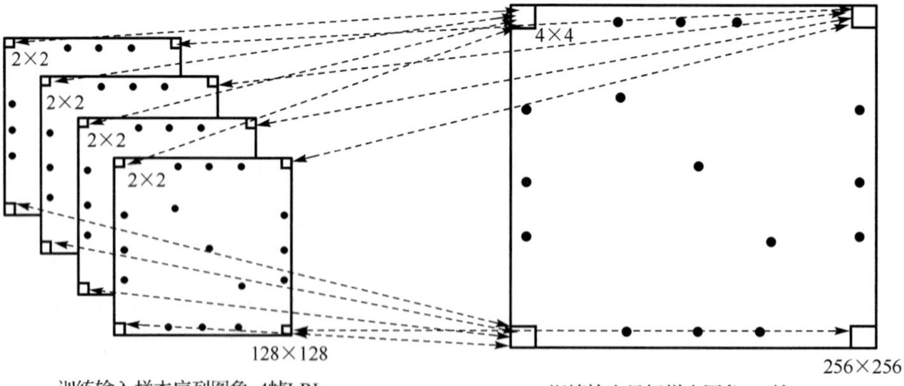

图 6.4.2　网络训练映射向量的构成示意图

如图 6.4.2 所示，首先，将 4 帧 128×128 的低分辨率的训练输入样本序列图象分别从左至右、从上至下的顺序依照 2×2 的方式进行分块，每帧输入样本图象均被分成 $64 \times 64 = 4096$ 个小块，4 帧的四个对应块的 $4 \times 2 \times 2$=16 个像素依次进行列变换构成一个训练输入向量，共构成 4096 个训练输入向量；同时，将一帧 256×256 的高分辨率的训练输出目标样本图象同样从左至右、从上至下的顺序依照 4×4 的分块方式进行分块，也分成 $64\times64=4096$ 个小块，每块的 $4\times4=16$ 个像素进行列变换构成一个训练输出目标向量，共构成 4096 个训练输出目标向量；进而，将训练输入样本序列序列图象的 4096 个分块与训练输出目标样本图象的 4096 个分块一一对应起来，而一个对应块的训练输入向量和训练输出目标向量构成一对训练映射向量，共得到 4096 对训练映射向量集。

显然，网络训练输入/输出样本图象放大模式、输入样本序列图象的帧数、分块映射方式等都可以变化，均可按照图 6.4.2 所示的方法转换得到训练映射向量集。而在图象模式映射和输入样本图象帧数已定的情况下，其分块映射的方式就是关键因素。因此，有必要通过实验考查分块映射方式对基本 BP 网结构及其学习性能的影响。一般有四帧低分辨率的训练输入样本序列图象和一帧高分辨率的训练输出目标样本图象，以图象模式映射为 $128\times128\rightarrow256\times256$ 的分块为例，可以有如下四种分块映射方式转换成训练映射向量集。

(1) $1\times1\rightarrow2\times2$ 分块映射方式：低分辨率的训练输入样本序列图象均按 1×1 分块，而高分辨率的输出目标样本图象按 2×2 分块，这种方式形成的训练映射向量的数量为 16384 对。

(2) $2\times2\rightarrow4\times4$ 分块映射方式：低分辨率的训练输入样本序列图象均按 2×2 分块，而高分辨率的输出目标样本图象按 4×4 分块，这种方式形成的训练映射向量的数量为 4096 对。

(3) $4\times4\rightarrow8\times8$ 分块映射方式：低分辨率的训练输入样本序列图象均按 4×4 分块，而高分辨率的输出目标样本图象按 8×8 分块，这种方式形成的训练映射向量的数量为 1024 对。

(4) $8\times8\rightarrow16\times16$ 分块映射方式：低分辨率的训练输入样本序列图象均按 8×8 分块，而高分辨率的输出目标样本图象按 16×16 分块，这种方式形成的训练映射向量的数量为 256 对。

对上述四种分块映射方式，利用单隐层基本 BP 网，映射输入向量的维数和输出向量的维数将分别决定网络输入层和输出层的节点数，详见 6.5 节，进行了训练实验比较和考查，实验网络和图象从简，训练 5000 步所用时间及其收敛精度和输出结果图象的 PSNR 如表 6.4.1 所示。表中数据表明：分块映射方式(4) $8\times8\rightarrow16\times16$ 和(3) $4\times4\rightarrow8\times8$ 构成的网络结构复杂，网络训练所需的单隐层神经元数目过多，收敛速度非常慢，训练时间长，收敛误差大，训练输出结果图象 PSNR 小即网络性能差；而分块映射方式(1) $1\times1\rightarrow2\times2$ 和(2) $2\times2\rightarrow4\times4$ 构成的网络结构相对简单，网络输出结果图象质量较好，视觉效果近似，但是在网络训练时间、收敛精度和结果图象的 PSNR 等方面，方式(2)的效果优于方式(1)的效果。因此，应该优选(2)的

$2\times2\rightarrow4\times4$分块映射方式，将训练输入样本序列图象和输出目标样本图象分块转化成训练映射向量集。

表 6.4.1　不同分块映射方式下单隐层基本 BP 网训练收敛及其输出图象性能情况

映射方式	输入/输出映射向量维数	映射向量对数	训练 5000 步耗时及输出 MSE 收敛精度	训练输出结果图象 PSNR/dB
$1\times1\rightarrow2\times2$	4	16384	耗时：661.8906s MSE：0.00035	33.2606
$2\times2\rightarrow4\times4$	16	4096	耗时：543.9688s MSE：0.00032	34.6108
$4\times4\rightarrow8\times8$	64	1024	耗时：1680.6406s MSE：0.00199	27.0305
$8\times8\rightarrow16\times16$	256	256	耗时：2763.5925s MSE：0.00891	25.5056

根据网络训练输入样本序列图象和输出目标样本图象的分块及其映射向量的维数，在确定网络结构后，将映射向量的输入向量用于网络训练的输入向量，而将同一对映射向量的输出目标向量用于训练输出目标向量，依次逐对使用所有映射向量对网络进行训练。

6.4.3　网络训练映射向量的数量和质量

由于网络训练过程中提取的有效信息及其内在的规律都蕴藏在训练样本图象，即其映射向量集中，网络训练样本图象及其映射向量的质量和数量直接影响着网络学习收敛的效果及其泛化再生性能，高质量的训练样本图象和尽可能多的训练映射向量是网络具有准确、稳定泛化再生能力的前提。训练映射向量的数量和质量对泛化再生能力的影响甚至超过网络结构(隐含层神经元数目)对泛化再生能力的影响，见文献(Partridge，1996)。所以，设计一个好的网络训练映射向量集，既要注意映射向量的质量，又要注意映射向量的数量。

因此，网络训练样本图象及其映射向量一定要具有代表性，同时兼顾其多样性和均匀性。已有实验表明，训练样本图象及其映射向量代表性好的网络训练即便使用常规的算法仍然可以得到令人满意的结果。为了使训练样本具有代表性，针对遥感图象超分辨的具体应用，应该直接选取典型的、纹理细节丰富的高分辨率遥感图象作为网络训练输出目标样本图象，必要时还可以通过适当的图象复原操作提高输出目标图象的质量。

在选取训练映射向量时需要注意的另一个因素是训练映射向量的长度应尽量适中，如果训练映射向量过长即其维数过多，则会导致网络输入层和输出层神经元数目过多(见 6.5 节)，进而导致网络规模过大，使网络信息容量过大，在训练映射向量数目有限的情况下，影响网络学习收敛的速度和精度；如果训练映射向量过短即其维数过少，则会使网络结构过于简单，导致网络信息容量过少，网络性能差，其泛化再生能力低。为了得到长度适中的训练映射向量，采用对训练输入样本序列图象和输出目标样本图象进行合理分块的方式(见 6.4.2 节)，所构成的训练映射向量，既可以遍历原来的训练输入/输出样本图象，又可以避免将整幅图象直接作为训练映射向量而造成的向量过长和维数过多的问题。

网络训练映射向量的数量也是一个很重要的问题。一般地说，映射向量的数目越多，训练后的网络映射就越能正确反映其中的内在规律。但是，训练样本图象及其训练映射向量的收集和整理往往受到客观条件的限制，而且，当训练映射向量的数量多到一定程度后，网络学习收敛精度也很难再提高，收敛误差与训练映射向量数量之间的关系如图 6.4.3 所示。实践表明，网络训练所需的映射向量数量取决于网络输入/输出映射模型非线性关系的复杂程度，映射关系越复杂，训练样本图象所含噪声越大，网络学习算法达到一定收敛精度所需训练映射向量的数量就越多。国际上很多学者对多层 BP 网训练样本向量的数量问题进行了很多研究，一些研究结果指出：由于实际要求实现的映射模型和噪声情况不同，为了保证训练的网络具有良好的泛化再生能力，训练映射向量数目应该大于网络可调连接权数目的 5～30 倍；为了使网络的输出 MSE 小于 0.3×10^{-3}～1×10^{-3}，如图 6.4.3 所示，要求训练映射向量数目大于 1 万～2 万对，在输入/输出映射的非线性关系比较复杂时，更应该如此。

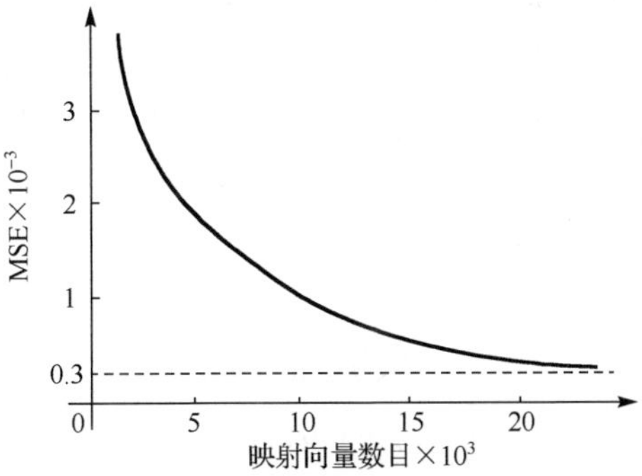

图 6.4.3　网络收敛误差与训练映射向量数目的关系

6.5　BP 网结构的确定方法

关于 BP 网结构的确定问题，首先要考虑的是如何保证其良好的泛化再生能力，其中主要包括三个方面：网络输入层和输出层节点数目的选择，网络隐含层数的选择，以及隐含层节点数目的选择。

第一个问题，关于 BP 网输入层和输出层节点数目的选择问题比较简单，均由应用要求决定，输入层节点数目一般等于网络训练映射向量的输入向量维数，而输出层节点数目等于网络训练映射向量的输出目标向量的维数。例如，若由所采集的网络训练输入样本序列图象和输出目标样本图象转换的训练映射向量的输入向量维数为 $4\times2\times2=16$、输出目标向量维数为 $4\times4=16$，则网络输入层节点数目为 16，而输出层节点数目也为 16。

隐含层数和隐含层节点数目决定网络规模，合适的网络规模是保证网络快速收敛，并且使被训练好的网络具有较强泛化再生能力的必要条件。但是，BP 网从产生、应用到现在，对其规模的确定一直没有一个统一完备的方法和理论支持，值得欣慰的是，很多学者通过各自的实践应用和理论分析对网络隐含层数的研究(Sun，2000；Hornik et al.，1989；Irie et al.，1988)有了一致性的结论：一个隐含层即单隐层的 BP 网，只要其节点数目足够多，就可以任意精度逼近有界区域上的任意连续函数。实践证明，包含一定节点数目的单隐层 BP 网结构足以使网络训练过程的学习误差收敛到满意的精度级别。因此，根据前人总结的经验，关于 BP 网结构的第二个问题，即隐含层数，我们将其确定为一层，即采用单隐层。

第三个问题，隐含层节点数目的选择。在隐含层数确定为一层之后，BP 网的结构问题转化为确定单隐层节点数目的问题，可以说单隐层节点数目决定了网络规模。一般地讲，隐含层节点数目过少，可能导致网络过于简单，其信息容量过少，在训练中逼近最优状态的能力不足，使被训练网络的性能差、泛化再生能力弱；而隐含层节点数目过多，容易导致网络结构复杂、规模过大，可能因其信息容量过大而与训练映射向量的数目失配，使网络得不到充分训练，容易出现欠拟合现象，学习收敛精度差，同样也使网络的性能差、泛化再生能力弱，同时也会导致网络的硬件实现和软件计算复杂化。在实际应用中，在保证网络性能满足要求的前提下，网络规模应力求简单，即采用尽量少的隐含层节点数目。

为了确定隐含层节点数目，目前的经验公式为

$$J=\sqrt{I+K}+\alpha \tag{6.5.1}$$

$$J=\log_2 I \tag{6.5.2}$$

$$J=\sqrt{IK} \tag{6.5.3}$$

式中，各层节点数目仍用 6.3.1 节的符号，J 为隐含层节点数目；I 为输入层节点数目；K 为输出层节点数目；α 为 1～10 的常数。无论使用上述哪一个经验公式，计算出来的节点数目 J 只是一种粗略的估计。

确定网络最佳隐含层节点数目的实验方法为“逐步增长法”，具体方法可以利用如图 6.5.1 所示的 BP 网单隐层节点数目确定流程。所谓的“逐步增长法”：首先，根据已经确定的训练映射向量的维数，先确定输入层和输出层节点数目分别为训练输入向量的维数和训练输出目标向量的维数，且以经验公式为基础，为单隐层节点数目设置一个较小的初值，这样可以建立初步的 BP 网层间全互连结构；然后，利用所采集的网络训练输入样本序列图象和输出目标样本图象分块转换的训练映射向量

集，对初步建立的网络进行训练，若网络学习收敛时间和误差不满足要求，则增加单隐层节点数目，重新利用所采集的训练映射向量集对网络进行训练，若网络学习收敛时间和误差仍然不能满足要求，则再增加单隐层节点数目，再重新利用所采集的训练映射向量集对网络进行训练，这样反复进行，直至网络学习收敛时间和误差均满足要求；最后，还要利用特别选定的检验网络性能的输入样本序列图象和输出目标样本图象分块转换的检验映射向量集，将其各个输入向量逐个输入网络，并计算网络输出向量与其目标向量的均方误差(MSE)，若误差不能满足要求，则返回，再增加单隐层节点数目，重新利用所采集的训练映射向量集对网络进行训练，并利用检验映射向量集检验训练后的网络学习输出的 MSE，若误差仍然不能满足要求，则再返回，再增加单隐层节点数目，重新执行以上的过程，直至利用检验映射向量集检验网络后的网络学习输出的 MSE 满足要求。此时确定的单隐层节点数目即为网络训练所需隐含层节点的最少数目。

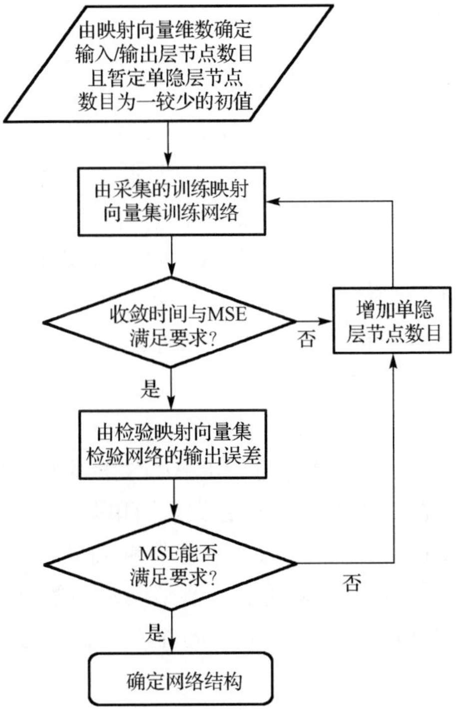

图 6.5.1　BP 网单隐层节点数目确定流程

另外，对隐含层节点数目还要适当考虑裕量设计，以便提高神经网络容错性能及抗干扰能力，在个别节点发生损坏时不会引起网络输出结果的错误。所谓裕量设计就是不拘泥于将隐含层神经元数目固定在使网络学习收敛到某一定精度所需的最少数量，而是在其基础上续增 1～2 个节点。因为在建立神经网络结构的过程中，知识信息采用的是分布式存储，将隐含层节点数目在满足精度要求的基础上多出 1～2 个，既不至于使网络结构过于复杂，同时又可以保证在个别节点发生损坏时网络仍然具有正确工作的能力。

6.6　单级训练图象超分辨 BP 网的建立和实验研究

在前面介绍的 BP 网的模型、学习算法、训练样本采集以及结构确定方法等技术基础上，本节研究和建立单级训练用于图象超分辨的基本 BP 网，首先介绍其结构及网络参数的确定，接着对其进行训练实验，给出实验结果，并且进行泛化应用的实验研究，验证其具有的图象超分辨能力，同时给出在图象模式映射分辨率等级方面的局限性。

6.6.1　结构的确定

单级训练用于图象超分辨的 BP 网，简称基本 BP 网，其结构的确定主要是采用 6.5 节研究的 BP 网结构的确定方法：其输入层和输出层的节点数目分别由训练映射向量的维数确定。网络训练输入样本序列图象一般使用四帧，而对应的输出目标样本图象使用一帧，在 6.4.2 节里已经通过实验分析表明，应优选 $2\times2\to4\times4$ 的分块映射方式构成训练映射向量集，其中每个训练输入向量的维数为 $4\times2\times2=16$，对应的每个训练输出目标向量的维数为 $4\times4=16$，所以网络输入层和输出层节点数目均为 16。

在 6.5 节里也已经明确：BP 网的隐含层一般为单隐层，在其节点数目的选择问题上，以式(6.5.1)～式(6.5.3)的经验公式为基础，采用图 6.5.1 所示确定单隐层节点数目的“逐步增长法”，利用已经采集的训练向量集和检验向量集对拟建网络进行反复的单级训练来确定。

表 6.6.1 给出单隐层不同节点数目的基本 BP 网在训练实验中的学习收敛及输出图象性能比较情况。根据表中的训练实验数据，当单隐层节点数目小于 16 时，训练不收敛；而当单隐层节点数目大于 16 时，随着节点数目的增加，网络训练均能收敛到设定的误差精度，且收敛耗时逐渐减小，但是网络训练结果图象的 PSNR 却逐渐降低，表明被训练网络的性能有下降趋势。同时考虑裕量设计，确定单隐层节点数目为 18。

表 6.6.1　单隐层不同节点数目的基本 BP 网训练收敛及其输出图象性能情况

单隐层 BP 网结构	训练耗时及其收敛 情况	网络输出图象的 PSNR/dB	训练 5000 步内 输出 MSE 收敛精度
[16 14 16]	1447.7812s 不收敛	32.0601	Epoch 5000/5000 MSE0.000312022/0.0003
[16 15 16]	1474.9513s 不收敛	32.1817	Epoch 5000/5000 MSE0.000303489/0.0003

续表

单隐层 BP 网结构	训练耗时及其收敛 情况	网络输出图象的 PSNR/dB	训练 5000 步内 输出 MSE 收敛精度
[16 16 16]	1467.4688s 收敛	32.2988	Epoch 4775/5000 MSE0.000299994/0.0003
[16 17 16]	1339.1875s 收敛	32.2985	Epoch 3104/5000 MSE0.000299972/0.0003
[16 18 16]	1308.9219s 收敛	32.2984	Epoch 2949/5000 MSE0.000299999/0.0003
[16 19 16]	1292.9531s 收敛	32.2981	Epoch 2643/5000 MSE0.000299985/0.0003

在单隐层节点数目选用 18 后，所构成的层间全互连三层 BP 网可调连接权数为 $16\times18+18\times16=576$，而显示模式映射为 $128\times128\to256\times256$ 的训练输入/输出样本图象按照 $2\times2\to4\times4$ 的分块映射方式构成的训练映射向量数为 4096 对，尽管训练映射向量数大于网络可调权值数的 7 倍多，但是训练映射向量数目还是过少，如 6.4.3 节所述，希望能达到 1 万～2 万，以便保证使网络得到充分训练，避免“欠拟合”，学习收敛误差足够小。因此，在此情况下，应该对训练样本图象及其训练映射向量进行必要的扩展。

现在参照 6.3.4 节介绍的扩展训练样本图象的方法，首先，对原 256×256 的高分辨率训练输出目标样本图象，不妨称其为 A，注入均值为 0、标准差分别为 0.001、0.0015 和 0.002 的高斯噪声，得到三幅分别称为 B、C、D 的含噪图象；然后，对含噪图象 B、C、D 分别进行 USS 操作等有关处理，得到三组 4 帧 128×128 的低分辨率序列图象，分别用于训练输入样本序列图象，称为 BS1、CS2 和 DS3；进而，分别与用于训练输出目标样本图象的原 256×256 高分辨率图象 A 一起组成三组称为 ABS1、ACS2、ADS3 的训练输入/输出样本图象；对扩展获得的三组训练输入/输出样本图象 ABS1、ACS2、ADS3 分别按照 $2\times2\to4\times4$ 分块映射方式构成的训练映射向量数目共为 $3\times4096=12288$ 对，即训练映射向量数目超过了 1 万对，且为网络连接权数目 576 的 21.3 倍，达到了 6.4.3 节中要求的数目，基本满足基本 BP 网被充分训练且具有稳定泛化能力的要求。

在权衡了网络结构的复杂度、收敛时间、输出图象超分辨效果、泛化能力和容错性能之后，最终确定的单级训练图象超分辨 BP 网结构如图 6.6.1 所示，输入层和输出层节点数均为 16，单隐层节点数为 18，层间节点全互连接。输入层节点都是单输入的神经元，其中每 4 个节点的输入端连接 1 帧输入样本图象的 4 个邻域像素，16 个节点的输入端连接 4 帧输入样本序列图象相应邻域像素组成的 16 维输入信号向量 $\boldsymbol{X}_i(i=1,2,\cdots,16)$，而每个神经元模拟轴突末梢与隐含层 18 个节点的输入端均有连接，将 16 维的输入信号传递给隐含层各节点；隐含层每个节点均是有 16 个输入端的神经元，分别与输入层 16 个神经元的模拟轴突末梢相连，将输入层传来的 16 维输入向量 $\boldsymbol{X}_i$ 进行加权的空间整合和激励变换处理，由其模拟轴突末梢，将处理后的输

出信号 $\boldsymbol{H}_j(j=1,2,\cdots,18)$ 分别传递给输出层的 16 个节点的输入端；输出层每个节点均是有 18 个输入端和单输出的神经元，18 个输入端分别与隐含层 18 个神经元的模拟轴突末梢相连，将隐含层传来的 18 维向量 $\boldsymbol{H}_j$ 进行加权的空间整合和激励变换处理，由其模拟轴突末梢将处理后的信号 $\boldsymbol{O}_k(k=1,2,\cdots,16)$ 输出，得到输出信号向量 $\boldsymbol{O}$。在网络训练阶段，在得到输出信号向量 $\boldsymbol{O}$ 后，即时与传入的 16 维输出目标向量 $\boldsymbol{Y}$ 进行比较，取得 $\boldsymbol{Y}$ 与 $\boldsymbol{O}$ 之间的均方误差 E，若 E 过大，则开始误差反向传输和层间连接权值的调整，此处不再叙述。

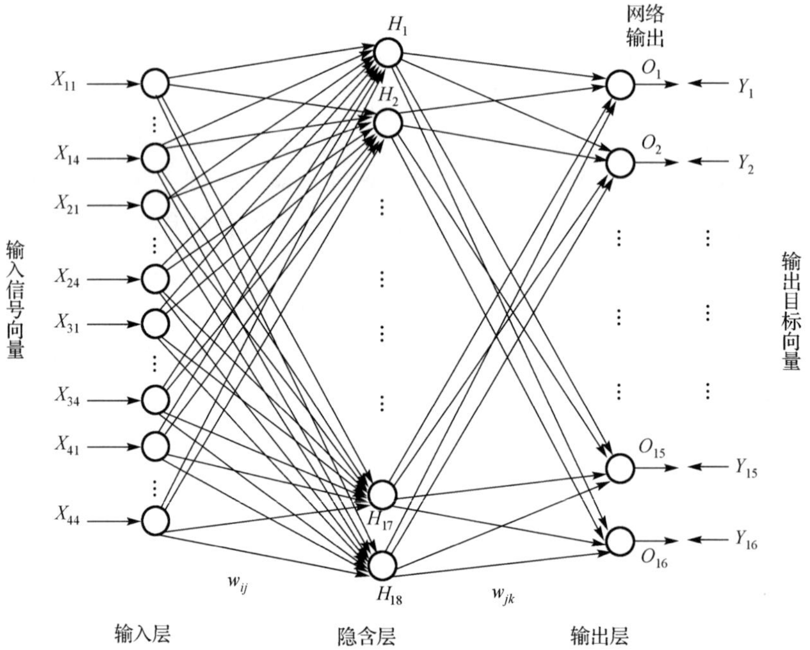

图 6.6.1　单级训练图象超分辨 BP 网的结构示意图

6.6.2　网络参数的选择

在网络设计中，网络参数的选择和设定非常重要，直接关系到网络训练能否收敛及其收敛的速度和效果，6.3.4 节对有关参数的设置和选择进行了专题研究，现进行简要说明。

1) 激活函数的选取

单隐层和输出层的各神经元激活函数使网络具有信息处理的特性，是对网络性能具有重大影响的重要因素。

单隐层各神经元激励函数选择为非线性的单极性 S 型函数，如图 6.3.2(a) 所示，但是为了在训练过程中有利于误差摆脱其超曲面的局部极小点，尽量扩展函数曲线

以 $x=0$ 为中心的近似线性段，并且尽可能增大其斜率，在函数中引入陡峭系数 u，如图 6.3.6 所示，并且令 $u=1.25$，所以单隐层各神经元激励函数确定为扩展的单极性 S 型函数，即

$$f(x)=\frac{1}{1+\mathrm{e}^{-1.25x}} \tag{6.6.1}$$

其特点是函数本身及其导数都是连续的，在信息处理上十分便捷，且函数曲线比较陡峭，并且在曲线中心有较大的近似线性段，对网络学习性能有较大的改善。

输出层各神经元激活函数采用单极性分段线性函数，如图 6.3.2(b)所示，表达式为

$$f(x)=\begin{cases}1, & x>1\\ x, & 1\geqslant x\geqslant 0\\ 0, & x<0\end{cases} \tag{6.6.2}$$

其特点是在 x 的有效区间[0, 1]内，该函数是连续可微的，在其输出值有效区间内，输入和输出满足线性关系，且实现简单可靠。

2) 网络初始权值的选取

网络初始权值的选取对于网络的学习速度和效果以及网络的泛化再生能力均有至关重要的影响，需要认真设置。根据 6.3.4 节的有关论述，将网络所有连接的初始权值均设置为接近于 0 的小随机值，即初始化为(–0.01，0.01)的随机数，详情这里不再重述。

3) 数据的归一化

根据 6.3.4 节里的有关论述，图象超分辨 BP 网的输入/输出数据即训练输入样本序列图象和输出目标样本图象的所有数据均要进行归一化处理，即进行同除以其可能的最大值 255 的正变换，使所有输入数据均在数据域[0, 1]内。而在获取网络输出图象时需要对网络输出向量数据进行反变换，即同乘以 255，且进行适当的拼接。这里补充说明两个问题。

(1) 由于隐含层各神经元采用扩展的单极性 S 型激活函数 $f(x)$，当 $|x|\to\infty$ 时，该函数输出 $f(x)\to 0$ 或 $f(x)\to 1$。但是，对于有限的网络连接权值，隐含层各神经元的输出只能逼近而不可能产生“0”和“1”。为了避免算法不收敛，同时提高学习速度，在归一化的数据中，选用 0.0001 代替 0，选用 0.9999 代替 1。

(2) 由于输出层各神经元采用单极性分段线性激活函数 $f(x)$，在网络输入/输出数据归一化处理后，进一步保证了网络输出值 $f(x)\in[0,1]$，从而使反变换拼接后的网络输出超分辨图象的像素值均落在[0,255]区间内。

4)误差函数的选取

网络训练误差函数的选取与其图象超分辨应用有关，采用如下 MSE 函数，即

$$E=\frac{1}{K}\sum_{k=1}^{K}(Y_k-O_k)^2 \tag{6.6.3}$$

式中，K 为构成网络训练映射输出向量的维数，即网络输出层节点数目；$\boldsymbol{Y}$ 为网络输出目标样本向量；$\boldsymbol{O}$ 为网络实际输出向量，如图 6.6.1 所示。

通常是预先设定 MSE 阈值 $E_{阈值}$，随着网络权值的调整，使误差逐渐降低到或小于 $E_{阈值}$，则网络学习收敛。实践证明，没有必要一味地追求过小的网络训练误差，如果将 $E_{阈值}$ 设置太小，则会导致网络训练次数剧增，网络可能因学习了过多的噪声细节而陷入“过拟合”，即图象模式映射因为学习过多而陷于过多反映训练映射向量细节特征的状态。因此，以满足实际需要和训练时间适宜为原则，本书设定 MSE 阈值 $E_{阈值}=0.0003$。

6.6.3　图象超分辨 BP 网单级训练实验结果

现已确定单级训练图象超分辨 BP 网结构，如图 6.6.1 所示，实际是单隐层的三层结构，输入层节点数 16，隐含层节点数 18，输出层节点数 16；隐含层各神经元采用扩展的单极性 S 型激励函数，其中陡峭系数 $u=1.25$，而输出层各神经元采用单极性分段线性激励函数；网络层间节点全互连接，所有连接权初值设置为(–0.01, 0.01)的随机数；还通过添加均值为 0、标准差分别为 0.001、0.0015 和 0.002 的高斯噪声的扩展方法以及 USS 操作，由 1 帧显示模型为 256×256 的高分辨率图象 A 得到三组各 4 帧显示模型为 128×128 的低分辨率序列图象 BS2、CS2、DS3，进而构成了输入/输出图象模式映射 $128\times128\rightarrow256\times256$ 的三组训练输入/输出样本图象 ABS2、ACS2、ADS3，并且通过实验证明由训练输入/输出样本图象转化为训练输入/输出映射向量的最优分块映射方式为 $2\times2\rightarrow4\times4$，因此三组训练输入/输出样本图象均按 $2\times2\rightarrow4\times4$ 的最优分块映射方式分别构成三组训练映射向量集，每组有训练映射向量 4096 对，三组共有 12288 对。在对网络进行训练前，还要进行三项工作。

(1)对训练输出目标样本图象 A 进行去模糊和去噪等图象复原处理，提高其质量，以便使网络在训练过程中获取图象复原后的高质量图象特征信息，学会图象复原的能力。

(2)对所有训练映射向量的数据进行归一化处理，即均除以 255，且以 0.0001 代替 0，以 0.9999 代替 1。

(3)设定网络学习收敛均方误差阈值为 $E_{阈值}=0.0003$。

这样，使用上述三组显示模式映射 $128\times128\rightarrow256\times256$ 的训练输入/输出样本图

象转化的训练映射向量集，对图 6.6.1 所示的网络反复训练，共 2949 步，耗时 1308.9219s，网络学习收敛的 MSE 为 0.000299，即小于 $E_{阈值}$，训练收敛过程见图 6.6.2。

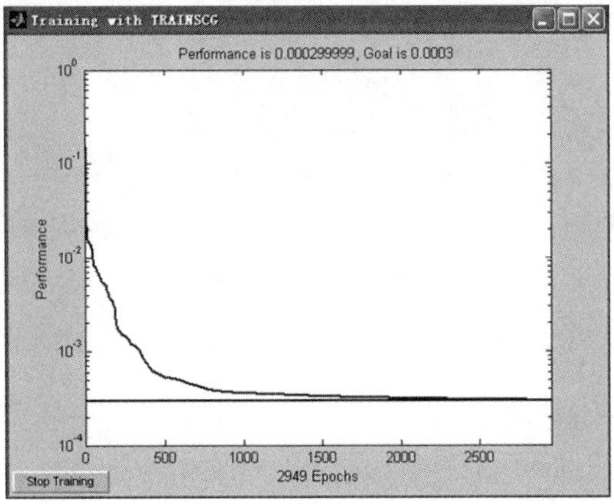

图 6.6.2　单级训练图象超分辨 BP 网训练过程

网络训练实验结果如图 6.6.3 所示，图中给出三组图象，其中各组的左图为 4 帧训练输入样本序列图象，显示模式 128×128；中图为被训练网络输出图象，显示模式 256×256，是整幅图象的所有网络训练输出向量经数据反变换后拼接而成；右图为训练输出超分辨率图象与训练输出目标样本图象的差图象。由于版面的限制，所有图象都缩小为 61%显示。由图可以看出，网络输出超分辨率图象的噪声和模糊明显减轻，图象纹理细节有很大增强，以训练输出目标样本图象 A 为参考图象，三组网络输出超分辨率图象的 PSNR 依次为 32.3039dB、32.2957dB、32.2957dB，表明所建立的单级训练图象超分辨 BP 网提高了训练输入图象的对比度、分辨率和清晰度，并且改善了图象模糊和噪声污染的程度。

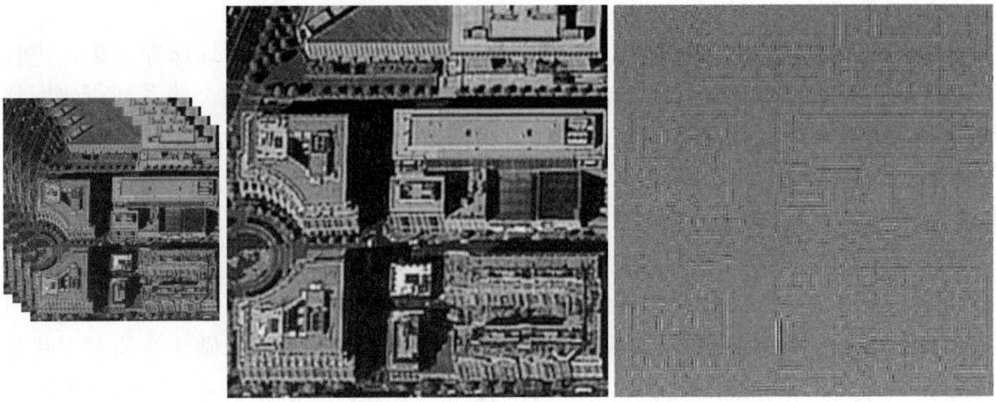

第一组

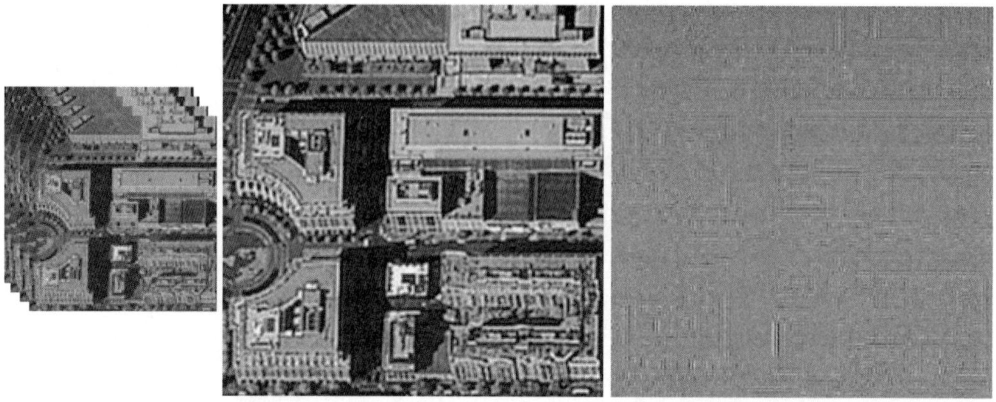

第二组

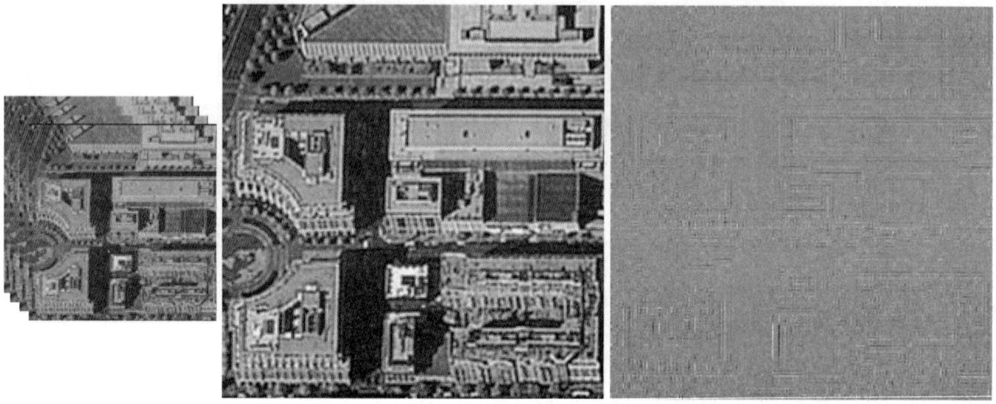

输入样本序列图象　　　网络训练输出图象　　　输出图象与目标图象的差图象

第三组

图 6.6.3　单级训练图象超分辨 BP 网的训练实验结果(均 61%显示)

6.6.4　单级训练图象超分辨 BP 网泛化应用实验结果与分析

将单级训练好的图象超分辨 BP 网结构包括层间连接权值等均保存下来，进行泛化应用实验，考查其泛化再生能力，这是建立神经网络的目的，关系到所建网络能否实际应用，是评价网络性能的重要指标。首先指出，虽然图象超分辨神经网络的训练过程是耗时的，但是一旦训练成功，用于图象超分辨处理的时间却很短，这是相对于基于重建的频、空域图象超分辨算法的优势之一。

网络泛化应用实验方法：由于网络在训练过程中使用了 4 帧低分辨率的输入样本序列图象，而目前很难得到帧间位移为亚像元级的 4 帧真实观测序列图象，所以进行网络泛化应用的仿真实验，即由一帧实际观测图象通过 USS 操作等质量退化处理生成 4 帧低分辨率序列图象，作为网络泛化应用实验的输入图象，进而按照训练输入/输出样本图象分块映射方式将其转化为输入向量集，逐个向量地输入网络，将所有网络实际输出向量反变换拼接得到网络输出图象。

为了验证所建的单级训练图象超分辨 BP 网的泛化再生能力，使用具有分辨率等级的等级测试序列图象进行网络泛化应用性能考查实验，等级测试序列图象的分辨率范围从 1～3m，共有 10 组。而输入/输出图象模式映射仍然为$128\times128\rightarrow256\times256$，而其分块映射方式也仍然为$2\times2\rightarrow4\times4$。

图 6.6.4 给出一组实验结果。在分辨率等级测试序列图象中取一帧显示模式256×256高分辨率等级图象，进行 USS 操作等质量退化处理生成 4 帧显示模式128×128的低分辨率序列图象，作为网络输入序列图象，其中一帧的双线性插值图象如图中(a)所示；(b)为分辨率最接近而不小于(a)的等级测试图象，其分辨率为 2.1m；(c)为网络输出图象，其显示模式256×256；(d)为分辨率最接近而不大于(c)的等级测试图象，其分辨率为1.6m。由图可以看出，网络输出图象(c)与输入图象的双线性插值图象(a)比较，纹理细节增加很多，对比度、清晰度都有显著提高，图象分辨率提高$2.1/1.6=1.31$倍。

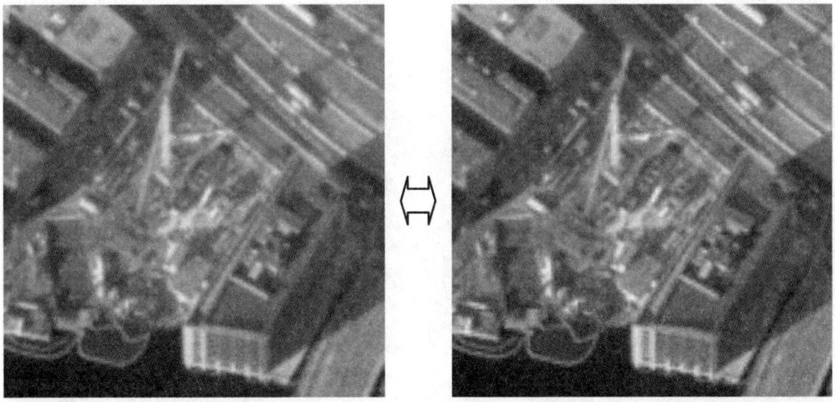

(a) 一帧 LRI 的双线性插值图象　　(b) 2.1m 分辨率等级测试图象

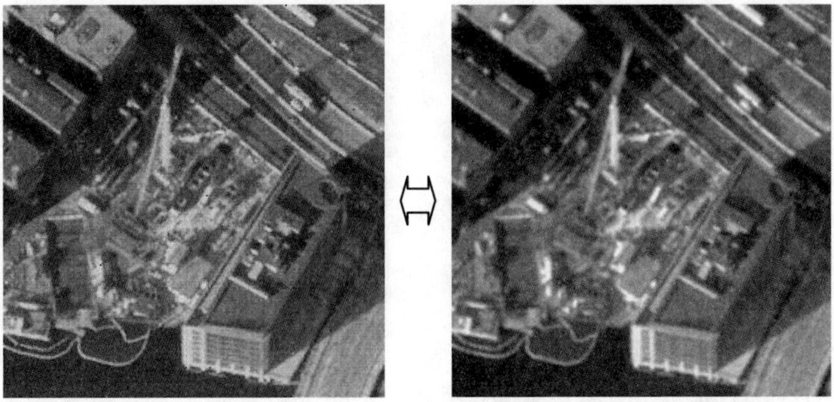

(c) 网络输出超分辨图象　　(d) 1.6m 分辨率等级测试图象

图 6.6.4　分辨率等级测试图象对单级训练图象超分辨 BP 网泛化再生能力考查实验结果

10 组等级测试序列图象的考查实验结果表明：所建立的单级训练图象超分辨 BP 网能够实现与网络训练输入/输出样本图象相同显示模式映射 $128\times128\rightarrow256\times256$ 的图象超分辨，同时具有去模糊和去噪声等图象复原的功能，分辨率平均提高约 1.32 倍(朱福珍，2011)，而处理时间很短，在 MATLAB 环境下为 3.875s，而在 VC 环境下只有 0.281s。

图 6.6.5 给出所建的单级训练图象超分辨 BP 网对三组输入/输出图象模式映射仍然与训练输入/输出样本图象相同的 $128\times128\rightarrow256\times256$ 的泛化再生实验结果，其中，左图均为 4 帧低分辨率序列输入图象的一帧双线性插值图象，右图均为网络输出超分辨图象。由图可以看出，右图所示的网络输出图象与左图所示的输入图象的双线性插值图象比较，图象纹理细节丰富了，对比度和清晰度增强了，表明图象分辨率有很大提高，证明所建网络对与训练输入样本序列图象具有相同显示模式的低分辨率序列图象具有图象超分辨能力。

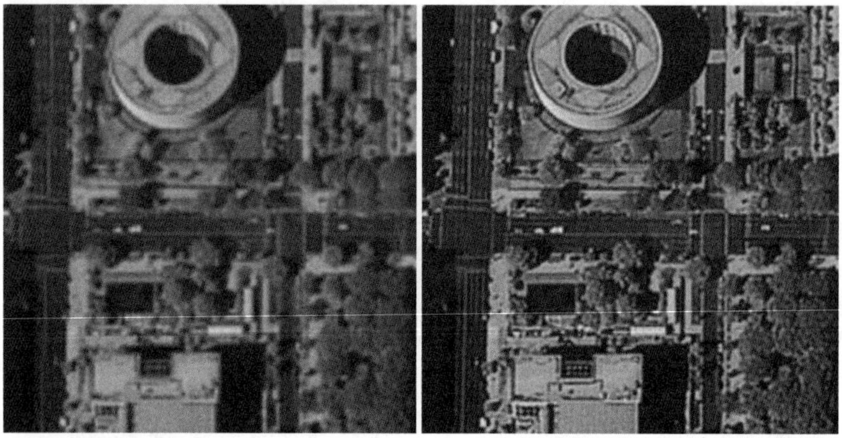

第一组

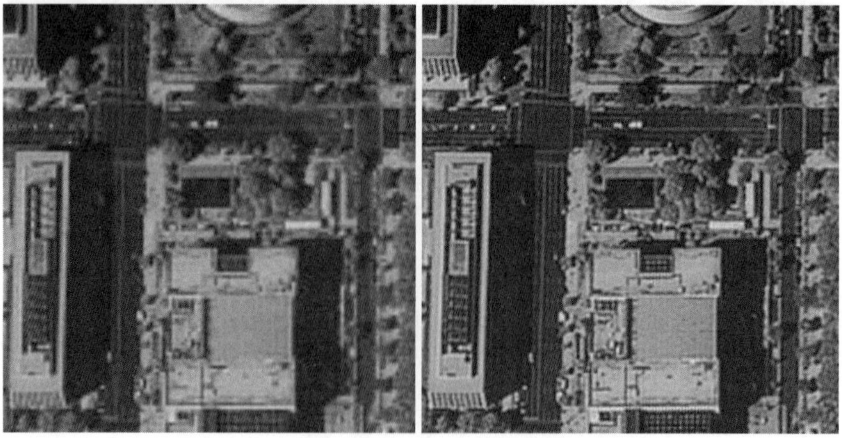

第二组

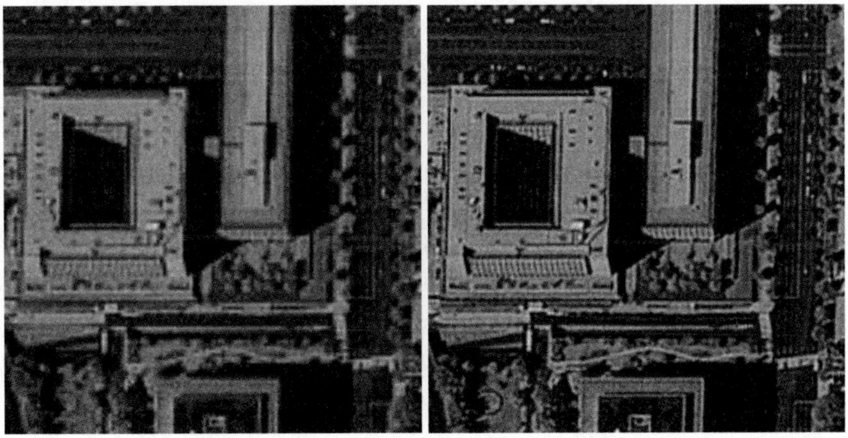

第三组

图 6.6.5　单级训练图象超分辨 BP 网的泛化应用实验结果(75%显示)

但是，实验发现，所建单级训练图象超分辨 BP 网不但其图象超分辨能力有进一步提高的必要，而且在输入/输出图象模式映射上具有局限性，即对实现与训练输入/输出样本图象相同显示模式映射的图象处理效果较好，而对其他图象模式映射的处理效果较差。因此，还有进一步开发研究的必要，以便更好地满足实际应用的要求。

6.7　三级训练图象超分辨 BP 网的建立和实验研究

6.7.1　引言

单级训练图象超分辨 BP 网的泛化应用效果欠佳，而在输入/输出图象模式映射上存在局限性，深入考查和研究其根本原因，还是训练不够充分，其中存在两个主要因素：

(1) 单级训练，且在训练输入/输出样本图象中只使用一种图象模式映射；

(2) 训练输入/输出样本图象没有经过挑选，训练图象的质量可能缺乏代表性。

所以，为了提高图象超分辨 BP 网的泛化应用效果，并且突破在图象模式映射上的局限性，应该由单级训练改进到多级训练，如两级训练、三级训练、四级训练等。下面重点研究三级训练的方法，并且对训练样本图象履行挑选等过程，以便保证其质量和代表性。所研究的三级训练方法也很容易推广到二级和四级，但是，实验证明三级训练的效果最好，详见文献(朱福珍，2011)，这里从简。

所谓“三级训练”，是将网络训练输入/输出样本图象模式映射分成三个等级，从优选的最低分辨率等级的训练样本图象开始，依次对同一结构的 BP 网进行训练，前一级训练的网络结构和连接权值保存下来，作为下一级训练的基础，从而使网络连接权值得到逐级优化，导致网络泛化再生能力逐级提高。同时，由于所建立的网络连续进行了三个周期的训练和学习，并且通过训练输入/输出样本图象的优选以及训练输出目标样本图象的复原操作等提高了训练样本图象的代表性和质量，而训练输入/输出样本图象模式映射的分辨率等级连续提高三次，不但使网络在充分训练中学习具备了扩展图象模式映射等级的能力，即克服了单级训练图象超分辨在泛化应用中存在的局限性，而且使网络学习增强了去模糊、去噪声和扩展高频成分即丰富图象纹理细节的能力，在其泛化应用中能将图象的频率成分从某种分辨率等级扩展到更高分辨率等级。所以，不但使网络的泛化应用克服在图象模式映射上的局限性，而且能增强图象超分辨的能力，提高应用的效果。

我们将从网络三级训练样本图象的获取、筛选及其映射向量的构成开始，阐述建立三级训练图象超分辨 BP 网的结构、训练以及泛化应用的实验结果与分析等。

6.7.2 三级训练样本图象的获取筛选及其映射向量的构成

为了叙述简便，节省篇幅，在阐述 BP 网三级训练输入/输出样本图象获取、筛选及其映射向量构成方法的过程中，明确给出训练样本图象像素数和映射向量的维数与数量。

1. 三级训练输入/输出样本图象的获取与筛选方法

首先，选取一帧高分辨率遥感图象用于参考图象，在训练实验中采用的参考图象维数为 512×512；然后，对参考图象进行退化处理，即注入均值为 0、标准差为 0.01 的高斯噪声(还可以进行模糊处理)后进行 USS 操作，得到 4 帧 256×256 的低分辨率序列图象，称为一次欠采样图象；对所得到的 4 帧一次欠采样图象分别进行 USS 操作，得到 16 帧 128×128 的低分辨率序列图象，称为二次欠采样图象；再对所得到的 16 帧二次欠采样图象分别进行 USS 操作，得到 64 帧 64×64 的低分辨率序列图象，称为三次欠采样图象。这样，由上述连续三次质量退化操作得到数量充裕的可供选择的网络三级训练输入/输出样本图象，其中每一级训练输入/输出样本图象的选择方法如下。

(1) 网络第一级训练样本图象：从最后得到的三次欠采样的 64 帧为 64×64 的低分辨率序列图象中取出 4 帧作为网络第一级训练输入样本序列图象，而从二次欠采样的 16 帧为 128×128 图象中取一帧进行去模糊和去噪等图象复原操作后作为网络第一级训练输出目标样本图象。

(2) 网络第二级训练样本图象：从二次欠采样的 16 帧为 128×128 的低分辨率序列图象中取出 4 帧作为网络第二级训练输入样本序列图象，而从一次欠采样的 4 帧为 256×256 图象中取一帧进行去模糊和去噪等图象复原操作后作为网络第二级训练输出目标样本图象。

(3) 网络第三级训练样本图象：将一次欠采样的 4 帧为 256×256 的低分辨率序列图象作为网络第三级训练输入样本序列图象，将像素数为 512×512 的原参考图象经去模糊和去噪等图象复原操作后作为网络第三级训练输出目标样本图象。

这样，由所选取的一帧高分辨率遥感参考图象，经过连续三次质量退化操作以及适当的图象复原操作，可以得到网络三级训练所需要的输入/输出样本图象，并且在得到的图象数量比较充裕时，为确定网络训练输入/输出样本图象，允许优选其中优良的图象。

既然高分辨率参考图象加噪/模糊后经过三次 USS 操作，得到的三次欠采样图象、二次欠采样图象、一次欠采样图象分别有 64 帧、16 帧和 4 帧，而网络三级训练样本图象中，每级都采用 4 帧低分辨率序列图象作为训练输入样本序列图象和 1 帧分辨率较高一级的图象作为训练输出目标样本图象，因此在选用网络第一级和第二级训练输入/输出样本图象时，允许挑选其中优良的图象，为此采用“不良帧删除”法。

所谓“不良帧”是指某些图象因受噪声及模糊等干扰因素的影响，其质量退化比较严重，如果用于训练样本，不但对网络学习的效率不能作出有益的贡献，而且将影响收敛的效果。研究发现：一组低分辨率序列图象内的所有帧覆盖的区域大致相同，因此其方差也应该大致相同，如果其中出现方差与其他帧的平均方差相比相差较大的帧，则该帧很可能因模糊或噪声等干扰因素的影响过大而质量退化为“不良帧”，应该将其剔除。而“不良帧删除”法正是基于这样的思想，即通过比较分辨率等级相同的一组多帧低分辨率序列图象的方差，将方差偏离其方差均值比较大的图象视为不良帧，在筛选网络训练输入/输出样本图象时将不良帧删除，优选方差最接近其均值的图象。

由于可供选择用于第一级和第二级训练输入样本序列图象的三次欠采样图象与二次欠采样图象都比较充裕，分别为 64 帧和 16 帧，从中只要分别挑选出 4 帧，所以可以采用“不良帧删除”法；而由于可供选择用于第一级和第二级训练输出目标样本图象的二次欠采样图象与一次欠采样图象也比较充裕，分别为 16 帧和 4 帧，只要从中分别挑选 1 帧，所以也可以采用“不良帧删除”法。

在一般情况下，对 $M\times N$ 的第 k 帧低分辨率图象 $f_k(i,j)$，其方差 σ_k^2 定义为

$$\sigma_k^2=\frac{1}{MN-1}\sum_{i=0}^{M-1}\sum_{j=0}^{N-1}(f_k(i,j)-\overline{f}_k)^2 \tag{6.7.1}$$

式中，$\overline{f}_k$ 表示 $f_k(i,j)$ 的均值，即

$$\overline{f}_k=\frac{1}{MN}\sum_{i=0}^{M-1}\sum_{j=0}^{N-1}f_k(i,j) \tag{6.7.2}$$

由所选择 512×512 的一帧高分辨率遥感参考图象经三次质量退化操作得到的三次欠采样图象、二次欠采样图象和一次欠采样图象的方差如图 6.7.1 所示，其中(a)为 64 帧 64×64 三次欠采样低分率序列图象(LRIs)的方差，(b)为 16 帧 128×128 二次欠采样 LRIs 的方差，(c)为 4 帧 256×256 一次欠采样 LRIs 的方差。(a)、(b)、(c)三张图中还给出其方差的平均值分别为 1310.095、1698.108、2175.035。

根据“不良帧删除”法，挑选网络三级训练输入样本序列图象和输出样本图象如下。

(1) 第一级训练样本图象的挑选：从(a)中挑选出第 24 帧、第 48 帧、第 62 帧和第 63 帧 64×64 的 4 帧低分辨率序列图象用于第一级训练输入样本序列图象，而选择(b)中第 4 帧 128×128 分辨率较高一级的 1 帧经适当的图象复原操作后用于第一级训练输出目标样本图象。

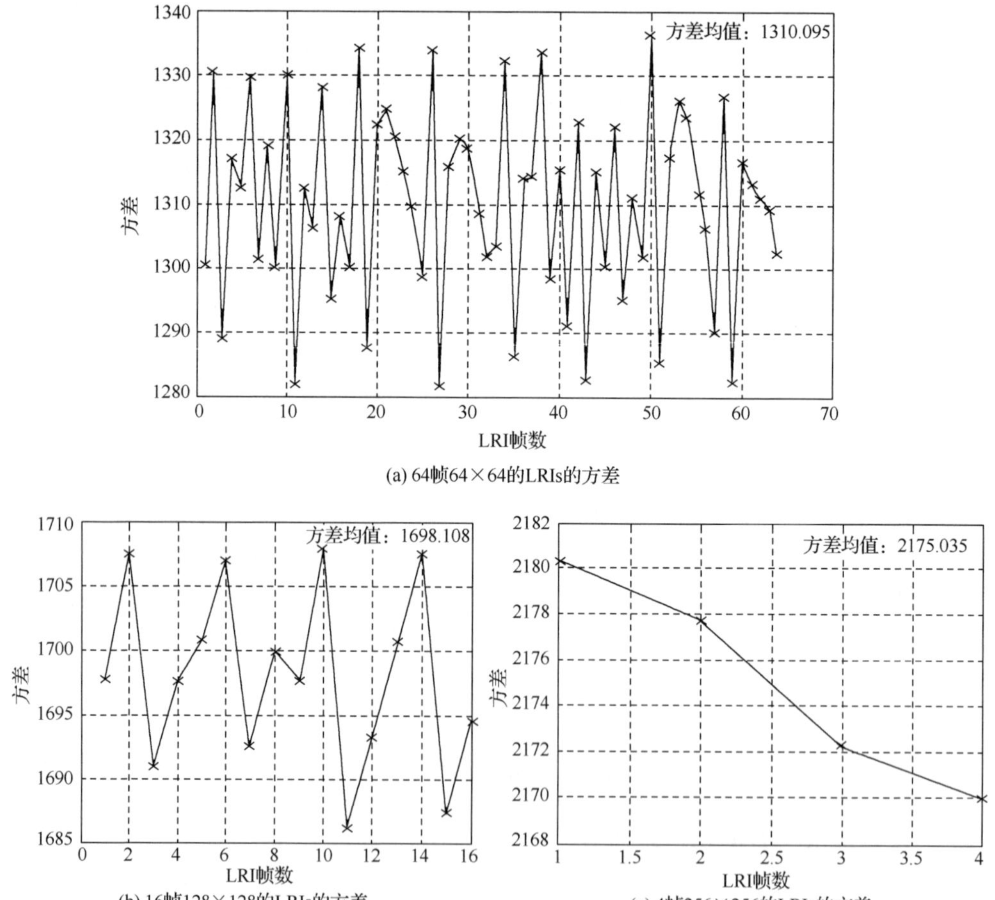

(a) 64帧64×64的LRIs的方差

(b) 16帧128×128的LRIs的方差

(c) 4帧256×256的LRIs的方差

图 6.7.1 由一帧高分辨率遥感参考图象经三次质量退化操作的欠采样图象方差(σ_k^2)

(2) 第二级训练样本图象的挑选：从 (b) 中挑选出第 1 帧、第 4 帧、第 8 帧和第 9 帧 128×128 的 4 帧低分辨率序列图象用于第二级训练输入样本序列图象，而选择 (c) 中第 2 帧 256×256 分辨率较高一级的 1 帧经适当的图象复原操作后用于第二级训练输出目标样本图象。

(3) 第三级训练样本图象：由于 (c) 中只有 4 帧图象，该 4 帧 256×256 的低分辨率序列图象均被用于第三级训练输入样本序列图象，而 1 帧 512×512 分辨率较高一级的原高分辨率参考图象经适当的图象复原操作后用于第三级训练输出目标样本图象。

所选三级训练样本图象如图 6.7.5 的左 1、左 2 所示。训练样本图象具有如下特点。

(1) 网络第一级训练输出目标样本图象和第二级训练输入样本序列图象是从同一分辨率等级的序列图象中优选出来的；而网络第二级训练输出目标样本图象与第三级训练输入样本序列图象属同一分辨率等级，前者是从后者中优选出来的。

(2) 网络三级训练样本图象的分辨率是逐级升高的。

网络三级训练样本图象的这种结构特点可以使网络性能逐级扩展和提高，不但可以突破单级训练网络泛化应用中对图象模式映射的限制，而且第一级和第二级训练输入样本图象的帧间位移参数变化均较大，可以提高网络的容错性和泛化再生图象的超分辨效果。

2. 三级训练映射向量的构成

根据 6.4.2 节的研究结果，优选 $2\times2\rightarrow4\times4$ 的分块映射方式，将三级训练输入/输出样本图象转换成三级训练映射向量集，具体操作如下。

(1) 网络第一级训练映射向量：将网络第一级训练优选的 4 帧 64×64 的输入样本序列图象和 1 帧优选优化的 128×128 的输出目标样本图象，按照 $2\times2\rightarrow4\times4$ 的分块映射方式，转换成 1024 对第一级训练映射向量集。

(2) 网络第二级训练映射向量：将网络第二级训练优选的 4 帧 128×128 的输入样本序列图象和 1 帧优选优化的 256×256 的输出目标样本图象，同样按照 $2\times2\rightarrow4\times4$ 的分块映射方式，转换成 4096 对第二级训练映射向量集。

(3) 网络第三级训练映射向量：将网络第三级训练 4 帧 256×256 的输入样本序列图象和 1 帧优化的 512×512 的输出目标样本图象，同样按照 $2\times2\rightarrow4\times4$ 的分块映射方式，转换成 16384 对第三级训练映射向量集。

网络三级训练映射向量总数为 1024+4096+16384=21504 对，其中每对输入向量和输出目标向量的维数均为 16。

6.7.3 三级训练图象超分辨 BP 网结构设计及其参数的选择

三级训练图象超分辨 BP 网的结构，同样采用单隐层的三层结构：输入层、隐含层和输出层。因为每对训练输入向量和输出目标向量的维数均为 16，所以网络输入层节点数目和输出层节点数目均为 16；而隐含层节点数目的确定，同样以式(6.5.1)～式(6.5.3)的经验公式为基础，采用图 6.5.1 所示的“逐步增长法”，利用已经采集的训练向量集和检验向量集对拟建的网络结构进行反复的三级训练，得到不同单隐层节点数目的收敛情况及输出图象 PSNR 数据如表 6.7.1 所示，当隐含层节点数为 16、17、18 时，三级训练耗时多且不收敛；当隐含层节点数为 19 和 20 时，三级训练均收敛，且输出图象的 PSNR 基本相同；而当隐含层节点数为 21 时，训练耗时明显增大，且输出图象的 PSNR 有下降趋势。因此，同时兼顾网络容错性，最终确定隐含层节点数目为 20。网络层间节点采取全互连接，连接权数为 $16\times20+20\times16=640$ ，这样高维的权值有利于学习误差收敛到全局最小值。

表 6.7.1　单隐层不同节点数目的三级训练 BP 网训练收敛及其输出图象性能情况

单隐层 BPNN 结构	训练耗时及其收敛 情况	网络输出图象的 PSNR/dB	训练 5000 步三级 输出 MSE 收敛精度
[16 16 16]	773.7188s 三级均不收敛	34.9669	Epoch 5000/5000,MSE 0.00115077/0.001 Epoch 5000/5000, MSE 0.0020873/0.002 Epoch 5000/5000, MSE 0.0003189/0.0003
[16 17 16]	755.1406s 第 1,3 级不收敛	35.1715	Epoch 5000/5000, MSE 0.00109599/0.001 Epoch 4027/5000, MSE 0.002/0.002 Epoch 5000/5000, MSE 0.0003042/0.0003
[16 18 16]	602.0156s 第 1,2 级不收敛	35.2312	Epoch 5000/5000, MSE 0.00111696/0.001 Epoch 5000/5000, MSE 0.00200617/0.002 Epoch 2965/5000, MSE 0.0002999/0.0003
[16 19 16]	543.625s 三级均收敛	35.232	Epoch 4811/5000, MSE 0.00099998/0.001 Epoch 2876/5000, MSE 0.00199986/0.002 Epoch 3190/5000, MSE 0.0002999/0.0003
[16 20 16]	641.7656s 三级均收敛	35.2317	Epoch 4653/5000, MSE 0.001/0.001 Epoch 2986/5000, MSE 0.00199992/0.002 Epoch 3928/5000, MSE 0.0002999/0.0003
[16 21 16]	755.3341s 三级均收敛	35.2305	Epoch 4489/5000, MSE 0.001/0.001 Epoch 3121/5000, MSE 0.00199999/0.002 Epoch 4803/5000,MSE 0.00029999/0.0003

前面确定的网络三级训练映射向量数量 21504 对，超过了 2 万对，且为网络连接权数 640 的 33.2 倍，满足充分训练的要求，不必再对训练输入样本序列图象进行扩展操作。训练数据的归一化处理以及网络层间连接权值的初始化等网络基本参数的设置均与单级训练 BP 网相同，隐含层和输出层各神经元激活函数也同样为扩展的非线性的单极性 S 型函数和单极性分段线性函数，分别见式(6.6.1)和式(6.6.2)。由于网络三级训练映射向量的数量不同，依次为 1024 对、4096 对、16384 对，兼顾网络各级学习效率、收敛误差和泛化应用效果等因素，对每级训练 MSE 阈值 $E_{阈值}$ 的设置不同，分别为 0.0005、0.0003 和 0.0001，并且在训练过程中，还采用峰值信噪比作为网络输出图象效果的客观评价。

在权衡了网络结构的复杂度、收敛时间、输出图象超分辨效果、泛化能力和容错性能之后，最终确定的三级训练图象超分辨 BP 网结构如图 6.7.2 所示。

对图 6.7.2 所示的三级训练图象超分辨 BP 网结构说明如下：输入层节点数为 16，隐含层节点数为 20，输出层节点数为 16，层间节点全互连接。输入层每个节点都是单输入的神经元，其中每 4 个节点的输入端连接 1 帧输入样本图象的 4 个邻域像素，16 个节点的输入端连接 4 帧输入样本序列图象相应邻域像素组成的 16 维输入信号向量 $\boldsymbol{X}_i(i=1,2,\cdots,16)$，而每个神经元模拟轴突末梢与隐含层 20 个节点均有连接，将 16 维的输入信号传递给隐含层各节点；隐含层每个节点均是有 16 个输入端的神经元，分别与输入层 16 个神经元的模拟轴突末梢相连，将输入层传来的 16 维输入信号向量 $\boldsymbol{X}_i$ 进行加权的空间整合和激励变换处理，由其模拟轴突末梢，将处理后的输出信号 $\boldsymbol{H}_j(j=1,2,\cdots,20)$ 分别传递给输出层的 16 个节点；输出层每个节点均是有 20 个输入端和单输出的神经元，每个神经元的 20 个输入端分别与隐含层 20 个神经元的模拟轴突末梢相连，将隐含层传来的 20 维信号向量 $\boldsymbol{H}_j$ 进行加权的空间整合和激励变换处理，由其模拟轴突末梢将处理后的信号 $\boldsymbol{O}_k(k=1,2,\cdots,16)$ 输出，得到输出信号向量 $\boldsymbol{O}$。在网络训练阶段，在得到输出信号向量 $\boldsymbol{O}$ 后，即时与传入的 16 维输出目标信号向量 $\boldsymbol{Y}$ 进行比较，取得 $\boldsymbol{Y}$ 与 $\boldsymbol{O}$ 之间的均方误差 $\boldsymbol{E}$，若 $\boldsymbol{E}$ 过大，则开始本级训练误差反向传输和各层间连接权值的调整，直到本级输出的 MSE 不大于其阈值 $E_{阈值}$，再开始下一级的训练；并且直到三级输出的 MSE 均不大于其阈值 $E_{阈值}$，训练收敛。

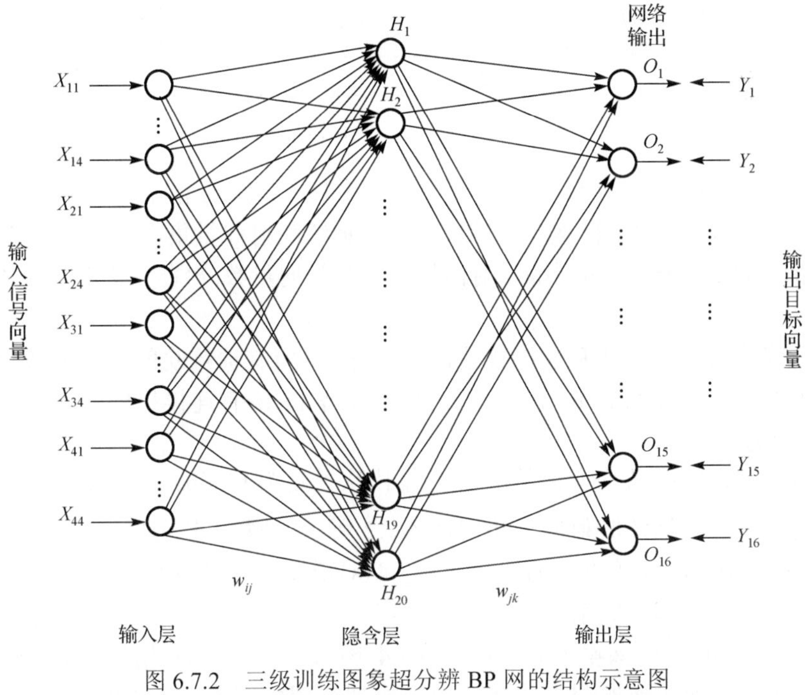

图 6.7.2　三级训练图象超分辨 BP 网的结构示意图

6.7.4 图象超分辨 BP 网三级训练算法及其训练实验结果

图象超分辨 BP 网三级训练算法及其泛化应用框图示于图 6.7.3，训练步骤如下。

(1)网络三级训练样本图象的获取和筛选：由一帧 512×512 的高分辨率参考图象加噪/模糊后经三次 USS 操作以及筛选、复原等操作获取网络三级训练样本图象，具体方法详见 6.7.2 节的第 1 部分，三级训练输入/输出样本图象模式映射分别为：第一级，(4 帧输入样本序列图象) $64\times64\rightarrow128\times128$ (1 帧输出目标样本图象)，第二级，(4 帧输入样本序列图象) $128\times128\rightarrow256\times256$ (1 帧输出目标样本图象)，第三级，(4 帧输入样本序列图象) $256\times256\rightarrow512\times512$ (1 帧输出目标样本图象)。

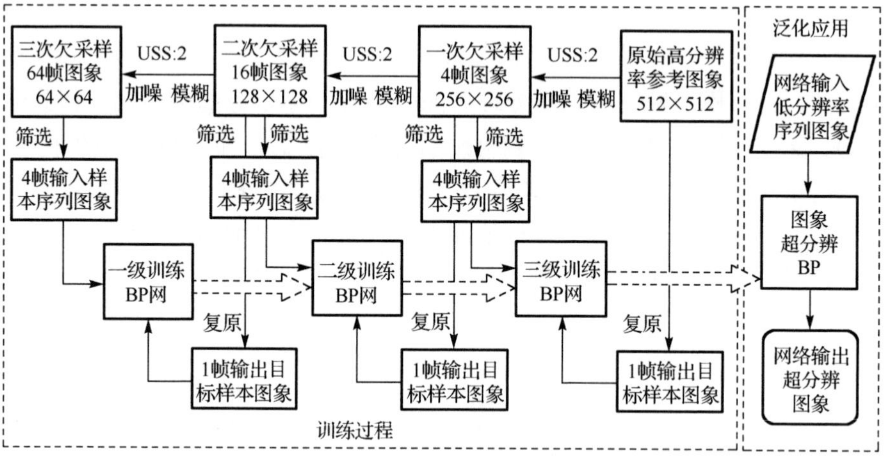

图 6.7.3 图象超分辨 BP 网三级训练算法及其泛化应用框图

(2)网络训练映射向量的构造：按照 $2\times2\rightarrow4\times4$ 分块映射方式，将步骤(1)获取的网络三级训练输入/输出样本图象转换成三级训练映射向量集，具体方法见 6.4.2 节和 6.7.2 节的第 2 部分，三级训练映射向量集的映射向量数分别为：1024 对、4096 对、16384 对。

(3)训练数据的归一化和连接权值的初始化：将所有训练映射向量的数据同除以 255，并且选用 0.0001 代替 0，而选用 0.9999 代替 1，所有连接权值初始化为(–0.01, 0.01)的随机数。

(4)将三级训练收敛均方误差阈值 $E_{阈值}$ 依次设定为 0.0005、0.0003 和 0.0001。

(5)使用第一级训练映射向量集对图 6.7.2 所示的网络进行训练，网络学习收敛误差不大于 0.0005，训练收敛曲线如图 6.7.4(a)所示，保留网络所有连接权值。

(6)使用第二级训练映射向量集对第一级训练后的网络进行训练，网络学习收敛误差不大于 0.0003，训练收敛曲线如图 6.7.4(b)所示，保留网络所有连接权值。

(7)使用第三级训练映射向量集对第二级训练后的网络进行训练，网络学习收敛误差不大于 0.0001，训练收敛曲线如图 6.7.4(c)所示，保留网络所有连接权值。三级训练总耗时 1087.55s。

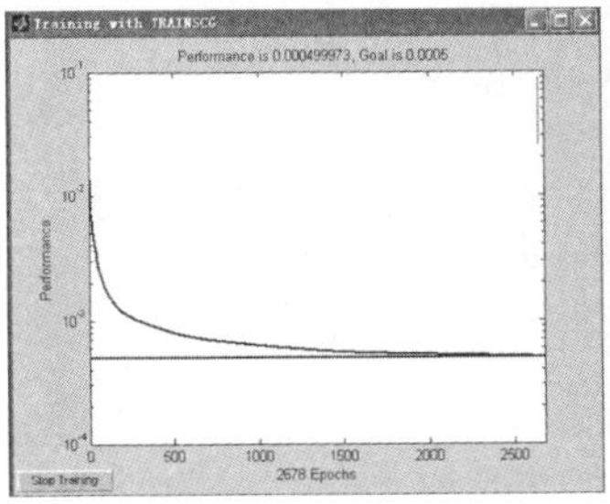

(a) 网络第一级训练收敛图

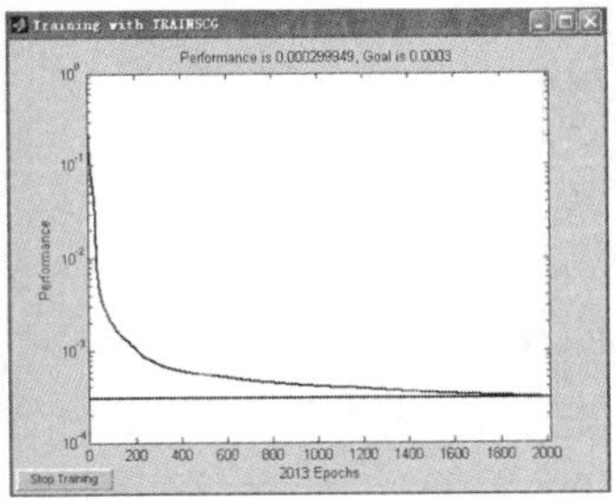

(b) 网络第二级训练收敛图

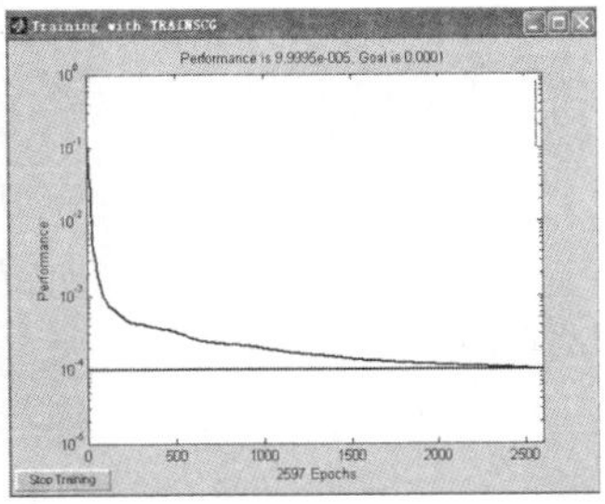

(c) 网络第三级训练收敛图

图 6.7.4　BP 网三级训练收敛图

(8)网络训练与自检结果图象：如图 6.7.5 所示，其中图象模式映射：第一级(a)为 $64\times64\rightarrow128\times128$；第二级(b)为 $128\times128\rightarrow256\times256$；第三级(c)为 $256\times256\rightarrow512\times512$，每组从左到右依次为 4 帧输入样本序列图象、输出目标样本图象、自检输出图象；而(d)从左到右依次为三级自检输出的差图象。可以看出，差图象逐级平滑，表明误差逐级减小，以第三级训练目标图象为参考，网络输出图象的 PSNR 为 35.22dB。

(a) 第一级，图象显示模式映射 $64\times64\rightarrow128\times128$ (100%显示)

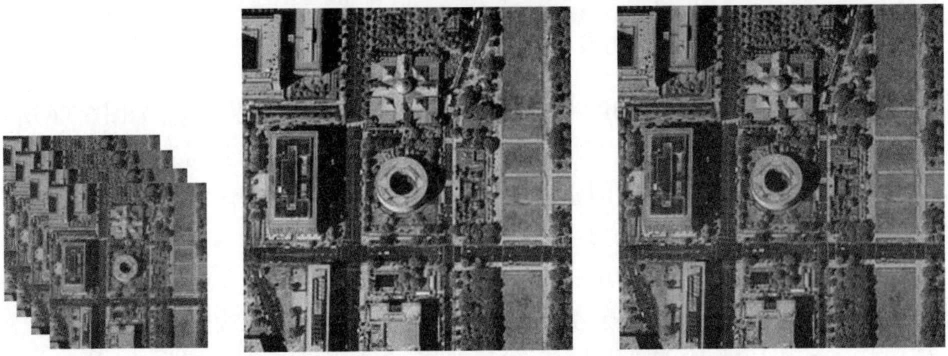

(b) 第二级，图象显示模式映射 $128\times128\rightarrow256\times256$ (50%显示)

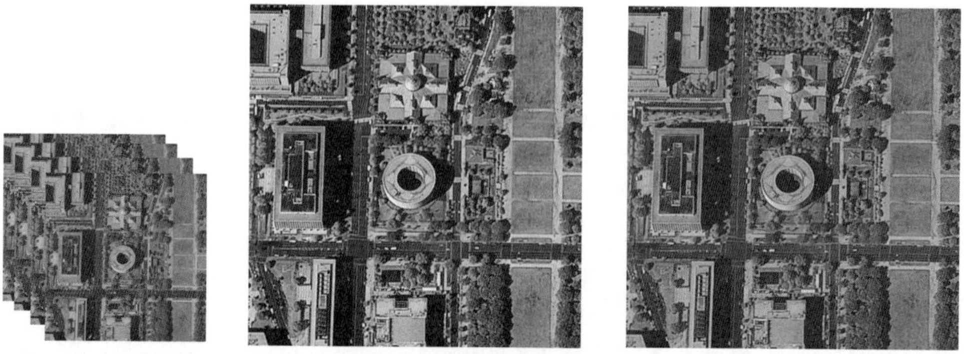

(c) 第三级，图象显示模式映射 256×256→512×512 (25%显示)

(d) 三级自检输出的差图象

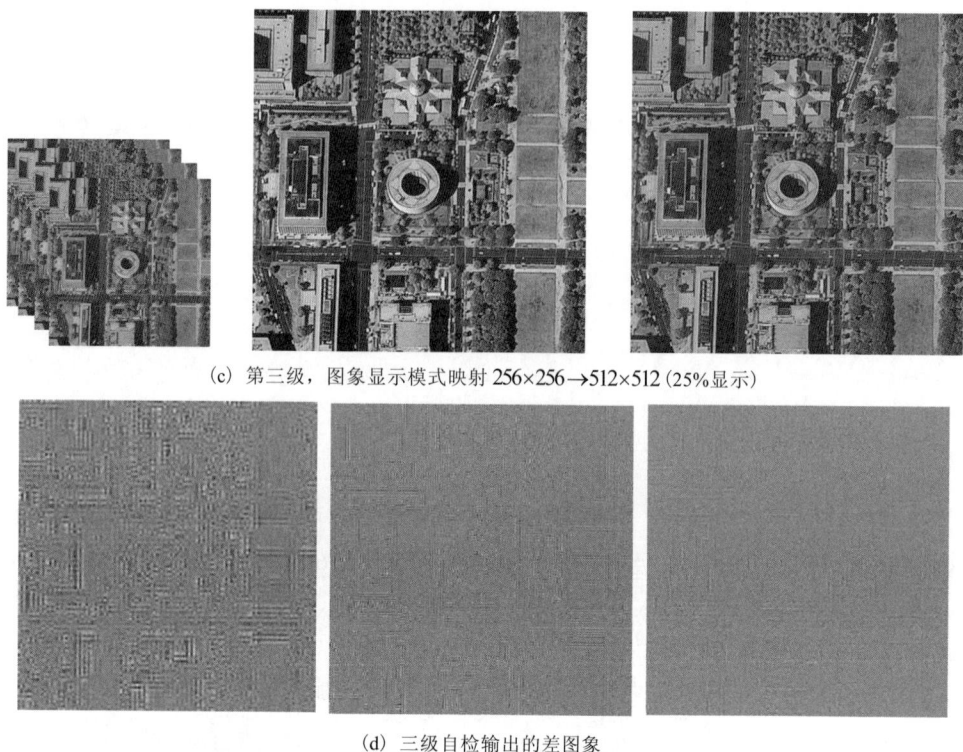

图 6.7.5　图象超分辨 BP 网三级训练及其输出结果图象

6.7.5　三级训练图象超分辨 BP 网泛化应用实验结果与分析

对所建立的三级训练图象超分辨 BP 网的性能进行实验研究和分析，其中主要有三类：

(1) 图象模式映射扩展性能实验；

(2) 利用分辨率等级测试序列图象的性能考查实验；

(3) 单帧和双帧输入应用效果实验。

1. 图象模式映射扩展性能实验结果与分析

所建三级训练图象超分辨 BP 网的图象模式映射扩展性能实验研究，如图 6.7.6 所示，其中 (a)、(b) 两组左侧分别为 4 帧网络输入图象之一帧，而右侧分别为网络映射输出图象，(c) 组下图为 4 帧网络输入图象之一帧，而上图为网络映射输出图象；网络输入/输出图象模式映射：(a) 组为 $32\times32\rightarrow64\times64$，(b) 组为 $128\times128\rightarrow256\times256$，(c) 组为 $512\times512\rightarrow1024\times1024$；(a)、(b) 两组图象均为 100%显示，而 (c) 组图象为 40%显示。显然，(a) 和 (c) 两组图象模式映射都不在训练输入/输出样本图象模式映射之内，但是与 (b) 组一样，输出图象与输入图象比较，纹理细节、对比度和清晰度都有很大增强，且无任何振铃假象出现，不但验证了所建网络具有图象超分辨能力，而且可以扩展应用于多种图象模式映射，克服了单级训练图象超分辨BP网在图象模式映射上的应用局限性。

另外，所建三级训练图象超分辨BP网泛化再生应用的耗时很少，即使实现输入/输出图象模式映射为$512\times512\rightarrow1024\times1024$的超分辨，平均耗时也不超过160s，对于实现其他较小显示模式映射的图象超分辨处理，所需时间更短，不超过1min（朱福珍，2011）。这种处理速度，与频、空域基于重建的图象超分辨算法比较，表明基于学习的BP网图象超分辨算法具有很大的优势。

2. 利用分辨率等级测试序列图象的性能考查实验结果与分析

利用分辨率等级测试序列图象对所建三级训练图象超分辨BP网的图象超分辨性能进行考查测试实验。测试方法采用比对法，即在分辨率等级测试序列图象中分别挑选出分辨率与网络输入低分辨率序列图象和网络输出高分辨率图象最接近的等级测试图象，进而估计出网络输出超分辨图象分辨率提高的倍数。

所用九组Iknos等级测试序列图象，分辨率范围均为3～1m，分辨率等级间隔均为0.1m，每种均含20帧分辨率等级图象。在每组等级测试序列图象中，首先选取较高分辨率1.4m的等级图象进行模糊/加噪和USS操作等质量退化处理，获得4帧低分辨率序列图象，输入给所建三级训练图象超分辨BP网，得到1帧网络输出超分辨图象。这种考查实验共进行了9组，图6.7.7给出其中三组实验结果，其中(a)为上述退化生成的4帧低分辨率序列图象中一帧双线性插值图象；(b)为分辨率最接近而不小于(a)的等级图象，其分辨率为3m；(c)为网络输出图象；(d)为分辨率最接近而不大于(c)的等级图象，其分辨率为1.6m。

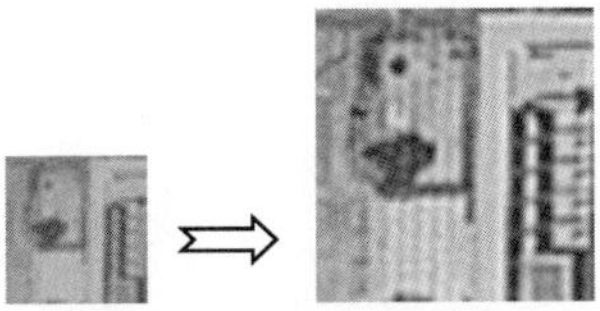

(a) 图象显示模式 $32\times32\rightarrow64\times64$

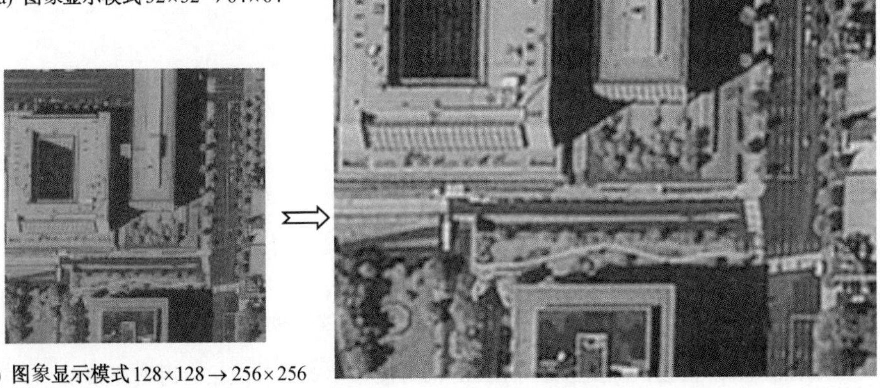

(b) 图象显示模式 $128\times128\rightarrow256\times256$

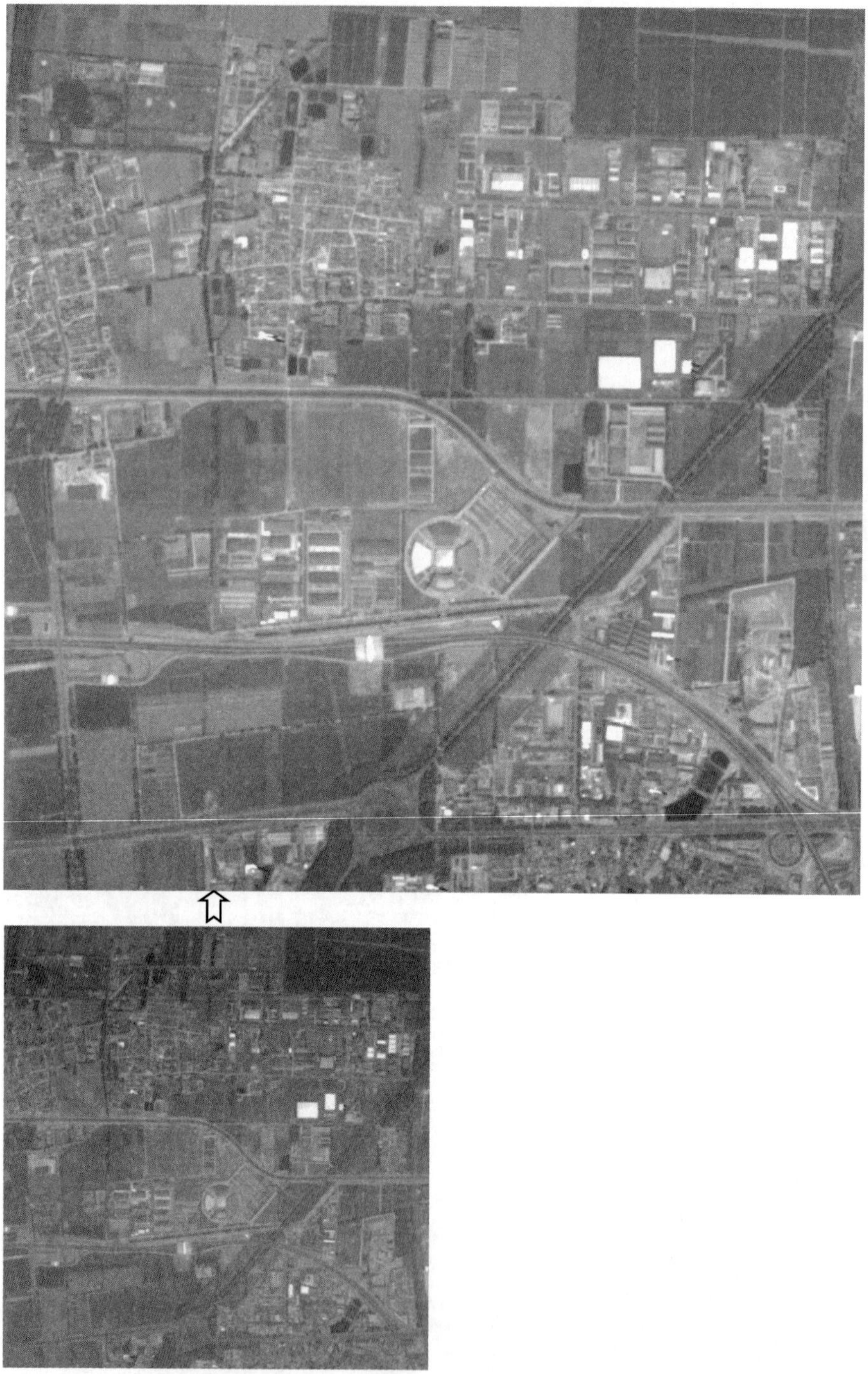

(c) 图象显示模式 512×512→1024×1024（40%显示）

图 6.7.6　三级训练图象超分辨 BP 网对图象模式映射泛化应用处理结果

(a) 4 帧低分辨率图象中一帧
双线性插值图象

(b) 分辨率最接近而不小于
(a)的等级图象(3m)

(c) 网络输出图象

(d) 分辨率最接近而不大于
(c)的等级图象(1.6m)

第一组

(a) 4 帧低分辨率图象中一帧双线性插值图象

(b) 分辨率最接近而不小于(a)的等级图象(3m)

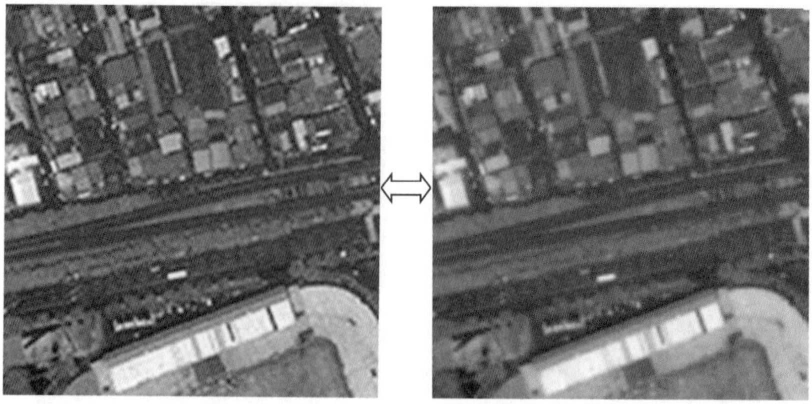

(c) 网络输出图象　　(d) 分辨率最接近而不大于(c)的等级图象(1.6m)

第二组

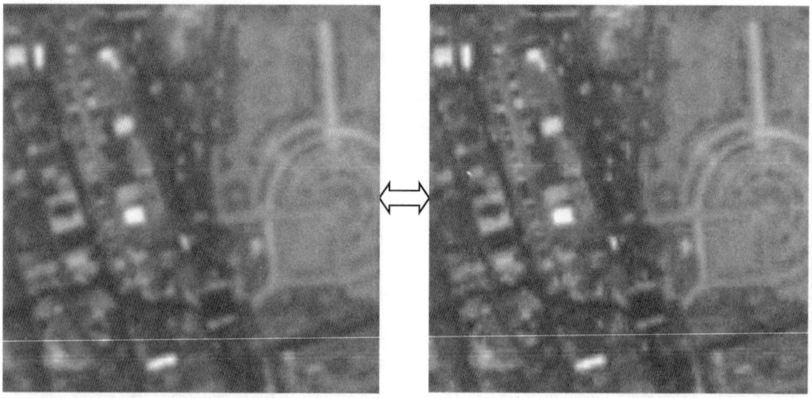

(a) 4 帧低分辨率图象中一帧双线性插值图象　　(b) 分辨率最接近而不小于(a)的等级图象(3m)

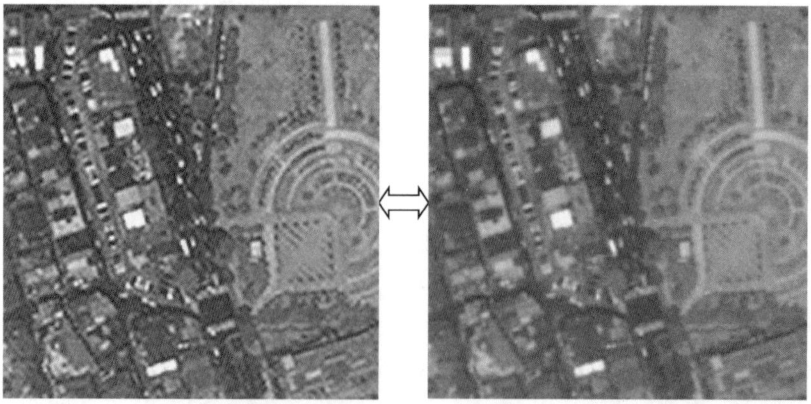

(c) 网络输出图象　　(d) 分辨率最接近而不大于(c)的等级图象(1.6m)

第三组

图 6.7.7　3m 分辨率等级测试序列图象对三级训练图象超分辨 BP 网性能考查实验结果

由图 6.7.7 可看出，三组输出图象(c)与其输入图象(a)比较，纹理细节丰富了，对比度与清晰度有很大提高，且无任何振铃假象出现，表明图象分辨率有明显的增强；由对比图象(b)和(d)的分辨率：输入图象分辨率略低于 3m，而输出图象的分辨率不低于 1.6m，所以网络提高图象分辨率 3/1.6=1.875 倍，即可使原 3m 分辨率的图象分辨率提高 1.875 倍以上。同时，以原 1.4m 等级测试图象为参考，可以计算出九组实验的网络输入/输出图象的 PSNR，列于表 6.7.2 中，表中还给出网络输出结果图象的 SNR 计算结果，其中前三组数据与图 6.7.7 的三组实验结果是一一对应的，由于篇幅限制，后六组数据未给出实验结果。由表中数据看出，所建三级训练图象超分辨 BP 网可使原约为 3m 分辨率的图象 PSNR 提高 7.0～12.6dB，平均提高 8.5dB；网络输出图象的 SNR 为 18.0～27dB，平均为 21.2dB。

表 6.7.2 三级训练图象超分辨 BP 网处理 3m 分辨率图象的 PSNR 和 SNR （单位：dB）

等级图象组别	PSNR			网络输出图象的 SNR
	网络输入双线性插值图象	网络输出图象	提高值	
第一组	32.6790	39.9446	7.2656	22.9752
第二组	25.9740	36.8487	10.8747	23.4071
第三组	24.0951	36.6812	12.5861	20.9373
第四组	32.5917	42.2423	9.6506	23.3120
第五组	28.4811	35.6541	7.1730	21.9018
第六组	33.5677	41.4226	7.8549	26.9248
第七组	30.3691	37.4522	7.0831	18.6989
第八组	30.7962	37.7293	6.9331	21.2184
第九组	29.7753	37.1115	7.3362	18.0258
平　均	29.8144	38.3429	8.52859	21.9335

同样方法，在九组 Iknos 等级测试序列图象中，选取最高分辨率 1m 的等级图象进行模糊/加噪和 USS 操作等质量退化处理，获得 4 帧低分辨率序列图象，输入给所建三级训练图象超分辨 BP 网，得到 1 帧网络输出图象。图 6.7.8 给出两组实验结果，其中(a)为上述退化生成的 4 帧低分辨率序列图象中一帧双线性插值图象；(b)为分辨率最接近而不小于(a)的等级测试图象，其分辨率为 2m；(c)为网络输出图象；(d)为分辨率最接近而不大于(c)的等级测试图象，其分辨率为 1.1m。由图可见，与网络输入图象(a)比较，输出图象(c)的纹理丰富了，对比度与清晰度增强了，且无任何振铃假象出现，表明图象分辨率有很大提高。对 9 组类似实验结果进行分析，结果表明：所建三级训练图象超分辨 BP 网对 2m 分辨率图象处理后分辨率提高倍数约为 $2/1.1 \approx 1.818$ 倍。同时，以原 1m 等级测试图象为参考，可以计算出网络输入/输出图象的 PSNR，列于表 6.7.3 中，表中还给出结果图象的 SNR，其中前两组数据

与图 6.7.8 的两组实验结果是一一对应的，由于篇幅的限制，后七组数据未给出实验结果。

(a) 4 帧低分辨率图象中一帧双线性插值图象

(b) 分辨率最接近而不小于(a)的等级测试图象(2m)

(c) 网络输出图象

(d) 分辨率最接近而不大于(c)的等级图象(1.1m)

第一组

(a) 4 帧低分辨率图象中一帧双线性插值图象

(b) 分辨率最接近而不小于(a)的等级测试图象(2m)

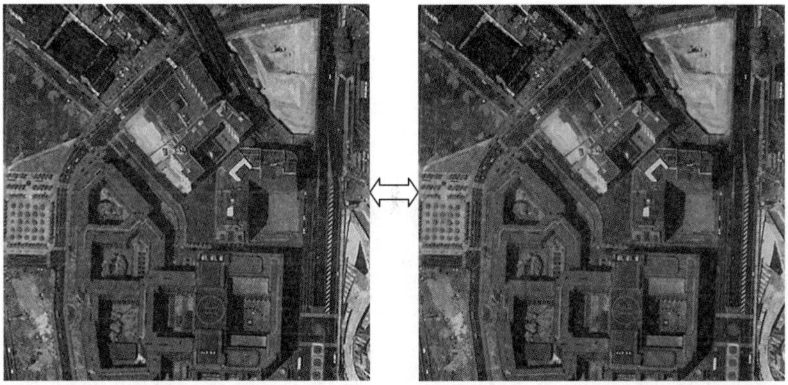

(c) 网络输出图象　　(d) 分辨率最接近而不大于(c)的等级图象(1.1m)

第二组

图 6.7.8　2m 分辨率等级测试序列图象对三级训练图象超分辨 BP 网性能考查实验结果

表 6.7.3　三级训练图象超分辨 BP 网处理 2m 分辨率图象的 PSNR 和 SNR　(单位：dB)

等级图象组别	PSNR			网络输出图象的 SNR
	输入双线性插值图象	输出图象	提高值	
第一组	28.7255	37.3684	8.6430	20.9010
第二组	25.6034	34.2405	8.6371	21.2840
第三组	24.8824	33.6454	8.6308	18.6575
第四组	25.4561	33.2974	7.8413	19.6727
第五组	23.4271	31.1858	7.7587	18.2101
第六组	25.4693	33.0385	7.5692	15.8988
第七组	24.3198	31.8372	7.5175	14.6480
第八组	24.4038	31.8683	7.4645	15.1433
第九组	24.7977	32.2779	7.4803	16.6939
平　均	25.2317	33.1955	7.9492	17.9010

由表 6.7.3 中数据看出，所建的三级训练图象超分辨 BP 网处理原分辨率约为 2m 的低分辨序列图象，可使其 PSNR 提高 7.4～8.7dB，平均提高 7.95dB；网络输出结果图象的 SNR 为 14.6～20.9dB，平均为 17.9dB。

3. 单帧和双帧输入应用效果实验结果与分析

单帧输入应用效果实验，首先是从某地区大幅面完整的实际遥感图象上获取一定尺寸的实际观测遥感图象，模拟遥感图象的实际退化过程，对 1 帧实际观测图象进行模糊/加噪和 USS 等质量退化操作生成 4 帧帧间位移为亚像元级的低分辨率序列图象，作为所建三级训练图象超分辨 BP 网的输入序列图象。图 6.7.9 给出五组实验结果，其中每组的左图为任意选择的 1 帧实际遥感观测图象，显示模式 256×256；中图为对左图进行质量退化操作得到的 4 帧低分辨率序列图象中一帧双线性插值图象；右图为网络输出结果图象。

第一组

第二组

第三组

第四组

第五组

图 6.7.9　单帧输入三级训练图象超分辨 BP 网应用实验结果(54%显示)

由图 6.7.9 可以看出，在网络输出的右侧结果图象中凸显很多在输入的中间双线性插值图象中没有出现的纹理细节，且输出结果图象的噪声和模糊明显减弱，对比度增强很大，视觉效果更为清晰，分辨率明显提高，取得了很好的图象超分辨效果。将所选择的原实际观测图象(左图)作为参考图象，可以计算出网络输入的双线性插值图象和输出结果图象的 PSNR，还可以计算出输出结果图象的 SNR，均列于表 6.7.4。

表 6.7.4　单帧输入三级训练图象超分辨 BP 网应用实验结果的 PSNR 和 SNR

(单位：dB)

等级图象组别	PSNR			网络输出图象的 SNR
	网络输入双线性插值图象	网络输出图象	提高值	
第一组	31.1700	39.6737	8.5037	18.5567
第二组	34.7058	43.6261	8.9203	18.6113
第三组	32.1183	40.3492	8.2310	17.5934
第四组	28.3754	36.9730	8.5977	17.0210
第五组	29.8889	37.9710	8.0821	17.7705
第六组	33.8190	42.9681	9.1491	17.8480

续表

等级图象组别	PSNR			网络输出图象的 SNR
	网络输入双线性插值图象	网络输出图象	提高值	
第七组	33.8587	42.9970	9.1383	17.2665
第八组	34.4442	43.4825	9.0382	18.0224
第九组	33.8377	43.2267	9.3889	16.9479
平　均	32.4687	41.2519	8.7833	17.7375

在表 6.7.4 中，前五组数据与图 6.7.9 中的五组实验图象是一一对应的，而由于篇幅的限制，后四组数据没有给出对应的实验图象。由表中的数据可以看出，所建三级训练图象超分辨 BP 网对单帧输入的处理结果可将图象 PSNR 提高 8～9.4dB，平均提高 8.78 dB，输出结果超分辨图象的 SNR 为 16.9～18.5dB，平均为 17.74dB。

双帧输入实验是以三级训练图象超分辨 BP 网为主的应用实验：首先通过平方误差最小的图象块整数像素匹配操作在同一地区、不同时相的两幅大幅面完整的实际遥感观测图象上获取一定幅面(显示模式 256×256)的数组两帧序列图象；然后，对每组序列图象进行图象配准和融合操作得到一帧相同尺寸的融合图象，接着对融合图象执行显示模式放大 2×2 倍的单帧频域变换与补偿扩展算法后再进行 USS 操作，得到与原显示模式相同的 4 帧序列图象；最后，通过三级训练图象超分辨 BP 网，得到输出显示模式 512×512 的结果图象。其中应用的图象配准操作见 2.6.2 节的第 3 部分，基于小波变换的图象融合操作见我们发表的文献(朱福珍等，2009)，单帧频域变换与补偿扩展超分辨算法见 4.2.5 节。

实验结果：如图 6.7.10 所示(朱福珍，2011)，其中三组的左侧和中间是从两个地区不同时相大幅面的“资源二号”遥感图象上获取的两帧输入序列图象，而右图为三级训练图象超分辨 BP 网的输出结果图象。由于版面的限制，输入图象 56%显示，而输出图象 28%显示，显示尺寸相同，便于直观分析。三组输出图象对比度改善因子 T_{e1} 如表 6.7.5 所示。

第一组

第二组

第三组

图 6.7.10　双帧输入三级训练图象超分辨 BP 网应用效果实验结果

表 6.7.5　图 6.7.10 中应用实验输出图象对比度改善因子　　(单位：dB)

实验组别	第一组	第二组	第三组	平　均
T_{e1}	12.1062	13.5141	10.8265	12.1489

应用实验结果分析：由图 6.7.10 可以看出，每组的右侧所示的网络输出图象(28%显示)相对于左侧和中间所示的两帧输入图象(56%显示)的处理效果非常明显，不但图象的纹理细节丰富了，很多在右侧输出图象中可以清楚分辨的纹理细节在左侧和中间的输入图象中不能分辨出来，而且如表 6.7.5 所示的输出图象对比度改善 11～12dB，客观评价数据揭示输出图象的对比度、分辨率和清晰度的显著提高。所以，无论直观视觉效果的分析，还是客观评价参数，均表明以三级训练图象超分辨 BP 网为主的双帧输入应用处理过程取得了很强的图象超分辨效果，不但图象频谱有很大的扩展和改善，而且图象的模糊和噪声也得到很好的抑制。因为被处理图象来源于“资源二号”遥感图象，其设计分辨率为 3m，双帧输入应用处理效果表明：上面利用 3m 和 2m 分辨率 Iknos 等级测试图象对三级训练图象超分辨 BP 网的

性能考查实验结果，即图象分辨率分别提高 1.875 倍和 1.8 倍以上，PSNR 分别提高 8.5dB 和 7.95dB 是可信的。

6.8　小结与评述

本章重点研究基于学习的神经网络图象超分辨技术，建立了三级训练图象超分辨 BP 网，并且在泛化应用再生实验中证明其具有很强的图象超分辨能力。

由于图象超分辨本质上是由低分辨率(序列)图象到高分辨率图象的非线性的模式映射，具有处理机理内含反问题的病态，处理数据内含不完全和/或不精确等不确定性，这些特点恰好是神经网络技术比较擅长处理的问题，其实现的基本思想是仿效生物神经元及其生物网络建立人工神经元及其人工神经网络，使其具有庞大的分布式连接权值系统，成为快速并行储存和并行处理的物质基础，并且赋予适当的激励变换函数和学习算法，使其成为脑式信息处理系统，具有良好的泛化应用和再生能力。

因此，我们首先研究了神经元及其神经网络模型、激励变换函数和网络学习算法。在网络模型中选择前馈层次型的 BPNN，如图 6.3.1 所示，其层间神经元之间全互连接，简称 BP 网。神经元激励函数主要有阈值型、分段线性和 S 型等，其中 S 型激励函数是非线性的，自身及其导数都是连续的，在应用上非常方便。在学习算法中，主要研究了网络基本算法即梯度下降算法，给出了 BP 网在学习过程中的信号流程，还研究了共轭梯度算法，特别是优良的比例共轭梯度算法，对这些学习算法，均给出了数学推演过程和系列模型，指出可能遇到的问题及其解决途径，并且给出学习算法的运行保障和优化措施。接着，阐述网络训练输入/输出样本图象的采集及其分块转换训练输入/输出映射向量的方法，采用 4 帧低分辨率的训练输入样本序列图象和一帧高分辨率的训练输出目标样本图象，实验证明 $4\times2\times2\rightarrow4\times4$ 为最佳分块方式；同时指出，为了使网络得到充分训练，训练映射向量对数应该大于可调连接权数目的 5～30 倍，达到 1 万～2 万对，当训练映射向量较少时，可以通过在输入样本图象中施加少许噪声的方法扩展训练样本图象和训练映射向量的数目。

图象超分辨 BP 网的建立是本章的核心内容。无论单级训练还是三级训练，均采用单隐层的三层结构，输入层和输出层的节点数分别为训练输入、输出向量的维数，即同为 16；而隐含层的节点数由经验公式和“逐步增长法”实验确定，单级训练的为18，而三级训练的为 20；隐含层神经元均选用扩展的非线性的单极性 S 型激励函数，而输出层神经元均选用单极性分段线性激励函数；训练数据的归一化是同除以 255，并且选用 0.0001 代替 0，而选用 0.9999 代替 1；所有连接权值初始化为(−0.01, 0.01)的随机数；训练输出 MSE 阈值设置：单级训练的为 0.0003，三级训练的依次为 0.0005、0.0003 和 0.0001。单级训练图象模式映射采用 $128\times128\rightarrow256\times256$，通过扩展训练映射向量共有 12288 对，为连接权数 576 的 21.3 倍；而三级训练图象模式映射依次

为 $64\times64\rightarrow128\times128$ 、$128\times128\rightarrow256\times256$ 、 $256\times256\rightarrow512\times512$，训练映射向量总数 21504 对，为连接权数 640 的 33.2 倍，前两级样本图象均经历优选操作。通过训练，分别建立了单级训练图象超分辨 BP 网和三级训练图象超分辨 BP 网。

实验表明，所建立的单级训练图象超分辨 BP 网虽然具有图象超分辨性能，但是性能较差，利用与训练输入/输出样本图象模式映射相同的分辨率等级图象的考查实验结果，对 2.1m 分辨率输入图象，输出图象分辨率提高 1.31 倍；如果输入/输出图象模式映射与训练输入/输出样本图象模式映射不同，则处理效果可能更差，所以单级训练图象超分辨 BP 网的泛化应用在图象模式映射上具有局限性。

所建立的三级训练图象超分辨 BP 网的泛化应用再生性能有很大的改善，不但消除了在图象模式映射上的局限性，而且输出结果图象的超分辨效果有很大提高。利用 3m 和 2m 分辨率 Iknos 等级测试图象的性能考查实验结果，输出图象的分辨率分别提高 1.875 倍和 1.8 倍以上，PSNR 分别平均提高 8.5dB 和 7.95dB；单帧输入的“资源二号”实际遥感图象的仿真应用实验也取得了满意的超分辨效果，输出图象 PSNR 平均提高 8.78 dB；双帧输入的“资源二号”实际遥感图象的应用实验，是包括图象精确配准、融合和单帧频域变换与补偿扩展超分辨等算法在内的以三级训练图象超分辨 BP 网为主的应用实验，其输出图象的超分辨效果更明显，对比度改善 11～12dB。

三级训练图象超分辨 BP 网能取得比单级训练图象超分辨 BP 网更优的泛化应用效果，其根本原因是训练更充分，其中存在两个主要因素。

(1) 单级训练只使用了一种图象模式映射，且其中扩展的样本图象只是增加少许的噪声，增加的非冗余信息量较少，而三级训练使用了三种分辨率等级递增的图象模式映射，其中的非冗余信息量较丰富。

(2) 三级训练前两级的输入/输出样本图象经过挑选，删除了干扰较大的不良帧，筛选的样本图象具有良好的代表性。

尽管三级训练方法很容易推广到二级和四级，甚至更多的级，但是训练的级数不是越多越好，兼顾质量的改善、复杂性和耗时等因素，实验证明三级训练的效果最好。

最后，对三级训练图象超分辨 BP 网与 RGPMAP-2-RPOCS 空域融合最优算法和二至多帧频域融合超分辨算法的性能进行比较，首先是比较利用 3m 和 2m 分辨率 Iknos 等级测试图象考查提高图象分辨率的倍数，三种算法近似相同，即分别均在 1.875 倍和 1.8 倍以上，在考查输出超分辨图象的视觉效果上也比较接近。其次是比较对同样处理输入两帧“资源二号”遥感图象的输出图象对比度改善和分别处理 3m 和 2m 分辨率 Iknos 等级图象的 PSNR 提高数据，如表 6.8.1 所示，其中将三种融合算法分别简称为频域融合、空域融合和三级训练 BP 网。比较表中的数据，平均地看，空域融合的对比度改善比频域融合的高 2dB 左右，而与三级训练 BP 网的比较接近；在处理 2m 分辨率图象的 PSNR 提高上，三种算法比较接近，而在处理 3m 分辨率图象的 PSNR 提高上，空域融合比频域融合和三级训练 BP 网分别大约高 4dB 与 3dB。

表 6.8.1　三级训练 BP 网与频、空域融合算法应用实验输出图象对比度和 PSNR 改善数据　（单位：dB）

实验组别	对比度改善因子/dB							PSNR 提高/dB	
	第一组	第二组	第三组	第四组	第五组	第六组	平　均	处理 3m 图象	处理 2m 图象
频域融合	10.2799	8.5441	10.5273	9.2266	9.0234	10.5722	9.6956	7.53	7.34
空域融合	8.6405	11.2392	11.4276	12.1131	13.2075	12.3850	11.5022	11.5	7.78
三级训练 BP 网	12.1062	13.5141	10.8265				12.1489	8.53	7.95

因此，针对目前的研究和应用情况，可以得到结论：频、空域融合算法和以三级训练 BP 网为主的融合算法的图象超分辨能力非常接近，几乎一致，但是空域的 RGPMAP-2-RPOCS 融合最优算法稍优，二至多帧频域融合超分辨算法应用最方便且已实际应用，而以三级训练图象超分辨 BP 网为主的融合算法表现出的优良性能还有较大的发展空间。

后　记

在哈尔滨工业大学图象信息技术与工程研究所学习过，作者指导的很多博士研究生和硕士研究生先后参加了该项研究工作，其中主要有李宁宁、黄建明、魏祥泉、陈凤、张泽旭、马冬冬、黄婧、杨学峰、朱福珍、马曾栋、孟祥固、吴青、马而昉等，在实验开发研究中，博、硕研究生发挥了主力军的作用，特记录在此，不可忘怀。

参考文献

《数学手册》编写组. 1979. 数学手册. 北京: 高等教育出版社: 23.

安毓英, 刘继芳, 庆辉, 等. 2002. 光电子技术. 北京: 电子工业出版社: 194-196.

陈凤. 2005. 提高三维地震资料信噪比的图象处理方法研究[博士学位论文]. 哈尔滨: 哈尔滨工业大学.

陈立学. 1995. 采样成像系统的 CTF 与 MTF 的关系研究. 光学学报, 15(11): 1547-1551.

陈前荣, 陈启生, 成礼智, 等. 2005. 利用拉氏算子鉴别散焦模糊图象点扩散函数. 计算机工程与科学, 27(9): 40-43.

丁淼, 徐晓. 2012. CCD 噪声模型的仿真与测试. 仪器技术与传感器, (1): 85-87.

韩力群. 2006. 人工神经网络教程. 北京: 北京邮电大学出版社: 5-14.

郝志峰, 谢国瑞, 汪国峰. 2009. 概率论与数理统计. 北京: 高等教育出版社: 65-69.

黄建明. 2006. 遥感图象复原与超分辨处理方法研究[博士学位论文]. 哈尔滨: 哈尔滨工业大学.

黄婧. 2006. 基于图象配准的超分辨率重建[硕士学位论文]. 哈尔滨: 哈尔滨工业大学.

李金宗. 1989. 离散正交变换导论. 北京: 高等教育出版社: 146-148.

李金宗. 1994. 模式识别导论. 北京: 高等教育出版社: 12-20.

李金宗. 2011. 单帧图象超分辨方法: 中国, 2008100960547.

李金宗, 黄建明, 陈凤, 等. 2003. 单帧超分辨率处理中振铃现象的分析与抑制. 系统工程与电子技术, 6: 23-27.

李宁宁. 1995. 低分辨率图象序列少像元目标检测技术的研究[硕士学位论文]. 哈尔滨: 哈尔滨工业大学.

刘福安, 王明远. 1994. 星载线阵 CCD 相机调制传递函数的分析. 中国空间科学技术: 25-33.

马冬冬. 2010. 遥感图象复原与超分辨并行处理系统设计技术研究[博士学位论文]. 哈尔滨: 哈尔滨工业大学.

马而昉. 2006. 基于非齐次高斯 Markov 模型的盲目图象复原[硕士学位论文]. 哈尔滨: 哈尔滨工业大学.

马曾栋. 2002. 卫星图象复原与超分辨率处理频域算法正则化技术研究[硕士学位论文]. 哈尔滨: 哈尔滨工业大学.

孟祥固. 2003. 卫星图象运动模糊与散焦模糊复原技术研究[硕士学位论文]. 哈尔滨: 哈尔滨工业大学.

盛骤. 2008. 概率论与数理统计. 北京: 高等教育出版社, 2008.

魏祥泉. 2005. 空间交会对接CCD成像标识与测量技术研究[博士学位论文]. 哈尔滨: 哈尔滨工业大学.

吴青. 2006. 高分辨率遥感图象道路网提取技术研究[硕士学位论文]. 哈尔滨: 哈尔滨工业大学.

许世文, 姚新程, 付苓. 1999. 推帚式 TDI-CCD 成像时象移影响的分析. 光电工程, 26(1): 60-63.

杨学峰. 2011. 遥感图象频域和空域超分辨重建技术研究[博士学位论文]. 哈尔滨: 哈尔滨工业大学.

曾文庆, 张柏荣, 杨为民. 1994. 具有泊松噪声分布的图象复原方法. 云南天文台台刊, 2: 36-48.

张泽旭, 李金宗, 李冬冬. 2003. 基于光流场分析的红外图象自动配准方法的研究. 红外与毫米波学报(EI 源期刊), 22(4): 307-312.

张泽旭. 2000. 采用广义图象运动模型和时空滤波器计算光流[硕士学位论文]. 哈尔滨: 哈尔滨工业大学.

赵忠明, 朱重光. 1996. 遥感图象中薄云的去除方法. 环境遥感, 11(3): 195-199.

仲思东, 郑琳. 1998. CCD 结构的离散性对成像质量的影响. 计量学报, 19(1): 28-34.

朱福珍. 2011. 遥感图象 BP 神经网络超分辨重建技术研究[博士学位论文]. 哈尔滨: 哈尔滨工业大学.

朱福珍, 李金宗, 李冬冬, 等. 2009. IHS 变换与小波变换相结合的图象融合新方法. 计算机应用研究, 26(2): 784-786.

An G. 1996. The effect of adding noise during backpropagation training on a generalization performance. Neural Computation, 8(6): 643-671.

Anastassopoulos V. 2005. Fusion and super-resolution in multispectral data using neural networks for improved RGB representation. The Imaging Science Journal, 53(2): 83-94.

Atkins C B. 1998. Classification-based Methods in Optimal Image Interpolation [PhD. Thesis]. West Lafayette: The Faculty of Purdue University: 1-95.

Baker S, Kanade T. 2002. Limits on super-resolution and how to break them. IEEE Transactions on PAMI, 24(9): 1167-1183.

Bayrakeri S D, Mersereau R M. 1995. A new method for directional image interpolation. Proc Int Conf Acoustics, Speech, Signal Processing, 4: 2383-2386.

Billard B D. 1989. Application of nonparametric detectors to point target detection in infrared clutter background. SPIE, Signal and Data Processing of Small Targets, 1096: 108-118.

Binghua S, Weiqi J. 2003. POCS-MPMAP based super-resolution image restoration. Acta Photonica Sinica, 32(4): 502-504.

Bishop C M. 1995. Training with noise is equivalent to tikhonov regularization. Neural Computation, 7(1): 108-116.

Candocia F M. 1998. Comments on sinc interpolation of discrete periodic signals' principe. IEEE Transactions on Signal Processing, 46(7): 2044-2047.

Catté F, Lions P L. 1992. Image selective smoothing and edge detection by nonlinear diffusion. SIAM Journal on Numerical Analysis, 29: 82-193.

Chang M M, Tekalp A M, Erdem A T. 1991. Blur identifation using the bisepctrum. IEEE Trans Signal Processing, 39(10): 2323-2325.

Darwish A M, Bedair M S. 1996. An adaptive resampling algorithm for image zooming. Proc SPIE, 2666: 131-144.

Du Y, Guindon B, Cihlar J. 2002. Haze detection and removal in high resolution satellite image with wavelet analysis. IEEE Transactions on Geoscience and Remote Sensing, 40(1): 210-217

Early D S, Long D G. 2001. Image reconstruction and enhanced resolution imaging from irregular samples. IEEE Transactions on Geoscience and Remote Sensing, 39(2): 291-302.

Elad M, Feuer A. 1996. Super-resolution reconstruction of an image. Proceedings- IEEE Convention of Electrical & Electronics Engineers: 391-394.

Elad M, Feuer A. 1997. Restoration of a single superresolution image from several blurred, noisy, and undersampled measured images. IEEE Transactions on Image Processing, 6: 1646-1658.

Eren P E, Sezan M. 1997. Object-based high-resolution image reconstruction from low-resolution video. IEEE Transactions on Image Processing, 6(10): 1446-1451.

Fasiu S, Robinson M D, Elad M, et al. 2004. Fast and robust multiframe super resolution. IEEE Trans on Image Processing, 13(10): 1327-1344.

Figueiredo M T, Nowak R D. 2001. Wavelet-based image estimation: an empirical Bayes approach using Jeffreys' noninformative prior. IEEE Trans on Image Processing, 10(9): 1322-1331.

Frank M C, Jose C P. 1999. Super-resolution of images based on local correlations. IEEE Transactions on Neural Network, 10(2): 372-380.

Gerchberg R W. 1974. Super-resolution through error energy reduction. Optica Acta, 21(9): 709-720.

Gilboa G, Sochen N, Zeevi Y Y. 2002. Forward-and-backward diffusion processes for adaptive image enhancement and denoising. IEEE Transactions on Image Processing, 11(7): 689-703.

Gilboa1 G, Sochen N A, Zeevi Y Y. 2002. Regularized Shock Filters and Complex Diffusion. Heidelberg: Springer: 399-413.

Guichard F, Moisan L, Morel J M. 2000. A review of PDE models in image. Processing and Image Analysis: 1-18.

Hamid K, Bao Y F. 1999. Nonlinear diffusion: a probabilistic view. Proceedings of International Conference on Image Processing: 21-25.

Hardie R C, Barnard K J, Armstrong E E. 1997. Joint MAP registration and high-resolution image estimation using a sequence of undersampled images. IEEE Trans on Image Processing, 6(12): 1621-1633.

Hopfield J J. 1982. neural networks and physical systems with emergent collective computational abilities. Proceedings of the National Academy of Sciences of the United States of America, 79(8): 2554-2558.

Hornik K, Stinchcombe M, White H. 1989. Multilayer feedforward networks are universal approximators. Neural Networks, 2(5): 359-366.

Hummel R A. 1986. Representations based on zero-crossings in scale-space. Proc of IEEE Computer Society Conference on Computer Vision and Pattern Recognition, MiamiBeach: 204-209.

Hunt B R, Sementilli P J. 1992. Description of a Poisson imagery super-resolution algorithm. Astronomical Data Analysis Software and System I, Astronom Soc Pacific, 25: 196-199.

Iijima T. 1963. Theory of pattern recognition. Electronics and Communications: 123-134.

Irani M, Peleg S. 1993. Motion analysis for image enhancement: resolution, occlusion and transparency. Journal of Visual Communications and Image Representation, 4: 324-335.

Irie B, Miyake S. 1988. Capabilities of three-layered perceptrons. Proceedings of International Joint Conference on Neural Network, 3: 1641-1648.

Jeong H S, Yoo C C, Jook P. 1998. A general framework of image sequence interpolation. Proc SPIE Visual Communications and Image Processing: 297-304.

Jozef K, Mikula K. 1995. Solution of nonlinear diffusion appearing in image smoothing and edge detection. Applied Numerical Mathematics: 47-59.

Karayiannis N B, Venetsanopoulos A N. 1991. Image interpolation based on variational principles. Signal Process, 25: 259-288.

Keightley D, Hunt B R. 1995. A rigid POCS extension to a Poisson super-resolution algorithm. International Conference on Image Processing, (2): 508-511.

Kim S, Bose N, Valenzuela H. 1990. Recursive reconstruction of high-resolution image from noisy undersampled multiframes. IEEE Trans Acoust, Speech, Signal Processing, 38(6): 1013-1027.

Kim S, Wen Y S. 1991. Recursive high-resolution reconstruction of blurred multiframe images. Proc of IEEE Int'1 Conf on Trans on Acoust, Speech, Signal Processing(ICASSP): 2977-2980.

Kim S, Wen Y S. 1993. Recursive high-resolution reconstruction of blurred multiframe images. IEEE Trans on Image Processing, 2(4): 534-539.

Koenderink J. 1984. The structure of images. Biological Cybernetics, 50: 363-370.

Koo Y, Kim W. 1999. An image resolution enhancing technique using adaptive sub-pixel interpolation for digital still camera system. IEEE Trans on Consumer Electronics, 45(1): 118-123.

Kundur D. 1995. Blind Deconvolution of Still Images Using Recursive Inverse Filtering[M.A.Sc Thesis]. Toronto: University of Toronto.

Lagendijk R L, Biemond J, Boekee D E. 1990. Hierarchical blur identification. Proc IEEE Int Conf Acoustics, Speech, Signal Processing: 1889-1892.

Lane R G, Bates R H T. 1987. Automatic multidimensional deconvolution. J Opt Soc Am A, 4(1): 180-188.

Lee E S, Kang M G. 2003. Regularized adaptive high-resolution image reconstruction considering inaccurate subpixel registration. IEEE Trans on Image Processing, 12(7): 826-837.

Lettington A H, Hong Q H. 1995. Image restoration using a Lorentzian probability model. J Modern Opt, 42: 1367-1376.

Liang P, Wang Y F. 1998. Local scale controlled anisotropic diffusion with local noise estimate for image smoothing and edge detection. Proceedings of 6th International Conference on Computer Vision: 193-220.

Lin Z, Shi Q. 1999. An anisotropic diffusion PDE for noise reduction and thin edge preservation. Proceedings of International Conference on Image Analysis and Processing: 102-107.

Lin Z, Shum H Y. 2004. Fundamental limits of reconstruction-based super-resolution algorithms under local translation. IEEE Trans on PAMI, 26(1): 83-97.

Lu Y, Inamuras M, Valdes M C. 2004. Super-resolution of the undersampled and subpixel shifted image sequence by a neural network. International Journal of Imaging Systems and Technology, 14(1): 8-15.

Mahmoodi A B. 1993. Adaptive image interpolation algorithm. Proc SPIE-Image Processing, 1898: 311-319.

Marsi S, Carrato S, Ramponi G. 1996. VLSI implementation of a nonlinear image interpolation filter. IEEE Trans Consumer Elec, 42(3): 721-728.

McCallum B C. 1990. Blind deconvolution by simulated annealing. Optics Communications, 75(2): 101-105.

Michael J B, Guillermo S. 1998. Robust anisotropic diffusion. IEEE Trans on Image Processing, 7(3): 421-431.

Miravet C, Rodríguez F B. 2004. Accurate and robust image superresolution by neural processing of local image representations. Grupo de Neurocomputación Biológica (GNB), Escuela Politécnica Superior Universidad Autónoma de Madrid.

Moller M F. 1993. A scaled conjugate gradient algorithm for fast supervised learning. Neural Networks, 6: 525-533.

Moulin P, Liu J. 1999. Analysis of multiresolution image denoising schemes using generalized Gaussian and complexity priors. IEEE Trans Information Theory, 45(3): 909-919.

Narasimhan S G, Nayar S K. 2005. Enhancing resolution along multiple imaging dimensions using assorted pixels. IEEE Trans on PAMI, 27(4): 518-530.

Nitzberg M, Shiota T. 1992. Nonlinear image filtering with edge and corner enhancement. IEEE Trans on PAMI, 14(8): 826-833.

Pan M C, Lettington A H. 1999. Efficient method for improving Poisson MAP super-resolution. Electronics Letters, 35(10): 803-805.

Partridge D. 1996. Network generalization differences quantified. Neural Networks, 9(2): 263-271.

Patti A J, Altunbasak Y. 2001. Artifact reduction for set theoretic super-resolution image reconstruction with edge adaptive constraints and higher-order interpolants. IEEE Trans on Image Processing, 10(1): 179-186.

Patti A J, Sezan M I, Tekalp A M. 1997. Superresolution video reconstruction with arbitrary sampling lattices and nonzero aperture time. IEEE Transactions on Image Processing, 6: 1064-1076.

Perona P, Malik J. 1987. Scale-space and edge detection using anisotropic diffusion. IEEE Comp Soc Workshop on Computer Vision. Miami Beach: 16-22.

Perona P, Malik J. 1990. Scale-space and edge detection using anisotropic diffusion. IEEE Trans Pattern Anal Machine Intell, 12: 629-639.

Rajan D, Subhasis C. 2001. Simultaneous estimation of super-resolved intensity and depth maps from low resolution defocused observations of a scene. Proceedings of the IEEE International Conference on Computer Vision: 113-118.

Rhee S, Kang M G. 1999. DCT-based regularized algorithm for high-resolution image reconstruction. International Conference on Image Processing: 184-187.

Rosenfeld A, Thurston M. 1971. Edge and curve detection for visual scene analysis. IEEE Trans on Computers: 562-569.

Ruderman D L, Bialek W. 1992. Seeing beyond the Nyquist limit. Neural Computation, 4: 682-690.

Scharr H, Weichert J. 2000. An anisotropic diffusion algorithm with optimized rotation invariance. Mustererkennung: 460-467.

Schultz R R, Stevenson R L. 1996. Extraction of high-resolution frames from video sequences. IEEE Transactions on Image Processing, 5: 996-1011.

Sementilli P J, Hunt B R. 1993. Analysis of the limit to super-resolution in incoherent imaging. J Opt Soc Am A, 10(11): 2265-2276.

Stone H S, Orchard M T, Chang E C, et al. 2001. A fast direct Fourier-based algorithm for subpixel registration of images. IEEE Transactions on Geoscience and Remote Sensing, 39(10): 2235-2243.

Sun Y, Li J G. 1995. Improvement on performance of modified hopfield neural network for image restoration. IEEE Transactions on Image Processing, 4(5): 688-692.

Sun Y, Yu S Y. 1992. A modified hopfield neural network used in bilevel image restoration and reconstruction. Singapore ICCS/ISITA 92 Communication on the Move, 3: 1412-1414.

Sun Y. 1998. A generalized updating rule for modified hopfield neural network for quadratic optimization. Neurocomputing, 19(1): 133-143.

Sun Y. 2000. Hopfield neural network based on algorithms for image restoration and reconstruction, part I: algorithms and simulations. IEEE Transactions on Signal Processing, 48(2): 2105-2118.

Supratik B J, Malur K S. 2000. Hybrid Bayesian and convex set projection algorithms for restoration and resolution enhancement of digital images. Proceeding of SPIE, (4115): 12-22.

Tom B C, Katsaggelos A K. 1996. An iterative algorithm for improving the resolution of video sequences. SPIE Visual Communications and Image Processing, 2727: 1430-1438.

Tsai R, Huang T. 1984. Multiframe image restoration and registration. Advances in Computer Vision and Image Processing, Greenwich, 1: 317-339.

Tsumuraya F, Miura N, Baba N. 1994. Iterative blind deconvolution method using Lucy's algorithm. Astron Astrophys, 282(2): 699-708.

Valdes M C, Inamura M. 2000. Spatial resolution improvement of remotely sensed images by a fully interconnected neural network approach. IEEE Transactions on Geoscience and Remote Sensing, 38(5): 2426-2430.

Walsh D, Nielson-Delaney P A. 1994. Direct method for super-resolution. J Opt Soc Am A, 11: 572-579.

Wang Y, Mitra S K. 1988. Edge preserved image zooming. Proc EURASIP 88, Fourth European Signal Processing Conf, Grenoble: 1445-1448.

Weickert J. 1995. Multiscale texture enhancement. Computer Analysis of Images and Patterns: Lecture Notes in Computer Science: 230-237.

Weickert J. 1996. Theoretical foundations of anisotropic diffusion in image processing. Theoretical Foundations of Computer Vision: 221-236.

Weickert J. 1997. A review of nonlinear diffusion filtering: scale-space theory in computer vision. Lecture Notes in Computer Science, 1252: 3-28.

Wiggins R A. 1978. Maximum entropy deconvolution. Geoexploration, 16: 21-25.

Winans K X A, Walowit E. 1992. An edge restricted spatial interpolation algorithm. Jour Elec Imaging, 1(2): 152-161.

Witkin A P. 1983. Space scale filtering. Laboratory for Artificial Intelligence Research. IJCAI-83: Proc of the Eighth International Joint Conference on Artificial Intelligence: 1019-1022.

Xin L, Michael T O. 2001. New edge-directed interpolation. IEEE Transactions on Image Processing, 10(10): 1521-1527.

彩　图

零阶保持核函数　　　　　　　　　双线性插值核函数

双三次插值核函数　　　　　　　　sinc 插值核函数

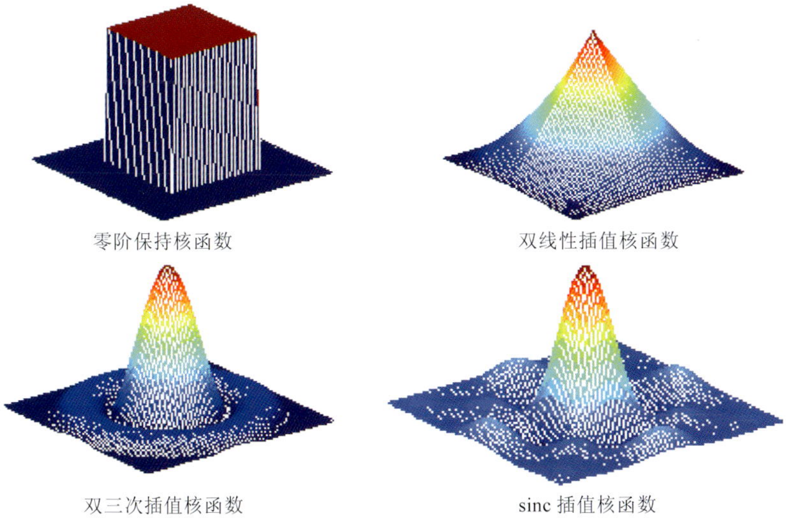

图 1.5.1　几种常见的插值核函数示意图

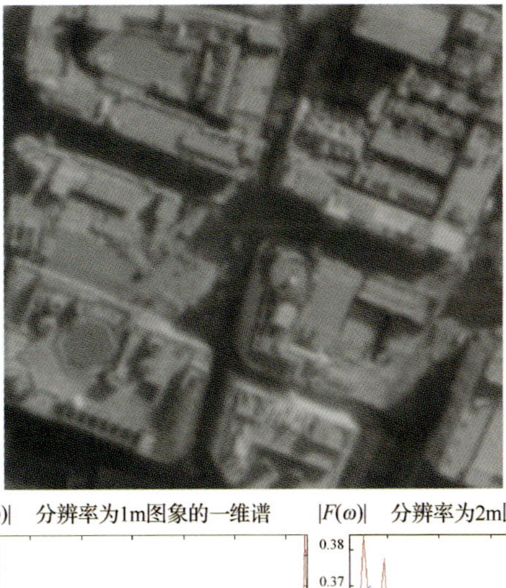

(a)　　　　　　　　　　高频强度对照表

图象分辨率	1m	2m	3m
高频强度(拟合)	0.295	0.32	0.335
混叠宽度估计	0.5	1.0	2.0
频率混叠深度C_{11}	0.08	0.16	0.32

$|F(\omega)|$　分辨率为1m图象的一维谱

ω/rad

$|F(\omega)|$　分辨率为2m图象的一维谱

ω/rad

$|F(\omega)|$　分辨率为3m图象的一维谱

ω/rad

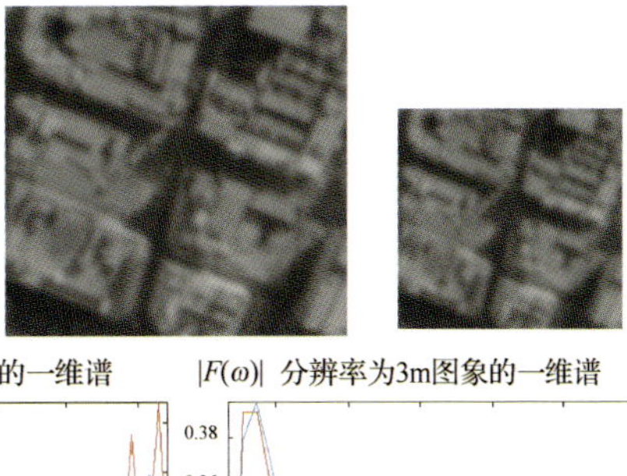

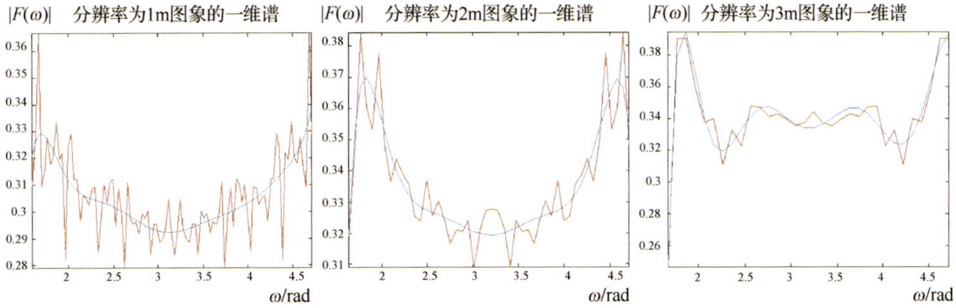

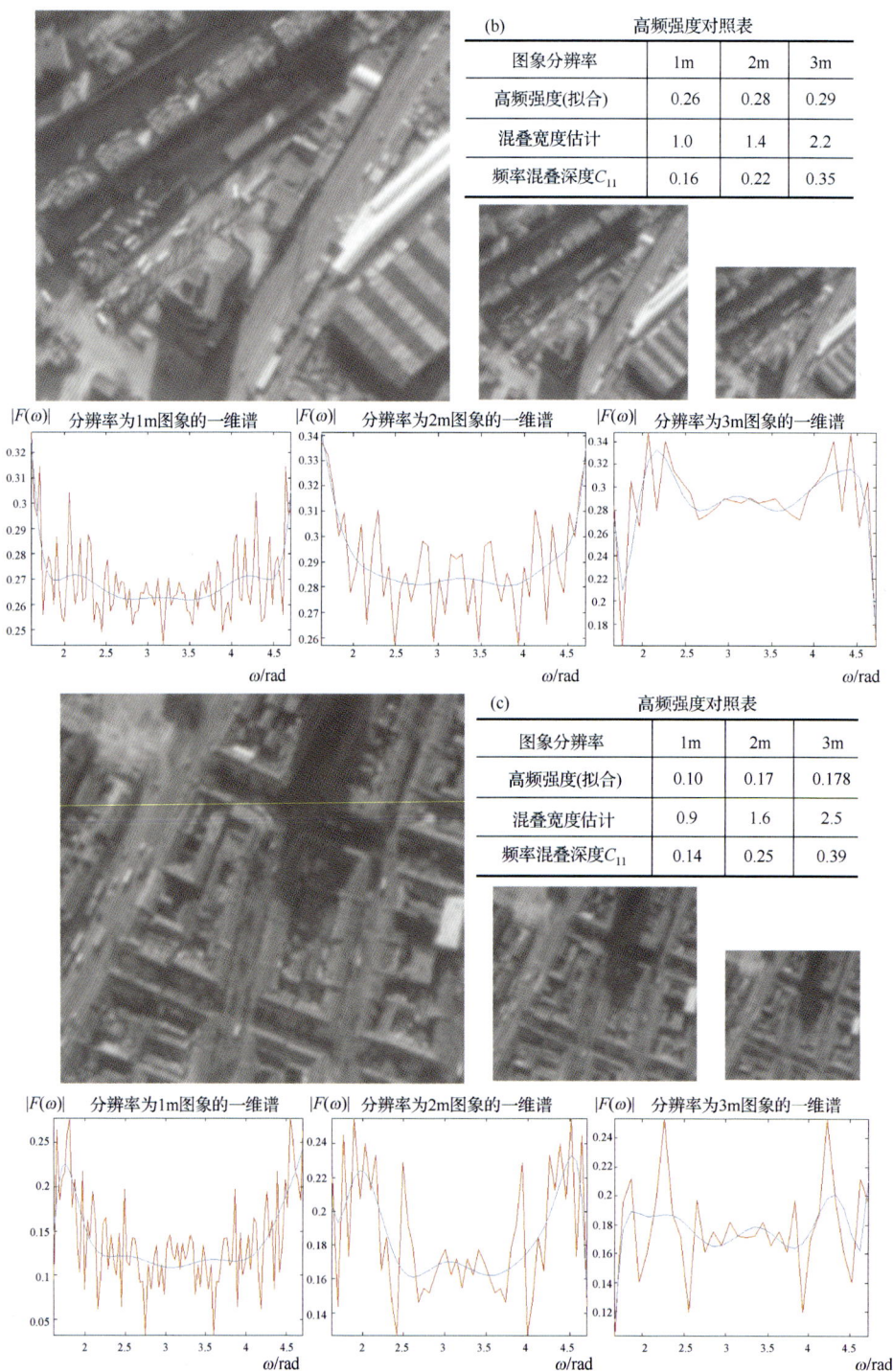

(b) 高频强度对照表

图象分辨率	1m	2m	3m
高频强度(拟合)	0.26	0.28	0.29
混叠宽度估计	1.0	1.4	2.2
频率混叠深度C_{11}	0.16	0.22	0.35

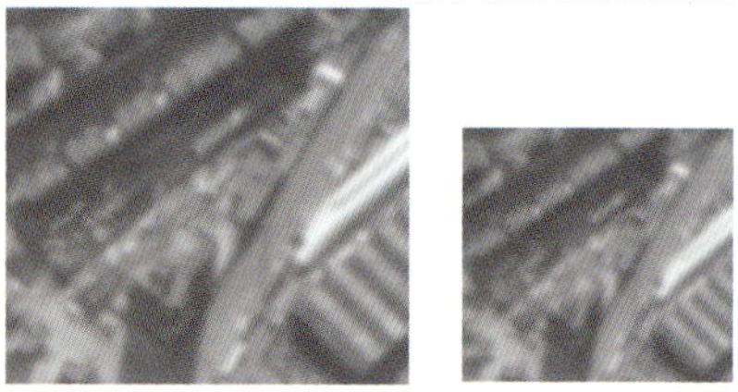

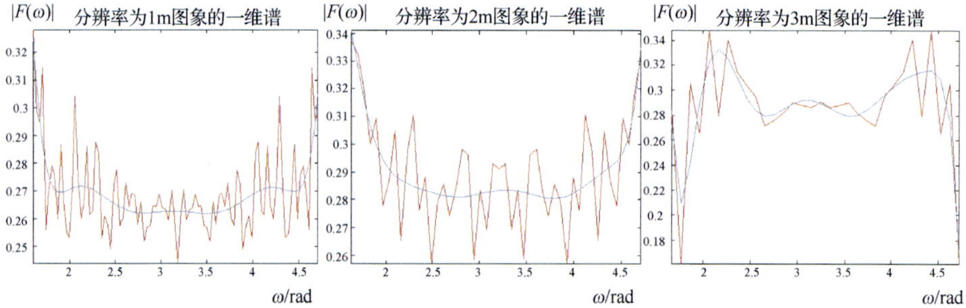

(c) 高频强度对照表

图象分辨率	1m	2m	3m
高频强度(拟合)	0.10	0.17	0.178
混叠宽度估计	0.9	1.6	2.5
频率混叠深度C_{11}	0.14	0.25	0.39

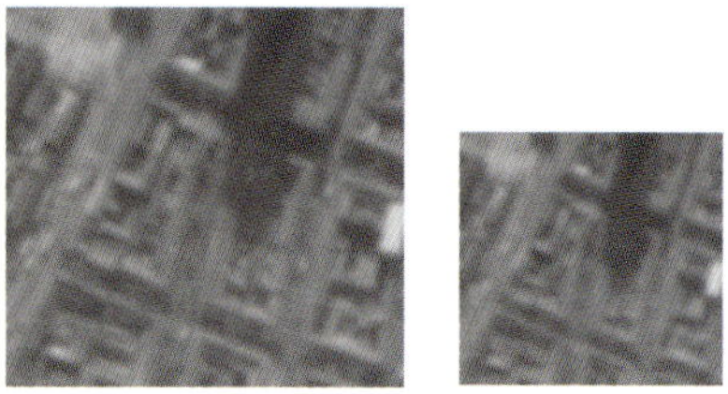

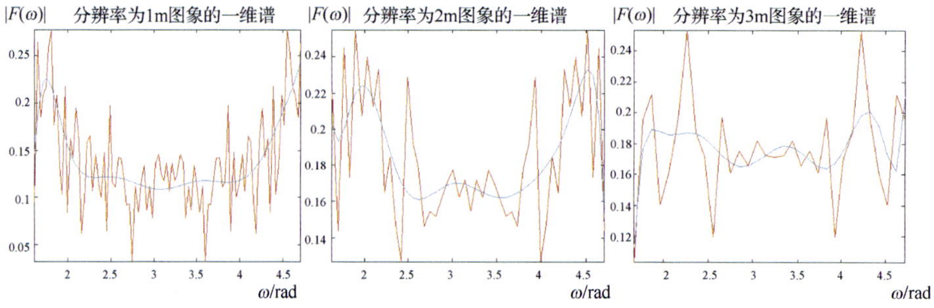

图 2.1.2　下采样图象的一维频谱高频部分及其频率混叠分析图

Q18-12

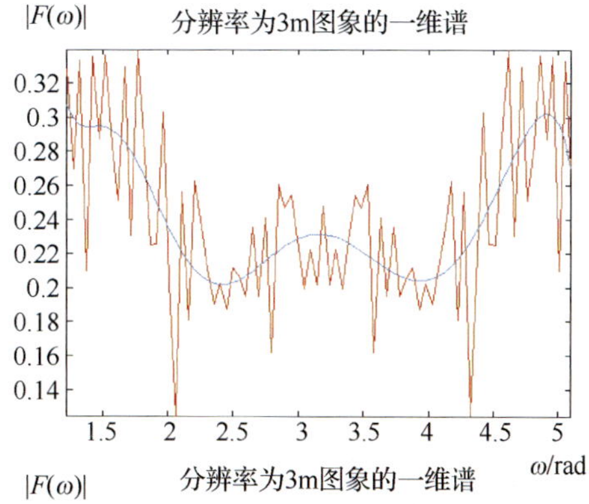

Q19-11

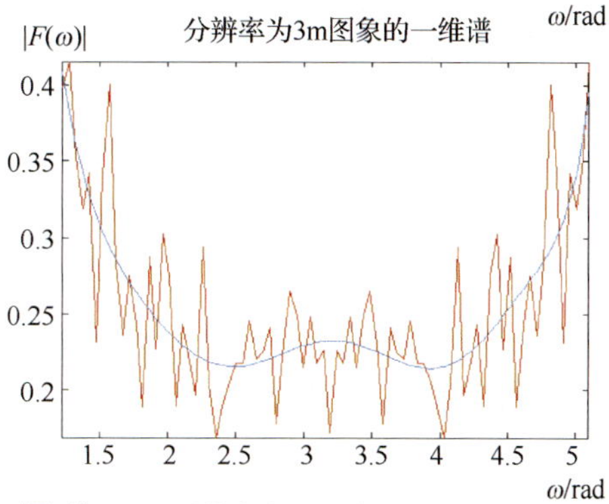

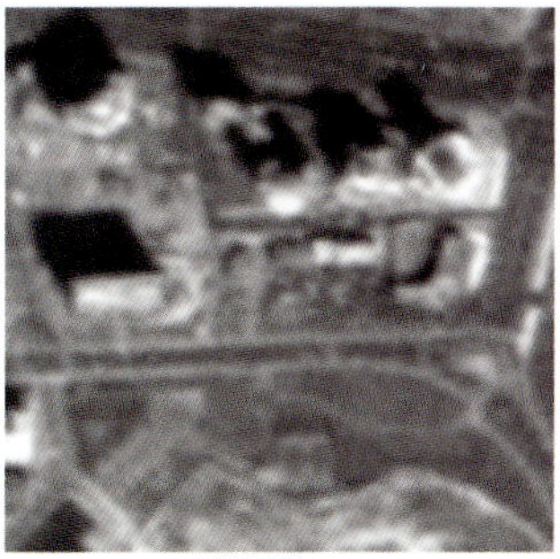

Q27-12

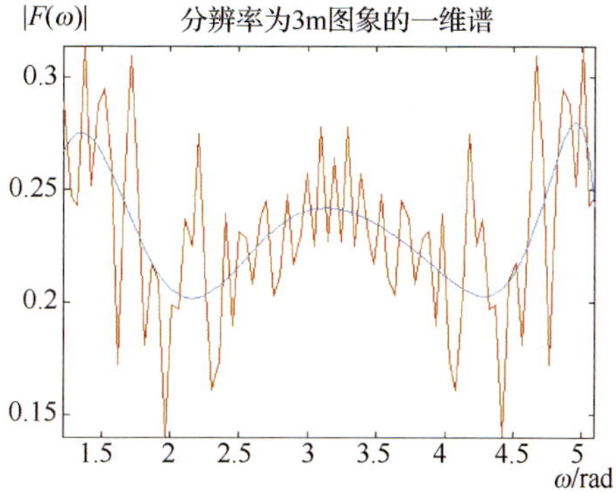

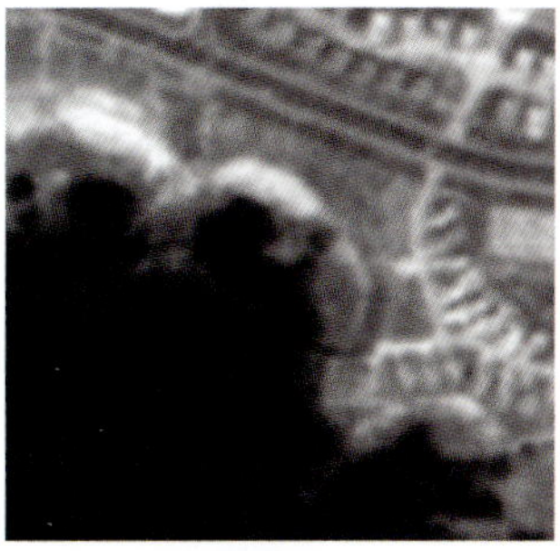

Q29-21

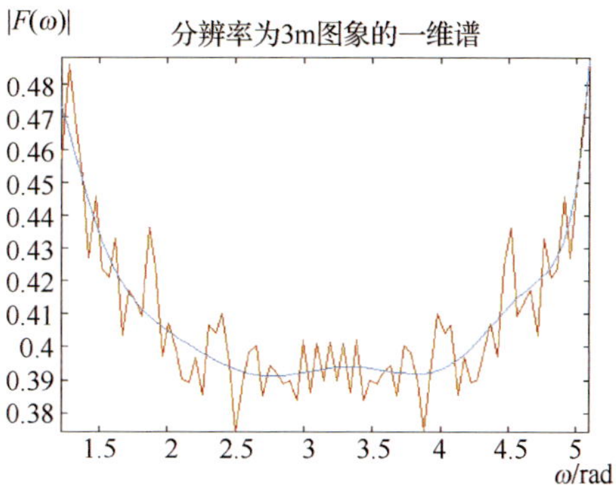

Q33-11

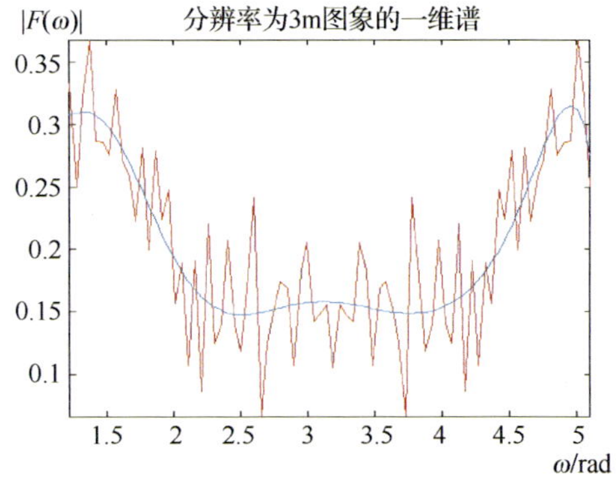

图 2.1.3 “资源二号”遥感图象的一维频谱高频部分分析图

Arvada

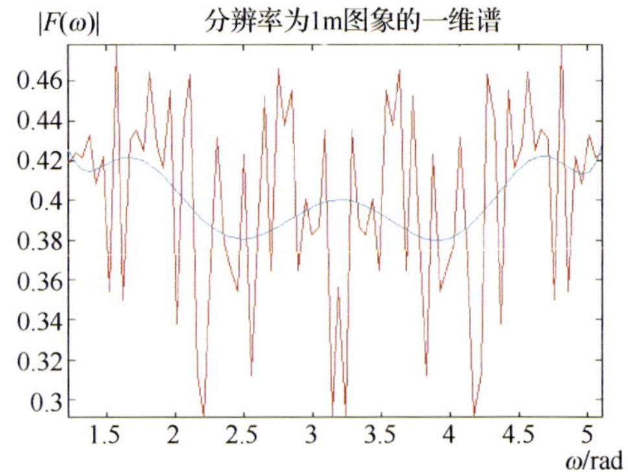

Capital

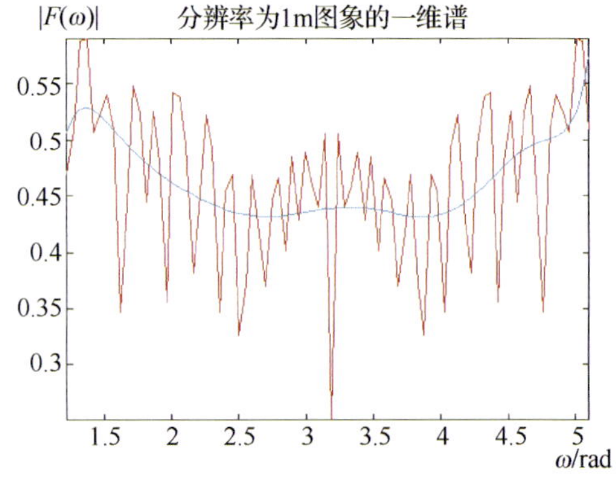

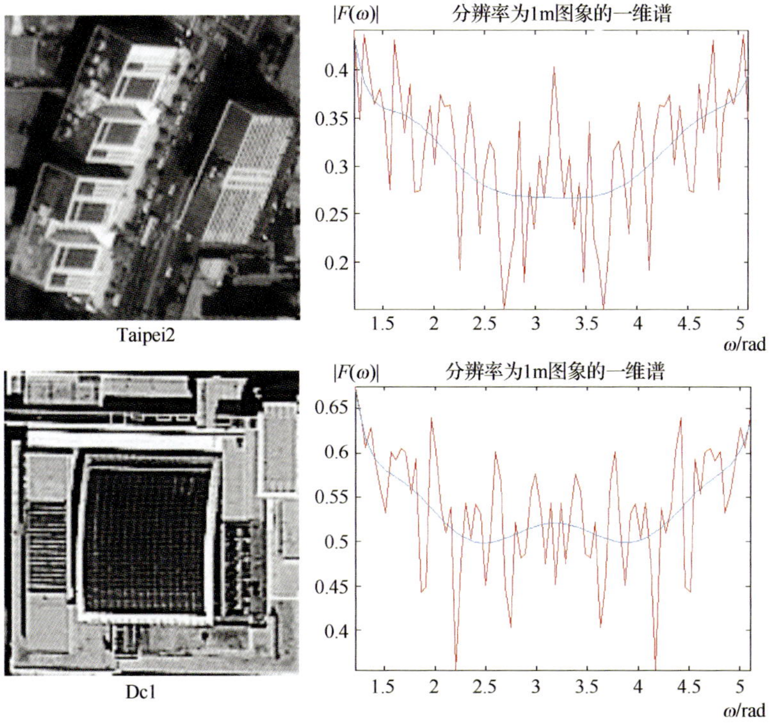

图 2.1.4　1m 分辨率遥感图象的一维频谱高频部分分析图

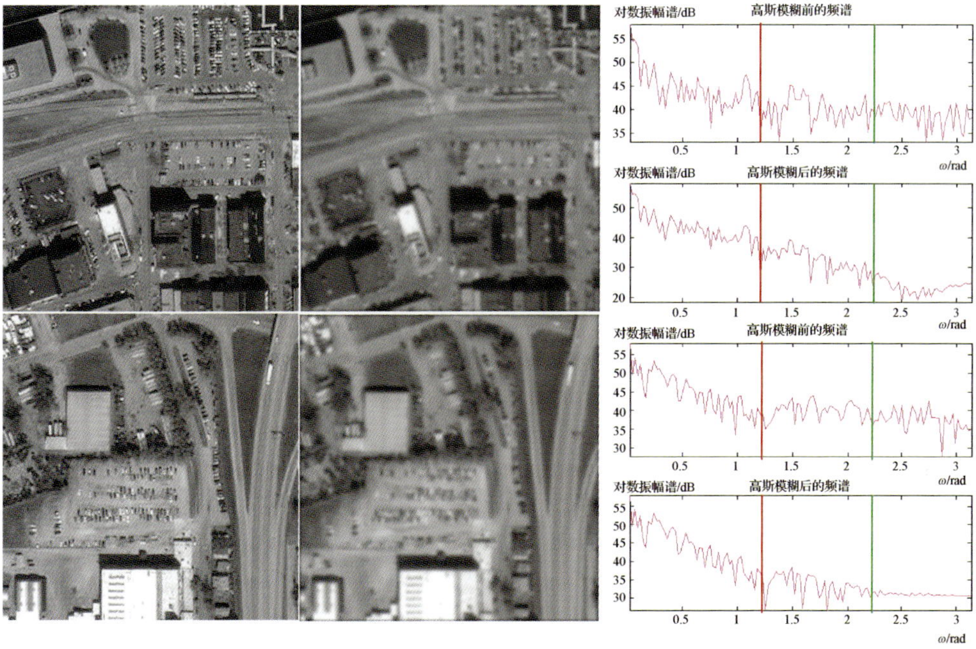

(a) 高斯模糊前后的图象及其频谱变化分析图

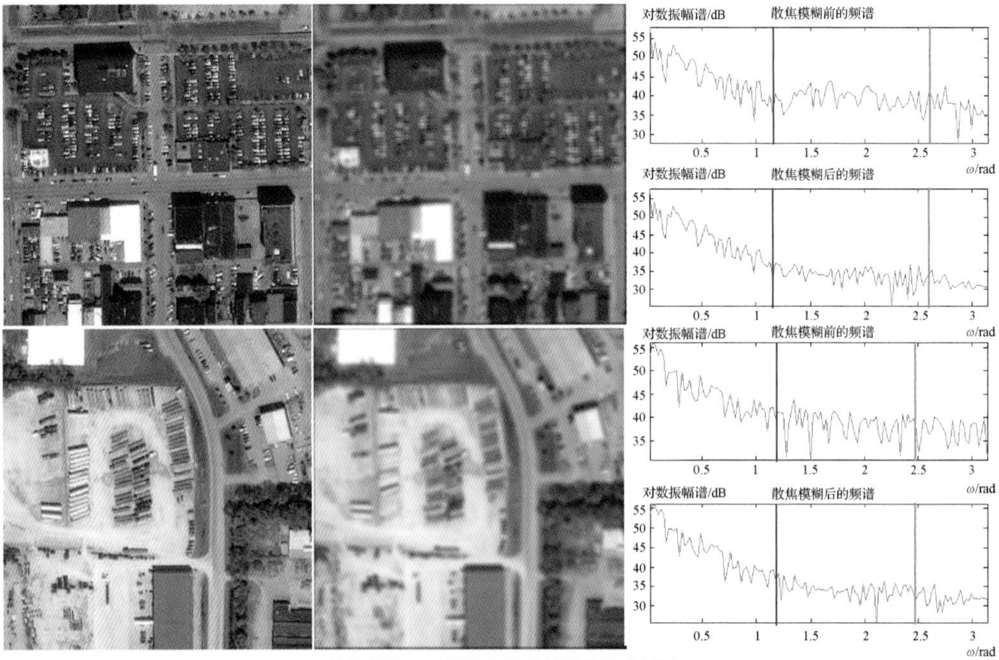

(b) 散焦模糊前后的图象及其频谱变化分析图

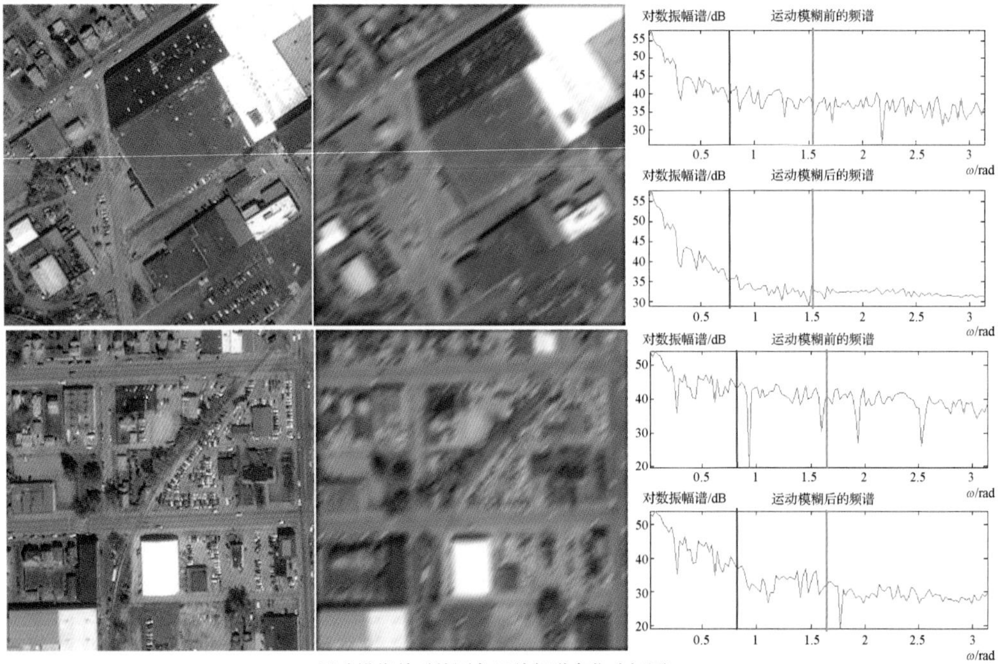

(c) 运动模糊前后的图象及其频谱变化分析图

图 2.2.1　图象模糊退化实验及其频谱分析

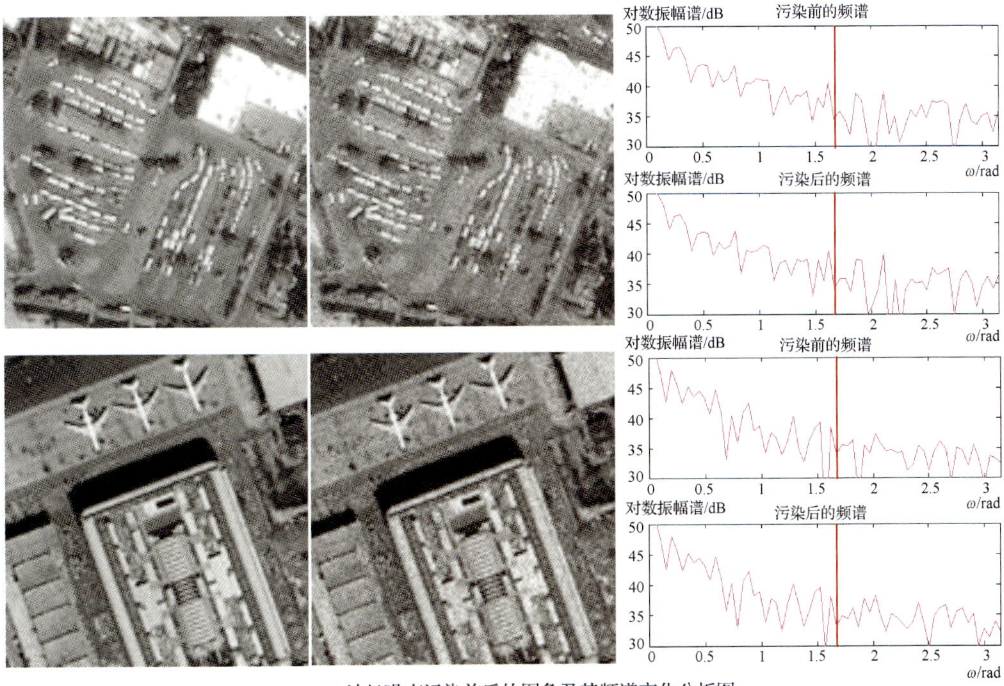

(a) 泊松噪声污染前后的图象及其频谱变化分析图

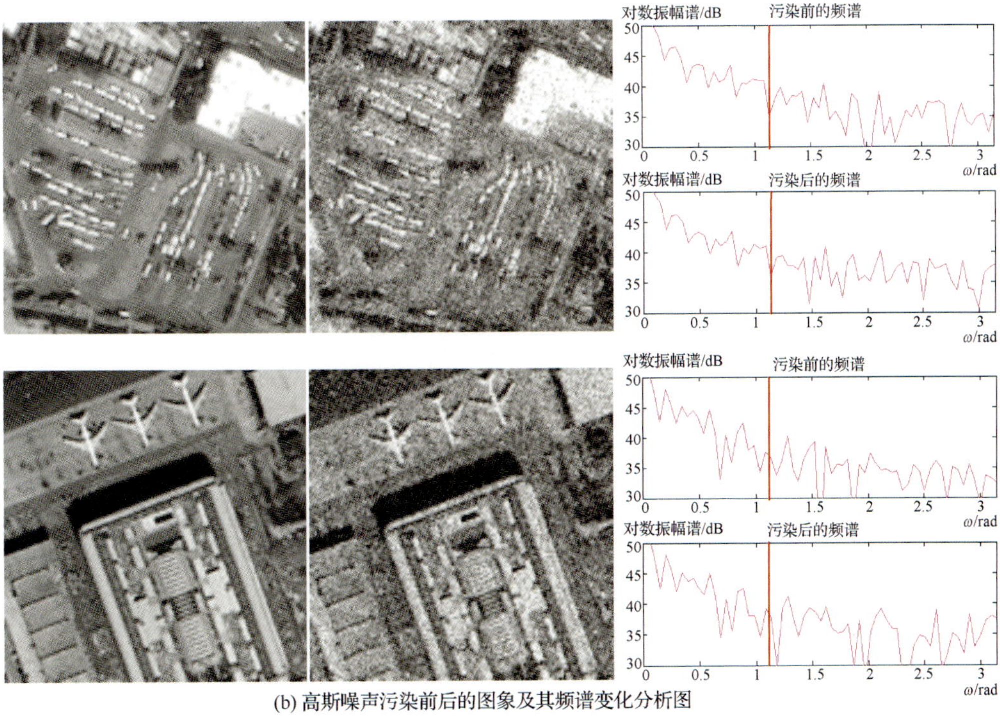

(b) 高斯噪声污染前后的图象及其频谱变化分析图

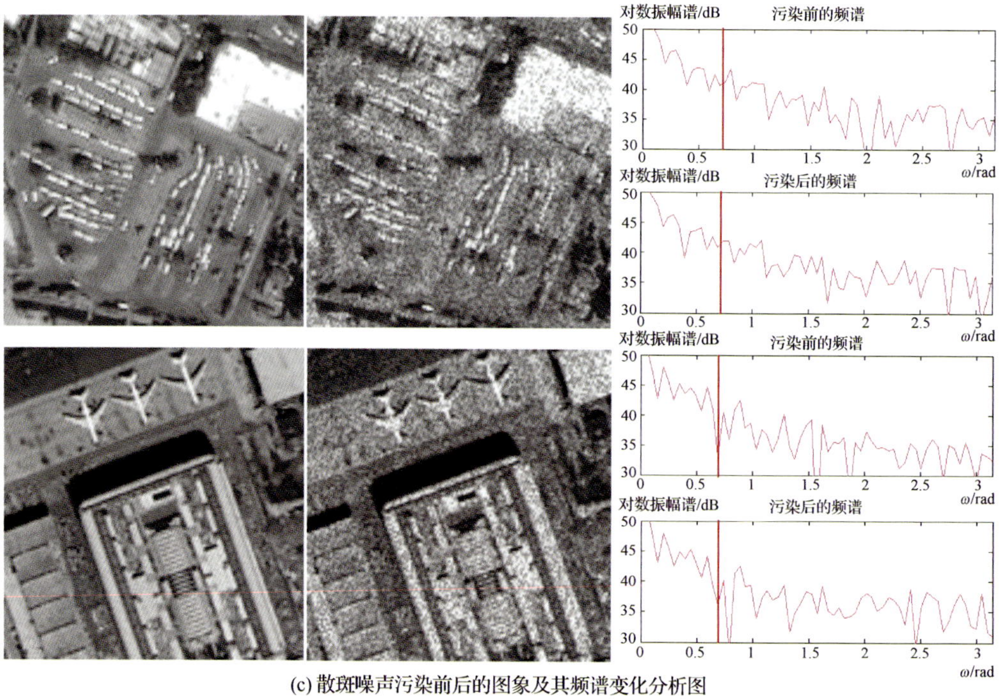

(c) 散斑噪声污染前后的图象及其频谱变化分析图

图 2.3.1 图象噪声污染实验及其频谱变化

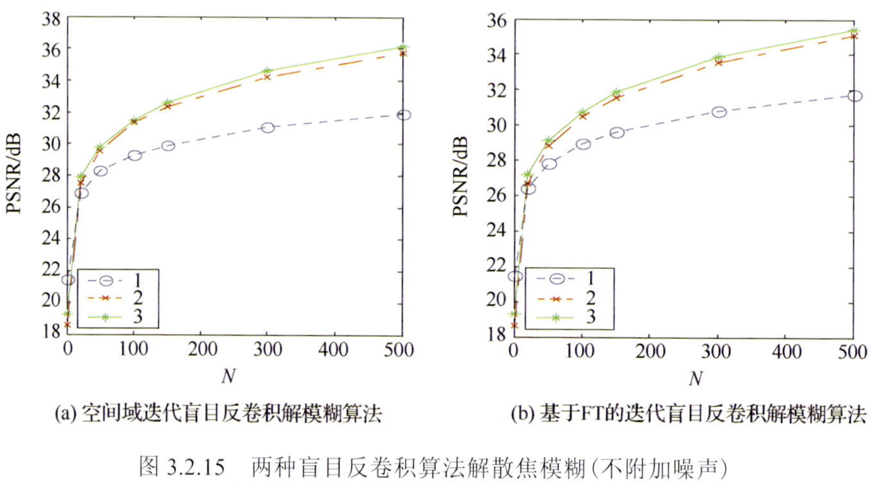

(a) 空间域迭代盲目反卷积解模糊算法

(b) 基于FT的迭代盲目反卷积解模糊算法

图 3.2.15 两种盲目反卷积算法解散焦模糊(不附加噪声)复原图象的 PSNR 与迭代次数 N 的关系

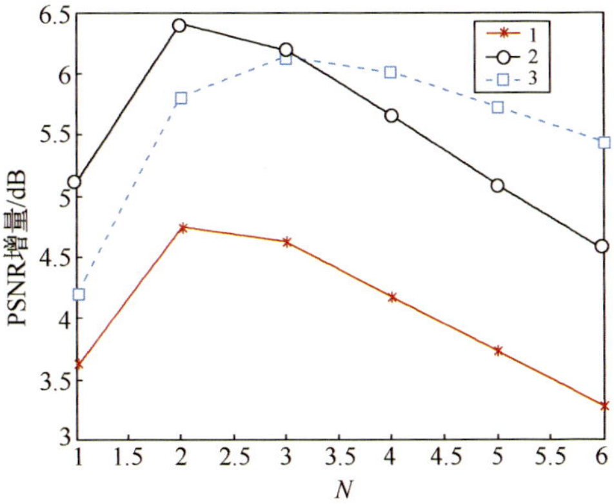

(a) 空域迭代盲目反卷积解模糊算法

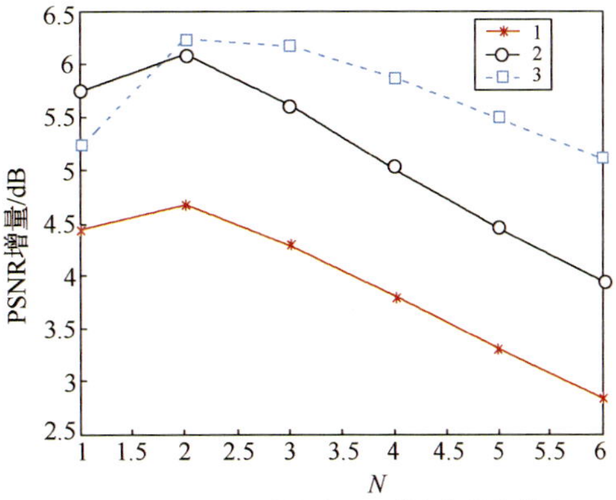

(b) 基于FT的迭代盲目反卷积解模糊算法

图 3.2.18　两种盲目反卷积算法解散焦模糊(有噪)复原图象的 PSNR 增量与迭代次数 N 的关系

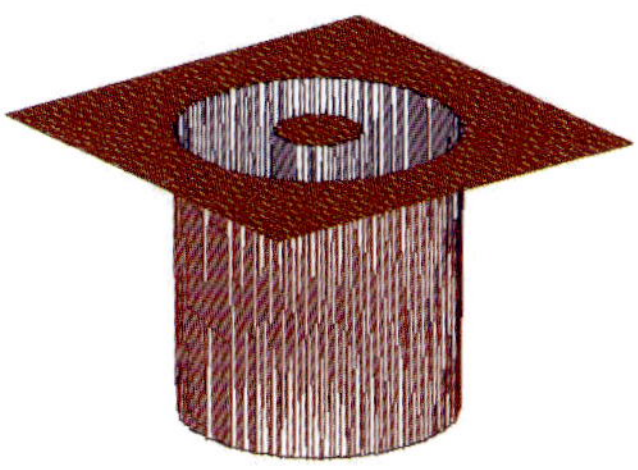

(a) 理想带阻滤波器

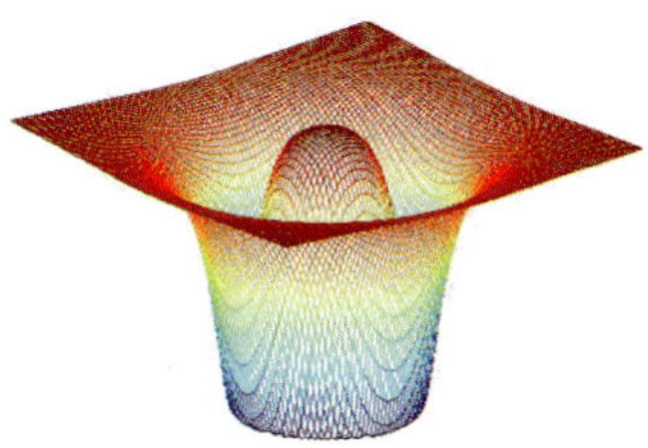

(b) 巴特沃斯带阻滤波器

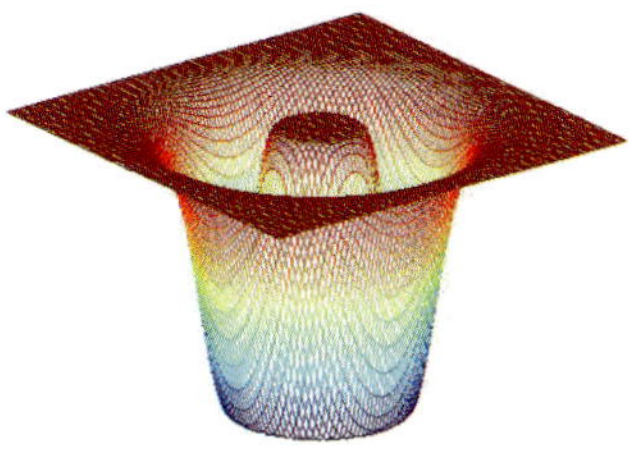

(c) 高斯带阻滤波器

图 3.3.8　三种常见的陷波带阻滤波器示意图

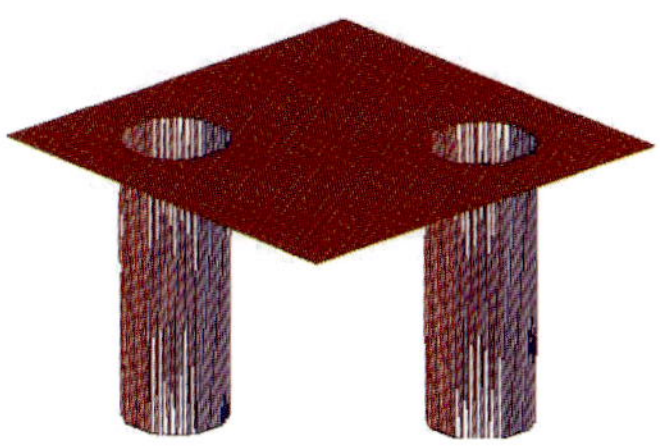

(a) 理想陷波带阻滤波器

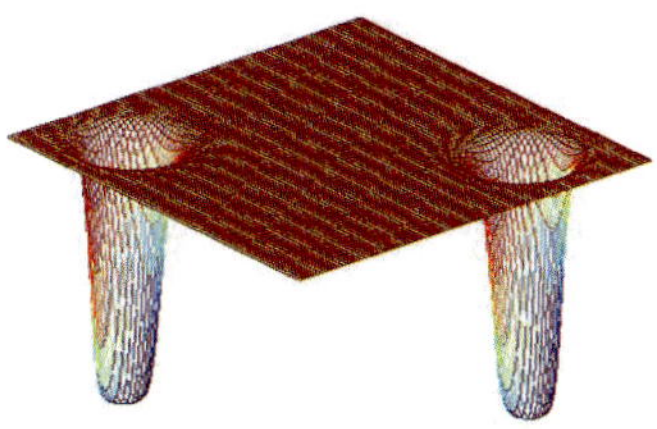

(b) 巴特沃斯陷波带阻滤波器

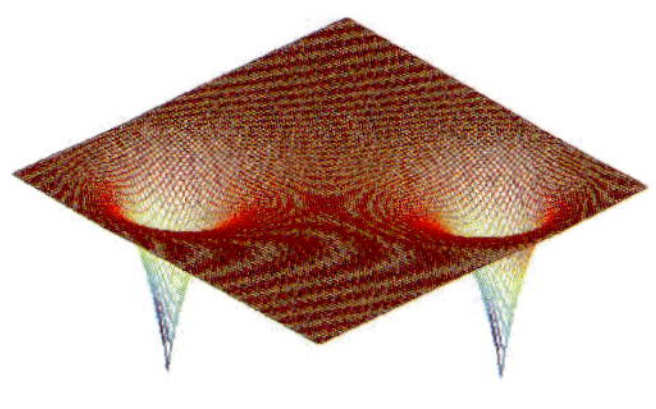

(c) 高斯陷波带阻滤波器

图 3.3.9　陷波带阻滤波器(图象中心部位为低频部分)示意图

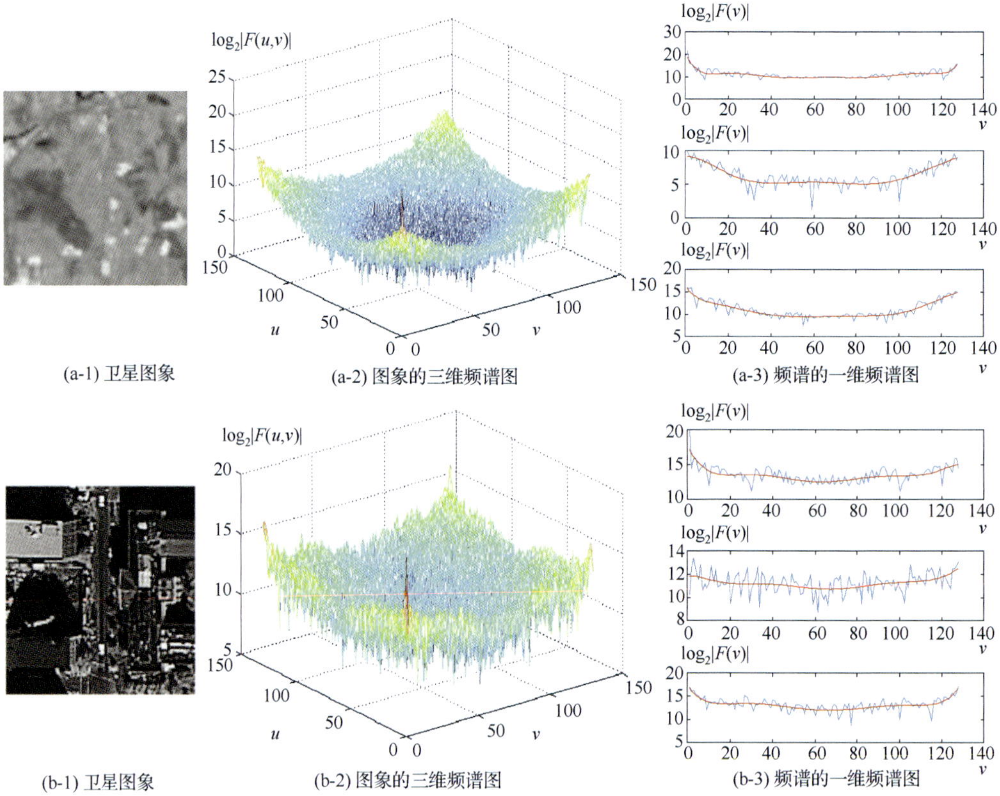

(a-1) 卫星图象
(a-2) 图象的三维频谱图
(a-3) 频谱的一维频谱图
(b-1) 卫星图象
(b-2) 图象的三维频谱图
(b-3) 频谱的一维频谱图

图 4.2.9　遥感图象的二维频谱和一维频谱分析

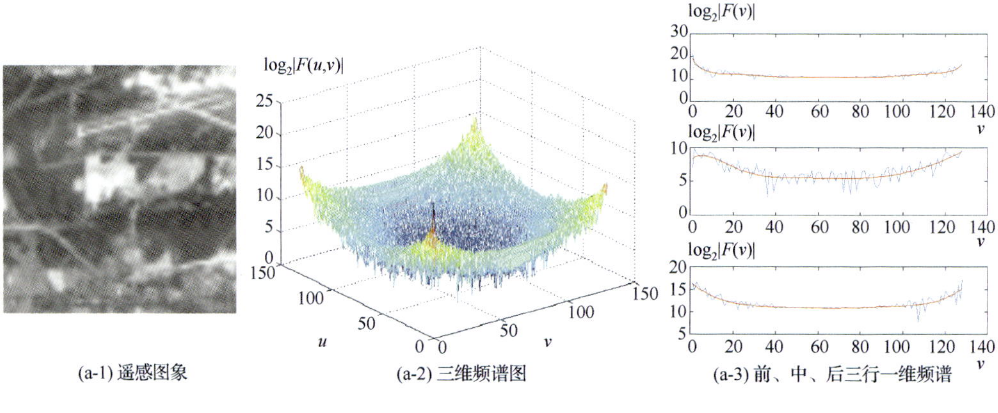

(a-1) 遥感图象
(a-2) 三维频谱图
(a-3) 前、中、后三行一维频谱

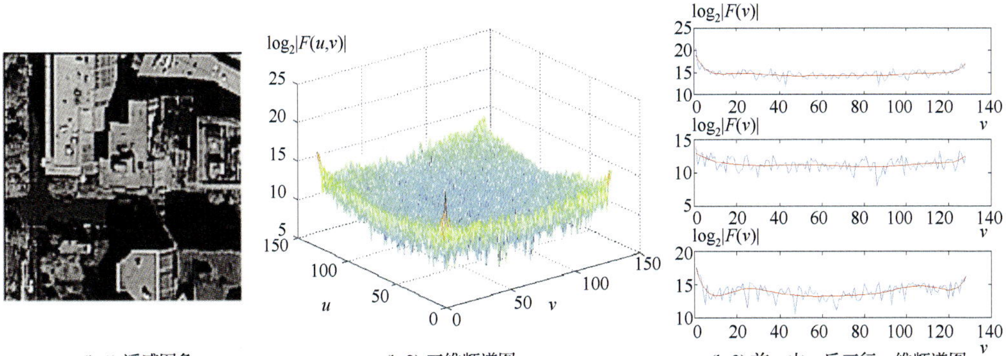

(b-1) 遥感图象　(b-2) 三维频谱图　(b-3) 前、中、后三行一维频谱图

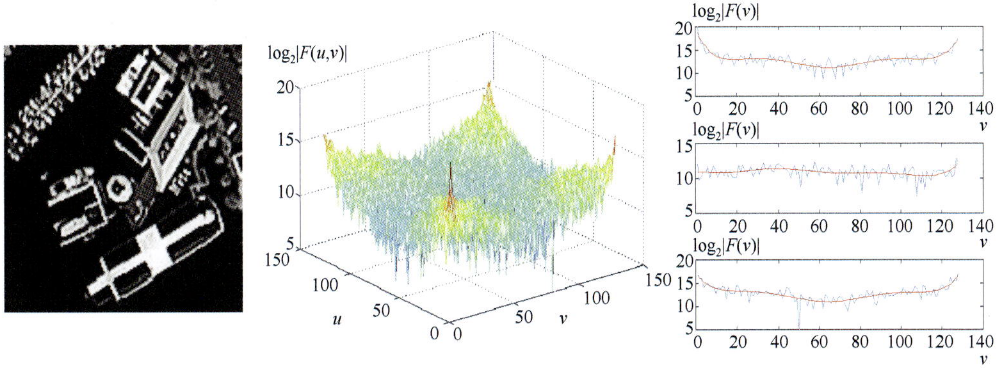

(c-1) 遥感图象　(c-2) 三维频谱图　(c-3) 前、中、后三行一维频谱图

图 4.2.12　复杂程度不同的图象及其频谱分析图

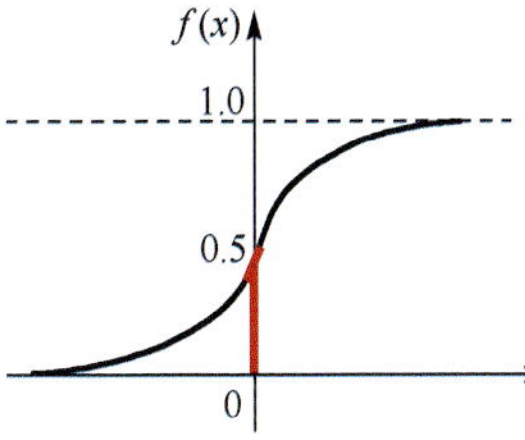

(a) 隐含层单极性S型激励函数

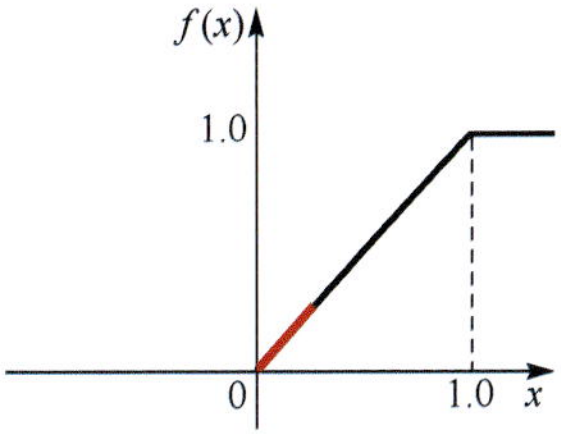

(b) 输出层单极性分段线性激励函数

图 6.3.2　隐含层和输出层激励函数示意图

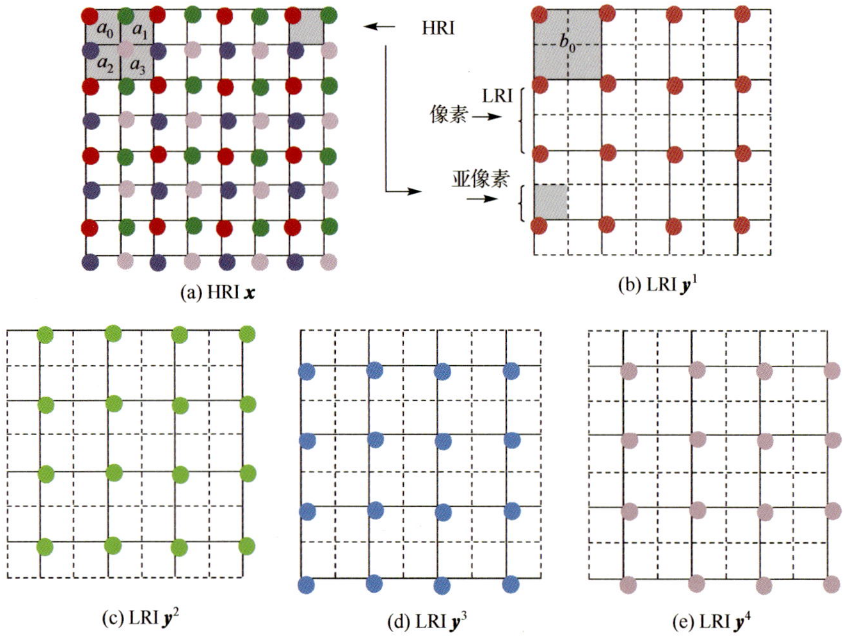

图 6.4.1 由一帧 HRI 生成四帧 LRIs 的 USS 操作示意图